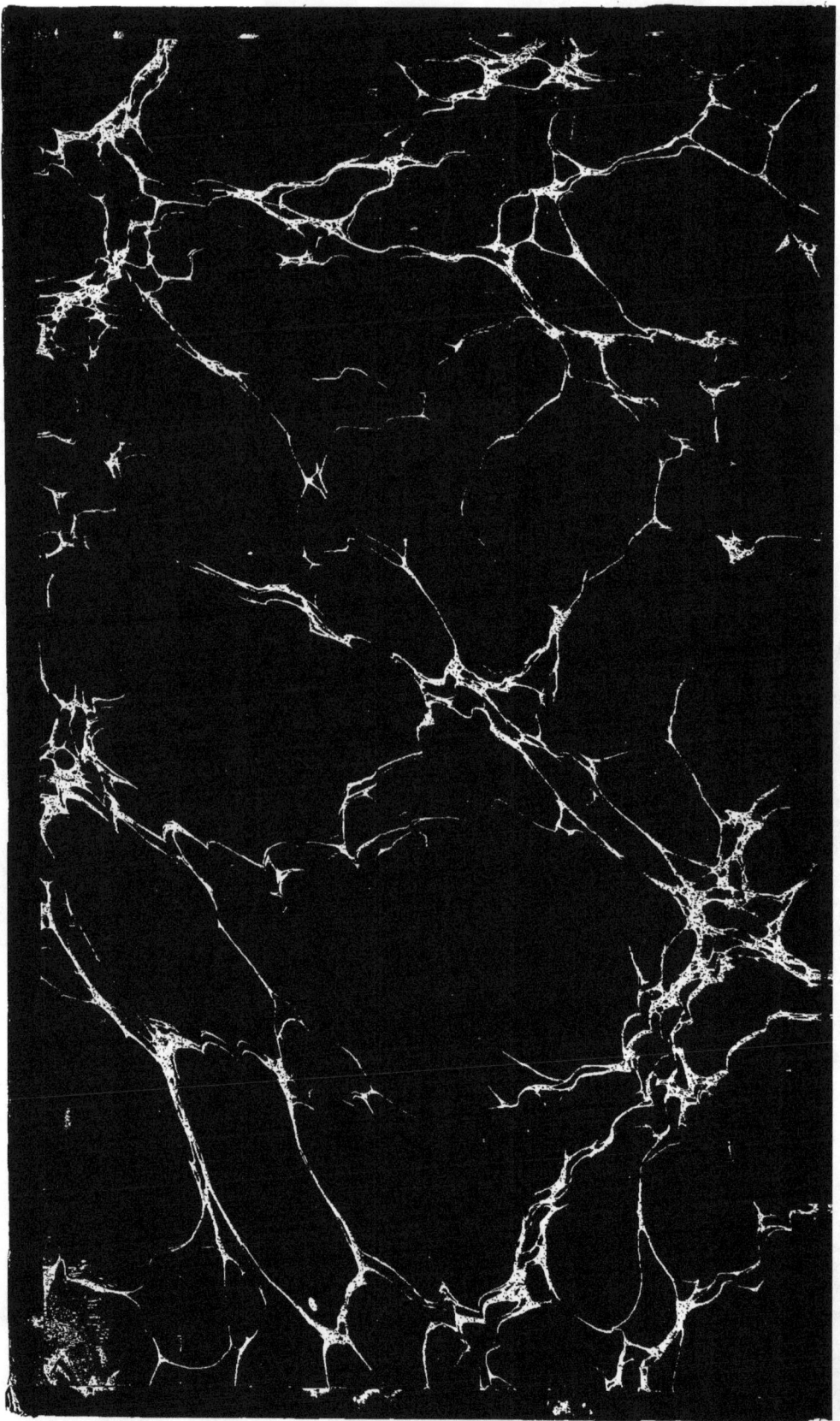

COURS

DE

MÉCANIQUE APPLIQUÉE.

PARIS. — IMPRIMERIE DE GAUTHIER-VILLARS,
Rue de Seine-Saint-Germain, 10, près l'Institut.

COURS

DE

MÉCANIQUE APPLIQUÉE,

PROFESSÉ

A L'ÉCOLE IMPÉRIALE DES PONTS ET CHAUSSÉES,

Par M. BRESSE,

Ingénieur des Ponts et Chaussées, Professeur de Mécanique à l'École des Ponts et Chaussées,
Examinateur des Élèves de l'École impériale Polytechnique,
Membre de la Société Philomathique de Paris.

DEUXIÈME ÉDITION.

————

SECONDE PARTIE.

HYDRAULIQUE.

————

PARIS,

GAUTHIER-VILLARS, IMPRIMEUR-LIBRAIRE

DU BUREAU DES LONGITUDES, DE L'ÉCOLE IMPÉRIALE POLYTECHNIQUE,

SUCCESSEUR DE MALLET-BACHELIER,

Quai des Augustins, 55.

—

1868

AVANT-PROPOS

DE LA PREMIÈRE ÉDITION.

En commençant la première Partie de ce Cours, consacrée à la Résistance des Matériaux, nous avons déjà fait connaître sommairement les principales questions qui s'y trouvent traitées et les axiomes fondamentaux qui permettent d'en obtenir la solution; il nous reste ici à remplir la même tâche pour l'Hydraulique, objet de la seconde Partie.

Dans la Mécanique rationnelle, on prend pour point de départ quelques propositions, en très-petit nombre, empruntées à la philosophie naturelle beaucoup plus qu'à l'observation, qui doit seulement les vérifier dans leurs conséquences plus ou moins indirectes et éloignées : sur cette base le raisonnement seul construit en entier l'édifice scientifique. Quand il s'agit des diverses branches de la Mécanique appliquée, et particulièrement de l'Hydraulique, l'expérience a une part beaucoup plus grande, car on y puise la connaissance des faits qui servent à guider la théorie et l'aident à résoudre, par des aperçus approximatifs, les problèmes que leur complication rend encore inabordables à une analyse rigoureuse. Mais ce n'est point une raison pour dédaigner la théorie : sans elle, les faits d'observation seraient plus difficilement compris dans leurs détails, étudiés et classés; souvent on n'en saisirait pas les lois, ou bien l'on ne saurait pas choisir les formules empiriques les mieux appropriées pour représenter tel ou tel phénomène. Aussi nous avons cru bon de commencer l'Hydraulique par un résumé des notions les plus importantes de la Mécanique rationnelle des fluides, laquelle comprend, comme on le sait, l'Hydrostatique et l'Hydrodynamique.

L'Hydrodynamique est malheureusement encore dans l'enfance. On établit bien les équations générales aux différences partielles qui représentent le mouvement d'un fluide quelconque, mais comme on ne sait pas les intégrer, on n'en fait pour ainsi dire aucune application; on pourrait même arriver par d'autres voies, plus directes peut-être, à quelques conséquences utiles qu'on a coutume d'en tirer et qui concernent surtout le mouvement permanent. Malgré cela, nous en avons reproduit la démonstration, parce qu'elle n'est ni longue ni difficile, et qu'il y a toujours utilité à montrer aux élèves, par des exemples, comment les problèmes de Physique mathématique peuvent se mettre en équation, alors même que la solution devrait rester inachevée. Le théorème le plus fécond en applications, pour la suite de notre Cours, est celui de D. Bernoulli, qui donne une relation entre certaines quantités relatives à chaque point d'un même filet liquide en mouvement permanent. Ce théorème n'a été d'abord démontré par son auteur que dans le cas des fluides parfaits, lorsqu'on peut négliger la *viscosité* ou cohésion des molécules entre elles : en le présentant comme une conséquence du théorème des forces vives, on voit facilement qu'il s'étend au cas des fluides naturels, moyennant l'introduction d'un terme de plus dans l'équation, pour représenter le travail des forces dues à la viscosité. Un nouveau terme s'ajoute encore quand on considère un mouvement relatif, au lieu d'un mouvement absolu : c'est (sauf un facteur constant) le travail de la force d'inertie du mouvement d'entraînement. Ainsi modifié et complété, le théorème de Bernoulli nous a fourni la solution d'un grand nombre de problèmes, et l'on sera peut-être tenté de trouver que nous en avons fait un usage trop étendu, car d'autres méthodes auraient été parfois avantageuses sous le rapport de la simplicité. Mais le cas inverse a lieu encore plus souvent, et d'un autre côté l'uniformité ordinaire des procédés de démonstration, dans un Cours comme le nôtre, nous semble présenter des avantages auxquels il nous aurait coûté de renoncer.

Les préliminaires de théorie générale une fois posés, nous abordons les applications proprement dites. La première consiste dans l'étude des circonstances que présente l'écoulement d'un liquide par un orifice percé dans un réservoir entretenu à un niveau constant. Ici la théorie fournit seulement une expression satisfaisante de la vitesse possédée par le liquide un peu au delà de l'orifice; mais, hors le cas d'écoulement par un ajutage rentrant, elle ne peut conduire à la valeur du volume dépensé dans un temps donné, parce qu'on n'a pas encore su déterminer la forme des trajectoires que suivent les molécules, forme inconnue *à priori* et qui joue un rôle important, car elle donne lieu à la contraction de la veine. Il y a donc là une lacune que l'expérience seule doit combler quant à présent. Nous avons fait connaître les résultats obtenus par beaucoup d'hydrauliciens distingués, notamment par M. Lesbros, auquel nous avons emprunté plusieurs remarques utiles et une série de coefficients de dépense.

Parmi les questions qui se présentent dans le service des Ingénieurs et qui exigent des connaissances en Hydraulique, celles qu'ils ont le plus souvent à étudier concernent les conduites d'eau et les eaux courantes. La théorie de ces questions se fonde sur l'expression de la force de frottement mutuel entre le liquide et la paroi qui le renferme. Les expressions données par Prony et Eytelwein, d'après d'anciennes expériences, contenaient, comme on le sait, deux termes, le premier proportionnel à la vitesse moyenne, le second au carré de la même quantité. C'était là une cause de complication dans les calculs, que plusieurs personnes avaient déjà cherché à éviter par la suppression du premier terme ; mais cette simplification laissait du doute et n'était point universellement admise. Aujourd'hui les recherches expérimentales de feu M. Darcy semblent avoir tranché la difficulté, et l'on peut définitivement supprimer le terme en question, au moins quand il s'agit d'une conduite fonctionnant depuis un temps suffisant, ou d'un canal découvert : nous considérons donc le frottement comme simplement proportionnel au carré de la vitesse moyenne. Mais M. Darcy a démontré, en outre, que le coefficient de la proportionnalité varie avec les dimensions de la section transversale. Ces conditions nouvelles nous ont obligé à revoir les formules usitées, et à en modifier quelques-unes. Nous avons profité d'ailleurs des ingénieuses méthodes créées par M. Dupuit pour résoudre divers problèmes auxquels donnent lieu les conduites à diamètre ou à débit variable d'une section à une autre, ainsi que les conduites à plusieurs branches ; à son exemple, nous avons intégré l'équation différentielle du mouvement permanent varié dans un canal découvert, à pente de fond constante, ayant une section très-large et comparativement peu profonde, mais nous nous sommes passé de quelques hypothèses restrictives qui nuisaient à la généralité des résultats obtenus. On trouve ainsi une solution assez simple et souvent applicable de la question qui consiste à rechercher le profil en long d'un cours d'eau en amont d'un barrage : pour les cas plus généraux, auxquels elle ne convient pas, on a les méthodes approximatives indiquées par M. Belanger, auteur des premières recherches sur ces matières difficiles.

Les derniers Chapitres comprennent le mouvement des gaz, la résistance des fluides, l'étude des moteurs hydrauliques et de quelques machines à élever l'eau. Enfin, le Cours se termine par cinq Tables numériques destinées à faciliter divers calculs que peuvent exiger les applications des formules.

A part un très-petit nombre d'exceptions, nous nous sommes borné à étudier les mouvements remplissant la condition de permanence. Ce n'est pas que l'écoulement par orifices, et surtout le régime des rivières, ne présente des cas très-importants où cette condition n'est pas satisfaite ; mais alors la théorie n'a pour ainsi dire plus rien à enseigner, et l'hydraulicien doit céder la place à l'ingénieur.

Nous avons fait au Cours de notre prédécesseur, M. Belanger, de nombreux emprunts, dans tout le courant de notre ouvrage, mais principalement dans le Chapitre consacré aux roues hydrauliques. M. Belanger a, pour sa part, largement contribué à rectifier des erreurs accréditées au sujet de ces moteurs, il en a perfectionné quelques-uns dans leur construction, et enfin il en a présenté la théorie d'une manière aussi simple qu'élégante. Si nous n'avons pas en toute occasion indiqué ce que nous lui avons pris, c'est par crainte de ne pas toujours connaître le véritable auteur de chaque découverte : l'histoire de la science est en général difficile à faire, et nous avons regardé la tâche comme au-dessus de nos forces. Mais nous espérons que notre ancien Professeur nous pardonnera nos omissions, avec sa bienveillance habituelle ;

l'autorité de son nom dans la science hydraulique est trop bien reconnue de tous pour que notre témoignage pût rien lui faire gagner.

––––––––

Les formules données en Hydraulique, pour représenter les faits d'expérience, n'étant pas toujours homogènes, ne sont vraies qu'avec certaines unités de temps, de longueur, etc.; si ces unités changeaient, les coefficients numériques des formules devraient également subir une modification. Sauf indication expresse et contraire, nous avons constamment adopté les unités suivantes :

Pour les longueurs, le mètre; pour les surfaces, le mètre carré; pour les volumes, le mètre cube;

Pour les temps, la seconde sexagésimale, c'est-à-dire $\frac{1}{86400}$ de jour solaire moyen;

Pour les forces, le kilogramme.

Quant aux angles, les degrés, minutes et secondes se rapportent à la division sexagésimale de la circonférence, suivant l'usage ordinaire.

––––––––

DES CHANGEMENTS

INTRODUITS DANS CETTE DEUXIÈME ÉDITION.

Sans vouloir énumérer ici les perfectionnements de détail que nous avons essayé de réaliser, nous croyons cependant bon de signaler les modifications profondes apportées au Chapitre IV, c'est-à-dire à celui qui concerne le mouvement de l'eau dans les canaux découverts.

D'abord il était nécessaire de faire connaître, au moins sommairement, les résultats d'expérience obtenus par M. Bazin, résultats très-importants, pour lesquels l'Académie des Sciences a donné son approbation à l'auteur et lui a décerné le prix Dalmont. En second lieu, nous devions tenir compte des progrès qu'un ingénieur belge, M. Boudin, professeur à l'École du Génie civil de Gand, nous semble avoir réalisés dans la théorie du mouvement permanent varié. En nous inspirant de ses idées, sans les adopter entièrement, nous avons refait la rédaction de cette théorie et nous y avons introduit, pour une faible part sans doute, des développements entièrement nouveaux. Nous citerons, par exemple : 1° une transformation de la formule générale applicable aux lits non prismatiques, d'où résulte un moyen pour intégrer approximativement cette formule et en déduire la forme du profil en long affecté par la surface du courant; 2° les démonstrations de certaines propriétés de ce profil, dans le cas des lits prismatiques à pente

constante, qui possèdent une section remplissant des conditions très-habituellement vérifiées dans la pratique; 3° la généralisation des conditions analytiques de l'existence du ressaut, qu'on n'avait encore établies que dans le cas restreint
d'une section rectangulaire.

Le Chapitre **IV** ainsi modifié paraîtra peut-être, à beaucoup
de nos lecteurs, trop théorique et trop abstrait. C'est là une
appréciation que nous ne voulons pas discuter; mais, pour
qu'on n'en tire pas des conséquences peu justes, nous ferons
observer que cet ouvrage n'est, en aucune façon, la repro-
duction exacte et textuelle de notre cours oral. Le professeur,
quand il s'adresse à ses élèves, se trouve lié par un programme
dont la rédaction a été arrêtée par les autorités compétentes,
de manière à satisfaire à des exigences multiples. Mais, en devenant auteur, il reprend naturellement sa liberté, présente
les choses comme il les conçoit et développe, dans la mesure
de ses facultés, les théories qui lui semblent offrir de l'intérêt. D'ailleurs, ce qui pourrait être excessif dans des leçons
destinées à de jeunes ingénieurs sera étudié plus tard avec
fruit par plusieurs d'entre eux, car il y a toujours des élèves
désireux d'approfondir les matières qu'on leur enseigne, et à
la portée desquels il est bon de mettre les éléments d'une
instruction solide et complète, autant que possible; quelquefois ils y puiseront le germe d'idées nouvelles, dont la
mise en œuvre pourra contribuer aux progrès de la science.

TABLE DES MATIÈRES

DU TOME SECOND.

SECONDE PARTIE.

HYDRAULIQUE.

CHAPITRE PREMIER.

HYDROSTATIQUE ET HYDRODYNAMIQUE RATIONNELLES.

CHAPITRE DEUXIÈME.

ÉCOULEMENT PERMANENT D'UN LIQUIDE PESANT ET HOMOGÈNE PAR UN ORIFICE
PERCÉ DANS UN RÉSERVOIR.

CHAPITRE TROISIÈME.

ÉCOULEMENT PERMANENT DE L'EAU DANS LES TUYAUX DE CONDUITE.

CHAPITRE QUATRIÈME.

DU MOUVEMENT PERMANENT DE L'EAU DANS LES CANAUX DÉCOUVERTS.

CHAPITRE CINQUIÈME.

DU MOUVEMENT DES GAZ.

CHAPITRE SIXIÈME.

DE LA PRESSION RÉCIPROQUE DES FLUIDES ET DES SOLIDES PENDANT LEUR MOUVEMENT
RELATIF; MESURE DE LA VITESSE DES COURANTS.

CHAPITRE SEPTIÈME.

DES MOTEURS HYDRAULIQUES ET DE QUELQUES MACHINES A ÉLEVER L'EAU.

FIN DE LA TABLE DES MATIÈRES DU TOME SECOND.

ERRATA.

Page 7, ligne 10 en remontant, *au lieu de* ces, *lisez* ses.

Page 18, ligne 1, *au lieu de* $\cos\alpha$, *lisez* $\sin\alpha$.

Page 35, équation (14), *au lieu de* $-\dfrac{1}{g}\int \varphi \cos\gamma\, ds$, *lisez* $+\dfrac{1}{g}\int \varphi \cos\gamma\, ds$.

Page 36, ligne 2 en remontant, *au lieu de* $\int_{0}^{s}$, *lisez* $\int_{s_0}^{s}$.

Page 98, ligne 4 en remontant, *au lieu de* minces parois, *lisez* mince paroi.

Page 108, *fig.* 25, *au lieu de* H, *mettez* G_2.

Page 115, ligne 5 en remontant, *au lieu de* $k =$, *lisez* $-k =$.

Page 116, ligne 9 en remontant, *au lieu de* joujours, *lisez* toujours.

Page 231, ligne 8, *au lieu de* $\overline{AB} =$, *lisez* $\overline{AB} = l$.

Page 240, ligne 14 en remontant, *au lieu de* l'angle NMQ, *lisez* l'angle MNQ.

Page 272, ligne 2, *au lieu de* $\log\text{hyp}\dfrac{1-\nu}{1+\nu}$, *lisez* $\log\text{hyp}\dfrac{1+\nu}{1-\nu}$.

Page 285, ligne 7 en remontant, *au lieu de* $\dfrac{l_1 a^2}{\chi_1}$, *lisez* $\dfrac{l_1 a^3}{\chi_1}$.

Page 339, équation (9), *au lieu de* Q', *lisez* Q.

Page 365, ligne 10, *au lieu de* $\Sigma z \varepsilon_1$, *lisez* $\Sigma z_1 \varepsilon_1$.

Page 391, *fig.* 58, *au lieu de* Fgi, *lisez* Fig.

Page 400, ligne 12, *au lieu de* des filets, *lisez* de filets.

Page 407, ligne 7 en remontant, mettez point et virgule à la fin de la ligne.

Page 428, ligne 15, après le mot « régulièrement » mettez une virgule.

Page 442, équation (3), *au lieu de* $\dfrac{H}{h}$, *lisez* $\dfrac{h}{H}$.

Page 485, ligne 11 en remontant, *au lieu de* focément, *lisez* forcément.

On appelle en outre l'attention du lecteur sur la Note complémentaire et rectificative, p. 535.

COURS

DE

MÉCANIQUE APPLIQUÉE,

PROFESSÉ

A L'ÉCOLE IMPÉRIALE DES PONTS ET CHAUSSÉES.

SECONDE PARTIE.

HYDRAULIQUE.

CHAPITRE PREMIER.

HYDROSTATIQUE ET HYDRODYNAMIQUE RATIONNELLES.

§ I. — Rappel des principales notions d'Hydrostatique.

1. *Objet de l'Hydrostatique, de l'Hydrodynamique, de l'Hy-draulique.* — Les deux Parties de la Mécanique rationnelle spécialement consacrées à l'équilibre et au mouvement des fluides ont respectivement pris les noms d'*Hydrostatique* et d'*Hydrodynamique*. La première forme une doctrine assez complète; mais il n'en est pas de même de la seconde. Aujourd'hui encore, par suite de difficultés d'analyse que les efforts des géomètres n'ont pas réussi à surmonter, elle doit se borner à des généralités plus ou moins vagues et demeurer une science presque purement spéculative.

L'Hydraulique est à l'Hydrostatique et à l'Hydrodynamique ce que la Mécanique appliquée est à la Mécanique rationnelle. Moins préoccupé d'établir des théories rigoureuses que de pourvoir aux besoins de la pratique, l'hydraulicien cherchera

II. 2ᵉ ÉDIT.   I

les lois de l'équilibre et du mouvement des fluides, afin d'en
déduire les moyens les plus convenables pour diriger, conduire
et élever les fluides dans les divers cas qui peuvent se présenter à un ingénieur. Aussi devra-t-il résoudre par des procédés quelconques, par des considérations théoriques et au
besoin par les indications de la Physique expérimentale, bien
des questions que les géomètres ont provisoirement aban-
données. D'ailleurs, quand même la théorie ne ferait pas quelquefois défaut, l'expérience n'en serait pas moins toujours
une sanction nécessaire pour les déductions de toute science
qui ne se compose pas uniquement d'abstractions; car pour
soumettre au calcul les lois du monde réel, il est impossible
de ne pas faire quelque hypothèse, plus ou moins incertaine
à priori, sur la constitution intime des corps.

Quoique ce Cours soit spécialement consacré à l'Hydraulique, nous le commencerons par l'étude succincte de la Mécanique rationnelle des fluides; cela nous permettra d'établir
plusieurs théorèmes généraux dont nous aurons à faire un
fréquent usage. En premier lieu, nous rappellerons les principales notions d'Hydrostatique.

2. *Définition de la fluidité parfaite; division des fluides en
deux classes.* — On appelle *fluides* une classe de corps dont
les molécules jouissent d'une très-grande mobilité les unes
par rapport aux autres. En supposant cette qualité poussée à
l'extrême, nous la définirons par les faits suivants : 1° la résistance opposée par les actions moléculaires au glissement
relatif, soit de deux portions contiguës d'un même fluide, soit
d'un fluide sur une surface solide, est une force nulle; 2° il
en est de même dans le cas d'une disjonction analogue à
l'extension simple, c'est-à-dire consistant dans l'écartement de
deux plans parallèles suivant la normale commune; 3° enfin,
tout changement de forme qui laisserait constant le volume,
et qui, par conséquent, n'entraînerait pas une variation de la
densité d'une portion quelconque du fluide, s'effectue sans
qu'il y ait, en somme, production d'aucun travail de la part
des ressorts moléculaires. C'est en cela que consistera pour
nous la *fluidité parfaite.*

Il n'existe pas de fluides parfaits dans toute la rigueur du mot. Tous les gaz et la plupart des liquides que l'on peut avoir à considérer habituellement, comme l'eau, le mercure, etc., s'approchent sans doute beaucoup de la fluidité parfaite; cependant ils sont doués d'une certaine *viscosité* (*) ou cohésion facile à mettre en évidence par les expériences les plus simples, qui s'oppose dans une certaine mesure aux disjonctions et déformations dont nous parlions tout à l'heure, et dont il est indispensable de tenir compte en étudiant divers problèmes particuliers, comme on le verra plus tard. Mais cette nécessité n'existe pas quand on ne considère que des fluides en équilibre; car toutes les expériences tendent à démontrer que les forces produites par la viscosité ou cohésion entre les molécules fluides, ou par l'adhérence de celles-ci avec les molécules solides en contact physique avec elles, deviennent sensiblement nulles quand il s'agit de fluides à l'état de repos absolu ou relatif.

On distingue ordinairement deux classes de fluides : les liquides et les gaz. Les premiers sont caractérisés par une compressibilité très-faible, et nous la supposerons théoriquement nulle, ce qui ne peut entraîner que des erreurs assez petites dans les applications ordinaires. Les seconds sont, au contraire, éminemment compressibles, et reprennent leur volume primitif quand on supprime la force qui avait produit la compression; pour cette raison, ils sont aussi nommés *fluides élastiques.*

3. *De la pression en un point d'un fluide en repos; égalité de la pression en tout sens.* — Lorsqu'un fluide est en repos absolu ou relatif dans un vase, il est facile de constater par une expérience directe qu'il supporte une action répulsive de la part de chaque élément superficiel infiniment petit de la paroi. Cette force provient en réalité des répulsions mutuelles entre

(*) Ce mot n'a pas ici le sens exact qu'on lui donne dans le langage ordinaire. Pour nous, il exprimera tout simplement l'imperfection de la fluidité d'un corps, et non point telle ou telle impression que ce corps produirait sur le sens du toucher.

les molécules fluides et celles du vase, et nous faisons une fiction quand nous disons qu'elle est exercée par la surface géométrique de la paroi; mais au fond cela est peu important, et le langage se trouve simplifié. Quoi qu'il en soit, la force dont nous venons de parler, divisée par la surface sur laquelle elle s'exerce, est ce qu'on nomme *pression par unité de surface* sur l'élément de paroi dont il s'agit. Si le fluide est parfait, elle ne peut être que dirigée suivant la normale, vu l'absence complète de résistance au glissement.

Considérons maintenant un point quelconque M de la masse fluide, et imaginons autour de ce point une surface fermée quelconque ayant ses dimensions infiniment petites. Le fluide contenu à l'intérieur de cette surface étant en équilibre dans un vase idéal formé par le fluide extérieur, chaque élément superficiel de son contour supporte, comme on vient de le voir, une certaine pression par unité de surface. Cette pression est ce qu'on appelle *pression rapportée à l'unité de surface*, ou simplement pression du fluide au point M. Mais pour que la définition précédente offre un sens précis, il est nécessaire de montrer que la pression en M ne dépend ni de l'élément qu'on choisit sur la surface fermée infiniment petite, ni de la forme indéterminée de cette surface.

A cet effet, soit d'abord une masse fluide homogène dont chaque point supporte une force proportionnelle à sa masse et de direction constante, comme l'action de la pesanteur, par exemple. Cherchons une relation entre les pressions par unité de surface en deux points A et C de l'enveloppe (*fig.* 1). Traçons un canal très-délié ABCD, dont les deux sections normales AB, CD seraient des éléments égaux découpés en A et C sur l'enveloppe. Le fluide contenu dans ce canal, étant en équilibre, doit satisfaire à l'équation générale du travail virtuel. Or nous supposerons un mouvement virtuel dans lequel le fluide ABCD, sans changer de volume, prendrait la position *abcd*, en avançant infiniment peu dans le canal. Soient

Fig. 1.

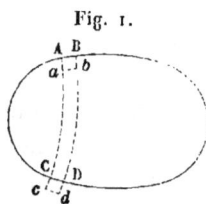

ω les aires AB et CD;

∂s les longueurs $\overline{Aa}$, $\overline{Cc}$, qui doivent être égales, attendu que l'égalité des volumes ABCD, *abcd* entraîne celle des tranches AB*ab*, CD*cd*;

p, p' les pressions par unité de surface en A et C;

II le poids de l'unité de volume du fluide et $\dfrac{\text{II}}{g}$ la masse correspondante;

j la force appliquée à chaque masse élémentaire, cette force étant rapportée à l'unité de masse;

h la projection de $\overline{AC}$ sur la direction de j.

Pendant le déplacement virtuel que nous avons supposé, les travaux des pressions $p\omega$, $p'\omega$, agissant en AB et CD, seront $p\omega\partial s$, $-p'\omega\partial s$; les travaux des pressions latérales sur le contour AC, BD seront nuls, puisque, d'après l'hypothèse de la fluidité parfaite (n° 2), il n'y a pas de résistance au glissement du fluide intérieur au canal sur celui qui l'environne; le travail des forces intérieures du fluide ABCD sera nul, d'après la même hypothèse. Quant au travail des forces j, pour l'évaluer il faudrait, comme dans le cas de la pesanteur, multiplier la force totale appliquée au fluide ABCD par le déplacement du centre de gravité projeté sur la direction de j; on ne changera donc pas ce travail en admettant que dans le passage de la position ABCD à la position *abcd*, la partie *ab*CD est restée immobile, et que la tranche AB*ab* a pris la position CD*cd*, car dans ce mouvement les positions initiale et finale du centre de gravité du fluide ABCD ou *abcd* sont restées les mêmes, ainsi que la force totale qui le sollicite. Donc le travail en question aura pour valeur la force appliquée à la tranche AB*ab*, soit $\dfrac{\text{II}}{g}\omega\partial s.j$, multipliée par la projection h de $\overline{AC}$ sur j. L'équation du travail virtuel sera donc

$$p\omega\partial s - p'\omega\partial s + \frac{\text{II}}{g}jh\omega\partial s = 0,$$

soit, en supprimant le facteur $\omega\partial s$,

$$p - p' + \frac{\text{II}}{g}jh = 0,$$

ou enfin

(1) $$p' = p + \frac{\Pi}{g} jh.$$

Ce lemme préliminaire établi, revenons à la portion de fluide que nous avions isolée tout à l'heure dans une surface fermée infiniment petite, comprenant le point M. Les forces qui agissent sur cette portion étant supposées varier d'une manière continue quant à la direction et quant à l'intensité rapportée à l'unité de masse, on peut toujours, dans l'espace infiniment petit que nous considérons, les regarder comme parallèles et proportionnelles aux masses qu'elles sollicitent. Dès lors l'équation (1) ci-dessus trouvée devient applicable, et attendu que h est ici une quantité infiniment petite, nous pouvons conclure que les pressions par unité de surface aux divers points de l'enveloppe infiniment petite sont égales, ou du moins qu'elles diffèrent infiniment peu, et qu'elles tendent vers la même limite. De plus, cette limite ne peut qu'être la même pour deux enveloppes tracées autour de M, parce que le fluide compris entre les deux enveloppes doit lui-même satisfaire à l'équation (1). La pression en un point du fluide est donc une quantité bien définie.

Il résulte immédiatement de la démonstration précédente que tout élément superficiel infiniment petit tracé par le point M, considéré comme faisant partie d'une surface qui enferme une portion du fluide, supporte de la part des deux portions séparées une pression par unité de surface égale à celle de tout autre élément passant au même point. Cette propriété importante constitue ce que l'on nomme l'*égalité de la pression dans tous les sens, autour d'un point du fluide*. Il est bien essentiel de remarquer que tous les raisonnements que nous avons faits pour y arriver ne subsisteraient plus sans l'hypothèse de la fluidité parfaite, qui est nécessaire dans la démonstration de l'équation (1). C'est un sujet sur lequel nous aurons occasion de revenir plus loin.

4. *Équations générales de l'équilibre d'un fluide.* — Après avoir pris trois axes coordonnés rectangulaires quelconques Ox, Oy, Oz (*fig.* 2), isolons dans la masse totale, par la pen-

sée, un élément de volume ABCDEFGH en forme de parallélipipède rectangle, dont les arêtes, parallèles aux axes, auraient
pour dimensions dx, dy, dz. Appelons

x, y, z les coordonnées du sommet A de ce parallélipipède;

p la pression du fluide en A;

X dm, Y dm, Z dm les composantes, parallèles aux axes, de
la force qui agit sur chaque masse élémentaire dm, prise
autour du point A;

ρ la densité en A, c'est-à-dire le rapport entre la masse contenue dans un volume infiniment petit autour de A et ce
volume lui-même.

Nous supposerons que X, Y, Z varient d'une manière con-

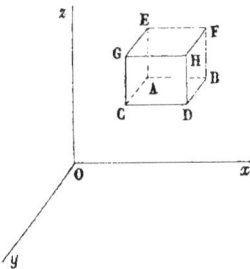

Fig. 2.

tinue en passant d'un point à l'autre, de sorte que toutes les masses
qui sont contenues dans le volume
AB...H reçoivent l'action de forces
qui, rapportées à l'unité de masse,
auraient pour composantes X, Y, Z;
de même, nous considérons le fluide
comme homogène dans une étendue infiniment petite autour du
point A.

Cela posé, il est aisé de voir que toutes les forces qui agissent sur le volume élémentaire $dx\,dy\,dz$ passent par son centre
de gravité; car, d'une part, les pressions qu'il supporte à
l'extérieur sont appliquées normalement aux centres de ces
faces; et d'autre part la force totale $\rho\,dx\,dy\,dz\sqrt{X^2 + Y^2 + Z^2}$
résulte d'actions parallèles et proportionnelles aux masses. Il
est donc nécessaire et suffisant pour l'équilibre de l'élément
en question, en le supposant solidifié, que la somme des projections des forces qui le sollicitent, sur les trois axes coordonnés, soit nulle. Or, la pression totale sur la face AEGC étant
exprimée par $p\,dy\,dz$, la pression sur la face opposée sera
$\left(p + \dfrac{dp}{dx}\,dx\right)dy\,dz$, et comme ces pressions sont directement
opposées, elles ont pour somme algébrique $-\dfrac{dp}{dx}\,dx\,dy\,dz$.

Les pressions sur les quatre autres faces sont dans une direction perpendiculaire. Les forces extérieures au fluide, agissant sur l'élément AB...H dont la masse est $\rho\, dx\, dy\, dz$, donnent une résultante qui, projetée sur l'axe des x, est $\rho\, X\, dx\, dy\, dz$. On aura donc d'abord

$$-\frac{dp}{dx}\, dx\, dy\, dz + \rho\, X\, dx\, dy\, dz = o,$$

ou bien

$$\frac{dp}{dx} = \rho\, X.$$

Pareillement, en considérant les projections sur Oy et Oz, on trouverait

$$\frac{dp}{dy} = \rho\, Y,$$

$$\frac{dp}{dz} = \rho\, Z.$$

La pression p ne pouvant être, dans un fluide en équilibre, fonction que de x, y, z, sa différentielle complète dp est $\frac{dp}{dx}\, dx + \frac{dp}{dy}\, dy + \frac{dp}{dz}\, dz$; elle a donc pour valeur, d'après les trois dernières équations,

$$(2) \qquad dp = \rho\, (X\, dx + Y\, dy + Z\, dz),$$

relation unique équivalente aux trois dont elle est la conséquence, puisque x, y, z désignent trois variables indépendantes.

On voit donc que les trois conditions d'équilibre d'un élément quelconque pris à l'intérieur du fluide peuvent s'exprimer analytiquement comme il suit : la quantité $\rho\, (X\, dx + Y\, dy + Z\, dz)$ doit être la différentielle exacte d'une fonction des variables indépendantes x, y, z. On sait que pour cela il faut et il suffit que l'on ait

$$(3) \quad \frac{d.\rho X}{dy} = \frac{d.\rho Y}{dx}, \quad \frac{d.\rho X}{dz} = \frac{d.\rho Z}{dx}, \quad \frac{d.\rho Y}{dz} = \frac{d.\rho Z}{dy}.$$

Les relations (3) seront faciles à vérifier si X, Y, Z et ρ sont donnés en fonctions de x, y, z. En les supposant satisfaites, l'intégration de l'équation (2) pourra s'effectuer et fera connaître p en fonction de x, y, z, si les données particulières de la question que l'on traite permettent de déterminer la constante introduite par l'intégration. Ici se manifeste la nécessité d'une nouvelle condition d'équilibre, dans le cas d'un fluide gazeux : on voit en effet que la pression p et la densité ρ sont maintenant connues pour chaque point, et si ces quantités ont une relation obligée l'une avec l'autre, il faudra qu'elle soit vérifiée. C'est ce qui arrive pour les gaz, car, en supposant la température constante, la densité est proportionnelle à la pression, tandis que dans le cas d'un fluide incompressible elle en est indépendante. Il faudrait donc, pour un gaz à température constante, joindre aux équations (2) et (3) la suivante :

$$(4) \qquad\qquad \rho = \mathrm{K}\, p\,;$$

et généralement, pour un gaz à température variable, en vertu des lois de Mariotte et de Gay-Lussac,

$$(4\ bis) \qquad\qquad \rho = \frac{k p}{1 + \alpha\theta},$$

K et k désignant des constantes, α le coefficient de dilatation des gaz, et θ la température.

Si la densité ρ d'un gaz à température constante était *à priori* inconnue ainsi que p, ces deux quantités se détermineraient (dans l'hypothèse de l'équilibre) par les relations (2) et (4). La première devient, par la substitution de la valeur de ρ prise dans la seconde,

$$\frac{dp}{\mathrm{K}\,p} = \mathrm{X}\, dx + \mathrm{Y}\, dy + \mathrm{Z}\, dz\,;$$

$\dfrac{dp}{\mathrm{K}\,p}$ étant une différentielle exacte, $\mathrm{X}\, dx + \mathrm{Y}\, dy + \mathrm{Z}\, dz$ doit en être une aussi, et dans ce cas p sera connu en fonction de x, y, z : on en déduira ρ, qui est égal à $\mathrm{K}\,p$.

Indépendamment des conditions dont nous avons parlé jusqu'à présent, et qui s'appliquent aux points pris à l'intérieur du fluide, il y aura généralement d'autres conditions particulières relatives à la surface extérieure. Puisque les calculs précédents nous ont donné p en fonction de x, y, z, la pression sera connue en un point quelconque de la surface extérieure : pour l'équilibre, il faudra nécessairement que cette pression soit exercée en effet, soit par l'enveloppe, soit par toute autre cause.

5. *Surfaces de niveau.* — Nous venons de voir tout à l'heure un cas particulier de l'équilibre des fluides, dans lequel $X\,dx + Y\,dy + Z\,dz$ doit être la différentielle exacte d'une fonction de x, y, z : ce fait se produirait encore s'il s'agissait d'un liquide homogène, car l'équation (2) du n° 4 deviendrait

$$d.\frac{p}{\rho} = X\,dx + Y\,dy + Z\,dz;$$

enfin, il peut arriver dans d'autres cas généraux qu'il est inutile de mentionner ici. Cette circonstance particulière que présente la quantité $X\,dx + Y\,dy + Z\,dz$ entraîne des conséquences assez remarquables.

Pour les établir, supposons donc que l'on ait

$$X\,dx + Y\,dy + Z\,dz = d.f(x,\,y,\,z),$$

f étant une certaine fonction de x, y, z. Si l'on pose $f(x,\,y,\,z) = C$, en donnant à C une valeur constante, cette équation représentera une surface; et si la constante C prend successivement une série de valeurs, on obtiendra une série de surfaces, auxquelles on a donné le nom de *surfaces de niveau.* Voici quelles sont leurs propriétés :

D'abord la pression et la densité sont constantes dans toute l'étendue d'une surface de niveau; car si l'on se déplace sur l'une de ces surfaces, on a toujours

$$f(x,\,y,\,z) = \text{const.};$$

par suite

$$d.f(x,\,y,\,z) = 0 = X\,dx + Y\,dy + Z\,dz;$$

dp est donc nul (n° 4) et p est constant. Maintenant, quand on passe d'une surface de niveau à une autre qui est infiniment voisine, C et $C + dC$ étant les deux valeurs de la fonction f

pour ces deux surfaces, l'équation (2) du n° 4 donne

$$dp = \rho\, dC;$$

or p est déterminé quand C est connu, puisque C suffit pour définir la surface de niveau; donc p est fonction de C seulement; donc il en est de même de la dérivée $\dfrac{dp}{dC}$ ou de son égale ρ; donc enfin ρ ne varie pas quand C reste constant, c'est-à-dire quand on se déplace sur une surface de niveau. Si le fluide est un gaz, il en est encore de même pour la température : on a en effet, à cause de la relation ($4\ bis$) du n° 4,

$$\frac{dp}{kp} = \frac{dC}{1 + \alpha\theta},$$

d'où l'on tire

$$\theta = \frac{1}{\alpha}\left(kp\,\frac{dC}{dp} - 1 \right);$$

et comme p est fonction de C seulement, θ est aussi déterminé par cette seule variable.

Enfin, toute surface de niveau coupe normalement, en chacun de ses points, la résultante des forces $X\,dm$, $Y\,dm$, $Z\,dm$ qui agissent sur ce point. En effet, si l'on désigne par x, y, z, $x + dx, y + dy, z + dz$, les coordonnées de deux points infiniment voisins pris sur une même surface de niveau, X, Y, Z étant les composantes de la force rapportée à l'unité de masse qui agit sur le fluide aux environs de ces points, on a, par suite de la définition même des surfaces de niveau,

$$X\,dx + Y\,dy + Z\,dz = 0.$$

Or, soit R la résultante de X, Y, Z, et a, b, c ses angles avec les angles Ox, Oy, Oz; ds la distance des deux points, et a', b', c' les angles de ds avec les mêmes axes : on aura

$$X = R\cos a, \qquad Y = R\cos b, \qquad Z = R\cos c,$$
$$dx = ds.\cos a', \quad dy = ds.\cos b', \quad dz = ds.\cos c',$$

d'où nous tirons

$$R\,ds\,(\cos a \cos a' + \cos b \cos b' + \cos c \cos c') = 0.$$

D'un autre côté, on sait que le cosinus de l'angle formé par R et ds est précisément égal à $\cos a \cos a' + \cos b \cos b' + \cos c \cos c'$; donc ce cosinus est nul; donc R est perpendiculaire à ds, et comme ds a une direction quelconque sur la surface de niveau, R est normal à cette surface.

Si le trinôme $X\,dx + Y\,dy + Z\,dz$ n'était pas une différentielle exacte, il n'y en aurait pas moins, dans tout fluide en équilibre, une famille de surfaces définies par l'équation

$$p = \text{const.,}$$

qui jouiraient de la propriété de couper orthogonalement les résultantes R issues de chacun de leurs points. On pourrait encore les appeler *surfaces de niveau,* mais l'invariabilité de la pression n'entraînerait plus celle de la densité et de la température.

6. *Cas particulier des fluides pesants.* — Lorsqu'on suppose que les forces $X\,dm,\ Y\,dm,\ Z\,dm$ sont uniquement dues à la gravité, si l'on prend les axes des x et des y horizontaux, l'axe des z étant vertical et descendant, X et Y seront nuls et Z ne sera autre chose que l'accélération g des corps pesants qui tombent dans le vide. Donc la quantité $X\,dx + Y\,dy + Z\,dz$ se réduit ici à $g\,dz$, et l'équation des surfaces de niveau est $dz = o$, ou $z = C$; ces surfaces sont donc des plans horizontaux. C'est la généralisation de ce résultat qui a fait adopter la dénomination de *surfaces de niveau,* parce que le mot *niveau* désigne souvent un plan horizontal.

En passant d'un plan de niveau à un autre, on a pour la variation de pression

$$dp = \rho\,g\,dz,$$

ou bien, en désignant par Π le poids par unité de volume, c'est-à-dire le poids qui répond à la masse ρ,

$$dp = \Pi\,dz.$$

S'il s'agit d'un liquide homogène, Π est constant, et alors, en intégrant l'équation précédente à partir d'un plan où la pression serait p_0, et où z aurait la valeur z_0, on trouve

$$(5) \qquad\qquad p = p_0 + \Pi\,(z - z_0);$$

p est alors le poids d'une colonne de liquide ayant pour base l'unité de surface et pour hauteur $\frac{p_0}{\Pi} + z - z_0$: cette hauteur est dite *hauteur représentative de la pression*. Lorsqu'il s'agit d'un gaz, ρ et Π sont variables avec p, dont la détermination est alors moins simple : nous ne nous y arrêterons pas.

Si la surface libre du fluide doit être soumise à une pression constante, ce sera une surface de niveau, c'est-à-dire un plan horizontal.

Nous remarquerons enfin que l'équation

$$dp = \rho\, g dz$$

suppose que les deux points voisins, entre lesquels la pression varie de dp, appartiennent au même fluide; ainsi donc, cette équation et l'équation (5), qui en est une conséquence, ne sont applicables entre deux points que dans le cas où l'on peut aller de l'un à l'autre sans sortir de la masse fluide.

7. *Pressions totales supportées par les surfaces plongées dans un fluide*. — Chaque élément d'une surface en contact avec un fluide supporte une pression ; il s'agit de composer entre elles toutes ces pressions agissant sur une portion finie de la surface. Il est clair que le problème pourra toujours être résolu par l'emploi du calcul intégral; mais, sans nous arrêter à établir des formules générales, nous nous contenterons d'indiquer la solution dans quelques cas particuliers qui se présentent fréquemment.

Commençons par établir un lemme. Soit un élément superficiel ω supportant une pression p rapportée à l'unité de surface, c'est-à-dire la pression totale $p\omega$; soit, en outre, α l'angle que fait avec un axe Ox la normale à l'élément ω : on veut avoir la projection de la pression $p\omega$ sur l'axe Ox. Cette projection sera exprimée par $p\omega.\cos\alpha$, ou par $p.\omega\cos\alpha$; or $\omega\cos\alpha$ n'est autre chose que la projection rectangulaire de ω sur un plan perpendiculaire à Ox. Donc on peut énoncer la proposition suivante : *Pour projeter sur un axe la pression qui agit sur un élément superficiel, il suffit de prendre la pression que supporterait la projection dudit élément sur un plan perpen-*

diculaire à *l'axe, la pression par unité de surface restant ce qu'elle est.*

On déduit premièrement de là que, si une surface est plongée dans un fluide pesant, toute tranche comprise entre deux plans horizontaux infiniment voisins sera soumise à des pressions dont les composantes horizontales se feront équilibre. En effet, si l'on divise la tranche en prismes tronqués par des plans parallèles à une horizontale Ox, se succédant les uns aux autres à des distances infiniment petites, d'après le lemme précédent il y aura, pour les deux bases de chaque prisme, des pressions égales et contraires en projection sur Ox, attendu que la pression par unité de surface est la même en tout point de la tranche (n° 6) et que les deux bases ont des projections identiques sur un plan perpendiculaire à Ox. Les composantes de toutes les pressions suivant des parallèles à Ox se détruisent donc deux à deux, et comme Ox peut avoir une direction quelconque dans un plan horizontal, l'équilibre existera entre les projections des mêmes pressions sur ce plan.

Les composantes horizontales des pressions sur chaque tranche se faisant équilibre, il en sera évidemment de même quand on prendra un ensemble de tranches successives, lequel serait alors compris entre deux plans horizontaux situés à une distance finie. Le résultat serait encore identique pour une surface fermée.

Quand un contour fermé se trouve soumis à des pressions sur ses divers éléments, et que ces pressions rapportées à l'unité de surface peuvent être considérées comme constantes, la pression résultante est nulle. Car en divisant, comme ci-dessus, la surface en tranches horizontales, on verrait que les composantes horizontales des pressions se font équilibre, et, par suite, les pressions devraient se réduire à une résultante verticale; mais le même procédé ferait reconnaître qu'elles se font aussi équilibre dans le sens vertical : la résultante est donc nulle.

Un corps plongé complétement dans un fluide pesant (ou bien encore un corps flottant à la surface de ce fluide) supporte une pression résultante égale au poids du fluide déplacé par lui. C'est en cela que consiste le *principe d'Archimède,* dont la démonstration est trop connue pour qu'il soit utile de la rappeler.

Dans certains cas, la recherche de la pression totale sur une surface courbe peut être ramenée à celle de la pression totale sur une surface plane. Si l'on imagine un corps dont la surface limitative se composerait d'une partie courbe et d'une face plane, le principe d'Archimède permettra de déterminer la pression résultante supportée par le contour extérieur de ce corps. Ainsi donc la connaissance de la pression sur la face plane entraînerait celle de la pression sur la surface courbe, puisque cette dernière combinée avec une force connue devrait produire une résultante également connue.

8. *Cas particulier d'une surface plane plongée dans un liquide pesant homogène.* — La pression dans un plan de niveau du liquide étant p_0, la pression p dans un autre plan horizontal situé à la distance z au-dessous du premier sera (n° 6)

$$p = p_0 + \Pi z.$$

Si maintenant ω est l'un des éléments soumis à la pression p par unité de surface, sa pression effective sera $p\omega$, et comme toutes ces pressions sont parallèles, leur résultante aura pour intensité $\Sigma p\omega$, en désignant par Σ une somme étendue à tous les éléments ω. Or on a

$$\Sigma p\omega = \Sigma (p_0 + \Pi z)\,\omega = p_0 \Sigma\omega + \Pi \Sigma\omega\, z.$$

Donc la pression moyenne sur la surface totale $\Sigma\omega$, laquelle s'exprimerait par le quotient $\dfrac{\Sigma p\omega}{\Sigma\omega}$, aurait pour valeur

$$p_0 + \Pi \frac{\Sigma\omega z}{\Sigma\omega},$$

et comme $\dfrac{\Sigma\omega z}{\Sigma\omega}$ n'est autre chose que l'ordonnée du centre de gravité de la surface, on voit que cette pression moyenne est précisément celle qui a lieu dans le liquide à la hauteur de ce centre de gravité.

On appelle *centre de pression* le point de la surface plane où est appliquée la pression résultante. Pour obtenir ce point, on peut imaginer un cylindre ou prisme tronqué dont la surface pressée serait la section droite en même temps que l'une des bases, et dont l'autre base s'obtiendrait en portant sur chaque génératrice la hauteur représentative de la pression au point où cette génératrice coupe la section droite. Ce cylindre étant construit, si l'on en prend la portion qui se projette sur un élément ω de sa section droite extrême, le poids de cette portion exprimera la pression supportée par ω : donc la pression résultante sera égale au poids total du cylindre et passera en son centre de gravité, ce qui détermine sa position, puisque déjà sa direction est connue. Cette résultante se confondrait avec le poids total du cylindre, si la pesanteur, changeant de direction, prenait celle de la normale à la surface pressée. La détermination du centre de pression est donc ramenée à celle d'un centre de gravité.

Nous avons indiqué ailleurs (n° 10 du *Cours de Résistance des Matériaux*, deuxième édition) un autre moyen général de déterminer le centre de pression ; il nous semble utile de le rappeler en peu de mots.

Imaginons que le plan de la surface pressée soit prolongé jusqu'à sa rencontre avec le plan de niveau où la pression du liquide s'annule (c'est-à-dire jusqu'à la surface libre, si la pression atmosphérique ne doit pas entrer en ligne de compte), et nommons (D) la droite suivant laquelle se fait l'intersection ; alors nous pourrons d'abord énoncer ce théorème : *Le centre de pression de la surface est identique avec son centre de percussion relativement à l'horizontale* (D). De là résulte la construction géométrique suivante : 1° tracer, par le centre de gravité de la surface pressée, le diamètre conjugué de la direction (D) dans son ellipse centrale d'inertie ; 2° après avoir déterminé le carré r^2 du rayon de gyration de la surface, autour d'une parallèle à (D) passant par son centre de gravité, mener au-dessous de ce point une seconde parallèle (D') à la même direction, telle que le produit des deux distances du centre de gravité à (D) et à (D') soit égal à r^2 : la rencontre de (D') avec le diamètre conjugué défini en premier lieu donnera le centre de pression cherché.

Si la surface pressée avait un axe de symétrie perpendiculaire à l'horizontale (D), cet axe devrait contenir le centre de pression; celui-ci serait donc placé sur une ligne connue d'avance, en dessous du centre de gravité, et à une distance identique avec celle de la droite (D′).

Dans le cas plus particulier où la surface pressée serait un rectangle ayant deux de ses côtés horizontaux, l'application des théorèmes précédents conduit à des résultats fort simples et qu'il est bon de retenir. Soient

α l'angle aigu fait par le plan du rectangle avec un plan horizontal;

b la longueur des côtés inclinés;

l la longueur des côtés horizontaux;

y la distance verticale du centre de figure au plan de niveau où la pression du liquide est nulle;

R la grandeur de la pression résultante sur la surface lb du rectangle;

c la distance du centre de pression ou de la droite (D′) au centre de figure de cette surface.

On aura ici

$$r^2 = \frac{1}{12} b^2;$$

d'ailleurs la distance du centre de gravité du rectangle à la droite (D) s'exprimerait par $\dfrac{y}{\sin \alpha}$; donc

$$c = \frac{b^2 \sin \alpha}{12 y}.$$

La résultante R a pour valeur

$$R = \Pi\, lby;$$

elle agit normalement au rectangle, sur sa médiane inclinée, à une distance c au-dessous du centre de gravité. Il sera permis de la remplacer par une force égale et parallèle agissant en ce dernier point, pourvu qu'on lui joigne un couple, d'intensité Rc, situé dans un plan vertical perpendiculaire aux côtés l; le moment Rc de ce couple est encore égal à $\Pi\,lby\cdot\dfrac{b^2\cos\alpha}{12y}$ ou à

$$\frac{1}{12}\,\Pi\,lb\cdot b^2\sin\alpha.$$

Si, au lieu d'un rectangle, on avait une surface quelconque, de grandeur Ω, la résultante serait $\Pi\Omega y$, et le couple produit par son transport au centre de gravité aurait, relativement aux parallèles à (D), un moment exprimé par $\Pi\Omega\,r^2\sin\alpha$; seulement ce couple ne serait pas, en général, dans un plan perpendiculaire aux horizontales de la surface Ω, et cela n'aurait lieu que si les horizontales dont il s'agit étaient parallèles à un axe principal de l'ellipse centrale d'inertie de l'aire Ω.

Quant au sens du couple, on verra sans peine, en faisant la figure, que ce couple tend à rapprocher le plan pressé de la direction verticale ou à l'en éloigner, suivant que la pression du liquide s'exerce au-dessus ou au-dessous de la surface.

§ II. — Hydrodynamique.

9. *De la pression dans un fluide en mouvement.* — Quand un fluide est en mouvement, il n'en exerce pas moins une certaine pression contre les parois qui le terminent, et en divisant la force que supporte un élément superficiel par l'aire de cet élément, on aurait la pression rapportée à l'unité de surface en un point de la paroi. Seulement, comme la viscosité produit une certaine adhérence entre le fluide et la surface en contact, la pression ainsi déterminée s'écarterait plus ou moins de la direction normale.

Si l'on veut ensuite, en procédant ainsi que nous l'avons fait au n° 3, étendre cette définition à un point intérieur de la masse, on n'éprouvera pas de difficulté tant qu'il s'agira d'un corps possédant la fluidité parfaite telle qu'elle est définie au n° 2. En effet, la démonstration de l'équation (1) du n° 3 se ferait de la même manière, en introduisant les forces d'inertie des molécules, parce qu'il ne s'agirait plus alors que d'un équilibre fictif entre ces forces et les forces réelles, conformément au principe de d'Alembert. Mais comme en définitive les forces proportionnelles aux masses disparaissent de l'équation lorsque les dimensions du fluide décroissent indéfiniment (*), on reconnaîtrait de même que les éléments d'une surface fermée infiniment petite, tracée autour d'un point du fluide, supportent la même pression par unité superficielle.

Ce serait encore là ce qu'on nommerait la pression du fluide au point dont il s'agit; et en même temps le principe de l'égalité de pression en tous sens autour de ce point se trouverait établi.

Dans la réalité physique, il y a beaucoup de cas où l'on ne commet qu'une petite erreur en faisant abstraction de la viscosité; il y a, au contraire, des problèmes où il est nécessaire d'en tenir compte, parce que les phénomènes observés sont principalement dus à son influence. Alors la petite surface dont nous venons de parler ne se trouvera plus également pressée en tous sens, car l'équation (1) du n° 3 devrait être modifiée en tenant compte des forces produites par la viscosité, lesquelles ne disparaîtraient pas à la limite, car elles sont des infiniment petits de même ordre que les pressions normales. Pour donner, dans ce cas, une idée précise et nette de la pression, nous admettrons que, sans rien changer d'ailleurs à la nature du fluide, on fasse disparaître toute viscosité. Après cette modification, il ne subsisterait plus en chaque point M qu'une pression bien définie, que nous considèrerons comme étant la pression du fluide en M. En isolant autour du point M une très-petite quantité de fluide, tout élément de sa surface limitative sera donc regardé comme soumis à deux forces : 1° une force normale provenant de la pression proprement dite, telle qu'on vient de la définir; 2° une force de direction inconnue *à priori*, provenant de la viscosité.

10. *Équations générales du mouvement d'un fluide, dans l'hypothèse d'une viscosité négligeable.* — Rapportons le mou-

---

(*) En toute rigueur, comme le fluide n'est pas continu, les dimensions d'une surface qui en contiendrait une portion ne peuvent pas être supposées infiniment petites. Cependant, eu égard à l'excessive ténuité des molécules, qui doivent se trouver en nombre considérable, même dans un espace insensible, les conséquences de cette supposition sont en général très-acceptables, au moins comme vérité approximative.

2.

vement à trois axes rectangulaires Ox, Oy, Oz : il sera parfaitement défini si à chaque instant on connaît pour un point quelconque : 1° les trois composantes u, v, w, parallèles aux axes coordonnés, de la vitesse possédée par la molécule qui est en ce point ; 2° la pression p et la densité ρ du fluide. Les quantités u, v, w, p, ρ sont fonctions des coordonnées x, y, z du point auquel elles se rapportent, et du temps t, car à une même époque elles changent d'un point à l'autre, et pour le même point de l'espace elles varient avec le temps : ce sont là les inconnues que nous choisirons pour mettre le problème en équation. Le mouvement sera supposé produit par des forces dont nous désignerons les composantes parallèles aux axes coordonnés par $X\,dm$, $Y\,dm$, $Z\,dm$, dm étant une masse élémentaire, et X, Y, Z des fonctions connues de x, y, z, t.

En prenant un parallélipipède de fluide, dont un sommet serait le point considéré et les trois dimensions infiniment petites dx, dy, dz, nous verrions, par les considérations déjà données au n° 4, qu'il est soumis à une force totale ayant pour composantes, dans l'hypothèse d'une viscosité négligeable,

$$dx\,dy\,dz\left(\rho X - \frac{dp}{dx}\right), \text{ suivant l'axe des } x\,;$$

$$dx\,dy\,dz\left(\rho Y - \frac{dp}{dy}\right), \text{ suivant l'axe des } y\,;$$

$$dx\,dy\,dz\left(\rho Z - \frac{dp}{dz}\right), \text{ suivant l'axe des } z.$$

Et puisque la masse qui supporte cette force est exprimée par $\rho\,dx\,dy\,dz$, l'accélération totale correspondante aura pour valeur, en projection sur les mêmes axes,

$$X - \frac{1}{\rho}\cdot\frac{dp}{dx},$$

$$Y - \frac{1}{\rho}\cdot\frac{dp}{dy},$$

$$Z - \frac{1}{\rho}\cdot\frac{dp}{dz}.$$

Or les projections de cette accélération peuvent encore s'exprimer autrement. En effet, la molécule qui actuellement a pour coordonnées x, y, z, au bout d'un élément de temps dt aura pour coordonnées $x + udt, y + vdt, z + wdt$; u étant fonction de x, y, z, t, son accroissement, répondant aux accroissements udt, vdt, wdt, dt des quatre variables indépendantes, aura pour expression

$$\frac{du}{dx}\,udt + \frac{du}{dy}\,vdt + \frac{du}{dz}\,wdt + \frac{du}{dt}\,dt.$$

Cette quantité n'est autre chose que l'accroissement de la vitesse u projetée sur l'axe des x, au bout d'un temps dt, quand on suit une même molécule sur sa trajectoire; en la divisant par dt, on aura donc l'accélération de cette molécule en projection sur Ox, et par suite l'expression qu'on doit égaler à $X - \frac{1}{\rho}\cdot\frac{dp}{dx}$. Si l'on répète le même raisonnement pour les axes Oy, Oz, on aura les trois équations

$$(1)\quad\begin{cases} X - \dfrac{1}{\rho}\cdot\dfrac{dp}{dx} = u\,\dfrac{du}{dx} + v\,\dfrac{du}{dy} + w\,\dfrac{du}{dz} + \dfrac{du}{dt}, \\[2mm] Y - \dfrac{1}{\rho}\cdot\dfrac{dp}{dy} = u\,\dfrac{dv}{dx} + v\,\dfrac{dv}{dy} + w\,\dfrac{dv}{dz} + \dfrac{dv}{dt}, \\[2mm] Z - \dfrac{1}{\rho}\cdot\dfrac{dp}{dz} = u\,\dfrac{dw}{dx} + v\,\dfrac{dw}{dy} + w\,\dfrac{dw}{dz} + \dfrac{dw}{dt}, \end{cases}$$

qui lient entre elles les cinq inconnues u, v, w, p, ρ et leurs dérivées partielles. Elles sont les mêmes pour les fluides incompressibles et pour les fluides compressibles.

La quatrième équation prend le nom d'équation de continuité, parce qu'elle exprime qu'il ne se forme pas de vide dans la masse fluide en mouvement. Pour l'établir, soit AB...H (*fig.* 2) le parallélipipède $dx\,dy\,dz$; pendant le temps dt, il entre par la face ACGE, dans l'intérieur de ce parallélipipède, un volume de fluide exprimé par $u\,dy\,dz\,dt$, soit une masse $\rho u\,dy\,dz\,dt$; il sort en même temps par la face opposée BDHF une masse $\left(\rho u + \dfrac{d.\rho u}{dx}\,dx\right)dy\,dz\,dt$, de sorte que la masse renfermée dans le parallélipipède s'est accrue de $-\dfrac{d.\rho u}{dx}\,dx\,dy\,dz\,dt$. De même il y aura des accroissements analogues par le fait des vitesses v, w, et l'accroissement total sera

$$-\,dx\,dy\,dz\,dt\left(\frac{d.\rho u}{dx}+\frac{d.\rho v}{dy}+\frac{d.\rho w}{dz}\right).$$

On obtiendra une autre expression de cette quantité, en remarquant que la masse, d'abord égale à $\rho\,dx\,dy\,dz$ au commencement du temps dt, sera égale, quand ce temps sera fini, à

$$\left(\rho+\frac{d\rho}{dt}\,dt\right)dx\,dy\,dz.$$

Cela suppose qu'il ne se forme jamais de vide dans le fluide, car autrement la masse contenue dans un volume ne s'obtiendrait pas en multipliant ce volume par la densité. On posera donc, dans cette hypothèse,

$$dx\,dy\,dz\,dt\left(\frac{d.\rho u}{dx}+\frac{d.\rho v}{dy}+\frac{d.\rho w}{dz}+\frac{d\rho}{dt}\right)=0,$$

soit, après la suppression du facteur $dx\,dy\,dz\,dt$,

$$(2)\qquad \frac{d.\rho u}{dx}+\frac{d.\rho v}{dy}+\frac{d.\rho w}{dz}+\frac{d\rho}{dt}=0.$$

Cette équation, encore applicable aux liquides comme aux gaz, prend une forme plus simple quand il s'agit spécialement d'un liquide. Elle peut en effet s'écrire

$$u\,\frac{d\rho}{dx}+v\,\frac{d\rho}{dy}+w\,\frac{d\rho}{dz}+\frac{d\rho}{dt}+\rho\left(\frac{du}{dx}+\frac{dv}{dy}+\frac{dw}{dz}\right)=0;$$

or, dans un liquide supposé théoriquement incompressible, ρ ne varie pas pour une molécule que l'on suit sur sa trajectoire, c'est-à-dire que $d\rho$ ou l'expression égale

$$\frac{d\rho}{dx}\,dx+\frac{d\rho}{dy}\,dy+\frac{d\rho}{dz}\,dz+\frac{d\rho}{dt}\,dt$$

sera nulle, en prenant sa valeur correspondante à $dx=udt$, $dy=vdt$, $dz=wdt$; donc pour un liquide l'équation (2) de continuité se dédouble en deux autres, savoir :

$$(2\ bis) \quad \begin{cases} u\dfrac{d\rho}{dx} + v\dfrac{d\rho}{dy} + w\dfrac{d\rho}{dz} + \dfrac{d\rho}{dt} = 0, \\[2mm] \dfrac{du}{dx} + \dfrac{dv}{dy} + \dfrac{dw}{dz} = 0. \end{cases}$$

Pour les gaz, il faudra joindre à l'équation (2) celle qui est fournie par les lois de Mariotte et de Gay-Lussac (n° 4), savoir :

$$(3) \qquad \rho = \frac{kp}{1 + \alpha\theta}.$$

Ainsi donc les cinq équations entre les cinq inconnues u, v, w, p, ρ seront (1) et (2 *bis*), ou bien (1), (2) et (3), suivant qu'il s'agira des liquides ou des gaz. Ajoutons toutefois que, dans ce dernier cas, il faudra supposer la température constante, sans quoi une sixième inconnue θ s'introduirait dans le calcul, et une nouvelle équation deviendrait nécessaire.

Si l'on pouvait intégrer ces cinq équations d'une manière générale, et déterminer, d'après les conditions particulières relatives à la surface extérieure du fluide ou à l'instant initial, les fonctions arbitraires introduites par l'intégration, la question serait résolue. Malheureusement ces équations sont si *rebelles*, comme le dit Lagrange (*), qu'on n'y a réussi que dans quelques cas très-limités. Nous nous abstiendrons pour cette raison d'aller plus avant dans cette étude, et nous allons indiquer une conséquence remarquable déduite des équations (1), moyennant quelques hypothèses restrictives.

11. *Définition de la permanence du mouvement ; théorème relatif au mouvement permanent d'un fluide.* — Nous supposerons d'abord que le mouvement est permanent, c'est-à-dire qu'en un lieu déterminé de l'espace le fluide présente toujours le même phénomène, ou, en d'autres termes, que u, v, w, p, ρ varient bien, à un même instant, avec les coordonnées x, y, z du point auquel elles se rapportent, mais qu'elles sont constantes quand le temps t varie, x, y, z ne variant pas.

(*) *Mécanique analytique*, seconde partie, section X.

Ainsi donc on aura

$$\frac{du}{dt}=0,\quad \frac{dv}{dt}=0,\quad \frac{dw}{dt}=0,\quad \frac{dp}{dt}=0,\quad \frac{d\rho}{dt}=0.$$

La seconde hypothèse consistera en ce que $X\,dx+Y\,dy+Z\,dz$ soit la différentielle exacte d'une fonction des coordonnées; c'est-à-dire qu'on posera

$$X\,dx + Y\,dy + Z\,dz = d\mathrm{T},$$

T désignant une fonction de x, y, z. Appelons J l'accélération totale en un point quelconque, et J_x, J_y, J_z ses trois composantes suivant les trois axes; les trois équations (1) pourront s'écrire

$$X - \frac{1}{\rho}\cdot\frac{dp}{dx} = J_x,$$

$$Y - \frac{1}{\rho}\cdot\frac{dp}{dy} = J_y,$$

$$Z - \frac{1}{\rho}\cdot\frac{dp}{dz} = J_z.$$

Si on les ajoute après les avoir respectivement multipliées par dx, dy, dz, on aura

$$(4)\qquad d\mathrm{T} - \frac{1}{\rho}\,dp = J_x dx + J_y dy + J_z dz,$$

car, puisque le mouvement est permanent, p n'est plus fonction du temps, et la différentielle complète dp a pour valeur $\frac{dp}{dx}\,dx + \frac{dp}{dy}\,dy + \frac{dp}{dz}\,dz$. D'un autre côté, V étant la vitesse du fluide au point considéré, on a

$$V^2 = u^2 + v^2 + w^2,$$

ou bien, en différentiant les deux membres,

$$V\,dV = u\,du + v\,dv + w\,dw.$$

On peut appliquer cette dernière relation au cas où l'on suivrait une molécule sur sa trajectoire; il faut alors faire

$$dx = u\,dt,\quad dy = v\,dt,\quad dz = w\,dt,$$
$$du = J_x\,dt,\quad dv = J_y\,dt,\quad dw = J_z\,dt,$$

d'où l'on tire aisément

$$V\,d\,V = J_x\,dx + J_y\,dy + J_z\,dz.$$

La relation (4) donne donc

$$(5) \qquad d\,T - \frac{1}{\rho}\,dp = V\,d\,V,$$

autre équation dont l'emploi supposera, bien entendu, que les différentielles $d\,T$, dp, $d\,V$ sont celles qui répondent à un déplacement élémentaire ds sur la trajectoire de l'une des molécules.

L'intégration de l'équation (5) devient possible et même facile quand on admet, soit que le fluide est homogène, soit qu'il est gazeux et à température constante. Dans le premier cas, ρ est un nombre invariable : on aura donc

$$(6) \qquad T - \frac{p}{\rho} - \frac{1}{2}\,V^2 = \text{const.};$$

dans le second, ρ sera remplacé par $K\,p$ (n° 4), K étant une constante, et l'intégration donnera

$$(7) \qquad T - \frac{1}{K}\log \text{hyp.}\,p - \frac{1}{2}\,V^2 = \text{const.}$$

Il est indispensable de ne pas perdre de vue que les deux relations (6) et (7) ne sont démontrées que pour une suite de points par lesquels doit passer une même molécule, choisie arbitrairement d'ailleurs. Elles auront de l'utilité pour le cas où les trajectoires seraient connues d'avance quant à leur forme. Leur énoncé en langage ordinaire constituerait le théorème que nous avions en vue.

12. *Application du théorème précédent au cas d'un fluide pesant et homogène; théorème de Daniel Bernoulli.* — Si les forces généralement désignées ci-dessus par $X\,dm$, $Y\,dm$, $Z\,dm$ consistent seulement dans les actions de la pesanteur, l'axe des z étant supposé vertical et descendant, il faudra faire

$$X = 0, \quad Y = 0, \quad Z = g.$$

La fonction T se réduira dans ce cas à gz; supposant en outre que le poids de l'unité de volume (lequel a pour valeur ρg) soit désigné par Π, la relation (6) deviendra

$$gz - g\frac{p}{\Pi} - \frac{1}{2}V^2 = \text{const.};$$

ou bien encore, après avoir divisé par le facteur g,

$$(8) \qquad z - \frac{p}{\Pi} - \frac{V^2}{2g} = \text{const.}$$

Sauf le changement de forme, c'est dans la propriété exprimée par l'équation (8) que consiste le théorème de Daniel Bernoulli. On pourrait l'énoncer ainsi : *Si pour divers points d'un fluide en mouvement permanent, tous situés sur la trajectoire d'une même molécule, on prend la différence entre la hauteur au-dessous d'un plan horizontal fixe, d'une part, et la hauteur représentative de la pression, plus la hauteur due à la vitesse, d'autre part, cette différence sera une quantité constante.*

Si le fluide pesant était un gaz à température constante, il n'y aurait qu'à remplacer T par gz dans l'équation (7) : nous reviendrons plus loin sur ce cas particulier.

13. *Autre démonstration du théorème établi au n° 12.* — L'équation (5) du n° 12, ou ses intégrales (6), (7) et (8), seront d'un usage si fréquent dans ce Cours, que nous croyons utile d'en donner une autre démonstration plus directe, qui les rattache à un des théorèmes généraux les plus importants de la Mécanique : nous voulons parler du théorème concernant la force vive d'un corps et le travail des forces qui le sollicitent.

A cet effet, soit AB (*fig.* 3) une portion élémentaire du fluide, contenue dans une enveloppe de forme quelconque, mais infiniment petite en tous sens; suivons par la pensée l'ensemble de molécules ainsi limité, dans son mouvement au milieu du fluide qui l'entoure, et pendant que son centre de gravité O décrit l'élément $\overline{OO'}$ de sa trajectoire, appliquons à ce point, considéré comme réu-

Fig. 3.

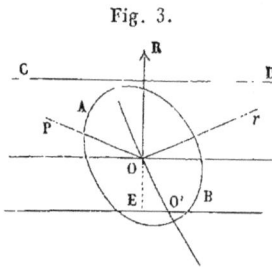

nissant la masse entière du système, le théorème de l'effet du travail. Désignons par

m la masse fluide totale renfermée dans le volume AB;

ρ sa densité qu'on est autorisé à supposer invariable d'un point à l'autre pour un instant donné, puisqu'il s'agit d'un volume infiniment petit;

V la vitesse du point O à l'instant actuel;

X, Y, Z les composantes, suivant trois axes rectangulaires, de la force extérieure rapportée à l'unité de masse qui agit sur les molécules fluides aux environs du point O;

dx, dy, dz les projections sur les trois mêmes axes de la distance $\overline{OO'}$;

ds cette distance;

R la résultante des pressions exercées sur l'enveloppe AB;

β son angle avec $\overline{OO'}$, soit l'angle O'OE de la figure.

L'accroissement de la demi-force vive de la masse m condensée en O s'exprimera par $m\,V\,d\,V$, si $d\,V$ représente l'accroissement de vitesse pris par le point O, après le temps employé par lui à franchir la distance ds; il faut l'égaler au travail fait par la résultante de translation de toutes les forces. Or les forces agissant sur les diverses masses comprises dans AB, transportées parallèlement à elles-mêmes en O, produiraient la résultante $m\sqrt{X^2 + Y^2 + Z^2}$, dont le travail pendant le parcours $\overline{OO'}$ sera $m(X\,dx + Y\,dy + Z\,dz)$; les actions mutuelles transportées au même point se détruisent deux à deux; il ne reste donc, pour compléter le travail des forces, qu'à tenir compte du travail de la pression résultante R, exprimé par $-\,R\cos\beta.\,ds$. Donc on aura l'équation

(9) $m\,V\,d\,V = m(X\,dx + Y\,dy + Z\,dz) - R\cos\beta.\,ds.$

Afin d'évaluer l'intensité de l'action R exercée sur l'enveloppe AB par le fluide voisin, considérons, à l'instant actuel, les surfaces de niveau (c'est-à-dire d'égale pression) dans les environs de AB, et supposons que le plan CD représente la direction commune de ces surfaces. La pression p, par unité superficielle, actuellement existante en un point quelconque de l'enveloppe est uniquement fonction de la distance η de ce point au plan CD, distance qui déterminerait la surface de niveau passant au point en question; et attendu que η est infiniment petit, on pourra poser simplement

$$(10) \qquad p = L + M\eta,$$

L et M étant des constantes, car les termes suivants du développement de p en fonction de η disparaîtraient devant ceux-là, comme infiniment petits d'ordre supérieur. Or la pression uniforme L sur le contour fermé **AB** donnera une résultante nulle (n° **7**); quant au terme Mη, on voit qu'il représenterait la pression produite par un fluide pesant et homogène, si **CD** était un plan horizontal et si le poids de l'unité de volume du fluide était **M**; donc, d'après le principe d'Archimède, la poussée totale R qui en résultera sera normale à **CD** et égale au produit de **M** par le volume **AB**, c'est-à-dire à $M\,\dfrac{m}{\rho}$.

Maintenant, **M** peut encore s'exprimer d'une autre manière. Supposons qu'à l'instant où le centre de gravité de la masse m occupe la position O, il y ait pour la molécule fluide qui se trouve simultanément en O′ une pression différente de celle du point O, et que la différence infiniment petite soit représentée par δp. Cette différence correspond à celle des ordonnées η pour O et O′, laquelle est égale à $ds\cos\beta$; en vertu de l'équation (10), on écrira

$$\delta p = M\,ds\cos\beta,$$
ou bien
$$M = \frac{\delta p}{ds\cos\beta}.$$

Par conséquent on a aussi

$$R = M\,\frac{m}{\rho} = \frac{m}{\rho\cos\beta}\cdot\frac{\delta p}{ds},$$

et, en substituant cette valeur dans l'équation (9),

$$(11) \qquad V\,dV = X\,dx + Y\,dy + Z\,dz - \frac{1}{\rho}\,\delta p.$$

Quand le mouvement est permanent, la pression en un point déterminé du fluide ne dépend pas du temps; la variation δp

représente donc aussi la quantité dont a augmenté la pression p au centre de gravité O, après que ce point est venu prendre la position O' : c'est l'accroissement de p corrélatif de l'accroissement dV de la vitesse V. En d'autres termes, on peut alors remplacer δp par dp, et si d'ailleurs le trinôme

$$X\,dx + Y\,dy + Z\,dz$$

est supposé, comme tout à l'heure, la différentielle exacte d'une fonction T de x, y, z, la dernière équation deviendra identique avec l'équation (5) du n° 12, dont on aura ainsi une seconde démonstration.

Quand on n'admet pas l'hypothèse de la permanence du mouvement, l'équation (11) cesse d'être immédiatement intégrable, parce que les différentielles dV et δp ne sont pour ainsi dire plus de la même espèce. La première suppose à la fois un déplacement élémentaire ds sur la trajectoire du point O et une variation dt du temps. Pour le point O considéré seul dans son mouvement sur sa courbe, c'est la différentielle complète de V. Au contraire, δp est une différentielle incomplète, ne comportant pas la variation du temps. On ne peut donc plus intégrer, ni en supposant le temps invariable, pour savoir comment varie p, à un même instant, aux points successifs O, O',..., d'une même trajectoire, ni en supposant le temps variable et le point O constant dans sa position. La nature du premier membre de l'équation (11) rendrait la première intégration impossible; quant à la seconde, elle serait incompatible avec le second membre comme avec le premier.

14. *Introduction des forces produites par la viscosité dans les équations générales du mouvement des fluides.* — C'est à Navier (*) que l'on doit les premières tentatives pour résoudre cette question. Il admettait, avec Newton, que la viscosité développe entre deux molécules une force mutuelle proportionnelle à la vitesse avec laquelle ces deux molécules s'écartent l'une de l'autre. Quand il s'agit de deux molécules fluides, vu la petitesse de la distance à laquelle elles peuvent agir sensible-

---

(*) *Mémoires de l'Académie des Sciences de Paris*, t. VI.

ment l'une sur l'autre, elles ont nécessairement des vitesses
très-peu différentes, et la vitesse avec laquelle elles se séparent
est très-faible. Soit a cette vitesse et $f(a)$ une fonction de a qui
représente l'action mutuelle dont il s'agit ; $f(a)$ peut être développée, suivant les puissances de sa variable, sous la forme

$$A + Ba + Ca^2 + Da^3 + \ldots;$$

or les expériences tendent toutes à prouver que $f(a)$ s'annule
ou devient insensible quand a est nul ; donc $A = o$, et

$$f(a) = Ba + Ca^2 + Da^3 + \ldots.$$

D'un autre côté, nous avons dit que a est très-petit ; il est donc
probable que les termes Ca^2, $Da^3, \ldots$, sont faibles relativement au premier Ba, et qu'on est en droit de supposer, comme
l'a fait Navier, $f(a)$ proportionnelle à a. Mais ce n'est qu'une
probabilité, car Ca^2, $Da^3, \ldots$, ne disparaissent devant Ba que
lorsque a est infiniment petit, et encore faudrait-il que B ne
fût pas nul, ce que rien n'établit *à priori*. Feu M. Darcy, inspecteur général des Ponts et Chaussées, dans ses belles recherches expérimentales sur le mouvement de l'eau dans les
tuyaux (*), a effectivement cru reconnaître des faits qui ne
s'accorderaient pas bien avec l'hypothèse de Navier. D'ailleurs
le raisonnement que nous avons fait pour établir que $f(a)$ devait se réduire au terme Ba n'est plus applicable pour les molécules fluides en contact avec les parois solides ; car alors a
n'est plus très-petit et peut avoir une valeur quelconque.
L'hypothèse admise par Navier n'est donc pas suffisamment
démontrée, et même elle paraît en contradiction avec diverses
expériences ; c'est pourquoi nous ne croyons pas utile de re-
produire ici l'analyse assez minutieuse par laquelle il a établi
les équations générales de l'Hydrodynamique, en tenant
compte de la viscosité. Le changement ne porte que sur les
équations (1) du n° **10**, les équations (2), (2 *bis*) et (3) devant
rester les mêmes pour les fluides parfaits et les fluides naturels. Les équations (1) deviennent un peu plus compliquées,

---

(*) Mémoires présentés par divers savants à l'Académie des Sciences de Paris, t. XV.

ce qui en rendrait l'usage encore plus difficile ; les voici, du reste, avec les modifications qu'elles doivent subir :

$$X - \frac{1}{\rho} \cdot \frac{dp}{dx} + \varepsilon \left(\frac{d^2u}{dx^2} + \frac{d^2u}{dy^2} + \frac{d^2u}{dz^2} \right) = u \frac{du}{dx} + v \frac{du}{dy} + w \frac{du}{dz} + \frac{du}{dt},$$

$$Y - \frac{1}{\rho} \cdot \frac{dp}{dy} + \varepsilon \left(\frac{d^2v}{dx^2} + \frac{d^2v}{dy^2} + \frac{d^2v}{dz^2} \right) = u \frac{dv}{dx} + v \frac{dv}{dy} + w \frac{dv}{dz} + \frac{dv}{dt},$$

$$Z - \frac{1}{\rho} \cdot \frac{dp}{dz} + \varepsilon \left(\frac{d^2w}{dx^2} + \frac{d^2w}{dy^2} + \frac{d^2w}{dz^2} \right) = u \frac{dw}{dx} + v \frac{dw}{dy} + w \frac{dw}{dz} + \frac{dw}{dt},$$

les notations étant celles du n° 10, et ε désignant en outre une constante qui dépend de la nature du fluide.

On peut arriver à ces équations par un procédé très-rapide, mais qui n'est pas (nous devons en convenir) une déduction bien rigoureuse de l'hypothèse de Navier. Pour savoir le changement à faire aux équations (1) du n° 10, il faut simplement chercher l'expression de la force rapportée à l'unité de masse, qui agit, en vertu de la viscosité, sur un élément quelconque du fluide, et l'introduire dans le premier membre des équations : tout se réduit donc à montrer que cette force a pour composantes, suivant les trois axes,

$$\varepsilon \left(\frac{d^2u}{dx^2} + \frac{d^2u}{dy^2} + \frac{d^2u}{dz^2} \right),$$

$$\varepsilon \left(\frac{d^2v}{dx^2} + \frac{d^2v}{dy^2} + \frac{d^2v}{dz^2} \right),$$

$$\varepsilon \left(\frac{d^2w}{dx^2} + \frac{d^2w}{dy^2} + \frac{d^2w}{dz^2} \right).$$

A cet effet remarquons d'abord que les faces ACGE et HDBF (*fig.* 2) du parallélipipède fluide élémentaire AB...H, possédant les vitesses différentes u et $u + \frac{du}{dx} dx$, s'écartent l'une de l'autre avec la vitesse $\frac{du}{dx} dx$, c'est-à-dire que leur vitesse d'écartement rapportée à l'unité de distance des deux plans serait $\frac{du}{dx}$. De là doit résulter une force analogue à celle que produit l'extension simple dans les solides, force à laquelle on peut supposer une intensité $\rho\varepsilon \frac{du}{dx}$ sur chaque unité de surface, en admettant qu'elle est proportionnelle à la vitesse d'extension relative, et désignant par ε un coefficient constant, qui sera en quelque sorte le *coefficient de viscosité*. Le parallélipipède supportera donc sur la face ACGE une action totale $\rho\varepsilon \, dy \, dz \frac{du}{dx}$, dans le sens des x négatifs ; sur la face opposée HDBF, il y aura en sens contraire la même action augmentée de la différentielle relativement à x, de sorte que ces deux actions se réduiront à $\varepsilon\, dx\, dy\, dz\, \dfrac{d^2 u}{dx^2}$. De même les faces opposées ABEF et CDGH, possédant respectivement les vitesses u et $u + \dfrac{du}{dy}\, dy$, dans le sens parallèle aux x, éprouvent dans cette direction un glissement simple, dont la vitesse rapportée à l'unité de distance est $\dfrac{du}{dy}$; il en naît aussi une force $\varepsilon\, \dfrac{du}{dy}$ par unité de surface et une résultante $\varepsilon\, dx\, dy\, dz\, \dfrac{d^2 u}{dy^2}$ des actions exercées par la viscosité, dans la direction de l'axe des x, sur les deux faces parallèles dont nous nous occupons. Enfin le glissement relatif des faces ABCD et EFGH produit encore, dans la même direction, la force totale $\varepsilon\, dx\, dy\, dz\, \dfrac{d^2 u}{dz^2}$. En additionnant ces trois résultantes partielles et divisant par la masse $\rho\, dx\, dy\, dz$ du parallélipipède, on trouve bien la valeur ci-dessus indiquée, savoir :

$$ \varepsilon \left(\frac{d^2 u}{dx^2} + \frac{d^2 u}{dy^2} + \frac{d^2 u}{dz^2} \right). $$

On procèderait de même à l'égard des deux autres axes.

Les équations différentielles posées tout à l'heure s'appliquent seulement, bien entendu, aux points pris dans l'intérieur de la masse fluide. Les molécules situées sur la surface libre doivent vérifier d'autres conditions spéciales que Navier a également démontrées : mais nous nous abstiendrons de les étudier en général, et nous nous bornerons à les établir dans les exemples particuliers qui se présenteront ultérieurement.

Ainsi que nous l'avons dit plus haut, les résultats des expériences de M. Darcy sur le mouvement de l'eau dans les tuyaux ont semblé contredire la loi hypothétique admise par Navier, d'après Newton. Cette loi contient en effet implicitement une conséquence qui peut être établie par le calcul; c'est que le frottement de deux couches concentriques à l'axe du tuyau, ayant une différence de vitesse dV pour un accroissement dr du rayon, devrait varier proportionnellement à $\dfrac{dV}{dr}$, tandis que les mesures prises par l'observateur le conduisaient à supposer plutôt ce même frottement proportionnel à $\left(\dfrac{d\mathrm{V}}{dr}\right)^2$. Peut-être le désaccord tient-il aux erreurs inséparables des expériences de ce genre; car tout repose sur l'évaluation exacte des vitesses possédées par les molécules liquides, et il faut bien dire qu'on ne connaît encore aucun instrument qui donne le moyen de l'obtenir avec quelque précision. Peut-être aussi les mouvements observés ne remplissaient-ils pas bien la condition, qu'on leur supposait *à priori*, de ne présenter qu'une série de trajectoires rectilignes et parallèles à l'axe du tuyau.

Dans ces derniers temps, la même question a été l'objet de recherches théoriques ou expérimentales de la part de plusieurs ingénieurs des Ponts et Chaussées. M. Bazin, qui a été le collaborateur et le continuateur de M. Darcy, a émis l'opinion (sans d'ailleurs la développer ni faire connaître ses motifs) que l'action mutuelle des filets fluides contigus dépend non-seulement de leur vitesse relative, mais encore de leur vitesse absolue (*). Quand il s'agit de forces moléculaires, c'est-à-dire d'une classe de phénomènes encore très-imparfaitement connus, il faut mettre beaucoup de réserve avant de rejeter formellement telle ou telle manière de concevoir leurs conditions d'existence : nous croyons cependant que cette influence de la vitesse absolue est difficile à accepter, parce qu'elle est en opposition avec une de ces idées, pour ainsi dire classiques, tenues pour vraies par tous les auteurs, et auxquelles on n'aime à renoncer qu'en face de preuves bien positives. L'idée dont nous voulons parler est celle qui fait dépendre l'action réciproque de deux corps seulement de leur mouvement relatif, quand leur nature intime et leur état physique restent toujours les mêmes. Voudrait-on donc croire que ces deux dernières choses sont susceptibles de subir l'influence de la vitesse, et qu'un corps perd en quelque sorte son identité quand on l'anime d'un certain mouvement au lieu de le laisser en repos?

(*) *Recherches hydrauliques*, 1ʳᵉ partie, p. 29 et 30. — Par vitesse absolue, on doit sans doute entendre la vitesse relativement à la paroi supposée fixe, afin de ne pas avoir à prendre en considération le mouvement de la terre.

Dans un Mémoire sur le mouvement rectiligne et uniforme des liquides naturels (*), M. Lévy (Maurice) a adopté l'idée de M. Bazin; il s'est attaché à montrer l'impossibilité de la loi proposée par M. Darcy et la nécessité de reprendre celle de Navier, en la modifiant de manière à rendre ε fonction de la vitesse. Il est arrivé à des résultats que nous aurons à mentionner plus loin, quand nous étudierons spécialement la théorie des tuyaux de conduite.

Enfin M. Kleitz, inspecteur général, prenant un point de départ différent, mais s'appuyant, ainsi que M. Lévy, sur diverses considérations empruntées à la théorie mathématique de l'élasticité, retrouve également comme conséquence la loi de Navier, avec un coefficient variable d'un point à un autre du fluide; seulement ce coefficient dépendrait, non pas de la vitesse absolue, mais de la manière dont varie, autour de chaque point et dans les diverses directions, la vitesse avec laquelle la molécule actuellement placée en ce point se sépare ou se rapproche de toutes celles qui l'entourent, pendant le premier élément du temps qui va suivre.

La divergence des opinions que nous venons de passer rapidement en revue prouve assez que la question n'est pas encore résolue d'une manière satisfaisante, et que le champ reste ouvert à de nouveaux efforts.

15. *Généralisation du théorème de Daniel Bernoulli.* —Sans faire, quant à présent, aucune hypothèse qui nous permette d'évaluer la grandeur de la force exercée sur chaque molécule par suite de la viscosité, appelons φ l'accélération que cette force serait capable d'imprimer à la molécule et γ l'angle qu'elle fait avec l'élément ds parcouru sur la trajectoire. Si nous répétons les raisonnements au moyen desquels nous avons établi l'équation (11) du n° **13**, il est clair qu'il suffira d'ajouter au second membre un terme représentant le travail de φ dans le déplacement ds, puisque $X\,dx + Y\,dy + Z\,dz$ ou $d\mathrm{T}$ désigne

---

(*) *Annales des Ponts et Chaussées*, 1867, 1er semestre. — M. Lévy, en publiant ce travail, en annonce un autre plus complet et de nature, suivant lui, à lever tous les doutes.

la quantité analogue pour les forces autres que celles dues à la viscosité. Ainsi donc on aura

$$(12) \qquad V\,dV = dT - \frac{1}{\rho}\,dp + \varphi \cos\gamma\,ds,$$

ou bien, en intégrant entre deux positions quelconques d'une même molécule,

$$(13) \qquad T - \int \frac{dp}{\rho} + \int \varphi \cos\gamma\,ds - \frac{1}{2}V^2 = \text{const.},$$

équation dont on pourra faire usage lorsque, par un procédé quelconque, on sera parvenu à évaluer le terme $\int \varphi \cos\gamma\,ds$, représentant le travail fait par la force due à la viscosité, rapportée à l'unité de masse, pendant le déplacement fini d'une molécule.

L'équation (13) sera pour nous l'expression du théorème de D. Bernoulli, généralisé par l'introduction des effets de la viscosité et par une supposition moins restreinte quant à la nature des forces extérieures, qui peuvent être d'autres forces que la pesanteur. En admettant qu'il s'agisse d'un liquide pesant homogène, et procédant comme au n° **12**, nous trouverions

$$(14) \qquad z - \frac{p}{\Pi} - \frac{1}{g}\int \varphi \cos\gamma\,ds - \frac{V^2}{2g} = \text{const.};$$

et dans le cas d'un gaz pesant, à température constante,

$$z - \frac{1}{Kg}\log \text{hyp.}\,p + \frac{1}{g}\int \varphi \cos\gamma\,ds - \frac{V^2}{2g} = \text{const.}$$

L'équation (14) est d'un usage continuel en Hydraulique;

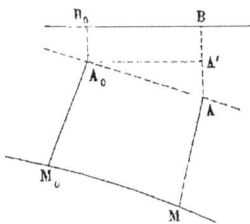

Fig. 4.

aussi nous allons chercher à rendre plus sensibles les faits qu'elle représente, et en même temps nous expliquerons quelques dénominations usitées. A cet effet, soit $M_0 M$ (*fig.* 4) la trajectoire d'une molécule qui appartient à un liquide pesant homogène, en mouvement permanent; soit en outre $B_0 B$ le plan horizontal en dessous duquel on mesure les

3.

hauteurs z. En appliquant l'équation (14) successivement aux points M et M_0, distinguant par l'indice o les quantités relatives à ce second point et retranchant l'une de l'autre les deux équations, on trouvera

$$z - z_0 - \frac{p - p_0}{\Pi} + \frac{1}{g} \int_{s_0}^{s} \varphi \cos \gamma \, ds - \frac{V^2 - V_0^2}{2g} = 0,$$

relation qui n'est autre chose que l'intégrale définie de l'équation (12), pour le cas particulier d'un liquide homogène soumis seulement à l'action de la pesanteur. Maintenant imaginons que la pression en M_0 soit produite par une colonne de liquide $M_0 A_0$ dont la hauteur verticale serait $\frac{p_0}{\Pi}$ (n° 6), et que la pression en M soit également due à une colonne de liquide MA dont $\frac{p}{\Pi}$ serait la hauteur. Les hauteurs des points A_0 et A au-dessous du plan $B_0 B$ auront pour expressions $z_0 - \frac{p_0}{\Pi}$ et $z - \frac{p}{\Pi}$: en appelant h la différence de niveau $\overline{AA'}$ de ces deux points, on aura donc

$$h = z - \frac{p}{\Pi} - \left(z_0 - \frac{p_0}{\Pi} \right),$$

et, par suite,

$$h + \frac{1}{g} \int_{s_0}^{s} \varphi \cos \gamma \, ds - \frac{V^2 - V_0^2}{2g} = 0.$$

Lorsque $\varphi = 0$, ce qui est le cas d'un fluide parfait, on voit par la dernière équation que la vitesse varie comme celle d'un point matériel qui glisserait sans frottement le long de la courbe $A_0 A$, lieu géométrique des points A, sous la seule action de la gravité. Mais généralement φ a une valeur différente de zéro, et le travail $\int_{s_0}^{s} \varphi \cos \gamma \, ds$ est négatif; si nous posons

$$\frac{1}{g} \int_{0}^{s} \varphi \cos \gamma \, ds = - \zeta,$$

la variation de la hauteur due à la vitesse ne sera plus égale qu'à $h - \zeta$, comme si l'on avait retranché la quantité ζ de la différence de niveau h.

Les colonnes telles que MA sont nommées colonnes *piézométriques*, mot dont l'étymologie grecque signifie : *mesurant la pression*. On conçoit qu'elles pourraient être réalisées dans certains cas, en implantant dans les parois qui contiennent le fluide, des tubes assez déliés pour ne pas gêner sensiblement le mouvement. Si le fluide est, par exemple, de l'eau, et que le tube ayant une de ses extrémités ouvertes en M débouche par l'autre dans l'atmosphère, l'eau s'y élèvera jusqu'à une certaine hauteur, et y restera en équilibre pourvu que le tube soit assez long : il est clair alors que le niveau de l'eau dans ce tube sera celui du point A baissé de $10^m,33$, puisque cette hauteur d'eau est celle qui représente la pression atmosphérique. On appelle alors *niveau piézométrique* tantôt le niveau A, tantôt celui de l'eau dans le tube, ce qui a peu d'importance, parce que l'on a toujours à considérer la différence de niveau de deux colonnes piézométriques et que le terme constant $10^m,33$ disparaît dans la soustraction. La constatation directe, ainsi effectuée, de la pression en un point quelconque d'un fluide en mouvement serait sans doute la source de grands progrès pour l'Hydraulique ; malheureusement, on doit reconnaître qu'il est presque impossible de satisfaire à la condition essentielle de ne pas altérer le mouvement par l'introduction de tubes dans le liquide, alors même qu'ils ne pénétreraient presque pas à l'intérieur.

L'abaissement du niveau piézométrique depuis M_0 jusqu'en M, ou le relèvement affecté du signe —, sera ce que nous appellerons la *charge* entre ces deux points ; la quantité ζ s'appelle au contraire *perte de charge*, expression parfaitement justifiée puisqu'elle se retranche de la charge quand il s'agit d'avoir la valeur de $\dfrac{V^2 - V_0^2}{2g}$. Moyennant ces dénominations, le théorème de D. Bernoulli, dans le cas de liquides pesants et homogènes, s'énoncerait très-simplement comme il suit : *L'accroissement de la hauteur due à la vitesse est égal à la différence entre la charge et la perte de charge.*

Nous ne chercherons point comment cet énoncé devrait se

modifier pour s'adapter aux autres cas, lesquels se rencontrent bien plus rarement dans les applications que nous avons à étudier.

16. *Variation de la pression dans un fluide parfait en mouvement permanent, pour des points successifs dont le lieu coupe normalement les trajectoires.* — Les équations ci-dessus démontrées (n⁰ˢ 11, 12, 13 et 15) ont généralement pour objet de montrer comment varie la pression dans un fluide en mouvement permanent, quand on prend une suite de points situés sur la trajectoire d'une même molécule. Il y a des cas où il est utile de savoir quelles sont les variations de cette quantité dans un sens perpendiculaire au premier.

On peut en un point quelconque O du fluide (*fig.* 3) imaginer trois directions rectangulaires entre elles, savoir : 1° celle de la vitesse V, ou de l'élément $\overline{OO'} = ds$ de la trajectoire suivie par la molécule qui passe actuellement en O; 2° celle qu'on obtient en prolongeant le rayon de première courbure à partir de la même trajectoire, soit Or; 3° celle qui est perpendiculaire aux deux précédentes, et qu'on a représentée sur la figure par la ligne OP. Il s'agit de savoir ce que devient l'accroissement différentiel dp de la pression, quand on s'écarte infiniment peu de O suivant la seconde et la troisième direction, à des distances dr, $d\sigma$.

Il sera facile de répondre à cette question, dans le cas de la fluidité parfaite, en se rappelant qu'une petite masse de fluide prise autour du point O doit, conformément au principe de d'Alembert, satisfaire aux équations d'équilibre, pourvu que l'on tienne compte des forces d'inertie. Or, pour la petite masse en question, ces forces pourraient être réduites à deux composantes, l'une parallèle à ds, l'autre en sens contraire du rayon de courbure r, ayant respectivement pour intensité le produit de la masse par les accélérations tangentielle et normale, $\dfrac{dV}{dt}$ et $\dfrac{V^2}{r}$. Donc si N et P sont les projections de la résultante $\sqrt{X^2 + Y^2 + Z^2}$ des forces X, Y, Z, sur Or et OP, Or et OP étant les sens positifs; si, en outre, ayant choisi OO', Or, OP

pour axes coordonnés, on applique l'équation (2) du n° 4 à
l'équilibre fictif dont il s'agit, on en tirera

$$(15) \qquad \frac{dp}{dr} = \rho \left(N + \frac{V^2}{r} \right),$$

$$(16) \qquad \frac{dp}{d\sigma} = \rho P;$$

c'est-à-dire que, dans le sens du rayon de courbure, la pression
varie suivant la loi hydrostatique, pourvu que l'on joigne la
force centrifuge à celles qui sollicitent réellement chaque molécule ; dans le sens OP perpendiculaire au plan osculateur de
la trajectoire, la pression varie tout à fait suivant la loi hydrostatique.

17. APPLICATIONS. 1° *Section transversale d'un courant curviligne.* — On suppose un courant sensiblement horizontal

Fig. 5.

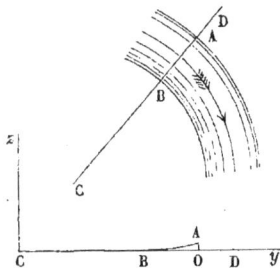

(*fig.*5), formé par un liquide homogène et sans viscosité, dans lequel les trajectoires seraient des
cercles ayant tous leurs centres
sur la verticale projetée en C. La
vitesse V est supposée la même
pour toutes les molécules. On demande quelle sera la coupe de la
surface supérieure du courant par
un plan vertical quelconque CD qui contient l'axe C.

Si l'on parcourt dans le liquide une horizontale CODy du
plan CD, la pression variera suivant la loi hydrostatique, sauf
l'introduction de la force centrifuge ; comme la pesanteur est
verticale, l'équation (15) ci-dessus donnera donc

$$\frac{dp}{dr} = \rho \frac{V^2}{r};$$

ou bien en désignant par y la distance à l'axe vertical Cz de la
molécule O qui est soumise à la pression p, attendu que l'on
a $r = y$,

$$\frac{dp}{dy} = \rho \frac{V^2}{y};$$

ou encore, p_0 étant la pression en B et y_0 la longueur $\overline{BC}$,

$$p - p_0 = \rho\, V^2 \log \text{hyp.}\ \frac{y}{y_0},$$

relation qui exprime comment varie la pression sur une même horizontale perpendiculaire aux filets liquides.

D'un autre côté, la ligne perpendiculaire an plan osculateur d'une trajectoire étant ici constamment verticale, la différence de pression $p - p_1$ pour les deux points O et A, situés sur la même verticale à une distance z, suivra la loi hydrostatique (n° **16**), c'est-à-dire qu'elle sera (n° **6**)

$$p - p_1 = \rho g z.$$

Or si les points A et B se trouvent tous deux à la surface libre, de sorte que p_0 et p_1 soient égales à la pression atmosphérique, on aura

$$p - p_0 = p - p_1,$$

et, par suite,

$$z = \frac{V^2}{g} \log \text{hyp.}\ \frac{y}{y_0},$$

ce qui fait connaître l'équation de la courbe BA rapportée aux axes Cy et Cz.

Bien que les circonstances supposées dans l'énoncé ne puissent guère se réaliser dans la pratique, le problème qu'on vient de traiter donne cependant une explication plausible d'un fait que plusieurs personnes disent avoir observé, et qui consisterait dans la courbure de la ligne d'eau, pour certaines sections transversales de rivières. La raison en est probablement assez souvent dans la courbure des filets fluides, qui donne lieu aux forces d'inertie centrifuges et rend les pressions inégales sur une même bande horizontale d'une section donnée.

18. 2° *Règles pour calculer la pression d'un fluide en mouvement dans certains cas particuliers.* — PREMIÈRE RÈGLE. *Lorsque, dans un fluide parfait, chaque molécule possède un mouvement rectiligne et uniforme, la pression varie d'un point à l'autre suivant la loi hydrostatique.* Cela est évident, autant

du moins que la viscosité est réellement négligeable, car les forces d'inertie sont nulles; les équations (1) du n° 10 se réduisent donc à

$$\frac{dp}{dx} = \rho\, X, \quad \frac{dp}{dy} = \rho\, Y, \quad \frac{dp}{dz} = \rho\, Z,$$

absolument comme s'il y avait équilibre. Nous remarquerons en passant que, dans un liquide, le mouvement ne peut pas être rectiligne et permanent sans être en même temps uniforme. Car si l'axe des x est pris parallèle aux vitesses de tous les points, avec les notations du n° 10 on aura

$$v = 0, \quad w = 0,$$

d'où

$$\frac{dv}{dy} = 0, \quad \frac{dw}{dz} = 0;$$

l'équation de continuité qui est en général, pour un liquide,

$$\frac{du}{dx} + \frac{dv}{dy} + \frac{dw}{dz} = 0,$$

se réduit à

$$\frac{du}{dx} = 0.$$

D'ailleurs, à cause de la permanence, la dérivée partielle $\frac{du}{dt}$ s'annule également; et comme, pour une molécule déterminée, u ne serait fonction que des deux variables x, t, on voit que, sur la ligne parcourue par cette molécule, la vitesse conserverait toujours la même valeur, en tous les points et à tous les instants.

DEUXIÈME RÈGLE. *Dans le cas d'un fluide animé de mouvements quelconques, mais très-lents, on admet encore que la pression varie suivant la loi hydrostatique.* En effet, cette lenteur est une preuve que les forces ne sont pas loin de satisfaire aux équations d'équilibre; la règle donnera donc une évaluation approximative de la pression.

TROISIÈME RÈGLE. *Lorsque les molécules d'un fluide parfait ont des mouvements identiques avec ceux qu'elles prendraient*

sous la seule action des forces extérieures, la pression est constante à un instant déterminé, dans toute l'étendue du fluide.
En effet, si nous reprenons les notations des n⁰ˢ 10 et 11, nous aurons dans l'hypothèse d'une viscosité négligeable :

$$X - \frac{1}{\rho} \cdot \frac{dp}{dx} = J_x, \quad Y - \frac{1}{\rho} \cdot \frac{dp}{dy} = J_y, \quad Z - \frac{1}{\rho} \cdot \frac{dp}{dz} = J_z;$$

or, d'après l'énoncé, on aurait en même temps

$$X = J_x, \quad Y = J_y, \quad Z = J_z,$$

donc on en tire

$$\frac{dp}{dx} = 0, \quad \frac{dp}{dy} = 0, \quad \frac{dp}{dz} = 0,$$

c'est-à-dire que pour un même instant la pression ne varie pas d'un point à l'autre du fluide. Elle serait constante d'une manière absolue dans le cas de la permanence du mouvement, puisque alors la pression en un point donné ne varierait pas avec le temps.

Le cas supposé par l'énoncé se réalise à peu près quand un liquide pesant sort d'un vase entretenu à un niveau constant et s'écoule par un orifice de dimensions assez faibles relativement à celles du vase, en obéissant à l'action de la pesanteur. On observe alors un jet dont la forme parabolique ne diffère pas sensiblement (au moins dans une certaine étendue) de la trajectoire que suivrait une molécule isolée.

Quatrième règle. *Lorsqu'il existe dans un fluide naturel en mouvement une section plane (S) rencontrée normalement par toutes les trajectoires, et que celles-ci sont sensiblement rectilignes aux environs du plan dont il s'agit, la pression varie suivant la loi hydrostatique, pour un déplacement de direction quelconque tracé dans la section (S).* — Nommons en effet :

ds la distance infiniment petite de deux points situés dans (S);
p et ρ la pression et la densité aux environs de ces points ;
P la projection sur la direction *ds*, de la force extérieure rapportée à l'unité de masse, qui sollicite une molécule quelconque voisine des mêmes points, indépendamment des actions du fluide contigu ;

Q, T, les projections analogues pour la force d'inertie et la résultante des actions dues à la viscosité.

Les équations d'équilibre devant être vérifiées quand on tient compte de toutes ces forces, on peut écrire (n° 4)

$$\frac{dp}{ds} = \rho(P + Q + T),$$

et pour justifier l'énoncé de la règle il suffit de montrer qu'on a

$$Q = 0, \quad T = 0,$$

car alors l'équation ci-dessus resterait bien la même que dans l'état d'équilibre, et la variation dp correspondante à ds n'aurait que la valeur hydrostatique. Or les forces d'inertie tangentielles ont une direction perpendiculaire au plan (S) et par suite à ds; les forces d'inertie centrifuges sont négligeables puisque l'on suppose les trajectoires sensiblement rectilignes : donc en premier lieu Q est nul. D'un autre côté le fluide se composant de filets normaux à (S) peut être assimilé à un ensemble de prismes très-déliés qui glisseraient les uns sur les autres parallèlement à leurs arêtes, c'est-à-dire perpendiculairement à (S) : on conçoit donc que les forces dues à la viscosité, opposées aux glissements réciproques, ou encore aux extensions simples des prismes élémentaires, doivent être également normales à (S), et par conséquent que la projection T aura une valeur nulle. Les formules de Navier citées au n° 14 conduisent d'ailleurs au même résultat, car si l'on prend l'axe des x suivant la perpendiculaire à (S), les vitesses composantes v et w doivent constamment s'annuler aux environs de cette surface : on aurait donc

$$\frac{d^2v}{dx^2} = 0, \quad \frac{d^2v}{dy^2} = 0, \quad \frac{d^2v}{dz^2} = 0, \quad \frac{d^2w}{dx^2} = 0, \quad \frac{d^2w}{dy^2} = 0, \quad \frac{d^2w}{dz^2} = 0,$$

et la résultante des actions de la viscosité deviendrait parallèle aux x (*).

(*) Les formules de Navier se déduisent d'une hypothèse; d'un autre côté, on peut conserver quelques doutes au sujet de l'assimilation que nous admet-

Donc enfin Q et T sont des quantités nulles, et l'énoncé de la règle se trouve démontré.

19. *Extension des théorèmes d'Hydrostatique et d'Hydrody-namique à des cas d'équilibre ou de mouvement relatif.* — On sait que les questions de mouvement d'un système matériel quelconque, par rapport à un système de comparaison mobile, peuvent se mettre en équation et se traiter comme s'il s'agissait d'un mouvement absolu, pourvu qu'aux forces réelles qui sollicitent chaque molécule on joigne, pour chaque instant, deux forces fictives, savoir : 1° la force d'inertie du mouvement d'entraînement, c'est-à-dire la force égale et contraire à celle qui donnerait à la molécule l'accélération totale du point géométrique faisant partie du système de comparaison et coïncidant avec elle à l'instant considéré ; 2° une force dite *composée* que nous ne définirons pas ici, parce qu'elle disparaît dans les énoncés que nous devons donner.

Quand il est question d'un équilibre relatif, on peut le considérer comme un cas particulier du mouvement relatif, celui où les vitesses relatives des différents points sont constamment nulles. La seconde force est alors nulle, parce qu'elle contient la vitesse relative en facteur ; et il suffit d'exprimer l'équilibre entre les forces réelles et les forces d'inertie du mouvement d'entraînement.

Il suffit également de joindre ces mêmes forces d'inertie aux forces réelles quand on veut appliquer le théorème de Bernoulli à un mouvement relatif; car le théorème de Bernoulli est une conséquence du théorème des forces vives (n° **13**), et le travail relatif de la seconde force fictive est nul parce qu'elle a toujours une direction perpendiculaire à la vitesse relative.

---

tions entre le fluide et un ensemble de prismes glissant les uns sur les autres. Ainsi nos raisonnements laissent un peu à désirer sous le rapport de la rigueur, en ce qui concerne la force T. C'est un défaut que nous sommes obligé de reconnaître; mais ce défaut n'est-il pas dans la nature des choses, et comprendrait-on la possibilité de raisonner clairement sur une force, sans avoir aucune donnée bien précise sur la loi de son intensité, ni même sur les circonstances qui lui permettent de se développer?

Dans tout ce qui précède, on a vu que les équations de l'Hydrostatique et de l'Hydrodynamique renferment, non pas les forces appliquées à chaque molécule, mais bien ces forces rapportées à l'unité de masse ou divisées par la masse qu'elles sollicitent, ou encore l'accélération correspondante à ces forces. S'il est question de l'équilibre relatif d'un fluide ou d'un mouvement relatif permanent auquel on voudrait faire l'application du théorème de Bernoulli, outre les accélérations correspondantes aux forces réelles, on devra introduire celles qui seraient égales et contraires aux accélérations d'entraînement.

20. *Exemples d'équilibre relatif et de mouvement relatif.* — Comme exemple d'équilibre relatif, nous prendrons celui d'un liquide pesant et homogène qui demeure en repos par rapport à un vase animé d'un mouvement de rotation uniforme autour d'un axe vertical. Ici l'accélération d'entraînement prise en sens contraire est l'accélération centrifuge ; si nous appelons ω la vitesse angulaire du vase, et que nous imaginions trois axes de coordonnées rectangulaires, parmi lesquels celui des z coïncidera avec l'axe de rotation, cette accélération sera parallèle au plan des xy et aura suivant les axes des x et des y deux composantes $\omega^2 x$, $\omega^2 y$. Par suite, dans l'équation (2) du n° 4, il faudra faire

$$X = \omega^2 x, \quad Y = \omega^2 y, \quad Z = -g,$$

cette dernière valeur supposant d'ailleurs que l'axe des z est ascendant : de cette manière on aura

$$dp = \rho \omega^2 \left(x\,dx + y\,dy - \frac{g\,dz}{\omega^2} \right).$$

La quantité entre parenthèses est une différentielle exacte ; l'équilibre relatif est donc possible dans ce cas, et s'il a effectivement lieu, les surfaces de niveau seront données par l'équation générale

$$x\,dx + y\,dy - \frac{g\,dz}{\omega^2} = 0,$$

ou bien

$$x^2 + y^2 - \frac{2\,gz}{\omega^2} = \text{const.},$$

équation représentant une série de surfaces de révolution autour de l'axe des z. Chacune d'elles a pour courbe méridienne une parabole dont l'équation s'obtiendrait en faisant $x = 0$ dans l'équation de la surface, ce qui donne

$$y^2 - \frac{2\,gz}{\omega^2} = \text{const.};$$

cette courbe est donc une parabole ayant son axe vertical et son sommet situé sur l'axe de rotation du vase.

La surface libre sera une des surfaces de niveau si la pression y est partout la même, comme cela est en effet quand le liquide se trouve en contact avec l'atmosphère.

Si l'axe de rotation était horizontal et coïncidait, par exemple, avec l'axe des x, en appelant encore ω la vitesse angulaire du vase et t le temps écoulé depuis que l'axe des z était vertical et ascendant, les composantes de g suivant les y et les z seraient $g\sin\omega t$, $-g\cos\omega t$; celles de l'accélération centrifuge $\omega^2 y$, $\omega^2 z$; alors l'équation (2) du n° 4 deviendrait

$$dp = \rho\left[(\omega^2 y + g\sin\omega t)dy + (\omega^2 z - g\cos\omega t)dz\right];$$

ce qui montre l'impossibilité de l'équilibre relatif, car le multiplicateur de ρ dépendant du temps, les surfaces de niveau qui seraient la conséquence de l'équilibre devraient elles-mêmes varier d'un instant à l'autre, et par conséquent le liquide ne peut pas toujours conserver la même position dans le vase.

En dernier lieu, nous supposerons qu'on veuille appliquer le théorème de Bernoulli à un liquide pesant et homogène qui se meut relativement à un système tournant uniformément autour d'un axe vertical, avec une vitesse angulaire ω. Prenons cet axe comme axe des z et le sens descendant comme sens positif. Pour une molécule située à la distance r de l'axe, l'accélération d'entraînement prise en sens contraire se réduit à l'accélération centrifuge $\omega^2 r$, et le travail élémentaire de $\omega^2 r$

considérée comme force a pour valeur $\omega^2 r dr$; le travail pour un déplacement fini est donc

$$\frac{1}{2}\omega^2 r^2 + \text{const.}$$

L'équation (14) du n° 15 doit par conséquent se modifier comme ci-dessous :

$$z - \frac{p}{\Pi} + \frac{1}{g}\int \varphi \cos\gamma\, ds - \frac{V^2}{2g} + \frac{\omega^2 r^2}{2g} = \text{const.}$$

En désignant par z_0, p_0, s_0, V_0, r_0 les valeurs particulières des quantités z, p, s, V, r, pour un point de départ situé sur la même trajectoire, on pourrait encore écrire

$$(17) \quad \begin{cases} z - z_0 - \dfrac{p - p_0}{\Pi} + \dfrac{1}{g}\displaystyle\int_{s_0}^{s}\varphi\cos\gamma\,ds \\[2mm] \qquad - \dfrac{V^2 - V_0^2}{2g} + \dfrac{\omega^2(r^2 - r_0^2)}{2g} = 0, \end{cases}$$

ce qui montre qu'on tiendrait compte du mouvement des axes mobiles en ajoutant à la charge réelle un gain de charge fictif égal à $\dfrac{\omega^2(r^2 - r_0^2)}{2g}$, accroissement de la hauteur due à la vitesse d'entraînement pendant le parcours $s - s_0$ sur la trajectoire relative. Il est bien entendu que, dans les deux équations ci-dessus, les variables s et V désignent un arc de trajectoire relative et une vitesse relative; de même $\int \varphi \cos\gamma\,ds$ désigne aussi un travail relatif.

CHAPITRE DEUXIÈME.

ÉCOULEMENT PERMANENT D'UN LIQUIDE PESANT ET HOMOGÈNE
PAR UN ORIFICE PERCÉ DANS UN RÉSERVOIR.

§ I. — Cas où les effets de la viscosité peuvent être négligés.

21. *Généralités; premières indications de l'expérience sur les écoulements d'un liquide par orifice en mince paroi.* — Un liquide homogène s'écoule par une petite ouverture pratiquée en dessous de son niveau, dans la paroi d'un vase ou réservoir, et forme une veine jaillissant dans un gaz indéfini qui l'entoure complétement sur une certaine longueur. L'écoulement est supposé permanent, ce qui exige qu'il y ait toujours la même quantité de liquide dans le vase, et par conséquent que le niveau soit entretenu à une hauteur invariable; pour cela, le liquide écoulé devra être remplacé d'une manière continue, à moins que le vase n'ait une capacité indéfinie. La paroi n'a qu'une faible épaisseur sur le périmètre de l'ouverture, de sorte que celle-ci peut être considérée comme percée dans une membrane très-mince. Enfin, le liquide ne reçoit pas d'autres actions extérieures que celles qui proviennent de la pesanteur, à part les pressions exercées normalement sur tout son contour par les corps en contact.

Dans ces circonstances, en observant d'abord ce qui se passe à l'intérieur du réservoir, on reconnaît que les molécules liquides y possèdent des vitesses très-faibles, pour peu qu'on les prenne à une distance notable de l'orifice, et que celui-ci soit suffisamment petit par rapport au réservoir. On rend ce fait sensible aux yeux en introduisant dans le liquide un corps pulvérulent de densité à peu près égale qui se mêle avec lui et participe à son mouvement. Une conséquence immédiate qui en résulte, c'est que la pression dans le réservoir doit varier à peu près suivant la loi hydrostatique (n° 18, deuxième règle), et que la surface libre s'écarte peu d'un plan horizontal.

Lorsqu'on observe au contraire la veine qui s'écoule, on voit ses dimensions transversales diminuer à partir de l'orifice jusqu'à une section minimum dite *section contractée,* où les molécules arrivent avec des vitesses sensiblement parallèles et normales au plan de ladite section : cette contraction est due à ce que les filets affluent de l'intérieur vers l'orifice dans toutes les directions, d'où résulte une convergence qui ne cesse pas immédiatement au dehors. Après le passage de la section contractée, les points matériels liquides décrivent à peu près les mêmes paraboles que dans le vide, de sorte qu'ils supportent une pression constante (n° 18, troisième règle) égale à la pression du gaz ambiant.

Soient Ω l'aire de la section contractée, A celle de l'orifice : le rapport $\frac{\Omega}{A}$ a reçu le nom de *coefficient de contraction.* La théorie n'a pas encore réussi jusqu'à présent à calculer ce coefficient, sauf dans un cas particulier que nous traiterons par la suite, et l'Hydraulique expérimentale ne donne à son sujet que des renseignements assez incomplets. Voici comment les expériences peuvent être faites. On mesure une section quelconque de la veine, en faisant passer celle-ci à travers un bâti, par lequel on supporte une série de tiges métalliques terminées en pointe et toutes contenues dans le plan de la section qu'il s'agit de connaître; on enfonce avec précaution les tiges jusqu'à ce qu'elles affleurent la veine sans y pénétrer, puis on arrête l'écoulement; les pointes des tiges dessinent alors exactement la section cherchée, qu'on peut relever à loisir. La position de la section minimum est déterminée par tâtonnement. On arrive ainsi à trouver Ω, et A étant immédiatement connu par une mesure faite sur le réservoir, on en conclut le rapport $\frac{\Omega}{A}$.

Les expériences dont on vient de donner une idée ont été premièrement exécutées sur des orifices circulaires, dont les diamètres variaient de 0m,02 à 0m,16. Divers hydrauliciens ont

constaté : 1° que la section contractée, de forme également circulaire, se trouve à une distance de l'orifice à peu près égale
au rayon de l'aire Ω; 2° que le rapport de ce rayon à celui de
l'aire A est environ 0,79, d'où résulterait

$$\frac{\Omega}{A} = (0,79)^2 = 0,624.$$

Ainsi, le coefficient de contraction aurait, dans le cas actuel,
une valeur très-rapprochée de la fraction $\frac{5}{8}$. Au reste, ce n'est
là qu'une moyenne dont les observations peuvent s'écarter un
peu, en plus ou en moins; il est difficile de croire que le rapport $\frac{\Omega}{A}$ est absolument constant et ne dépend en aucune façon
ni du rayon de l'orifice, ni de sa situation sur la surface du réservoir, ni enfin d'aucune des nombreuses circonstances secondaires par lesquelles une expérience diffère d'une autre.

Quand l'orifice n'est pas circulaire, on admet encore comme
valeur approximative du rapport $\frac{\Omega}{A}$ le nombre 0,62; mais alors
les erreurs peuvent devenir assez notables. En 1827, MM. Poncelet et Lesbros ont fait le relevé d'une veine d'eau qui s'écoulait par un orifice carré de 0^m,20 de côté, ayant son centre
à 1^m,68 au-dessous du niveau du réservoir, et ils ont obtenu
$\frac{\Omega}{A} = 0,56$; à la vérité, M. Lesbros ayant repris la même expérience quelques années plus tard, avec toutes les précautions
possibles pour en assurer l'exactitude, a trouvé $\frac{\Omega}{A} = 0,58$;
mais ce dernier nombre, quoique plus rapproché de la
moyenne 0,62, s'en écarte encore de $\frac{1}{15}$ de sa valeur. Dans une
autre expérience du même observateur le rapport en question
a été 0,64.

Les orifices polygonaux donnent lieu à un phénomène curieux connu
sous le nom d'*inversion de la veine*, dont nous dirons seulement quelques
mots, parce que son étude ne pourrait fournir, dans l'état actuel des
choses, aucune indication bien utile pour l'Hydraulique pratique. Si l'ori-

fice est un carré, la veine se transforme à une certaine distance et prend une autre section encore sensiblement carrée, mais dont les côtés font des angles de 45 degrés avec ceux de l'orifice. Par exemple, MM. Poncelet et Lesbros, dans l'expérience citée ci-dessus, ont produit une veine dont la *fig.* 6 représente trois profils consécutifs; les coupes ACGE, *abcdefgh*,

Fig. 6.

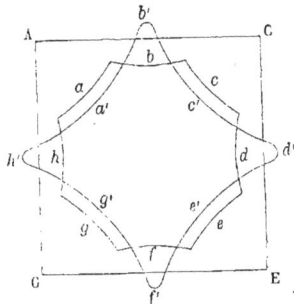

a'b'c'd'e'f'g'h' sont faites respectivement aux distances 0^m,00, 0^m,15, 0^m,30 de l'ouverture; la dernière donne la section minimum. Avec un orifice en forme de pentagone régulier, Bidone a obtenu pour section contractée une étoile à cinq branches, dont les pointes correspondaient aux milieux des côtés du pentagone primitif. Enfin des mesures prises par M. Lesbros sur une veine jaillissant par une fente rectangulaire verticale, de 0^m,60 de hauteur sur 0^m,02 de largeur,

ont donné les figures suivantes (*fig.* 7) pour sections transversales, aux

Fig. 7.

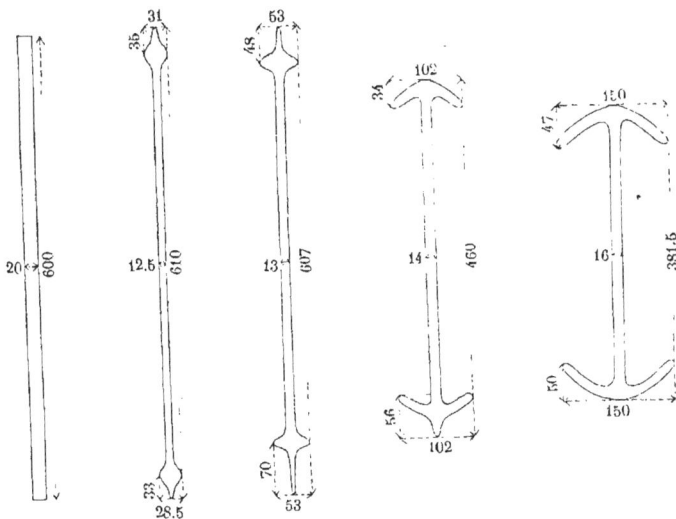

distances 0^m,00, 0^m,10, 0^m,30, 0^m,70, 1^m,10 de l'origine. Les cotes sont exprimées en millimètres.

Dans la pratique des ingénieurs, la quantité qu'on a le plus ordinairement besoin de connaître ou de calculer *à priori*, d'a-

4.

près certaines données, c'est la *dépense :* on nomme ainsi le volume liquide Q écoulé dans chaque unité de temps, volume qui est constamment le même, puisque la permanence existe, et que le phénomène étudié ne varie pas, à quelque instant qu'on l'observe. Mais avant de consulter l'expérience à ce sujet, il convient de voir ce que la théorie pourra nous apprendre.

Si nous nommons ω un élément superficiel de la section contractée Ω, et V la vitesse de la molécule qui traverse cet élément, dans un temps infiniment petit dt, il sortira par ω un cylindre de liquide ayant la section ω, la hauteur $V\,dt$, et par conséquent le volume $\omega V\,dt$. Le volume total écoulé dans le temps dt s'exprimera donc par $dt\,\Sigma\omega V$, Σ étant une somme étendue à tous les éléments ω; or la permanence fait que le même volume s'écoule dans des temps égaux : donc

$$dt\,\Sigma\omega V : Q :: dt : 1,$$

et, par suite,

$$Q = \Sigma\omega V.$$

Cherchons donc en premier lieu la vitesse V.

22. *Vitesse de l'écoulement.* — La vitesse V se détermine sans peine au moyen du théorème de Bernoulli (n° **15**), si l'on admet d'avance (sauf vérification par l'expérience) que la viscosité est négligeable. Appliquons en effet ce théorème à une molécule en prenant son point de départ initial dans le réservoir, lorsqu'elle n'a pas encore de vitesse sensible (n° **21**), et pour position finale celle de l'élément ω dans la section contractée. Nommons

     h la charge entre les deux positions considérées de la molécule ;

     ζ la perte de charge correspondante, que nous supposons très-petite ;

     z la hauteur verticale de l'élément ω au-dessous du niveau du liquide dans le réservoir ;

     p la pression par unité de surface sur ce niveau ;

     p' la pression du gaz qui entoure la veine ;

     Π le poids de l'unité de volume du liquide.

La vitesse initiale étant nulle ou négligeable, ainsi que ζ, le théorème de Bernoulli donne

$$\frac{V^2}{2\,g} = h\,;$$

or le niveau piézométrique, pour la position initiale, s'élève à la hauteur $\frac{p}{\Pi}$ au-dessus de celui du réservoir, puisque dans celui-ci la pression varie suivant la loi hydrostatique (n° 21); pour la position finale, la colonne piézométrique a seulement la hauteur $\frac{p'}{\Pi}$: donc on a

$$h = z + \frac{p - p'}{\Pi},$$

et, en substituant dans l'équation précédente,

$$\frac{V^2}{2\,g} = z + \frac{p - p'}{\Pi},$$

ou bien encore

$$(\text{I}) \qquad V = \sqrt{2\,g\left(z + \frac{p - p'}{\Pi}\right)},$$

relation qui détermine l'inconnue V. On l'énonce en disant que la hauteur due à la vitesse dans un élément de la section contractée est égale à la charge $z + \frac{p - p'}{\Pi}$ sur cet élément. Ordinairement le mot *charge* indique (n° 15) une différence de niveau entre les colonnes piézométriques de deux points; mais les colonnes piézométriques pour tous les points du bassin s'élevant toutes à la même hauteur, pourvu qu'on se place assez loin de l'orifice, le point de départ est ici indifférent.

Quand la veine et la surface supérieure du liquide dans le bassin sont entourées d'une même atmosphère gazeuse, on a très-approximativement $p = p'$, et V se réduit à $\sqrt{2\,gz}$.

La valeur de la vitesse fournie par l'équation (I) se vérifie à peu près par l'expérience, quand il s'agit d'un écoulement d'eau. Diverses observations de Bossut et Michelotti, faites sur des veines qui sortaient par des orifices circulaires de petit diamètre (0^m,027 environ), avec une charge n'excédant pas 7^m,19, montrent que le rapport n de la vitesse réelle à la vitesse calculée est compris entre 0,97 et 1,00. La petite erreur en plus que nous constatons ici s'explique très-bien par l'existence de la viscosité, dont nous avons négligé l'effet; car nous aurions dû écrire

$$\frac{V^2}{2g} = h - \zeta,$$

et comme l'expérience donne

$$V = n \sqrt{2 gh},$$

on en conclut sans peine, par l'élimination de V,

$$\zeta = h(1 - n^2).$$

La viscosité consommerait donc, d'après cette explication, la fraction $1 - n^2$ (soit de 0 à 0,06) de la charge.

Mais il est probable que le calcul de l'équation (1) contient d'autres inexactitudes que celle qui consiste à négliger la viscosité. En effet, dans l'expérience citée plus haut (n° 21), à propos de l'inversion d'une veine sortant par un orifice carré de 0^m,20 de côté, M. Lesbros a reconnu que le nombre n excédait l'unité de 0,04 environ. Or on ne peut vraisemblablement supposer que la viscosité produise un travail positif et par suite un gain de charge; quoique nous ne puissions pas nous rendre un compte exact et détaillé des effets de cette cause, nous préférons croire que son travail est toujours résistant, comme celui du frottement dans un système composé de corps solides, mais que la perte de charge correspondante est compensée quelquefois par d'autres circonstances secondaires que la théorie laisse de côté, comme, par exemple, l'existence dans le réservoir d'une vitesse sensible qui trouble la loi hydrostatique des pressions, le défaut de permanence du mouvement, etc.

Quoi qu'il en soit, l'erreur à craindre sur la vitesse, dans le cas de charges modérées, étant limitée à 3 ou 4 centièmes, on doit regarder le problème de sa détermination comme résolu d'une manière satisfaisante. Quant aux vitesses qui se

produiraient avec des charges excédant beaucoup la limite de
7 mètres, nous ne connaissons aucune observation qui puisse
nous faire savoir jusqu'à quel point la formule (1) les donnerait
exactement (*).

La vérification expérimentale de cette formule suppose qu'on sache
mesurer la vitesse avec laquelle les filets traversent la section contractée.
Pour cela, on peut employer deux moyens. D'abord il est possible de re-
cueillir et d'évaluer par une cubature le volume Q dépensé dans l'unité
de temps, et de relever le dessin exact de la veine, pour en déduire
l'aire Ω ou $\Sigma \omega$ de la section contractée; cela fait, on aura, comme on
l'a vu au n° 21,

$$Q = \Sigma \omega V,$$

et si l'on divise l'une par l'autre les quantités connues Q et $\Sigma \omega$, le quotient $\dfrac{\Sigma \omega V}{\Sigma \omega}$ donnera la vitesse moyenne dans cette section. Un second
moyen consisterait à observer l'amplitude du jet dans la portion où les
molécules décrivent des paraboles : nommant x la longueur parcourue
dans la direction de la vitesse initiale V, y l'abaissement vertical correspondant au-dessous de cette ligne, t le temps employé à le décrire, on
sait qu'on a

$$x = V t, \quad y = \frac{1}{2} g t^2,$$

d'où l'on tire

$$V = x \sqrt{\frac{g}{2 y}}.$$

Ainsi le calcul de V pourrait s'effectuer en mesurant les deux longueurs x et y.

23. *Calcul théorique de la dépense, en supposant connue la
section contractée.* — Si l'on admet que la formule (1) donne
avec une exactitude suffisante la vitesse en tout point de la
section contractée, et que celle-ci soit définie quant à la forme
et à l'étendue, il deviendra facile de procéder au calcul de la
quantité $\Sigma \omega V$, qui exprime la dépense (n° **21**). D'abord il peut
se faire que les charges $z + \dfrac{p - p'}{\Pi}$ n'aient entre elles que de

---

(*) Il existe des réservoirs dont l'eau s'écoule sous des charges pouvant aller
jusqu'à 50 mètres. Il serait à désirer qu'on en profitât pour vérifier la formule (1) avec des charges plus fortes que celles des expériences connues.

faibles différences relativement à leur valeur moyenne : alors la vitesse serait sensiblement constante pour tous les points, et égale à $\sqrt{2g\left(z_i + \dfrac{p - p'}{\Pi}\right)}$, en appelant z_i l'ordonnée z du centre de gravité de la section contractée. Donc on aurait

$$(2) \qquad Q = \Omega \sqrt{2g\left(z_i + \frac{p - p'}{\Pi}\right)}.$$

Quand la hauteur verticale de la section contractée n'est pas petite en comparaison de la charge sur son centre de gravité, les vitesses que la formule (1) attribue aux divers filets liquides ne sont plus rapprochées de l'égalité; il semble alors nécessaire, au premier abord, d'effectuer par le calcul intégral la sommation des produits de chaque élément superficiel ω par la vitesse V qui lui correspond. Mais nous allons montrer par deux exemples que cette manière de procéder est inutile, et qu'on peut encore s'en tenir à la formule (2).

Le premier exemple sera celui d'une section contractée rectangulaire ayant deux côtés horizontaux de longueur l et deux autres verticaux de longueur a. Appelons H la charge sur le bord supérieur et $H + y$ la charge sur un point quelconque, y étant variable de o à a. Le volume dépensé par une tranche horizontale infiniment mince $l\,dy$ de la section contractée aura pour valeur $l\,dy\sqrt{2g\,(H + y)}$; la dépense cherchée Q s'exprimera donc par l'intégrale définie $\displaystyle\int_0^a l\,dy\sqrt{2g\,(H + y)}$, et l'on posera

$$Q = l\sqrt{2g}\int_0^a dy\sqrt{H + y} = \frac{2}{3}\,l\sqrt{2g}\left[(H + a)^{\frac{3}{2}} - H^{\frac{3}{2}}\right].$$

Or, si la dépense avait été calculée comme dans le cas d'une section de petite hauteur, la formule (2) aurait donné

$$Q = la\sqrt{2g\left(H + \frac{a}{2}\right)};$$

le rapport des deux résultats sera donc

$$\frac{2}{3}\cdot\frac{(H + a)^{\frac{3}{2}} - H^{\frac{3}{2}}}{a\left(H + \frac{a}{2}\right)^{\frac{1}{2}}}.$$

Voici la valeur numérique de cette expression pour diverses valeurs du rapport $\dfrac{H}{H+a}$:

Rapport $\dfrac{H}{H+a}$...	0,0	0,2	0,4	0,6	0,8	1,0
Rapport des deux dépenses......	0,943	0,979	0,992	0,997	0,999	1,000 (*)

Comme on le voit, l'écart relatif entre la formule (2) et le résultat de l'intégration n'atteint jamais 6 centièmes, et même il serait beaucoup en dessous pourvu que H fût seulement le quart de la hauteur a, car alors $\dfrac{H}{H+a}$ serait égal à 0,2, et la limite de 6 centièmes s'abaisserait à 2. Ajoutons que dans le cas d'une petite valeur de $\dfrac{H}{a}$ les deux expressions de la dépense ne mériteraient pas plus de confiance l'une que l'autre ; car le calcul indiquant une vitesse beaucoup plus petite pour le bord supérieur que pour le bord inférieur de la veine, il est impossible d'admettre que les différents filets liquides ne se contrarient pas dans leur mouvement ; et la supposition ci-dessus énoncée (n° 21) d'un jet parabolique avec une pression constamment égale à celle du gaz ambiant devient une pure fiction. Donc la formule (2) est aussi bonne que celle obtenue par l'intégration : quand leur emploi est justifié par les circonstances physiques de l'écoulement, elles donnent des résultats très-sensiblement égaux ; quand elles divergent un peu, il faut les considérer

(*) Ce rapport se présente sous la forme $\dfrac{0}{0}$ quand a est infiniment petit relativement à H, ce qui donne

$$\frac{H}{H+a} = 1;$$

mais alors on a d'après la formule du binôme, en négligeant les infiniment petits d'ordre supérieur au premier,

$$(H+a)^{\frac{3}{2}} = H^{\frac{3}{2}} + \frac{3}{2} a H^{\frac{1}{2}} + \ldots;$$

d'ailleurs la quantité $a\left(H+\dfrac{a}{2}\right)^{\frac{1}{2}}$ simplifiée de même se réduit à $a H^{\frac{1}{2}}$; donc à la limite, pour $a=0$, on pourra écrire

$$\frac{\dfrac{2}{3}\cdot\dfrac{(H+a)^{\frac{3}{2}} - H^{\frac{3}{2}}}{a\left(H+\dfrac{a}{2}\right)^{\frac{1}{2}}} = \frac{2}{3}\cdot\frac{3}{2}\cdot\frac{a H^{\frac{1}{2}}}{a H^{\frac{1}{2}}} = 1.$$

toutes deux comme défectueuses, attendu qu'elles reposent alors sur une hypothèse trop inexacte.

Nous prendrons pour second exemple celui d'une veine à section circulaire ayant un diamètre contracté a. Appelant l la longueur variable d'une tranche horizontale de la section contractée, et conservant les autres notations du premier exemple, nous aurons encore

$$Q = \int_0^a l\,dy\, \sqrt{2g\,(\mathrm{H}+y)}\,;$$

mais ici l n'est plus constant, c'est une variable liée à y par la relation

$$\frac{1}{4}\,l^2 + \left(\frac{1}{2}\,a - y\right)^2 = \frac{1}{4}\,a^2.$$

Pour effectuer l'intégration, on posera

$$y = \frac{1}{2}\,a\,(1 - \cos\varphi),$$

d'où résulte

$$l = a\sin\varphi,$$

$$dy = \frac{1}{2}\,a\sin\varphi\,d\varphi,$$

$$Q = \frac{1}{2}\,a^2\,\sqrt{g}\int_0^\pi \sin^2\varphi\,d\varphi\,\sqrt{2\mathrm{H}+a-a\cos\varphi}\,;$$

ou encore, en posant $k = \dfrac{a}{2\mathrm{H}+a}$,

$$Q = \frac{1}{2}\,a^2\,\sqrt{2g\left(\mathrm{H}+\frac{a}{2}\right)}\int_0^\pi \sqrt{1-k\cos\varphi}\,.\sin^2\varphi\,d\varphi.$$

La dépense calculée par la formule (2) serait

$$Q = \frac{1}{4}\,\pi a^2\,\sqrt{2g\left(\mathrm{H}+\frac{a}{2}\right)}\,;$$

le rapport des deux résultats s'exprime donc ici par

$$\frac{2}{\pi}\int_0^\pi \sqrt{1-k\cos\varphi}\,.\sin^2\varphi\,d\varphi.$$

On pourrait aisément le développer en série ordonnée suivant les puissances ascendantes de k (*); mais il nous suffira d'en chercher les va-

---

(*) Cette série aurait pour ses premiers termes

$$1 - \frac{1}{32}\,k^2 - \frac{5}{1024}\,k^4 - \frac{105}{65536}\,k^6 - \dots$$

et pour terme général

$$\frac{1.1.3.5\dots(4i-3)}{2.4.6.8\dots 4i} \cdot \frac{1.3.5\dots(2i-1)}{4.6.8\dots(2i+2)}\,k^{2i}.$$

leurs limites correspondantes à $k = 0$ et $k = 1$. Si l'on a $k = 0$, le rapport en question se réduit à $\dfrac{2}{\pi} \displaystyle\int_0^\pi \sin^2\varphi\, d\varphi$. Or

$$\int \sin^2\varphi\, d\varphi = \frac{1}{2}\,\varphi - \frac{1}{2}\sin\varphi\cos\varphi,$$

$$\int_0^\pi \sin^2\varphi\, d\varphi = \frac{1}{2}\,\pi\,;$$

donc le rapport des deux dépenses calculées est $\dfrac{2}{\pi}\cdot\dfrac{\pi}{2}$ ou l'unité, comme on devait s'y attendre, car $\dfrac{a}{2\mathrm{H} + a}$ ne peut pas s'annuler sans que a devienne infiniment petit par rapport à H, et alors on retombe dans le cas d'une section contractée de très-petite hauteur. Si k était égal à 1, ce qui supposerait H = 0, il faudrait calculer

$$\frac{2}{\pi} \int_0^\pi \sqrt{1 - \cos\varphi}\,.\sin^2\varphi\, d\varphi,$$

soit, à cause de la relation $1 - \cos\varphi = 2\sin^2\dfrac{1}{2}\,\varphi$,

$$\frac{2\sqrt{2}}{\pi} \int_0^\pi \sin\frac{1}{2}\,\varphi\, \sin^2\varphi\, d\varphi,$$

ou bien encore, en posant $\dfrac{1}{2}\,\varphi = \theta$,

$$\frac{16\sqrt{2}}{\pi} \int_0^{\frac{\pi}{2}} \sin^3\theta \cos^2\theta\, d\theta.$$

Or on a

$$\int \sin^3\theta \cos^2\theta\, d\theta = \int \sin\theta\, d\theta \cos^2\theta\,(1 - \cos^2\theta)$$

$$= \int \cos^2\theta \sin\theta\, d\theta - \int \cos^4\theta \sin\theta\, d\theta$$

$$= -\frac{1}{3}\cos^3\theta + \frac{1}{5}\cos^5\theta\,;$$

par suite

$$\int_0^{\frac{\pi}{2}} \sin^3\theta \cos^2\theta\, d\theta = \frac{1}{3} - \frac{1}{5} = \frac{2}{15},$$

et le rapport cherché

$$\frac{16\sqrt{2}}{\pi} \int_0^{\frac{\pi}{2}} \sin^3\theta \cos^2\theta\, d\theta = \frac{32\sqrt{2}}{15\,\pi} = 0,960.$$

La limite de l'erreur relative commise en substituant la formule (2) au résultat de l'intégration ne serait plus ici que de 4 centièmes; les conclusions données après le premier exemple subsistent donc *à fortiori*, et par induction nous admettrons qu'elles se vérifieraient aussi pour d'autres figures que le rectangle et le cercle.

Ainsi donc, en définitive, le calcul de la dépense d'un orifice en mince paroi se réduirait à multiplier l'aire Ω de la section contractée par la vitesse du filet central, sauf le cas exceptionnel d'une faible charge sur la partie supérieure de la veine. La section contractée n'étant pas ordinairement une donnée immédiate de la question, on introduirait approximativement, au lieu de z_1 dans la valeur $\sqrt{2g\left(z_1 + \dfrac{p-p'}{\Pi}\right)}$ de la vitesse qui anime le filet central, l'ordonnée analogue pour l'orifice lui-même. Quant à l'aire Ω, on la déduirait de l'aire A de l'orifice en prenant (n° 21) $\Omega = 0,62\,A$.

Si l'on réfléchit un peu sur la manière dont nous sommes arrivé à la règle qui vient d'être exprimée, on voit que pratiquement le calcul de la dépense présenterait des incertitudes assez graves. On serait exposé à commettre de petites erreurs, 1° sur l'ordonnée z_1, 2° sur la vitesse du filet central, 3° sur l'aire Ω, ces quantités ne pouvant être obtenues qu'avec une approximation plus ou moins satisfaisante : toutes ces erreurs, en se combinant, pourraient fausser le résultat final. Aussi les hydrauliciens préfèrent-ils employer un autre procédé, dans lequel on emprunte aux considérations théoriques seulement la forme de l'expression de la dépense, en se réservant de déterminer expérimentalement un coefficient qui corrige en bloc toutes les inexactitudes dont nous avons parlé.

24. *Calcul pratique de la dépense par un orifice en mince paroi.* — Soient z_2 l'ordonnée du centre de gravité de l'orifice relativement au niveau supérieur du liquide, U la vitesse moyenne dans la section contractée, c'est-à-dire la quantité qui, multipliée par son aire Ω, donne la dépense; les autres notations resteront les mêmes que dans les articles précédents. On sait (n°ˢ 22 et 23) que U diffère peu de $\sqrt{2g\left(z_2 + \dfrac{p-p'}{\Pi}\right)}$;

on sait de plus que Ω est avec A dans un rapport sensiblement constant. On doit donc poser

$$(3) \qquad Q = m A \sqrt{2g\left(z_2 + \frac{p - p'}{\Pi}\right)},$$

m étant un coefficient numérique donné par l'expérience pour chaque cas particulier qui peut se présenter. Ce coefficient représente principalement l'effet de la contraction, mais il n'est cependant pas identique avec le coefficient de contraction; en effet, Ω U exprimant aussi la dépense, on a

$$\Omega U = m A \sqrt{2g\left(z_2 + \frac{p - p'}{\Pi}\right)},$$

d'où résulte

$$m = \frac{\Omega}{A} \cdot \frac{U}{\sqrt{2g\left(z_2 + \frac{p - p'}{\Pi}\right)}}.$$

Le nombre m est donc le produit du coefficient de contraction par le nombre, peu éloigné de l'unité, qui doit multiplier l'expression $\sqrt{2g\left(z_2 + \frac{p - p'}{\Pi}\right)}$ pour qu'elle devienne égale à la vitesse moyenne U dans la section contractée.

Le nombre m s'appelle *coefficient de dépense;* dans le langage et dans l'usage on le confond très-souvent avec le coefficient de contraction, ce qui a pratiquement peu d'importance.

Quand l'orifice est circulaire, et que son diamètre varie de $0^m,02$ à $0^m,16$, un grand nombre d'expériences faites, il est vrai, sous des charges inférieures à $6^m,80$ (*) concordent assez bien pour faire attribuer au coefficient de dépense la valeur $0,62$. On aurait donc dans ce cas

$$Q = 0,62 A \sqrt{2g\left(z_2 + \frac{p - p'}{\Pi}\right)}.$$

Quand l'orifice présente une autre forme, la valeur $m = 0,62$

(*) *Voir* le *Traité d'Hydraulique*, de d'Aubuisson, p. 28 de la 1re édition.

ne peut plus être conservée que comme une moyenne approximative. MM. Poncelet et Lesbros ont entrepris ensemble, et le dernier a plus tard continué seul, des expériences très-multipliées au sujet des écoulements par orifices rectangulaires ; voici les principales conclusions qui en ressortent pour les orifices en mince paroi débouchant librement dans l'air :

1° Le coefficient de dépense dépend du plus petit intervalle qui sépare les bords opposés de l'orifice, et reste le même, toutes choses égales d'ailleurs, quelle que soit l'autre dimension, pourvu qu'elle n'excède pas vingt fois la première ;

2° Les orifices pratiqués dans une paroi épaisse donnent, toutes choses égales d'ailleurs, les mêmes résultats que ceux en mince paroi, lorsque la veine se détache de tout leur pourtour et que leurs quatre côtés sont dans un même plan vertical ; cette dernière condition est essentielle ; dans un cas où le bord supérieur de l'orifice était formé par une vanne faisant saillie de $0^m,05$ sur le plan des trois autres côtés, M. Lesbros a constaté, comparativement aux orifices pratiqués dans un même plan vertical, des augmentations relatives de dépense variables de $0,02$ à $0,06$;

3° La disposition des parois et du fond du réservoir n'a aucune influence appréciable sur la dépense, quand l'orifice en est suffisamment loin ; mais l'influence commence à se faire sentir quand la distance des parois ou du fond au bord correspondant de l'orifice est réduite à $2,7$ fois la largeur de celui-ci.

Nous donnons à la fin du Cours une table extraite de celle de M. Lesbros (*), où sont consignés les coefficients de dépense applicables à divers orifices rectangulaires en mince paroi débouchant librement dans l'air et entièrement isolés des parois ou du fond. Mais comme cette table convient encore à d'autres cas d'écoulement qui nous restent à passer en revue, nous renvoyons plus loin (n° 31) les explications sur son usage.

Les anciens auteurs, faisant abstraction de l'obliquité des filets liquides dans leur passage à travers le plan de l'orifice,

---

(*) Expériences hydrauliques sur les lois de l'écoulement de l'eau, etc., par M. Lesbros, colonel du génie. (Extrait du tome XIII des *Mémoires présentés par divers savants à l'Académie des Sciences de Paris*. Prix de Mécanique de 1850.)

admettaient que la théorie devait donner pour expression de la dépense $A \sqrt{2g\left(z_2 + \dfrac{p - p'}{\Pi}\right)}$ et en conséquence ils appelaient cette quantité *dépense théorique*. Cette expression s'est conservée quoiqu'il n'y ait pas besoin d'une théorie bien avancée pour reconnaître que la dépense est en réalité plus faible. En effet, indépendamment de l'obliquité des filets sur le plan de l'orifice, il y a dans ce plan et vers le milieu de la veine une pression plus forte que celle du gaz ambiant, ce qui doit diminuer la vitesse, puisque, dans la formule (1) du n° 22, p' doit recevoir une valeur plus forte. L'excès de pression dont il s'agit est dû à la courbure des filets, qui tournent leur convexité vers l'axe de la veine, en sorte que les forces d'inertie centrifuges sont aussi dirigées vers le même axe; il en résulte que dans un même plan horizontal les pressions du liquide vont en augmentant depuis les bords de la veine jusque vers son milieu (n° **16**).

Navier a essayé de tenir compte approximativement, par le calcul, de l'obliquité des filets. Attribuant sans doute peu d'importance aux variations de pression produites par les forces centrifuges, il supposait que tous les filets traversent le plan de l'ouverture avec une même vitesse U, sensiblement égale à la valeur $\sqrt{2g\left(z_2 + \dfrac{p - p'}{\Pi}\right)}$, qui convient un peu plus loin, dans la section contractée. Il admettait, en outre, que leur inclinaison varie uniformément depuis zéro jusqu'à l'angle droit. Si γ désigne cette inclinaison pour un filet occupant l'élément α de la surface A, le volume dépensé par α dans l'unité de temps sera un prisme oblique ayant α pour base, U pour longueur d'arêtes et $\alpha U \sin\gamma$ pour volume. Donc on aura, en faisant la somme des dépenses élémentaires,

$$Q = U \Sigma \alpha \sin\gamma.$$

Cela posé, imaginons que tous les éléments α soient égaux et en nombre infini; nous pouvons partager l'angle droit en un nombre pareil de fractions égales ayant pour valeur commune $d\gamma$, et alors chaque ligne de division donnera l'inclinaison γ, correspondante à un élément α. De cette manière, nous aurons bien exprimé la répartition uniforme des inclinaisons. Or il en résulte immédiatement

$$\frac{\alpha}{A} = \frac{2\,d\gamma}{\pi},$$

et par suite

$$Q = \frac{2}{\pi} AU \int_0^{\frac{\pi}{2}} \sin \gamma \, d\gamma,$$

ou bien, à cause de $\int_0^{\frac{\pi}{2}} \sin \gamma \, d\gamma = 1$ et de $\frac{2}{\pi} = 0,637$,

$$Q = 0,637 AU = 0,637 \dot{A} \sqrt{2g \left(z_2 + \frac{p - p'}{\Pi} \right)},$$

résultat assez rapproché de la vérité, bien qu'on l'ait déduit d'un raisonnement très-peu rigoureux.

25. *Écoulement par ajutage rentrant.* — Ce cas est cité ici à cause de son intérêt théorique, plutôt que pour les applications qu'il serait possible d'en faire. L'orifice par lequel le liquide s'écoule, au lieu d'être en

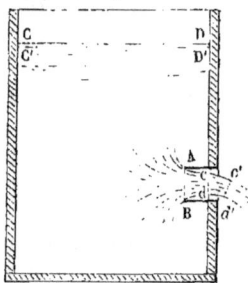

Fig. 8.

mince paroi, se présente sous la forme d'un cylindre pénétrant à l'intérieur du vase, comme l'indique la *fig.* 8. Ce cylindre doit être mince et avoir une longueur comprise dans de justes limites; car s'il était trop court, son influence tendrait à s'annuler; s'il était trop long, sa paroi intérieure serait mouillée, ce que nous ne supposerons pas dans l'analyse qui va suivre; on peut prendre une longueur à peu près égale au diamètre.

Dans ces circonstances, il est remarquable qu'on arrive à déterminer théoriquement le coefficient de contraction, tandis que l'orifice étant en mince paroi, nous ne pouvions trouver que la vitesse. Pour le montrer, appliquons au liquide compris entre le niveau CD du vase et la section contractée *cd* de la veine, le théorème général des quantités de mouvement et des impulsions projetées. L'accroissement de la quantité de mouvement de ce système matériel pendant un temps très-court θ, en projection sur l'axe du cylindre, que nous supposerons horizontal pour fixer les idées, sera égale à la quantité de mouvement de la tranche liquide *cdc'd'* qui dans ce temps est sortie par la section *cd*. En effet, si le système matériel CD*cd* est arrivé, au bout du temps θ, en C'D'*c'd'*, à cause de la permanence (n° 11) la quantité de mouvement de la partie intermédiaire C'D'*cd* sera la même dans les deux positions du système; donc pour avoir l'accroissement en projection sur l'horizontale, on devrait calculer la quantité de mouvement projetée de la tranche *cdc'd'* et celle de la tranche CDC'D', puis retrancher la seconde de la première. Or celle-ci se projette en vraie grandeur, puisque l'axe de projection est parallèle à la vitesse U de sortie; la seconde est négligeable, d'abord parce que la vitesse des molécules comprises dans $CDC'D'$ est à peu près perpendiculaire à l'axe, et aussi parce que cette tranche, de même masse que $cdc'd'$, ne possède qu'une vitesse assez petite relativement à U. (L'égalité des masses $CDC'D'$, $cdc'd'$ est une conséquence immédiate de l'incompressibilité du liquide; le volume $CDcd$ devant rester invariable pendant son déplacement, on a $CDcd = C'D'c'd'$, ce qui, en retranchant la partie commune $C'D'cd$, donne l'égalité des tranches extrêmes.) Ainsi, en appelant Π le poids du mètre cube du liquide, Ω l'aire de la section cd, $U\theta$ sera la longueur $\overline{cc'}$, $\Omega U\theta$ le volume et $\dfrac{\Pi}{g}\Omega U\theta$ la masse de la tranche $cdc'd'$; donc le système matériel $CDcd$ aura gagné dans le temps θ une quantité de mouvement projetée sur l'horizontale, qui s'exprimera par $\dfrac{\Pi}{g}\Omega U^2\theta$.

Calculons maintenant la somme des impulsions des forces extérieures projetées aussi sur l'axe de l'ajutage. Ces forces sont : 1° la pesanteur, dont l'impulsion projetée est nulle; 2° les pressions que le liquide reçoit sur son contour, tant de la part des gaz ambiants que de ses parois. Or la pression sur le niveau CD donne une force verticale qui disparaît en projection, comme la pesanteur; la pression du gaz qui s'exerce sur le contour extérieur de la veine et se transmet à la surface cd, dans l'hypothèse du jet parabolique (n° 18, 3ᵉ règle), donne une résultante égale à la pression que le même gaz exercerait sur la surface plane AB (n° 7); p' étant la pression du gaz par mètre carré et A l'aire AB, cette force a pour valeur absolue $p'A$, et son impulsion projetée est $-p'A\theta$. Il ne reste plus qu'à composer toutes les pressions exercées par les parois du vase sur le fluide, lesquelles varient suivant la loi hydrostatique, parce que les vitesses sont très-petites tout le long des parois. A cet effet, on imaginera ce vase décomposé en une série de tranches horizontales : sur chacune de ces tranches, tant qu'elles offriront un contour fermé, la résultante des pressions sera nulle dans le sens horizontal; or toutes les tranches seraient fermées si l'on remplaçait l'aire AB par une paroi qui supprimerait l'écoulement; donc la pression résultante projetée sur l'horizontale sera égale à la pression hydrostatique supportée par l'aire AB ou A dans cette hypothèse. Donc, si l'on nomme p la pression par mètre carré sur CD, et z_2 la hauteur du liquide au-dessus du centre de gravité de la surface AB, cette composante horizontale aura pour valeur $(p+\Pi z_2)A$ et produira l'impulsion $(p+\Pi z_2)A\theta$, puisqu'elle est dirigée suivant l'axe de la veine.

Cela posé, l'application du théorème général des quantités de mouve-

II. 2ᵉ ÉDIT.   5

ment et des impulsions projetées donnera l'équation

$$\frac{\Pi}{g} \Omega U^2 \theta = - p' A \theta + (p + \Pi z_2) A \theta,$$

soit, en divisant par $\Pi \Omega \theta$,

$$\frac{U^2}{g} = \frac{A}{\Omega} \left(z_2 + \frac{p - p'}{\Pi} \right).$$

D'un autre côté, tout ce qui a été dit plus haut sur la détermination de la vitesse s'applique encore ici; le centre de gravité de la section contractée se trouvant à très-peu près sur la même horizontale que celui de l'orifice, on a

$$\frac{U^2}{2g} = z_2 + \frac{p - p'}{\Pi}.$$

Donc le rapport $\frac{A}{\Omega}$ est égal à 2, et par conséquent le coefficient de con-traction doit être $\frac{1}{2}$ ou 0,50. Ce résultat a été vérifié par une expérience de Borda.

Il est naturel de se demander pourquoi la présence d'un ajutage ren-trant est nécessaire pour justifier la théorie précédente, et pourquoi cette théorie ne s'appliquerait plus si l'on prenait un orifice en mince paroi. C'est ce dont on se rendra compte en remarquant que nous avons admis plus haut la loi hydrostatique comme celle des pressions le long des parois du vase. Cela est permis dans le cas de l'ajutage rentrant tel que nous l'avons défini, parce que toutes les molécules en contact avec les parois du vase proprement dit sont encore à une distance notable de leur point de sortie, et que, par suite, elles ont peu de vitesse. Mais il n'en est plus de même quand l'ajutage est supprimé, et tout à l'entour de l'orifice il existe alors une zone où les molécules en contact avec la paroi du vase ont déjà une vitesse sensible, ce qui modifie la loi hydrostatique. Si l'on veut savoir dans quel sens, on se rappellera que, conformément au théo-rème de Bernoulli (n° 15), le niveau piézométrique restant constant au point de départ d'une molécule, ainsi que sa vitesse initiale, la vitesse en un autre point sera d'autant plus forte, que le niveau piézométrique y sera plus bas, et réciproquement. Ainsi la zone dont nous avons parlé aura des pressions moins fortes sans l'ajutage qu'avec l'ajutage. Et comme ces pressions s'exercent de la part du vase sur le liquide en sens con-traire de la vitesse U, la résultante totale des pressions dans le sens même de cette vitesse éprouverait une augmentation. On aurait donc l'inégalité

$$\frac{U^2}{g} > \frac{A}{\Omega} \left(z_2 + \frac{p - p'}{\Pi} \right),$$

qui, combinée avec la relation $\dfrac{U^2}{2g} = z_2 + \dfrac{p - p'}{\Pi}$, donnerait $\dfrac{A}{\Omega} < 2$ ou

bien $\dfrac{\Omega}{A} > \dfrac{1}{2}$, ce qui en effet est conforme à l'expérience.

Les mêmes considérations montrent également que l'ajutage doit être mince, sans quoi les pressions supportées par sa surface donneraient en projection horizontale une résultante difficile à évaluer.

26. *Écoulement par des orifices parfaitement évasés en dedans.* — L'orifice AB (*fig.* 9), dont l'aire a été désignée par A

Fig. 9.

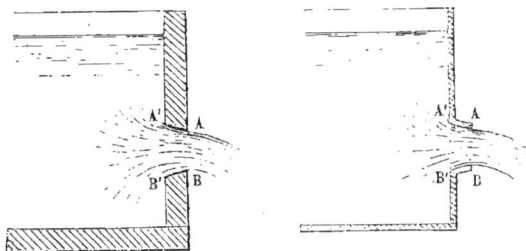

aux n°s 21 et suivants, peut être précédé d'un évasement, ainsi que le représente la figure. Si le conduit ABA'B' reçoit à peu près la forme et les dimensions d'une veine contractée, les choses se passeront comme si A'B' était un orifice en mince paroi, sauf la faible influence retardatrice du conduit. Dans ce cas la section de l'orifice AB devient en même temps la section contractée de la veine, de sorte que la dépense Q diffère peu du produit $A \sqrt{2g\left(z_2 + \dfrac{p - p'}{\Pi}\right)}$ de l'aire A par la vitesse due à la charge sur le centre de l'orifice. L'écart relatif ne doit probablement atteindre qu'une valeur de quelques centièmes ; et en effet, dans diverses expériences de Michelotti et de d'Aubuisson (dont quelques-unes exécutées sur une assez grande échelle), le rapport $Q : A \sqrt{2g\left(z_2 + \dfrac{p - p'}{\Pi}\right)}$, ou le coefficient de dépense, a été trouvé voisin de 0,980.

Cependant, comme il est difficile en pratique de réaliser bien complétement la forme d'une veine contractée, dans l'évasement ABA'B', nous pensons qu'il sera prudent de compter en

5.

général sur une réduction un peu plus forte, de 5 à 6 centièmes, par exemple.

27. *Écoulement par des orifices imparfaitement évasés.* —
L'orifice peut être plus ou moins bien évasé, de manière à obtenir une dépense moindre qu'avec la disposition du n° 26,
mais plus considérable que celle de l'orifice en mince paroi. Le
coefficient de la dépense, c'est-à-dire le rapport de la dépense

effective à la quantité $A\sqrt{2g\left(z_2 + \dfrac{p - p'}{\Pi}\right)}$, varierait alors
de 0,62 à 1,00.

Par exemple, si une ouverture rectangulaire AB (*fig.* 10) est

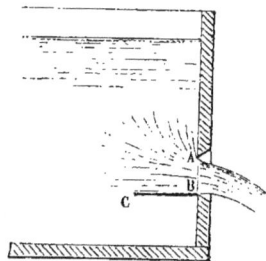

Fig. 10.

établie en mince paroi, on augmentera sa dépense au moyen d'une
plaque BC qui prolongerait un de
ses côtés vers l'intérieur du liquide;
on conçoit, en effet, que les filets
liquides qui glisseront sur le plan
BC arriveront à leur point de sortie
avec des vitesses normales à AB,
ce qui diminuera la contraction de
la veine. Suivant qu'une portion plus ou moins forte de
l'orifice est ainsi prolongée au dedans, le coefficient de la dépense peut varier de 0,62 à 0,73 environ. D'après Bidone,
quand l'orifice est rectangulaire, on aurait pour déterminer la
valeur de ce coefficient, la formule

$$m = 0,62\left(1 + 0,152\,\frac{N}{P}\right),$$

dans laquelle P désigne le périmètre de l'orifice, et N la longueur de la partie prolongée intérieurement. On comprend
d'ailleurs que $\dfrac{N}{P}$ ne peut pas trop se rapprocher de l'unité; car
à cette limite l'ensemble des plans BC formerait un ajutage
intérieur, ce qui changerait la loi de l'écoulement. On tomberait alors soit dans le cas traité au n° 25, soit dans un autre
qui sera examiné plus loin, suivant que cet ajutage serait plus
ou moins long.

M. Lesbros, dont nous avons déjà cité les expériences sur les écoulements par orifices rectangulaires en mince paroi débouchant librement dans l'air, et complétement isolés du fond et des parois latérales du réservoir, en a également fait un grand nombre avec des dispositions analogues à celles dont il s'agit ici, l'orifice restant rectangulaire. La Table II fait connaître en partie les résultats qu'il a obtenus et qui ne sont pas parfaitement d'accord avec la formule ci-dessus : cette formule, déduite seulement de quelques observations, ne mérite donc pas une entière confiance. Sans proposer de la remplacer par une autre plus ou moins analogue, M. Lesbros s'est borné à énoncer la proposition suivante :

« Le coefficient de dépense augmente, non en raison du nombre des côtés de l'orifice sur lesquels la contraction est supprimée, mais en raison de la fraction du périmètre total sur laquelle cette suppression a lieu ; toutes choses égales d'ailleurs, l'augmentation est plus forte quand la base est au nombre des côtés privés de contraction que lorsqu'elle en est exclue. »

28. *Écoulement par un orifice évasé intérieurement, suivi d'un canal découvert de même section.* — On suppose un orifice AB, évasé vers l'intérieur, comme l'indique la *fig.* 11 ; puis, à la suite, un canal de faible pente, découvert à sa partie supérieure, dans lequel les filets liquides conservent un mouvement sensiblement rectiligne et uniforme après leur sortie. Avec cette disposition, la pression dans la veine liquide n'est plus constante et égale à la pression atmosphérique ; mais on doit admettre (n°18, 4ᵉ règle) qu'elle varie suivant la loi hydrostatique, au moins quand on se borne à considérer les différences d'un point à l'autre, dans une même section transversale. Le niveau piézométrique sera donc le même pour tous les points de la section contractée AB ; car ce serait celui du point supérieur A, relevé de la hauteur représentant la pres-

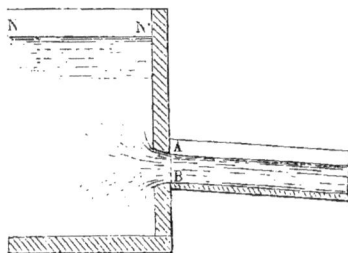
Fig 11.

sion p' du gaz ambiant, c'est-à-dire de $\dfrac{p'}{\Pi}$, si nous appelons Π le poids du mètre cube de liquide. En second lieu, nous avons déjà remarqué (n° 22) qu'en prenant un point quelconque assez loin de l'orifice, dans le réservoir, son niveau piézométrique se trouverait au-dessus du niveau NN′ du réservoir, à la hauteur $\dfrac{p}{\Pi}$ représentative de la pression p qui s'exerce à la surface NN′. Donc, si l'on désigne par H la distance du bord supérieur A de la veine contractée au plan NN′, la charge prise entre le point de départ d'une molécule et celui où elle traverse la section contractée AB sera toujours $H + \dfrac{p - p'}{\Pi}$: toutes les molécules traverseront donc cette section avec une même vitesse V, ayant pour valeur, d'après le théorème de Bernoulli (n° 15),

$$V = \sqrt{\, 2\,g\left(H + \frac{p - p'}{\Pi}\right)},$$

puisque la vitesse initiale dans le réservoir est supposée nulle.

Ainsi, l'influence du canal se fait sentir, en ce que dans le calcul de la vitesse moyenne, et, par suite, de la dépense, il faut prendre la charge sur le bord supérieur de la veine contractée, au lieu de la charge sur son centre. Mais il faut remarquer que nos raisonnements ne subsisteraient plus, si l'on modifiait la disposition de l'orifice conforme à la *fig.* 11 et décrite tout à l'heure. Notamment, si l'orifice était un rectangle percé en·mince paroi et prolongé par un canal prismatique, les filets pourraient, en vertu de la contraction, se détacher du fond sur une certaine longueur, immédiatement après leur sortie, cela aurait pour effet, comme on le verra plus loin, d'augmenter l'action de la viscosité, et par conséquent de modifier l'écoulement. C'est pourquoi la formule précédente est rarement employée pour arriver à connaître la dépense; on préfère calculer d'abord la dépense dite théorique, en multipliant la surface de l'ouverture par la vitesse due à la charge sur son centre de gravité; puis on multiplie le résultat par un coefficient de dépense que l'on emprunte aux recueils d'expériences, à celui de M. Lesbros, par exemple.

Si dans les sections faites immédiatement à la suite de AB dans le canal, l'eau ne s'élevait qu'à un niveau inférieur au point A, de manière à produire seulement une immersion partielle de l'orifice, la dépense aurait une valeur intermédiaire entre celle de l'orifice supposé complétement dégagé et celle dont on vient d'indiquer le calcul. Quelques auteurs proposent d'employer dans ce cas une formule qui revient à faire la somme des débits partiels obtenus en considérant : 1° la partie de l'orifice placée au-dessus de la section la plus étranglée, comme un orifice débouchant librement dans l'air; 2° la partie inférieure restante comme un orifice noyé, assimilable à l'orifice AB de la *fig.* 11. Cette règle paraît d'une exactitude contestable; mais on pourra s'y conformer, faute de mieux.

29. *Vannes inclinées.* — Il arrive souvent que l'eau s'écoule par un canal rectangulaire, en passant sous une vanne dont la face intérieure (celle qui se trouve du côté du réservoir) a une certaine inclinaison sur la verticale, de manière à faire un angle obtus avec la direction du courant extérieur. Ce dispositif est surtout usité dans l'établissement de certaines roues hydrauliques. En le comparant avec celui d'une vanne verticale, toutes choses étant d'ailleurs censées les mêmes, on comprend sans peine qu'il doit entraîner une augmentation de dépense, car les filets supérieurs ont moins à se dévier, et ils éprouvent, par conséquent, une contraction moindre. Quant à la grandeur de l'effet produit, il est clair qu'elle doit dépendre de l'angle i que la vanne fait avec le plan vertical, et l'observation seule pourrait, dans l'état actuel de la science, nous apprendre la relation entre ces deux quantités.

Malheureusement, malgré l'intérêt bien réel que la question présente dans la pratique, les expérimentateurs s'en sont très-peu occupés. Suivant le général Poncelet, le coefficient de dépense m deviendrait 0,74 pour $i = 30$ degrés environ et 0,80 pour $i = 45$ degrés, tandis que, la vanne étant verticale, on aurait eu $m = 0,60$ environ. On constate ainsi une augmentation proportionnelle de 0,235 dans le premier cas, et de 0,333 dans

le second. Ces résultats sont très-bien reproduits en multipliant le coefficient relatif à la vanne verticale par le facteur

$$1 + 0,47 \sin i;$$

mais les expériences ne sont ni assez nombreuses, ni faites
dans des limites assez étendues pour qu'on puisse avoir beaucoup de confiance dans la vérité de cette formule. En tout
cas, il conviendrait de ne l'appliquer qu'à des valeurs de i inférieures à 45 degrés.

30. *Écoulement par un déversoir.* — On donne le nom de
déversoir à des orifices découverts à leur partie supérieure, et
dont le bord inférieur est une droite horizontale appelée *seuil*.
Les bords latéraux sont généralement des droites verticales, de
sorte que l'orifice peut être considéré comme un rectangle
dont on aurait enlevé le côté supérieur; l'assimilation serait
d'ailleurs toujours permise dans le cas où le seuil du déversoir
aurait une grande longueur relativement à l'épaisseur de la
nappe liquide qui s'écoule au-dessus.

Soient L la longueur du seuil;
y la distance verticale entre le seuil et le niveau du liquide,
    en un point du réservoir où il serait sensiblement sta-
    gnant;
η l'épaisseur de la lame liquide passant sur le déversoir;
Q la dépense par seconde.

L'écoulement étant supposé se produire librement dans
l'air ou dans un gaz quelconque, on voit d'abord que, si l'on
voulait suivre la règle établie au n° 24, il faudrait faire $p = p'$;
de plus la quantité désignée par z_2 s'exprimerait ici par
$y - \frac{1}{2}\eta$. On devrait donc poser, m étant le coefficient de dépense applicable à l'écoulement dont nous nous occupons,

$$Q = m \, L \eta \sqrt{2g\left(y - \frac{1}{2}\eta\right)}.$$

Dans cette expression m et η sont des inconnues auxiliaires
que la théorie ne peut encore déterminer. À l'égard de la hau-

teur η, on peut dire seulement qu'elle doit rester au-dessous de y, car l'écoulement des molécules supérieures a lieu sous la charge $y - \eta$, laquelle ne peut devenir négative, suivant le théorème de Bernoulli; l'expérience montre d'ailleurs que le rapport $\frac{\eta}{y}$ n'est pas constant, mais qu'il ne descend guère au-dessous de $0,72$ pour des déversoirs dont le seuil est établi en mince paroi : nous le supposerons donc égal à $0,86$, valeur moyenne. Quant à m, puisque l'on a vu plus haut qu'il ne variait pas beaucoup avec la charge et les dimensions d'un orifice en mince paroi, il est assez naturel de le prendre égal à la moyenne $0,62$ (n° 24). On obtient ainsi

$$Q = 0,62 . 0,86 \, Ly \sqrt{2g \, 0,57 . y} = 0,403 \, Ly \sqrt{2gy}.$$

En réalité, si l'on pose

$$Q = rLy \sqrt{2gy},$$

r étant un rapport à déterminer expérimentalement, on reconnaît que r n'a pas une valeur constante. Ainsi, MM. Poncelet et Lesbros, dans une série d'expériences sur un déversoir en mince paroi, de $0^m,20$ de longueur, assez éloigné du fond et des parois latérales du réservoir, ont trouvé r variable de $0,385$ à $0,424$. La plus forte valeur correspond aux plus petites charges, ce qui s'explique peut-être par l'influence de la contraction latérale, influence d'autant plus grande, que la charge devient une fraction plus forte de la longueur L. La moyenne des nombres $0,385$ et $0,424$ est $0,405$, qui s'écarte bien peu du résultat $0,403$ auquel nous a conduit le calcul approximatif donné plus haut. Ainsi donc, pour les déversoirs en mince paroi, séparés du fond et des parois latérales du réservoir par une distance suffisante, et débouchant librement dans un gaz, on aurait à peu près

(4) $$Q = 0,405 \, Ly \sqrt{2gy};$$

mais cette formule pourra donner un résultat un peu trop fort ou trop faible, suivant que le rapport $\frac{y}{L}$ sera grand ou petit.

Il est bien difficile de tenir compte, même par des évalua-

tions plus ou moins incertaines, de toutes les circonstances et
dispositions locales qui peuvent influer sur la valeur de r; à
cet égard nous ne pouvons que renvoyer le lecteur aux recueils d'expériences, comme nous l'avons déjà fait dans
d'autres cas. Cependant, si un canal se trouvait barré sur toute
sa largeur par un déversoir en mince paroi dont le seuil serait
assez loin du fond, il serait convenable de prendre r sensiblement plus fort; M. Lesbros indiquant, dans ce cas, des nombres variables entre o,424 et o,492, on pourrait adopter la
valeur moyenne $r = $ o,45 et poser

$$(5) \qquad\qquad Q = 0{,}45 L y \sqrt{2\,gy},$$

ou, ce qui revient au même,

$$(6) \qquad\qquad Q = 2 L y^{\frac{3}{2}}.$$

Nous citerons encore un cas particulier assez remarquable,
en ce que la théorie peut donner une limite supérieure du
coefficient r et la valeur correspondante de η. C'est celui où le
seuil R du déversoir (*fig.* 12), raccordé par un évasement avec

Fig. 12.

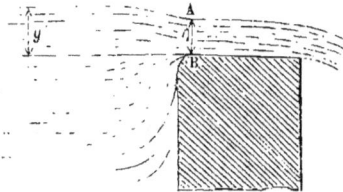

le réservoir, est prolongé par
un canal découvert de faible
pente, dans lequel le liquide
prend un mouvement sensi-
blement uniforme. Alors la
vitesse commune de tous les
filets qui passent en AB est
$\sqrt{2\,g(y - \eta)}$ (nº **28**), et at-
tendu qu'il n'y a plus de contraction sensible au delà de cette
section, la dépense Q est donnée par la relation

$$Q = L \eta \sqrt{2\,g(y - \eta)}.$$

Lorsque L et y sont invariables, Q n'est plus fonction que de η,
et il est aisé d'en trouver le maximum. On a, en effet.

$$\frac{Q^2}{2\,g L^2} = \eta^2 (y - \eta) = y\eta^2 - \eta^3;$$

le maximum du second membre, et par suite de Q, s'obtient

en égalant à zéro la dérivée prise relativement à η, ce qui donne

$$\eta(2y - 3\eta) = 0,$$

d'où

$$\eta = \frac{2}{3}y,$$

attendu que $\eta = 0$ conduirait à une dépense nulle. Faisant ensuite $\eta = \frac{2}{3}y$ dans l'expression de Q, on trouve

$$Q = \frac{2}{3\sqrt{3}} Ly \sqrt{2gy} = 0,385\, Ly \sqrt{2gy}.$$

L'abaissement superficiel $y - \eta$ auquel correspond la dépense maximum est donc $\frac{1}{3}$ de la hauteur y, et le rapport r correspondant a pour valeur $0,385$. Dans la pratique, les hypothèses de la théorie n'étant jamais complétement réalisées, si le seuil du déversoir est suivi d'un canal, r n'atteindra que bien rarement la limite supérieure $0,385$. Suivant les expériences de M. Castel et de M. Lesbros, on aurait moyennement, pour le genre de déversoirs dont il s'agit,

$$(7) \qquad Q = 0,35\, Ly \sqrt{2gy};$$

mais ici encore le rapport r est susceptible de varier notablement d'un déversoir à un autre.

Lorsqu'en amont du déversoir il y a un courant qui a une vitesse sensible U_0, au lieu d'un réservoir à peu près tranquille, les expressions $\sqrt{2g\left(y - \frac{1}{2}\eta\right)}$ et $\sqrt{2g(y - \eta)}$ ci-dessus considérées ne représentent plus la vitesse des filets fluides au-dessus du seuil. Le théorème de Bernoulli donne alors, en appelant U cette vitesse,

$$\frac{U^2 - U_0^2}{2g} = y - \frac{1}{2}\eta$$

ou bien

$$\frac{U^2 - U_0^2}{2g} = y - \eta,$$

suivant qu'il s'agit d'un orifice débouchant librement dans l'air ou suivi d'un canal découvert. Les valeurs de la vitesse et de la dépense deviennent les mêmes que si y était augmenté de $\frac{U_0^2}{2g}$. On est donc porté à penser qu'il suffit, pour avoir la dépense, de remplacer y dans les équations (4), (5), (6) et (7) par $y + \frac{U_0^2}{2g}$.

Déversoirs incomplets. — On nomme ainsi les déversoirs dont le seuil est situé au-dessous de l'eau d'aval. Nous essayerons plus loin (Chap. IV, § V) de donner sur ce sujet quelques aperçus théoriques : nous nous bornerons, quant à présent, à indiquer une formule empirique, due à M. Lesbros, pour le calcul de la dépense. Si l'on nomme n la contre-charge, c'est-à-dire la hauteur entre le seuil du déversoir et le niveau de la section la plus déprimée qui se trouve à la suite, du côté d'aval, les autres notations étant celles qu'on connaît déjà, on aura, d'après cet auteur,

$$Q = r L y \sqrt{2g(y-n)},$$

et le coefficient r, variable avec le rapport $\dfrac{y-n}{y}$, prendra les valeurs contenues dans le tableau ci-dessous :

RAPPORT $\frac{y-n}{y}$	COEFFICIENT r	RAPPORT $\frac{y-n}{y}$	COEFFICIENT r	OBSERVATIONS.
0,001	0,227	0,06	0,519	Les trois premiers et
0,002	0,295	0,08	0,517	les six derniers coeffi-
0,003	0,363	0,10	0,516	cients répondent à des
0,004	0,430	0,15	0,512	données prises en dehors
0,005	0,496	0,20	0,507	des limites des expérien-
0,006	0,556	0,25	0,502	ces. On les a obtenus
0,007	0,597	0,30	0,497	en prolongeant, au senti-
0,008	0,605	0,35	0,492	ment, la représentation
0,009	0,600	0,40	0,487	graphique des résultats
0,010	0,596	0,45	0,480	fournis par l'observa-
0,015	0,580	0,50	0,474	tion.
0,020	0,570	0,55	0,466	
0,025	0,557	0,60	0,459	
0,030	0,546	0,70	0,444	
0,035	0,537	0,80	0,427	
0,040	0,531	0,90	0,409	
0,045	0,526	1,00	0,390	
0,050	0,522			

31. *Conclusion de ce paragraphe; table des coefficients de dépense.* — Quand on se rappelle l'ensemble des questions traitées dans les n°s 21 à 29, on voit qu'il est ordinairement possible de trouver assez exactement la vitesse d'écoulement d'un liquide par un orifice en mince paroi plane ou évasé intérieurement, ou suivi d'un canal découvert à pente faible, ledit orifice débouchant dans un gaz. Malheureusement il n'en est pas tout à fait de même pour une quantité qui aurait plus d'importance pratique, la dépense. Elle dépend, en effet, non-seulement de la vitesse avec laquelle les molécules traversent le plan de l'orifice, mais aussi des angles sous lesquels ce plan est coupé par les divers filets liquides, angles qui varient d'un point à l'autre de l'orifice suivant des lois encore inconnues. Tout ce qu'on peut affirmer, c'est que la dépense effective est plus petite que le produit de l'aire de l'orifice par la vitesse des filets qui le traversent, quantité improprement appelée *dépense théorique.* La difficulté consiste à connaître dans chaque cas le rapport variable de 0,50 à 1,00, de la dépense effective à la dépense théorique, ou le *coefficient de dépense.* Dans le cas d'un déversoir une difficulté analogue se présente au sujet du coefficient *r* (n° 30). Nous avons indiqué divers nombres qui, pour certains cas particuliers, permettront de résoudre approximativement la question. Mais en réalité, dans chacun de ces cas particuliers, le coefficient de la dépense n'est pas constant; il varie suivant des circonstances secondaires dont l'influence est très-imparfaitemsnt connue, telles que les dimensions de l'orifice et sa position relativement au fond ou aux faces latérales du réservoir. Par conséquent, ce qu'on peut conseiller de mieux, quand on ne voudra pas se contenter de l'approximation donnée par les coefficients moyens de dépense que nous avons indiqués, c'est de rechercher dans les recueils d'expériences celles qui se rapprochent le plus du cas que l'on a en vue, pour en déduire le coefficient applicable à ce cas. Parmi les recueils les plus étendus et qui paraissent mériter le plus de confiance, nous avons cité (n°s 24, 27, 28 et 30) celui de M. Lesbros, qui embrasse plus de deux mille expériences, dans les conditions les plus variées.

La Table II qui se trouve à la fin du Cours a pour but de

suppléer aux tables plus étendues et plus complètes publiées
par M. Lesbros, auquel nous avons emprunté les coefficients
de dépense qu'il nous a semblé le plus utile de faire connaître.
Ces coefficients se rapportent tous aux orifices rectangulaires
à bords horizontaux et verticaux, de $0^m,20$ de largeur sur diverses hauteurs; mais, en généralisant ce qui a été dit au n° 24
pour les orifices en mince paroi débouchant librement dans
l'air, on doit les considérer comme encore bons quand la plus
petite dimension du rectangle est une des six hauteurs portées
dans les tableaux, c'est-à-dire un des nombres $0^m,20$, $0^m,10$,
$0^m,05$, $0^m,03$, $0^m,02$, $0^m,01$, pourvu que la plus grande n'excède
pas vingt fois celle-là. Si l'on avait besoin du coefficient relatif
à une dimension minimum comprise entre les nombres précédents, on procéderait par interpolation.

Les orifices soumis à l'observation présentaient deux dispositions principales, savoir :

(A) Orifices en mince paroi débouchant librement dans un
gaz ;
(B) Orifices en mince paroi suivis d'un canal découvert,
horizontal ou faiblement incliné, de même largeur que
l'orifice, ayant son fond en prolongement du bord inférieur de celui-ci.

Dans chaque disposition, quatre variantes ont été admises ;
en voici la définition :

1° L'orifice est complétement isolé, c'est-à-dire séparé par
une distance suffisante (n° 24) du fond et des parois latérales
du réservoir ;

2° La contraction est supprimée sur la base inférieure de
l'orifice, qui se trouve alors au niveau du fond ;

3° Les bords verticaux de l'orifice sont en prolongement des
faces latérales du réservoir ; mais la même chose n'ayant pas
lieu pour le fond, la contraction latérale est seule supprimée ;

4° Les bords verticaux restant comme on vient de le dire,
le bord inférieur est placé au niveau du fond du réservoir, ce
qui supprime la contraction sur trois côtés de la veine.

Dans la disposition (B), M. Lesbros n'a pas étudié précisément les variantes 3 et 4 ; il les a modifiées en ce sens que les

faces latérales du réservoir, au lieu de prolonger exactement les bords correspondants de l'orifice, en sont séparés par une feuillure de $0^m,02$ de largeur. Ces variantes portent les numéros 3 bis et 4 bis.

Enfin la Table se termine par les coefficients r relatifs aux déversoirs (n° 30), avec les dispositions et variantes qu'on vient d'indiquer.

Quand il s'agit des écoulements par orifices, la charge portée dans la Table est la distance verticale entre le bord supérieur et le niveau du réservoir, en un point où il n'y ait pas de vitesse sensible : on en déduit sans peine la charge servant au calcul de la dépense théorique, puisqu'il suffit d'ajouter la demi-hauteur de l'orifice, plus la hauteur représentative de la différence des pressions p et p' sur la surface libre du réservoir et sur la veine. Les expériences ont toutes eu lieu dans l'air, c'est-à-dire avec des pressions p et p' égales ; s'il en était différemment, il semble (mais ce n'est là qu'une induction) que le coefficient de dépense ne changerait pas à égalité de hauteur de liquide au-dessus de l'orifice.

Pour les déversoirs, l'argument est la hauteur y (n° 30).

Voici un exemple de l'usage de la Table. Soit proposé de chercher la dépense d'un orifice rectangulaire en mince paroi débouchant librement dans l'air, de $0^m,14$ de hauteur sur 1 mètre de largeur, le bord supérieur étant à $0^m,25$ en dessous du niveau du réservoir, et la contraction devant avoir lieu sur les quatre côtés. On est ici dans la disposition (A), première variante ; si l'on cherche d'abord le coefficient m de la dépense, on aura donc successivement :

Charge de $0^m,20$ sur le bord supérieur.

Hauteur d'orifice de $0^m,20$ . . . . $m = 0,598$
　　　Id.　　　de $0^m,10$ . . . . $m = 0,615$
　　　Id.　　　de $0^m,14$ (par interpolation). $m = 0,608$

Charge de $0^m,30$ sur le bord supérieur.

Hauteur d'orifice de $0^m,20$ . . . . $m = 0,600$
　　　Id.　　　de $0^m,10$ . . . . $m = 0,616$
　　　Id.　　　de $0^m,14$ (par interpolation). $m = 0,610$

La comparaison du troisième et du sixième résultat montre que le nombre m cherché serait environ $0,609$, en interpolant relativement à la charge.

Maintenant, pour avoir la dépense Q, on poserait

$$Q = 0,609.0,14.1,00.\sqrt{2g\left(0,25 + \frac{1}{2}\cdot 0,14\right)}.$$

La Table I donnerait le radical $\sqrt{2g.0,32}$, c'est-à-dire la vitesse due à la hauteur de 0^m,32, laquelle diffère peu de 2^m,506; ainsi

$$Q = 0,609.0,14.2,506 = 0^{mc},21.$$

La dépense cherchée se trouverait aux environs de 210 litres par seconde.

Ajoutons enfin que, dans la pratique de l'ingénieur, on est ordinairement bien loin des conditions de précision où se trouvent des expérimentateurs opérant sur des appareils construits avec le plus grand soin : les bords des orifices sont plus ou moins inégaux et mal dressés, le fond des canaux raboteux, le réservoir soumis à une agitation et à des variations de niveau incessantes, etc. Par tous ces motifs, la dépense d'un orifice dans les conditions ordinaires est très-difficile à évaluer avec quelque exactitude; quoique nous n'ayons à l'appui de notre opinion aucune donnée bien positive, il nous semble que des erreurs relatives de 0,05 (et quelquefois davantage) n'auraient rien qui dût être regardé comme surprenant.

§ II. — Cas où il est nécessaire d'avoir égard aux forces produites par la viscosité.

32. *Effet d'un élargissement brusque de section dans un conduit fermé.* — On suppose un liquide coulant dans un vase ABCD (*fig.* 13); en CD, la veine débouche tout à coup dans un espace à section transversale plus grande, de forme à peu près cylindrique sur une certaine longueur, et déjà rempli de liquide. Alors on observe que tout le liquide qui entoure la veine au delà de la section CD ne participe que lentement au mouvement général; il tournoie sur lui-même et s'écoule

Fig. 13.

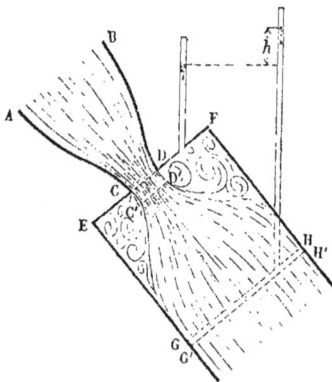

peu à peu, pendant que d'autre liquide fourni par le contour de la veine vient le remplacer. Au droit de la veine elle-même il y a une agitation assez considérable, qui se calme progressivement, de sorte que, dans une section transversale GH, les molécules se meuvent avec des vitesses parallèles entre elles et normales à cette section. On conçoit que, dans ce phénomène, le liquide est soumis à des déformations intérieures beaucoup plus grandes et plus rapides que dans un écoulement sans changement brusque de section : on ne pourrait donc appliquer le théorème de Bernoulli entre deux positions d'une molécule, prise l'une à l'amont, l'autre à l'aval de CD, sans avoir égard aux forces produites par la viscosité du liquide et à la perte de charge qui en résulte. Cette perte de charge est ce que nous nous proposons maintenant de déterminer.

Il n'est guère possible, dans l'état actuel de la science, de donner une solution complète et irréprochable de la question, car il faudrait suivre chaque molécule dans son mouvement et se rendre compte des actions qu'elle exerce sur les autres. Faute de pouvoir appliquer cette méthode rationnelle, on est contraint d'avoir recours à des hypothèses secondaires qui simplifient beaucoup le problème. L'analyse suivante est due à M. Belanger.

Il y a autour de la veine, dans l'espace annulaire ECDF, du fluide animé de mouvement lents : on peut donc admettre que la pression sur la partie de la section EF non occupée par la veine varie suivant la loi hydrostatique (n° 18, 2ᵉ règle). Il en serait de même dans les sections CD et GH, si les molécules qui les traversent étaient animées, pendant leur passage, de mouvements sensiblement rectilignes et normaux à ces sections (n° 18, 4ᵉ règle), ce que nous admettrons comme suffisamment exact. Par conséquent, si nous élevons par la pensée un tube piézométrique en un point quelconque de CD ou de la section annulaire ECDF, le niveau du liquide dans ce tube sera indépendant de son point de départ inférieur. Un fait exactement semblable se produira en GH; de plus les pressions moyennes sur les surfaces EF, GH s'exerceront en leurs centres de gravité respectifs (n° 8). Cela une fois admis, toute difficulté disparaît.

II. 2ᵉ ÉDIT.   6

Soient, en effet,

h la différence des niveaux piézométriques en EF et en GH ;
ζ la charge perdue à déterminer ;
U_0 et U les vitesses moyennes du liquide en CD et GH ;
Il son poids par mètre cube ;
S l'aire de la section droite du cylindre EFGH.

Si, comme le représente la figure, le niveau piézométrique en
GH dépasse celui qui répond à l'entrée de la veine dans l'espace plus grand, l'abaissement qui aura lieu, dans le passage
de la seconde à la première, sera $-h$. Le théorème de Bernoulli (n° 15) donnera donc

$$(1) \qquad \frac{U^2 - U_0^2}{2g} = -h - \zeta,$$

d'où l'on conclura ζ quand on aura pu, d'une manière quelconque, évaluer h. Pour cela, nous appliquerons le théorème
général des quantités de mouvement projetées, à tout le système matériel fluide compris, à un certain instant, entre les
plans EF et GH. Pendant un temps très-court θ, il sort de la
capacité EFGH une tranche GHG′H′ ayant pour volume $SU\theta$;
et, en même temps, il entre une tranche CDC′D′ dont le volume est nécessairement le même, sans quoi la masse totale
du liquide compris dans le volume EFGH aurait varié, ce qui
est impossible à cause de l'incompressibilité. Aux deux instants extrêmes du temps θ, le liquide compris entre C′D′ et GH
a la même quantité de mouvement, parce que le phénomène
est supposé permanent ; donc la variation de la quantité de
mouvement du système liquide EFGH, en projection sur une
parallèle aux vitesses U_0 et U, pendant l'intervalle de temps θ,
sera égale à la différence entre les quantités de mouvement
des tranches GHG′H′ et CDC′D′. Or ces tranches ont même
volume $SU\theta$ et par suite même masse $\frac{\Pi}{g}SU\theta$; la différence
dont il s'agit est donc

$$\frac{\Pi}{g} SU\theta (U - U_0),$$

quantité à laquelle il faut égaler la somme des impulsions des forces extérieures projetées sur le même axe. Ces forces sont la pesanteur et les pressions exercées sur tout le contour du volume EFGH. Les pressions latérales sur la surface cylindrique sont normales à l'axe de projection, et il n'y a pas lieu d'en tenir compte; nous négligerons l'adhérence entre le liquide et cette surface, ce qui est permis, comme la suite le démontrera, en raison de ce que $\overline{EG}$ est une faible longueur. Reste donc la pesanteur et les pressions totales sur les plans EF, GH. Il est aisé de voir que la pesanteur serait équilibrée, si la colonne piézométrique en GH s'élevait exactement au même niveau que celle d'amont menée en EF; car l étant la projection verticale de $\overline{EG}$, $\Pi S l$ représenterait à la fois la composante de la pesanteur suivant l'axe, et l'excès de la pression totale du plan GH sur celle du plan EF. Ainsi les trois forces dont nous nous occupons donneront une résultante, en sens contraire du mouvement, égale à la pression totale produite sur la surface S par la colonne de liquide de hauteur h, c'est-à-dire à $\Pi S h$, force dont l'impulsion projetée est $-\Pi S h \theta$. On a par conséquent

$$\frac{\Pi}{g} S U \theta (U - U_0) = - \Pi S h \theta,$$

ou bien, en divisant les deux membres par $- \Pi S \theta$,

$$(2) \qquad h = \frac{U(U_0 - U)}{g}.$$

L'élimination de h entre les équations (1) et (2) nous donne finalement

$$(3) \qquad \zeta = \frac{(U_0 - U)^2}{2g};$$

ce qu'on exprime abréviativement en langage ordinaire en disant que *la perte de charge produite par un élargissement brusque de section est égale à la hauteur représentative de la perte de vitesse moyenne*. La démonstration repose d'ailleurs, il ne faut pas l'oublier, sur l'hypothèse du parallélisme des filets, dans les sections où sont mesurées les vitesses U_0 et U.

La *fig.* 13 suppose que la condition d'avoir les filets parallèles dans la section CD est remplie au moyen d'un évasement

6.

pratiqué en amont. Si l'évasement n'existait pas, et que le changement brusque fût produit par un diaphragme mince **MN** (*fig.* 14), ne laissant libre que l'ouverture OP, les filets devien-

Fig. 14

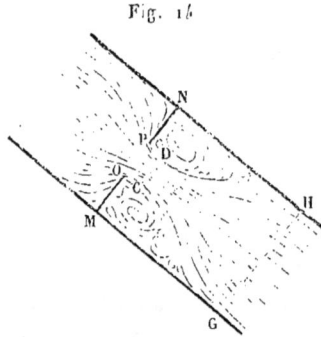

draient néanmoins parallèles dans la section CD de la veine contractée. Ce serait donc au point de la contraction maximum que l'on devrait mesurer la vitesse désignée par U_0 dans les calculs précédents. Sous la réserve de cette modification, tous les mêmes raisonnements pourraient être répétés et la formule qui donne ζ ne serait point altérée.

Au lieu des vitesses U_0 et U, on pourrait introduire dans la formule (3) des quantités plus commodes à mesurer. Soient en effet Q le volume de liquide débité dans l'unité de temps, et S_0 l'aire CD (*fig.* 13). Nous avons déjà remarqué que dans un temps θ il se débite par les sections GH et CD un même volume exprimé par $SU\theta$; mais ce volume peut aussi s'exprimer par $S_0 U_0 \theta$: on a donc

$$Q = SU = S_0 U_0,$$

et par suite

$$(4) \qquad \zeta = \frac{Q^2}{2g}\left(\frac{1}{S_0} - \frac{1}{S}\right)^2.$$

Dans le cas de la *fig.* 14, si S désigne l'aire OP et m le coefficient de la dépense, qu'on supposera égal approximativement à 0,62, on aura

$$Q = SU = mS_0 U_0,$$

d'où l'on tire, en se servant de l'équation (3),

$$(5) \qquad \zeta = \frac{Q^2}{2g}\left(\frac{1}{mS_0} - \frac{1}{S}\right)^2.$$

33. *Vérification expérimentale des résultats précédents; piézomètre différentiel.* — Si l'on pouvait observer directement la différence h des niveaux piézométriques dans les sections CD et GH (*fig.* 13), on conclurait de l'équation (1)

$$\zeta = \frac{U_0^2}{2\,g} - \frac{U^2}{2\,g} - h,$$

et le second membre devrait être égal à $\dfrac{(U_0 - U)^2}{2\,g}$, en supposant vraie la théorie donnée au n° 31. Or U_0 et U pourraient
être calculées, comme on vient de le voir, en mesurant le
débit Q et les aires S_0, S, des sections CD, GH. Il serait donc
facile de constater si l'on a réellement

$$\frac{(U_0 - U)^2}{2\,g} = \frac{U_0^2}{2\,g} - \frac{U^2}{2\,g} - h,$$

ou bien, ce qui revient au même, si h satisfait à l'équation (2).

L'instrument que M. Belanger a nommé *piézomètre différentiel* a précisément pour but de mesurer la hauteur h,
et il peut être employé généralement toutes les fois qu'il
s'agit de constater par expérience la différence de pression
entre deux points peu éloignés. Deux tuyaux flexibles en
plomb s'adaptent en A et E (*fig.* 15) aux points dont on veut

Fig. 15.

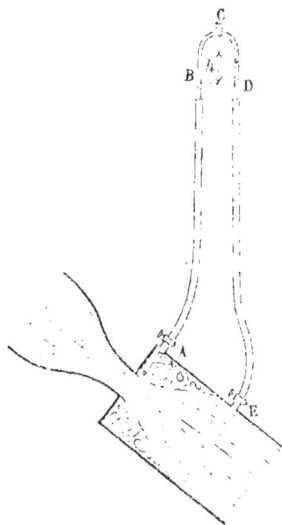

connaître la différence de pression,
et sont réunis par un tube recourbé
en verre BCD, percé au point C d'un
trou capillaire qu'on peut à volonté
ouvrir ou fermer hermétiquement.
Les robinets A et E sont d'abord fermés et les tuyaux de l'appareil rem-
plis d'air. On ferme le trou C et on
ouvre les deux robinets; le liquide
entre alors dans les tubes en vertu
de la pression, mais il ne les remplit
pas, puisque l'air n'a pas d'issue. On
veille à ce que cet air ne puisse pas
rester emprisonné dans les sinuo-
sités des tubes en plomb. Alors si le
liquide ne monte pas à la hauteur du
tube en verre, on laisse peu à peu
échapper l'air par l'ouverture C, et si cela est nécessaire, on

aspire pour produire un vide partiel, jusqu'à ce que l'on voie
les deux niveaux dans les branches BC, DC. La distance verticale entre ces deux niveaux sera la hauteur h que l'on demande, car ils supportent tous les deux une même pression
de la part de l'air qui reste dans le tube. Si l'on ne pouvait
réussir à faire monter le liquide jusqu'au tube en verre, cela
montrerait que les tubes en plomb sont trop hauts, et il faudrait recommencer l'expérience en plaçant plus bas leurs
extrémités supérieures.

34. *Perte de charge subie par une veine liquide à son entrée
dans un réservoir découvert.* — On suppose une veine liquide
qui par une cause quelconque a pris une vitesse U_0 normale à
la section CD et commune à tous les filets, à l'instant où ils

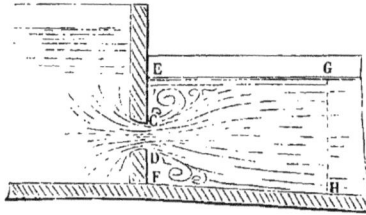

Fig. 16.

traversent cette section.
Au delà de CD se trouve
une capacité de section
transversale plus grande,
remplie du même liquide,
dans laquelle débouche la
veine. Le liquide étant
toujours supposé homo-
gène et soumis seulement à la pesanteur, quelle perte de
charge subira-t-il au delà de la section CD, si le réservoir ou
canal CDGH, où entre la veine, est découvert à la partie supérieure?

Ici nous ne pourrions pas appliquer sans modification l'analyse du n° 32, parce que la section EF, sur laquelle s'exerce
une pression à introduire dans l'équation des quantités de
mouvement projetées, n'est plus connue *à priori* comme l'était
la section EF de la *fig.* 13. Ce serait une difficulté de plus.

Sans nous y arrêter davantage, nous supposerons le cas particulier où la capacité EFGH et la hauteur $\overline{EG}$ de liquide au-
dessus de la veine seraient assez considérables pour que le
liquide pût être considéré comme à peu près stagnant, sauf le
mouvement dans la veine et tout autour d'elle, sur une certaine
étendue. Alors le niveau EG sera horizontal, c'est-à-dire que
le niveau piézométrique, pour lequel on peut prendre celui

du réservoir EFGH, sera le même en CD et en GH, section où il ne reste plus de vitesse sensible. Donc si l'on applique le théorème de Bernoulli au passage d'une molécule de CD à GH, ζ étant la charge perdue dans cet intervalle, on aura

$$(6) \qquad \zeta = \frac{U_0^2}{2g};$$

mais cette expression ne serait plus vraie si le niveau piézo-métrique était différent en CD et en GH, ce qui arriverait peut-être pour de faibles valeurs de la hauteur $\overline{EC}$; il y aurait aussi une restriction analogue si la vitesse ne pouvait pas être considérée comme nulle dans une section GH, prise à l'aval de la veine.

35. *Écoulement d'un liquide par un tuyau court, présentant une série d'élargissements brusques.* — On adapte à un réservoir un tuyau composé d'une suite de cellules cylindriques de longueur modérée séparées les unes des autres par des diaphragmes avec ouvertures en mince paroi (*fig.* 17). Deux ou-

Fig. 17.

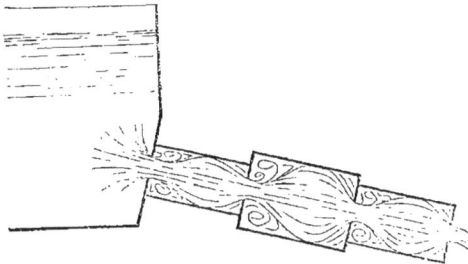

vertures de cette espèce permettent au liquide d'entrer dans le tuyau et de s'échapper au dehors. On demande la vitesse d'écoulement, à la sortie du tuyau, et la dépense par seconde.

Soient

A, A_1, A_2,... les sections successives des orifices percés en mince paroi;

S, S_1,... les sections des cylindres qui composent le tuyau;

U la vitesse du liquide dans la veine contractée, après le passage du dernier orifice en mince paroi;

Q le volume dépensé par seconde;

p la pression par unité de surface au niveau du réservoir;

p' la pression du gaz dans lequel s'écoule la veine liquide;

z la hauteur verticale entre le niveau du réservoir et le centre de la veine contractée après l'orifice de sortie;

ζ la perte de charge totale éprouvée par le liquide pendant qu'il traverse le tuyau.

En raisonnant comme au n° 22, on reconnaîtrait que la charge entre un point du bassin et le centre de la veine contractée, après sa sortie, a pour valeur

$$z + \frac{p - p'}{\Pi} = h;$$

et comme la vitesse est supposée insensible dans le bassin, le théorème de Bernoulli (n° 15) donnera

$$(7) \qquad \frac{U^2}{2g} = h - \zeta.$$

Or, si l'on suppose que le tuyau est assez court pour que l'adhérence du liquide contre ses parois puisse être négligée, les pertes de charge seront uniquement produites par les élargissements brusques, et l'on aura (n° 32)

$$(8) \quad \zeta = \frac{Q^2}{2g}\left[\left(\frac{1}{mA} - \frac{1}{S}\right)^2 + \left(\frac{1}{mA_1} - \frac{1}{S_1}\right)^2 + \left(\frac{1}{mA_2} - \frac{1}{S_2}\right)^2 + \cdots \right],$$

m étant le coefficient de dépense applicable aux orifices en mince paroi du tuyau. De plus, si A_n désigne l'aire de celui de ces orifices qui est situé à l'extrémité d'aval du tuyau, on aura l'équation

$$(9) \qquad Q = mA_n U.$$

Cela fait donc trois équations entre les inconnues U, ζ, Q; il sera bien facile d'en éliminer deux, pour calculer la troisième. Par exemple, on calculerait Q par la relation

$$\frac{Q^2}{2gm^2A_n^2} = h - \frac{Q^2}{2g}\left[\left(\frac{1}{mA} - \frac{1}{S}\right)^2 + \left(\frac{1}{mA_1} - \frac{1}{S_1}\right)^2 \right.$$
$$\left. + \left(\frac{1}{mA_2} - \frac{1}{S_2}\right)^2 + \cdots \right],$$

ou bien encore

$$\frac{Q^2}{2g} = \frac{h}{\dfrac{1}{m^2 A_n^2} + \left(\dfrac{1}{mA} - \dfrac{1}{S}\right)^2 + \left(\dfrac{1}{mA_1} - \dfrac{1}{S_1}\right)^2 + \left(\dfrac{1}{mA_2} - \dfrac{1}{S_2}\right)^2 + \ldots},$$

ce qu'on peut écrire en abrégé

$$(10) \qquad \frac{Q^2}{2g} = \frac{h}{\dfrac{1}{m^2 A_n^2} + \Sigma\left(\dfrac{1}{mA} - \dfrac{1}{S}\right)^2},$$

la somme Σ étant étendue à tous les élargissements brusques. La vitesse U s'obtiendrait ensuite aisément par la combinaison des équations (9) et (10), qui donne

$$(11) \qquad \frac{U^2}{2g} = \frac{h}{1 + m^2 A_n^2 \Sigma\left(\dfrac{1}{mA} - \dfrac{1}{S}\right)^2}.$$

Quoique tous ces calculs se rapportent à une disposition d'orifice inusitée dans la pratique, ils offrent néanmoins un certain intérêt, parce qu'on en a déduit une vérification expérimentale des formules du n° 32. Dans une expérience d'Eytelwein, citée par d'Aubuisson, le tuyau se composait d'un cylindre de $0^m,0262$ de diamètre, de $0^m,942$ de longueur, divisé en trois compartiments par des diaphragmes; toutes les aires ci-dessus désignées par A, A_1, A_2, ..., A_n étaient égales, les orifices en mince paroi étant tous des cercles de $0^m,0065$ de diamètre. Avec ces données la formule (10) devient

$$\frac{Q^2}{2g} = \frac{h}{\dfrac{1}{m^2 A^2} + 3\left(\dfrac{1}{mA} - \dfrac{1}{S}\right)^2} = \frac{h}{1 + 3\left(1 - \dfrac{mA}{S}\right)^2},$$

d'où l'on tire

$$Q = A\sqrt{2gh} \; \frac{m}{\sqrt{1 + 3\left(1 - \dfrac{mA}{S}\right)^2}}.$$

Le coefficient m diffère peu de $0,62$ (n° 24); quant au rapport $\dfrac{A}{S}$, il est ici de $\left(\dfrac{0,0065}{0,0261}\right)^2$, soit $\dfrac{1}{16}$. En substituant ces

valeurs, on trouverait

$$Q = 0,319 A \sqrt{2 g h},$$

tandis que l'expérience a donné

$$Q = 0,331 A \sqrt{2 g h}.$$

La différence du résultat théorique avec le résultat expérimental est peu sensible, ce qui semble confirmer les formules du n° 32; elle s'explique un peu par l'incertitude qui affecte le coefficient m, et peut-être aussi par le trop grand rapprochement des diaphragmes qui empêchait les filets de prendre tous la même vitesse, après le passage d'un élargissement brusque et avant d'arriver au diaphragme suivant. Eytelwein a en effet constaté que la dépense augmentait quand on diminuait la distance des diaphragmes.

36. *Écoulement par un orifice percé entre deux réservoirs.* — Deux réservoirs dont les niveaux sont différents communiquent entre eux par une ouverture; le niveau est d'ailleurs constant dans chaque réservoir, et la permanence du mouvement existe. Il s'agit de connaître la vitesse d'écoulement et la quantité de liquide qui passe du réservoir supérieur au réservoir inférieur dans l'unité de temps.

La question se résout sans peine si l'on admet que les deux réservoirs sont assez grands pour que, à une certaine distance de l'orifice, il n'y ait pas de vitesse sensible. En effet, soit en A (*fig.* 18) une molécule qui au bout d'un certain temps sera

Fig. 18.

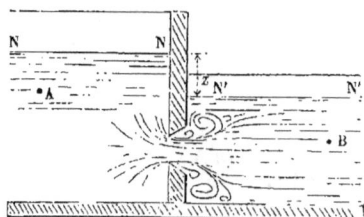

en B; puisque dans ces deux positions extrêmes la vitesse est à peu près nulle, il faut, d'après le théorème de Bernoulli (n° 15), que la perte de charge ζ dans le parcours AB soit égale à la charge, c'est-à-dire à la différence de niveau des colonnes piézométriques élevées aux points A et B. Or p et p' étant les pressions sur les niveaux N, N', z la distance verticale de ces niveaux, Π le poids du mètre cube de liquide, on reconnaît que la charge a pour valeur $z + \dfrac{p - p'}{\Pi}$; comme on l'a vu déjà dans plusieurs exemples analogues. Ainsi nous poserons

$$\zeta = z + \frac{p - p'}{\Pi}.$$

Mais on a vu (n° 34) que si U désigne la vitesse dans la section contractée de la veine, l'épanouissement de cette veine dans le réservoir inférieur donne lieu à une perte de charge exprimée par $\dfrac{U^2}{2g}$; donc en négligeant les pertes, relativement faibles, qui auraient lieu dans le réservoir supérieur, on devra écrire

$$\zeta = \frac{U^2}{2g} = z + \frac{p - p'}{\Pi},$$

d'où l'on tire

(12) $$U = \sqrt{2g\left(z + \frac{p - p'}{\Pi}\right)},$$

expression tout à fait pareille à la formule (1) du n° 22, à part cette différence que z désigne ici la hauteur entre les niveaux des deux bassins, tandis que cette lettre avait une autre signification au n° 22. Au reste, il est évident que l'on pourrait conserver ici cette même signification, si l'on admettait que p' représente la pression mesurée, non pas sur le niveau du bassin inférieur, mais sur les filets qui s'écoulent, à leur passage dans la section contractée : z et $\dfrac{p'}{\Pi}$ s'augmenteraient ainsi d'une même quantité et la valeur de la vitesse ne changerait pas.

La vitesse étant déterminée, pour avoir la dépense il faudrait multiplier cette vitesse par l'aire de l'orifice et par le coefficient de dépense applicable dans chaque circonstance spéciale. Il semble assez naturel d'admettre que le coefficient de dépense ne dépend que du mouvement du liquide dans le réservoir supérieur, et, d'autre part, que ce mouvement n'est pas sensiblement altéré par l'agitation du bassin inférieur, en sorte qu'il ne serait pas changé si la veine liquide débouchait dans un gaz dont la pression aurait été choisie de manière à ne pas altérer la charge $y + \dfrac{p - p'}{\Pi}$. Les indications données au § I de ce Chapitre, pour le cas d'une veine débouchant dans un gaz, seront donc immédiatement applicables.

D'après ce qui a été dit à la fin du n° 34, la valeur de la vitesse U donnée par la formule (12) pourrait offrir de l'incertitude si l'orifice n'était pas assez noyé pour rendre sensiblement horizontal le niveau N'.

37. *Des ajutages cylindriques.* — Lorsqu'un orifice pratiqué dans une paroi plane est prolongé au dehors par un tuyau cylindrique, de longueur égale à une fois et demie le diamètre, il n'y a plus de contraction sensible, à la sortie de la veine. Ainsi la dépense Q doit être égale à la vitesse d'écoulement U multipliée par la section A de l'orifice ou du tuyau, c'est-à-dire qu'on a

$$Q = AU.$$

Mais la vitesse ne reste pas ce qu'elle serait sans l'existence de l'ajutage, et elle éprouve, comme on va le voir, une diminution notable. En effet, si nous nommons, comme dans le § I de ce Chapitre,

z_2 la différence de hauteur mesurée verticalement, entre le niveau du réservoir et le centre de gravité de l'orifice;

p la pression sur le niveau du liquide dans le réservoir, par unité de surface;

p' la pression exercée sur la veine à sa sortie;

Π le poids du mètre cube du liquide;

on sait (n°ˢ 22 et 23) que, dans le cas où l'écoulement se produit librement dans un gaz, par un orifice en mince paroi, la vitesse U s'obtient, à quelques centièmes près, par la formule

$$U = \sqrt{2g\left(z_2 + \frac{p - p'}{\Pi}\right)},$$

qui peut être conservée dans le cas examiné au n° 36. Au contraire, lorsque l'orifice est accompagné d'un ajutage cylindrique, l'expérience montre que la vitesse U, mesurée en prenant le quotient du débit Q par l'aire A, n'est plus en moyenne que les 0,82 de celle qui résulterait de la formule précédente ; ainsi

$$(13) \qquad U = 0,82 \sqrt{2 g \left(z_2 + \frac{p - p'}{\Pi} \right)},$$

$$(14) \qquad Q = 0,82 \, A \sqrt{2 g \left(z_2 + \frac{p - p'}{\Pi} \right)}.$$

La relation qui donne U se met encore sous la forme

$$\frac{U^2}{2 g} = \overline{0,82}^2 \left(z_2 + \frac{p - p'}{\Pi} \right),$$

ou approximativement

$$\frac{U^2}{2 g} = \frac{2}{3} \left(z_2 + \frac{p - p'}{\Pi} \right);$$

la hauteur due à la vitesse de sortie est donc seulement les deux tiers de la charge, ou, en d'autres termes, d'après le théorème de Bernoulli, la charge perdue ζ est un tiers de la charge totale. On peut encore dire, en comparant les valeurs de $\frac{U^2}{2 g}$ et de ζ, que la première est double de la seconde ; l'égalité

$$\zeta = \frac{1}{2} \cdot \frac{U^2}{2 g}$$

fournira une seconde expression de la perte de charge.

Voici comment la théorie rend compte de ces faits. Le liquide sortant par l'ouverture AB (*fig.* 19) forme une veine qui

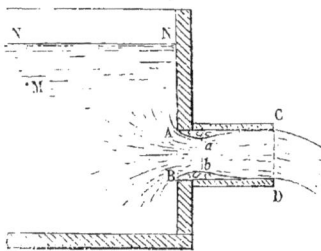
Fig. 19.

se contracte jusqu'en *ab*, à une distance à peu près égale au rayon de cette dernière section, si elle est circulaire, puis qui tend à reprendre des dimensions plus fortes (n° 21). Il reste donc dans le tuyau ABCD un espace annulaire tout autour de la veine, lequel est rempli d'air à l'origine du mouvement, si l'écoulement a lieu

dans l'air. Mais cet air est peu à peu entraîné par le frottement du liquide; la veine, soumise en CD à une pression plus
forte qu'en ab, se ralentit dans l'intervalle de ces deux sections; en conséquence elle tend à se dilater, et bientôt le liquide remplit complétement le tuyau. On a donc en ab une
veine qui débouche dans une section plus grande déjà occupée par le même liquide, d'où résulte une agitation et une
perte de charge. Cette perte est exprimée par la formule (5)
du n° 32, dans laquelle il faut faire $S_0 = S = A$, ce qui donne

$$\zeta = \frac{Q^2}{2\,g\,A^2}\left(\frac{1}{m} - 1\right)^2,$$

ou bien, attendu que $\dfrac{Q}{A} = U$,

$$\zeta = \frac{U^2}{2\,g}\left(\frac{1}{m} - 1\right)^2.$$

Cela posé, si l'on applique le théorème de Bernoulli à une molécule qui, partie du réservoir, serait arrivée à la section CD,
au lieu de l'égalité $\dfrac{U^2}{2\,g} = z_2 + \dfrac{p - p'}{\Pi}$, employée au n° 24 dans
l'hypothèse d'une perte de charge nulle, on devra écrire

$$\frac{U^2}{2\,g} = z_2 + \frac{p - p'}{\Pi} - \frac{U^2}{2\,g}\left(\frac{1}{m} - 1\right)^2,$$

d'où résultera

$$\frac{U^2}{2\,g} = \frac{z_2 + \dfrac{p - p'}{\Pi}}{1 + \left(\dfrac{1}{m} - 1\right)^2}.$$

Par suite, on aura pour la perte ζ :

$$\zeta = \left(z_2 + \frac{p - p'}{\Pi}\right)\frac{\left(\dfrac{1}{m} - 1\right)^2}{1 + \left(\dfrac{1}{m} - 1\right)^2}.$$

Lorsque dans cette expression de ζ on suppose le coefficient
de dépense $m = 0,62$, ce qui est à peu près sa valeur exacte

pour un orifice circulaire, on trouve pour le rapport entre ζ et la charge le nombre $0,273$, au lieu de $\frac{1}{3}$ qui résulte des indications expérimentales. Cette différence montre que, si la théorie ne donne pas une explication complète de ce qui se passe dans les ajutages cylindriques, du moins elle en rend compte d'une manière à peu près satisfaisante. Au reste l'erreur commise en adoptant la perte de charge théorique se traduirait en une erreur plus faible dans l'évaluation de la vitesse ou de la dépense ; car on aurait

$$\frac{U^2}{2g} = (1 - 0,273)\left(z_2 + \frac{p - p'}{\Pi}\right),$$

d'où

$$U = \frac{Q}{A} = 0,85\sqrt{2g\left(z_2 + \frac{p - p'}{\Pi}\right)},$$

expression dont l'emploi n'entraînerait qu'une erreur relative en plus de $\frac{1}{27}$ environ.

On peut se proposer de calculer la pression moyenne p'' qui s'exerce sur la veine contractée. Pour cela, remarquons d'abord que la charge moyenne entre le point de départ M d'une molécule et son passage dans le plan ab a pour valeur $z_2 + \frac{p - p''}{\Pi}$, et d'un autre côté que, suivant la définition même du coefficient de dépense m, la vitesse en ab est exprimée par $\frac{Q}{mA}$. Le théorème de Bernoulli, appliqué entre M et ab, donnera donc

$$\frac{Q^2}{2gm^2A^2} = z_2 + \frac{p - p''}{\Pi} :$$

or la formule (14) donne

$$\frac{Q^2}{2gA^2} = \left(z_2 + \frac{p - p'}{\Pi}\right).\overline{0,82}^2 ;$$

donc nous aurons aussi

$$m^2\left(z_2 + \frac{p - p''}{\Pi}\right) = \overline{0,82}^2\left(z_2 + \frac{p - p'}{\Pi}\right).$$

La substitution du nombre 0,62 à la place de m nous conduira définitivement à l'expression de la quantité cherchée

$$(15) \qquad \frac{p''}{\Pi} = \frac{p'}{\Pi} - \frac{3}{4}\left(z_2 + \frac{p - p'}{\Pi}\right).$$

Ainsi la pression p'' est inférieure à p', et la hauteur représentative de la différence $p' - p''$ serait les trois quarts de la charge sous laquelle a lieu l'écoulement.

Ce résultat a été confirmé par une expérience remarquable de Venturi. Ayant établi un orifice avec ajutage cylindrique de 0^m,0406 de diamètre, en un point situé à 0^m,018 de son origine il a adapté un tube recourbé en verre, qui descendait au-dessous de l'ajutage et allait plonger dans une cuvette remplie d'eau. Ayant ensuite fait couler de l'eau par l'ajutage sous une charge de 0^m,88, il a constaté que l'eau de la cuvette était aspirée et montait dans le tube à 0^m,65 au-dessus du niveau de la cuvette. On avait donc $\dfrac{p' - p''}{\Pi} = 0^m,65$, et la théorie donnant pour cette même différence $\dfrac{3}{4} \cdot 0^m,88$ ou 0^m,66, on voit qu'elle est d'accord avec l'expérience.

Il y a encore une observation intéressante à faire, au sujet du résultat renfermé dans la formule (15). D'après la définition de la fluidité parfaite (n° 2) les fluides parfaits sont incapables de se trouver dans un état de tension proprement dite, et généralement il en est à peu près de même des fluides naturels, malgré l'effet de la viscosité. Ainsi la pression en un point d'un fluide ne peut jamais devenir une tension, et par conséquent, puisqu'il n'y a pas d'erreur possible dans le sens des forces, quand on calcule une pression inconnue on doit toujours trouver un résultat positif. Le fait contraire indiquerait qu'il y a, dans les hypothèses ou théorèmes servant de base au calcul, quelque chose d'inexact ou tout au moins inapplicable au cas particulier que l'on traite. Il faut donc que l'on ait $p'' > 0$, c'est-à-dire

$$\frac{p'}{\Pi} - \frac{3}{4}\left(z_2 + \frac{p - p'}{\Pi}\right) > 0.$$

Par exemple si le liquide est de l'eau et que l'écoulement ait lieu librement dans l'atmosphère, le niveau NN supportant aussi la pression atmosphérique, on aurait

$$\frac{p}{\Pi} = \frac{p'}{\Pi} = 10^m,33,$$

et, par suite, la condition ci-dessus deviendrait

$$z_2 < 13^m,77.$$

Donc, avec les circonstances que nous supposons, si la théorie des ajutages cylindriques donnée tout à l'heure était absolument vraie, il faudrait que la pression en ab fût nulle quand z_2 serait égal à $13^m,77$ et négative pour de plus fortes valeurs de z_2. Or une pression négative ne peut pas se réaliser; donc finalement il faut conclure que la théorie précédente ne peut pas être appliquée quand z_2 atteint ou dépasse $13^m,77$. Il y aurait même du doute avant d'arriver à cette limite, car lorsque la pression devient trop faible, l'air contenu dans l'eau s'en sépare et trouble l'écoulement. Il serait à désirer qu'on eût quelques expériences pour indiquer les formules à employer dans le cas d'exception dont nous venons de parler.

Voici un procédé qui permet de trouver théoriquement, sinon le coefficient de dépense réellement applicable à l'ajutage dans le cas en question, du moins une limite supérieure que ce coefficient ne pourra dépasser. Soit en effet μ sa valeur; les autres notations étant celles qu'on a déjà employées, la dépense Q s'exprimera par les formules

$$Q = m A \sqrt{2g\left(z_2 + \frac{p - p''}{\Pi}\right)} = \mu A \sqrt{2g\left(z_2 + \frac{p - p'}{\Pi}\right)},$$

d'où résulte

$$\mu = m \sqrt{\frac{z_2 + \dfrac{p - p''}{\Pi}}{z_2 + \dfrac{p - p'}{\Pi}}},$$

et, attendu que la pression p'', suivant les observations présentées ci-dessus, ne saurait devenir négative,

$$\mu \leq m \sqrt{\frac{z_2 + \dfrac{p}{\Pi}}{z_2 + \dfrac{p - p'}{\Pi}}}$$

soit encore, sous une autre forme,

$$\mu \leqq m \sqrt{1 + \frac{p'}{p - p' + \Pi z_2}}.$$

L'égalité des deux membres répondrait à l'hypothèse limite $p'' = 0$. Nous donnons ci-après un tableau des valeurs du second membre quand on suppose $m = 0,62$ et qu'on attribue diverses valeurs à $\dfrac{p - p' + \Pi z_2}{p'}$; quand il s'agit d'un écoulement de l'eau dans l'air atmosphérique, ce rapport exprime le nombre de fois que la charge contient la hauteur $10^m,33$, ou, si l'on veut, c'est la charge évaluée en atmosphères.

Rapport, $\dfrac{p - p' + \Pi z_2}{p'}$.	Limite correspondante de μ.
1,333	0,820
1,5	0,800
2	0,759
3	0,716
4	0,693
5	0,679
7,5	0,660
10	0,650
15	0,640
20	0,635
30	0,630
∞	0,620

Si l'écoulement avait lieu dans le vide, p' serait nul et l'expression de p'' forcément négative. Ce serait donc encore un cas d'exception où la théorie se trouverait en défaut. Il est vraisemblable que la veine coulerait sans remplir le tuyau ou que le mouvement permanent ne s'établirait pas.

L'emploi des formules (13), (14) et (15) suppose encore que la section AB de l'ajutage est assez loin du fond et des bords du réservoir, et que celui-ci a des dimensions assez grandes pour que le liquide y soit sensiblement stagnant.

Ainsi qu'on l'a vu, l'effet des ajutages cylindriques, comparativement aux orifices en minces parois, est de produire une augmentation de dépense par la suppression de la contraction, en même temps qu'une diminution de vitesse due à la perte de charge. Il n'est pas sans utilité de rappeler que cette perte de charge correspond à un travail négatif des actions dues à la viscosité (n° 15), lequel annule une partie du travail de la pesanteur et des pressions et diminue proportionnellement la force vive du fluide sortant. La diminution relative est ici de $\frac{1}{3}$. C'est ce que les formules mettent en évidence. En effet, la force vive de la masse liquide écoulée par l'ajutage dans l'unité de temps sera $\frac{\Pi}{g}QU^2$, soit par kilogramme de liquide dépensé $\frac{U^2}{g}$, ou enfin $\frac{4}{3}h$, en représentant par h la charge $z_2 + \frac{p-p'}{\Pi}$. Au contraire, si l'orifice eût été en mince paroi, nous aurions trouvé approximativement $2h$. Donc l'emploi de l'ajutage réduit la force vive du liquide sortant aux deux tiers environ de ce qu'elle serait pour un orifice en mince paroi, à égalité de volume dépensé. On arriverait à un résultat analogue si l'on comparait les forces vives des volumes dépensés pendant le même temps, par exemple pendant 1 seconde, car les deux valeurs de l'expression $\Pi Q \frac{U^2}{g}$ seraient

$$\Pi.0{,}82\,A\sqrt{2gh}.\frac{4}{3}h \quad \text{soit} \quad 1{,}09\,\Pi\,A\,h\sqrt{2gh},$$

et

$$\Pi.0{,}62\,A\sqrt{2gh}.2h \quad \text{ou bien} \quad 1{,}24\,\Pi\,A\,h\sqrt{2gh};$$

seulement le désavantage du tuyau cylindrique serait ici moins sensible. Donc, en définitive, l'emploi de l'ajutage n'est utile que si l'on a pour but principal d'augmenter la dépense de liquide dans un temps donné; mais il faut l'éviter dans toutes les circonstances où l'économie du travail de la force motrice est une condition essentielle.

38. *Des ajutages coniques divergents.* — On adapte à un vase ou réservoir un ajutage composé : 1° d'une embouchure ABCD (*fig.* 20) ayant la figure d'une veine qui sortirait librement par l'orifice AB en mince paroi, cette figure étant prise jusqu'à la section contractée; 2° d'un tube CDEF s'élargissant progressi-

7.

vement jusqu'en EF et se raccordant tangentiellement avec l'embouchure. Dans de telles cir-

Fig. 20.

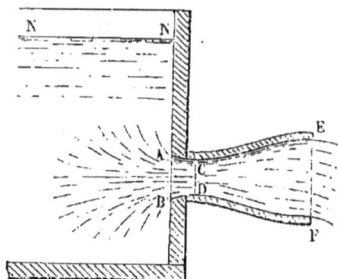

constances, si l'écoulement permanent est établi, que le liquide coule à plein tuyau, enfin si les effets de la viscosité peuvent être négligés, la vitesse U de sortie en EF correspondrait à la charge sur le centre de cette section; de sorte qu'en conservant les notations du n° 37, on devrait poser

$$\frac{U^2}{2g} = z_2 + \frac{p - p'}{\Pi},$$

formule dont la démonstration serait identique avec celle qu'on a donnée pour le cas des orifices en mince paroi (n°s 22 et 23). D'un autre côté, comme la contraction est supprimée après le passage de la section EF, en appelant S l'aire de cette section, la dépense Q serait SU, soit

$$(16) \qquad Q = S \sqrt{2g \left(z_2 + \frac{p - p'}{\Pi} \right)}.$$

Il semble donc au premier abord qu'on peut accroître autant qu'on veut la dépense faite par une même ouverture AB, en augmentant seulement l'aire S, puisque la vitesse ou le rapport $\frac{Q}{S}$ est une quantité constante. Mais, comme nous allons le montrer, si l'on allait au delà d'une certaine limite, on ne tarderait pas à rendre impossible l'hypothèse d'un écoulement permanent et à plein tuyau. Soient en effet Ω l'aire CD, U_1 la vitesse du liquide et p'' la pression dans la section CD. Par les mêmes raisonnements qui ont fait connaître la vitesse U, on trouverait

$$\frac{U_1^2}{2g} = z_2 + \frac{p - p''}{\Pi},$$

et, comme il n'y a pas non plus de contraction au passage de la section **CD**, on aurait une seconde expression de la dépense

$$(17) \qquad Q = \Omega \sqrt{2\,g\left(z_2 + \frac{p - p''}{\Pi}\right)}.$$

La comparaison des équations (16) et (17) conduit à poser

$$(18) \qquad \frac{\Omega}{S} = \sqrt{\frac{z_2 + \dfrac{p - p'}{\Pi}}{z_2 + \dfrac{p - p''}{\Pi}}}.$$

Or, ainsi qu'on l'a déjà vu (n° 37), p'' reste forcément positive dans l'écoulement d'un fluide parfait; sous peine de rendre impossible la continuité ou la permanence du mouvement, il faut donc qu'on ait $\frac{\Omega}{S}$ supérieur à la valeur prise par le second membre de l'équation ci-dessus lorsque $p'' = 0$, d'où résulte

$$S < \Omega \sqrt{\frac{z_2 + \dfrac{p}{\Pi}}{z_2 + \dfrac{p - p'}{\Pi}}},$$

le signe $<$ n'excluant pas l'égalité. Dans le cas où l'on supposerait cette égalité, p'' serait nulle; alors, d'après l'équation (17), Q atteindrait sa plus grande valeur possible. En la désignant par Q', on aurait

$$Q' = \Omega \sqrt{2\,g\left(z_2 + \frac{p}{\Pi}\right)};$$

c'est-à-dire qu'on devrait obtenir la dépense capable de s'écouler par un orifice **CD** évasé intérieurement et débouchant dans le vide.

On a plusieurs expériences de Venturi sur les ajutages dont nous nous occupons; mais malheureusement ces ajutages étaient simplement formés de deux troncs de cône **ABCD** et

CDEF (*fig.* 21), en sorte qu'il n'y avait pas en CD le raccordement tangentiel que nous avons supposé. Il devait en ré-

Fig. 21.

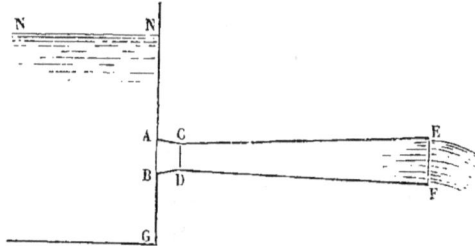

sulter probablement que les filets ne suivaient pas exactement
les lignes brisées telles que NACE, GBDF, et que des remous
se formaient, principalement après le passage de CD, contre
les parois de l'ajutage, ce qui donnerait à une perte de charge
analogue à celle des ajutages cylindriques.

L'expérience qui, à égalité de charge et de section Ω d'embouchure, a donné la plus grande dépense, avait lieu dans les
circonstances suivantes. Les dimensions étaient :

$$
\begin{aligned}
&\text{Diamètre } \overline{AB}\ldots\ldots\ldots\ldots && 0^{m},04061 \\
&\text{Diamètre } \overline{CD}\ldots\ldots\ldots\ldots && 0^{m},03497 \\
&\text{Diamètre } \overline{EF}\ldots\ldots\ldots\ldots && 0^{m},06091 \\
&\text{Côté } \overline{AC}\ldots\ldots\ldots\ldots\ldots && 0^{m},02482 \\
&\text{Côté } \overline{CE}\ldots\ldots\ldots\ldots\ldots && 0^{m},3334 \\
&\text{Hauteur } z_2\ldots\ldots\ldots\ldots && 0^{m},88 \\
&\text{Section AB}\ldots\ldots\ldots\ldots && 0^{mq},001296 \\
&\text{Section CD}\ldots\ldots\ldots\ldots && 0^{mq},000960 \\
&\text{Section EF}\ldots\ldots\ldots\ldots && 0^{mq},002913
\end{aligned}
$$

Les pressions p et p' étaient la pression atmosphérique ; ainsi
le liquide étant de l'eau, on avait

$$\frac{p}{\Pi} = \frac{p'}{\Pi} = 10^{m},33.$$

La dépense a été par seconde de $6^{l},53$, soit $Q = 0^{mc},00653$. Par l'orifice AB, en mince paroi, on aurait eu le débit

$$Q = 0,62.0,001296 \sqrt{2g.0,88} = 0^{mc},00334,$$

c'est-à-dire environ deux fois moins. Mais le maximum théorique Q' était loin d'être obtenu, car on a

$$Q' = 0,000960 \sqrt{2g(0,88+10,33)} = 0^{mc},0141,$$

soit plus du double de la dépense réalisée. D'ailleurs Venturi ne s'était pas beaucoup écarté du rapport $\dfrac{\Omega}{S}$ auquel correspond une pression nulle en CD; car d'après la formule (18) ce rapport serait $\sqrt{\dfrac{0,88}{0,88+10,33}}$ ou $0,28$, et dans l'appareil en question il était $\dfrac{0,000960}{0,002913}$ ou $0,33$.

Pour se rendre compte de la perte de charge, due aux remous dont nous avons parlé, et sans doute aussi à l'adhérence entre le liquide et les parois solides, on peut remarquer que la vitesse U de sortie était seulement de $\dfrac{0,00653}{0,002913}$ ou de $2^m,24$ par seconde, laquelle correspond à la hauteur $0^m,256$ environ. Or ζ étant la charge perdue, on sait que

$$\frac{U^2}{2g} = 0^m,88 - \zeta;$$

donc

$$\zeta = 0^m,88 - 0^m,256 = 0^m,624,$$

c'est-à-dire 71 pour 100 de la charge totale. Les considérations développées à la fin du n° 37 s'appliqueraient *à fortiori* à l'ajutage conique divergent dont nous nous occupons.

Venturi a constaté que si l'on perçait quelques trous capillaires sur le périmètre de CD, l'ajutage divergent cessait de produire une augmentation de dépense. Cela suffit pour réfuter une opinion émise par quelques auteurs, qui attribuent cette augmentation à l'attraction du tube, car il serait étrange que cette attraction s'anéantît par la seule présence d'un petit nombre de trous imperceptibles.

§ III. — Applications diverses (*).

39. *Barrage à poutrelles.* — Un cours d'eau passe entre
deux bajoyers ou murs parallèles, dont l'intervalle est fermé
sur une certaine hauteur par des poutrelles A, A′, A″, A‴,…
superposées (*fig.* 22), formant un déversoir par-dessus lequel

Fig. 22.

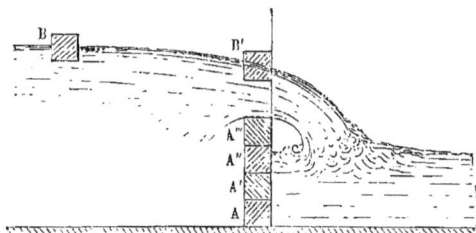

le liquide s'écoule dans le bief inférieur. Quand on veut
exhausser le barrage, une autre poutrelle B, qui flotte dans
le bief supérieur, est amenée dans la position B′, de manière à
faire porter ses extrémités contre les feuillures qui retiennent
les autres poutrelles déjà placées. A peine est-elle dans cette
position, qu'on la voit tomber d'elle-même sur la poutrelle A‴.

Ce fait s'explique aisément. L'intervalle entre les poutrelles
A‴ et B′ forme une espèce d'ajutage; la pression sur la face
inférieure de B′ devient moindre que la pression atmosphérique (n° 37) qui s'exerce sur la face supérieure. La poutrelle
obéit donc à la différence de ces forces et à son poids qui,
seul, serait déjà plus que capable de la faire descendre, malgré
le frottement latéral contre les feuillures. Si la faible largeur
des poutrelles paraissait, dans certains cas particuliers, un
obstacle à la production du phénomène des ajutages, du moins

(*) Nous plaçons ici la théorie de divers appareils employés dans les barrages
mobiles. Pour quelques-uns il n'y a réellement besoin que des notions d'Hydrostatique; mais pour d'autres il était bon d'avoir vu la théorie des ajutages
cylindriques, et de connaître les formules de l'écoulement des liquides. Ne
voulant pas d'ailleurs séparer des questions qui avaient entre elles de l'analogie,
nous avons dû en différer l'examen jusqu'à présent.

on doit reconnaître que la pression dans la veine jaillissante est peu différente de la pression atmosphérique (n° **18**, 3ᵉ règle) et que les pressions sur les deux faces horizontales de la poutrelle B′ tendent à s'équilibrer, ce qui serait à la rigueur suffisant.

Il est à remarquer que les premières poutrelles A, A′,... qui doivent être posées au-dessous du niveau du bief inférieur, ne descendent pas ainsi d'elles-mêmes à leur place : cela n'a lieu que lorsqu'elles sont en nombre suffisant pour dépasser le niveau du bief inférieur.

40. *Bateau vanne.* — Un bateau AA′ (*fig.* 23), dont la section transversale est rectangulaire, s'appuie contre deux piles en maçonnerie, dont l'intervalle est fermé dans sa partie inférieure par un radier BB′ plus élevé que le fond CC′ de la rivière. L'eau passe entre A et B avec une certaine vitesse U, et les filets qui coulent au-dessous du bateau ont une vitesse moindre U′. Comme on est dans des circonstances qui présentent de l'analogie avec celles que l'on considérait au n° **28**, en appelant *h* la hauteur de A au-dessous du nivau N, on doit poser

Fig. 23.

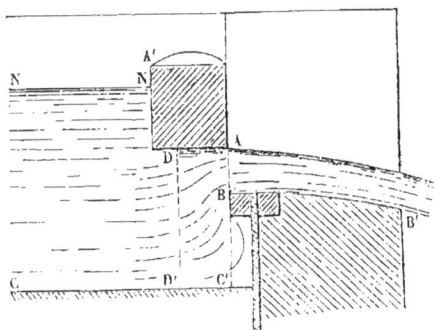

$$\frac{U^2}{2g} = h.$$

D'un autre côté, si dans une section DD′ tous les filets pouvaient être considérés comme parallèles et d'égale vitesse, *a* et *b* désignant les hauteurs $\overline{AB}$ et $\overline{DD'}$, et le canal étant supposé rectangulaire, l'incompressibilité de l'eau donnerait

$$U a = U' b,$$

relation nécessaire pour que la masse de l'eau comprise dans l'intervalle ABDD′ reste toujours la même. Enfin, l'application du théorème de Bernoulli, pour une molécule passant du point D où elle a la pression p' et la vitesse U' au point A où ces quantités deviennent p et U, donnera l'équation

$$\frac{p' - p}{\Pi} = \frac{U^2 - U'^2}{2g}.$$

On déduit sans peine de ces trois relations

$$\frac{p' - p}{\Pi} = h\left(1 - \frac{a^2}{b^2}\right).$$

Ce calcul de la pression p' sur le fond du bateau peut offrir de l'incertitude, surtout parce que les vitesses de toutes les molécules qui traversent la section DD' ne sont pas égales, et que la convergence des filets vers l'orifice AC empêche aussi ces vitesses d'être horizontales; mais il suffit pour faire comprendre que p' doit être supérieur à p et que l'excès est croissant avec h. Le poids du bateau et son frottement contre les piles peuvent être trop faibles pour faire équilibre à la force verticale produite par cet excès $p' - p$; dans ce cas, on ouvre des robinets placés sur la face d'amont du bateau; on y introduit ainsi la quantité d'eau nécessaire pour l'équilibre du bateau, dans la position qu'il doit occuper. Quand on veut faire descendre le bateau, on augmente cette quantité; quand on veut le faire remonter, on ouvre d'autres robinets placés sur la face d'aval pour faire écouler l'eau.

Le bateau, une fois équilibré, s'élève de lui-même et agrandit l'ouverture, si le niveau N vient à monter, puisque h et par suite $p' - p$ seraient augmentés; il descendrait dans le cas contraire. On voit par conséquent que ce bateau, dont l'idée première est due à M Sartoris, pourrait être employé pour maintenir le niveau N à peu près constant, malgré les variations du débit qui passe par l'ouverture AB.

41. *Premier système de vannes Chambart* (*). — Dans un canal à section rectangulaire se trouve une vanne inclinée AB

(*) Ce système de vannes est décrit avec soin dans un Rapport de M. l'Ingénieur Schlœsing, inséré dans les *Annales des Ponts et Chaussées*, 1855, 2e semestre.

(*fig.* 24) occupant toute la largeur du canal. Cette vanne porte une courbe en fonte CD, invariablement liée avec elle, et as-sujettie à rouler sur un plan ho-rizontal EF. Dans la position initiale de la vanne, le niveau N de l'eau affleure son sommet, et l'on s'arrange pour que la résultante des actions exercées sur l'appareil par la pesanteur et par les pressions de l'eau vienne passer en G, point ac-tuel de contact de CD avec EF.

Fig. 24.

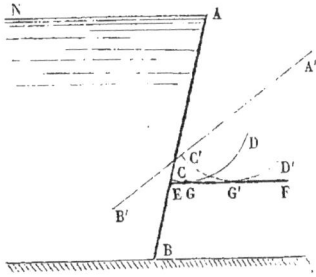

Alors l'équilibre existe. Mais si par une cause quelconque il arrive plus d'eau dans le bief avec lequel communique cette vanne et que le niveau N vienne à monter, le centre de pres-sion se relève, ce qui tend à faire passer la résultante en avant de G. Il se produit alors un mouvement de bascule par suite duquel le point de contact se déplace de G en G'; la vanne s'incline davantage, prend la position A'B', et le trop-plein s'écoule, tant au-dessus de A' qu'au-dessous de B'.

Dans cette nouvelle position A'B', il peut arriver, si la courbe CD a été convenablement déterminée, que la résultante passe en G' quand le niveau sera redescendu en N. Il est clair que, moyennant cette condition, la vanne s'arrêtera dans la position A'B' et qu'elle la quittera seulement quand un nouvel exhaus-sement de niveau la forcera de s'incliner encore davantage, ou qu'un abaissement la fera se relever. En un mot, elle ne res-tera en équilibre dans une des positions qu'elle peut prendre que si le niveau du bief atteint sa hauteur normale; pour une hauteur plus grande, elle prendrait un mouvement qui accroî-trait le débouché; pour une hauteur moindre, elle se mouvrait de manière à produire l'effet inverse. L'appareil, comme on le voit, pourra donc être employé pour obtenir dans un bief un niveau constant malgré les changements qui surviendraient dans l'alimentation; mais il faut pouvoir résoudre le problème suivant : Quelles doivent être la forme et la position de la courbe CD pour que, si elle roule sur l'horizontale EF en en-traînant la vanne avec elle, dans toutes les positions la résultante des forces agissant sur la vanne passe toujours par le point de contact, la pression de l'eau étant, bien entendu, calculée d'après l'hypothèse d'un niveau N invariable? Ce problème, l'inventeur M. Chaubart l'a résolu par des tâtonnements qui l'ont conduit à adopter pour la courbe CD un arc de cercle dont il détermine le rayon à l'aide d'une formule empirique. Voici comment on peut théoriquement en trouver la solution.

Prenons la vanne dans une position quelconque AB (*fig.* 25).

Fig. 25.

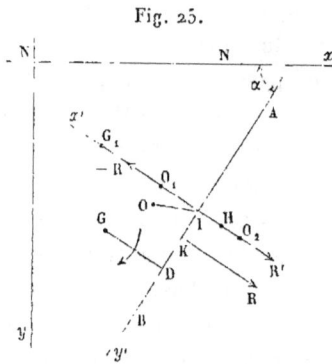

La figure représente une coupe faite par un plan vertical mené perpendiculairement à la vanne en son milieu; AB est la coupe de la surface plane rectangulaire pressée par l'eau, I son centre de figure, O le centre de gravité du corps de la vanne, K le centre de pression. Traçons, en outre, dans le plan de la figure, deux systèmes d'axes coordonnés : le premier, fixe dans l'espace, sera composé d'une verticale quelconque Ny et d'une horizontale Nx, suivant le niveau normal de l'eau; le second, mobile avec la vanne, aura le point I pour origine, et sera composé : 1° du prolongement inférieur Iy' de AB; 2° d'une perpendiculaire Ix', le sens positif étant ascendant pour ce deuxième axe. Appelons enfin

x, y les coordonnées du point I dans le système Nx, Ny;

ξ, η les coordonnées, dans le même système, d'un point G quelconque;

k l'abscisse $\overline{DG}$, m l'ordonnée $\overline{ID}$ du même point G, dans le système mobile Ix', Iy';

a la longueur $\overline{IO}$;

b la dimension $\overline{AB}$ de la vanne, l sa dimension dans le sens horizontal;

θ l'angle x'IO compté positivement en allant de Ix' vers Iy';

α l'angle de la vanne avec le plan horizontal;

Π le poids de l'unité de volume du liquide;

P le poids du corps de la vanne appliqué en O, et h une hauteur définie par l'égalité $P = \Pi\, lbh$;

R la pression résultante appliquée en K.

Pour simplifier notre calcul (et même pour le rendre possible), nous admettrons que la pression varie suivant la loi hydrostatique sur toute la surface AB, bien que cela puisse offrir du doute, surtout près des extrémités A et B où les molécules d'eau possèdent déjà une vitesse notable. La résultante R aura par suite une intensité $\Pi\, lby$ (n° 8), et l'on pourra la remplacer par une force égale R′ agissant en I, pourvu qu'on lui adjoigne un couple $(R, -R)$ ayant pour moment

$$\frac{1}{12}\,\Pi\, lb\, .\, b^2 \sin \alpha.$$

Cela posé, on peut calculer la somme des moments, relativement au point G, de toutes les forces qui sollicitent la vanne; le sens positif étant celui qu'indique la flèche, on y trouvera les termes suivants :

1° Le moment de la résultante R transportée parallèlement à elle-même en IR′, soit $R.\overline{ID}$, ou my, abstraction faite du facteur $\Pi\, lb$ que nous retrouverons et supprimerons partout;

2° Le moment du couple $(R, -R)$, soit, en ayant égard au sens et divisant par $\Pi\, lb$ comme ci-dessus,

$$-\frac{1}{12}\, b^2 \sin \alpha;$$

3° Le moment du poids P ou $\Pi\, lbh$, dont le bras de levier sera la projection horizontale de $\overline{OG}$; cette projection, égale à celle du contour GDIO, s'exprime facilement au moyen des angles α et θ, et l'on trouve, pour ce troisième terme privé du facteur $\Pi\, lb$, la quantité

$$h\,[\,k\sin\alpha + m\cos\alpha - a\sin(\alpha + \theta)\,].$$

Donc, en résumé, l'unité de force étant censée représentée par le poids $\Pi\, lb$ d'un prisme d'eau qui aurait lb pour base et pour hauteur l'unité, la somme M de ces moments s'exprimera par

$$(1) \quad \begin{cases} M = my - \dfrac{1}{12} b^2 \sin\alpha \\ \qquad + h[k\sin\alpha + m\cos\alpha - a\sin(\alpha+\theta)]. \end{cases}$$

Cette expression peut se transformer quand le point G, au lieu d'être quelconque, devient le centre instantané de rotation du profil AB pendant son mouvement élémentaire dans le plan de la figure. Si l'on incline un peu plus la vanne sur la verticale, en la faisant tourner de $-d\alpha$ autour de G, le point I décrira normalement à GI un élément ds de trajectoire tel que $ds = -\overline{GI}.d\alpha$, d'où résulte

$$\overline{GI} = -\frac{ds}{d\alpha};$$

comme GI a une direction perpendiculaire au lieu des points I, les cosinus des angles faits par cette droite avec les x et les y ont pour valeurs $\dfrac{dy}{ds}$, $\dfrac{dx}{ds}$, de sorte que les projections horizontale et verticale de la longueur $\overline{GI}$ sont respectivement $-\dfrac{dy}{d\alpha}$, $-\dfrac{dx}{d\alpha}$. Projetant ces projections sur DG et ID, on en déduit

$$k = -\sin\alpha \frac{dy}{d\alpha} + \cos\alpha \frac{dx}{d\alpha},$$

$$m = -\cos\alpha \frac{dy}{d\alpha} - \sin\alpha \frac{dx}{d\alpha},$$

valeurs qui, portées dans l'équation (1), conduisent à

$$-M = \frac{1}{12} b^2 \sin\alpha + ah\sin(\alpha+\theta) + y\sin\alpha \frac{dx}{d\alpha} + (h + y\cos\alpha)\frac{dy}{d\alpha}.$$

Lorsque le mouvement de la vanne est guidé par le roulement d'une courbe mobile C'D' (fig. 24), faisant corps avec elle, sur une ligne fixe EF, le point de contact G' est à chaque instant le centre instantané de rotation; et, puisque les forces doivent constamment se faire équilibre pour toutes les positions du système, pourvu que le niveau de l'eau ne change pas, il faudra satisfaire à la condition M = o, c'est-à-dire qu'on devra poser

$$(2) \quad \begin{cases} \dfrac{1}{12}\, b^2 \sin\alpha + ah \sin(\alpha + \theta) \\[2ex] \quad + y \sin\alpha \dfrac{dx}{d\alpha} + (h + y\cos\alpha)\dfrac{dy}{d\alpha} = 0. \end{cases}$$

Cette équation est la seule à laquelle soient assujetties les trois variables x, y, α; il en résulte qu'on pourrait se donner arbitrairement le lieu des points I (*fig.* 25), ou, ce qui revient au même, une relation entre x et y, et alors l'équation (2) ferait connaître α en fonction de x ou de y. Le mouvement de la vanne serait déterminé, puisque l'on connaîtrait la translation de l'un de ses points I et ses rotations successives $d\alpha$ autour de ce point. On en conclurait les courbes qui, roulant l'une sur l'autre, peuvent produire ce mouvement. Le problème consistant dans la recherche de ces courbes est donc indéterminé, puisqu'il dépend d'une relation arbitraire entre x et y. Parmi toutes les solutions qui peuvent être déduites de l'équation (2), la suivante est remarquable par sa grande simplicité; elle se rapproche d'ailleurs beaucoup de la disposition adoptée par l'inventeur.

On prendra, pour le lieu géométrique des points I, une droite horizontale, parallèle à l'axe des x; alors y est une constante C et $\dfrac{dy}{d\alpha} = 0$. Si, de plus, on suppose $\theta = 0$ ou $\theta = 180°$, l'équation (2) devient

$$\frac{1}{12}\, b^2 \pm ah + C\frac{dx}{d\alpha} = 0,$$

d'où l'on tire

$$-\frac{dx}{d\alpha} = \frac{\dfrac{1}{12}\, b^2 \pm ah}{C} = r.$$

Or puisque $dy = 0$, $ds = dx$ et $\dfrac{ds}{d\alpha} = \dfrac{dx}{d\alpha}$; donc la distance $\overline{\mathrm{GI}}$ est constante, ce qui montre que le centre instantané de rotation décrit, relativement à la vanne, un cercle ayant r pour rayon et I pour centre. D'un autre côté, la distance verticale de G à l'axe des x aura pour valeur $C + r$, puisque le point I se meut horizontalement, et que, par suite, la ligne IG reste toujours verticale. Il en résulte que, relativement aux axes Nx, Ny, le centre instantané G se meut sur une droite horizontale. Maintenant il suffit de se rappeler cette propriété générale du mouvement des figures planes dans leur plan, savoir : que ce mouvement peut toujours être produit en faisant rouler le lieu géométrique des points de la figure mobile qui coïncident successivement avec le centre instantané de rotation, sur le lieu géométrique de ces centres tracés dans le plan fixe. On en conclura sans peine que, dans le cas actuel, il faut lier à la vanne un cercle décrit autour du point I avec r pour rayon, et le faire rouler sur l'horizontale menée en dessous de l'axe des x à la distance $C + r$. La constante C sera d'ailleurs connue par la position initiale que l'on veut donner à la vanne, et qui peut être choisie arbitrairement, dans certaines limites, sans que la théorie précédente cesse de s'appliquer.

Si, par exemple, la position initiale était verticale et que l'extrémité A affleurât le niveau normal de l'eau, on aurait $C = \dfrac{b}{2}$, et par suite

$$r = \frac{1}{6} b \pm \frac{2\,ah}{b}, \quad C + r = \frac{2}{3} b \pm \frac{2\,ah}{b}.$$

Dans les applications, il faut se rappeler qu'on a fait $\theta = o$ ou $\theta = 180°$; il faudrait donc construire la vanne de manière à satisfaire à l'une de ces conditions, dont l'expression en langage ordinaire est que la ligne joignant le centre de gravité de la vanne au centre de figure de la surface pressée par l'eau doit être perpendiculaire à cette surface.

Cette solution se démontre synthétiquement d'une manière

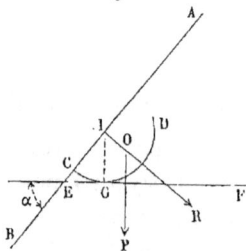
Fig. 26.

très-rapide. Soit en effet AB (*fig.* 26) une position quelconque de la vanne, CGD un cercle invariablement lié avec elle, ayant son centre au milieu I de AB et roulant sur une horizontale EF. Le poids $P = \Pi lbh$ du système est appliqué au point O, tellement placé que OI soit perpendiculaire à AB. Si l'on nomme C la hauteur constante du point I au-dessous du niveau normal de l'eau, la résultante R des pressions aura pour valeur $\Pi lb C$, et l'on pourra la supposer transportée au point I, moyennant l'adjonction du couple $\frac{1}{12} \Pi lb . b^2 \sin \alpha$ qui tend à augmenter l'angle α. L'équilibre des moments autour de G donnera donc l'équation

$$\Pi lbh . \overline{OI} . \sin \alpha + \Pi lb C . \overline{GI} \sin \alpha - \frac{1}{12} \Pi lb . b^2 \sin \alpha = 0,$$

ou, plus simplement, en posant $\overline{OI} = a$, $\overline{GI} = r$,

$$ah + rC - \frac{1}{12} b^2 = 0;$$

de là résulte

$$r = \frac{\frac{1}{12} b^2 - ah}{C},$$

valeur ci-dessus obtenue dans l'hypothèse de $\theta = 180°$. Ainsi donc, pourvu qu'on adopte cette valeur de r et que le centre de gravité O soit placé comme le suppose la figure, on aura satisfait à toutes les conditions du problème. En plaçant le point O de l'autre côté de AB, on retrouverait de même la solution relative à l'hypothèse $\theta = 0$.

42. *Modification du premier système de vannes Chaubart ; théorème sur l'existence d'un centre d'action.* — Le point G (*fig.* 25) étant supposé arbitraire dans le plan yNx, on aura toujours la relation

$$y = \eta + k \cos \alpha - m \sin \alpha;$$

substituant cette valeur dans l'équation (1) et ordonnant après avoir développé $\sin(\alpha + \theta)$ par la formule connue, l'on trouvera

$$(3) \quad \left\{ \begin{array}{l} M = m\eta + (mk + mh - ah \sin\theta) \cos\alpha \\ \qquad - \left(m^2 + \frac{1}{12} b^2 - kh + ah \cos\theta \right) \sin\alpha. \end{array} \right.$$

Si donc le point G devenait la projection, sur le plan de la figure, d'un axe fixe autour duquel la vanne serait assujettie à tourner, le moment qui tendrait à produire la rotation aurait une valeur de la forme

$$A + A_1 \cos\alpha - A_2 \sin\alpha,$$

A, A_1, A_2 désignant des constantes, autant du moins que le niveau de l'eau conserverait
sa situation normale. On en
conclut la possibilité d'équilibrer ce moment, quelle
que soit l'inclinaison de la
vanne, au moyen de trois
contre-poids P', P'', P''' disposés comme l'indique la
fig. 27. Le premier P' agirait, par un intermédiaire
flexible, sur un bras de le-
vier constant $\overline{GE} = p'$; le second P'' agirait au bout d'une
ligne $\overline{GF} = p''$ dirigée parallèlement à AB, tandis que le troisième P''' serait au bout d'un rayon perpendiculaire $\overline{GL} = p'''$.
La somme des moments de ces contre-poids s'exprime par

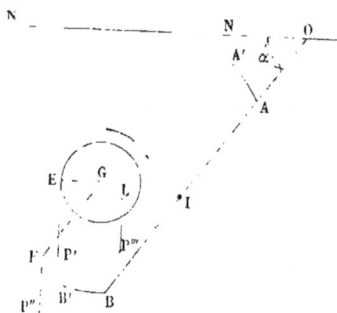
Fig. 27.

$$- P'p' - P''p'' \cos\alpha + P'''p''' \sin\alpha,$$

de sorte qu'on atteindrait le but en faisant les produits $P'p'$,
$P''p''$, $P'''p'''$ respectivement égaux à A, A_1, A_2.

Les deux contre-poids P'' et P''', qui occupent une position
invariable relativement à la vanne, pourraient se remplacer
par un seul, agissant au centre de gravité de leur ensemble :
il n'y aurait plus alors, en tout, que deux contre-poids.

Pour que la vanne remplisse son but, il faut, comme nous
l'avons dit, qu'elle augmente le débouché, en s'inclinant davantage sur la verticale lorsque le niveau NN s'élève, et que
le contraire ait lieu lorsque ce même niveau s'abaisse. Or
c'est bien ce qui a lieu avec la disposition de la *fig.* 27. On
s'en convaincra sans peine en considérant l'expression (3) du
moment M : suivant que le niveau de l'eau monte ou descend, le seul terme variable $m\eta$ prend un accroissement positif ou négatif; le moment total autour de G n'est plus alors
égal à zéro, mais prend une valeur dans le sens de la flèche

s'il y a exhaussement de NN, ou en sens contraire si NN a
descendu.

La substitution d'un axe fixe à la courbe de roulement de
M. Chaubart présenterait peut-être quelques avantages au
point de vué de la solidité. Elle permettrait d'ailleurs d'écarter
une objection qu'on peut faire à la théorie du n° 41, en mu-
nissant la vanne d'appendices cylindriques AA', BB', qui éloi-
gneraient les arêtes A et B des orifices laissés libres à l'écoulement de l'eau, et rendraient ainsi la pression sur la vanne
plus égale à la pression hydrostatique, sans cependant modifier le moment M, puisque les pressions supplémentaires sur
ces appendices iraient toutes rencontrer l'axe. Mais il faut
reconnaître que les résistances passives, dont l'effet a été
négligé dans les calculs précédents, deviendraient plus considérables, surtout avec le surcroît de charge que les contre-
poids produiraient sur l'axe de rotation. Ce serait à la pratique
à décider quelle est, en définitive, la meilleure des deux dispositions.

Lorsqu'on admet les hypothèses particulières $\theta = 0$ ou
$\theta = 180°$, le point G peut occuper, dans chacun de ces deux
cas, une position remarquable sur la ligne Ix' (*fig.* 25). Supposons, par exemple, $\theta = 0$ et le centre de gravité en O_1;
plaçons le point G en G_1, les coordonnées m et k ayant les
valeurs particulières

$$m = 0,$$
$$k = a + \frac{b^2}{12\,h} :$$

on voit alors que tous les termes de M s'annulent identiquement, *quelque valeur qu'on attribue à α et à η*; donc la
résultante du poids de la vanne et de la pression de l'eau sur
le plan AB passera constamment par un point G_1 fixe relativement à la vanne. La même conclusion aurait lieu dans le
cas de $\theta = 180°$; il faudrait seulement prendre $k = a - \frac{b^2}{12\,h}$,
ce qui donnerait le point G_2 au lieu de G_1. Elle subsisterait
encore si l'on remplaçait la surface rectangulaire AB par une
autre aire plane de forme quelconque, mais symétrique relativement à l'axe Iy'; le carré r^2 du rayon de gyration de cette

8.

aire autour de l'horizontale I devrait alors se substituer à $\frac{1}{12} b^2$. Cela permet d'énoncer le théorème suivant :

Si une vanne symétrique relativement à un plan vertical est pressée par l'eau suivant une aire plane, et si en même temps son centre de gravité se trouve, avec celui de la surface pressée, sur une même perpendiculaire au plan de celle-ci, alors la résultante du poids de la vanne et des pressions de l'eau sur la surface plane passe toujours par un point fixe relativement à la vanne, quelles que soient l'inclinaison de l'appareil et son immersion dans l'eau, pourvu que la surface pressée ne change pas, et conserve les mêmes lignes pour horizontales.

Voici une application possible de ce théorème. Puisqu'il est démontré que, moyennant une certaine précaution à prendre par le constructeur de la vanne (s'arranger pour faire $\theta = 0$ ou $\theta = 180°$), les pressions du liquide et le poids de l'appareil ont toujours une somme de moments nulle autour d'un certain axe G_1 ou G_2, invariable relativement à ladite vanne; on n'a qu'à rendre cet axe fixe dans l'espace pour être certain que la vanne sera en *équilibre indifférent* dans toutes les positions qu'elle pourra prendre autour de lui, et cela malgré les variations qu'éprouverait le niveau de l'eau, pourvu qu'il restât toujours au-dessus du bord supérieur de la surface plane primitivement soumise à la pression.

On voit que si une vanne formant barrage était ainsi construite, quand il s'agirait de la manœuvrer, afin d'obtenir, soit une augmentation, soit une diminution dans le débouché qu'elle laisse libre, on n'aurait jamais à vaincre que les frottements, puisque les forces principales se trouveraient naturellement équilibrées. Ce système paraît donc, à certains égards, préférable à celui qu'on a employé dans le barrage éclusé de la Monnaie, à Paris. La forme circulaire des secteurs qui composent le barrage de la Monnaie fait bien converger sur l'axe de rotation toutes les pressions de l'eau; mais le poids de l'appareil n'est pas équilibré et entre dans les résistances à vaincre pour l'ouvrir ou le fermer.

43. *Second système de vannes Chaubart.* — Par le moyen des vannes ci-dessus décrites, M. Chaubart a résolu le problème consistant à obtenir dans un bief un niveau constant malgré une alimentation variable; maintenant il s'agit, au contraire, de débiter un volume d'eau constant par un pertuis rectangulaire ouvert dans un bief dont le niveau varie : c'est le but dans lequel M. Chaubart a imaginé les vannes dont nous allons parler.

Dans sa position initiale, la vanne AB (*fig.* 28) laisse une ouverture

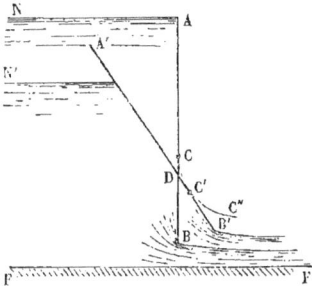

Fig. 28.

libre entre son arête inférieure B et le fond du pertuis; le niveau N du bief, qui est alors à son maximum d'élévation, affleure à peu près le dessus A de la vanne; un certain volume d'eau Q se débite dans l'unité de temps par l'ouverture libre convenablement déterminée à cet effet. Pour que la vanne reste en équilibre, la ligne AB s'appuie contre une courbe CC'C″, et la résultante des actions exercées tant par les pressions de l'eau que par la pesanteur passe au point de contact actuel C. Lorsque le niveau s'abaisse et vient en N′, la pression totale doit également s'abaisser, et la vanne bascule pour prendre une autre position d'équilibre A′B′, en s'appuyant sur un autre point C′ de la courbe fixe. Le point B se relève en B′, ce qui augmente la section d'écoulement. On conçoit donc que si la courbe CC'C″ a été convenablement tracée, l'augmentation de hauteur de l'orifice puisse compenser l'abaissement du niveau, et que la dépense reste toujours la même. En appelant *l* la largeur du pertuis, y la hauteur du point B′ au-dessus du fond FF, Y la hauteur du niveau N′ au-dessus de la même horizontale, m le coefficient de dépense applicable dans le cas actuel, on aurait, pour exprimer l'invariabilité de la dépense (n° 28),

$$(4) \qquad Q = mly \sqrt{2g\left(Y - \frac{1}{2}y\right)},$$

équation d'où l'on déduirait les valeurs de Y correspondantes à celles de y ou inversement. La condition à remplir pour que l'appareil fonctionne convenablement peut en conséquence être ainsi posée : le niveau de l'eau étant descendu en N′, à la hauteur Y au-dessus du fond FF, on fait rouler la ligne AB de la vanne sur la courbe fixe CC'C″ jusqu'à ce que le point B vienne en B′, à la hauteur y au-dessus de FF, de manière à satisfaire à l'équation (4); on demande quelle doit être la courbe CC'C″

pour que la résultante des pressions de l'eau et du poids de la vanne passe au point de contact de A'B' (position nouvelle de AB après le roulement), avec cette courbe.

La mise en équation du problème se fait au moyen de procédés analogues à ceux qui ont été employés au n° 44. Soit, en effet (*fig.* 29),

Fig. 29.

BB'B" la courbe décrite par le point B; la question serait résolue si l'on connaissait cette courbe et l'inclinaison α de A'B' sur la verticale pour chaque position B' du point décrivant. Il serait facile d'en déduire le lieu des centres instantanés de rotation C' par rapport à la ligne mobile A'B', et le lieu analogue dans le plan fixe; on aurait ainsi les deux courbes qui,

roulant l'une sur l'autre, produiraient le mouvement de la ligne A'B'. Les inconnues principales que nous adopterons seront donc l'angle α et les coordonnées x, y du point B' relativement à deux axes Ox, Oy, l'un coïncidant avec la ligne du fond FF, l'autre vertical. Le centre instantané de rotation C' de A'B' se trouve sur la normale B'C' à la courbe BB'B", à une distance $\overline{B'C'} = \dfrac{ds}{d\alpha}$, ds étant l'élément de cette courbe, qui répond au changement $d\alpha$ d'inclinaison à partir de A'B' : nous devons par conséquent égaler à zéro la somme des moments des forces relativement à C'. Or, si l'on admet pour simplifier que les pressions varient suivant la loi hydrostatique, la pression totale de l'eau est appliquée normalement à A'B', au tiers de la longueur $\overline{B'N'}$ à partir de B'; son intensité est exprimée par $\Pi l . \overline{B'N'} . \dfrac{1}{2}(Y - y)$ ou par $\dfrac{1}{2}\Pi l \dfrac{(Y-y)^2}{\cos\alpha}$, Π désignant le poids du mètre cube d'eau et l la largeur de la vanne; la distance de cette force au centre C' est d'ailleurs égale à la projection de $\overline{B'C'}$ sur A'B', moins $\dfrac{1}{3}\overline{B'N'}$; donc en appelant β l'angle de B'C' avec la verticale, son moment s'exprimera par

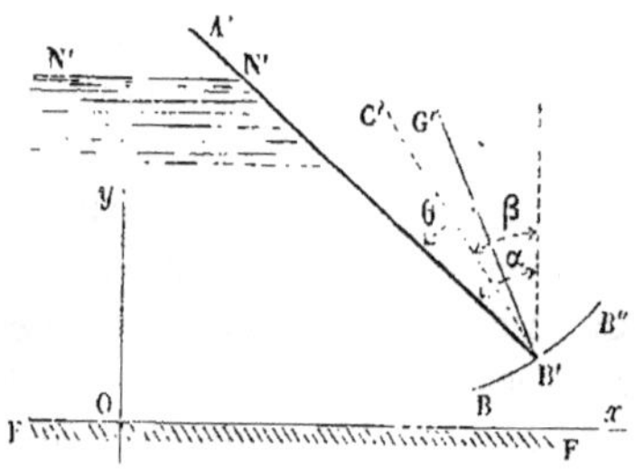

$$\frac{1}{2}\Pi l \frac{(Y-y)^2}{\cos\alpha}\left[\frac{ds}{d\alpha}\cos(\alpha-\beta) - \frac{Y-y}{3\cos\alpha}\right],$$

ou bien, à cause de $\cos\beta = \dfrac{dx}{ds}$, $\sin\beta = \dfrac{dy}{ds}$, par

$$\frac{1}{2}\Pi l \frac{(Y-y)^2}{\cos\alpha}\left(\frac{dx}{d\alpha}\cos\alpha + \frac{dy}{d\alpha}\sin\alpha - \frac{Y-y}{3\cos\alpha}\right).$$

Le moment, par rapport au même point C' du poids P de la vanne, appliqué en son centre de gravité G' sera égal à ce poids multiplié par la différence entre les projections horizontales de $\overline{B'C'}$ et de $\overline{B'G'}$, soit à

$$P\left[\overline{B'C'}\sin\beta - \overline{B'G'}\sin(\alpha - G'B'A')\right],$$

soit enfin, en posant les constantes $\overline{B'G'} = a$, $G'B'A' = \theta$,

$$P\left[\frac{dy}{d\alpha} - a\sin(\alpha - \theta)\right].$$

Donc on a la relation

$$(5)\quad \frac{1}{2}\Pi l\frac{(Y-y)^2}{\cos\alpha}\left(\frac{dx}{d\alpha}\cos\alpha + \frac{dy}{d\alpha}\sin\alpha - \frac{Y-y}{3\cos\alpha}\right) = P\left[\frac{dy}{d\alpha} - a\sin(\alpha - \theta)\right].$$

On pourrait substituer à la place de Y sa valeur tirée de l'équation (4), et l'on aurait finalement une relation unique entre les inconnues x, y, α, ce qui montre que le problème est encore indéterminé.

Malheureusement, même en profitant de l'indétermination pour simplifier l'équation (5) par des hypothèses particulières, il est encore fort difficile d'arriver à deux relations, sous forme finie, entre x, y et α. Aussi nous contenterons-nous d'indiquer un procédé de calcul approximatif, applicable au cas où, suivant l'usage adopté par M. Chaubart, le lieu des centres instantanés C' relativement à la vanne serait le profil même de cette vanne. Il faut alors une nouvelle équation exprimant que A'B' est la normale à la courbe BB'B" : cette équation sera

$$(6)\qquad \frac{dy}{dx} = \tan g\,\alpha.$$

Cela posé, on partira d'une situation initiale dans laquelle les variables Y, x, y, α auront des valeurs Y_0, x_0, y_0, α_0 satisfaisant à l'équation (4); on donnera à l'angle α_0 un très-petit accroissement qu'on traitera comme une différentielle $d\alpha_0$, et l'on déduira des équations (5) et (6) les accroissements correspondants dx_0, dy_0 des coordonnées x_0, y_0; par suite, la substitution de $y_0 + dy_0$ à la place de y dans l'équation (4) fera connaître la seconde valeur de Y. On sera donc en possession d'un nouveau système de valeurs, savoir :

$$\alpha_0 + d\alpha_0 = \alpha_1, \quad x_0 + dx_0 = x_1, \quad y_0 + dy_0 = y_1, \quad Y_1,$$

répondant à une position de la vanne, très-voisine de la première ; de celle-là, on passera de même à une troisième, puis de la troisième à la quatrième, et ainsi de suite. Après cela, on tracerait la courbe BB'B"; sa développée (ou l'enveloppe de ses normales) ne serait autre que la courbe demandée CC'C".

Ce procédé ressemble beaucoup à celui qui permet de tracer approxi-mativement, par points, une courbe définie par son équation différen-tielle

$$f\left(x, y, \frac{dy}{dx}\right) = o\,;$$

il ne deviendrait rigoureux qu'en prenant les accroissements successifs dz infiniment petits, ce qui est pratiquement impossible. Mais il faudra du moins les prendre d'autant plus petits qu'on voudra mettre plus de jus-tesse dans le calcul. Peut-être serait-il bon aussi de considérer le coeffi-cient de dépense m comme variable en fonction de Y, y et α (n° 29) : mais il faudrait pour cela que les données expérimentales ne fissent pas défaut.

Les deux systèmes de vannes Chaubart ont été essayés sur le canal la-téral à la Garonne, et ont donné des résultats très-satisfaisants, pour lesquels l'inventeur a reçu les encouragements de l'Administration supé-rieure. Il semble donc que ces systèmes peuvent être utilement employés dans le service des canaux de navigation ou d'irrigation, ainsi que dans le règlement des niveaux des biefs d'usine.

CHAPITRE TROISIÈME.

ÉCOULEMENT PERMANENT DE L'EAU DANS LES TUYAUX DE CONDUITE.

§ I. — Étude théorique du mouvement rectiligne et uniforme d'un liquide pesant et homogène, dans un tuyau cylindrique à section circulaire.

44. *Évaluation des forces produites par la viscosité du liquide.* — Une expérience bien simple permet de constater que la viscosité produit des forces retardatrices, quand un liquide s'écoule par un tuyau : il suffit d'adapter à un orifice percé dans un réservoir un tuyau de diamètre constant, mais de longueur variable, dont l'extrémité libre déboucherait dans l'atmosphère toujours au même niveau. Si le niveau du réservoir est en outre maintenu à une hauteur et à une pression constantes, et si la pression atmosphérique ne change pas non plus, on voit alors la dépense diminuer en même temps que la longueur du tuyau va en augmentant. La seule explication plausible de ce fait, c'est qu'il existe entre le liquide et les parois solides qui le contiennent une certaine adhérence qui s'oppose au mouvement, et que cette force est une fonction croissante de la longueur du tuyau. Mais il ne suffit pas d'admettre l'existence de cette action résistante : en effet, tous les phénomènes physiques tendent à prouver que les attractions ou répulsions moléculaires ne s'exercent qu'à des distances insensibles; la résistance des parois solides ne doit se faire sentir directement que sur une couche contiguë de liquide, ayant une épaisseur presque nulle, et par conséquent elle ne peut altérer la dépense que d'une fraction excessivement petite. Comme, au contraire, l'altération est en réalité très-notable, on est forcé de reconnaître que les différentes couches fluides concentriques, dans lesquelles on peut décomposer le liquide remplissant le tuyau, ne se meuvent pas les unes sur les autres sans qu'il y ait une force opposée à leur glissement réciproque. Ainsi, la couche extérieure est retardée par son adhérence à la paroi ; la couche qui vient après est retardée par la première, la troisième par la seconde, et ainsi de suite ; d'où il résulte immédiatement, à cause du principe de la réaction égale à l'action, que la seconde couche entraîne la première, la troisième entraîne la seconde, etc. : en d'autres termes, quand on traverse les couches de la circonférence au centre, on voit chacune d'elles retardée par celle qui la précède et entraînée par celle qui la suit, de manière toutefois à supporter de la part de ces deux couches une force résultante en sens contraire du mouvement.

Quand un liquide se meut dans un tuyau cylindrique à génératrices droites, il n'est pas certain pour cela que le mouvement des diverses molécules soit rectiligne ; ce mouvement serait même certainement curviligne aux environs du point où le tuyau communique avec le réservoir, s'il n'y avait pas là un évasement parfait. Mais nous admettrons ici qu'il s'agit d'une portion de tuyau cylindrique à section circulaire, dans laquelle il y a un mouvement permanent rectiligne, chaque vitesse étant parallèle à l'axe : ainsi qu'on l'a vu au n° 18, cela entraîne comme conséquence immédiate que la vitesse de chaque molécule est constante, c'est-à-dire que le mouvement est aussi uniforme. Dans ces circonstances, quelles sont les forces mises en jeu par la viscosité du liquide ?

D'abord, si l'on consulte l'expérience, en mesurant les vitesses de divers filets au moyen d'instruments dont il sera question plus loin, on reconnaît que pour une même couche concentrique au tuyau, les vitesses des molécules sont égales et que les vitesses sont croissantes d'une couche à l'autre, quand on va de la circonférence au centre. Il en résulte que ces différentes couches sont comme des cylindres solides glissant les uns dans les autres, à la manière des tuyaux qui composent une lunette, et l'on conçoit par suite que leur adhérence réciproque donne lieu à des forces analogues au frottement et parallèles à l'axe des cylindres (*). Nous con-

_____

(*) Dans le Mémoire déjà cité (n° 14), M. Lévy (Maurice) a démontré que le frottement sur les surfaces cylindriques dont il s'agit entraîne comme consé-

naissons donc déjà, par cette considération, la direction des forces à évaluer.

L'expérience montre encore que, dans certaines limites, les forces dont nous nous occupons sont indépendantes de la pression du fluide, au point où elles s'exercent. Ainsi, Dubuat ayant fait osciller une colonne d'eau dans un siphon ou tuyau recourbé, constata que la loi du mouvement ne changeait pas, pourvu que la différence initiale de niveau dans les deux branches restât la même, et cependant il est évident que la pression augmentait à mesure qu'il y avait plus d'eau dans chaque branche. Cette première loi a été confirmée par les expériences plus récentes de M. Darcy sur le mouvement uniforme de l'eau dans les tuyaux de conduite, et cette vérification est d'autant plus importante que M. Darcy a eu soin de faire varier les pressions absolues entre des limites beaucoup plus écartées l'une de l'autre que ne l'avait fait Dubuat. S'il en est ainsi, la résistance opposée au glissement du liquide, par un élément de paroi solide, rapportée à l'unité de surface, ne doit plus être fonction que de la vitesse de glissement, c'est-à-dire de la vitesse des molécules formant la couche liquide extérieure; cette fonction peut d'ailleurs varier d'un liquide à un autre et d'un tuyau à un autre, suivant leur constitution intime. Quant à la résistance au glissement réciproque de deux couches concentriques du fluide en contact l'une avec l'autre, bien qu'on ne puisse encore se former à cet égard que des idées très-incertaines et très-confuses, on est porté à croire (n° 14) qu'elle doit être proportionnelle à une certaine puissance de la vitesse relative de ces deux couches, qui serait la première d'après Navier, et la seconde d'après

---

quence le développement d'actions tangentielles sur leur section droite. Mais en admettant comme un fait l'existence du mouvement par filets rectilignes, il est clair que ces actions normales aux trajectoires ne produisent pas d'effet sur le mouvement; elles sont d'ailleurs identiques pour toutes les sections, de sorte qu'elles n'entrent pas non plus dans les équations différentielles qui expriment la variation de pression en passant d'un point à un autre. Elles restent donc pour ainsi dire à l'état latent, et puisqu'elles ne modifient pas les quantités que nous devons introduire dans nos calculs, nous pouvons sans inconvénient oublier leur existence.

M. Darcy. On remarquera d'ailleurs que, si l'on désigne par v la vitesse d'une couche quelconque située à la distance r de l'axe, et par Δr la distance très-petite qui sépare les milieux des épaisseurs des deux couches, la vitesse relative en question sera exprimée par $\frac{dv}{dr}\Delta r$; et, comme Δr doit être supposé constant quand il s'agit de comparer les adhérences de divers groupes de deux couches, on voit que la résistance au glissement, rapportée au mètre carré, pour chaque élément de surface commun à deux couches contiguës, est proportionnelle à $\frac{dv}{dr}$ ou à $\left(\frac{dv}{dr}\right)^2$, suivant qu'on admet la théorie de Navier ou celle de M. Darcy. Le coefficient de la proportionnalité varie probablement d'un liquide à l'autre, et, même quand il ne s'agit que de l'eau, M. Darcy pense qu'il varie également avec la température et avec le rayon du tuyau (*).

En résumé, si nous appelons

W la vitesse des molécules qui glissent le long des parois du tuyau,

---

(*) Cette influence qu'aurait le rayon du tuyau sur la viscosité d'un liquide est un fait assez inattendu, dont il ne semble guère possible de donner une explication satisfaisante; en le tenant pour absolument vrai, il faudrait en conclure ou que les molécules agissent les unes sur les autres à des distances sensibles, ou que l'action mutuelle de deux molécules très-rapprochées ne dépend pas seulement de leur mouvement et de leur état propre. Aussi M. Darcy ne s'appuie-t-il que sur un raisonnement détourné. Comme il le fait observer, l'hypothèse d'un mouvement par couches concentriques à l'axe du tuyau n'est jamais rigoureusement réalisée; les aspérités de la paroi, d'une part, et d'autre part la contraction de la veine fluide à son entrée donnent naissance à des mouvements gyratoires plus ou moins irréguliers, qui se propagent dans toute la masse en mouvement. Ces effets sont d'autant plus marqués et les trajectoires d'autant plus différentes de la ligne droite que le rayon est plus grand, ce qui fait concevoir jusqu'à un certain point la variation de ε avec cette dimension.

Le fait qui sert de base à ce raisonnement est exact, tous les expérimentateurs le reconnaissent. Mais l'interprétation n'en serait-elle pas devenue plus logique si M. Darcy avait dit : « Les mouvements de l'eau dans les tuyaux de conduite, *en les prenant tels qu'ils se produisent naturellement, sans précaution particulière pour les modifier*, ne remplissent pas la condition d'être rectilignes et uniformes, et ils la remplissent d'autant moins que la section est plus grande. Je les ai néanmoins toujours considérés comme soumis à cette condition, et sans chercher la vitesse absolue de chaque point, j'ai déterminé seulement (par les

v la vitesse des molécules appartenant à la couche de rayon r concentrique au tuyau;

les inductions qu'on peut tirer de tous les faits d'expérience nous conduisent :

1° A représenter l'adhérence à la paroi, par mètre carré, par une fonction f de la vitesse W, soit $f(W)$;

2° A exprimer la cohésion de deux couches contiguës, également rapportée au mètre carré, par $\varepsilon \left(\dfrac{dv}{dr} \right)^{m}$, m étant un exposant égal à 1 ou à 2, et ε une constante pour un même tuyau.

Nous nous bornerons pour le moment à ces indications, qui sont suffisantes pour traiter le problème ci-après.

43. Loi de la distribution des vitesses dans la section transversale du tuyau. — Dans une même section transversale, la pression varie suivant la loi hydrostatique (n° 18, 4° règle), et par conséquent on peut ajouter que le niveau piézométrique y est le même pour tous les points, puisque la différence de hauteur des colonnes doit égaler la différence de niveau

---

moyens imparfaits dont je pouvais disposer) sa composante parallèle à l'axe du tuyau. Alors j'ai constaté que les variations de cette composante, aux divers points d'une même section transversale, pouvaient se calculer par les mêmes formules que dans l'hypothèse du mouvement rectiligne et uniforme, mais en ayant soin d'adopter une valeur de ε croissante avec le rayon R du tuyau. »

Suivant cette manière d'envisager les choses, la variation ε avec R ne serait pas l'expression d'une loi véritable, mais un procédé empirique pour corriger l'erreur que l'on commet en voulant appliquer à un phénomène naturel des formules faites pour un phénomène hypothétique entièrement différent.

Au reste, d'après les opinions émises par d'autres personnes, il ne faudrait même pas considérer ε comme invariable dans l'étendue d'un seul et même tuyau. MM. Bazin et Lévy feraient varier ce coefficient en fonction de v (n° 14) (ou, ce qui revient au même dans le cas actuel, en fonction de r); M. Kleitz veut qu'il soit lié aux inégalités des vitesses avec lesquelles se séparent ou se rapprochent les molécules, autour de chaque point et dans les diverses directions. Ces opinions peuvent être contestées; mais au moins elles ne font dépendre l'action mutuelle de deux couches fluides que des choses qui caractérisent leur manière d'être et leur appartiennent en propre : en cela elles paraissent plus rationnelles que celles de M. Darcy.

Il est fâcheux que le manque d'un bon instrument pour la mesure des vitesses ne permette pas de vérifier un peu de près les conséquences de chaque hypothèse, en tant qu'elles seraient accessibles à l'expérience.

de leurs bases ; connaissant ce niveau pour deux sections AB, CD (*fig.* 3o),
ou plutôt l'abaissement du niveau piézométrique entre ces mêmes sections,

Fig. 3o.

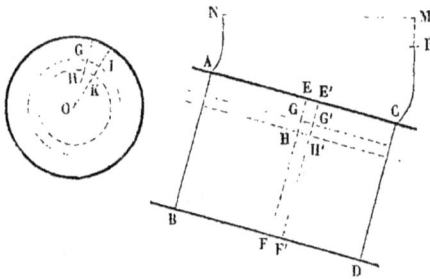

nous nous proposons de
trouver la vitesse de l'un
quelconque des filets fluides, dont chacun se meut
uniformément, par hypo-
thèse, suivant une ligne
droite parallèle à l'axe du
tuyau.

Soient N et P les deux
niveaux piézométriques en
AB et CD, et par consé-
quent $\overline{MP}$ la charge d'une molécule entre deux positions extrêmes.
l'une prise dans le plan AB, l'autre dans le plan CD ; posons $\overline{MP} = \zeta$. La
vitesse de la molécule étant constante, d'après le théorème de Bernoulli
(n° 15) la charge ζ doit être égale à la perte de charge exprimée par
$-\dfrac{1}{g}\displaystyle\int \varphi \cos\gamma\,ds$, suivant les notations du n° 15. Or les explications préliminaires du n° 44 montrent que γ est un angle de 18o degrés dans le
cas actuel, et de plus que φ est constant sur tout le parcours d'une molécule, car en chaque point de ce parcours φ dépend uniquement de la
loi de variation des vitesses d'une couche à l'autre : donc on a la relation

$$(1) \qquad \zeta = \frac{\varphi L}{g},$$

L désignant la longueur $\overline{AC}$. On voit, par conséquent, que φ est le même
pour toutes les molécules comprises dans le volume ABCD, puisque l'ex-
pression $\dfrac{g\zeta}{L}$ n'a rien qui appartienne à l'une plutôt qu'à l'autre. Donc φ
peut encore se calculer en prenant la force totale que la viscosité produit
pour le volume fini ABCD et la divisant par la masse de ce volume. Or la
force totale dont il s'agit est simplement celle qui s'exerce sur la surface
de la paroi, car les réactions mutuelles des couches se composent de forces
égales deux à deux et de sens contraire ; sa valeur, rapportée au mètre
carré, s'exprime par $f(W)$, W étant la vitesse à la paroi (n° 44) ; d'où
il suit que si l'on appelle R le rayon du tuyau, son intensité totale sera
$2\pi RL.f(W)$; comme d'ailleurs la masse ABCD est égale au volume $\pi R^2 L$
multiplié par le poids Π du mètre cube de liquide et divisé par g, on a

$$(2) \qquad \varphi = \frac{2\pi RL.f(W)}{\pi R^2 L}\cdot\frac{g}{\Pi} = \frac{2g}{\Pi R}f(W),$$

équation qui, combinée avec (1), donne

$$(3) \qquad \frac{R\zeta}{2L} = \frac{1}{\Pi} f(W).$$

Si l'on connaissait la fonction f, cette équation ne contiendrait plus que l'inconnue W, et servirait par conséquent à la déterminer.

Nous remarquerons en passant que si l'on nomme L' la longueur qui sépare deux sections transversales entre AB et CD, ζ' la charge correspondante, on aurait, d'après ce qui a été dit tout à l'heure,

$$\zeta' = \frac{\varphi L'}{g},$$

φ conservant la même valeur que dans l'équation (1). Donc $\frac{\zeta'}{L'} = \frac{\zeta}{L}$, c'est-à-dire qu'en passant de AB à CD, le niveau piézométrique descend uniformément. Cette observation permet de trouver aisément le niveau piézométrique correspondant à une section quelconque, et par suite la pression en tout point du volume ABCD.

Maintenant nous allons chercher une troisième expression de φ qui nous permettra de trouver la loi suivant laquelle les vitesses varient d'une couche à l'autre. Pour cela nous suivrons encore une fois le procédé qui nous a donné l'expression (2); mais au lieu de l'appliquer à tout le liquide compris entre les sections AB et CD, il ne faudra l'appliquer qu'au liquide renfermé dans un cylindre concentrique à l'axe, de rayon quelconque $\overline{OH} = r$, se terminant d'ailleurs aux mêmes sections, et possédant la vitesse v sur ses génératrices extérieures. Alors le frottement $2\pi RL f(W)$ se trouvera remplacé par $2\pi rL\varepsilon \left(\frac{dv}{dr}\right)^m$ (n° 44); mais comme v est fonction décroissante de r, afin d'avoir toujours la valeur absolue de ce frottement, nous l'exprimerons par $2\pi rL\varepsilon \left(-\frac{dv}{dr}\right)^m$. Ayant ainsi la somme des forces du frottement pour une masse $\frac{\Pi}{g} \cdot \pi r^2 L$, on en conclut

$$(4) \qquad \varphi = \frac{2g}{\Pi r}\varepsilon \left(-\frac{dv}{dr}\right)^m.$$

L'élimination de φ entre les équations (1) et (4) donne

$$\frac{\Pi\zeta}{2\varepsilon L} = \frac{1}{r}\left(-\frac{dv}{dr}\right)^m;$$

ou encore

$$-\frac{dv}{dr} = \left(\frac{\Pi\zeta}{2\varepsilon L}\right)^{\frac{1}{m}} r^{\frac{1}{m}};$$

de là résulte par l'intégration

$$- v = \left(\frac{\Pi \zeta}{2 \varepsilon L}\right)^{\frac{1}{m}} \frac{r^{\frac{1}{m}+1}}{\frac{1}{m}+1} + \text{const.,}$$

soit, en nommant V la vitesse du filet central qui correspond à $r = 0$,

$$(5) \qquad v = V - \frac{m}{m+1} \left(\frac{\Pi \zeta}{2 \varepsilon L}\right)^{\frac{1}{m}} r^{\frac{m+1}{m}}.$$

L'équation (5) doit donner la vitesse W à la paroi, en y faisant $r = R$; ainsi nous poserons

$$(6) \qquad W = V - \frac{m}{m+1} \left(\frac{\Pi \zeta}{2 \varepsilon L}\right)^{\frac{1}{m}} R^{\frac{m+1}{m}}.$$

Cette relation déterminera V en fonction de W que nous connaissons déjà ; puis V étant connu, l'équation (5) donnerait la vitesse d'un filet quelconque.

L'ensemble des deux dernières équations fournit encore la suivante :

$$(7) \qquad \frac{V - v}{V - W} = \left(\frac{r}{R}\right)^{\frac{m+1}{m}},$$

qui exprime aussi la loi des vitesses dans une même section transversale. Or M. Darcy ayant constaté dans plusieurs séries d'expériences, et par une mesure directe des vitesses, les valeurs du rapport $\dfrac{V - v}{V - W}$, a reconnu que l'égalité (7) était convenablement satisfaite en posant

$$\frac{m+1}{m} = \frac{3}{2};$$

d'où résulte la valeur adoptée par lui

$$m = 2.$$

D'après les conceptions purement hypothétiques de Navier, il faudrait prendre $m = 1$; par suite l'équation (7) deviendrait

$$\frac{V - v}{V - W} = \left(\frac{r}{R}\right)^{2},$$

soit encore

$$v = V - (V - W) \frac{r^2}{R^2};$$

ce qui montre que les vitesses décroîtraient, à partir du filet central, comme les ordonnées d'un paraboloïde de révolution ayant même axe que le tuyau.

46. *Vitesse moyenne.* — On appelle vitesse moyenne dans une section celle qui, multipliée par l'aire de la section, donnerait le débit. Si nous conservons les notations du n° 45, le débit par l'élément de surface GHKI (*fig.* 3o) sera $v r d\alpha dr$, et par conséquent le débit total Q s'exprimera par

$$Q = \int \int v r\, d\alpha\, dr,$$

v étant une fonction de la seule variable r, définie par l'une des équations (5) ou (7). D'un autre côté, l'aire totale de la section est πR^2; donc, pour déterminer la vitesse moyenne U, on devra poser

$$\pi R^2 U = \int \int v r\, d\alpha\, dr.$$

L'intégrale double doit être étendue à tous les éléments, tels que GHKI; on peut prendre d'abord tous ceux qui sont entre les circonférences OII, OG; pour ceux-là r et v sont constants, de sorte que l'intégration relativement à la variable α, entre les limites o et 2π, nous donnera

$$\pi R^2 U = \int_0^R 2\pi v r\, dr.$$

Supprimant ensuite le facteur commun π, remplaçant v par sa valeur tirée de l'équation (7), nous aurons

$$R^2 U = 2 \int_0^R \left[V - (V - W) \left(\frac{r}{R} \right)^{\frac{m+1}{m}} \right] r\, dr,$$

soit, après avoir effectué l'intégration,

$$R^2 U = R^2 V - \frac{2\,m}{3\,m+1} (V - W) \frac{R^{\frac{2m+1}{m}}}{R^{\frac{m-1}{m}}},$$

ou enfin

(8) $$U = V - \frac{2\,m}{3\,m+1} (V - W).$$

Lorsqu'on fait $m = 1$, il en résulte

$$U = \frac{1}{2} (V + W),$$

II. 2ᵉ ÉDIT.   9

c'est-à-dire que la vitesse moyenne est la moyenne des vitesses extrèmes; si $m = 2$, on obtient

$$(9) \qquad U = \frac{3}{7} V + \frac{4}{7} W = \frac{1}{2} (V + W) - \frac{1}{14} (V - W),$$

valeur un peu différente.

Si l'on veut savoir à quelle distance r' du centre se trouvent les filets qui possèdent la vitesse moyenne, on remarquera que l'équation (8) peut s'écrire

$$\frac{V - U}{V - W} = \frac{2m}{3m + 1};$$

d'un autre côté l'équation (7) nous aurait donné, en y faisant $v = U$, $r = r'$,

$$\frac{V - U}{V - W} = \left(\frac{r'}{R} \right)^{\frac{m+1}{m}}.$$

On a donc, pour déterminer r',

$$\left(\frac{r'}{R} \right)^{\frac{m+1}{m}} = \frac{2m}{3m + 1};$$

d'où l'on tire

$$(10) \qquad r' = \left(\frac{2m}{3m + 1} \right)^{\frac{m}{m+1}} R.$$

Le rapport $\frac{r'}{R}$ est égal à $\sqrt{\frac{1}{2}}$ ou à $0,707$ quand $m = 1$; pour $m = 2$, il change peu et devient $\sqrt[3]{\frac{16}{49}}$ ou $0,689$ environ. Si l'on faisait encore m successivement égal à

$$3, \quad 4, \quad 5, \quad 6, \ldots, \quad \infty,$$

on aurait pour valeurs correspondantes de $\frac{r'}{R}$ les nombres

$$0,682, \quad 0,678, \quad 0,676, \quad 0,674, \ldots, \quad 0,667.$$

Ainsi, quelque valeur qu'on attribue à l'exposant m entre 1 et ∞, le filet qui possède la vitesse moyenne est toujours à une distance du centre comprise entre les $\frac{2}{3}$ et les $0,707$ du rayon du tuyau; mais vraisemblablement $\frac{r'}{R}$ se rapproche plus de ce dernier nombre, eu égard aux indications théoriques et expérimentales qui tendent à faire prendre m dans le voisinage de 1 ou 2.

47. *De la détermination expérimentale du coefficient de viscosité ε et de la fonction $f(W)$.* — Dans une série d'expériences, on pourrait faire varier les quantités R et $\dfrac{\zeta}{L}$, en opérant toujours sur le même liquide, de manière à laisser Π constant; on mesurerait les vitesses V et W correspondant à des valeurs données de ces deux variables. Cela posé, l'équation (6), dans laquelle on mettrait pour V et W les valeurs fournies par l'expérience, ne contiendrait plus comme inconnues que m et $ε$: deux expériences suffiraient donc à la rigueur pour les déterminer; un plus grand nombre d'expériences donnerait plus de certitude à cette détermination et permettrait de contrôler les hypothèses et inductions qui servent de base à la théorie. Quant à la fonction $f(W)$, l'équation (3) nous apprend qu'elle doit être égale à $\dfrac{1}{2}\Pi R \dfrac{\zeta}{L}$; on pourrait donc calculer sa valeur, correspondant à la valeur de W donnée par l'expérience, c'est-à-dire qu'on aurait la grandeur de la fonction pour chaque valeur de sa variable W. On pourrait ensuite essayer de la représenter analytiquement de diverses manières, par exemple au moyen d'un développement de la forme

$$a + bW + cW^2 + dW^3 + \dots,$$

a, b, c, d,... étant des constantes.

M. Sonnet, dans un Mémoire qui avait principalement pour base les idées de Navier, en se fondant sur d'anciennes expériences citées par de Prony, a proposé pour l'eau les valeurs

$$m = 1, \quad ε = \frac{1}{3,2} \quad \text{et} \quad f(W) = 0,019W + 0,371W^2;$$

le mètre carré et le kilogramme étant pris pour unités, et la vitesse étant exprimée en mètres par seconde sexagésimale. Cette expression ne tient pas compte de la nature des parois, ce qui en rend la complète exactitude peu vraisemblable.

M. Darcy a été conduit, comme nous l'avons déjà dit, à faire $m = 2$; l'équation (6) devient alors

$$(11) \qquad v = V - \frac{2}{3}\left(\frac{\Pi\zeta}{2εL}\right)^{\frac{1}{2}} r^{\frac{3}{2}}.$$

9.

Suivant le même ingénieur, le facteur $\frac{2}{3}\left(\frac{\Pi}{2\,\varepsilon}\right)^{\frac{1}{2}}$ n'est pas constant d'un tuyau à l'autre, mais varie en raison inverse du
rayon R (*); on aurait donc

$$\frac{2}{3}\left(\frac{\Pi}{2\,\varepsilon}\right)^{\frac{1}{2}} = \frac{K}{R},$$

K étant un nombre constant, et par conséquent

(12) $$\varepsilon = \frac{2\,\Pi\,R^2}{9\,K^2}.$$

M. Darcy fixe à 1,74 la valeur de la constante $\frac{2\,\Pi}{9\,K^2}$ quand il
s'agit de l'eau, c'est-à-dire qu'il suppose $K = 11,3$; on aurait
donc définitivement, d'après lui, pour l'eau coulant uniformément dans un tuyau cylindrique à la température ordinaire,

$$\varepsilon = 1,74\,R^2.$$

Il ne s'est pas occupé de la fonction $f(W)$, parce que, suivant
la méthode ordinairement usitée, dont nous allons bientôt
nous occuper, il a représenté d'une autre manière la résistance
qui s'exerce à la paroi.

La formule (12) conduit à une conséquence remarquable. Il en résulte

$$\left(\frac{\Pi}{2\,\varepsilon}\right)^{\frac{1}{2}} = \frac{3\,K}{2\,R};$$

portant cette valeur dans la formule (11), après y avoir fait $r = R$ et
$v = W$, on trouve l'équation

$$W = V - K\left(\frac{R\,\zeta}{L}\right)^{\frac{1}{2}},$$

qui, combinée avec (3), donne, par l'élimination de $\frac{R\,\zeta}{L}$,

$$W = V - K\sqrt{\frac{2\,f(W)}{\Pi}},$$

(*) *Voir* la note de la page 124.

ou bien encore

$$(13) \qquad V = W + K \sqrt{\dfrac{2 f(W)}{\Pi}}.$$

Quand il s'agit de tuyaux d'une nature déterminée, et que le liquide est toujours aussi le même, les explications du n° 44 tendent à montrer que la fonction $f(W)$ ne doit contenir aucune variable autre que la vitesse W elle-même. Cela étant, les relations (9) et (13), où n'entreraient que les trois vitesses U, V, W, détermineraient complétement deux d'entre elles en fonction de la troisième.

Dans le cas où $f(W)$ serait réductible à un monôme du second degré tel que γW^2, on pourrait déduire des deux relations dont il s'agit les rapports numériques entre U, V et W. On aurait

$$V = \left(1 + K \sqrt{\dfrac{2\gamma}{\Pi}} \right) W,$$

$$U = \left(1 + \dfrac{3}{7} K \sqrt{\dfrac{2\gamma}{\Pi}} \right) W;$$

les trois vitesses, rangées par ordre de grandeur, seraient donc proportionnelles aux nombres

$$1, \quad 1 + \dfrac{3}{7} K \sqrt{\dfrac{2\gamma}{\Pi}}, \quad 1 + K \sqrt{\dfrac{2\gamma}{\Pi}}.$$

L'invariabilité de ces rapports (autant, du moins, que le liquide et la paroi ne changeraient pas de nature) constituerait un fait heureux pour la facilité des calculs pratiques. Malheureusement il est difficile d'y croire, et il y a même lieu de douter que W soit fonction de U seulement. Car, si la connaissance de U entraînait celle de W, on serait en droit de considérer toute fonction de W comme exprimable aussi en fonction de U; on aurait donc

$$f(W) = F(U),$$

F étant une fonction qui ne contiendrait que U. Or l'expérience ne confirme pas, comme nous le verrons un peu plus loin, cette relation, et le frottement à la paroi ne dépend pas exclusivement de la vitesse moyenne : M. Darcy a trouvé qu'il dépend en même temps du rayon R.

La contradiction à laquelle nous conduisent ainsi les considérations théoriques du n° 44 et les lois expérimentales proposées par M. Darcy, montre que les unes et les autres ne peuvent être acceptées qu'avec une certaine réserve.

48. *Théorie nouvelle de M. Lévy* (*Maurice*). — L'exposition détaillée et la discussion des raisonnements de cet ingénieur exigeraient des déve-

loppements très-étendus; c'est pourquoi nous renverrons le lecteur qui voudrait approfondir la question, au Mémoire même de M. Lévy, et nous nous bornerons à indiquer ses formules relatives aux tuyaux.

La formule faisant connaître la distribution des vitesses dans la section transversale serait, avec les notations des n°s 45 et 46,

$$(14) \qquad v^2 = V^2 - \frac{\Pi \zeta}{4kL} r^{\frac{3}{2}},$$

k désignant une constante numérique pour chaque liquide. La fonction $f(W)$ qui exprime la résistance à la paroi, et qu'on doit égaler à $\frac{\Pi R \zeta}{2L}$ (n° 45), aurait pour expression approchée

$$(15) \qquad f(W) = \Pi b W^2,$$

et le coefficient b ne devrait varier qu'avec la nature de la conduite; toutefois M. Lévy conseille de préférence une expression où b serait encore variable en fonction de R, savoir

$$(15 \; bis) \qquad f(W) = \frac{\Pi b W^2}{1 + \lambda \sqrt{R}} \quad (*).$$

Si l'on voulait, par un calcul semblable à celui du n° 46, déduire de la formule (14) une relation entre les vitesses U, V, W, on aurait à chercher l'intégrale $\int_0^R r\,dr \sqrt{V^2 - \frac{\Pi \zeta}{4kL} r^{\frac{3}{2}}}$: pour éviter cette difficulté, M. Lévy emploie un procédé approximatif, et trouve finalement

$$(16) \qquad U^2 = \frac{3V^2 + 4W^2}{7}.$$

Faisons maintenant $r = R$ dans l'équation (14) : il vient

$$W^2 = V^2 - \frac{\Pi \zeta}{4kL} R^{\frac{3}{2}},$$

relation qui, combinée avec la précédente, donne

$$W^2 = U^2 - \frac{3\Pi \zeta}{28kL} R^{\frac{3}{2}};$$

(*) La présence de l'élément R dans $f(W)$ est anormale; elle tend à faire supposer que les expériences dont les résultats ont conduit M. Lévy à la formule (15 bis) portaient sur des mouvements imparfaitement rectilignes. C'est en vertu de la même raison qu'on voit figurer dans la formule (14) un terme en $r^{\frac{3}{2}}$, tandis que la théorie du mouvement rectiligne (d'après M. Lévy) aurait donné un terme du second degré.

substituons enfin la valeur de W dans l'une ou l'autre des équations (15) ou (15 *bis*), après y avoir écrit $\dfrac{\Pi R \zeta}{2 L}$ au lieu de $f(W)$, et nous aurons dans les deux cas un résultat de la forme

$$(17) \qquad (U \sqrt{2b})^2 = \frac{R \zeta}{L}(1 + \lambda_1 \sqrt{R}),$$

λ_1 désignant encore un coefficient numérique égal à $\dfrac{3 \Pi b}{14 k}$ si l'on emploie la formule (15), ou à la même quantité augmentée de λ si l'on adopte la formule (15 *bis*).

M. Lévy, en se fondant sur les résultats des expériences de M. Darcy, a fixé les valeurs des coefficients k, b, λ, λ_1 de manière à représenter le mieux possible les faits observés. On aurait suivant lui, quand le liquide est de l'eau,

$$k = 0,0947;$$

et quand le tuyau est en fonte, après un certain temps d'usage,

$$\sqrt{2b} = \frac{1}{20,5},$$
$$\lambda_1 = 3.$$

Quant à λ, M. Lévy n'en indique pas la valeur; mais, comme on l'a vu plus haut, λ et λ_1 doivent être liés par la relation

$$\lambda_1 = \lambda + \frac{3 \Pi b}{14 k},$$

d'où résulterait

$$\lambda = 0,307.$$

§ II. — Formules pratiques relatives au mouvement permanent et uniforme de l'eau dans les conduites cylindriques simples à débit constant.

49. *Observations générales.* — La marche suivie dans le § I qui précède, pour résoudre le problème de l'écoulement uniforme de l'eau dans les tuyaux cylindriques, quoique présentant bien des imperfections et donnant lieu, sur plusieurs points, à des doutes légitimes, ouvre cependant une voie rationnelle aux recherches ayant pour but d'améliorer cette partie de l'Hydraulique. Mais il y a des méthodes adoptées depuis longtemps et sanctionnées par un fréquent usage, méthodes moins rationnelles sans doute, mais cependant recon-

nues suffisantes par les hommes de pratique : à notre avis, le moment n'est pas venu d'y renoncer, et nous allons maintenant nous en occuper d'une manière exclusive.

50. *Expression du frottement contre la paroi, par unité de surface.* — La modification la plus essentielle de la théorie donnée au § I porte sur l'expression de la force retardatrice ou frottement exercé par le tuyau sur le liquide; au lieu de représenter cette force, rapportée à l'unité de surface, par une fonction de la vitesse à la paroi $f(W)$, nous la représenterons, comme l'a d'abord fait de Prony, par une fonction de la vitesse moyenne $F(U)$. Cela serait très-légitime si U était déterminé quand on donne W; car alors une fonction de W serait par cela même une fonction de U. Mais comme il est pour le moins très-douteux qu'une pareille relation existe (n° 47), on n'agit pas tout à fait rationnellement lorsqu'on cherche à représenter par $F(U)$ la résistance dont nous parlons; et cependant, comme l'a dit M. Darcy, cette manière de procéder n'entraîne pas d'erreur sensible en pratique.

De Prony, s'appuyant sur cinquante et une expériences de Couplet, Bossut et Dubuat, a proposé pour $F(U)$ l'expression $\Pi(aU + bU^2)$, Π étant le poids du mètre cube d'eau exprimé en kilogrammes, et les deux constantes a, b ayant les valeurs ci-après :

$$a = 0,0000173, \quad b = 0,000348.$$

Plus tard, Eytelwein et d'Aubuisson ont indiqué pour ces coefficients a et b d'autres valeurs, savoir :

$$a = 0,0000222, \quad b = 0,000280 \quad (\text{Eytelwein});$$
$$a = 0,0000188, \quad b = 0,000343 \quad (\text{d'Aubuisson}).$$

D'autres personnes, pour simplifier les calculs, ont encore proposé de supprimer le terme aU dans le binôme $aU + bU^2$; le coefficient a donné par de Prony n'est guère, en effet, que $\frac{1}{20}$ de b, de sorte que si U n'est pas très-petit, on ne commet pas ainsi d'erreur bien notable. D'ailleurs, comme le fait observer M. l'inspecteur général Dupuit (*), lorsque U est petit le frottement des parois est lui-même très-petit, et il est rare, dans les applications, qu'il soit alors utile de l'évaluer avec une complète exactitude; en outre, quelque coefficient que l'on adopte, il peut se trouver en défaut dans certains cas particuliers : il est donc bon de procéder ici, dans une juste mesure, comme on le fait dans les calculs sur la résistance des matériaux, en évaluant largement le nombre b, pour être à l'abri des éventualités. Ainsi M. Dupuit n'hésite pas à poser une formule qui revient à prendre

$$a = 0, \quad b = 0,0003855;$$

en adoptant ainsi une valeur de b un peu plus forte que celles données ci-dessus, on compense jusqu'à un certain point la suppression du terme aU.

M. Barré de Saint-Venant a reconnu que les résultats des cinquante et une expériences dont s'était servi de Prony pouvaient être assez bien représentés en remplaçant le binôme $aU + bU^2$ par un monôme cU^m; il a indiqué pour m et c les valeurs

$$m = \frac{12}{7}, \quad c = 0,0002955.$$

Enfin, M. Darcy, par ses belles recherches expérimentales sur l'écoulement de l'eau dans les tuyaux, que nous avons déjà citées plusieurs fois, a montré :

1° Que lorsqu'il s'agit de tuyaux neufs, le frottement de l'eau contre les parois varie considérablement avec la nature et le poli des surfaces; ainsi la fonte neuve donnerait lieu à un frottement une fois et demie égal à celui qui aurait lieu sur une surface en bitume;

2° Que la nature de la surface tend à perdre son influence à mesure que les tuyaux se recouvrent d'une couche de dépôts amenée par l'eau elle-même; que cette circonstance, dans le cas de la fonte, donne lieu à un frottement deux fois plus grand que lorsque le tuyau était neuf (**);

(*) *Traité théorique et pratique de la conduite et de la distribution des eaux.*

(**) En réalité, M. Darcy a déterminé ses coefficients pour les tuyaux de fonte neuve; il a ensuite admis (peut-être sur la foi d'un trop petit nombre d'expé-

3° Que le frottement par unité de surface peut être représenté par $\Pi(aU + bU^2)$; mais que dans les tuyaux qui ont quelque temps d'usage on peut se contenter du monôme $\Pi b_1 U^2$, le nombre b_1 variant seulement avec le rayon R du tuyau, tandis que a et b varieraient en outre avec la nature des surfaces si les tuyaux étaient neufs;

4° Que les coefficients a, b, b_1 peuvent être calculés par les relations suivantes, dans le cas de tuyaux recouverts de dépôts :

$$(1) \qquad a = 0,000\,032 + \frac{0,000\,000\,003\,76}{R^2},$$

$$(2) \qquad b = 0,000\,443 + \frac{0,000\,006\,2}{R},$$

$$(3) \qquad b_1 = 0,000\,507 + \frac{0,000\,006\,47}{R}.$$

Pour la fonte neuve, il faudrait diminuer les nombres a et b environ de moitié.

Comme en pratique il faut toujours compter sur l'existence de dépôts au bout d'un temps plus ou moins long, on voit qu'en définitive on peut adopter le monôme $b_1 U^2$ au lieu du binôme $aU + bU^2$; seulement il paraît que ce nombre b_1 varie avec le rayon du tuyau, contrairement à l'opinion de Prony, et qu'il est plus grand pour les petits tuyaux que pour ceux d'un calibre assez fort. Toutefois il faut dire que ces variations ne sont pas considérables quand on ne prend que les tuyaux analogues à ceux qu'on peut rencontrer dans les distributions d'eau : les rayons au-dessous de $0^m,03$ n'y sont en effet employés que sur de faibles longueurs, en quelque sorte exceptionnellement, et il n'existe guère de tuyaux au-dessus de $0^m,50$ de rayon. Voici entre ces limites extrêmes les valeurs de b_1 :

---

riences) que l'existence de dépôts dans des tuyaux de nature quelconque devait faire doubler ces coefficients. Nous nous en tenons cependant à cette conclusion, parce qu'elle conduit à évaluer la résistance due au frottement plus haut qu'on ne le fait en général, ce qui peut éviter des mécomptes dans les applications pratiques.

Rayons R.	b_1.
m	
0,03	0,000 723
0,04	0,000 669
0,05	0,000 636
0,06	0,000 615
0,08	0,000 558
0,10	0,000 572
0,15	0,000 550
0,20	0,000 539
0,25	0,000 533
0,30	0,000 529
0,40	0,000 523
0,50	0,000 520

La moyenne entre les valeurs extrêmes de ce tableau est à peu près $(0,025)^2$, soit 0,000 625, nombre que l'on pourra adopter quand on aura besoin d'une expression analytique très-simple de la fonction $F(U)$; dans les autres cas il serait mieux de recourir à l'expression (3) de b_1 ou au tableau précédent.

Nous allons maintenant examiner quelques problèmes auxquels peut donner lieu l'écoulement permanent et uniforme de l'eau dans les conduites cylindriques simples à débit constant. Nous appellerons conduites *cylindriques* celles dont la section transversale est constante, le profil longitudinal pouvant d'ailleurs présenter des accidents quelconques, pourvu que les alignements dont il est composé se raccordent par des courbes assez adoucies; une conduite sera dite *simple*, si aucune autre conduite ne s'embranche sur elle entre les points extrêmes; enfin elle est *à débit constant* quand il n'y a pas d'orifice percé sur elle dans son parcours. Nous désignerons toujours, dans nos calculs, par

D le diamètre constant de la section transversale;

L la longueur du tuyau;

ζ la charge entre les sections extrêmes, laquelle est aussi la perte de charge dans le même intervalle, puisque la vitesse ne varie pas;

J le quotient $\frac{\zeta}{L}$, c'est-à-dire la charge ou perte de charge par mètre courant de conduite ;

Q le débit par seconde qui s'écoule par une section transversale quelconque ;

U la vitesse moyenne, également constante pour toutes les sections, puisqu'elle est égale au quotient $\frac{Q}{\frac{1}{4}\pi D^2}$.

51. *Relations entre les quatre quantités* D, J, U, Q. — Si nous répétions sans aucune modification les raisonnements par lesquels a été démontrée l'équation (3) du n° 45, en ayant soin seulement de remplacer R par $\frac{1}{2}$ D et $f(\mathbf{W})$ par $\mathbf{F}(\mathbf{U})$, nous trouverions

$$\frac{1}{4} D \frac{\zeta}{L} = \frac{1}{\Pi} F(U),$$

ou bien encore

$$(4) \qquad \frac{1}{4} DJ = \frac{1}{\Pi} F(U).$$

D'un autre côté, par la définition même de la vitesse U, l'on a

$$(5) \qquad \frac{1}{4} \pi D^2 U = Q.$$

Les relations (4) et (5) entre les quantités D, J, U, Q, permettent de résoudre tous les problèmes dans lesquels, donnant deux de ces quantités, on demande les deux autres. Ces problèmes seraient au nombre de six ; on les a indiqués dans le tableau ci-après :

Données.		Inconnues.	
D,	J;	U,	Q;
D,	U;	J,	Q;
D,	Q;	J,	U;
J,	U;	D,	Q;
J,	Q;	D,	U;
U,	Q;	D,	J.

Nous nous bornerons à examiner avec détail le premier et le

cinquième, qui se rencontrent fréquemment dans la pratique.

52. Problème. *Connaissant le diamètre d'une conduite, ainsi que la charge par mètre courant, déterminer la vitesse et la dépense.* — On connaît D et J, on demande U et Q. La relation (4) ci-dessus, dans laquelle tout est connu excepté U, fournira cette inconnue ; puis U étant calculé, Q s'obtiendra par la relation (5).

Dans les idées de Prony, Eytelwein et autres, F (U) était une fonction de U seulement (n° 50), et ces auteurs ont donné des tables à simple entrée, indiquant les valeurs de $\frac{1}{\Pi}$ F (U) ou de a U $+ b$ U^2 pour une série de valeurs de U. Avec une telle table le calcul de U est on ne peut plus simple. Il suffit de faire le produit $\frac{1}{4}$ DJ, et de chercher le nombre égal à ce produit dans la colonne $\frac{1}{\Pi}$ F (U) ; en regard se trouve la valeur de U.

Suivant M. Darcy, F (U) est à la fois fonction de U et de D ; il faudrait donc, pour suivre une marche analogue, avoir une table à double entrée dont les arguments seraient U et D, ou bien, ce qui revient au même, une série de tables simples comme celles de Prony, dont chacune serait relative à un diamètre déterminé. Dans chaque problème on prendrait celle qui convient au diamètre donné ; rien ne serait d'ailleurs changé à ce qui vient d'être dit. Si l'on voulait traiter la question par l'analyse, on poserait

$$(6) \qquad \frac{1}{4} DJ = b_1 U^2 = \left(0,00050\overline{7} + \frac{0,00001294}{D} \right) U^2,$$

d'où

$$U = \frac{1}{2} \sqrt{\frac{DJ}{0,00050\overline{7} + \dfrac{0,00001294}{D}}},$$

ou bien encore

$$(7) \qquad U = 22,2 \sqrt{\frac{DJ}{1 + \dfrac{0,0255}{D}}} = 22,2 D \sqrt{\frac{J}{D + 0,0255}}.$$

En adoptant la valeur moyenne $b_1 = 0,000625 = (0,025)^2$, on aurait

$$\frac{1}{4} DJ = (0,025)^2 U^2,$$

et par suite

$$(8) \qquad\qquad U = 20 \sqrt{DJ}.$$

Les équations (7) et (8) s'accordent quand on fait $D = 0^m,11$; pour les diamètres plus faibles, on a $U < 20 \sqrt{DJ}$, et pour les diamètres plus forts $U > 20 \sqrt{DJ}$. L'erreur relative sur U, commise en prenant toujours $U = 20 \sqrt{DJ}$ est d'environ 7 pour 100 si $D = 0^m,06$, et 9 pour 100 si $D = 1^m,00$.

Lorsque la vitesse U sera calculée, la relation (5) donnera aisément la dépense.

La Table III qu'on trouve à la fin du Cours, et que nous avons construite d'après les données expérimentales de M. Darcy, permet également de résoudre avec facilité le problème actuel. En regard du diamètre D, on y a inscrit les valeurs correspondantes de l'aire $\frac{1}{4}\pi D^2$, du coefficient b_1, de $\frac{J}{Q^2}$ et du logarithme de $\frac{J}{Q^2}$. Toutes ces quantités ne sont en effet fonctions que de la variable D, comme on le sait déjà pour les deux premières; quant à $\frac{J}{Q^2}$, on le voit en éliminant U entre les relations (5) et (6), ce qui donne

$$\frac{1}{4} DJ = \left(0,000507 + \frac{0,00001294}{D} \right) \frac{16 Q^2}{\tau^2 D^4},$$

ou bien

$$(9) \qquad \frac{J}{Q^2} = \frac{64}{\tau^2 D^5} \left(0,000507 + \frac{0,00001294}{D} \right).$$

Cela posé, quand on donnera D, la table fera connaître $\frac{J}{Q^2}$, directement ou par son logarithme; on en déduira Q, puisque J est, ainsi que D, une donnée du problème. Ensuite on calculerait U par la relation (5) en divisant Q par l'aire $\frac{1}{4}\pi D^2$; mais le plus souvent, en pratique, U n'est qu'une inconnue auxiliaire, et lorsqu'on a la dépense, on n'a pas besoin de chercher la vitesse moyenne.

Afin de faciliter les interpolations destinées à fournir les valeurs de $\frac{J}{Q^2}$ correspondantes à des diamètres compris entre ceux qui figurent dans la table, on a indiqué les différences premières et secondes des logarithmes de $\frac{J}{Q^2}$. Les différences des logarithmes étant beaucoup plus faibles que celles des nombres, on aura plus d'exactitude en faisant de préférence l'interpolation sur le logarithme ; pour plus d'exactitude encore, on interpolerait paraboliquement, en se servant des différences secondes. Toutefois, comme à partir de $D = o^m,5o$ les différences premières deviennent faibles et lentement variables, on a pensé que l'interpolation par parties proportionnelles suffirait, et on a supprimé, en conséquence, l'indication des différences secondes.

Deux exemples vont rendre ces explications plus claires.

Premièrement, soit donné $J = o,oo357$, $D = o^m,15$. On trouvera dans la Table III, en regard de $D = o^m,15$, la valeur $\frac{J}{Q^2} = 50,66$; donc

$$Q^2 = \frac{J}{5o,66} = \frac{o,oo357}{5o,66} = o,oooo7o47,$$

et par suite

$$Q = \sqrt{o,oooo7o47} = o^{mc},oo839 ;$$

la dépense serait de $8^{lit},4$ par seconde environ. Pour avoir U, on diviserait $o,oo839$ par $\frac{1}{4}\pi D^2$, nombre égal, d'après la table, à $o^{mq},o1767$. On aurait ainsi

$$U = \frac{o,oo839}{o,o1767} = o^m,475.$$

Si l'on avait voulu se servir des logarithmes, la table aurait fourni celui de $\frac{J}{Q^2}$, et voici comment on aurait disposé le calcul :

$$\log \frac{J}{Q^2} = 1,70467$$

$$\log J = \overline{3},55267$$

$$\log \frac{1}{Q^2} = 4,15200 \quad \text{(Par soustraction des deux précédents.)}$$

$$\log \frac{1}{Q} = 2,07600$$

$$\log Q = \overline{3},92400$$

$$Q = 0,0083946$$

$$\log Q = \overline{3},92400$$

$$\log \frac{1}{4}\pi D^2 = \overline{2},24724$$

$$\log U = \overline{1},67676 \quad \text{(Par soustraction des deux précédents.)}$$

$$U = 0^m,4751$$

Le second exemple montrera l'usage de l'interpolation pour obtenir la valeur de $\frac{J}{Q^2}$. On demande cette quantité en donnant le diamètre $D = 0^m,0106$. Le calcul direct fait avec la formule générale conduirait au résultat $\frac{J}{Q^2} = 83720700$ environ. Il s'agit de voir comment on approche-rait plus ou moins de ce nombre au moyen de la Table III et de l'interpolation linéaire ou parabolique.

D'abord on pourrait employer l'interpolation linéaire entre les valeurs de $\frac{J}{Q^2}$ correspondant à $D = 0^m,010$ et $D = 0^m,011$. On a, suivant la table,

$$\text{Pour } D = 0^m,010\ldots\ldots \quad \frac{J}{Q^2} = 116790000,$$

$$0^m,011\ldots\ldots \quad\quad\quad 67779000;$$

il faudrait ensuite prendre la différence entre ces deux résultats, la mul-tiplier par $0,6$ et retrancher le produit de 116790000. En d'autres termes, on admet que depuis $D = 0^m,0100$ jusqu'à $D = 0^m,0110$, $\frac{J}{Q^2}$ varie unifor-mément avec D, et l'on pose en conséquence, pour $D = 0^m,0106$,

$$\frac{J}{Q^2} = 116790000 - \frac{0^m,0106 - 0^m,0100}{0^m,0110 - 0^m,0100}(116790000 - 67779000)$$

$$= 87383400,$$

valeur qui, comparée à la valeur exacte, nous permet de constater une erreur absolue en plus de 3662700, soit une erreur relative, dans le même sens, de $0,044$ ou $\frac{1}{23}$ environ.

Quoique, eu égard à l'incertitude des coefficients numériques entrant dans l'expression de b_1, une telle erreur n'ait rien qui puisse effrayer un praticien, nous pensons qu'il convient de l'atténuer, parce qu'on peut le faire sans compliquer le calcul, en opérant d'une manière toute semblable sur les logarithmes de $\frac{J}{Q^2}$. On poserait donc

$$\text{Pour } D = 0^m,010 \ldots \quad \log\frac{J}{Q^2} = 8,06739,$$
$$0^m,011 \ldots \quad 7,83109;$$

d'où l'on déduit, pour $D = 0^m,0106$,

$$\log\frac{J}{Q^2} = 8,06739 - 0,6(8,06739 - 7,83109).$$

On prend encore dans la table la différence $7,83109 - 8,06739 = -0,23630$, et en achevant le calcul on arrive à

$$\log\frac{J}{Q^2} = 7,92561,$$

d'où résulte définitivement

$$\frac{J}{Q^2} = 84258000.$$

L'erreur absolue se trouve donc réduite à 537300, et l'erreur relative à $0,0064$ ou a $\frac{1}{156}$ environ.

Rappelons enfin la formule d'interpolation parabolique. Pour trois abscisses en progression arithmétique de raison h, on a les trois ordonnées y_0, y_1, y_2 d'une courbe, et on veut avoir l'ordonnée y répondant à une abscisse déterminée prise entre celles de y_0 et y_2. Dans l'interpolation linéaire on admet que, entre les points définis par deux ordonnées consécutives, la courbe peut se remplacer approximativement par une droite joignant ses deux extrémités, ce qui a lieu en effet si les ordonnées sont suffisamment rapprochées, et que les différences $y_1 - y_0$ et $y_2 - y_1$ aient des valeurs presque égales. Ici nous admettrons que les trois points situés sur y_0, y_1, y_2 appartiennent à une même parabole ayant son axe parallèle aux y. Nous placerons de plus l'origine arbitraire des abscisses x sur y_0, et alors, nommant α et β deux constantes, nous devrons avoir généralement, entre y_0 et y_2,

$$y = y_0 + \alpha x + \beta x^2.$$

II. 2e ÉDIT. 10

Les coefficients α et β pourraient être déterminés par la condition d'avoir

$$y = y_1 \text{ pour } x = h,$$
$$y = y_2 \text{ pour } x = 2h;$$

mais il y a une formule d'interpolation bien connue, due à Newton, qui nous dispense de ce calcul. Cette formule s'applique aux interpolations par expressions paraboliques de degré n quelconque, lorsqu'on connaît les $n + 1$ valeurs de l'ordonnée

$$y_0, \quad y_1, \quad y_2, \quad y_3, \ldots, \quad y_{n-1}, \quad y_n,$$

répondant à des abscisses en progression arithmétique

$$0, \quad h, \quad 2h, \quad 3h \ldots, \quad (n-1)h, \quad nh :$$

dans le cas actuel, il faut faire $n = 2$, et la formule devient

$$y = y_0 + \frac{x}{h}\Delta y_0 + \frac{x(x-h)}{1 \cdot 2h^2}\Delta^2 y_0,$$

ou bien, si l'on définit l'abscisse x par le rapport $\frac{x}{h} = m$, le nombre m devant varier de 0 à 2,

$$y = y_0 + m\Delta y_0 + \frac{1}{2}m(m-1)\Delta^2 y_0.$$

La valeur $y = y_0 + m\Delta y_0$ serait celle que fournirait l'interpolation linéaire; le surplus du second membre s'introduit par l'emploi des courbes paraboliques du second degré.

Dans l'exemple numérique ci-dessus traité, quand il s'agit de déterminer $\log\frac{J}{Q^2}$ pour $D = 0^m,0106$, on a comme données fournies par la table, les nombres

$$y_0 = 8,06739, \quad \Delta y_0 = -0,23630, \quad \Delta^2 y_0 = 0,02130;$$

d'ailleurs $m = \dfrac{0,0106 - 0,010}{0,011 - 0,010} = 0,6$. Par suite la formule précédente donnera

$$\log\frac{J}{Q^2} = 8,06739 - 0,14178 - 0,00256 = 7,92305;$$

d'où l'on tire

$$\frac{J}{Q^2} = 83763000,$$

valeur exacte à $0,000505$ ou $\dfrac{1}{1980}$ près.

53. Problème. — *Connaissant la charge par mètre courant et la dépense d'une conduite, calculer son diamètre et la vitesse moyenne.* — Ici J et Q sont les données, U et D les inconnues. Pour les trouver on peut d'abord employer une méthode de tâtonnements. On suppose à D une certaine valeur; alors au moyen de D et J, en suivant la marche indiquée au n° 52, on détermine U et Q : la valeur de D qu'on a essayée est bonne lorsque Q ainsi calculé se trouve égal au nombre donné.

Quand on admet que le frottement de l'eau sur chaque mètre carré de paroi est exprimé par $\Pi(a U + b U^2)$, comme l'a fait de Prony, on peut se servir avec avantage de tables dressées par M. Mary, Inspecteur général des Ponts et Chaussées, et par M. Fourneyron.

La Table de M. Mary (*) est une table à double entrée, faisant connaître U et J au moyen des arguments Q et D. Pour la construire, avec les données Q et D, on calcule immédiatement U par la relation (5); puis, comme la relation (4) devient

$$(10) \qquad \frac{1}{4} DJ = a U + b U^2,$$

on en tire sans peine la valeur de J. Cette table permet de résoudre immédiatement le problème dont nous nous occupons. Parmi les valeurs de J qui répondent à la valeur donnée de Q (et qui sont en même nombre que les diamètres figurant dans la table), on cherche le nombre donné auquel J doit être égal; l'argument D correspondant est un des nombres demandés, et l'autre, la vitessse U, est celle qui répond aux arguments Q et D, maintenant connus. Comme les données ne se retrouveront pas inscrites exactement dans la table, on pourra se contenter des résultats correspondant aux nombres les plus rapprochés des données, ou bien faire des interpolations.

La Table de M. Fourneyron donne les valeurs de $J^2 Q$ en fonction de U. Si l'on élimine D entre les relations (5) et (10),

---

(*) Cette table est reproduite à la suite des leçons lithographiées faites à l'École des Ponts et Chaussées, sur les distributions d'eau, par M. Mary.

10.

on obtient

$$(11) \qquad J^2 Q = 4\pi U (aU + bU^2)^2;$$

on voit donc que J et Q étant donnés, $J^2 Q$ est un nombre connu et que l'équation (11) détermine U. Cette détermination est immédiate par la Table de M. Fourneyron, dans laquelle sont inscrites les valeurs de $4\pi U (aU + bU^2)^2$ ou de $J^2 Q$ qui correspondent à des valeurs données de U : il suffit de chercher le nombre connu $J^2 Q$ dans la colonne intitulée $J^2 Q$, en regard on aura la vitesse U. On en déduira D par l'équation (5).

Les expériences de M. Darcy n'étant pas complétement d'accord avec l'expression du frottement adoptée par de Prony, cet auteur a également donné une table à double entrée, qui fait connaître J et Q en fonction des arguments D et U. Ces arguments étant donnés, on calcule $\frac{1}{4}$ DJ, et par suite J, au moyen de l'équation (6), puis Q au moyen de l'équation (5); on conçoit que la table puisse être construite au moyen d'un ensemble d'opérations analogues. L'usage de cette table ressemblerait beaucoup à celui de la Table de M. Mary; avec l'une ou l'autre, on résoudrait sans peine toutes les questions qui consistent à trouver deux des quatre quantités D, J, U, Q, connaissant les deux autres. Seulement il faut se rappeler que M. Darcy a calculé sa table en adoptant la valeur de b_1 relative à la fonte neuve, c'est-à-dire la moitié de celle qui résulte de la formule (3); comme b_1 devrait être doublé au bout d'un certain temps d'usage, il convient, si la charge par mètre courant J est une donnée, de faire le calcul de D, U ou Q en ne comptant que sur la moitié de cette charge; ou bien si J est une inconnue, de doubler le résultat que le calcul aura donné pour cette quantité. Cela se justifie en remarquant que, d'après l'équation (6), J est proportionnel à b_1, toutes choses égales d'ailleurs : si les équations (5) et (6), qui sont celles du problème, sont satisfaites par un système de valeurs de D, J, U, Q, elles seront encore satisfaites en doublant J et b_1. M. Darcy conseille en outre, quand on a déterminé un diamètre D, de l'augmenter un peu pour tenir compte par aperçu de l'épaisseur de la couche déposée par les eaux.

La disposition adoptée par M. Darcy pour sa table n'est pas sans inconvénient au point de vue pratique; son défaut principal consiste en ce que ni la dépense Q ni la charge J ne figurent parmi les arguments pour entrer dans la table. Par suite, quand J et Q sont comme ici les données immédiates de la question, la table ne fournit pas facilement les inconnues D et U; on ne peut les obtenir que par un tâtonnement, lequel se fait du reste avec la table elle-même. On essaye une valeur de U; avec les données U et J on trouve Q et D; on reconnaît que U a été bien choisie quand la dépense Q ainsi obtenue est égale au nombre donné.

La Table III que nous avons déjà citée (n° 52) permet de procéder d'une manière plus directe. Connaissant J et Q, on calcule $\dfrac{J}{Q^2}$ ou bien son logarithme; on cherche ce nombre dans la table, et en regard sur la même ligne horizontale, on trouve le diamètre D, avec une approximation variable de $0^m,001$ à $0^m,01$ (pourvu que D soit au-dessous de $1^m,00$), sans qu'on ait besoin d'aucune interpolation. Au delà de $1^m,00$ jusqu'à $1^m,20$ les diamètres inscrits dans la table croissent par différence de $0^m,05$; la limite de $1^m,20$, à laquelle on s'est arrêté, paraît d'ailleurs plus que suffisante dans les cas ordinaires. Quand on aura le diamètre, puisque l'on connaît déjà la dépense, on calculera sans peine la vitesse moyenne, comme on l'a vu au n° 52.

Indiquons enfin une solution analytique du problème dont nous nous occupons, et qui consiste à déduire directement le diamètre des données J et Q. A cet effet, on éliminera U entre les relations.

$$\frac{1}{4} DJ = b_1 U^2 \quad \text{et} \quad \frac{1}{4} \pi D^2 U = Q,$$

ce qui donne

$$JD^5 = \frac{64\, b_1}{\pi^2} Q^2,$$

et par suite

(12)
$$D = \sqrt[5]{\frac{64\, b_1}{\pi^2}} \sqrt[5]{\frac{Q^2}{J}}.$$

Le nombre b_1 étant à la rigueur variable avec D, le rapport de D à $\sqrt[5]{\dfrac{Q^2}{J}}$ est aussi variable; mais si l'on prend les valeurs extrêmes de b_1 données au n° 50, savoir 0,000723 et 0,000520, qui se rapportent aux diamètres 0^m,06 et 1^m,00, on trouve que les valeurs correspondantes de $\sqrt[5]{\dfrac{64\,b_1}{\pi^2}}$ sont 0,3421 et 0,3203; on aurait donc une solution suffisante pour la pratique en prenant

$$(13) \qquad\qquad D = \frac{1}{3} \sqrt[5]{\frac{Q^2}{J}};$$

mais cette solution ne serait pas applicable si elle conduisait à une valeur de D de beaucoup inférieure à 0^m,06, car pour les diamètres très-petits b_1 peut s'écarter beaucoup de 0,000723 : ainsi, quand D = 0^m,01, l'expression $\sqrt[5]{\dfrac{64\,b_1}{\pi^2}}$ devient égale à à 0,41, nombre assez différent de $\dfrac{1}{3}$.

En procédant comme il suit, nous obtiendrons une autre formule approximative aussi simple que l'équation (13), mais applicable seulement sous le bénéfice des mêmes restrictions. Dans l'équation (12), nous remplacerons b_1 par sa valeur $0,000507 + \dfrac{0,00001294}{D}$ ou par $0,000507\left(1 + \dfrac{0,0255}{D}\right)$, et nous aurons

$$D = \sqrt[5]{\frac{64 \cdot 0,000507}{\pi^2}\left(1 + \frac{0,0255}{D}\right)}\,\sqrt[5]{\frac{Q^2}{J}}$$
$$= 0,32\,\sqrt[5]{\frac{Q^2}{J}} \cdot \sqrt[5]{1 + \frac{0,0255}{D}}.$$

Or, pour peu que D atteigne 0^m,05 ou 0^m,06, le facteur $\sqrt[5]{1 + \dfrac{0,0255}{D}}$ peut être approximativement remplacé par $1 + \dfrac{0,005}{D}$, car la formule du binôme de Newton donne

$$\left(1 + \frac{0,0255}{D}\right)^{\frac{1}{5}} = 1 + \frac{1}{5}\left(\frac{0,0255}{D}\right) - \frac{2}{25}\left(\frac{0,0255}{D}\right)^2 + \dots,$$

développement qu'on peut borner aux deux premiers termes lorsque, D étant au-dessus de $0^m,06$, la fraction $\dfrac{0,0255}{D}$ n'atteint pas $0,425$. On aura donc

$$D = 0,32 \sqrt[5]{\dfrac{Q^2}{J}}\left(1 + \dfrac{0,005}{D}\right),$$

et, attendu que $0,32\sqrt[5]{\dfrac{Q^2}{J}}$ est déjà une valeur approchée de D,

$$(14) \qquad D = 0,32\sqrt[5]{\dfrac{Q^2}{J}} + 0,005.$$

Voici trois exemples numériques :

1° $Q = 0^{mc},22$, $J = 0,000163$. On obtient par la formule (13) $D = 1^m,04$; par la formule (14), $D = 1^m,00$; par la Table III ou par celle de M. Darcy, $D = 1^m,00$. La Table de M. Fourneyron aurait donné $D = 0^m,95$.

2° $Q = 0^{mc},000302$, $J = 0,2127$. Au moyen des formules (13) et (14), nous trouvons $D = 0^m,018$ et $D = 0^m,022$; par la Table III, $D = 0^m,02$; par celle de M. Fourneyron, $D = 0^m,016$.

3° $Q = 0^{mc},006283$, $J = 0,01649$. Résultats des formules (13) et (14): $D = 0^m,100$ et $D = 0^m,101$; par la Table III on trouve $D = 0^m,100$; par celle de M. Fourneyron, $D = 0^m,089$.

54. *Cas d'une conduite cylindrique simple faisant communiquer deux réservoirs ou débouchant dans l'atmosphère.* — On donne deux bassins A et B (*fig.* 31), la différence de leurs ni-

Fig. 31.

veaux z, les pressions p et p' sur ces niveaux; une conduite cylindrique simple, à diamètre et à débit constants, amène l'eau de A dans B; la longueur L de la conduite étant donnée et le mouvement étant supposé permanent, il s'agit soit de déterminer la dépense Q correspondant à un diamètre D, soit de résoudre le problème inverse, c'est-à-dire d'avoir D au moyen de Q.

La question rentrerait immédiatement dans les termes où elle a été posée aux n°s 52 et 53, si l'on connaissait les niveaux piézométriques en deux sections CD, EF, l'une prise à peu de distance de l'entrée de la conduite dans le réservoir A, l'autre à son extrémité d'aval. Pour les trouver, appelons U la vitesse moyenne dans la conduite; supposons en outre que le tuyau pénètre dans le réservoir A sans raccordement, comme un ajutage cylindrique, et qu'on prenne la section CD assez loin de l'origine pour que les filets y soient redevenus parallèles; alors, en allant de l'intérieur du réservoir à la section CD, une molécule quelconque aura dû se mouvoir sous une charge exprimée par $\frac{3}{2} \cdot \frac{U^2}{2g}$ (n° 37); donc le niveau piézométrique en CD dépasse le niveau de la surface libre dans A d'une hauteur $\frac{p}{\Pi} - \frac{3}{2} \cdot \frac{U^2}{2g}$. D'ailleurs la veine qui arrive en EF perdant rapidement sa vitesse, elle se trouve entourée d'une eau sensiblement stagnante et le niveau piézométrique dans EF est à peu près le niveau de la surface libre dans B, relevé de $\frac{p'}{\Pi}$. La charge totale et la perte de charge entre CD et EF sont donc exprimées par $z + \frac{p - p'}{\Pi} - \frac{3}{2} \cdot \frac{U^2}{2g}$, soit en posant $h = z + \frac{p - p'}{\Pi}$. par $h - \frac{3}{2} \cdot \frac{U^2}{2g}$, et la quantité J est égale à $\frac{h}{L} - \frac{3}{2} \cdot \frac{U^2}{2gL}$. On aura donc ($n^o$ 51)

$$(15) \qquad \frac{1}{4} D \left(\frac{h}{L} - \frac{3}{2} \cdot \frac{U^2}{2gL} \right) = \frac{1}{\Pi} F(U),$$

équation qui, jointe à $\frac{1}{4} \pi D^2 U = Q$, suffit pour résoudre les questions proposées.

Quand on admet que $F(U) = \Pi b_1 U^2$, cette équation devient

$$\frac{1}{4} D \left(\frac{h}{L} - \frac{3}{2} \cdot \frac{U^2}{2gL} \right) = b_1 U^2,$$

ce qu'on peut écrire

$$\frac{1}{4}\,D\,\frac{h}{L} = \left(b_1 + \frac{3\,D}{16\,g\,L} \right) U^2 = b_1\,U^2 \left(1 + \frac{3\,D}{16\,b_1\,g\,L} \right),$$

ou bien

$$(16) \qquad \frac{1}{4}\,D\,\frac{h}{L + \dfrac{3\,D}{16\,b_1\,g}} = b_1\,U^2.$$

Si l'on compare l'équation (16) avec l'équation $\frac{1}{4}\,DJ = b_1\,U^2$ précédemment employée, on voit qu'elle lui ressemble complétement, sous la seule condition de calculer J en cherchant le quotient de h par une certaine longueur $L + \dfrac{3\,D}{16\,b_1\,g}$, un peu supérieure à celle de la conduite.

Ordinairement, dans les applications, la longueur L étant assez considérable, $\dfrac{3\,D}{16\,b_1\,g}$ n'est qu'une petite fraction de L; on peut donc poser, au moins comme première approximation,

$$\frac{1}{4}\,D\,\frac{h}{L} = b_1\,U^2,$$

ce qui revient à supposer que la charge totale h disponible entre les deux bassins est entièrement absorbée par le frottement de la conduite. Cette simplification étant admise, on rentre dans les problèmes des n°s 52 et 53, sans aucun changement, puisque l'on connaît $J = \dfrac{h}{L}$, et qu'il s'agit de calculer Q quand on donne D, ou inversement. Lorsque D est l'inconnue, on l'obtient facilement ainsi d'une manière approximative; pour plus d'exactitude, on peut recommencer le calcul avec une nouvelle valeur de J égale au quotient de h par la longueur corrigée $L + \dfrac{3\,D}{16\,b_1\,g}$: c'est la méthode des approximations successives. Si au contraire D est donné et Q inconnue, on applique les formules et procédés du n° 52, en prenant pour J le quotient de h par L augmentée de $\dfrac{3\,D}{16\,b_1\,g}$; cette longueur

additive varie de 26 à 37 fois le diamètre quand le diamètre
varie lui-même de 0^m,06 à 1^m,00; elle aura généralement peu
d'importance comparativement à L, au moins dans le cas où
il s'agit de grandes conduites d'eau.

Il est bon de remarquer que l'équation (15) aurait pu être
immédiatement obtenue par l'application du théorème de Bernoulli (n° 15), à une molécule qui passe du bassin A au
bassin B. Les vitesses initiale et finale étant nulles, la charge h
égale la somme des pertes de charge éprouvées pendant le
trajet. Or ces pertes sont :

1° A l'entrée de l'ajutage cylindrique $\frac{1}{2}\cdot\frac{U}{2g}$ (n° 37);

2° Dans la conduite, par chaque mètre courant, $\frac{4}{\Pi D}\,F(U)$,
puisque telle est la valeur de J, d'après l'équation (4) du n° 31;
cela fait par conséquent, pour le parcours entier du tuyau,
$\frac{4L}{\Pi D}\,F(U)$;

3° A l'entrée dans le bassin B, $\frac{U^2}{2g}$ (n° 34).

Donc nous aurons

$$h = \frac{1}{2}\cdot\frac{U^2}{2g} + \frac{4L}{\Pi D}\,F(U) + \frac{U^2}{2g},$$

ou bien

$$\frac{1}{4}D\left(\frac{h}{L} - \frac{3}{2}\cdot\frac{U^2}{2gL}\right) = \frac{1}{\Pi}\,F(U),$$

ce qui est précisément l'équation (15).

Si la conduite débouchait dans une atmosphère gazeuse à la
pression p', il n'y aurait rien à changer aux calculs qui pré-
cèdent; seulement z désignerait la hauteur verticale entre le
niveau de A et le centre de la section CD formant l'orifice
d'écoulement.

Voyons encore ce qui arriverait dans le cas où le tuyau présenterait entre les sections CD et EF un robinet dont nous
assimilerons l'effet à celui d'un diaphragme réduisant le diamètre D dans le rapport de 1 à n. Il faudrait alors ajouter aux
pertes de charge énoncées tout à l'heure, une perte exprimée

par $\dfrac{(U' - U)^2}{2g}$, U' étant la vitesse dans la section contractée qui suit l'étranglement. On aurait donc

$$h = \frac{3}{2} \cdot \frac{U^2}{2g} + \frac{(U' - U)^2}{2g} + \frac{4L}{\Pi D} F(U).$$

Si m désigne le coefficient de contraction applicable dans le cas actuel, la section contractée sera $\frac{1}{4} \pi n^2 D^2 m$; l'égalité entre le débit par cette section et une autre quelconque où la vitesse moyenne est U, fournirait par conséquent l'égalité

$$\frac{1}{4} \pi n^2 D^2 m U' = \frac{1}{4} \pi D^2 U,$$

ou bien

$$U' = \frac{U}{n^2 m}.$$

Cette valeur de U' substituée dans celle de h donne

$$h = \frac{U^2}{2g} \left[\frac{3}{2} + \left(\frac{1}{n^2 m} - 1 \right)^2 \right] + \frac{4L}{\Pi D} F(U);$$

on voit que dans l'équation (15) le coefficient $\frac{3}{2}$ de $\frac{U^2}{2g}$ doit être augmenté de $\left(\frac{1}{n^2 m} - 1 \right)^2$. Remplaçant ensuite $F(U)$ par $\Pi b_1 U^2$, et multipliant l'équation précédente par $\dfrac{D}{4L}$, elle deviendra

$$\frac{1}{4} D \frac{h}{L} = b_1 U^2 \left[1 + \frac{3 + 2\left(\dfrac{1}{n^2 m} - 1 \right)^2}{16 b_1 g L} D \right],$$

ou encore

$$(17) \qquad \frac{1}{4} D \frac{h}{L + \left[\dfrac{3 + 2\left(\dfrac{1}{n^2 m} - 1 \right)^2}{16 b_1 g} \right] D} = b_1 U^2.$$

La longueur fictive qu'il faudrait ajouter à L pour pouvoir faire abstraction des charges non consommées par le frottement

de la conduite serait donc ici $\dfrac{3 + 2\left(\dfrac{1}{n^2 m} - 1\right)^2}{16\,b_1\,g}$ D, au lieu de

$\dfrac{3\,\mathrm{D}}{16\,b_1\,g}$ que nous avions dans l'équation (16).

Si le robinet se trouvait placé dans la section EF, la perte de

charge qu'il occasionne serait alors $\dfrac{\mathrm{U}^2}{2\,g}$ au lieu de $\dfrac{(\mathrm{U}' - \mathrm{U})^2}{2\,g}$

(n° 34), et le coefficient $\left(\dfrac{1}{n^2 m} - 1\right)^2$ devrait être remplacé tout

simplement par $\dfrac{1}{n^4 m^2}$. D'autre part, on économiserait la perte

$\dfrac{\mathrm{U}^2}{2\,g}$ qui se produisait tout à l'heure après le passage de la sec-

tion EF. En modifiant d'après ces indications les calculs précédents, on devrait poser

$$(18) \qquad \frac{1}{4}\,\mathrm{D}\ \frac{h}{\mathrm{L} + \dfrac{1 + \dfrac{2}{n^4 m^2}}{16\,b_1\,g}\,\mathrm{D}} = b_1\,\mathrm{U}^2.$$

Il est clair que n peut toujours être supposé assez petit pour
que la valeur de U tirée de l'une des équations (17) ou (18) soit
aussi petite que l'on voudra. Le cas de $n = 0$, répondrait à la
fermeture complète du robinet; alors on trouverait $\mathrm{U} = 0$,
comme cela doit être. Mais dans les conduites très-longues il
faut que n soit assez petit pour influer d'une manière bien
sensible sur le débit. Exemple :

$$\mathrm{L} = 2000^m, \quad \mathrm{D} = 0^m,15, \quad h = 20^m, \quad n = \frac{1}{3};$$

comme le robinet obstrue les $\dfrac{8}{9}$ de la section, on peut suppo-

ser $m = 0,62$; on sait d'ailleurs que $b_1 = 0,00055$. La formule (18) donne alors $\mathrm{U} = 0^m,706$, tandis que la formule (16)
donnerait $\mathrm{U} = 0^m,825$. Ainsi donc, dans cet exemple, la section
d'écoulement étant diminuée dans le rapport de 9 à 1 par le
robinet, la vitesse et, par suite, la dépense ne seraient dimi-

nuées dans le rapport de 0,825 à 0,706, ou, en nombres ronds, de 7 à 6.

55. *Calcul de la pression en un point quelconque d'une conduite cylindrique simple ; exception dans l'application des formules.* — La charge par mètre courant d'une conduite cylindrique ou la perte de charge (ce qui est la même chose dans le cas actuel) a pour valeur, comme on vient de le rappeler, $\frac{4}{\Pi D}$ F(U); cette quantité ne varie pas dans toute l'étendue de la conduite si celle-ci est simple et à débit constant, car D, U et Π conservent toujours la même valeur. Donc, si la conduite est en outre composée de parties raccordées entre elles par des courbes peu sensibles, de manière que le frottement des parois soit la seule cause des pertes de charge, on voit que l'abaissement du niveau piézométrique, à partir de l'origine, sera proportionnel à la distance entre cette origine et la section considérée. Il sera donc bien facile d'avoir le sommet de la colonne piézométrique répondant à une section quelconque. Soient, en effet, ζ la charge entre les deux extrémités du tuyau, dont la longueur totale est L, l la distance entre une section et l'origine du tuyau ; le niveau piézométrique répondant à cette section sera en dessous de celui qui répond à l'origine, d'une quantité $\frac{\zeta l}{L}$. Dans le cas où la conduite est en ligne droite, le lieu des sommets des colonnes piézométriques, représentées en chaque point par une verticale, serait une autre ligne droite ; il en serait encore de même, approximativement, pour une conduite composée de lignes à faible pente dont la longueur pourrait être confondue avec la projection horizontale. Le lieu géométrique dont il s'agit est ce que M. Dupuit a nommé *ligne de pression* ou *ligne de charge*, suivant que les colonnes piézométriques comprennent ou ne comprennent pas la hauteur représentative de la pression atmosphérique.

En supposant que les colonnes menées en chaque point débouchent dans l'atmosphère, leurs hauteurs représenteront les pressions diminuées de la pression atmosphérique. Par suite, quand la ligne de charge sera, dans une section, au-dessus de

l'axe longitudinal du tuyau, cela voudra dire que, dans la même
section, la pression moyenne dépasse la pression atmosphérique; quand, au contraire, le lieu dont il s'agit passera en
dessous de l'axe, la pression moyenne deviendra inférieure à
celle de l'atmosphère. En général, Π étant le poids du mètre
cube d'eau, y la distance verticale prise positivement en
montant, entre l'axe du tuyau et la ligne de charge, p_a la pression atmosphérique, p la pression moyenne dans la section à
laquelle se rapporte y, on aura

$$p = p_a + \Pi y.$$

Cette expression montre que pour y négatif et supérieur en
valeur absolue à $\dfrac{p_a}{\Pi}$, c'est-à-dire à $10^m,33$ s'il s'agit de conduites
d'eau, p devient négatif. Or on a déjà vu (n° **37**) que la pression ne peut pas être négative, et que les formules doivent
alors cesser de s'appliquer, parce qu'elles reposent sur des
hypothèses impossibles à réaliser dans le cas dont il s'agit. Il
faut même éviter, en établissant des conduites d'eau, que la
pression ne devienne notablement inférieure à la pression
atmosphérique, en aucun point des tuyaux; car l'air en disso-
lution dans l'eau pourrait s'en dégager; la continuité du mouvement serait peut-être troublée, et d'ailleurs l'eau privée d'air
devient moins salubre et moins convenable pour la boisson.

On devra donc toujours s'assurer que la ligne de charge ne
passe pas notablement en dessous de l'axe longitudinal du
tuyau, pour tout point de celui-ci. Cette vérification sera inutile pour les tuyaux rectilignes, pourvu que y soit positif aux
deux extrémités; la ligne de charge étant droite, y sera nécessairement positif dans l'intervalle. Mais il peut en être différemment quand l'axe est une ligne courbe ou brisée.

56. *Détermination expérimentale des coefficients numériques de la fonction* $F(U)$. — Il a été démontré plus haut
(n° **51**) qu'on a l'équation

$$\frac{1}{4} DJ = \frac{1}{\Pi} F(U)$$

entre la vitesse moyenne U, le poids Π du mètre cube de liquide, le diamètre D du tuyau, et la charge par mètre courant J. Concevons maintenant qu'on ait exécuté une série d'expériences sur l'écoulement de l'eau dans les tuyaux cylindriques, en notant pour chacune d'elles la valeur numérique des quantités D, J, U, lesquelles sont faciles à observer. Pour D, il n'y aura en effet qu'à prendre une mesure directe; J sera connu au moyen de piézomètres placés en divers points, qui donneront la charge totale entre ces points, et par suite la charge pour chaque mètre courant; U se mesurera en recueillant le liquide écoulé dans un certain temps, d'où l'on déduira d'abord la dépense Q par seconde, puis la vitesse moyenne, égale au quotient $\dfrac{4Q}{\pi D^2}$.

De Prony, ayant à sa disposition cinquante et une expériences, comme nous l'avons déjà dit, chercha les valeurs de $\dfrac{DJ}{4U}$; puis il construisit une courbe dont les U étaient les abscisses et $\dfrac{DJ}{4U}$ les ordonnées. Cette courbe différait peu d'une droite; par conséquent de Prony en conclut qu'on pouvait poser

$$\frac{DJ}{4U} = a + bU,$$

a et b désignant des constantes, ou bien

$$\frac{1}{4} DJ = aU + bU^2,$$

on enfin

$$F(U) = H(aU + bU^2).$$

La construction de la droite représentative de $\dfrac{DJ}{4U}$ donnait les valeurs de a et de b; a était l'ordonnée de la droite à l'origine, pour $U = 0$; b était son coefficient angulaire.

M. Darcy a procédé avec un peu plus de rigueur. Il a cherché à part les valeurs de a et de b, pour une nature déterminée de paroi et pour des diamètres également déterminés; faisant ensuite varier successivement la nature de la paroi et le diamètre, il a pu constater les lois énoncées au n° 50.

La méthode graphique indiquée ci-dessus est extrêmement simple et son emploi peu sujet à erreur. Cependant on a souvent fait usage d'une méthode dite *des moindres carrés*. Il s'agit de satisfaire le mieux possible aux résultats d'un certain nombre d'expériences auxquelles on accorde une confiance égale, en exprimant $\frac{1}{4}$ DJ par un binôme de la forme $a\mathrm{U} + b\mathrm{U}^2$.

Les valeurs de a et de b ne pouvant vraisemblablement pas satisfaire d'une manière rigoureuse à toutes les expériences, l'erreur absolue sera pour l'une d'elles $\frac{1}{4}$ DJ $- (a\mathrm{U} + b\mathrm{U}^2)$, et par conséquent l'erreur relative aura pour expression

$$1 - \frac{4(a\mathrm{U} + b\mathrm{U}^2)}{\mathrm{DJ}}.$$

Or Laplace a démontré que pour réduire au minimum l'erreur relative moyenne à craindre, il fallait prendre a et b de manière à rendre minimum la somme des carrés des erreurs relatives. Posant donc

$$\mathrm{S} = \sum \left[1 - \frac{4(a\mathrm{U} + b\mathrm{U}^2)}{\mathrm{DJ}} \right]^2,$$

on aura pour déterminer a et b les équations

$$\frac{d\mathrm{S}}{da} = 0, \quad \frac{d\mathrm{S}}{db} = 0,$$

ou bien

$$\sum \left[1 - \frac{4(a\mathrm{U} + b\mathrm{U}^2)}{\mathrm{DJ}} \right] \frac{\mathrm{U}}{\mathrm{DJ}} = 0,$$

$$\sum \left[1 - \frac{4(a\mathrm{U} + b\mathrm{U}^2)}{\mathrm{DJ}} \right] \frac{\mathrm{U}^2}{\mathrm{DJ}} = 0,$$

ce qu'on peut encore écrire

$$a \sum \frac{\mathrm{U}^2}{\mathrm{D}^2\mathrm{J}^2} + b \sum \frac{\mathrm{U}^3}{\mathrm{D}^2\mathrm{J}^2} = \frac{1}{4} \sum \frac{\mathrm{U}}{\mathrm{DJ}},$$

$$a \sum \frac{\mathrm{U}^3}{\mathrm{D}^2\mathrm{J}^2} + b \sum \frac{\mathrm{U}^4}{\mathrm{D}^2\mathrm{J}^2} = \frac{1}{4} \sum \frac{\mathrm{U}^2}{\mathrm{DJ}}.$$

C'est un système de deux équations du premier degré entre les deux inconnues a et b. Les calculs des six sommes qui entrent dans ces deux équations sont nécessairement longs et pénibles quand il y a beaucoup d'expériences; d'ailleurs le procédé a l'inconvénient d'accorder aveuglément la même confiance à une série d'observations dont quelques-unes peuvent être mal faites, tandis que la méthode graphique rend les anomalies sensibles aux yeux.

§ III. — **Du mouvement permanent de l'eau dans les conduites simples à diamètre ou à débit variable d'une section à l'autre.**

57. *Cas où les variations de diamètre et de débit ne sont pas continues.* — Supposons une conduite recevant l'eau d'un bassin (*fig.* 32) et la débitant sur son parcours, au moyen de

Fig. 32.

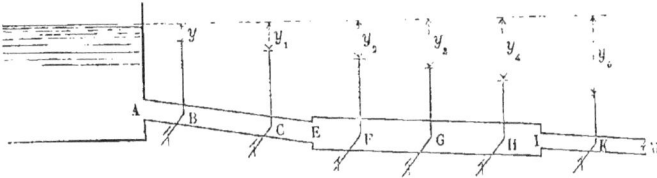

tuyaux très-courts adaptés en B, C, F, G, II, K,..., et terminés par des robinets qui permettent de régler le volume dépensé. Le diamètre de la conduite n'est pas constant : il change brusquement en des points tels que E, I,.... La situation de ces points, ainsi que celle des tuyaux secondaires, est définie par les longueurs données

$$\overline{AB} = l, \quad \overline{BC} = l_1, \quad \overline{CE} = l_2, \quad \overline{EF} = l_3, \ldots$$

Appelons

$d, d_1, d_2, \ldots$, les diamètres des portions AE, EI, IM,...;

$y, y_1, y_2, y_3, \ldots$, les distances verticales mesurées en descendant, entre le plan de niveau du bassin et les sommets des colonnes piézométriques élevées en B, C, F, G,..., ces sommets étant soumis, comme le niveau du bassin, à la pression atmosphérique (*);

(*) On admet ici qu'il y a un seul et même niveau piézométrique dans la conduite principale, au droit de chaque ouverture telle que B, C, F,.... Cela n'est vrai qu'approximativement, comme on le verra un peu plus loin (n° 61)

u, u_1, u_2, u_3,..., les vitesses dans les portions AB, BC, CE, EF....

Une charge exprimée par $\dfrac{1}{2} \cdot \dfrac{u^2}{2g}$ est perdue à l'entrée de l'eau du réservoir dans le cylindre AB (n° 37); une autre charge, dont la valeur par mètre courant est $\dfrac{4}{\Pi d} \, F(u)$ se trouve consommée par le frottement de la conduite entre A et B (n° 51); on aura donc, d'après le théorème de Bernoulli (n° 15), la vitesse étant sensiblement nulle dans le réservoir,

$$\frac{u^2}{2g} = y - \frac{1}{2} \cdot \frac{u^2}{2g} - \frac{4l}{\Pi d} \, F(u),$$

ou bien

$$y = \frac{3}{2} \cdot \frac{u^2}{2g} + \frac{4l}{\Pi d} \, F(u).$$

Dans la partie BC il n'y aura que les pertes de charge dues au frottement de la conduite; on trouvera donc, en appliquant l'équation (4) du n° 51, et remarquant que J peut être remplacé par $\dfrac{y_1 - y}{l_1}$,

$$y_1 - y = \frac{4l_1}{\Pi d} \, F(u_1).$$

Entre C et F il y aura une partie de la charge consommée par le frottement et une autre par le changement brusque de section en E; cette dernière perte s'exprime par $\dfrac{(u_2 - u_3)^2}{2g}$ (n° 32), et alors le théorème de Bernoulli, appliqué entre C et F, donne

$$\frac{u_3^2}{2g} - \frac{u_2^2}{2g} = y_2 - y_1 - \frac{(u_2 - u_3)^2}{2g} - \frac{4l_2}{\Pi d} \, F(u_2) - \frac{4l_3}{\Pi d_1} \, F(u_3),$$

soit encore

$$y_2 - y_1 = \frac{u_3^2}{2g} - \frac{u_2^2}{2g} + \frac{(u_2 - u_3)^2}{2g} + \frac{4l_2}{\Pi d} \, F(u_2) + \frac{4l_3}{\Pi d_1} \, F(u_3).$$

De même on trouverait facilement, pour les portions FG, GH,

$$y_3 - y_2 = \frac{4l_4}{\Pi d_1} \, F(u_4), \quad y_4 - y_3 = \frac{4l_5}{\Pi d_1} \, F(u_5).$$

Pour HK, il faudrait tenir compte d'une perte produite par le changement brusque de section en I, perte analogue à celle qui a lieu à l'entrée d'un ajutage cylindrique, et dont l'expression est (n° 37) $\dfrac{u_7^2}{2\,g}\left(\dfrac{1}{m}-1\right)^2$, en appelant m le coefficient de contraction à l'entrée du tuyau IK; le théorème de Bernoulli, appliqué à l'intervalle HK, donnerait alors en fin de compte

$$ y_5 - y_4 = \frac{u_7^2}{2\,g} - \frac{u_6^2}{2\,g} + \frac{u_7^2}{2\,g}\left(\frac{1}{m}-1\right)^2 + \frac{4\,l_6}{\Pi\,d_1}\,\mathrm{F}\,(u_6) + \frac{4\,l_7}{\Pi\,d_2}\,\mathrm{F}\,(u_7). $$

On pourrait continuer et exprimer ainsi, de proche en proche, l'abaissement piézométrique en passant d'un orifice à l'autre, au moyen des vitesses moyennes successives.

Maintenant, supposons qu'on donne le volume d'eau qu'un orifice quelconque doit dépenser par seconde. On en conclura sans peine le débit de chaque portion de la conduite : il suffira en effet d'additionner les débits de tous les orifices situés en aval de la partie considérée. Par suite, si les diamètres sont également donnés, on aura toutes les vitesses u, u_1, u_2, u_3,..., car il suffira d'appliquer la relation (5) du n° 51 successivement à toutes les portions AB, BC, CE, EF,.... Les équations ci-dessus posées permettront alors de connaître les quantités y, y_1, y_2, y_3,..., c'est-à-dire les niveaux piézométriques aux points B, C, F, G,.... Il faudra que ces niveaux soient au-dessus de ceux des orifices correspondants, car une certaine charge est nécessaire pour produire l'écoulement par lesdits orifices. D'ailleurs, pour peu que la charge fût sensible, on dépenserait le volume voulu, en prenant l'orifice suffisamment grand ; mais, dans la pratique des distributions d'eau, les orifices ont des dimensions à peu près fixes, et, pour obtenir une dépense convenable, on s'arrange de manière à ce qu'il y ait toujours sur chacun d'eux, immédiatement en amont, une charge de $0^m,50$ à $0^m,60$ environ. Comme les orifices ne peuvent pas être percés immédiatement dans les parois mêmes de la conduite, mais qu'ils en sont séparés par des tuyaux plus ou moins longs, la charge consommée par cet appendice doit encore s'ajouter à celle de $0^m,50$ ou $0^m,60$. Par exemple, si le tuyau de dérivation avait 10 mètres de longueur, $0^m,03$ de diamètre, et que sa dépense fût de $0^{mc},0005$ par seconde, son frottement absorberait une charge de $0^{m},63$ environ; le niveau piézométrique dans la conduite devrait donc dépasser de $1^{m},20$ ou $1^{m},25$ celui de l'orifice en regard.

Cette considération montre que les niveaux piézométriques dans la conduite, en regard des points B, C, F, G,..., sont assez souvent des données, car ils doivent se trouver à des hauteurs connues au-dessus des orifices correspondants, dont la situation est fixée *à priori* par des convenances locales. Le problème qu'on doit alors résoudre, c'est de calculer les divers diamètres de manière à ne consommer qu'une charge déterminée, avec un volume d'eau connu, sur chaque portion de la conduite. On comprend que la solution peut s'obtenir par tâtonnement, puisque, si l'on avait la valeur des inconnues, les équations posées tout à l'heure permettraient de trouver les abaissements successifs du niveau piézométrique.

Ordinairement les tuyaux de conduite ayant des longueurs assez considérables, les pertes de charge occasionnées par les changements brusques de section, et les différences des hauteurs dues aux vitesses, sont négligeables devant les charges absorbées par le frottement et proportionnelles aux longueurs $l, l_1, l_2, l_3,....$ Si à cette simplification on joint l'hypothèse d'un diamètre constant entre deux orifices consécutifs, le problème que nous venons de mentionner rentrera complétement dans les termes de celui que nous avons résolu au n° 53. La solution ainsi obtenue sera tout au moins une approximation; pour plus d'exactitude, on pourra évaluer les termes négligés, en se servant des vitesses calculées par ce moyen, et recommencer la recherche des diamètres, après avoir défalqué des charges $y, y_1 - y, y_2 - y_1, y_3 - y_2,...$, la valeur approximative des termes négligés dans le premier essai.

58. *Cas où les diamètres et les débits varient par degrés insensibles. Relation différentielle entre la charge et la vitesse moyenne.* — On emploie rarement des conduites qui ne seraient pas composées de tuyaux cylindriques mis les uns à la suite des autres; cependant on peut avoir à considérer accidentellement un écoulement par un tuyau de section progressive-

ment variable. De même les orifices B, C, F, G,... sont quelquefois rapprochés au point que la distance entre deux consécutifs n'est qu'une faible fraction de la longueur totale de la conduite, et il semble alors qu'il est permis de regarder les distances $\overline{AB}$, $\overline{BC}$, $\overline{CF}$,..., comme des éléments infiniment petits de cette longueur totale. Nous avons ainsi une conduite dont le diamètre et la dépense sont censés varier d'une manière continue, quand on passe d'une section à l'autre; nous n'admettons pas d'ailleurs de variation avec le temps dans une même section, c'est-à-dire que le mouvement est toujours censé permanent.

Pour arriver à l'équation du mouvement dans un tuyau défini comme on vient de le dire, quelques hypothèses et considérations nouvelles sont encore nécessaires. D'abord nous admettrons que les variations du profil transversal sont assez lentes pour que les filets traversant une section puissent toujours être regardés comme sensiblement parallèles entre eux et à l'axe du tuyau; il en résulte immédiatement que leur glissement réciproque, et, par suite, les forces dues à la viscosité, ont à peu près la même direction; donc aussi, dans chaque section, la pression variera suivant la loi hydrostatique (n° 18, 4ᵉ règle). Il n'y a donc encore qu'un niveau piézométrique pour tous les points d'une même section, comme nous l'avons vu dans un autre cas (n° 45).

Maintenant considérons deux sections distantes d'une longueur ds infiniment petite, entre lesquelles le niveau piézométrique aura baissé d'une hauteur dy: soit v la vitesse d'une molécule de masse m, à l'instant où elle traverse la première; $v + dv$ la vitesse après le parcours ds, φ la force retardatrice due à la viscosité et rapportée à l'unité de masse. Le théorème de Bernoulli (n° 15) donne immédiatement, l'angle γ étant ici de 180 degrés,

$$\frac{v\,dv}{g} = dy - \frac{1}{g}\varphi\,ds,$$

ou, en multipliant par m,

$$\frac{mv\,dv}{g} = m\,dy - \frac{1}{g}m\varphi\,ds.$$

Faisons la somme des équations pareilles à la dernière pour toutes les molécules comprises entre les deux sections dont il s'agit, et divisons par la masse totale Σm; comme dy et ds sont les mêmes pour toutes les masses m, on aura, si l'on isole dy dans le premier membre,

$$dy = \frac{\Sigma m v \, dv}{g \Sigma m} + \frac{1}{g} \, ds \, \frac{\Sigma m \varphi}{\Sigma m}.$$

Le premier terme du second membre est la valeur moyenne de l'accroissement $\dfrac{v \, dv}{g}$ que prend $\dfrac{v^2}{2g}$, pour le groupe de molécules considéré; dans l'impossibilité de l'évaluer exactement, on le remplace par la différentielle de la hauteur due à la vitesse moyenne, ou par $\dfrac{U \, dU}{g}$, U désignant cette vitesse. Quant à $m \varphi$, c'est la force due à la viscosité pour la molécule m; dans la somme $\Sigma m \varphi$, il est donc évident que les forces $m \varphi$ vont se détruire deux à deux, comme actions mutuelles des divers points d'un système, à l'exception toutefois du frottement exercé par la paroi sur les molécules contiguës, lequel frottement est une force extérieure (*). $\Sigma m \varphi$ exprime donc ce frottement, que nous pouvons aussi représenter par le produit de la surface mouillée et d'une fonction $f(W)$ de la vitesse W des filets contigus à la paroi (n° 44). Donc si l'on nomme Ω l'aire de la section, χ son périmètre, Π le poids du mètre cube de liquide, on aura

$$\Sigma m = \frac{\Pi}{g} \Omega \, ds \quad \text{et} \quad \Sigma m \varphi = \chi \, ds f(W);$$

par suite

$$dy = \frac{U \, dU}{g} + \frac{\chi}{\Pi \Omega} f(W) \, ds.$$

(*) A la rigueur, la cohésion du liquide pourrait encore produire des forces exercées sur les deux sections transversales qui limitent la tranche considérée; mais attendu que ces forces, dans le cas du mouvement uniforme, se détruisent réciproquement (à cause de l'identité des vitesses dans toutes les sections), et que nous supposons le mouvement lentement varié, nous pouvons supprimer leur résultante comme négligeable devant le frottement de la paroi.

Ici encore, pour n'avoir pas à s'occuper des variations de vitesse dans une même section transversale, il est naturel de chercher à mettre au lieu de $f(\mathrm{W})$ une fonction de la vitesse moyenne. Mais cette fonction doit-elle être la même que dans le mouvement uniforme ? Une réponse affirmative supposerait que la loi des vitesses dans une même section est identique pour le mouvement uniforme et le mouvement varié, car on admettrait dans les deux cas une même relation entre W et U. Or ce serait là une hypothèse gratuite et même peu vraisemblable, comme le montrent des considérations sur lesquelles nous reviendrons ultérieurement (Chap. IV, § V). Cependant, pour ne pas trop compliquer une analyse où existe déjà de l'incertitude, on prend le parti de remplacer $f(\mathrm{W})$ par $\mathrm{F}(\mathrm{U})$, F étant la fonction définie au n° 50. Nous écrirons donc

$$(\alpha) \qquad dy = \frac{\mathrm{U}\,d\mathrm{U}}{g} + \frac{\chi}{\Pi\Omega}\,\mathrm{F}(\mathrm{U})\,ds,$$

équation dont nous aurons à faire de nombreuses applications, non-seulement dans le cas des tuyaux fermés, mais aussi quand il sera question de canaux découverts. Malheureusement la démonstration qui l'établit est loin d'être bien rigoureuse, et l'on ne peut guère compter sur la parfaite exactitude du résultat : cependant, comme cette formule devient exacte dans le cas particulier du mouvement uniforme, il y a lieu de croire qu'elle est assez approchée de la vérité lorsque le mouvement est lentement varié, sans être complétement uniforme.

La section transversale des tuyaux employés dans les conduites d'eau étant toujours circulaire, on a, en appelant D le diamètre,

$$\chi = \pi\mathrm{D}, \quad \Omega = \frac{1}{4}\pi\mathrm{D}^2 ;$$

si nous faisons en outre

$$\mathrm{F}(\mathrm{U}) = \Pi b_1 \mathrm{U}^2,$$

l'équation (α) deviendra, par la substitution de ces valeurs,

$$(1) \qquad dy = \frac{\mathrm{U}\,d\mathrm{U}}{g} + \frac{4b_1}{\mathrm{D}}\mathrm{U}^2\,ds.$$

On aurait de plus

$$(2) \qquad Q = \frac{1}{4}\pi D^2 U;$$

cela fait donc deux relations entre les quatre quantités y, U, D, Q, toutes fonctions de la seule variable s. Si l'on donne deux d'entre elles, les deux autres pourront être déterminées. Nous allons indiquer quelques exemples particuliers des recherches qui ont leur point de départ dans cette théorie.

59. *Des conduites simples à diamètre variable et à débit constant.* — Soit y la charge totale correspondante à la longueur entière L de la conduite; U_0 et U_1 les deux vitesses moyennes pour $s = 0$ et $s = L$; l'équation (1) intégrée entre les limites 0 et L devient

$$y = \frac{U_1^2 - U_0^2}{2g} + 4\int_0^L \frac{b_1 U^2}{D}\,ds.$$

On voit que y se compose de deux parties : 1° l'accroissement total de la hauteur due à la vitesse; 2° la perte de charge qu'on aurait eue, si chaque élément ds de la conduite pouvait être assimilé à un tuyau cylindrique simple, où l'eau coulerait d'un mouvement uniforme.

Ordinairement on en simplifie l'expression en observant que dans les grandes conduites la première partie $\frac{U_1^2 - U_0^2}{2g}$ est une assez petite fraction de la charge totale, laquelle est absorbée presque complétement par le frottement de la conduite. De plus, les variations de b_1 deviennent peu importantes, quand il s'agit de diamètres supérieurs à $0^m,06$; il serait superflu d'en tenir compte, d'autant plus que nous avons admis (n° 58) une expression assez incertaine du frottement, et que nos calculs manquent déjà de précision par cette cause. Nous poserons donc

$$(3) \qquad y = 4b_1\int_0^L \frac{U^2\,ds}{D} = \frac{64\,b_1}{\pi^2}\int_0^L \frac{Q^2\,ds}{D^5},$$

soit, puisque ici nous supposons Q constant quand s varie,

$$(4) \qquad y = \frac{64\,b_1\,Q^2}{\pi^2} \int_0^L \frac{ds}{D^5}.$$

L'intégrale $\int_0^L \frac{ds}{D^5}$ ne dépend que des dimensions de la conduite et nullement de son débit ou de la charge y; la relation entre ces deux quantités reste donc la même, pourvu que l'on considère une série de conduites pour lesquelles l'intégrale ne varierait pas. Par exemple, une conduite de longueur L' et de diamètre constant D' serait, à ce point de vue, équivalente à la conduite primitive, si l'on avait

$$\frac{L'}{D'^5} = \int_0^L \frac{ds}{D^5}.$$

D'une manière générale, nous arrivons à l'énoncé d'une loi remarquable signalée par M. Dupuit :

Deux conduites simples à débit constant, mais à diamètre variable suivant des lois quelconques, débiteront le même volume d'eau sous la même charge et seront alors dites équivalentes, lorsque la somme des produits des longueurs élémentaires qui composent chaque conduite, multipliées chacune par la cinquième puissance de l'inverse du diamètre correspondant, conserve la même valeur dans les deux conduites.

Nous avons dit que le diamètre pouvait varier suivant une loi quelconque : cela comprend le cas de diamètres constants sur une certaine longueur, puis variant brusquement. Alors si l'on nomme d le diamètre constant sur la longueur l faisant partie d'une des conduites, il est clair que $\int_0^L \frac{ds}{D^5}$ serait remplacée par une somme de termes de la forme $\frac{l}{d^5}$ ou par $\Sigma \frac{l}{d^5}$.

Le théorème qui vient d'être énoncé montre que si la conduite a un petit diamètre sur une fraction notable de sa longueur, sur la moitié par exemple, la dépense sous une charge donnée serait peu supérieure à ce que l'on obtiendrait si ce petit diamètre régnait sur la longueur entière. Exemple : Une conduite a un diamètre constant D sur la longueur L; sa dépense étant reconnue insuffisante, on veut l'augmenter, et on double, à cet effet, le diamètre, sur la longueur $\frac{1}{2}$ L. L'intégrale $\int_0^L \frac{ds}{D^5}$, primitivement égale à $\frac{L}{D^5}$, devient par cette modification

$$\frac{L}{2\,D^5} + \frac{L}{2\,(2\,D)^5} \quad \text{ou} \quad \frac{33}{64}\cdot\frac{L}{D^5};$$

Q est donc augmenté dans le rapport de 1 à $\sqrt{\frac{64}{33}}$, comme le montre l'équation (4), c'est-à-dire dans le rapport de 1 à 1,39. Au contraire, si le diamètre avait été doublé sur la longueur entière, l'intégrale eût été réduite à $\frac{1}{32}$ de sa valeur première, et la dépense multipliée par $\sqrt{32}$ ou par 5,66.

Cas particulier : le diamètre varie uniformément avec la longueur. — Si nous appelons D_1 et D_0 les diamètres qui répondent à $s = L$ et $s = 0$, nous aurons par hypothèse

$$D = D_0 + \frac{D_1 - D_0}{L}\, s \quad \text{et} \quad ds = \frac{L}{D_1 - D_0}\, dD.$$

Par suite l'équation (4) deviendra

$$(5)\ y = \frac{64\,b_1}{\pi^2}\cdot\frac{Q^2 L}{D_1 - D_0}\int_{D_0}^{D_1} \frac{dD}{D^5} = \frac{16\,b_1}{\pi^2}\cdot\frac{LQ^2}{D_1 - D_0}\left(\frac{1}{D_0^4} - \frac{1}{D_1^4}\right).$$

Le terme $\frac{U_1^2 - U_0^2}{2g}$, que nous avons négligé, aurait pour valeur

$$\frac{16}{\pi^2}\cdot\frac{Q^2}{2g}\left(\frac{1}{D_1^4} - \frac{1}{D_0^4}\right);$$

son rapport absolu avec celui que nous avons conservé serait par conséquent $\frac{D_1 - D_0}{2\,b_1\,gL}$, soit au maximum $\frac{100\,(D_1 - D_0)}{L}$, puisque b_1 est supérieur à 0,000507 (n° 50). Ce rapport sera effectivement petit pour peu que L soit grand, ce qui justifie la suppression de la quantité $\frac{U_1^2 - U_0^2}{2g}$.

L'équation (5) permet de calculer sans peine y en fonction de Q ou inversement, pour une conduite dont les dimensions sont connues. Elle prend une forme plus élégante quand on y introduit les charges y_0, y_1 qui répondraient au même débit Q si le diamètre prenait successivement les valeurs constantes D_0, D_1 : on a en effet, d'après la formule (3),

$$y_0 = \frac{64\,b_1\,Q^2 L}{\pi^2 D_0^5}, \quad y_1 = \frac{64\,b_1\,Q^2 L}{\pi^2 D_1^5},$$

et par suite

$$y = \frac{D_0\,y_0 - D_1\,y_1}{4\,(D_1 - D_0)}.$$

On peut se demander quel est le diamètre D' qui, demeurant invariable dans toute la longueur du tuyau, jouirait de la propriété de donner le même débit sous la même charge, c'est-à-dire de ne pas altérer l'intégrale $\int \frac{ds}{D^5}$. Ce diamètre devrait satisfaire à l'équation

$$\frac{1}{D'^5} = \frac{1}{4\,(D_1 - D_0)} \left(\frac{1}{D_0^4} - \frac{1}{D_1^4} \right),$$

d'où résulte

$$D' = \sqrt[5]{\frac{4\,D_0^4\,D_1^4}{(D_0 + D_1)(D_0^2 + D_1^2)}}.$$

Pour arriver à une expression plus simple, soient D'' la moyenne arithmétique $\frac{1}{2}\,(D_0 + D_1)$ et α le rapport $\frac{D_1 - D_0}{D_1 + D_0}$; on aura

$$D_1 = D''(1 + \alpha), \quad D_0 = D''(1 - \alpha),$$

valeurs qui substituées dans D' conduisent à

$$D' = D'' \sqrt[5]{\frac{(1 - \alpha^2)^4}{1 + \alpha^4}} = D'' \frac{1 - \alpha^2}{\sqrt[5]{1 - \alpha^4}}.$$

Comme on le voit, le rapport $\frac{D'}{D''}$, toujours plus petit que l'unité, varie avec α; le tableau ci-dessous donne une idée de la corrélation mutuelle de ces deux rapports. De plus il fait connaître $\frac{D''^5}{D'^5}$, nombre égal à celui par lequel on devrait multiplier la charge y'' correspondante au diamètre constant D'' pour avoir celle qui est réellement consommée dans la conduite à diamètre uniformément variable.

α	$\dfrac{D'}{D''}$	$\dfrac{D''^5}{D'^5}$	α	$\dfrac{D'}{D''}$	$\dfrac{D''^5}{D'^5}$
0,00	1,0000	1,000	0,50	0,7597	3,95
0,05	0,9975	1,013	0,60	0,6580	8,11
0,10	0,9900	1,051	0,70	0,5388	22,03
0,20	0,9603	1,224	0,80	0,4000	97,64
0,30	0,9115	1,590	0,90	0,2352	1389
0,40	0,8444	2,330	1,00	0,0000	∞

Il y aurait donc une erreur parfois considérable dans la substitution (qu'on pourrait, *à priori*, croire approximative) de la charge y'' à y; leur rapport, quand α n'est pas très-petit, s'écarte rapidement de 1; pour $\alpha = 0,50$, ou, ce qui revient au même, pour $D_0 = \frac{1}{3} D_1$, il est déjà presque égal à 4.

En terminant, nous remarquerons que si le diamètre augmente avec s, c'est-à-dire en suivant le mouvement de l'eau, il convient que l'augmentation soit lente; un évasement trop rapide pourrait empêcher les filets liquides de suivre les parois, ce qui entraînerait des remous le long de ces parois et des pertes de charge plus ou moins sensibles.

60. *Conduite à diamètre constant, débitant uniformément de l'eau sur sa route.* — Reprenons la relation ci-dessus établie

$$y = 4 b_1 \int_0^L \frac{U^2 ds}{D};$$

D est supposé constant, mais U est variable avec s, en vertu de la relation $Q = \frac{1}{4} \pi D^2 U$, dans laquelle Q est une fonction donnée de s. Ici nous supposons Q décroissant uniformément; en d'autres termes, nous posons

$$Q = Q_0 - ks,$$

Q_0 et k étant des constantes. Appelons encore P le volume total débité en route, pendant l'unité de temps, par les orifices percés sur la conduite, et Q_1 le volume débité simultanément par la section extrême, nous aurons

$$Q_1 = Q_0 - k L,$$
$$Q_0 = P + Q_1,$$

et, en éliminant Q_0 et k entre les trois dernières équations,

$$Q = P + Q_1 - \frac{P s}{L}.$$

Maintenant il est facile de calculer l'intégrale $\int_0^L \frac{U^2 ds}{D}$. On y remplace U par $\frac{4 Q}{\pi D^2}$ et ds par $-\frac{L}{P} dQ$, ce qui donne, D étant une constante,

$$r = \frac{64 b_1 L}{\pi^2 D^5 P} \int_{Q_1}^{P+Q_1} Q^2 dQ,$$

soit, tout calcul effectué,

$$r = \frac{64 b_1 L}{\pi^2 D^5} \left(Q_1^2 + PQ_1 + \frac{1}{3} P^2 \right).$$

On tirerait de là une quelconque des quantités $\frac{r}{L}$, D, Q_1, P, si les autres étaient connues.

On peut se demander quelle est, en fonction de Q_1 et de P, la dépense Q' qui coulerait dans le même tuyau, sous la même charge, le service en route P étant supprimé. Q' serait évidemment donnée par l'équation

$$Q'^2 = Q_1^2 + PQ_1 + \frac{1}{3} P^2;$$

on en déduit sans peine

$$Q' > Q_1 + \frac{1}{2} P \quad \text{et} \quad Q' < Q_1 + P \sqrt{\frac{1}{3}}.$$

Or $\sqrt{\frac{1}{3}} = 0{,}577$; ces deux limites sont donc assez rapprochées, et l'on prendra, sans grande erreur,

$$Q' = Q_1 + 0,55\,P,$$

comme l'a indiqué **M. Dupuit** ($*$).

Si l'on voulait comparer le volume Q_1 qu'une même conduite cylindrique peut porter à son extrémité, sous une charge donnée et sans aucun service en route, avec le volume P qu'elle débiterait uniformément en route, sous la même charge, le débit extrême Q_1 étant supposé nul dans le second cas, on devrait poser

$$y = \frac{64\,b_1\,L}{\pi^2 D^5}\,Q_1^2 = \frac{64\,b_1\,L}{\pi^2 D^5}\cdot\frac{1}{3}\,P^2,$$

d'ou résulte

$$Q_1 = P\sqrt{\frac{1}{3}} = 0,577\,P.$$

Enfin, si l'on voulait connaître les charges y, y' qui rendraient

---

($*$) La quantité $\sqrt{Q_1^2 + PQ_1 + \frac{1}{3}P^2}$ se mettant sous la forme

$$\sqrt{\left(Q_1 + \frac{P}{2}\right)^2 + \left(\frac{P}{2\sqrt{3}}\right)^2},$$

on pourrait la changer approximativement en fonction linéaire de Q_1 et de P, au moyen de l'ingénieuse méthode indiquée par le général Poncelet, dans son Cours lithographié de l'École de Metz. On serait ainsi conduit à l'expression

$$Q' = 0,9827\,Q_1 + 0,5673\,P,$$

et l'erreur relative possible ne dépasserait guère $\frac{1}{58}$. Mais les coefficients $0,9827$ et $0,5673$ ont l'inconvénient d'être plus compliqués que ceux de M. Dupuit. La limite de l'erreur relative possible avec ceux-ci est à peu près de $\frac{1}{21}$; elle répond à $Q_1 = 0$. Cette limite s'abaisserait presque à $\frac{1}{42}$ si l'on prenait l'expression

$$Q' = Q_1 + 0,5635\,P,$$

et à $\frac{1}{39}$ environ, en adoptant la valeur plus simple

$$Q' = Q_1 + \frac{9}{16}\,P.$$

ces quantités Q_1 et P égales entre elles, on aurait

$$y = \frac{64\,b_1\,L}{\pi^2\,D^5}\,Q_1^2, \quad y' = \frac{64\,b_1\,L}{3\,\pi^2\,D^5}\,P^2,$$

c'est-à-dire que la charge doit être triplée quand, au lieu de dépenser complétement en route, d'une manière uniforme, un certain volume d'eau, il faut le porter intégralement à l'extrémité de la conduite.

Toutes ces remarques sont susceptibles d'être utilisées dans les calculs qui doivent accompagner un projet de distribution d'eau. Par exemple, les conduites sont souvent distribuées à un service mixte composé d'un débit en route et d'un débit extrême : si le débit en route est uniforme, il sera facile de calculer y au moyen de Q' ou inversement; puis, en se donnant l'une des deux quantités P ou Q_1, on calculerait bien facilement l'autre par la relation $Q' = Q_1 + 0{,}55\,P$ ou mieux $Q' = Q_1 + \frac{9}{16}\,P$. Si Q_1 et P sont données, on en déduirait Q', puis y ou D par l'équation $y = \frac{64\,b_1\,Q'^2\,L}{\pi^2\,D^5}$.

On pourrait imaginer une grande variété de questions du même genre : ce qui précède servirait d'exemple pour les résoudre.

§ IV. — Des conduites complexes ou à plusieurs branches.

61. *Des variations de niveau piézométrique aux environs d'un point d'embranchement.* — Lorsqu'une conduite c (*fig.* 33)

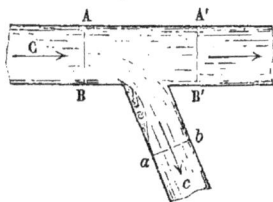
Fig. 33.

s'embranche sur une autre C qui l'alimente, il y a une variation de niveau piézométrique entre les sections AB et ab, tant à cause du changement de vitesse que de la perte de charge qui a lieu dans l'intervalle. Cette perte est principalement due à ce que la veine liquide entrant dans la dérivation se contracte d'abord et n'occupe pas toute la section du tuyau c : il se passe là un phénomène analogue à celui des ajutages cylindriques. La théorie ne peut encore déterminer la perte dont il s'agit; quelques expériences exécutées par Genieys, de concert avec M. Belanger, semblent indiquer qu'elle serait double de la hauteur due à la vitesse en *ab*; mais ces expériences sont trop peu étendues pour qu'on puisse compter d'une manière générale sur l'exactitude de cette évaluation, applicable d'ailleurs au seul cas d'un embranchement à angle droit. Ainsi donc, en appelant

  u la vitesse en *ab*;
  U la vitesse en AB;
  h l'abaissement du niveau piézométrique dans le passage de AB à *ab*;
  ζ la charge perdue dans le même intervalle,

nous sommes conduit à poser

$$\zeta = 2\,\frac{u^2}{2g},$$

et par suite le théorème de Bernoulli nous donne

$$h = \frac{u^2}{2g} - \frac{U^2}{2g} + 2\,\frac{u^2}{2g} = 3\,\frac{u^2}{2g} - \frac{U^2}{2g}.$$

Dans le passage de AB à A'B', sur la conduite principale, s'il n'y avait aucune perte de charge, le niveau piézométrique devrait se relever d'une quantité égale à la diminution de la hauteur due à la vitesse; la vitesse est en effet moindre en A'B', puisque, la section restant la même, la dépense a diminué de tout le volume qui s'écoule par l'embranchement. Mais comme il y a toujours une perte de charge, et qu'ici en particulier il est difficile d'admettre que la présence de l'embranchement ne cause aucun trouble dans l'écoulement en aval, on pourra supposer que le niveau piézométrique est sensiblement le même en A'B' qu'en AB : une expérience citée par d'Aubuisson est conforme à cette opinion.

Au surplus, l'évaluation exacte des différences dont il s'agit n'a qu'une faible importance pratique, pour les conduites d'une grande longueur. Là c'est le frottement dû à l'action des parois qui joue le rôle principal, et qui détermine, pour ainsi dire seul, les lois de l'écoulement, comme nous l'avons déjà vu précédemment.

62. *Solution succincte de deux problèmes généraux que peuvent présenter les conduites complexes.* — Les deux problèmes que nous avons en vue sont les suivants :

1° Étant donné un système de conduites, avec toutes ses dimensions, ainsi que les niveaux de l'eau dans les bassins, trouver la vitesse et la dépense dans chaque partie du système.

2° Étant données les mêmes choses que précédemment, sauf les diamètres des différentes portions, on demande de déterminer ces diamètres, de manière à ce qu'à chacun d'eux réponde une dépense donnée.

Pour résoudre la première question, nous négligerons d'abord les pertes de charges secondaires et généralement toutes les charges non consommées par le frottement des conduites. Alors le niveau piézométrique sera le même, en chaque point d'embranchement, dans tous les tuyaux qui s'y réunissent (n° 61). S'il y a m points d'embranchement, on aurait ainsi à considérer m niveaux piézométriques; on prendra pour inconnues auxiliaires les m cotes de nivellement qui définiraient leurs positions relativement à un même plan horizontal. Supposons en outre qu'il y ait n tuyaux à diamètre constant ou variable, avec ou sans service en route, la dépense en route étant connue pour chacun d'eux, s'il y en a une ; ces n tuyaux vont d'un embranchement à un autre, d'un embranchement à un bassin, ou réciproquement. Au moyen des m cotes prises pour inconnues auxiliaires, et des cotes définissant le niveau des bassins, on exprimera la charge totale entre les extrémités de chacun des n tuyaux : on pourra donc poser une équation entre cette charge, la dépense inconnue du tuyau correspondant et ses dimensions données. Cette équation sera l'équation (3) du n° 59, l'intégration étant convenablement effectuée suivant le cas où l'on se trouvera, comme on l'a vu par des exemples. Cela fera déjà autant d'équations que de tuyaux, soit un nombre n. De plus, en chaque point d'embranchement le volume total débité par les tuyaux qui amènent l'eau à ce point doit être égal au volume total débité par les tuyaux qui l'emportent : cela fournira encore une équation entre les inconnues pour chaque dérivation, soit en tout m équations. Nous avons donc finalement $m + n$ équations entre un pareil nombre d'inconnues. Le problème est donc déterminé; la résolution des équations fera connaître les débits inconnus et les niveaux piézométriques cherchés subsidiairement.

Dans ce qui précède, nous avons raisonné comme si le sens de l'écoulement était connu dans chaque tuyau; dans le cas contraire on procèderait par tâtonnement. Les résultats montreraient si l'on est parti d'hypothèses exactes; car l'écoulement doit toujours avoir lieu dans le sens de l'abaissement du niveau piézométrique, puisqu'une certaine charge est nécessaire pour vaincre la résistance opposée par le frottement.

Après avoir trouvé la solution en négligeant les pertes de charge et charges secondaires, on pourra généralement s'en contenter en pratique; cependant on pourrait aussi faire une correction, en évaluant de nouveau, d'après les résultats mêmes du premier essai, comme il a été dit à la fin du nᵒ 57, les charges réellement consommées par le frottement des tuyaux.

Examinons maintenant le second problème général. Les n premières équations posées tout à l'heure dans le problème précédent subsistent encore; mais les m dernières ne contenant que les dépenses se changent en autant d'équations de condition, auxquelles doivent satisfaire les données, et dans lesquelles n'entrent pas les inconnues. On n'a donc plus que n équations entre les diamètres inconnus, qui sont au moins en nombre égal, puisqu'il y a n tuyaux, et les m inconnues auxiliaires. Par conséquent le problème est indéterminé. Et en effet, il est clair qu'on pourrait se donner arbitrairement, entre certaines limites, les m niveaux piézométriques aux points d'embranchement, puis déterminer en conséquence le diamètre de chaque tuyau, d'après sa charge totale et son débit. Mais toutes les solutions ainsi obtenues ne seront pas identiques au point de vue des frais d'établissement du système de conduites, et l'indétermination cesse, comme on va le voir, quand on s'impose la condition du minimum de dépense en argent.

63. *Introduction, dans le second problème, de la condition du minimum de dépense en argent.* — Une question préalable à résoudre, c'est de savoir comment varie le prix d'un mètre

courant de tuyau en fonction de son diamètre. Or, si l'on consulte les analyses de prix dressées pour l'établissement ou l'entretien de distributions d'eau dans diverses localités, on reconnaît que le prix en question s'écarte peu d'être proportionnel au diamètre. C'est ainsi qu'à Paris le prix d'établissement d'un mètre courant de tuyau en fonte, avec un diamètre D, tous frais de pose compris, est à peu près 100 D, le prix étant exprimé en francs et D en mètres. Il en résulte que la dépense pour un tuyau de longueur L sera proportionnelle au produit LD, et par suite, pour l'ensemble des tuyaux, à la quantité ΣLD, Σ désignant une somme étendue à toutes les parties du système.

Cela posé, considérons un des points d'embranchement. En ce point A (*fig.* 34) se réunissent des tuyaux en nombre quelconque, les uns tels que AB, AC,..., amenant l'eau en A, les autres tels que AH, AK,..., l'emportant au delà : provisoirement nous admettrons qu'ils sont tous à diamètre et à débit constants. Les cotes b, c,..., h, k,..., des niveaux piézométriques en B, C,..., H, K,... au-dessous d'un même plan horizontal, étant supposées fixes et invariables, le prix total du système AB, AC,..., AH, AK,... sera encore variable en fonction de la cote y du niveau piézométrique en A. On peut donc se proposer de déterminer ce niveau de manière à rendre un minimum le prix total des tuyaux dont A est le point de réunion, avec la condition que chaque tuyau débite toujours le même volume.

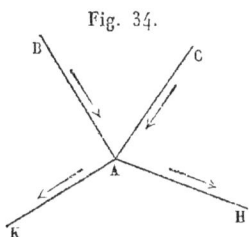

Fig. 34.

Soient

D, D',..., les diamètres des tuyaux AB, AC,...;

Q, Q',..., les dépenses, L, L',..., les longueurs correspondantes ;

d, d',..., q, q',..., l, l',..., les quantités analogues pour les tuyaux AH, AK,....

Pour que l'écoulement ait lieu dans le sens que nous avons supposé, y doit être supérieur à la plus grande des hauteurs

12.

$b, c, \ldots$, et inférieur à la plus petite des hauteurs $h, k, \ldots$; les charges par mètre courant seront

$$\frac{r-b}{L}, \quad \frac{r-c}{L'}, \ldots, \quad \frac{h-r}{l}, \quad \frac{k-r}{l'}, \ldots,$$

et par suite, d'après l'équation (13) du n° 53, $\Sigma\,\mathrm{LD}$ serait ici représenté, sauf le facteur constant $\frac{1}{3}$, par l'expression

$$\mathrm{L}\sqrt[5]{\frac{\mathrm{Q}^2\mathrm{L}}{r-b}} + \mathrm{L}'\sqrt[5]{\frac{\mathrm{Q}'^2\mathrm{L}'}{r-c}} + \ldots$$

$$+\, l\sqrt[5]{\frac{q^2 l}{h-r}} + l'\sqrt[5]{\frac{q'^2 l'}{k-r}} + \ldots = \mathrm{P}.$$

Si, au lieu de l'équation approximative (13) nous avions employé l'équation (14), qui est du même genre, nous aurions obtenu la même expression affectée d'un coefficient un peu différent et augmentée d'une constante : ce serait donc toujours la quantité P qu'il s'agirait de rendre minimum, en disposant convenablement de r. On voit que P deviendrait infini pour r égal à chacune des valeurs $b, c, \ldots, h, k, \ldots$, et par suite, pour chacune de ses deux limites extrêmes ; il existe donc bien réellement un minimum dans l'intervalle de ces limites. Pour l'obtenir, il faut égaler à zéro la dérivée $\dfrac{d\,\mathrm{P}}{dr}$, ce qui donne

$$(1)\quad \left\{ \begin{aligned} & -\mathrm{L}^{\frac{6}{5}}\mathrm{Q}^{\frac{2}{5}}(r-b)^{-\frac{6}{5}} - \mathrm{L}'^{\frac{6}{5}}\mathrm{Q}'^{\frac{2}{5}}(r-c)^{-\frac{6}{5}} + \ldots \\ & +\, l^{\frac{6}{5}}q^{\frac{2}{5}}(h-r)^{-\frac{6}{5}} + l'^{\frac{6}{5}}q'^{\frac{2}{5}}(k-r)^{-\frac{6}{5}} + \ldots = 0. \end{aligned} \right.$$

Les charges par mètre courant

$$\frac{r-b}{L}, \quad \frac{r-c}{L'}, \ldots, \quad \frac{h-r}{l}, \quad \frac{k-r}{l'}, \ldots,$$

sont respectivement proportionnelles (n° 59) à

$$\frac{\mathrm{Q}^2}{\mathrm{D}^5}, \quad \frac{\mathrm{Q}'^2}{\mathrm{D}'^5}, \ldots, \quad \frac{q^2}{d^5}, \quad \frac{q'^2}{d'^5}, \ldots;$$

substituant ces dernières quantités à la place de leurs homologues dans l'équation (1), on fait prendre à celle-ci la forme plus simple

$$(\text{1 } bis) \qquad -\frac{\mathbf{D}^6}{\mathbf{Q}^2} - \frac{\mathbf{D}'^6}{\mathbf{Q}'^2} - \cdots + \frac{d^6}{q^2} + \frac{d'^6}{q'^2} + \cdots = \overset{.}{\text{o}}.$$

Quelle que soit celle des deux dernières équations dont on veuille faire usage, il n'y entrera, implicitement ou explicitement, que la seule inconnue y; on la déterminerait donc au moyen de tâtonnements aisés à concevoir.

Le calcul qui précède a été fait dans l'hypothèse où chaque tuyau serait établi avec le même diamètre sur toute sa longueur : on peut démontrer que cette disposition est la plus économique, dans le cas d'un niveau piézométrique déterminé aux deux extrémités, pour débiter un volume d'eau également fixé d'avance. Supprimons en effet, dans la *fig.* 34, p. 179, les tuyaux AC et AK, et considérons BAH comme un seul tuyau formé de deux parties BA, HA, auxquelles on se réserve la faculté de donner des diamètres différents, si l'on y trouve de l'économie. On peut alors appliquer l'équation (1 *bis*) en y supprimant tous les termes qui ne contiennent pas D ou d, et faisant $Q = q$: on trouve ainsi

$$\frac{\mathbf{D}^6 - d^6}{\mathbf{Q}^2} = \text{o}, \quad \text{soit} \quad \mathbf{D} = d.$$

Ce raisonnement s'appliquant à deux éléments consécutifs quelconques d'un tuyau, tant que son débit n'est pas altéré par quelque dérivation, il s'ensuit que le diamètre ne doit pas changer dans le même intervalle.

Il pourrait encore se faire qu'un ou plusieurs des tuyaux AB, AC, ..., AH, AK, ... eussent à fournir un service en route; mais on sera toujours libre de maintenir la condition contraire, admise dans l'analyse ci-dessus, car il suffira pour cela de considérer chaque prise d'eau comme un point d'embranchement. Si, de plus, le débit d'une de ces prises d'eau doit s'écouler par un tuyau de longueur négligeable ou de diamètre fixé à l'avance, il est clair qu'on devra supprimer le terme qui lui correspond dans l'équation (1) ou (1 *bis*), parce que ce tuyau n'introduirait aucun terme variable dans l'expression du prix total.

Maintenant, comment procèdera-t-on dans la recherche du minimum de frais d'établissement d'un système complexe, en supposant qu'il y ait m points d'embranchement analogues à A? Soient y, y_1, y_2, ..., y_{m-1} les cotes des niveaux piézométriques pour ces divers points; ce sont les quantités dont il faut disposer le mieux possible pour réduire le prix total. Or, quand une fonction dépend de m variables, on sait que pour la rendre minimum il faut remplir les m équations de condition que l'on obtiendrait successivement, si l'on cherchait le minimum dans l'hypothèse où une seule des variables pourrait changer, toutes les autres étant transformées en paramètres constants. On considèrera donc d'abord la cote y relative à un des points d'embranchement comme seule variable, et y_1, y_2, ..., y_{m-1} comme des constantes; la condition de minimum sera alors l'équation (1) ci-dessus, sauf les notations; puis en procédant de même pour y_1, on aurait une autre équation analogue, et ainsi de suite pour les m points. Comme le problème, ainsi qu'on l'a vu plus haut, ne présentait que m indéterminées, il en résulte que toute indétermination a disparu, puisque la condition du minimum de frais d'établissement nous a fourni m équations nouvelles.

Après ces généralités sommaires sur les conduites complexes, nous allons examiner avec un peu plus de détails divers cas particuliers.

64. *Conduite complexe faisant communiquer deux bassins.* — Nous supposerons deux bassins A, B (*fig.* 35), dont les surfaces libres, toutes deux soumises à la pression atmosphérique,

Fig. 35.

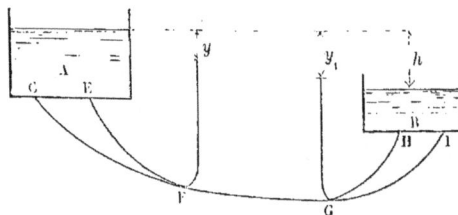

sont séparées par une distance verticale constante h. De A partent deux conduites CF, EF, qui se réunissent au point F en une seule FG, laquelle se subdivise à son tour en deux autres GH, GI. Ces deux dernières versent l'eau dans le bassin B. On suppose les conduites à débit constant; de plus on donne toutes les dimensions du système, ainsi que la hauteur h. On demande le volume d'eau qui passera du bassin A à l'autre dans l'unité de temps.

Soient

y et y_1 les hauteurs des niveaux piézométriques en F et G, au-dessous de la surface libre dans A, les colonnes piézométriques étant ouvertes dans l'atmosphère;

D, D_1, D_2, D_3, D_4 les diamètres supposés d'abord constants des tuyaux CF, EF, FG, GH, GI;

L, L_1, L_2, L_3, L_4 les longueurs de ces mêmes tuyaux;

U, U_1, ..., Q, Q_1, ... les vitesses et les débits correspondants.

Il s'agit de connaître Q, Q_1, Q_2, Q_3, Q_4, connaissant h ainsi que toutes les longueurs et tous les diamètres.

On pourrait d'abord procéder par tâtonnement. Une hypothèse étant faite sur la valeur de y, on connaîtrait les charges J et J_1 par mètre courant, dans les tuyaux CF, EF, savoir

$$J = \frac{y}{L} \quad \text{et} \quad J_1 = \frac{y}{L_1};$$

on en déduirait Q et Q_1 en calculant d'abord U et U_1 par l'une des formules (7) ou (8) du n° 52; puis Q_2 par l'égalité $Q_2 = Q + Q_1$. Connaissant Q_2, on poserait les équations

$$\frac{1}{4} \pi D_2^2 U_2 = Q_2,$$

$$\frac{1}{4} D_2 \frac{y_1 - y}{L_2} = b_1 U_2^2,$$

dont la première permettrait de calculer U_2 et la seconde y_1. Ensuite on calculerait

$$J_2 = \frac{h - y_1}{L_3}, \quad J_4 = \frac{h - y_1}{L_4},$$

et au moyen des formules citées du n° 52 on obtiendrait Q_3 et Q_4. Ces deux valeurs devraient vérifier l'égalité $Q_2 = Q_3 + Q_4$; si elles ne la vérifiaient pas, on essayerait une autre valeur de y.

Il y a un procédé plus direct et plus commode, lorsque les

variations du coefficient b_i sont négligeables, ce qu'on peut admettre pour les tuyaux usités dans les grandes conduites (n° 50). On aurait alors, d'après la formule (4) du n° 59,

$$y = \frac{64\,b_i\,Q^2}{\pi^2} \cdot \frac{L}{D^5} = \frac{64\,b_i\,Q_i^2}{\pi^2} \cdot \frac{L_i}{D_i^5};$$

par suite, en posant $\dfrac{\pi}{8\sqrt{b_i}} = \beta$, les débits Q et Q_i seraient

$$Q = \beta\sqrt{\frac{D^5\,y}{L}}, \quad Q_i = \beta\sqrt{\frac{D_i^5\,y}{L_i}},$$

d'où nous tirons

$$(1) \qquad Q_2 = Q + Q_i = \beta\sqrt{y}\left(\sqrt{\frac{D^5}{L}} + \sqrt{\frac{D_i^5}{L_i}}\right).$$

Pareillement la considération des tuyaux GA et GI conduirait à l'équation

$$(2) \qquad Q_2 = Q_3 + Q_4 = \beta\sqrt{h-y_i}\left(\sqrt{\frac{D_3^5}{L_3}} + \sqrt{\frac{D_4^5}{L_4}}\right).$$

Maintenant désignons par L' et D', L" et D" deux couples d'indéterminées tellement choisies qu'on ait

$$\sqrt{\frac{D'^5}{L'}} = \sqrt{\frac{D^5}{L}} + \sqrt{\frac{D_i^5}{L_i}},$$

$$\sqrt{\frac{D''^5}{L''}} = \sqrt{\frac{D_3^5}{L_3}} + \sqrt{\frac{D_4^5}{L_4}}:$$

on pourra prendre arbitrairement D' et D", par exemple, et calculer L' et L" au moyen de ces relations. Cela posé, les équations (1) et (2) deviennent

$$Q_2 = \beta\sqrt{\frac{D'^5\,y}{L'}}, \quad Q_2 = \beta\sqrt{\frac{D''^5(h-y_i)}{L''}},$$

ou bien, sous une autre forme,

$$(3) \qquad\qquad y = \frac{64\,b_i\,Q_2^2\,L'}{\pi^2\,D'^5},$$

$$(4) \qquad\qquad h - y_i = \frac{64\,b_i\,Q_2^2\,L''}{\pi^2\,D''^5}.$$

Or, puisque le tuyau FG doit débiter le volume Q_2 sous la charge totale $y_1 - y$, on a aussi

$$(5) \qquad y_1 - y = \frac{64\, b_1\, Q_2^2\, L_2}{\pi^2\, D_2^5}.$$

Par suite, l'addition membre à membre des équations (3), (4) et (5) donne

$$(6) \qquad h = \frac{64\, b_1\, Q_2^2}{\pi^2} \left(\frac{L'}{D'^5} + \frac{L_2}{D_2^5} + \frac{L''}{D''^5} \right),$$

ou plus simplement

$$(7) \qquad h = \frac{64\, b_1\, Q_2^2\, l}{\pi^2\, d^5},$$

si l'on assujettit les deux nouvelles indéterminées l et d à vérifier l'égalité

$$\frac{l}{d^5} = \frac{L'}{D'^5} + \frac{L_2}{D_2^5} + \frac{L''}{D''^5},$$

qui laissera encore le choix arbitraire de l ou de d. L'équation (6) résout la question, car Q_2 y est la seule inconnue.

Dans tout ce qui précède, l'emploi des indéterminées L', D', L'', D'', l, d ne semble avoir pour but que de simplifier l'écriture des équations; mais on peut aussi leur attribuer un autre sens assez remarquable, comme l'a fait M. Dupuit, auteur de la méthode que nous exposons ici. Imaginons que les tuyaux CF et EF soient remplacés par un tuyau unique de diamètre D' et de longueur L'; que GH et GI deviennent de même un seul tuyau dont D'' et L'' seraient le diamètre et la longueur; enfin que la conduite simple ayant les diamètres successifs D', D_2, D'', respectivement sur les longueurs L', L_2, L'', se transforme en un tuyau cylindrique de longueur l et de diamètre constant d. Par toutes ces transformations on n'aurait rien changé au débit Q_2 ni aux cotes y et y_1, car les équations (1), (2) et (6), qui font connaître leurs valeurs, resteraient en définitive les mêmes, eu égard aux équations de condition entre les indéterminées.

Ainsi donc l'artifice de calcul employé revient à fusionner plusieurs tuyaux en un seul, de deux manières différentes, savoir :

1° Quand il s'agit de plusieurs tuyaux ayant tous une même charge totale, on peut débiter le même volume total sous cette même charge, en prenant un tuyau unique tel, que la racine carrée du quotient obtenu quand on divise la cinquième puissance de son diamètre par sa longueur, soit la somme des quantités analogues pour les tuyaux donnés;

2° Quand il s'agit de plusieurs tuyaux se faisant suite et débitant un même volume d'eau, on les ramène à un diamètre constant au moyen de la propriété établie au n° 59; la longueur totale du tuyau substitué, divisée par la cinquième puissance du diamètre, doit égaler la somme des quotients analogues pour les tuyaux primitifs.

Une marche toute semblable conduirait encore au résultat cherché, dans le cas où le bassin alimentaire A serait subdivisé en plusieurs autres, pourvu que la surface liquide exposée à la pression de l'atmosphère fût pour tous un seul et même plan horizontal. Une remarque identique s'applique au bassin alimenté B.

Si les tuyaux CF, EF, etc., n'étaient pas à diamètre constant, on pourrait les y ramener par la règle du n° 59 ci-dessus rappelée : on rentrerait ainsi dans le cas que nous avons traité.

Nous démontrerons encore que pour transporter un volume d'eau déterminé d'un bassin à un autre, sous la même charge, une conduite unique à diamètre constant présente plus d'économie que plusieurs conduites distinctes, pourvu que les longueurs de toutes ces conduites soient les mêmes. D'abord, on a déjà vu (n° 63) que chaque conduite distincte doit être à diamètre constant; il suffit de montrer qu'il est avantageux, au point de vue de la dépense en argent, de fusionner toutes ces conduites en une seule qui débiterait le même volume total. Supposons, afin de fixer les idées, qu'il y ait seulement deux conduites dont les diamètres seraient D et D_1; le diamètre D' de la conduite équivalente serait donné par l'équation

$$\sqrt{D'^5} = \sqrt{D^5} + \sqrt{D_1^5},$$

attendu que toutes trois ont une même longueur. Les prix des deux systèmes seraient d'ailleurs dans le rapport de D' à $D + D_1$ (n° 63), et par conséquent tout se réduit à démontrer l'inégalité

$$D' < D + D_\iota,$$

ou bien

$$D'^{\frac{5}{2}} < (D + D_\iota)^{\frac{5}{2}},$$

ou encore, à cause de l'équation ci-dessus,

$$(D + D_\iota)^{\frac{5}{2}} > D^{\frac{5}{2}} + D_\iota^{\frac{5}{2}}.$$

En divisant les deux membres par $D_\iota^{\frac{5}{2}}$ et posant $\rho = \dfrac{D}{D_\iota}$, cette

inégalité devient

$$(1 + \rho)^{\frac{5}{2}} > 1 + \rho^{\frac{5}{2}};$$

or on peut démontrer plus généralement que, si ρ désigne un nombre positif quelconque et m un exposant positif supérieur à 1, on aura

$$(1 + \rho)^m > 1 + \rho^m,$$

ou, ce qui revient au même,

$$(1 + \rho)^m - \rho^m - 1 > 0.$$

En effet le premier membre a pour dérivée $m(1+\rho)^{m-1} - m\rho^{m-1}$, soit $m\rho^{m-1}\left[\left(1 + \dfrac{1}{\rho}\right)^{m-1} - 1\right]$, expression dont les deux facteurs m et ρ^{m-1} sont positifs par leur définition même, et dont le facteur entre crochets sera également positif tant que m dépassera l'unité. Le premier membre de l'inégalité ci-dessus est donc une fonction croissante de ρ, et comme il s'annule pour $\rho = 0$, il doit rester toujours positif pour $\rho > 0$, ce qui justifie notre proposition.

Nous pouvons donc conclure finalement que D' est plus petit que $D + D_\iota$; par conséquent la conduite unique présentera plus d'économie que l'ensemble des deux autres. S'il y en avait plus de deux, ce qui précède montre qu'il y aurait avantage à en fusionner deux en une seule, puis celle-là avec une troisième, et ainsi de suite, jusqu'à ce que tout le système fût réduit à un seul tuyau cylindrique.

Dans le cas où plusieurs conduites allant d'un bassin à un

autre auraient des longueurs différentes, la propriété qu'on vient de démontrer subsisterait *à fortiori*, en attribuant au tuyau unique équivalent une longueur qui ne dépasserait pas la plus petite parmi celles des conduites primitives.

65. *Cas de trois conduites aboutissant à un même point et faisant communiquer trois bassins de niveaux différents.* — Soient A (*fig.* 36) le bassin le plus élevé, B le plus bas, C le bassin intermédiaire; ils communiquent entre eux par trois

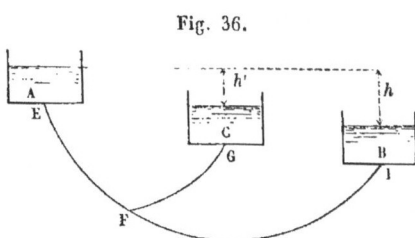

Fig. 36.

tuyaux EF, FI, FG, dont les axes concourent en F. Avec cette disposition, A ne peut que dépenser de l'eau, et B ne peut qu'en recevoir; mais il y a incertitude pour C, qui, suivant les cas, peut recevoir l'eau du bassin supérieur ou en donner au bassin inférieur. Il s'agit, étant données toutes les dimensions du système, de reconnaître si le bassin C est alimenté ou alimentaire, et ensuite de calculer les dépenses des trois branches EF, FI, FG.

Premièrement, on peut supposer, sans diminuer la généralité de la question, qu'il y a pour l'ensemble des trois branches un même diamètre constant, car si cela n'avait pas lieu primitivement, on transformerait chaque branche en un tuyau cylindrique par la seconde règle rappelée au n° 64. On calculerait pour chaque branche la valeur de l'intégrale $\int_0^L \frac{ds}{D^5}$, et on égalerait respectivement les trois résultats à $\frac{l}{\delta^5}$, $\frac{l'}{\delta^5}$, $\frac{l''}{\delta^5}$, δ désignant un diamètre arbitraire et l, l', l'' trois longueurs à déterminer, qui seraient les longueurs réduites de EF, FI, FG. Rien ne serait changé aux débits du système ni au niveau piézométrique en F après que les tuyaux de longueur l, l', l'' et de même diamètre δ auraient remplacé les tuyaux primitifs. Il est aisé de voir en effet que les équations du problème resteraient les mêmes après et avant la transformation.

Maintenant appelons :

h la différence de niveau des surfaces de l'eau dans les bassins A et B ;

h' la différence analogue pour A et C (les surfaces des bassins sont censées soumises à une même pression, celle de l'atmosphère, par exemple);

y la hauteur, au-dessous de la surface libre dans A, du niveau piézométrique au point d'embranchement F ;

Q, Q', Q″ les débits inconnus des trois branches EF, FI, FG.

Si l'écoulement dans FG a lieu de F vers G, les équations du problème seront

$$y = \frac{64\, b_1\, Q^2 l}{\pi^2 \delta^5}, \quad h - y = \frac{64\, b_1\, Q'^2 l'}{\pi^2 \delta^5},$$

$$h' - y = \frac{64\, b_1\, Q''^2 l''}{\pi^2 \delta^5}, \quad Q = Q' + Q'' ;$$

les trois premières résultent immédiatement de la formule (4) du n° 59. On élimine facilement Q, Q', Q″, et l'on obtient la relation

$$(1) \qquad \sqrt{\frac{y}{l}} - \sqrt{\frac{h-y}{l'}} - \sqrt{\frac{h'-y}{l''}} = 0,$$

à laquelle il faut satisfaire par une valeur de y comprise entre o et h', car si l'on prenait y en dehors de ces limites, l'écoulement dans EF ou dans FG n'aurait pas lieu suivant la direction supposée. Or le premier membre de l'équation étant constamment croissant pour y compris entre o et h', il est clair qu'une valeur de y supérieure à la racine cherchée le rendrait positif, tandis qu'une valeur plus petite donnerait un résultat de signe contraire : donc si l'équation convient au problème tel qu'il est posé, en faisant $y = h'$, le premier membre devra être positif, c'est-à-dire qu'on aura

$$\sqrt{\frac{h'}{l}} - \sqrt{\frac{h-h'}{l'}} > 0,$$

ou bien encore

$$(2) \qquad \frac{h'}{h-h'} > \frac{l}{l'}, \quad \frac{h'}{h} > \frac{l}{l+l'}.$$

Telle est la condition nécessaire pour que y ait une valeur réelle comprise entre o et h', c'est-à-dire pour que C puisse recevoir l'eau de A. On remarquera que $h\,\dfrac{l}{l+l'}$ serait la cote du niveau piézométrique en F, dans le cas où aucune dérivation ne serait faite en ce point sur le tuyau EFI (n° 55) : la condition revient à dire que ce niveau doit être au-dessus de la surface libre dans le bassin C.

Si l'écoulement avait lieu dans FG de G vers F, il faudrait poser

$$y = \frac{64\,b_1 Q^2 l}{\pi^2 \delta^5}, \quad h - y = \frac{64\,b_1 Q'^2 l'}{\pi^2 \delta^5},$$

$$y - h' = \frac{64\,b_1 Q''^2 l''}{\pi^2 \delta^5}, \qquad Q' = Q + Q'';$$

et l'on devrait alors chercher y entre les limites h' et h. L'élimination de Q, Q', Q'' donne

$$(3) \qquad \sqrt{\frac{h-y}{l'}} - \sqrt{\frac{y}{l}} - \sqrt{\frac{y-h'}{l''}} = 0;$$

on verrait comme ci-dessus que la condition de possibilité consiste en ce que h et h' substitués dans cette équation donnent respectivement des résultats négatif et positif, ce qui conduit à l'inégalité

$$\sqrt{\frac{h-h'}{l'}} - \sqrt{\frac{h'}{l}} > 0,$$

soit, en tirant de là le rapport $\dfrac{h'}{h}$,

$$(4) \qquad \frac{h'}{h} < \frac{l}{l+l'}.$$

C'est justement la négation de l'inégalité (2); ainsi donc aucune ambiguïté n'est possible, et, suivant que cette inégalité (2) sera ou ne sera pas satisfaite, le bassin intermédiaire recevra l'eau du bassin supérieur, ou alimentera le bassin inférieur.

Quand on aura reconnu celle des équations (1) ou (3) que l'on doit adopter, il sera facile de compléter la solution du problème.

On peut d'abord (et nous croyons que pratiquement ce serait le meilleur moyen) trouver la valeur de y par de simples
tâtonnements numériques, en substituant dans l'équation à
résoudre diverses valeurs prises entre les limites ci-dessus
indiquées. Ces limites sont o et h' pour l'équation (1), h' et h
pour l'équation (3); mais il est facile d'en obtenir de plus rapprochées. Considérons en effet les hauteurs

$$y' = \frac{lh}{l + l'}, \quad y'' = \frac{lh'}{l + l''}, \quad y''' = h' + \frac{l''(h - h')}{l' + l''}:$$

elles représentent les cotes, prises relativement au niveau dans
le bassin **A**, des niveaux piézométriques qui se produiraient
au point d'embranchement **F**, si l'on établissait une communication directe, sans dérivation intermédiaire, 1° de **A** à **B**, au
moyen de la conduite **EFI**; 2° de **A** à **C** par **EFG**; 3° de **C** à **B**
par **GFI**. La substitution de y' et de y'' dans l'équation (1), à
la place de y, donne un résultat négatif, car on a

$$\frac{y'}{l} = \frac{h - y'}{l'}, \quad \frac{y''}{l} = \frac{h' - y''}{l''},$$

de sorte que deux termes se détruisent et qu'il reste seulement un radical affecté du signe —. Il en sera de même quand
on substituera y' ou y''' dans l'équation (3). Au contraire,
$y = h'$ rend positifs les premiers membres des deux équations :
donc, si l'on doit employer l'équation (1), la racine sera comprise entre h' et la plus forte des deux hauteurs y', y''; si c'est
l'équation (3) qui devient applicable, la racine tombera entre h'
et la plus faible des hauteurs y', y''' (*).

_____

(*) Cette discussion met en évidence un fait assez intéressant que nous signalons en passant. Quand on fait une prise d'eau sur une conduite, le niveau piézométrique baisse au point d'embranchement, de sorte que le débit augmente
en amont et diminue en aval; quand on établit au contraire un tuyau qui
amène un volume d'eau supplémentaire en un certain point de la conduite, le
niveau piézométrique et le débit des deux portions d'amont et d'aval éprouvent
des variations en sens inverse. Soit, par exemple, la conduite EFI faisant communiquer les bassins A et B; aucun embranchement n'existant en F, le niveau
piézométrique s'y élèvera jusqu'à la hauteur marquée par la cote y'. On fait
ensuite une dérivation par le tuyau FG, pour avoir de l'eau en C, ce qui se
produira effectivement, pourvu que h' soit plus grand que y'; alors le niveau

Les tâtonnements numériques seront d'ailleurs facilités beaucoup par l'emploi de la Table V, qui fournira immédiatement les racines carrées à extraire.

On peut aussi traiter la question d'une manière plus purement algébrique. Prenons, par exemple, l'équation (1) : en l'élevant au carré après avoir isolé le radical $\sqrt{\dfrac{h'-y}{l''}}$ dans le second membre, on a

$$\frac{y}{l} - 2\sqrt{\frac{y(h-y)}{ll'}} + \frac{h-y}{l'} = \frac{h'-y}{l''},$$

ou bien

$$y\left(\frac{1}{l} - \frac{1}{l'} + \frac{1}{l''}\right) + \frac{h}{l'} - \frac{h'}{l''} = 2\sqrt{\frac{y(h-y)}{ll'}},$$

relation qui, élevée elle-même au carré et ordonnée, devient

$$(1\,bis)\quad \begin{cases} y^2\left[\left(\dfrac{1}{l} - \dfrac{1}{l'} + \dfrac{1}{l''}\right)^2 + \dfrac{4}{ll'}\right] \\[2mm] + 2y\left[\left(\dfrac{1}{l} - \dfrac{1}{l'} + \dfrac{1}{l''}\right)\left(\dfrac{h}{l'} - \dfrac{h'}{l''}\right) - \dfrac{2h}{ll'}\right] + \left(\dfrac{h}{l'} - \dfrac{h'}{l''}\right)^2 = 0. \end{cases}$$

Par des opérations analogues, l'équation (3) se transformerait en

$$(3\,bis)\quad \begin{cases} y^2\left[\left(\dfrac{1}{l} - \dfrac{1}{l'} - \dfrac{1}{l''}\right)^2 + \dfrac{4}{ll'}\right] \\[2mm] + 2y\left[\left(\dfrac{1}{l} - \dfrac{1}{l'} - \dfrac{1}{l''}\right)\left(\dfrac{h}{l'} + \dfrac{h'}{l''}\right) - \dfrac{2h}{ll'}\right] + \left(\dfrac{h}{l'} + \dfrac{h'}{l''}\right)^2 = 0. \end{cases}$$

On voit donc que, dans tous les cas, la détermination de y n'exige que la résolution d'une équation du second degré; mais ces équations sont longues à calculer, à cause de la complication de leurs coefficients, et l'on perd de cette manière l'avantage qu'on pourrait trouver dans la suppression des tâtonnements exigés par la première méthode. Elles paraissent aussi présenter l'inconvénient de conduire chacune à deux valeurs positives de y, tandis qu'une seule convient au problème d'hydraulique; toutefois cette difficulté n'est qu'apparente, et voici comment on la lèvera.

---

piézométrique en F devient intermédiaire entre ceux que définissent les cotes h' et y' : donc il a baissé. Le sens de l'écoulement change-t-il dans FG, alors c'est qu'on a $y' > h'$; la cote finale y étant d'ailleurs toujours comprise entre les limites y' et h', il s'ensuit que le niveau piézométrique de la conduite EFI, au point F, aura monté par le fait de la construction du tuyau FG. La proposition se serait aussi bien vérifiée en considérant l'écoulement direct, soit de A en C par EFG, soit de C en B par GFI.

Considérons, en premier lieu, l'équation (1 *bis*) : elle contient, outre la valeur réelle et positive de y qui satisfait à l'équation primitive (1), une seconde racine nécessairement réelle comme la première, et de plus positive, puisque le coefficient de y^2 et le terme connu sont tous deux affectés du signe $+$. Cette racine étrangère s'est introduite parce que les élévations au carré ont fait disparaître le signe propre des radicaux de l'équation (1), de sorte que cette équation ne se distingue plus des deux suivantes :

(M)
$$\sqrt{\frac{y}{l}} - \sqrt{\frac{h-y}{l'}} + \sqrt{\frac{h'-y}{l''}} = 0,$$

(N)
$$\sqrt{\frac{y}{l}} + \sqrt{\frac{h-y}{l'}} - \sqrt{\frac{h'-y}{l''}} = 0.$$

Or la substitution de $y = y'$ dans (M) annule l'ensemble des deux premiers radicaux, et donne ainsi un résultat positif ; il en est de même quand on fait $y = y''$ dans (N), car le premier radical devient égal au troisième. D'un autre côté, la valeur $y = 0$, mise dans les mêmes équations, donne deux résultats de signes contraires, dont l'un est par suite négatif : il existera donc, soit pour (M) une racine comprise entre 0 et y', soit pour (N) une racine entre 0 et y''. Ce sera la racine étrangère de l'équation (1 *bis*) ; mais, comme la racine qui répond au problème d'hydraulique tombe, suivant ce qu'on a vu précédemment, entre h' et la plus forte des deux hauteurs y', y'', il en résulte qu'elle est toujours plus grande que la racine étrangère, et que par conséquent on n'aura aucun embarras pour la distinguer.

Le raisonnement est tout semblable pour l'équation (3 *bis*). Outre la valeur réelle et positive que l'on cherche, il s'en est introduit une seconde, également réelle et positive, qui vérifie l'une des équations suivantes, obtenues en variant les signes des radicaux de l'équation primitive (3) :

(R)
$$\sqrt{\frac{h-y}{l'}} - \sqrt{\frac{y}{l}} + \sqrt{\frac{y-h'}{l''}} = 0,$$

(S)
$$\sqrt{\frac{h-y}{l'}} + \sqrt{\frac{y}{l}} - \sqrt{\frac{y-h'}{l''}} = 0.$$

Suivant l'ordre de grandeur des rapports $\frac{h}{l}$, $\frac{h-h'}{l''}$, deux cas pourront se présenter : ou bien (R) aura une racine entre y' et h, ou bien (S) aura une racine entre y''' et h. Quoi qu'il arrive, cette racine, qu'on retrouvera dans (3 *bis*), sera toujours plus grande que la vraie racine satisfaisant à l'équation (3), puisque celle-ci tombe entre h' et la plus faible des hauteurs y', y'''. Ici encore il n'y a donc pas de difficulté à choisir entre les deux solutions : c'est la plus voisine de h' qui est toujours la bonne.

II. 2e ÉDIT.

Les équations (1) et (3) sont enfin susceptibles de se résoudre par un procédé géométrique. La première se mettrait sous la forme, déjà mentionnée,

$$y\left(\frac{1}{l} - \frac{1}{l'} + \frac{1}{l''}\right) + \frac{h}{l'} - \frac{h'}{l''} = 2\sqrt{\frac{y(h-y)}{ll'}},$$

et l'on voit ainsi qu'elle est le résultat de l'élimination de x entre les relations

$$y\left(\frac{1}{l} - \frac{1}{l'} + \frac{1}{l''}\right) - \frac{2x}{\sqrt{ll'}} + \frac{h}{l'} - \frac{h'}{l''} = 0,$$

$$x^2 = y(h-y).$$

Or, en considérant x et y comme des coordonnées rectangulaires dans un plan, ces deux relations représentent une droite et un cercle faciles à construire, et dont l'intersection déterminerait l'inconnue y. D'après ce qu'on vient de voir, on devrait choisir la plus grande parmi les deux ordonnées y des points de rencontre.

On procèderait de même dans le cas où ce serait l'équation (3) qu'il s'agirait de résoudre, et l'on aurait alors à prendre la plus faible des deux ordonnées.

La hauteur du niveau piézométrique en F étant une fois connue, on connaîtra les charges totales y, $h - y$, $h' - y$, et on en déduira sans peine les débits Q, Q′, Q″.

Dans l'analyse précédente, on a négligé les variations du coefficient b_1 en fonction du diamètre et les charges ou pertes de charge secondaires qui correspondent aux changements progressifs ou bruques de vitesse. Toutes ces circonstances auront en général peu d'influence sur le résultat; cependant si l'on voulait en tenir compte, on le pourrait sans autre difficulté que la longueur des calculs. Ayant choisi une valeur de y, on connaîtrait la charge totale pour chaque branche, et par suite on serait en mesure de calculer les trois dépenses Q, Q′, Q″. On tâtonnerait, en faisant varier y, jusqu'à ce qu'on eût vérifié la relation $Q = Q' + Q''$ ou $Q' = Q + Q''$, suivant les cas.

66. *Des conduites alimentées à leurs deux extrémités.* — On suppose une conduite qui doit desservir sur son parcours des orifices dont la dépense et la situation sont déterminées; elle est alimentée à ses deux extrémités par deux bassins A et B

dont les niveaux sont connus. On demande quels seront les orifices alimentés par chaque bassin.

Le problème se résout par tâtonnement. On fait une hypothèse sur la position occupée par le point de la conduite où s'opère la séparation des parties qui reçoivent l'eau de chaque bassin. Ce point étant connu, il est facile, par une marche analogue à celle du n° 57, de déterminer le niveau piézométrique dans une section transversale quelconque. Si le point a été bien choisi, le niveau piézométrique doit y rester le même, quand on le détermine soit en partant de A, soit en partant de B.

Afin d'éclaircir ces indications générales par un exemple, prenons le cas particulier où la conduite aurait un diamètre constant et devrait faire en route un service uniforme, c'est-à-dire fournir l'eau à des orifices d'égal débit, également espacés, et en nombre assez grand. Appelons :

h la hauteur du niveau de l'eau dans le bassin B, au-dessous du niveau dans le bassin A, qui sera par hypothèse le plus élevé;

y la hauteur du niveau piézométrique au point de séparation cherché C, mesurée en dessous du niveau de l'eau dans B (on admet encore ici que ces trois niveaux sont soumis à la pression atmosphérique);

L la longueur totale de la conduite, D son diamètre;

Q la dépense totale des orifices, par seconde;

l la distance du point de séparation à l'entrée de la conduite dans A.

Entre A et le point C, nous avons une conduite de longueur l et de diamètre D, débitant uniformément en route un volume $\frac{Q l}{L}$, sous une charge $h + y$, et sans service d'extrémité, attendu qu'au delà de C l'alimentation des orifices est donnée par le second bassin. Nous poserons donc (n° 60)

$$h + y = \frac{64\, b_1\, Q^2\, l^3}{3\, \pi^2\, L^2\, D^5}.$$

On aurait de même, en considérant la portion alimentée par B,

13.

dont $L - l$ est la longueur, D le diamètre, $\dfrac{Q(L - l)}{L}$ la dépense uniforme en route, y la charge,

$$y = \frac{64\,b_1\,Q^2\,(L - l)^3}{3\,\pi^2\,L^2\,D^5}.$$

Ces deux équations suffisent pour déterminer les inconnues l et y. On a, par l'élimination de cette dernière, l'équation finale en l

$$(1) \qquad h = \frac{64\,b_1\,Q^2}{3\,\pi^2\,L^2\,D^5}\,[\,l^3 - (L - l)^3\,].$$

Afin de simplifier l'écriture, nommons h' la charge totale qui serait consommée dans la conduite si le débit total Q, fourni uniquement par le bassin A, était dépensé uniformément en route, sans service d'extrémité : on aurait (n° 60)

$$h' = \frac{64\,b_1\,Q^2\,L}{3\,\pi^2\,D^5};$$

posons en outre

$$\frac{h}{h'} = \alpha, \qquad \frac{l}{L} = \frac{1}{2} + x.$$

Avec ces nouvelles notations, l'équation (1) deviendra

$$\alpha = \left(\frac{1}{2} + x\right)^3 - \left(\frac{1}{2} - x\right)^3,$$

ou bien, en réduisant et divisant tout par 2,

$$(2) \qquad x^3 + \frac{3}{4}\,x - \frac{\alpha}{2} = 0.$$

Le nombre α étant essentiellement positif, on voit sans peine que cette équation n'admet pas de racine négative et qu'elle admet une seule racine positive; pour que cette racine convienne à la question, il faut et il suffit qu'elle soit inférieure à $\dfrac{1}{2}$ $\left(\text{afin que } \dfrac{l}{L} \text{ ne dépasse pas l'unité}\right)$, et de là résulte la condition

$$(3) \qquad \alpha < 1,$$

nécessaire et suffisante pour que le problème soit possible. On en comprend bien, *à priori*, l'existence; car si l'on avait $\alpha > 1$, la hauteur h excèderait h'; dans ce cas l'eau du bassin A, après avoir desservi tous les orifices, arriverait encore à l'entrée de B, avec un niveau piézométrique supérieur à la surface libre de ce bassin, et par conséquent pénètrerait à son intérieur. Si la condition (3) est remplie, on voit d'ailleurs que x doit être supérieur à $\frac{\alpha}{2}$, car $\frac{\alpha}{2}$ mis à la place de x dans le premier membre de l'équation à résoudre donne un résultat négatif; ainsi donc, finalement, x doit être cherché entre les limites $\frac{\alpha}{2}$ et $\frac{1}{2}$, la première étant nécessairement la plus faible si le problème est possible tel qu'on l'a posé.

Quant à la solution exacte de l'équation (2), ce serait une affaire de tâtonnement. Un bon procédé pratique consiste à former d'abord une table des valeurs que prend la fonction

$$x^3 + \frac{3}{4}\, x,$$

lorsque x varie de centième en centième, entre les limites o et $\frac{1}{2}$; ces valeurs sont celles de $\frac{\alpha}{2}$, de sorte qu'on a une table donnant α au moyen de l'argument x. Par des interpolations aisées à concevoir, on en déduit une table inverse dont l'argument serait α et qui donnerait x. Voici cette table, quand on fait croître α par différence de 0,02 :

α	x	α	x	α	x	α	x
0,00	0,000	0,26	0,167	0,52	0,308	0,78	0,421
0,02	0,013	0,28	0,179	0,54	0,317	0,80	0,428
0,04	0,027	0,30	0,191	0,56	0,327	0,82	0,436
0,06	0,040	0,32	0,202	0,58	0,336	0,84	0,444
0,08	0,053	0,34	0,214	0,60	0,345	0,86	0,451
0,10	0,066	0,36	0,225	0,62	0,354	0,88	0,458
0,12	0,079	0,38	0,236	0,64	0,363	0,90	0,465
0,14	0,092	0,40	0,247	0,66	0,372	0,92	0,473
0,16	0,105	0,42	0,257	0,68	0,380	0,94	0,480
0,18	0,118	0,44	0,268	0,70	0,388	0,96	0,486
0,20	0,130	0,46	0,278	0,72	0,397	0,98	0,493
0,22	0,143	0,48	0,288	0,74	0,405	1,00	0,500
0,24	0,155	0,50	0,298	0,76	0,413		

On reconnaît, au moyen d'une comparaison directe, que les nombres x sont reproduits assez exactement par la formule

$$x = \frac{1}{2}\,\alpha + \frac{3}{16}\,\alpha\,(1 - \alpha);$$

mais, malgré la simplicité de cette solution approchée, il vaut encore mieux faire usage de la table.

Après avoir trouvé x et par suite l, on connaîtrait les dépenses respectives $\dfrac{Q\,l}{L}$ et $\dfrac{Q\,(L - l)}{L}$ des deux bassins A et B. On pourrait connaître également les niveaux piézométriques dans les différentes sections de la conduite, et on s'assurerait, comme il a été dit au n° 57, qu'ils sont suffisamment au-dessus des orifices correspondants.

67. *Recherche du minimum de dépense en argent dans un cas particulier.* — Le cas particulier dont nous nous occuperons ici sera celui d'une conduite maîtresse BCEF (*fig.* 37) partant d'un réservoir A et alimentant

Fig. 37.

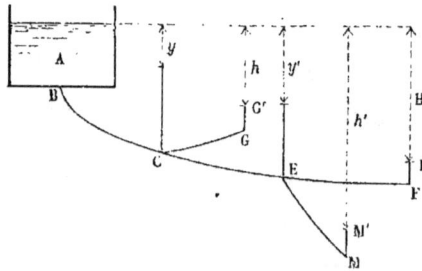

sur son parcours diverses conduites secondaires, telles que CG, EM,…. Nous traiterons la question comme s'il y avait seulement deux de ces conduites secondaires; mais la solution s'étendra sans difficulté à un nombre quelconque. On suppose connues les longueurs des diverses portions de conduite BC, CG, CE,…, ainsi que leurs débits par seconde; on donne également les cotes de nivellement de la surface libre de l'eau dans le bassin, et des orifices placés en G, M, F, lesquels sont, comme la surface libre de A, soumis à la pression de l'atmosphère. On veut déterminer les diamètres des tuyaux BC, CG, CE,…, de manière à obtenir les débits indiqués, en s'imposant la condition du minimum de frais d'établissement.

Dans la solution ci-après, on fera abstraction de toutes les charges non employées à vaincre le frottement des tuyaux : les diamètres trouvés par ce moyen devraient ensuite subir une correction, comme on l'a déjà vu (n°ˢ 57 et 62).

Soient :

L, L′, L″, l, l' les longueurs des tuyaux BC, CE, EF, CG, EM ;

D, D', D", d, d' les diamètres correspondants, qui doivent être constants sur chaque branche et entre deux embranchements de la conduite maîtresse, car on a vu (n° 63) que c'est une condition de la moindre dépense en argent;

Q, Q', Q", q, q' les débits, dont les deux premiers se déduiront sans peine de ceux des orifices G, M, F, c'est-à-dire de q, q', Q", si ces derniers sont les données immédiates;

y, y' les cotes mesurées en dessous du niveau de l'eau dans A, des niveaux piézométriques aux points d'embranchement C, E;

h, h', H les cotes de nivellement, par rapport à ce même plan de comparaison, des orifices G, M, F, relevés fictivement de $0^m,50$ à $0^m,60$; ces cotes seront alors celles des niveaux piézométriques G', M', F', immédiatement en amont des orifices (n° 57).

Les équations du problème seront alors :

1° Pour exprimer (n° 59) que l'eau coule dans chaque tuyau avec la dépense donnée et la charge correspondante évaluée en fonction des inconnues auxiliaires y, y',

$$(1) \qquad y = \frac{64\, b_1 Q^2 L}{\pi^2 D^5},$$

$$(2) \qquad h - y = \frac{64\, b_1 q^2 l}{\pi^2 d^5},$$

$$(3) \qquad y' - y = \frac{64\, b_1 Q'^2 L'}{\pi^2 D'^5},$$

$$(4) \qquad h' - y' = \frac{64\, b_1 q'^2 l'}{\pi^2 d'^5},$$

$$(5) \qquad H - y' = \frac{64\, b_1 Q''^2 L''}{\pi^2 D''^5};$$

2° Pour exprimer que les frais d'établissement sont au minimum (n° 63)

$$(6) \qquad \frac{D^6}{Q^2} - \frac{d^6}{q^2} - \frac{D'^6}{Q'^2} = 0,$$

$$(7) \qquad \frac{D'^6}{Q'^2} - \frac{d'^6}{q'^2} - \frac{D''^6}{Q''^2} = 0.$$

Cela fait en tout sept équations entre les cinq inconnues principales D, D', D", d, d' et les deux inconnues auxiliaires y, y'.

Ce système d'équations se résout par tâtonnement. On fait une hypothèse sur la valeur de y; les équations (1) et (2) donnent D et d; l'équation (6) donne alors D'; au moyen de D' on calcule $y' - y$, et partant y', par l'équation (3); connaissant y', les équations (4) et (5) fournissent d et D", qui, conjointement avec la valeur déjà trouvée de D', doivent vérifier l'équation (7). Si la vérification ne réussit pas, on recommence un autre essai. Les calculs numériques relatifs aux cinq premières équations seront d'ailleurs facilités par la Table III. Quand, par exemple, on se sera donné y, et qu'on voudra connaître D, on écrira l'équation (1) sous la forme

$$\log y - \log L Q^2 = \log \frac{64\, b_1}{\pi^4 D^5}.$$

Le premier membre représente alors le logarithme du quotient obtenu en divisant la charge consommée sur un mètre courant, par le carré de la dépense : c'est un nombre immédiatement calculable. On en déterminera la valeur, qu'on cherchera dans la colonne de la Table III, intitulée $\log \frac{J}{Q^2}$; en regard, sur la même ligne horizontale et à gauche de la page, on trouvera le diamètre D correspondant. Pareillement, lorsqu'il s'agira, D' étant connu, d'avoir $y' - y$ par l'équation (3), on écrira

$$\log(y' - y) - \log L' Q'^2 = \log \frac{64\, b_1}{\pi^2 D'^5}.$$

La Table III fournira immédiatement le second membre en fonction de D', dans la colonne intitulée $\log \frac{J}{Q^2}$; en lui ajoutant le logarithme de $L' Q'^2$, on aura celui de $y' - y$, et partant cette quantité. Quant aux équations (6) et (7), on en rendrait aussi le calcul plus facile au moyen d'une table spéciale qui donnerait D^6 en fonction de D; la Table V peut à la rigueur en tenir lieu, puisqu'une élévation à la sixième puissance s'effectue en élevant d'abord le nombre donné au cube, puis ce cube au carré.

Nous allons maintenant montrer qu'il existe toujours un ensemble de valeurs réelles des inconnues, par lesquelles on satisfait à toutes les équations du problème, de sorte que les tâtonnements ci-dessus indiqués conduiront nécessairement à la solution.

En effet, supposons d'abord qu'on essaye la valeur $y = 0$; on trouvera successivement $D = \infty$, $d =$ une valeur finie, $D' = \infty$, $y' = y = 0$, $d' =$ une valeur finie, $D'' =$ une valeur finie : donc le premier membre de l'équation (7) sera égal à l'infini positif. En second lieu, essayons une valeur y_1 qui annulerait $\dfrac{D^6}{Q^2} - \dfrac{d^6}{q^2}$ ou la quantité proportionnelle (n° 63)

$$L^{\frac{6}{5}} Q^{\frac{2}{5}} y^{-\frac{6}{5}} - l^{\frac{6}{5}} q^{\frac{2}{5}} (h - y)^{-\frac{6}{5}};$$

y_1 devra satisfaire à la relation

$$\left(\frac{L^3 Q}{y_1^3} \right)^{\frac{2}{5}} = \left[\frac{l^3 q}{(h - y_1)^3} \right]^{\frac{2}{5}},$$

d'où l'on tire

$$\frac{y_1}{h - y_1} = \frac{L\sqrt[3]{Q}}{l\sqrt[3]{q}}$$

et

$$y_1 = \frac{h L \sqrt[3]{Q}}{L\sqrt[3]{Q} + l\sqrt[3]{q}}.$$

On a $y_1 < h$; c'est donc une valeur admissible pour la hauteur y, essentiellement assujettie à être comprise entre o et h. L'essai de y_1 donnera D et d finis, $\frac{D'^6}{Q'^2} = o$ (c'est-à-dire $D' = o$), $y' - y_1 = \infty$. D'ailleurs il est visible, par les équations (1) et (2), que D diminue et d augmente quand y croît de zéro à y_1; donc l'expression $\frac{D^6}{Q^2} - \frac{d^6}{q^2}$ et son égale $\frac{D'^6}{Q'^2}$, d'abord infinies pour $y = o$, décroissent simultanément d'une manière continue, tandis que, au contraire, $y' - y$ et y' augmentent de zéro à ∞. Il existera donc une valeur y_2 de y, moindre que y_1, et telle que son essai conduirait à trouver y' égal à la plus petite des hauteurs h' et H. L'un des diamètres d' et D'' deviendrait alors infini; l'autre resterait fini, ainsi que D': donc le premier membre de l'équation (7) serait l'infini négatif. Ainsi donc ce premier membre varie de $+\infty$ à $-\infty$, quand y passe de zéro à y_2; il existe donc entre ces limites une valeur de y capable de l'annuler. Il en existe d'ailleurs une seule, car en augmentant y, $y' - y$ et y' augmenteraient aussi; en vertu des équations (3), (4), (5), D' serait décroissant, d' et D'' croissants : donc l'équation (7) ne serait pas satisfaite.

Il est bon de remarquer que pendant que l'on fait croître y de zéro à y_2, y' augmentant toujours, comme on vient de le dire, les niveaux piézométriques en C et H s'abaissent l'un en même temps que l'autre. Or pour $y = y_2$, ces niveaux se trouvent déjà suffisamment élevés pour être, le premier en dessus de G', le second en dessus de M' et F' : la même chose aura donc lieu, *à fortiori*, pour la valeur de y (inférieure à y_2) qui satisfait aux équations. Concluons enfin que cette solution nous donnera, dans chaque branche de conduite maîtresse ou dérivée, des niveaux piézométriques descendants suivant le sens de l'écoulement, et que, par conséquent, elle n'est pas en contradiction sur ce point avec les données physiques du problème.

Mais il pourra se faire, par suite de la forme plus ou moins accidentée du profil en long des conduites, que la ligne de charge (n° 55) se trouve, sur une certaine étendue, notablement au-dessous de ce profil. C'est ce qu'on pourra toujours vérifier aisément, puisqu'on connaît les niveaux piézométriques à l'origine et à l'extrémité de chaque branche. On sait que cette circonstance a souvent des inconvénients graves et qu'il faut l'éviter en pratique. Quand elle se produit, la solution précédente ne peut donc plus être conservée, mais il serait peut-être assez difficile alors d'indiquer d'une manière générale ce qu'il y aurait à faire : cela dépendra des cas particuliers. Nous nous bornerons à dire que toute difficulté disparaît dans le cas où la forme du profil est telle, qu'on peut reconnaître d'avance le point où la pression est exposée à devenir moindre que la pression atmosphérique. On se donnerait d'avance la cote du niveau piézométrique en ce point, égale à la cote du profil en long de la conduite; celle-ci se trouverait ainsi divisée en deux parties situées de part et d'autre du point en question, pour chacune desquelles on rechercherait le minimum de dépense à l'aide du procédé ci-dessus indiqué.

On obtient une grande simplification du problème considéré en général, quand les conduites de dérivation n'ont qu'une importance secondaire, en sorte qu'il n'y a pour ainsi dire d'économie à chercher que sur la conduite maîtresse. Il faut alors, dans les équations (6) et (7), supprimer les termes en d et d', ce qui donne

$$(8) \qquad \frac{D^6}{Q^2} = \frac{D'^2}{Q'^2} = \frac{D''^2}{Q''^2},$$

ou bien

$$(9) \qquad \frac{D}{\sqrt[3]{Q}} = \frac{D'}{\sqrt[3]{Q'}} = \frac{D''}{\sqrt[3]{Q''}}.$$

Tirant des équations (1), (3), (5) les valeurs de $\dfrac{D^5}{Q^2}$, $\dfrac{D'^5}{Q'^2}$, $\dfrac{D''^5}{Q''^2}$, et les portant dans les équations (8), celles-ci deviendront, si l'on fait abstraction des faibles variations de b, avec le diamètre,

$$\frac{DL}{y} = \frac{D'L'}{y'-y} = \frac{D''L''}{H-y'},$$

ou encore, eu égard aux équations (9),

$$\frac{L\sqrt[3]{Q}}{y} = \frac{L'\sqrt[3]{Q'}}{y'-y} = \frac{L''\sqrt[3]{Q''}}{H-y'},$$

ce qui signifie que la charge consommée par mètre courant dans chaque portion de la conduite maîtresse est proportionnelle à la racine cubique du débit. On tirerait sans peine de ces relations :

$$y = H \frac{L\sqrt[3]{Q}}{L\sqrt[3]{Q} + L'\sqrt[3]{Q'} + L''\sqrt[3]{Q''}},$$

$$y' = y + H \frac{L'\sqrt[3]{Q'}}{L\sqrt[3]{Q} + L'\sqrt[3]{Q'} + L''\sqrt[3]{Q''}},$$

et la solution du problème serait exempte de tâtonnement, sauf le cas où il y aurait rencontre de la ligne de charge et de l'axe longitudinal de la conduite.

Ici se termine l'étude du mouvement permanent de l'eau dans les tuyaux; il y aurait sans doute bien d'autres questions qui pourraient offrir de l'intérêt; mais dans l'impossibilité de les traiter toutes, nous avons dû nous borner aux généralités et à quelques exemples.

CHAPITRE QUATRIÈME.

DU MOUVEMENT PERMANENT DE L'EAU DANS LES CANAUX DÉCOUVERTS.

§ I. — Variations de la vitesse aux différents points de la section transversale d'un courant rectiligne et uniforme.

68. *Généralités; faits d'expérience.* — On a vu au n° 45 que la pression, dans la section transversale d'un tuyau rempli d'un liquide qui coule uniformément et en ligne droite, varie suivant la loi hydrostatique. La même propriété existe encore en vertu de la même raison, pour un liquide coulant dans un canal découvert. Par conséquent, les lignes d'égale pression doivent être des horizontales, si l'on ne sort pas d'une même section, et s'il s'agit d'un liquide pesant; la ligne qui termine la surface libre dans le profil est donc aussi une horizontale, puisque la surface libre supporte en tous ses points une même pression, celle de l'atmosphère. Enfin, le niveau piézométrique pour tous les points d'une même section est le même : les colonnes étant censées déboucher dans l'atmosphère, se termineraient toutes à la ligne horizontale dont on vient de parler.

Mais ces conclusions ne peuvent être démontrées rigoureusement que dans le cas d'un mouvement rectiligne et uniforme. Comme cette condition n'est jamais remplie d'une manière absolue dans les cours d'eau naturels, il a pu arriver parfois, surtout avec de grandes vitesses et des courbures très-prononcées dans les filets, qu'on ait constaté des différences de niveau à la surface libre, sans sortir d'un même profil en travers. Toutefois ce sont là des cas exceptionnels, et, en pratique, ce qui a été dit tout à l'heure pour les courants rectilignes et uniformes peut approximativement s'étendre à des courants quelconques.

Depuis longtemps l'expérience a fait connaître que les vitesses aux différents points d'une même section d'un cours d'eau ne sont pas les mêmes. La vitesse maximum V a lieu à la surface, vers le point qui répond à la plus grande profondeur ; la vitesse minimum a lieu en quelque point du fond ; nous nommerons W celle du point situé au fond, sur la même verticale que celui dont la vitesse est V. On appelle vitesse moyenne celle qui, multipliée par l'aire de la section, donne le débit ou la dépense du cours d'eau, c'est-à-dire le volume qui traverse la section pendant l'unité de temps. En désignant par U cette dernière vitesse, Dubuat a proposé la relation empirique

$$(1) \qquad U = \frac{1}{2}(V + W);$$

d'un autre côté, de Prony a cherché le rapport entre U et V, et l'a trouvé variable avec V : les expériences de divers hydrauliciens l'ont conduit à poser

$$(2) \qquad U = V \cdot \frac{V + 2,37}{V + 3,15}.$$

Si l'on calcule le rapport $\frac{U}{V}$ d'après la formule (2), en attribuant diverses valeurs à V, voici ce qu'on trouve :

$V =$	$0^m,00$	$0^m,50$	$1^m,00$	$1^m,50$	$2^m,00$	$2^m,50$
$\frac{U}{V} =$	$0,75$	$0,79$	$0,81$	$0,83$	$0,85$	$0,87$

On voit par conséquent que ce rapport, variable de 0,75 à 1,00, ne s'écarte pas beaucoup de 0,80 dans les circonstances ordinaires, où la vitesse est modérée, sans être très-petite : aussi beaucoup de personnes se contentent de la relation simple

$$(3) \qquad U = 0,80\,V.$$

Il serait difficile de croire à la complète généralité des formules (1), (2), (3), qui ne tiennent aucun compte de toutes les circonstances par lesquelles un cours d'eau peut différer d'un autre, et notamment des différences dans la forme et la grandeur des sections transversales. D'ailleurs, les expériences de Dubuat, qui ont contribué à l'établissement de ces formules, ont été faites dans des canaux en bois de petites dimensions, qui ne pouvaient guère être assimilés aux cours d'eau naturels.

M. Defontaine, ancien inspecteur général des Ponts et Chaussées, a observé la vitesse du Rhin, en divers points, tous situés sur une même verticale. Dans l'une de ces expériences, il a trouvé des vitesses qui pouvaient être assez bien représentées par la formule

$$v = 1,226 - 0,175 y^2,$$

dans laquelle v désigne la vitesse répondant à la profondeur y au-dessous de la surface libre. Voici en effet le résultat de la comparaison entre l'expérience et la formule :

PROFONDEURS y.	VITESSES OBSERVÉES.	VITESSES CALCULÉES.
m	m	m
0,00	1,226	1,226
0,20	1,218	1,219
0,40	1,198	1,198
0,60	1,167	1,163
0,80	1,125	1,114
1,00	1,057	1,051
1,20	0,950	0,974
1,40	0,880	0,883
1,60		0,832

La plus grande différence entre l'observation et le calcul aurait lieu pour la vitesse à la profondeur de 1^m,20, et serait 0^m,024 ; la différence moyenne, calculée sans faire attention au signe, serait seulement de 0^m,006.

On doit à M. Bazin, ingénieur des Ponts et Chaussées, un assez grand nombre d'expériences destinées, soit à faire connaître la loi des vitesses dans une section transversale, soit le rapport $\dfrac{U}{V}$ (*) ; voici les conclusions qu'il en a tirées et les

(*) Les *Recherches expérimentales* de M. Bazin (déjà citées au n° 14) font partie du tome XIX du « Recueil de Mémoires présentés par divers savants à l'Institut impérial de France ».

formules empiriques par lesquelles il a cru pouvoir en représenter les résultats.

Pour la première question, les lois réelles paraissent tellement compliquées, qu'on ne saurait penser, en général, à les
exprimer par des formules; toutefois M. Bazin excepte les deux
cas simples d'une section rectangulaire de très-grande largeur,
et d'une section demi-circulaire. Dans le premier cas, en nommant

v la vitesse du filet situé à une profondeur y au-dessous de
la surface,

H la profondeur totale,

i la pente longitudinale par unité de longueur,

K un nombre constant,

on aurait

$$(4) \qquad v = V - K \sqrt{H i} \left(\frac{y}{H} \right)^2,$$

relation de même forme que celle de M. Defontaine; on devrait
y faire

$$K = 24.$$

Si la section a la forme d'un demi-cercle de rayon H, la vitesse
à la distance r du centre sera donnée par la formule

$$(5) \qquad v = V - K \sqrt{H i} \left(\frac{r}{H} \right)^3,$$

le coefficient K ayant cette fois une valeur égale à 21.

Quant à la relation entre U et V, M. Bazin y introduit encore
un produit analogue à $H i$; seulement il met, au lieu de H, ce
qu'on appelle communément le *rayon moyen* de la section,
c'est-à-dire le quotient R obtenu en divisant l'aire de cette
section par son *périmètre mouillé* (portion du périmètre appartenant à la paroi solide et que le liquide vient toucher) (*).

(*) Lorsque la section est un demi-cercle de rayon H, le rayon moyen R
devient égal à $\frac{\pi H^2}{2 \pi H}$ ou à $\frac{1}{2} H$. Il prend alors la valeur de la moyenne arithmétique entre les rayons extrêmes des couches fluides en lesquelles on pourrait

La relation dont il s'agit serait

$$(6) \qquad\qquad V - U = K \sqrt{Ri},$$

K désignant un nombre sensiblement égal à 14.

Pour s'expliquer la présence du produit Hi ou Ri dans ces formules, il est nécessaire d'avoir vu le rôle important qu'il remplit dans la théorie du mouvement uniforme, qui sera exposée plus loin. Nous aurons alors occasion de relever des contradictions entre la dernière formule et les deux précédentes, contradictions déjà reconnues, du reste, mais non expliquées, par M. Bazin lui-même. Nous nous bornons, quant à présent, à une simple exposition.

D'autres expériences ont été exécutées en Amérique, de 1850 à 1861, par ordre du gouvernement des États-Unis, sur le Mississipi et ses affluents. L'analyse du Rapport dressé à ce sujet, par MM. Humphreys et Abbot, officiers de l'armée fédérale, fait l'objet d'une publication récente de M. Fournié, ingénieur des Ponts et Chaussées de France (*). Nous ne croyons pas devoir rapporter ici les nombreuses formules empiriques proposées par ces auteurs, car, comme on n'est encore arrivé à rien de définitif, nous risquerions, sans grand profit, de fatiguer le lecteur et de tomber dans la confusion. La proposition suivante, énoncée par M. Fournié, nous semble cependant bonne à mentionner, en raison de son intérêt théorique et de l'utilité qu'elle aurait pour les opérations de jaugeage :

Il existe un rapport à peu près invariable entre la vitesse moyenne de tous les filets liquides issus des divers points d'une verticale et la vitesse du filet particulier ayant son ori-

---

imaginer le cours d'eau décomposé, depuis le centre jusqu'à la circonférence. C'est là sans doute l'origine de cette dénomination de *rayon moyen*.

Remarquons aussi que, dans le cas d'une section rectangulaire de largeur l et de profondeur H, on a

$$R = \frac{lH}{l + 2H},$$

soit H à la limite, si la largeur l croit indéfiniment.

(*) *Résumé des expériences hydrauliques exécutées par le gouvernement américain sur le Mississipi, et remarques qui en découlent relativement à la théorie des eaux courantes.* Paris, 1867.

gine sur la même ligne, à la moitié de la profondeur. Ce rapport n'est affecté d'une manière notable, ni par les dimensions de la section transversale, ni par la grandeur des vitesses, ni par l'état calme ou agité de l'atmosphère; sa valeur est peu inférieure à l'unité.

69. *Recherche théorique de la loi des vitesses dans une section, la ligne de fond étant supposée horizontale et de largeur indéfinie.* — Nous admettrons que le fond du cours d'eau est un plan dont les horizontales, perpendiculaires au fil de l'eau, ont une largeur indéfinie. Sur ce plan, et suivant la ligne de plus grande pente, glisse une première couche de liquide infiniment mince; sur la première couche glisse parallèlement une seconde, sur la seconde une troisième, et ainsi de suite. Les différents points d'une même couche sont supposés animés de la même vitesse, parallèlement à la ligne de plus grande pente du fond. Il s'agit de chercher comment variera la vitesse d'une couche à l'autre.

On peut suivre ici une marche tout à fait analogue à celle que nous avons indiquée pour les tuyaux cylindriques (n° 45). En appelant

φ la force retardatrice rapportée à l'unité de masse, subie à un certain instant par une molécule quelconque en vertu de la viscosité;

ζ la pente superficielle totale entre deux sections transversales séparées par une distance L;

H la profondeur totale du cours d'eau;

y la distance d'un point quelconque à la surface libre:

v la vitesse en ce point;

V la vitesse à la surface;

W celle qui a lieu au fond;

U la vitesse moyenne;

$f(W)$ (*) une fonction représentant la résistance du lit par mètre carré;

Π le poids du mètre cube d'eau;

g l'accélération des corps pesants dans le vide;

on reconnaîtrait d'abord que φ est invariable sur le parcours d'une molécule, puisque celle-ci se trouve constamment dans des circonstances identiques, et l'on aurait par le théorème de Bernoulli (n° 45)

$$\zeta = \frac{\varphi L}{g},$$

(*) Les généralités exposées au commencement du chapitre troisième sur le frottement des liquides contre les parois solides et des couches liquides sur celles qui leur sont contiguës, sont applicables au cas actuel. Nous y renvoyons le lecteur.

II. 2ᵉ ÉDIT. 14

ce qui montre que φ est constant pour toutes les molécules. Par suite sa valeur peut s'obtenir en divisant le frottement du lit sur un mètre de largeur et la longueur L, soit $L f(W)$, par la masse totale $\dfrac{\Pi}{g} LH$ sur laquelle ce frottement se fait sentir ; donc on a

$$\varphi = \frac{g\,\zeta}{L} = \frac{g f(W)}{\Pi H},$$

ou bien

(7) $$H \frac{\zeta}{L} = \frac{1}{\Pi} f(W),$$

équation qui déterminerait W (*).

Une troisième expression de φ s'obtient encore en considérant le frottement mutuel des couches planes qui glissent les unes sur les autres. Au moyen des mêmes inductions employées au n° 44, nous serions conduit à représenter cette force, rapportée au mètre carré, pour deux couches contiguës dont les vitesses sont v et $v + \dfrac{dv}{dy} dy$, par $\varepsilon \left(-\dfrac{dv}{dy} \right)^m$, ε étant une constante pour un même cours d'eau, et m un exposant numérique égal à 1 ou à 2, suivant que l'on adopte les idées de Navier ou de M. Darcy. Dès lors, si nous répétons le calcul de l'équation (7), mais en ne prenant, au lieu de tout le liquide renfermé entre les sections extrêmes, que la portion située au-dessus d'un plan mené parallèlement à la surface libre, à la profondeur y, il faudra seulement remplacer $f(W)$ par $\varepsilon \left(-\dfrac{dv}{dy} \right)^m$ (**), et H par y. Donc

$$\varphi = \frac{g\,\varepsilon}{\Pi y} \left(-\frac{dv}{dy} \right)^m,$$

(*) La quantité $\dfrac{\zeta}{L}$ étant identique avec celle qu'on a nommée i au n° 68, on voit paraître ici le produit Hi ou Ri, introduit par M. Bazin dans ses formules empiriques (4) et (6).

(**) Cela suppose cependant qu'aucun frottement n'est exercé sur l'eau à la surface libre. A la rigueur, il faudrait tenir compte de la résistance opposée par l'air, laquelle pourrait devenir assez notable avec un vent contraire. Les officiers américains dont nous avons cité les expériences au n° 68 pensent même que cette résistance, en temps calme, doit être de même ordre que le frottement des parois. Mais leurs expériences étaient faites sur l'un des plus grands fleuves de la terre ; il est difficile d'admettre que les données de la question dont nous nous occupons y fussent observées, même avec une approximation grossière, et par conséquent il n'y a pas lieu de s'arrêter beaucoup aux différences qu'on pourrait trouver entre leurs résultats et notre calcul. Disons-le,

et, par suite, en égalant cette valeur à $\dfrac{g\zeta}{L}$,

$$\left(-\frac{dv}{dy}\right)^m = \frac{\Pi\zeta}{\varepsilon L}y.$$

Il est facile maintenant de trouver la vitesse v en fonction de la profondeur y. Élevant l'équation précédente à la puissance $\dfrac{1}{m}$, il vient

$$-\frac{dv}{dy} = \left(\frac{\Pi\zeta}{\varepsilon L}\right)^{\frac{1}{m}} y^{\frac{1}{m}},$$

et, en intégrant,

(8)
$$v = V - \left(\frac{\Pi\zeta}{\varepsilon L}\right)^{\frac{1}{m}} \frac{m}{m+1} y^{\frac{m+1}{m}};$$

expression tout à fait analogue à la formule (5) du n° 45. D'ailleurs W, qui est déjà connu, s'obtiendrait en faisant dans cette équation $y = \mathrm{H}$; on a donc, pour déterminer V,

(9)
$$W = V - \left(\frac{\Pi\zeta}{\varepsilon L}\right)^{\frac{1}{m}} \frac{m}{m+1} \mathrm{H}^{\frac{m+1}{m}};$$

d'où l'on déduit encore

(10)
$$\frac{V-v}{V-W} = \left(\frac{y}{\mathrm{H}}\right)^{\frac{m+1}{m}}.$$

Quand on fait $m = 1$, l'équation (10) donne

$$v = V - (V - W)\left(\frac{y}{\mathrm{H}}\right)^2,$$

du reste, puisque l'occasion s'en présente : ce n'est pas, en général, un bon moyen de découvrir les lois de la nature que d'observer les phénomènes tels qu'une disposition en quelque sorte fortuite des choses les fait se produire sous nos yeux, parce qu'alors tous les effets susceptibles d'être mesurés sont dus à l'action simultanée d'une foule de causes, et qu'il est impossible, au milieu de la complication qui en résulte, de démêler la part d'influence revenant à chacune d'elles. Dulong et Petit n'auraient jamais trouvé les lois du refroidissement s'ils s'étaient bornés à noter les températures décroissantes que prend le premier corps venu, quand on l'éloigne de la source où il a puisé une quantité plus ou moins considérable de chaleur. Le talent du physicien consiste à créer des dispositions artificielles tellement combinées que, dans chaque série d'expériences, une seule cause intervienne pour produire les différences entre chaque observation et toutes les autres.

14.

relation dont la forme s'accorde avec l'expérience de M. Defontaine citée plus haut (n° 68).

Le débit total sur la largeur égale à l'unité pouvant s'exprimer par UH et par $\int_0^H v\,dy$, on a la vitesse moyenne

$$U = \frac{1}{H} \int_0^H v\,dy,$$

ou, après avoir remplacé v par sa valeur tirée de l'équation (10),

$$(11) \quad \begin{cases} U = \dfrac{1}{H} \int_0^H \left[V - (V - W) \left(\dfrac{y}{H} \right)^{\frac{m+1}{m}} \right] dy \\[2mm] = V - \dfrac{m}{2m+1} (V - W) = \dfrac{(m+1)V + mW}{2m+1}. \end{cases}$$

Cette expression de U n'est pas tout à fait d'accord avec la formule (1) de Dubuat, car on peut l'écrire

$$U = \frac{1}{2}(V + W) + \frac{1}{2(2m+1)}(V - W);$$

la formule (1), dans le cas de lits très-larges et à fond plat, semblerait donc exiger que la profondeur fût petite, auquel cas $V - W$ ne serait pas très-notable et $\dfrac{1}{2(2m+1)}(V - W)$ pourrait être négligé.

Si dans la valeur (11) de U on remplace W par l'expression (9), on trouve

$$(12) \quad U = V - \frac{m^2}{(m+1)(2m+1)} \left(\frac{\Pi \zeta}{\varepsilon L} \right)^{\frac{1}{m}} H^{\frac{m+1}{m}};$$

or en nommant y_1 la profondeur du filet qui possède la vitesse moyenne, on aurait aussi, d'après l'équation (8),

$$U = V - \left(\frac{\Pi \zeta}{\varepsilon L} \right)^{\frac{1}{m}} \frac{m}{m+1} y_1^{\frac{m+1}{m}};$$

on tire de là

$$y_1 = H \left(\frac{m}{2m+1} \right)^{\frac{m}{m+1}},$$

soit $y_1 = 0,577\,H$ ou $y_1 = 0,543\,H$, suivant qu'on fait $m = 1$ ou $m = 2$. En attribuant encore à m les valeurs hypothétiques

$$3, \quad 4, \quad 5, \quad 6, \dots, \quad \infty,$$

on trouverait pour les valeurs correspondantes de $\frac{y_1}{H}$

$$0,530, \quad 0,523, \quad 0,518, \quad 0,515, \ldots, \quad 0,500.$$

Ainsi donc, quel que soit l'exposant m, entre 1 et ∞, le rapport en question s'écartera peu de $0,55$, c'est-à-dire que le filet possédant la vitesse moyenne se trouvera environ aux $0,55$ de la profondeur totale, à partir de la surface libre.

Si, pour égaler l'exposant de y dans l'équation théorique (8) ou (10) avec celui que lui attribue la formule empirique (4), on fait $m = 1$, il n'y aura pas accord entre l'équation (12) et la formule (6); car l'une donne l'excès $V - U$ proportionnel à $H^2 \frac{\zeta}{L}$ ou $H^2 i$, tandis que l'autre le donne proportionnel à $\sqrt{Hi}$. Au reste, la contradiction existe déjà entre les formules (4) et (6). On aurait, d'après la première,

$$U = \frac{1}{H} \int_0^H v\,dy = \frac{1}{H} \int_0^H \left(V - K\sqrt{Hi}\,\frac{y^2}{H^2} \right) dy = V - \frac{K}{3}\sqrt{Hi},$$

ou bien, en prenant $K = 24$,

$$U = V - 8\sqrt{Hi};$$

d'après la seconde, au contraire,

$$U = V - 14\sqrt{Hi}.$$

L'inégalité des coefficients 8 et 14 est assez forte pour inspirer quelque défiance : on peut supposer raisonnablement que les formules dont il s'agit ne sont que provisoires, et que de nouvelles expériences conduiront à les modifier.

70. *Cas de la section demi-circulaire.* — Les calculs théoriques relatifs au cas où la section prend la forme d'un demi-cercle de rayon H reproduiraient presque exactement ceux qu'on a déjà vus (n°s 45 et 46), à l'occasion des tuyaux de conduite, et les résultats en seraient tout à fait les mêmes. Il serait donc oiseux de les recommencer, et l'on se contentera ici d'une comparaison analogue à celle qui termine le n° 69. L'exposant de r étant $\frac{m+1}{m}$ dans l'équation théorique (5) du n° 45, et ce même exposant ayant la valeur 3 dans la formule (5) de M. Bazin (n° 68), on est conduit d'abord à supposer

$$\frac{m+1}{m} = 3, \quad \text{d'où} \quad m = \frac{1}{2} :$$

il en résulte

$$v = V - \frac{\Pi^2 i^2}{12\,\varepsilon^2} r^3,$$

et, par suite, l'expression de la vitesse moyenne

$$U = \frac{2}{H^2} \int_0^H v r\,dr = V - \frac{\Pi^2 i^2 H^3}{30\,\varepsilon^2}.$$

Ainsi l'on aurait l'excès $V - U$ proportionnel à $i^2 H^3$; au contraire, il devrait l'être à $\sqrt{Hi}$ d'après la formule (6) du n° 68, car le rayon moyen a pour valeur $\dfrac{H}{2}$ dans l'exemple actuel.

Quand on calcule la vitesse moyenne par la formule (5) du n° 68, il vient

$$U = \frac{2}{H^2} \int_0^H v r\,dr = \frac{2}{H^2} \int_0^H \left(V - K \sqrt{Hi}\, \frac{r^3}{H^3} \right) r\,dr$$

$$= V - \frac{2K}{5} \sqrt{Hi} = V - 8,4 \sqrt{Hi}.$$

D'autre part, la formule (6), quand on fait $R = \dfrac{H}{2}$, donne

$$U = V - 14 \sqrt{\frac{1}{2}} \sqrt{Hi} = V - 9,9 \sqrt{Hi}.$$

On constate ainsi une seconde fois le défaut d'accord des formules par lesquelles M. Bazin a exprimé la loi des vitesses dans une section transversale, aussi bien entre elles-mêmes qu'avec les indications de la théorie. Cela ne peut que corroborer la conclusion par laquelle se termine le n° 69.

71. *Cas d'une section de forme quelconque.* — La loi de la distribution des vitesses dans la section transversale d'un courant découvert rectiligne et uniforme n'est point encore connue, même en choisissant des données particulières sur la forme de la section; et malgré les efforts des personnes qui se sont appliquées à la rechercher par l'expérience ou par la théorie, on a pu voir, d'après ce qui précède, combien il règne encore d'obscurité sur cette question intéressante. La circonstance d'une forme arbitraire attribuée à la section n'est pas de nature à rendre la solution plus facile; aussi, pour tâcher de l'obtenir théoriquement, nous croyons devoir employer, à l'exclusion de toute autre, l'hypothèse simple admise par Navier pour représenter l'action mutuelle des molécules fluides, ou plutôt la partie de cette action qui résulte de la viscosité.

Cela posé, soit MNP (*fig.* 38) la section transversale du courant; traçons dans son plan deux axes de coordonnées rectangulaires, l'un Oy ver-

Fig. 38.

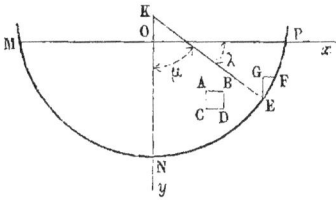

tical et descendant, l'autre coïncidant avec la ligne MP, suivant
laquelle la surface libre est coupée
par le plan de la section. Imaginons
celle-ci décomposée en éléments
infiniment petits, tels que ABCD,
par des parallèles aux axes. Conservons aux notations le sens défini
au n° 69; supposons, de plus, que la valeur de l'exposant m, laissée jusqu'à
présent indécise, soit fixée définitivement au nombre 1. Un prisme dont
ABCD serait la section droite et dont la longueur, mesurée parallèlement
aux vitesses des molécules, serait désignée par L, va éprouver sur ses
quatre faces latérales les effets du frottement des couches voisines, qui
produiront les forces ci-après, savoir :

Sur la face projetée en AC, une force dans le sens du mouvement, que
nous représenterons par $L\varepsilon\, dy \left(-\dfrac{dv}{dx} \right)$ ou par $-L\varepsilon\, dy \left(\dfrac{dv}{dx} \right)$, en nous
fondant sur l'analogie entre la question actuelle et celle du n° 69; sur la
face opposée BD, une force de sens contraire, exprimée par

$$ -L\varepsilon\, dy \left(\frac{dv}{dx} + \frac{d^2v}{dx^2}\, dx \right), $$

ce qui fera au total une résistance $-L\varepsilon\, \dfrac{d^2v}{dx^2}\, dx\, dy$;

Sur l'ensemble des faces projetées en AB et CD, une force résistante
exprimée pareillement par $-L\varepsilon\, \dfrac{d^2v}{dy^2}\, dx\, dy$.

La masse du prisme étant $\dfrac{\Pi}{g} L\, dx\, dy$, on aura pour la valeur de φ

$$ \varphi = -\frac{g\,\varepsilon}{\Pi} \left(\frac{d^2v}{dx^2} + \frac{d^2v}{dy^2} \right). $$

Or, en raisonnant comme aux n°s 45 et 69, on trouverait encore

$$ \varphi = \frac{g\,\zeta}{L}; $$

donc on peut écrire l'équation

(13) $$ \frac{d^2v}{dx^2} + \frac{d^2v}{dy^2} + \frac{\Pi\zeta}{\varepsilon L} = 0, $$

qu'on obtiendrait également par l'application des équations générales de

Navier (n° 14). Il faudrait seulement supposer le troisième axe coordonné (celui des z) parallèle aux filets liquides.

Indépendamment de cette équation aux différences partielles où la fonction v de deux variables indépendantes x et y est seule inconnue, il y a des équations particulières pour les filets qui glissent le long de la paroi et ceux qui sont à la surface libre. Soit en effet $\overline{EF} = d\sigma$ un élément de paroi, dont la normale EK fait avec les axes les angles λ et μ; on aura dans le triangle EFG le côté vertical $\overline{EG} = d\sigma \cos\lambda$ et le côté horizontal $\overline{FG} = d\sigma \cos\mu$. Par suite, si EFG est considéré comme la section droite d'un prisme de liquide parallèle au courant et de longueur L, ce prisme supportera respectivement sur les faces EG, FG des frottements qui tendent à l'entraîner dans le sens de la vitesse, ayant pour valeur

$$ - \mathrm{L}\,\varepsilon\,d\sigma\cos\lambda\frac{dv}{dx}, \quad - \mathrm{L}\,\varepsilon\,d\sigma\cos\mu\frac{dv}{dy}, $$

et sur l'élément de paroi $d\sigma$ lui-même, un autre frottement en sens contraire, dont nous supposerons que la valeur est $\mathrm{L}\,d\sigma f(v)$, toujours à cause des inductions du n° 44. Or, par suite de l'uniformité du mouvement, ces trois forces doivent se faire équilibre; car, d'une part, elles sont, avec les pressions sur les sections droites extrêmes du prisme, et une composante de la pesanteur, les seules forces qui sollicitent le prisme parallèlement au courant; d'autre part, les pressions extrêmes sont évidemment égales et se font équilibre (puisque toutes les sections présentent des phénomènes identiques), et la pesanteur ne donne qu'une force $\frac{1}{2}\mathrm{IIL}\,d\sigma^2\cos\lambda.\cos\mu$ infiniment petite relativement aux précédentes. Donc il faut qu'on ait en tout point de la paroi

$$ (14) \qquad \cos\lambda\frac{dv}{dx} + \cos\mu\frac{dv}{dy} + \frac{1}{\varepsilon}f(v) = 0, $$

$f(v)$ étant une fonction connue. De même, si l'on suppose que l'ordonnée y du point A soit nulle, de manière que AB soit placé sur l'axe des x, la face CD supportera un frottement $-\mathrm{L}\,\varepsilon\,dx\frac{dv}{dy}$ infiniment petit du premier ordre; en admettant qu'on néglige le frottement entre l'air et la surface libre du liquide, il faudra que cette force $-\mathrm{L}\,\varepsilon\,dx\frac{dv}{dy}$ soit nulle, car l'ensemble des frottements sur les faces AC et BD, aussi bien que l'action de la pesanteur, ne produisent que des forces infiniment petites du second ordre. Donc, pour tous les points situés sur MP, $\frac{dv}{dy}$ doit s'annuler, ou bien l'on a

(15)
$$\frac{dv}{dy} = 0,$$

quand $y = 0$.

Les deux conditions (14) et (15) serviront à déterminer les fonctions arbitraires introduites par l'intégration de l'équation (13).

Pour effectuer cette intégration, l'on cherche d'abord une solution particulière, de la forme $v = \gamma y^2$; il suffit de déterminer la constante γ par l'équation $2\gamma + \frac{\Pi\zeta}{\varepsilon L} = 0$, qui donne $\gamma = -\frac{\Pi\zeta}{2\varepsilon L}$. Au moyen de cette intégrale particulière, on fait ensuite disparaître le terme constant $\frac{\Pi\zeta}{\varepsilon L}$ de l'équation (13); on pose

$$v = -\frac{\Pi\zeta}{2\varepsilon L}y^2 + u,$$

et alors il faut que l'inconnue auxiliaire u vérifie la relation

(16)
$$\frac{d^2u}{dx^2} + \frac{d^2u}{dy^2} = 0.$$

L'intégrale générale de l'équation (16) est connue : on a, en appelant ψ et ψ_1 deux fonctions arbitraires, et désignant par θ le symbole imaginaire $\sqrt{-1}$,

$$u = \psi(x + \theta y) + \psi_1(x - \theta y),$$

d'où résulte aussi l'expression générale de v

(17)
$$v = -\frac{\Pi\zeta}{2\varepsilon L}y^2 + \psi(x + \theta y) + \psi_1(x - \theta y).$$

Reste à déterminer ψ et ψ_1. A cet effet, on sait d'abord que $\frac{dv}{dy}$ s'annule pour $y = 0$; or on tire de l'équation (17)

$$\frac{dv}{dy} = -\frac{\Pi\zeta}{\varepsilon L}y + \theta\psi'(x + \theta y) - \theta\psi_1'(x - \theta y),$$

ψ' et ψ_1' étant les fonctions dérivées de ψ et de ψ_1. Faisant $y = 0$ dans cette équation, nous trouvons

$$\psi'(x) - \psi_1'(x) = 0,$$

ce qui montre, puisque x reste indéterminée, que les fonctions ψ et ψ_1 sont égales, à une constante près. Nous la désignerons par C, et poserons en conséquence

(18)
$$v = C - \frac{\Pi\zeta}{2\varepsilon L}y^2 + \psi(x + \theta y) + \psi(x - \theta y),$$

expression dans laquelle figure une seule fonction arbitraire. Il serait aisé de la faire disparaître, si l'on connaissait par des observations directes la loi des vitesses à la surface libre du courant. Cette loi étant représentée par une fonction $F(x)$ de la variable x, il faudrait qu'on eût

$$F(x) = C + 2\psi(x),$$

puisque le second membre est bien ce que devient v pour $y = 0$. On tire de là

$$\psi(x) = \frac{1}{2}F(x) - \frac{1}{2}C;$$

par suite, x étant quelconque dans cette identité et pouvant être remplacé par une autre valeur, telle que $x + \theta y$ ou $x - \theta y$,

$$\psi(x + \theta y) = \frac{1}{2}F(x + \theta y) - \frac{1}{2}C,$$

$$\psi(x - \theta y) = \frac{1}{2}F(x - \theta y) - \frac{1}{2}C.$$

Il est dès lors facile de chasser ψ de l'équation (18), qui devient

$$(19) \qquad v = -\frac{\Pi \zeta}{2 L \varepsilon} y^2 + \frac{1}{2}F(x + \theta y) + \frac{1}{2}F(x - \theta y).$$

Le second membre de cette dernière équation ne contient des imaginaires qu'en apparence.

Telle est la valeur de v, en fonction de x et de y, pour un point quelconque de la section transversale, quand on admet, d'après Navier, que $m = 1$. Pour y arriver, nous n'avons fait aucun usage de l'équation (14), applicable à un point quelconque de la courbe MNP. Si dans cette équation on substitue la valeur (19) de v, elle ne contiendra plus que les coordonnées x, y, et sera par conséquent l'équation du contour MNP. Ce contour pouvant être observé et dessiné, on aurait là un moyen de vérifier le plus ou moins d'exactitude des hypothèses théoriques; ou bien encore, si $f(v)$ n'était pas une fonction connue, on aurait un procédé pour la déterminer.

Puisqu'on peut trouver le contour MNP quand on connaît l'expression (16) de v, réciproquement on conçoit que si ce contour a une forme fixée d'avance, v se trouve par là même déterminée sans qu'on ait besoin de connaître la fonction F. Dans un Mémoire approuvé par l'Académie des Sciences, M. Sonnet, à qui nous avons emprunté le fond de l'analyse précédente, a montré que si le courant a une section rectangulaire, v peut être approximativement représentée par l'expression du second degré

$$(20) \qquad v = V - \alpha x^2 - \beta y^2,$$

dans laquelle on suppose que l'axe des y passe par le milieu du lit, et que V, α, β sont des constantes. Il faut d'ailleurs, pour que ce soit là une solution de l'équation (13), qu'on ait

$$(21) \qquad \frac{\Pi \zeta}{\varepsilon L} - 2\alpha - 2\beta = 0.$$

Soit maintenant ABCD (*fig.* 39) la section transversale rectangulaire;

Fig. 39.

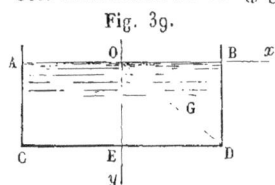

Oy la verticale menée par le milieu O de AB, prise pour axe des y; $\overline{OE} = H$ la profondeur; $\overline{AB} = l$ la largeur; W la vitesse en E. On aurait, d'après l'équation (20),

$$W = V - \beta H^2,$$

d'où résulte

$$\beta = \frac{V - W}{H^2};$$

l'équation (21) donnerait alors la valeur de α, et α se trouverait exprimée en fonction de V, W, H, et de la quantité $\dfrac{\Pi \zeta}{\varepsilon L}$.

Si l'on veut avoir la vitesse moyenne U, il faudra poser l'équation

$$l H U = \iint v \, dx \, dy = \iint (V - \alpha x^2 - \beta y^2) \, dx \, dy,$$

l'intégrale double devant être étendue à tous les éléments de la surface ABCD. On intègre d'abord pour une tranche parallèle aux x; puis on fait la somme pour toutes les tranches sur la hauteur H; cela donne

$$\iint (V - \alpha x^2 - \beta y^2) \, dx \, dy$$

$$= \int_0^H dy \int_{-\frac{1}{2}l}^{\frac{1}{2}l} (V - \alpha x^2 - \beta y^2) \, dx = \int_0^H dy \left(V l - \frac{1}{12} \alpha l^3 - l \beta y^2 \right)$$

$$= \left(V l H - \frac{1}{12} \alpha l^3 H - \frac{1}{3} l \beta H^3 \right).$$

Par suite, on trouve

$$U = V - \frac{1}{12} \alpha l^2 - \frac{1}{3} \beta H^2.$$

Cette vitesse sera celle du point G, situé sur OD, à la distance

$$\overline{OG} = \overline{OD} \sqrt{\frac{1}{3}},$$

à partir du point O; car en G on aura

$$x = \frac{l}{2} \sqrt{\frac{1}{3}}, \quad y = H \sqrt{\frac{1}{3}},$$

et à ces coordonnées répond, d'après l'équation (20), une valeur de la vitesse égale à celle trouvée pour U. Il est donc possible d'observer directement la vitesse moyenne en prenant celle d'un filet convenablement placé dans le courant.

Si l'on nomme W' et W" les vitesses en B et D, on aura les trois égalités

$$W = V - \beta H^2,$$

$$W' = V - \frac{1}{4} \alpha l^2,$$

$$W'' = V - \frac{1}{4} \alpha l^2 - \beta H^2;$$

on en conclut aisément les suivantes :

$$U = \frac{1}{3} (V + W + W'),$$

$$U = \frac{1}{3} (2V + W''),$$

qui fournissent aussi des moyens simples pour déduire U de l'observation de vitesses en des points déterminés. La dernière relation donne le rapport de la vitesse moyenne à la vitesse maximum

$$\frac{U}{V} = \frac{2}{3} + \frac{W''}{3V};$$

et comme W" est nécessairement positif et plus petit que V, ce rapport est compris entre $\frac{2}{3}$ et 1. On voit que toutes ces formules ne sont pas parfaitement d'accord avec les formules (1), (2) et (3) données par Dubuat et de Prony.

M. Sonnet faisait aussi connaître la valeur numérique du coefficient de viscosité ε, ainsi que l'expression capable de représenter la fonction $f(v)$. D'après les idées qui ont servi de base à ce travail, le nombre ε aussi bien que les coefficients de $f(v)$ auraient des valeurs indépendantes de la nature et de l'étendue des parois solides en contact avec le courant : ces valeurs seraient donc identiques à celles qu'on a indiquées au n° 47, à propos des tuyaux de conduite, savoir : $\varepsilon = \frac{1}{3,2}$ et $f(v) = 0,019 v + 0,371 v^2$.

Suivant M. Bazin, les formules de M. Sonnet ne donnent pas des résultats conformes à ceux de l'expérience.

Nous allons abandonner maintenant toutes ces recherches spéculatives, et ne plus considérer désormais, dans la section d'un courant, qu'une seule vitesse, sa vitesse moyenne.

§ II. — Formules pratiques pour le mouvement uniforme de l'eau dans les canaux découverts.

72. *Expression du frottement de la paroi, en fonction de la vitesse moyenne.* — Quoique le frottement de la paroi, rapporté en chaque point à l'unité de surface, doive être, en vertu des raisons exposées au n° 44, une fonction de la vitesse du liquide immédiatement en contact, on a trouvé plus commode de le représenter par une fonction de la vitesse moyenne, ce qui est peut-être moins rationnel, mais suffisamment exact en pratique. Soient donc, dans un courant à mouvement uniforme,

U la vitesse moyenne;

L la distance entre deux sections;

χ la longueur de la portion du profil en travers commune au lit et à l'eau, c'est-à-dire le *périmètre mouillé;*

χ sera une quantité constante, toutes les sections devant être identiques. Nous admettrons que le frottement sur la surface $L\chi$, mouillée par l'eau, dans l'intervalle considéré, a pour expression $L\chi F(U)$, la fonction F étant à déterminer par expérience. De Prony et Eytelwein ont attribué à $F(U)$ l'expression $\Pi(aU + bU^2)$, dans laquelle Π désigne le poids du mètre cube d'eau, a et b deux coefficients qui ont pour valeurs :

Suivant de Prony... $a = 0,000044,$ $b = 0,000309,$

Suivant Eytelwein.. $a = 0,000024,$ $b = 0,000366.$

M. de Saint-Venant a proposé la formule monôme

$$F(U) = \Pi . c U^m,$$

dans laquelle il fait l'exposant $m = \dfrac{21}{11}$ et le coefficient $c = 0,000401.$ Diverses personnes ont adopté, à l'exemple de

Tadini et des ingénieurs italiens, la valeur plus simple

$$F(U) = \Pi . 0,0004\,U^2,$$

proposée dès 1775, par M. de Chézy.

D'après les expériences de M. Darcy sur les tuyaux, il paraît bien vraisemblable que $F(U)$ doit pouvoir être représenté par le monôme $\Pi b_1 U^2$, b_1 étant une quantité constante pour un même cours d'eau, mais variable probablement avec la forme, les dimensions et la nature du lit. Dans le cas d'un tuyau de diamètre D, on avait (n° 50)

$$(\alpha) \qquad b_1 = 0,000507 + \frac{0,00001294}{D}:$$

si un lit de canal était assimilable à un tuyau de grand diamètre, on devrait prendre $b_1 = 0,000507$; mais, outre qu'on négligerait de cette manière l'influence que doit avoir la nature du lit, il faut se rappeler ce que nous avons dit à la note de la page 137. En réalité, M. Darcy a recherché avec beaucoup de soin la valeur de b_1 pour des tuyaux en fonte neuve; puis il a admis, d'après un très-petit nombre d'expériences seulement, que b_1 devait être doublé quand les tuyaux ont un certain temps d'usage. Cela pouvait être vrai en particulier pour les diamètres sur lesquels opérait M. Darcy, dans ses expériences sur les vieux tuyaux; mais la vérité résultait probablement d'une compensation d'erreurs. Soit, par exemple, $D = 0^m,30$: la formule de M. Darcy, pour la fonte neuve, lui donnait

$$(\beta) \qquad b_1 = \frac{1}{2}\left(0,000507 + \frac{0,00001294}{D}\right) = 0,000275;$$

puis, l'expérience lui ayant donné $b_1 = 0,000550$ avec la fonte vieille, il concluait qu'il fallait doubler les deux coefficients qu'on voit figurer dans l'expression (β). Mais il est clair qu'on arriverait au même résultat final (en ce qui concerne le diamètre de $0^m,30$), si l'on augmentait peu le premier coefficient, sauf à faire plus que de doubler l'autre; ainsi quand on pose

$$(\gamma) \qquad b_1 = 0,000280 + \frac{0,000081}{D},$$

on en déduit $b_1 = 0,000550$ pour $D = 0^m,30$, comme avec l'expression (α); et cependant on n'a pas doublé les deux coefficients de l'expression (β), mais on a multiplié le premier par $1,107$ et le second par $12,52$. La règle de M. Darcy n'est donc pas complétement exacte; elle réussit suffisamment bien pour les diamètres ordinaires, mais il paraît qu'elle exagère le résultat pour les forts diamètres. C'est pour cela qu'on arrive, en l'appliquant à un canal et faisant $D = \infty$, à une valeur trop forte de b_1, du moins si l'on en juge par la formule de Tadini.

Au reste il y a un fait que bien des ingénieurs avaient reconnu depuis longtemps : c'est qu'une valeur unique de ce coefficient ne saurait convenir à tous les canaux, c'est-à-dire aux petites rigoles en planches ou en maçonnerie, comme aux grandes rivières à fond irrégulier en terre ou en gravier. M. Bazin a eu le mérite, non-seulement de rendre le fait palpable au moyen d'expériences nombreuses, mais encore d'indiquer les coefficients b_1 à employer dans les divers cas de la pratique. Il a posé à cet égard les règles suivantes.

On doit distinguer quatre catégories de parois, savoir :

1° Parois très-unies, comme celles de ciment lissé, bois raboté avec soin, etc.;

2° Parois moyennement unies, telles que pierres de taille, briques, planches, etc.;

3° Parois peu unies, en maçonnerie de moellons;

4° Parois en terre.

Maintenant, si l'on nomme R le rayon moyen de la section (n° 68), ou le quotient obtenu en divisant l'aire de la section transversale par le périmètre mouillé χ, les coefficients b_1 seront, pour chaque catégorie :

$$1^{re} \text{ catégorie} \dots \dots \quad b_1 = 0,00015 \left(1 + \frac{0,03}{R} \right),$$

$$2^e \text{ catégorie} \dots \dots \quad b_1 = 0,00019 \left(1 + \frac{0,07}{R} \right),$$

$$3^e \text{ catégorie} \dots \dots \quad b_1 = 0,00024 \left(1 + \frac{0,25}{R} \right),$$

$$4^e \text{ catégorie} \dots \dots \quad b_1 = 0,00028 \left(1 + \frac{1,25}{R} \right).$$

Ces divisions n'ont évidemment rien d'absolu, et l'on conçoit très-bien l'existence de catégories intermédiaires.

« On peut regretter », dit M. Bazin, « de voir substituer à une formule unique, une formule nouvelle à coefficients variables ; mais l'indétermination des coefficients est un inconvénient inhérent à la nature des phénomènes, et les progrès ultérieurs de la théorie ne pourront jamais la faire disparaître. Il est d'ailleurs bien peu de lois physiques dont l'expression ne soit affectée d'une indétermination semblable... »

Quoique M. Bazin ait eu soin d'introduire dans ses formules certains éléments variables, dont l'influence était prévue, on fera bien de ne pas trop compter sur leur exactitude lorsqu'il s'agira de lits ayant des sections dont les formes s'écarteraient considérablement des formes rectangulaires ou trapézoïdales expérimentées par lui ; la même restriction s'applique d'ailleurs aux diverses formules que nous venons de passer en revue.

C'est ce que nous nous réservons de montrer bientôt par un exemple.

73. *Relation entre la pente, la vitesse moyenne et les dimensions de la section.* — Nous supposons un courant qui coule dans un lit à section et à pente constantes, avec un mouvement uniforme. Les vitesses étant les mêmes dans toutes les sections et la dépense ne variant pas non plus, il est nécessaire que l'eau mouille partout la même portion de la coupe transversale du lit, en sorte que la pente longitudinale de celui-ci est la même que la pente à la surface du liquide.

Nous appellerons

i cette pente, égale au quotient $\frac{\zeta}{L}$ de l'abaissement ζ du niveau de l'eau entre deux sections, divisé par la distance L qui les sépare ;

Ω la surface constante de la section du courant ; χ son périmètre mouillé ;

R le quotient $\frac{\Omega}{\chi}$, dit *rayon moyen* de la section (n° 68).

En nous reportant aux raisonnements des n°ˢ 45 et 69, nous

verrons encore ici que la force retardatrice φ, agissant sur une molécule quelconque, en vertu de la viscosité, et rapportée à l'unité de masse, a pour valeur, d'une part $\dfrac{g\zeta}{L}$ ou gi, d'autre part le quotient du frottement du lit $L\chi F(U)$ par la masse totale $\dfrac{\Pi}{g}\Omega L$ sur laquelle il est exercé, soit $g\dfrac{\chi}{\Pi\Omega}F(U)$; l'égalité entre ces deux valeurs donnera donc, après avoir remplacé le quotient $\dfrac{\chi}{\Omega}$ par $\dfrac{1}{R}$,

$$(1) \qquad\qquad R i = \frac{1}{\Pi} F(U).$$

Les raisonnements qui servent à démontrer cette équation supposent, à la rigueur, le courant rectiligne; mais on peut l'appliquer approximativement si la courbure n'est pas très-prononcée.

On voit encore ici que le produit $R i$ joue un rôle important dans la détermination de la vitesse U. Il était donc naturel de songer, comme l'a fait M. Bazin (n° 68), à en faire dépendre la loi des vitesses dans une même section.

Si dans l'équation (1) on remplace $F(U)$ par $\Pi b_1 U^2$ (n° 72), on trouve

$$R i = b_1 U^2,$$

d'où résulte, en faisant $b_1 = 0,0004$, la formule connue sous le nom de Tadini,

$$(2) \qquad\qquad U = 50 \sqrt{R i}.$$

D'après les observations faites plus haut (n° 72), il sera mieux de prendre

$$(2\ bis) \qquad\qquad U = \sqrt{\frac{1}{b_1}} \sqrt{R i},$$

et d'attribuer à b_1 la valeur convenable, suivant le cas où l'on est placé.

74. *Observation sur l'emploi des formules* (1) *et* (2) *ou* (2 *bis*), *dans le cas de lits très-accidentés.* — Comme nous l'avons déjà

dit au n° **72**, l'emploi de l'expression **F (U)** pour représenter le frottement du lit par mètre carré n'est pas complétement rationnel; et en effet si le lit est très-accidenté, les filets contigus à la paroi pourront avoir des vitesses très-différentes entre elles, et le frottement par mètre carré ne serait pas le même partout, comme le suppose ladite expression. Il faut donc en pratique s'attendre à des anomalies. En voici un exemple cité par M. Belanger (*) :

Soit un courant uniforme, dont le profil en travers serait

Fig. 40.

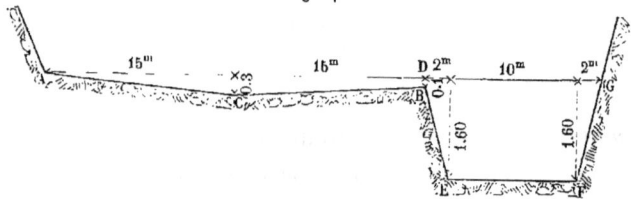

défini par la *fig.* 40 et dont la pente *i* serait 0,0005. On aurait ici :

L'aire

$$\Omega = 15.0,15 + 15.0,20 + 1,70 + 16 + 1,60 = 24^{mq},55,$$

Le périmètre mouillé

$$\chi = 30 + \sqrt{2^2 + (1,6 - 0,1)^2} + 10 + \sqrt{2^2 + (1,6)^2} = 45^m,06,$$

$$R = \frac{\Omega}{\chi} = 0^m,545,$$

$$R\,i = 0,0002725.$$

Par suite la formule (2) nous donnerait

$$U = 0^m,825;$$

la dépense Q serait donc

$$U\Omega = 20^{mc},25.$$

Maintenant supposons que par une cloison verticale de 0^m,10 en B, on partage le courant en deux autres bien distincts; cela

(*) Cours lithographié de l'École des Ponts et Chaussées, 1850.

ne produirait qu'une faible altération de dépense, et, en tout cas, il y aurait diminution, puisqu'on a augmenté le frottement. Voyons si le calcul indiquera un résultat dans ce sens.

Or nous aurons :

1° Pour la portion ACBD,

$$\Omega' = 5^{mq},25, \quad \chi' = 30^m,10, \quad R' = 0^m,174, \quad R'i = 0,0000870,$$

d'où résulte

$$U' = 0^m,466 \quad \text{et la dépense} \quad Q' = 2^{mc},35;$$

2° Pour la portion DBEFG,

$$\Omega'' = 19^{mq},30, \quad \chi'' = 15^m,16, \quad R'' = 1^m,273, \quad R''i = 0,0006365,$$

d'où résulte

$$U'' = 1^m,261 \quad \text{et} \quad Q'' = 24^{mc},24.$$

La dépense totale serait donc $Q' + Q''$ ou $26^{mc},7$, tandis que l'application pure et simple de la formule (2) n'a donné que $20^{mc},25$ ou $0,76$ du second résultat, lequel serait probablement plus approché de la vérité. En effet, les deux lits partiels ACBD, DBEFG ont des formes analogues à celles qui existaient dans les expériences ayant servi à l'évaluation du coefficient b_1.

Il convient de remarquer qu'on ne réussirait pas à corriger l'inégalité entre Q et $Q' + Q''$, par l'emploi des coefficients b_1 calculés suivant les formules de M. Bazin (n° 72), où l'on a cependant fait entrer le rayon moyen R. On trouverait en effet, dans l'hypothèse d'un lit de la quatrième catégorie,

Pour la section entière...... $b_1 = 0,0009222,$
Pour la partie ACBD........ $b_1 = 0,0022915,$
Pour la partie DBEFG....... $b_1 = 0,0005550;$

on en conclurait par la formule (2 *bis*) du n° 73

$$U = 0^m,543, \quad U' = 0^m,190, \quad U'' = 1^m,070.$$

Les dépenses seraient donc finalement

$$Q = U\Omega = 13^{mc},33,$$
$$Q' = U'\,\Omega' = 1^{mc},00,$$
$$Q'' = U''\,\Omega'' = 20^{mc},65.$$

15.

Comme on le voit, ces chiffres diffèrent sensiblement des premiers, parce que nous avons admis des valeurs plus fortes pour b_i; mais le rapport $\dfrac{Q}{Q' + Q''}$ reste toujours inférieur à 1, et il descend même à moins de 0,62.

Cet exemple montre comment on devrait opérer dans des cas analogues, comme celui d'une rivière débordée : il faudrait avoir soin de calculer séparément le débit de la section comprise entre les berges (un peu exhaussées fictivement, comme on l'a fait ci-dessus par l'addition d'une cloison **BD**), et celui de la section supplémentaire due à l'inondation. Cependant il y aurait alors d'autres causes d'incertitude; ce sont les plantations, maisons et autres accidents quelconques pouvant faire obstacle à l'écoulement.

Certains lits de rivières ou de canaux produisent en été des herbes abondantes qui occupent quelquefois une portion notable de la section et produisent une élévation de l'eau malgré la diminution de dépense. L'influence de ces herbes peut difficilement être appréciée, faute de données expérimentales sur le sujet dont nous parlons.

75. *Problèmes divers qui se résolvent par la formule du mouvement uniforme.* — Parmi les problèmes relatifs au mouvement uniforme de l'eau dans les canaux, nous étudierons les quatre suivants :

1° *Étant données la section transversale d'un lit prismatique à pente constante, la pente et la dépense, trouver la hauteur à laquelle s'élève l'eau dans chaque section, quand le mouvement est supposé uniforme.* — Ce problème peut se résoudre par tâtonnement : une hypothèse faite sur la position du niveau de l'eau relativement au lit permet de calculer la section Ω du courant, le périmètre mouillé χ, le rayon moyen $\dfrac{\Omega}{\chi}$, et enfin la vitesse U égale au quotient $\dfrac{Q}{\Omega}$ de la dépense donnée Q par la section Ω; par suite on vérifie si l'équation (2) ou l'équation (2 *bis*) est satisfaite. Dans le cas contraire, on procède à un autre essai.

Dans l'hypothèse d'un lit ayant une largeur assez grande comparativement à la profondeur, le calcul se simplifie et devient plus direct, pourvu qu'on attribue en outre une valeur constante au coefficient b_1. Soit ABCDEF (*fig.* 41) le profil du

Fig. 41.

lit, et MN le niveau cherché de l'eau dans ce profil. Nous admettons que, en dessous d'une horizontale connue BE, la surface BCDE est équivalente au rectangle BIKE; que $\overline{B'I}$ est une petite fraction de $\overline{BE}$; que les talus BM, EN, situés au-dessus de BE, ont des pentes assez notables, pour que la longueur $\overline{MN}$ soit relativement peu différente de $\overline{BE}$, c'est-à-dire pour que $\dfrac{\overline{MN}}{\overline{BE}}$ diffère peu de 1; enfin que la longueur $\overline{BCDE}$ est sensiblement égale à la droite $\overline{BE}$. Cela posé, si nous désignons $\overline{BE}$ par l, et l'inconnue $\overline{B'I}$ par H, nous aurons approximativement

$$\Omega = l\mathrm{H}, \quad \chi = l, \quad \mathrm{R} = \mathrm{H}, \quad \mathrm{U} = \frac{\mathrm{Q}}{l\mathrm{H}};$$

par suite, en substituant ces valeurs dans l'équation (1), après avoir remplacé F (U) par $\Pi\, b_1\, \mathrm{U}^2$,

(3) $$\mathrm{H}i = b_1 \frac{\mathrm{Q}^2}{l^2 \mathrm{H}^2}, \quad \text{ou bien} \quad \mathrm{H}^3 i = \frac{b_1 \mathrm{Q}^2}{l^2}.$$

La formule (3) peut être considérée comme la transformation de la formule (1), spécialement applicable aux courants larges et relativement peu profonds. Elle ne présente pas grand avantage si l'on admet, comme M. Bazin, que b_1 dépend de H; mais si b_1 pouvait être supposé constant, on en déduirait immédiatement

$$\mathrm{H} = \sqrt[3]{\frac{b_1 \mathrm{Q}^2}{i\, l^2}},$$

ou plus simplement encore, lorsqu'on fait $b_1 = 0,0004$,

$$H = 0,0737 \sqrt[3]{\frac{Q^2}{il^2}}.$$

2° *Réciproquement, la ligne d'eau étant connue ainsi que la pente, trouver la dépense.* — Les données permettent de cal culer immédiatement Ω, χ, et par suite $R = \dfrac{\Omega}{\chi}$; l'équation (2) ou (2 *bis*) fournit alors la vitesse U, puis on a la dépense $Q = U\Omega$. S'il s'agit d'un courant très-large et qu'on puisse supposer $b_1 = 0,0004$, on tirera de l'équation (3)

$$Q = l\sqrt{\frac{H^3 i}{b_1}} = 50\, lH\sqrt{Hi}.$$

Mais nous devons faire observer que par suite de l'incertitude qui affecte le coefficient b_1, les résultats de ce calcul ne seront pas en général très-exacts; ils pourront le devenir un peu plus en prenant b_1 suivant les formules de M. Bazin, mais encore faudra-t-il que le lit soit bien régulier sur une grande étendue. En pratique, on préfère mesurer le débit par des observations directes, comme on le verra plus loin.

3° *Connaissant la dépense et la section transversale, on demande la pente.* — On chercherait d'abord la vitesse moyenne $U = \dfrac{Q}{\Omega}$, et le rayon moyen $R = \dfrac{\Omega}{\chi}$; puis, appliquant la formule (2 *bis*), on prendrait

$$i = b_1 \frac{Q^2}{R\Omega^2}.$$

Pour les courants très-larges et avec la valeur particulière $b_1 = 0,0004$, on aurait, d'après la formule (3)

$$i = 0,0004 \frac{Q^2}{l^2 H^3}.$$

4° *Étant donnée la pente i, on demande la section trans- versale capable de dépenser par seconde un volume Q égale- ment donné.* — Soit Ω l'aire de la section, χ le périmètre mouillé correspondant; la vitesse U étant égale à $\dfrac{Q}{\Omega}$, on aura

(4) $\dfrac{\Omega i}{\chi} = b_1 \dfrac{Q^2}{\Omega^2}$,   ou bien $\dfrac{\Omega^3 i}{\chi} = b_1 Q^2$.

Cette équation sera la seule entre les inconnues Ω et χ, de sorte que le problème est indéterminé. Pour faire cesser l'indétermination, on peut s'imposer une autre condition. Par exemple, si le profil du lit doit être composé d'une ligne horizontale AB (*fig.* 42.) et de deux talus AC, BD, faisant un angle α avec la verticale, en posant $\overline{AB} = $,
$\overline{AE} = H$, on aura

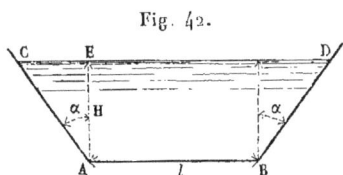

Fig. 42.

$$\Omega = l H + H^2 \tan\alpha,$$
$$\chi = l + \dfrac{2\,H}{\cos\alpha};$$

en conséquence l'équation (4) deviendra

(5) $\dfrac{H^3 (l + H \tan\alpha)^3}{l + \dfrac{2\,H}{\cos\alpha}} = \dfrac{b_1}{i} Q^2.$

Il serait donc possible de se donner H ou l, ou une relation entre ces deux quantités. La relation (5) compléterait alors la solution du problème, car b_1 s'exprimerait aussi en fonction de l et de H, si l'on ne voulait pas le supposer constant.

On pourrait encore se donner un polygone semblable à la section du courant. Dans ce cas, en nommant a l'une quelconque des dimensions de cette section inconnue, on aurait

$$\Omega = m a^2 \quad \text{et} \quad \chi = n a,$$

m et n étant des nombres connus, qui dépendraient de la forme adoptée. Donc, en vertu de l'équation (4) on poserait

$$\dfrac{m^3 a^5}{n} = \dfrac{b_1}{i} Q^2,$$

ce qui donnerait a et par suite Ω et χ.

Enfin, comme il arrive souvent que le canal doit être ouvert à fleur de terre, pour rendre aussi petit que possible le cube des déblais, il convient alors de choisir pour condition que Ω

soit un minimum. C'est à quoi l'on parviendra en se servant des propositions suivantes, connues en Géométrie :

Parmi toutes les aires équivalentes terminées par une horizontale AF (*fig.* 43) et par un périmètre complémentaire quelconque ABCDEF, le demi-cercle ayant son centre sur AF est celle dans laquelle le périmètre complémentaire est un minimum.

Fig. 43.

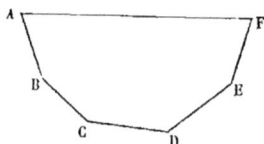

Si le périmètre complémentaire doit nécessairement se composer de lignes droites faisant entre elles des angles donnés, dans un ordre également donné, le minimum en question aura lieu pour le polygone circonscriptible au demi-cercle, les extrémités A et F devant se trouver sur le diamètre.

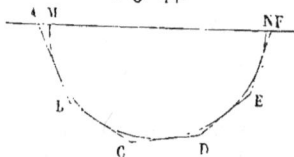

Voici alors comment il faut procéder. On décrirait un demi-cercle quelconque sur un diamètre horizontal MN (*fig.* 44), puis on lui mènerait des tangentes AB, BC, CD, DE, EF, respectivement parallèles aux droites consécutives, de direction connue, qui doivent limiter la section transversale : on obtiendrait ainsi un polygone ABCDEF, terminé par ces tangentes et par le diamètre MN prolongé. La section cherchée devra être semblable à ce polygone, dans lequel AF représenterait la ligne d'eau, et l'on rentrerait ainsi dans un cas qui vient d'être examiné tout à l'heure. En effet, supposons qu'après avoir déterminé de cette manière la section (S) dont nous appelons l'aire Ω, on en prenne une autre (S') équivalente en surface et composée de côtés ayant les mêmes directions. D'après les théorèmes de Géométrie ci-dessus cités, le périmètre mouillé χ de la première sera moindre que la quantité analogue χ' de la seconde ; par suite, le rayon moyen $\dfrac{\Omega}{\chi}$ dépassera $\dfrac{\Omega}{\chi'}$. Donc l'emploi de (S') au lieu de (S) ferait diminuer la vitesse et la dépense, comme le montre la formule (2 *bis*) du n° 73 (*) ;

Fig. 44.

—————

(*) Cela est également vrai quand on prend b_1 constant, ou quand on le fait

pour dépenser le volume donné sans changer la forme de (S′), on serait donc forcé d'augmenter ses dimensions et de rendre ainsi son aire supérieure à Ω. La section (S) est donc bien la plus petite en surface, parmi toutes celles qui, ayant leurs côtés dans les directions indiquées *à priori*, peuvent dépenser le volume d'eau également indiqué.

Si la forme de la surface était arbitraire, il faudrait adopter un demi-cercle, puisque c'est dans ce cas qu'on a le maximum absolu du rayon moyen, pour les figures ayant une aire donnée. Mais la forme demi-circulaire serait assez difficile à réaliser; il y aurait même impossibilité, au point de vue pratique, si les parois devaient être formées par des talus en terre, car la pente verticale près des bords ne pourrait pas se conserver.

Les mêmes considérations se représenteraient si l'on voulait déterminer la forme de la section, d'aire donnée, qui consommerait le moins de pente, à égalité de dépense d'eau, ou qui dépenserait le plus d'eau à égalité de pente.

§ III. — Du mouvement permanent varié, par filets parallèles, de l'eau dans les canaux découverts.

76. *Cas où le mouvement uniforme est impossible.* — Le mouvement uniforme tel que nous l'avons étudié aux §§ I et II de ce chapitre n'est pas toujours réalisable. Nous avons admis en effet que chaque molécule possède une vitesse constante, et que toutes les sections présentent des phénomènes identiques. Or cela n'aurait pas lieu si la section transversale du lit n'était pas invariable d'un point à l'autre du profil en long; il en serait de même dans un lit à section constante, mais à pente variable, car l'équation (1) du n° 73 ne pourrait que donner i constant lorsque R et U le seraient aussi. Enfin, le mouvement uniforme ne se produirait pas, même avec un lit cylindrique à génératrices rectilignes, si par une cause quelconque le niveau de l'eau se trouvait placé, dans une section, au-dessus ou au-dessous de la hauteur correspondant au régime uni-

---

variable suivant la loi proposée par M. Bazin, car alors b_1 décroît quand R ou $\dfrac{\Omega}{\chi}$ augmente, et inversement.

forme, et que nous avons appris à déterminer (n° 75), quand on donne la pente et la dépense.

Le mouvement, quoique n'étant pas uniforme, peut être permanent : la vitesse et la pression sont supposées constantes relativement au temps, en un même point du courant, mais elles varient à un instant donné, d'une molécule liquide à une autre, et aussi pour une même molécule, d'un point à l'autre de sa trajectoire. En joignant à ces conditions générales quelques restrictions particulières qui vont être définies au n° 77 ci-après, on obtient le mouvement permanent varié par filets parallèles, c'est-à-dire tel que nous nous proposons de l'étudier maintenant.

77. *Formule fondamentale du mouvement permanent varié, par filets parallèles, dans les canaux découverts.* — Nous supposerons le mouvement permanent établi dans un lit de forme et de pente variables ; mais les changements de la section transversale du courant devront ne pas être brusques, et même s'opérer avec une certaine lenteur. En second lieu, nous admettrons que les filets liquides sont, dans toute section, sensiblement parallèles entre eux et à l'axe du courant : hypothèse qui n'est pas une conséquence forcée de la première, mais qui serait incompatible avec des variations rapides dans la forme et les dimensions des profils en travers. Cette hypothèse est d'ailleurs essentielle ; elle domine tous les calculs et raisonnements que nous allons exposer dans le § III.

Maintenant si l'on veut chercher une relation entre la pente et la vitesse moyenne, il faudra recommencer ici une étude complétement semblable à celle qui a été faite au n° 58, à propos des tuyaux ayant leur section et leur débit variables ; ce qui nous permet de supprimer pour ainsi dire toute démonstration. Ainsi les mêmes considérations nous feront reconnaître d'abord que les forces dues à la viscosité ont à peu près, en chaque point, la direction de la vitesse ; que, par suite, la pression varie suivant la loi hydrostatique, d'un point à un autre, situé dans la même section, de telle sorte qu'il y a un seul et même niveau piézométrique pour tous les points appartenant à une section donnée : ce niveau sera celui de la ligne d'eau dans le profil considéré, si les colonnes sont supposées déboucher dans l'atmosphère, puisque la surface du courant est soumise à la pression atmosphérique.

Ensuite, appelant comme au n° 58,

ds la distance qui sépare deux sections infiniment rapprochées;

dy l'abaissement correspondant du niveau piézométrique, lequel est identique, ainsi qu'on vient de le voir, avec la pente superficielle du courant, sur la longueur ds;

χ le périmètre mouillé et Ω la surface des deux sections dont il s'agit;

U la vitesse moyenne, égale au quotient $\dfrac{Q}{\Omega}$ de la dépense Q par la section Ω;

F(U) la fonction de la vitesse moyenne qui, dans le cas du mouvement uniforme, représente le frottement du lit par mètre carré (n° 72);

Π le poids du mètre cube d'eau;

on démontrera par la répétition exacte des mêmes raisonnements, et, il faut bien le dire, avec le même défaut de rigueur, l'équation

$$dy = \frac{U\, dU}{g} + \frac{\chi}{\Pi\, \Omega}\, F(U)\, ds,$$

laquelle, en faisant $F(U) = \Pi\, b_1\, U^2$, devient

(1) $$dy = \frac{U\, dU}{g} + \frac{\chi}{\Omega}\, b_1\, U^2\, ds :$$

c'est la formule fondamentale qu'il s'agissait d'établir et dont nous allons bientôt indiquer quelques applications; mais il faut avant tout nous expliquer au sujet de la valeur numérique du coefficient b_1.

Ce coefficient n'est probablement pas le même que dans le cas du mouvement uniforme; car le frottement du lit dépend de la vitesse au fond W, laquelle peut ne pas être identique dans les deux cas, à égalité de vitesse moyenne U. On verra plus loin (§ V) que le fait d'avoir, par exemple, une pente superficielle sensible entre deux sections assez voisines, tend à rapprocher l'une de l'autre les vitesses U et W, et, par suite, à rendre trop faible l'expression $\Pi\, b_1\, U^2$ du frottement. Toutefois M. Bazin dit avoir constaté dans quelques expériences que la formule (1) représente assez bien les faits, lorsqu'on y suppose b_1 égal à la valeur qu'il aurait prise si le même débit avait coulé dans le même lit, avec un mouvement uniforme. « Cette conclusion », dit M. Bazin, « ne peut être acceptée comme définitive; il faudrait, pour éclaircir ce point douteux, des expériences sur une plus grande échelle. . . »

La conclusion de M. Bazin ne s'applique point d'ailleurs aux lits non prismatiques, puisque le mouvement uniforme n'y serait pas possible (n° 76). Nous n'insisterons donc pas davantage sur cette difficulté, qui, au fond, n'est pas encore entièrement résolue. Pour les applications ultérieures, nous supposerons désormais b_1 constant dans le cours d'eau dont on s'occupe, et généralement nous lui attribuerons la valeur 0,0004. Dans chaque problème pratique, on aurait à voir si ce chiffre convient aux données particulières de la question, ou s'il faut se servir de nos méthodes en lui attribuant une autre valeur.

·78. PROBLÈME. *Connaissant la dépense Q d'un cours d'eau en mouvement permanent varié par filets parallèles, et pouvant lever autant de profils en travers qu'on le voudra, on demande de calculer la pente superficielle totale, entre deux sections données.* — L'équation (1) nous fournit immédiatement la solution de la question; si l'on nomme U_0 la vitesse dans une section quelconque à partir de laquelle seront comptés les abaissements superficiels y et les longueurs s, dans le sens du courant, et qu'on intègre cette équation, on trouvera

$$y = \frac{U^2 - U_0^2}{2\,g} + b_1 \int_0^s \frac{\chi}{\Omega}\, U^2\, ds.$$

Or on a

$$Q = U\Omega = U_0\,\Omega_0,$$

en appelant Ω_0 l'aire de la section prise pour point de départ; on peut donc chasser les vitesses de l'équation précédente, qui devient alors

$$(2) \qquad y = \frac{Q^2}{2g}\left(\frac{1}{\Omega^2} - \frac{1}{\Omega_0^2}\right) + b_1 Q^2 \int_0^s \frac{\chi}{\Omega^3}\, ds.$$

Toutes les sections transversales sont connues, ainsi que la dépense Q; cette relation exprime donc la pente cherchée y, en fonction des données.

Le calcul exact de l'intégrale définie $\int_0^s \frac{\chi}{\Omega^3}\, ds$ exigerait que l'on pût exprimer χ et Ω en fonction de s; cela ne sera pas généralement possible pour les lits de cours d'eau naturels, où ces quantités varient suivant des lois assez difficiles à représenter analytiquement. Mais alors on remplacerait l'intégration par un calcul approximatif; $\frac{\chi}{\Omega^3}$ étant considéré comme l'ordonnée d'une courbe dont l'abscisse serait s, l'intégrale en question représente l'aire comprise entre cette courbe, l'axe des s et les deux ordonnées répondant aux limites de s; or on sait calculer approximativement cette aire, au moyen de divers procédés. On a, par exemple, celui de Simpson, ou celui qui consiste à regarder la courbe comme droite entre deux points pris sur des ordonnées assez rapprochées l'une de l'autre, etc.

79. PROBLÈME. *Étant donnés les mêmes profils en travers et le nivellement en long du cours d'eau, calculer le débit par seconde.* — On fait usage de la même équation (2) ci-dessus établie; seulement Q devient l'inconnue et y une donnée.

Dans une portion de cours d'eau qui ne reçoit pas d'affluents et n'alimente pas de dérivation, Q doit rester constant, quelles que soient les deux sections extrêmes que l'on adopte pour faire l'application de l'équation (2). Cette application, répétée en variant les sections extrêmes, serait donc un moyen de contrôler l'exactitude des hypothèses théoriques, ou encore de déterminer la meilleure valeur de b_1 pour le cours d'eau dont on s'occupe.

Les ingénieurs ont rarement à résoudre les questions posées aux nᵒˢ 78 et 79. Puisque l'on peut relever les profils en travers, il est tout aussi bien possible de déterminer y par un nivellement en long, et la dépense Q peut d'ailleurs s'obtenir par un jaugeage, comme nous le verrons plus loin : ces moyens directs sont préférables en pratique. Mais la question suivante exige l'emploi du calcul, parce qu'il s'agit de déterminer à l'avance les modifications que subira le niveau d'un cours d'eau, par suite d'ouvrages non encore exécutés.

80. Problème. *Connaissant complétement une portion du lit d'un cours d'eau en mouvement permanent varié, par filets parallèles, c'est-à-dire ses dimensions et sa situation relativement à un plan horizontal de nivellement, connaissant la dépense Q par seconde, et enfin le niveau de l'eau dans l'une des sections extrêmes, trouver ce même niveau dans une autre section quelconque.* — La question se réduit évidemment à déterminer la pente superficielle totale y entre deux sections consécutives, que l'on peut supposer assez rapprochées pour que de l'une à l'autre il n'y ait pas de grands changements dans les valeurs de χ, Ω, U; car, en allant de proche en proche, on effectuerait complétement le nivellement en long de la surface de l'eau. Pour cela, on se servira encore, si l'on veut, de l'équation (2). Soient Ω_n, χ_n les valeurs de Ω et χ dans la section où le niveau de l'eau est donné; ces quantités sont connues. Soient Ω_{n-1} et χ_{n-1} les quantités analogues pour une section assez rapprochée de la première, dont celle-ci est séparée par une distance Δs; soit enfin y_n la pente superficielle dans cet intervalle. Appliquons l'équation (2) à la portion comprise entre les deux sections ainsi définies; si Δs est assez petit pour que $\frac{\chi_n}{\Omega_n^3}$ et $\frac{\chi_{n-1}}{\Omega_{n-1}^3}$ ne soient pas très-différents, l'intégrale $\int \frac{\chi}{\Omega^3}\,ds$ sera sensiblement égale à $\frac{1}{2}\Delta s\left(\frac{\chi_n}{\Omega_n^3}+\frac{\chi_{n-1}}{\Omega_{n-1}^3}\right)$; on aura donc

$$(3)\quad y_n=\frac{Q^2}{2g}\left(\frac{1}{\Omega_n^2}-\frac{1}{\Omega_{n-1}^2}\right)+b_1 Q^2\left(\frac{\chi_n}{\Omega_n^3}+\frac{\chi_{n-1}}{\Omega_{n-1}^3}\right)\frac{\Delta s}{2}.$$

Cette équation ne donne pas immédiatement y_n, car χ_{n-1} et Ω_{n-1} en dépendent implicitement; mais il est clair qu'un tâtonnement permettra d'avoir cette quantité. La pente superficielle entre deux sections peu éloignées devant nécessairement être assez petite, on fera d'abord $y_n = 0$; le niveau de l'eau étant alors connu, par cela même, dans la section que définit l'indice $n-1$, on calculera χ_{n-1} et Ω_{n-1}; puis on calculera le second membre de l'équation (3) qui donnera y_n avec une première approximation. Si l'on veut plus d'exactitude, on calculera de nouveau, en partant de cette valeur provisoire de y_n, les valeurs de χ_{n-1} et Ω_{n-1}, pour les substituer encore dans le second membre de l'équation (3) et avoir y_n corrigé. On s'arrêtera dans ces approximations successives, quand deux valeurs consécutives de y_n, ainsi obtenues, seront sensiblement égales, ce qui en général arrivera promptement.

Connaissant maintenant le niveau de l'eau dans la section Ω_{n-1}, on trouvera de même ce niveau dans la section suivante Ω_{n-2}, et, de proche en proche, le profil en long du courant sera déterminé.

La méthode suivante, tout en étant aussi d'une application assez pénible, nous semble préférable en ce qu'elle évite les tâtonnements, et qu'elle a d'ailleurs l'avantage de mettre en évidence certaines propriétés utiles à connaître, ainsi que les cas d'exception. Elle repose sur l'application de la formule (1) convenablement transformée.

A cet effet, soit DACFBE la section transversale du lit; AB la ligne d'eau, variable d'une section à l'autre, et horizontale dans chaque section. Traçons dans la figure DACFBE une horizontale quelconque CC, occupant une situation connue, relativement à laquelle on mesurera la profondeur du courant. Cette ligne CC restera d'ailleurs arbitraire; elle ne sera soumise qu'à la condition

Fig. 45.

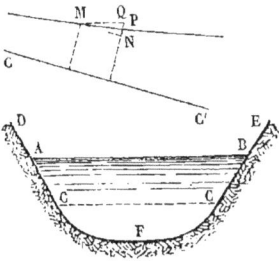

de varier d'une manière continue, et en descendant avec une faible pente, peu différente de celle du lit et de celle d'un filet liquide quelconque, lorsqu'on passera d'une section à une autre prise en aval. L'ensemble de toutes les horizontales CC formera ainsi une surface réglée, figurée par la ligne droite ou courbe CC' dans le profil longitudinal du cours d'eau et de son lit. Appelons maintenant :

h la profondeur mesurée entre le niveau de l'eau dans une
section, et l'horizontale CC;

l la largeur $\overline{AB}$, à la surface de l'eau ;

s la distance de la section considérée à une autre prise pour
origine ; cette origine sera supposée en amont, et les distances s positives seront mesurées en descendant suivant
la ligne CC', dans le sens du courant;

i la pente de la ligne CC' par unité de longueur, à la distance s de l'origine.

Conservons d'ailleurs les notations employées au n° 77.

Nous remarquerons d'abord que si l'on fait deux sections en
deux points infiniment voisins M et P de la surface du courant,
et que par M on mène une horizontale MQ et une parallèle MN
à l'élément de CC' compris entre les plans des deux sections, ds
étant la distance $\overline{MN}$, on aura

$$\overline{QN} = \overline{MN} \, \mathrm{tang} \, NMQ = ids,$$

car les sections devant être menées à peu près normalement
à tous les filets doivent être, par cela même, sensiblement
perpendiculaires à CC', et l'angle NMQ diffère peu d'un droit.

Cela posé, remarquons que la pente i est toujours faible et
que les sections se confondent presque avec des plans verti-
caux : $\overline{PQ}$ est donc égal, sauf un facteur très-peu différent de 1,
à la pente superficielle dy entre les deux sections; d'un autre
côté $\overline{QN}$ est l'augmentation dh de la profondeur; donc l'égalité

$$\overline{QP} = \overline{QN} - \overline{PN}$$

peut s'écrire

$$dy = ids - dh.$$

On a aussi, d'après la définition même de la vitesse moyenne,
l'égalité

$$U\Omega = Q;$$

d'où l'on tire, par la différentiation,

$$U \, d\Omega + \Omega \, dU = 0 \quad \text{et} \quad dU = -\frac{U}{\Omega} \, d\Omega.$$

Or, en passant de M à P, la section Ω s'accroît en premier lieu d'un trapèze infiniment petit dont AB est une base et la hauteur dh; secondement elle prend un accroissement qui répond à la seule variation de s, la hauteur h demeurant constante, accroissement qu'on peut exprimer par $\dfrac{d\Omega}{ds}\,ds$; on a donc

$$d\Omega = l\,dh + \frac{d\Omega}{ds}\,ds,$$

et, par suite,

$$d\mathrm{U} = -\frac{\mathrm{U}}{\Omega}\left(l\,dh + \frac{d\Omega}{ds}\,ds\right).$$

Si l'on substitue dans l'équation (1) du n° **77** les valeurs de $d\mathrm{U}$ et de dy, on trouve

$$i\,ds - dh = -\frac{\mathrm{U}^2 l}{g\Omega}\,dh - \frac{\mathrm{U}^2}{g\Omega}\cdot\frac{d\Omega}{ds}\,ds + \frac{\chi}{\Omega}\,b_{\scriptscriptstyle 1}\,\mathrm{U}^2 ds,$$

ou bien

$$(4)\qquad ds = \frac{1 - \dfrac{\mathrm{U}^2 l}{g\Omega}}{i - \dfrac{\chi}{\Omega}\,b_{\scriptscriptstyle 1}\,\mathrm{U}^2\left(1 - \dfrac{1}{b_{\scriptscriptstyle 1}\,g\chi}\cdot\dfrac{d\Omega}{ds}\right)}\,dh.$$

Il faut remarquer que le multiplicateur de dh dans le second membre de cette équation est, par la manière même dont la question est posée, une fonction connue des variables s et h, ou en d'autres termes une fonction qu'on peut calculer numériquement lorsqu'on donne s et h. En effet, la connaissance de s détermine déjà la position d'une section transversale, et, par suite, la valeur de i; connaissant en outre h, on peut tracer la ligne d'eau dans la section dont il s'agit, d'où résulte la possibilité de calculer le périmètre mouillé χ, la largeur l, l'aire Ω, la vitesse $\mathrm{U} = \dfrac{\mathrm{Q}}{\Omega}$, et enfin la dérivée partielle $\dfrac{d\Omega}{ds}$ (*). Ainsi

_____

(*) Le calcul de cette dérivée offrirait peut-être une certaine difficulté dans la pratique, parce qu'on n'a pas, en général, l'expression analytique de Ω en fonction de s et de h, mais seulement le dessin des profils successifs du lit. Pour la calculer approximativement, il faudrait chercher les aires Ω et $\Omega + \Delta\Omega$ de deux profils voisins situés aux distances s et $s + \Delta s$ de l'origine, ces aires répon-

II. 2ᵉ ÉDIT. 16

donc, si l'on nomme $f(s, h)$ une certaine fonction, calculable numériquement avec les données s et h, on constate que l'équation (4) est de la forme

$$(5) \qquad ds = f(s, h)\, dh.$$

Il est visible maintenant que l'équation (4) ou son équivalente (5) définit la figure affectée par le profil en long de la surface supérieure du courant : c'est en effet l'équation différentielle qui lie h avec s, ou l'ordonnée du profil avec son abscisse. Quand l'intégration exacte sera possible, elle donnera l'équation de la courbe sous forme finie : si elle ne l'est point (ce qui aura lieu le plus souvent), on lui substituera un calcul par approximation, analogue à celui qu'on a déjà vu à propos du second système de vannes Chaubart (n° 43) : partant d'une section donnée où l'on connaît la ligne d'eau, c'est-à-dire d'une section où s et h ont des valeurs connues, on calcule numériquement $f(s, h)$, et l'on en conclut la variation Δs répondant à une petite variation Δh arbitrairement choisie; on obtient ainsi les coordonnées $s + \Delta s$, $h + \Delta h$, pour une seconde section voisine de la première. De la seconde on peut de même passer à une troisième, puis de la troisième à la quatrième, et ainsi de proche en proche jusqu'à l'extrémité.

L'emploi du procédé d'approximation qu'on vient d'exposer exige rigoureusement que la fonction $f(s, h)$ varie très-peu dans l'intervalle de h à $h + \Delta h$; il faut donc que $f(s, h)$ soit continue dans cet intervalle et ne devienne pas infinie. S'il en était différemment, on devrait diminuer Δh de manière à remplir la condition, ce qui serait toujours possible, sauf dans le cas où l'on voudrait partir précisément d'une section pour laquelle on aurait

$$f(s, h) = \infty$$

ou, ce qui revient au même,

$$(6) \qquad i = \frac{\chi}{\Omega} b_1 U^2 \left(1 - \frac{1}{b_1 g \chi} \cdot \frac{d\Omega}{ds} \right).$$

---

dant d'ailleurs à une même valeur de h dans les deux profils : le quotient $\frac{\Delta\Omega}{\Delta s}$ donnerait la valeur approximative de la dérivée $\frac{d\Omega}{ds}$ pour les valeurs s et h sur lesquelles on aurait opéré.

On tomberait alors dans un cas d'exception, et le procédé dont il s'agit deviendrait inapplicable.

Nommons H une valeur de h satisfaisant à l'équation (6) quand on y donne à s une valeur déterminée; H variera d'une section à l'autre, en même temps que s. Le raisonnement précédent montre que si l'on construit un profil en long fictif avec la série de profondeurs H, *le profil en long cherché devra se trouver entièrement au-dessous ou entièrement au-dessus de celui-là*, sans quoi l'intégration approchée deviendrait fautive. Lorsque la section du lit reste constante, la dérivée partielle $\frac{d\Omega}{ds}$ est toujours nulle, pourvu que l'horizontale de repère CC (*fig.* 45) occupe partout la même position; la pente i devient alors celle du lit, et l'équation (6) ne diffère pas de la formule (1) du n° **73**. Si en outre i ne change pas avec s, la hauteur H ne change pas non plus : c'est la profondeur correspondant au régime uniforme dans le lit et avec le débit donné. On peut dire alors que, pour être calculable par le moyen ci-dessus indiqué, le profil en long de la surface du courant ne doit pas couper la ligne du régime uniforme.

Une autre circonstance peut créer un cas d'exception, mais pour un motif différent. Supposons que, dans une section déterminée par l'abscisse s, nous ayons trouvé une profondeur h vérifiant l'équation

$$f(s,\ h) = 0$$

ou bien

(7)
$$1 - \frac{U^2 l}{g\Omega} = 0;$$

le rapport $\frac{ds}{dh}$ s'annulerait pour cette section, ce qui signifie que l'élément correspondant MP du profil longitudinal prendrait la direction QN normale à la ligne CC'. Comme CC' est supposée avoir toujours une pente à peu près égale à celle du lit, les molécules liquides placées à la partie supérieure de la section devraient donc posséder des vitesses normales à celles des molécules qui se meuvent près du fond; résultat incompatible avec l'hypothèse du parallélisme des filets, admise au

16.

commencement du n° 77, comme nécessaire à la démonstration de l'équation (1). L'hypothèse conduisant, dans le cas dont il s'agit, à une conséquence qui la contredit formellement devient, par cela même, inadmissible, ainsi que l'équation (1) et toutes ses conséquences. Si donc on déterminait dans chaque section, eu égard à la coordonnée s qui s'y rapporte, une profondeur h' vérifiant l'équation (7) et que l'on construisît un second profil en long fictif avec cette série de profondeurs h', comme on en a déjà construit un premier avec les profondeurs H, on aurait une autre barrière que le profil en long de la surface libre ne doit jamais franchir. Et quand une intersection viendrait à se présenter, il y aurait ici impossibilité absolue d'appliquer la théorie, en raison d'un vice radical qui la fausserait à son origine même, tandis qu'il ne s'agissait dans le premier cas que d'une imperfection relative au procédé de calcul, et conséquemment susceptible d'être parfois corrigée par l'intégration exacte de l'équation (5).

Maintenant que se passe-t-il dans la réalité physique, quand il devient ainsi rigoureusement nécessaire de rejeter l'hypothèse du parallélisme des filets? C'est ce qu'évidemment les formules démontrées plus haut ne sauraient nous dire, puisque, au contraire, elles admettaient cette hypothèse : mais l'expérience peut jusqu'à un certain point nous venir en aide. Elle nous apprend que, en suivant un cours d'eau dans le sens de l'écoulement, on y observe quelquefois des augmentations brusques de la profondeur h, quoique le lit présente toujours une surface à pente continue. Il faut alors que la surface libre du courant devienne à peu près normale au fond, ce qui ne saurait, comme on l'a déjà fait observer, se concilier avec la supposition de filets parallèles. Ce phénomène, connu sous le nom de *ressaut superficiel* ou simplement de *ressaut*, n'est donc point compris dans l'étude que nous avons faite jusqu'ici (n°s 76 à 80); il exige une théorie particulière que nous exposerons ultérieurement. Nous aurons alors occasion d'examiner si les conditions analytiques de son existence n'ont pas quelque chose de commun avec l'équation (7), et si la seconde exception qu'on vient de signaler n'annonce pas, au moins dans certaines circonstances, la production probable d'un res-

saut; nous verrons en même temps comment cette théorie
concourt avec celle du mouvement permanent varié par filets
parallèles, à déterminer le profil en long de la surface libre.
Bornons-nous à dire, pour le moment, que la solution du problème, telle que nous la donnons ici, exige l'absence en fait,
de ces changements brusques de profondeur dans la partie du
courant soumise au calcul.

Enfin la recherche théorique de la surface libre, d'après les
équations (1), (4) ou (5), ne comportant, comme données, que
la connaissance du lit et de la profondeur dans une section
extrême, il pourrait arriver, par suite de circonstances extérieures quelconques, que la profondeur réelle dans la section
faite à l'autre extrémité ne fût pas égale à celle qui résulterait
du calcul. Par exemple, supposons un canal qui aurait un niveau
connu en un certain point; supposons encore que, partant de là,
on trouve, au moyen de la formule (5) intégrée, les profondeurs
successives pour les sections en aval, et qu'on arrive ainsi à
un niveau déterminé pour la section extrême, formant l'embouchure du canal dans un réservoir censé indéfini, comme
la mer : si ce dernier niveau de l'eau dans le canal ne coïncide
pas avec celui du réservoir, il sera certain que la formule (5)
n'aura pas donné le profil en long véritable de la surface du
courant. Ce serait encore un cas d'exception où cette formule
ne suffirait plus, et cela pourrait tenir à plusieurs causes : ou
bien le mouvement ne remplirait la condition de permanence,
ou il présenterait au moins un ressaut superficiel, ou la loi du
frottement aurait subi une modification; ou bien, enfin, on
serait parti de données inexactes en se fixant la dépense et la
profondeur dans l'une des sections extrêmes. Il faut en effet
remarquer que si les données d'un problème théorique doivent en général être acceptées comme incontestables, sauf le
cas de contradiction réciproque ou d'absurdité, celles d'une
application pratique sont sujettes à discussion, lorsqu'elles
résultent déjà d'un calcul préliminaire; alors il peut arriver
que l'impossibilité tienne aux bases inexactes sur lesquelles
on aurait fait ce calcul, et qu'on réussisse à la supprimer en
modifiant convenablement ces bases.

Lorsqu'on suppose la profondeur h très-grande, la vitesse U tend à devenir constamment nulle, puisque la section Ω tend au contraire vers ∞. L'équation fondamentale (1) montre alors qu'on a $dy = 0$, c'est-à-dire que le profil en long de la surface libre se confond à la limite avec une horizontale. Cela doit sembler tout naturel, car si U s'annule le courant se transforme en un liquide stagnant. Ainsi donc, lorsque le développement du lit, et un ensemble favorable de circonstances extérieures permettent la production de profondeurs indéfiniment croissantes, la surface libre se raccorde asymptotiquement avec un plan horizontal.

Nous craindrions, en restant plus longtemps sur le terrain des généralités, de tomber dans le vague et de rendre nos propositions difficiles à saisir. Nous allons donc restreindre la question par des hypothèses particulières qui nous permettront d'en développer beaucoup la solution, et de parvenir ainsi au degré de clarté désirable.

81. *Cas particulier d'un lit prismatique à pente constante, ayant une très-grande largeur.* — Nous supposons un lit dont la section transversale, constante dans sa forme et sa grandeur. satisfasse aux conditions exprimées (n° 75) à propos de la *fig.* 41, p. 229; de plus, en passant d'une section à l'autre, chaque point du profil devra descendre d'une quantité en rapport invariable avec les distances s, de manière à former un lit dont la pente reste partout la même. La ligne IK, qui occupe toujours la même place dans toutes les sections, sera celle à laquelle nous attribuerons le rôle de l'horizontale CC (*fig.* 45, p. 239); les profondeurs se comptant à partir de cette ligne, elle remplacera pour nous le fond véritable, et la pente désignée par i au n° 80 ne différera pas de celle du lit.

Avec ces hypothèses, on constaterait sans peine que le second membre des équations (4) ou (5) ne contient plus la variable s, car i devient constant, $\dfrac{d\Omega}{ds}$ est nul, et les autres quantités ne changent qu'avec h. L'intégration se réduirait alors à une quadrature, et l'on aurait

$$s = \int \varphi(h)\, dh,$$

$\varphi(h)$ désignant une fonction connue de la profondeur h. Mais au lieu de chercher ainsi directement, en partant des équations (4) ou (5), une relation entre s et h, nous avons jugé plus commode de passer par l'intermédiaire d'une expression de y en fonction de h : c'est pourquoi nous prendrons l'équation (1) pour point de départ, et nous la transformerons de manière à n'y conserver que les différentielles dh et dy. Voici comment.

Nous conserverons toutes les notations du n° 80, et nous nommerons en outre

q le quotient du débit Q par la largeur $\overline{\text{IK}}$ (*fig.* 41), c'est-à-dire le débit par mètre de largeur;

H la profondeur du régime uniforme compatible avec le lit et le débit donnés.

La forme particulière de la section permet de confondre la largeur l à la surface avec $\overline{\text{IK}}$; et d'un autre côté, on peut, comme on l'a déjà remarqué (n° 75), poser les égalités

$$\Omega = \overline{\text{IK}} \cdot h = lh,$$

$$\chi = l,$$

$$\text{U} = \frac{\text{Q}}{\Omega} = \frac{\text{Q}}{lh} = \frac{q}{h}.$$

Substituons ces valeurs dans l'équation (1) du mouvement permanent varié par filets parallèles (n° 77), en y remplaçant aussi ds par sa valeur tirée de la relation

$$dy = i\,ds - dh$$

trouvée au n° 80; il viendra

$$dy = -\frac{q^2\,dh}{gh^3} + \frac{b_1 q^2}{ih^3}(dy + dh),$$

soit, en séparant les variables y et h,

$$dy = \frac{1 - \dfrac{i}{b_1 g}}{h^3 - \dfrac{b_1 q^2}{i}} \cdot \frac{b_1 q^2}{i}\,dh.$$

Or la profondeur H du régime uniforme est déterminée par la relation (n° 75)

$$H^3 = \frac{b_1 Q^2}{i l^2} = \frac{b_1 q^2}{i};$$

donc on a aussi

$$dy = \left(1 - \frac{i}{b_1 g}\right) \frac{H^3 dh}{h^3 - H^3};$$

ou bien, si l'on pose $x = \dfrac{h}{H}$,

(8) $$dy = H \left(1 - \frac{i}{b_1 g}\right) \frac{dx}{x^3 - 1}.$$

L'intégrale de l'équation (8) s'obtient sans peine sous forme finie. Suivant la méthode ordinaire pour l'intégration des fractions rationnelles, on écrira successivement

$$\frac{dx}{x^3 - 1} = \frac{1}{3} dx \left(\frac{1}{x - 1} - \frac{x + 2}{x^2 + x + 1}\right)$$

$$= \frac{1}{3} \cdot \frac{dx}{x - 1} - \frac{1}{3} \cdot \frac{\left(x + \frac{1}{2}\right) dx}{\left(x + \frac{1}{2}\right)^2 + \frac{3}{4}} - \frac{1}{3} \sqrt{3} \frac{d\left(\frac{2x + 1}{\sqrt{3}}\right)}{1 + \left(\frac{2x + 1}{\sqrt{3}}\right)^2}.$$

L'intégration devient alors immédiate, et l'on a, en désignant par C une constante arbitraire,

$$\int \frac{dx}{x^3 - 1} = \frac{1}{3} \log \text{hyp} (x - 1) - \frac{1}{6} \log \text{hyp} \left[\left(x + \frac{1}{2}\right)^2 + \frac{3}{4}\right]$$

$$- \frac{1}{3} \sqrt{3} \text{ arc tang} \frac{2x + 1}{\sqrt{3}} + C$$

$$= \frac{1}{6} \log \text{hyp} \frac{(x - 1)^2}{x^2 + x + 1} - \frac{1}{3} \sqrt{3} \text{ arc tang} \frac{2x + 1}{\sqrt{3}} + C.$$

La dernière expression multipliée par $H\left(1 - \dfrac{i}{b_1 g}\right)$ deviendrait la valeur de la pente superficielle y.

Pour faire disparaître la constante arbitraire C, il faut indiquer le plan horizontal de comparaison à partir duquel on compte les abaissements successifs y. Si ce plan passe en un point de la surface du courant répondant à la profondeur h_1 ou

x_1H, y devra s'annuler quand on fera $x = x_1$, ce qui donnera pour déterminer C, l'égalité

$$\frac{1}{6} \log \text{hyp} \frac{(x_1 - 1)^2}{x_1^2 + x_1 + 1} - \frac{1}{3} \sqrt{3} \text{ arc tang} \frac{2x_1 + 1}{\sqrt{3}} + C = 0.$$

On pourrait prendre, par exemple, $x_1 = \infty$, c'est-à-dire compter les y à partir du plan horizontal vers lequel tend la surface du courant (n° 80) quand la profondeur augmente indéfiniment; alors on aurait

$$\lim \frac{(x_1 - 1)^2}{x_1^2 + x_1 + 1} = \lim \frac{1 - \frac{2}{x_1} + \frac{1}{x_1^2}}{1 + \frac{1}{x_1} + \frac{1}{x_1^2}} = 1,$$

$$\lim \frac{2x_1 + 1}{\sqrt{3}} = \infty,$$

et par suite, le logarithme s'annulant,

$$C = \frac{1}{3} \sqrt{3} \text{ arc tang} \infty = \frac{1}{6} \pi \sqrt{3}.$$

L'intégrale de l'équation (8) serait donc

$$y = H \left(1 - \frac{i}{b_1 g} \right) \left[\frac{1}{6} \log \text{hyp} \frac{(x - 1)^2}{x^2 + x + 1} \right.$$
$$\left. + \frac{1}{3} \sqrt{3} \left(\frac{\pi}{2} - \text{arc tang} \frac{2x + 1}{\sqrt{3}} \right) \right];$$

ou bien, en posant, pour abréger,

$$(9) \quad \begin{cases} \psi(x) = \frac{1}{6} \log \text{hyp} \frac{x^2 + x + 1}{(x - 1)^2} - \frac{1}{3} \sqrt{3} \text{ arc cot} \frac{2x + 1}{\sqrt{3}}, \\ a^3 = \frac{i}{b_1 g}, \end{cases}$$

on pourrait écrire

$$(10) \qquad -y = H (1 - a^3) \psi(x).$$

Sous cette dernière forme, à laquelle nous nous arrêterons, le second membre exprime les ordonnées verticales des divers points de la surface du courant, comptées *en dessus* du plan de comparaison choisi tout à l'heure et évaluées en fonction du rapport x, qui lui-même définit la profondeur h.

L'ordonnée verticale y étant connue en fonction de h, on en conclut aisément la distance s. On a en effet

$$ids = dy + dh,$$

d'où résulte par l'intégration

$$is + C' = y + h,$$

en nommant C' une nouvelle constante. On reportera dans cette dernière équation la valeur de y, et l'on obtiendra

$$(11) \qquad \frac{is + C'}{H} = x - (1 - a^3)\,\psi(x).$$

La constante C' se déterminerait en indiquant, par exemple, la profondeur h_2 ou le rapport $x_2 = \dfrac{h_2}{H}$, en un point situé à la distance connue s_2 de l'origine des s. Ces deux quantités x_2 et s_2 devant satisfaire à l'équation (11), on aurait

$$\frac{is_2 + C'}{H} = x_2 - (1 - a^2)\,\psi(x_2),$$

et par suite,

$$(12) \qquad \frac{i(s - s_2)}{H} = x - x_2 - (1 - a^3)\,[\psi(x) - \psi(x_2)].$$

On peut regarder cette équation comme déterminant complétement s en fonction de x ou de h : ce serait l'équation de la courbe du courant à sa surface, si l'on prenait pour axes coordonnés, d'une part la ligne ayant la pente i sur l'horizon et représentant le fond du lit dans le profil longitudinal [c'est-à-dire le lieu des points analogues à 1 (*fig.* 41), dans ce profil], d'autre part une perpendiculaire menée par l'origine des s. C'est donc aussi l'intégrale de l'équation générale (4) ou (5) du n° 80, en tenant compte des données spéciales à la question actuelle, savoir $i = $ const. et $\dfrac{d\Omega}{ds} = 0$.

L'emploi pratique des équations (10), (11) et (12), où entrent un logarithme hyperbolique et un arc défini par sa cotangente, ne laisserait pas que d'exiger des calculs numériques assez pénibles, surtout si l'on devait en faire l'application à un certain nombre de points. Dans le but d'éviter ce grave inconvénient, nous avons construit la Table IV (*) qui donne immédiatement le résultat de la substitution d'une série de valeurs de x dans $\psi(x)$. La profondeur h étant, par sa nature, essentiellement positive, on ne peut avoir besoin des valeurs de $\psi(x)$ qu'entre les limites $x = 0$ et $x = \infty$. Depuis $x = 0$ jusqu'à $x = 0,70$, l'argument x procède de centième en centième; entre $x = 0,70$ et $x = 1$, l'accroissement de la fonction devient plus rapide, et en conséquence on a successivement réduit la différence de deux valeurs de x consécutives, aux nombres $0,005$, $0,002$ et $0,001$. Au delà de $x = 1$, on a trouvé plus commode pour effectuer le calcul numérique de la fonction ψ, de définir x par son inverse $\dfrac{1}{x}$, qui varie seulement de 1 à 0 pendant que x passe de 1 à ∞; dans cette seconde partie de la table les différences de l'argument suivent d'ailleurs la même loi que dans la première, c'est-à-dire qu'elles sont de $0,01$ pour $\dfrac{1}{x}$ inférieur à $0,70$, et successivement de $0,005$, $0,002$ et $0,001$ pour $\dfrac{1}{x}$ compris entre $0,70$ et $1,00$. Afin de faciliter les calculs d'interpolation, la table renferme encore les différences des valeurs successives de la fonction, c'est-à-dire les résultats de la soustraction faite entre une quelconque de ces valeurs et celle qui est immédiatement à la suite. On conçoit sans peine la construction d'une pareille table, puisque l'on connaît l'expression (9) de $\psi(x)$ sous forme finie : on pourrait la réaliser (d'une manière assez pénible, il est vrai) par des substitutions de nombres à la place de x, dans $\psi(x)$. Mais il y a des procédés plus rapides, et nous parlerons tout à l'heure de celui que nous avons réellement employé.

(*) *Voir* le Recueil de tables numériques, à la fin de ce volume. — Dans ses *Études théoriques et pratiques sur le mouvement des eaux courantes*, M. Dupuit, Inspecteur général des Ponts et Chaussées, a le premier intégré l'équation différentielle du mouvement permanent varié, pour divers cas particuliers, et donné une table analogue.

Il est aisé, avec la table dont on vient de parler, de résoudre toutes les questions qui supposent la recherche du profil en long de la surface de l'eau, pourvu toutefois que l'hypothèse du parallélisme des filets ne cesse pas d'être admissible. Si l'on veut, par exemple, connaître la distance entre deux points où l'on donne les profondeurs h et h_1, on la tirera immédiatement de l'équation (12) : après avoir calculé la valeur du second membre pour $x = \dfrac{h}{H}$ et $x_2 = \dfrac{h_2}{H}$, on la multipliera par $\dfrac{H}{i}$ et l'on aura la distance demandée $s - s_2$. Le problème inverse, dans lequel on voudrait déterminer l'une des profondeurs h ou h_2, connaissant l'autre et la distance intermédiaire $s - s_2$, se résoudrait avec quelques tâtonnements. C'est ce que nous allons montrer par un exemple numérique.

Soit donné un lit défini, quant à son profil transversal, par la *fig.* 41, p. 239, en y supposant $\overline{BE} = 70^m$, $\overline{BI} = 0^m,857$, et attribuant aux berges des talus à 1 de base pour 2 de hauteur; soient en outre $i = 0,000115$, la dépense $Q = 40^{me}$ par seconde, et enfin le coefficient $b_1 = 0,0004$. D'après ces nombres on aurait d'abord, pour déterminer H (n° 75),

$$H^3 . 0,000115 = 0,0004 \frac{40^2}{70^2},$$

égalité d'où résultent les suivantes :

$$H^3 = 1^{mc},1358,$$
$$H = 1^m,0433,$$
$$\frac{H}{i} = 9072^m.$$

Maintenant supposons que, par un barrage, la surface du courant, prise un peu en amont de cet obstacle, soit élevée à $1^m,50$ au dessus du plan du régime uniforme, de sorte qu'en cet endroit on ait

$$h = 1^m,50 + 1^m,0433 = 2^m,5433.$$

Le mouvement permanent varié par filets parallèles étant supposé se produire, on demande à quelle distance en amont le gonflement sera réduit à $0^m,60$ et la profondeur h_2 à $0^m,60 + 1^m,0433$, soit à $1^m,6433$.

Nous avons ici

$$x = \frac{h}{H} = \frac{2,5433}{1,0433} = 2,438, \quad \frac{1}{x} = 0,410,$$
$$x_2 = \frac{h_2}{H} = \frac{1,6433}{1,0433} = 1,575, \quad \frac{1}{x_2} = 0,635.$$

Par suite, la Table IV donne

$$\psi(x) = \psi\left(\frac{1}{0,41}\right) = 0,0865 \, ;$$

quant à $\psi(x_2)$, comme la valeur $\frac{1}{x_2} = 0,635$ ne figure pas dans la table, on fait un calcul approximatif en employant l'interpolation linéaire, et l'on pose

$$\psi(x_2) = \psi\left(\frac{1}{0,635}\right) = \psi\left(\frac{1}{0,64}\right) + \frac{0,64 - 0,635}{0,64 - 0,630}\left[\psi\left(\frac{1}{0,63}\right) - \psi\left(\frac{1}{0,64}\right)\right]$$

$$= 0,2306 - \frac{1}{2}\cdot 0,0085 = 0,2264.$$

On a encore

$$a^3 = \frac{i}{b_1 g} = \frac{0,000115}{0,0004 \times 9,81} = 0,0293.$$

Cela fait, on substitue les nombres dans l'équation (12), qui devient

$$\frac{i(s - s_2)}{H} = 2,438 - 1,575 - (1 - 0,0293)(0,0865 - 0,2264) = 0,999 \, ;$$

on en déduit enfin la distance demandée

$$s - s_2 = 0,999 \, \frac{H}{i} = 9060^m \text{ environ } (^*).$$

S'il s'agissait, au contraire, étant données $s - s_2 = 9060^m$ et $h = 2^m,5433$, de calculer h_2, voici comment on procèderait. Les quantités x et $\psi(x)$ sont encore connues ; on connaît aussi

$$a^3 = 0,0293 \quad \text{et} \quad \frac{i(s - s_2)}{H} = \frac{9060}{9072} = 0,999.$$

La substitution de ces valeurs dans l'équation (12) donnera, pour déterminer x_2,

$$0,999 = 2,438 - x_2 - (1 - 0,0293)\left[0,0865 - \psi(x_2)\right],$$

ou bien, toute réduction faite,

$$x_2 - (1 - 0,0293)\psi(x_2) = 1,355.$$

(*) M. l'Ingénieur en chef Belanger, notre prédécesseur à l'École des Ponts et Chaussées, a traité la même application numérique dans son *Cours lithographié*, et a trouvé $s - s_2 = 9244$ mètres. L'écart entre ce résultat et le nôtre (bien peu important, puisqu'il se réduit à 2 pour 100) tient en partie à ce que nous admettons l'hypothèse simplificative d'un lit indéfiniment large, et en partie à l'emploi que nous faisons de la formule monôme $\Pi b_1 \mathrm{U}^2$ (n° 72) au lieu du binôme donné par de Prony et Eytelwein, pour exprimer la résistance du lit.

Cette équation se résout par des tâtonnements que la Table IV rend très-faciles. Quant on met à la place de x_2 les inverses des nombres 0,5, 0,6, 0,7, le premier membre prend respectivement les valeurs 1,872, 1,474 et 1,149; donc x_2 se trouve compris entre les inverses de 0,6 et de 0,7. Pour en approcher davantage, on interpolera linéairement, et l'on posera en conséquence la proportion

$$\frac{1}{x_2} - 0,6 : 0,7 - 0,6 :: 1,474 - 1,355 : 1,474 - 1,149,$$

d'où résulte

$$\frac{1}{x_2} = 0,6 + 0,1 \frac{0,119}{0,325} = 0,637.$$

L'inverse de ce nombre, substitué dans le premier membre de l'équation à résoudre, le rend égal à 1,349, au lieu de 1,355; donc x_2 est à peu près égal à $\dfrac{1}{0,637}$. Si l'on s'en tenait à cette approximation, on aurait

$$h_2 = \frac{H}{0,637} = 1^m,638,$$

ce qui est en effet la profondeur cherchée à $0^m,005$ près. Pour plus d'exactitude, on pourrait faire une seconde interpolation entre $\dfrac{1}{x_2} = 0,6$ et $\dfrac{1}{x_2} = 0,637$; on aurait

$$\frac{1}{x_2} = 0,6 + 0,037 \cdot \frac{1,474 - 1,355}{1,474 - 1,349} = 0,635,$$

et par conséquent

$$h_2 = \frac{H}{0,635} = 1^m,643.$$

Mais dans l'exemple actuel la correction précédente n'aurait pratiquement aucune utilité, car les erreurs dues à l'incertitude de la théorie s'élèvent parfois bien au-dessus de celle qu'on ferait ainsi disparaître. Seulement cette correction permettrait de constater le degré d'approximation numérique obtenu dans le premier essai.

Discussion de la courbe affectée par la surface du courant. — Ainsi qu'on l'a dit tout à l'heure, cette courbe est représentée par l'équation (12); il s'agit donc de reconnaître comment varie l'ordonnée s quand x passe par tous les états de grandeur possibles. A la rigueur, la profondeur étant toujours réelle et positive dans les courants naturels, il suffirait de faire varier x entre o et ∞ ; mais, afin d'avoir la courbe complète, nous oublierons pour un instant les conditions physiques du problème, et nous attribuerons à x, outre les valeurs précédentes, toutes celles qui s'étendent entre o et $-\infty$. Nous exclurons d'ailleurs le cas de a négatif, c'est-à-dire que i (égal à $a^3 b_i g$) représentera une pente proprement dite et non une rampe, en marchant dans le sens du courant. Enfin, nous fixerons l'origine des coordonnées au point correspondant à une profondeur nulle; comme nous pouvons supposer que le point arbitraire défini par les coordonnées s_2, x_2 coïncide avec cette origine, nous ferons $s_2 = 0$, $x_2 = 0$ dans l'équation (12), qui prendra ainsi la forme

$$\frac{is}{H} = x - (1 - a^3)[\psi(x) - \psi(0)].$$

Or, d'après l'expression (9) de $\psi(x)$, on a

$$\psi(0) = \frac{1}{6}\log \text{hyp } 1 - \frac{1}{3}\sqrt{3}\ \text{arc cot}\frac{1}{\sqrt{3}} = -\frac{1}{9}\pi\sqrt{3}:$$

donc finalement l'équation de la courbe deviendra

$$(13) \qquad \frac{is}{H} = x - (1 - a^3)\left[\psi(x) + \frac{1}{9}\pi\sqrt{3}\right].$$

Dans sa discussion, deux cas sont à distinguer, suivant que l'on a $1 - a^3$ positif ou négatif, c'est-à-dire a plus petit ou plus grand que 1.

PREMIER CAS. $a < 1$; $\quad i < b_i g$.

Fig. 46.

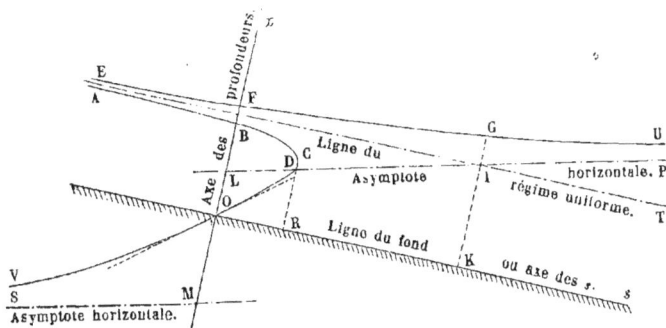

Soient Os et Ox (fig. 46) les axes des coordonnées; le premier représente dans le profil longitudinal du cours d'eau les points tels que I (*fig.* 41); le second est une ligne perpendiculaire à O*s*, au point O de la courbe, situé sur O*s*.

Faisons d'abord décroître x de o à $-\infty$, et, pour voir comment s varie, prenons la dérivée de l'équation (13), savoir :

$$(14) \qquad \frac{i\,ds}{\mathrm{H}\,dx} = 1 - \frac{1-a^3}{1-x^3} = \frac{a^3-x^3}{1-x^3}.$$

Cette expression montre que, pour x négatif, $\frac{ds}{dx}$ conserve toujours le signe $+$: donc s et x décroissent en même temps, et la courbe a une branche OV, située dans l'angle des axes négatifs. Quand x converge vers l'infini négatif, on a, d'après (9),

$$\psi(-\infty) = \frac{1}{6}\log\mathrm{hyp}\,1 - \frac{1}{3}\sqrt{3}\,\mathrm{arc\,cot}(-\infty) = -\frac{1}{3}\pi\sqrt{3};$$

donc l'équation (13) devient, à la limite,

$$\frac{is}{\mathrm{H}} = x + \frac{2}{9}(1-a^3)\pi\sqrt{3},$$

équation d'une droite MS asymptote à la branche OV. Cette droite coupe l'axe des profondeurs en dessous de l'origine à une distance $\overline{\mathrm{OM}}$ égale en valeur absolue à $\frac{2\mathrm{H}}{9}(1-a^3)\pi\sqrt{3}$; elle est d'ailleurs horizontale, car son angle avec O*s* a pour tangente $\frac{\mathrm{H}\,dx}{ds}$, ou i d'après son équation.

Lorsque x croît ensuite à partir de zéro, $\frac{ds}{dx}$ reste encore positif tant qu'on a $x < a$; pour $x = a$, $\frac{ds}{dx}$ s'annule, et il reste ensuite négatif pour toutes les valeurs de x comprises entre a et 1. Il est aisé aussi de constater que s converge vers l'infini négatif, à mesure que x se rapproche de l'unité. D'après cela, on voit que la courbe s'élève d'abord, en partant de O, dans l'angle des coordonnées positives; arrivée au point C, dont l'ordonnée $\overline{\mathrm{CR}}$ répond à $x = a$, elle a une tangente perpendiculaire au fond, de sorte que la profondeur capable de satisfaire à l'équation (7) du n° 89 est ici égale à aH; puis, s commençant à décroître, la courbe revient sur elle-même, suivant la branche CBA asymptote à la ligne du régime uniforme, ayant pour équation $x = 1$.

Les valeurs de x supérieures à l'unité rendent $\dfrac{ds}{dx}$ constamment positif, de sorte que la profondeur croît dans le sens du courant. Si l'on part de $x = 1$, on a d'abord $s = -\infty$; puis à mesure que x augmente, s augmente aussi et devient infini avec x : la courbe aura donc une branche telle que EFGU, asymptote vers l'amont à la ligne du régime uniforme, et s'écartant indéfiniment de cette ligne, en aval. De ce côté se trouve une autre asymptote, déjà signalée plus haut; son équation serait la suivante :

$$\frac{is}{\mathrm{H}} = x - (1 - a^3)\left[\psi(\infty) + \frac{1}{9}\pi\sqrt{3}\right] = x - \frac{1}{9}(1 - a^3)\pi\sqrt{3},$$

laquelle représente une horizontale LIP coupant l'axe $\mathrm{O}x$ à la distance $\overline{\mathrm{OL}} = \dfrac{\mathrm{H}}{9}(1 - a^3)\pi\sqrt{3}$ de l'origine, dans la partie positive de $\mathrm{O}x$.

Connaissant ainsi la description générale de la courbe, on peut encore signaler les circonstances suivantes, afin d'en avoir une idée plus complète.

1° La branche EFGU se trouve entièrement au-dessus de l'asymptote horizontale LIP. En effet, l'équation (10) montre que la hauteur d'un point quelconque au-dessus de cette horizontale est proportionnelle à la fonction $\psi(x)$, qui reste constamment positive pour $x > 1$, comme on le voit par la Table IV. La même table indique la valeur $x = 0,574$ comme rendant $\psi(x)$ égale à zéro : donc LIP coupe la branche ABCOV en un point D, répondant à la profondeur $0,574$ H.

2° Pour avoir les ordonnées $\overline{\mathrm{OB}}$, $\overline{\mathrm{OF}}$ des points B et F situés sur $\mathrm{O}x$, il faut résoudre par tâtonnement l'équation transcendante

$$x - (1 - a^3)\left[\psi(x) + \frac{1}{9}\pi\sqrt{3}\right] = 0,$$

obtenue en faisant $s = 0$ dans l'équation de la courbe. On en

II. 2ᵉ ÉDIT.   17

déduira deux valeurs de x qui seront les rapports des ordonnées en question à la profondeur H du régime uniforme.

3° La distance $\overline{\text{OR}}$ est l'abscisse s répondant à l'ordonnée $\overline{\text{CR}} = a\text{H}$. Donc

$$\frac{i \cdot \overline{\text{OR}}}{\text{H}} = a - (1 - a^3)\left[\psi(a) + \frac{1}{9}\pi\sqrt{3}\right].$$

4° La rencontre des asymptotes IT, IP s'effectue en I, point dont les cordonnées $\overline{\text{OK}} = s$, $\overline{\text{IK}} = x\text{H}$ doivent satisfaire à l'équation de la droite LIP. Donc on a, x étant ici égal à 1,

$$\frac{i \cdot \overline{\text{OK}}}{\text{H}} = 1 - \frac{1}{9}(1 - a^3)\pi\sqrt{3},$$

ce qui fait connaître $\overline{\text{OK}}$. L'ordonnée correspondante de la courbe, ou $\overline{\text{GK}}$, se déduira de l'équation (13), en y faisant $s = \overline{\text{OK}}$, $x = \dfrac{\overline{\text{GK}}}{\text{H}}$: on aura ainsi

$$1 - \frac{1}{9}(1 - a^3)\pi\sqrt{3} = \frac{\overline{\text{GK}}}{\text{H}} - (1 - a^3)\left[\psi\left(\frac{\overline{\text{GK}}}{\text{H}}\right) + \frac{1}{9}\pi\sqrt{3}\right],$$

ou bien, si l'on pose $\overline{\text{GK}} = \text{H}(1 + n)$,

$$n - (1 - a^3)\psi(1 + n) = 0.$$

Cette relation permettra de calculer n par tâtonnement.

5° L'expression

$$\frac{i\,ds}{\text{H}\,dx} = \frac{a^3 - x^2}{1 - x^3}$$

ci-dessus employée donne, pour un point quelconque, la tangente de l'angle que la courbe fait avec l'axe des s, car cette tangente a pour valeur $\dfrac{\text{H}\,dx}{ds}$ ou $\dfrac{i(1 - x^3)}{a^3 - x^3}$. Pour $x = 0$, en particulier, elle devient égale à $\dfrac{i}{a^3}$ ou à $b_1 g$, soit encore à $\dfrac{1}{255}$ environ, quand on suppose $b_1 = 0,0004$. Ainsi, la courbe coupe le fond en O sous un angle très-aigu.

6° Le rayon de courbure ρ serait, d'après une formule

connue,

$$\rho = \frac{\pm \left[1 + \left(\dfrac{ds}{dh} \right)^2 \right]^{\frac{3}{2}}}{\dfrac{d^2 s}{dh^2}} = \frac{\pm \left[1 + \left(\dfrac{ds}{H\,dx} \right)^2 \right]^{\frac{3}{2}}}{\dfrac{d^2 s}{H^2 dx^2}},$$

expression qui devient, en remplaçant $\dfrac{ds}{H\,dx}$ par sa valeur,

$$\rho = \frac{\pm \left[1 + \dfrac{1}{i^2} \left(\dfrac{a^3 - x^3}{1 - x^3} \right)^2 \right]^{\frac{3}{2}}}{-\dfrac{3(1 - a^3)}{H i} \cdot \dfrac{x^2}{(1 - x^3)^2}} = -\frac{\pm H i \left[(1 - x^3)^2 + \dfrac{1}{i^2} (a^3 - x^3)^2 \right]^{\frac{3}{2}}}{3(1 - a^3) x^2 (1 - x^3)}.$$

Pour $x = 0$, on a $\rho = \infty$: la courbe est donc aplatie en O, comme l'indique la figure. En C, on a $x = a$, et par suite

$$\rho = \frac{H i (1 - a^3)}{3 a^2},$$

ou, à cause de $i = a^3 b_1 g$,

$$\rho = \frac{1}{3} b_1 g H a (1 - a^3) ;$$

cette valeur est toujours une très-petite fraction de H, car, pour $a < 1$, le produit $a(1 - a^3)$ ne dépasse pas $0,4725$, maximum répondant à $a^3 = \dfrac{1}{4}$, et d'un autre côté on a, pour $b_1 = 0,0004$,

$$\frac{1}{3} b_1 g = 0,001308.$$

Par conséquent le rayon de courbure en C serait, au plus, $0,00062$ H : la courbe doit présenter là une pointe excessive-ment aiguë (*).

Le tableau suivant résume les principales données numé-riques dont la recherche vient d'être indiquée. Pour vingt-trois

---

(*) Cette pointe n'existe pas dans la *fig.* 46, parce qu'on a fait la construction avec une échelle des longueurs 200 fois moindre que celle des profondeurs. On a supposé d'ailleurs $a^3 = 0,30$ (soit une pente de $1^m,177$ par kilomètre) et $H = 1$.

pentes particulières, il fait connaître directement les longueurs $\overline{OM}$, $\overline{OL}$, $\overline{OB}$, $\overline{OF}$, $\overline{GK}$, $\overline{OR}$, toutes définies par leur rapport à H. Dans le cas d'une pente comprise entre celles du tableau, l'interpolation conduirait à des résultats approximatifs.

a^3	a	PENTE DU LIT par kilom. — $i.1000^m$.	$\overline{OM}$	$\overline{OL}$	$\overline{OB}$	$\overline{OF}$	$\overline{GK}$	$\overline{OR}$
0,000	0,0000	0,000	1,209	0,605	0,000	1,155	1,341	0,0
0,001	0,1000	0,004	1,208	0,604	0,160	1,155	1,341	19,1
0,005	0,1710	0,020	1,203	0,602	0,271	1,153	1,340	32,8
0,010	0,2164	0,039	1,197	0,599	0,340	1,151	1,339	41,4
0,020	0,2714	0,078	1,185	0,593	0,427	1,147	1,338	52,0
0,030	0,3107	0,118	1,173	0,586	0,486	1,143	1,335	59,6
0,040	0,3420	0,157	1,161	0,580	0,534	1,139	1,333	66,0
0,050	0,3694	0,196	1,149	0,574	0,572	1,135	1,331	71,1
0,060	0,3914	0,235	1,137	0,568	0,605	1,132	1,329	75,5
0,080	0,4309	0,314	1,112	0,556	0,660	1,124	1,325	83,3
0,100	0,4642	0,392	1,088	0,544	0,705	1,117	1,322	90,1
0,120	0,4932	0,471	1,064	0,532	0,742	1,109	1,317	95,9
0,150	0,5313	0,589	1,028	0,514	0,789	1,098	1,310	103,6
0,200	0,5848	0,785	0,967	0,488	0,848	1,081	1,299	115,3
0,250	0,6300	0,981	0,907	0,453	0,892	1,065	1,288	125,2
0,300	0,6694	1,177	0,846	0,423	0,924	1,051	1,276	134,2
0,400	0,7368	1,569	0,726	0,363	0,967	1,026	1,251	150,5
0,500	0,7937	1,962	0,605	0,302	0,988	1,010	1,224	165,6
0,600	0,8434	2,354	0,484	0,242	0,996	1,004	1,195	180,1
0,700	0,8879	2,746	0,363	0,181	1,000	1,000	1,162	194,8
0,800	0,9283	3,139	0,242	0,121	1,000	1,000	1,123	210,4
0,900	0,9655	3,531	0,121	0,060	1,000	1,000	1,077	228,2
1,000	1,0000	3,924	0,000	0,000	1,000	1,000	1,000	254,8

Dans le cas singulier de $a = 1$, auquel se rapporte la dernière ligne du tableau, la courbe se réduit à une droite horizontale, comme le montre l'équation (13), qui devient alors

$$\frac{is}{H} = x.$$

DEUXIÈME CAS. $a > 1$; $i > b_1 g$.

Lorsque a reçoit une valeur supérieure à l'unité, quelques-unes des propriétés reconnues tout à l'heure, dans le premier cas, subsistent encore : ainsi, la courbe a encore trois asymptotes, savoir la ligne du régime uniforme et deux horizontales ; l'expression générale du rayon de courbure reste la même, et devient encore infinie pour $x = 0$; la tangente à l'origine a sur les axes coordonnés une inclinaison exprimée d'une manière identique. Mais, malgré ces traits communs, la forme de la courbe n'en subit pas moins une altération profonde, comme on peut en juger par la *fig.* 47, construite avec les données $a^3 = 2$, $H = 1$, l'échelle des profondeurs étant en outre 100 fois celle des longueurs s.

Fig. 47.

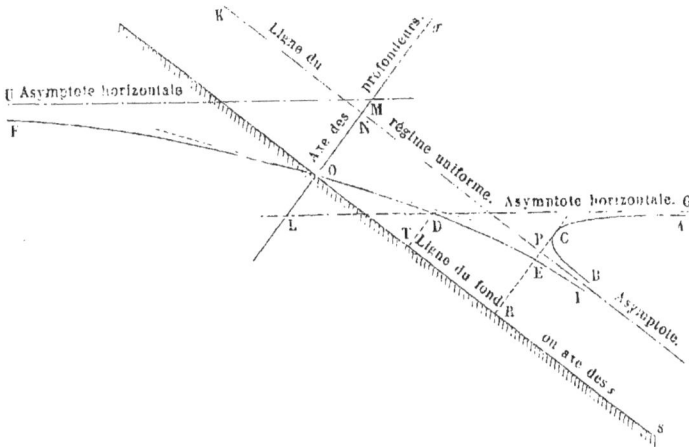

Pour faire la discussion, reprenons la valeur (14) de $\dfrac{ids}{H\,ux}$.

Ici a^3 est supérieur à 1; donc $\dfrac{ds}{dx}$ conserve le signe $+$ pour x compris entre $-\infty$ et 1, limites qui donnent respectivement, d'après l'équation (13) de la courbe, $s = -\infty$ et $s = +\infty$; donc aussi la courbe a deux branches infinies OF, ODEI (*fig.* 47), la première dans l'angle des coordonnées négatives, la seconde dans l'angle opposé. On reconnaîtrait comme dans le premier cas que ODEI est asymptote, vers l'aval, à la ligne KNP du régime uniforme, répondant à $x = 1$, et que OF tend du côté de l'amont vers l'asymptote horizontale MU représentée par l'équation

$$\frac{is}{H} = x - \frac{2}{9}(a^3 - 1)\pi\sqrt{3}.$$

Le point M où cette droite coupe l'axe des profondeurs passe au côté positif et la distance $\overline{OM}$ est égale à $\frac{2H}{9}(a^3 - 1)\pi\sqrt{3}$.

Quand x prend la série de grandeurs entre 1 et ∞, il y a pour $x = a$ un changement de signe de la dérivée $\frac{ds}{dx}$, qui passe du négatif au positif : par conséquent, la distance s, d'abord fonction décroissante de x à partir de $x = 1$, devient croissante à partir de $x = a$. La portion de courbe BCA correspondante aura donc un retour au point C, dont l'ordonnée $\overline{CR}$ (celle qui satisfait à l'équation (7) du n° 80) est aH. On trouve encore facilement que la branche infinie CB a pour asymptote la ligne du régime uniforme, tandis que la branche CA s'approche indéfiniment de l'horizontale LG définie par l'équation

$$\frac{is}{H} = x + \frac{1}{9}(a^3 - 1)\pi\sqrt{3}.$$

Les deux asymptotes dont il s'agit tendent vers leurs branches respectives en aval; la seconde coupe l'axe des x du côté négatif à une distance $\overline{OL}$ de l'origine, ayant pour valeur $\frac{H}{9}(a^3 - 1)\pi\sqrt{3}$.

Voici encore quelques détails bons à connaître pour faciliter le tracé de l'épure analogue à la *fig.* 47.

1° Les deux branches infinies AC, CB, répondant à $x > 1$, sont entièrement au-dessous de l'asymptote horizontale LG, car d'après l'équation (10) les cotes $-y$ de leurs divers points sont égales au facteur positif $H\psi(x)$ multiplié par le nombre négatif $1 - a^3$. Si au contraire on prend la branche IOF se rapportant à $x < 1$, on sait que $\psi(x)$ reste positif pour $x > 0{,}574$ et devient négatif pour x inférieur à cette limite, qui donne $\psi(x) = 0$; donc la branche IOF, d'abord située en dessous de LG quand x est rapproché de 1, coupe cette ligne en un point D ayant l'ordonnée $\overline{DT} = 0{,}574\,H$, puis passe au-dessus. La distance $\overline{\text{OT}}$ s'obtient par l'équation (13), puisque $\overline{\text{DT}}$ est connu : on aurait

$$\frac{i \cdot \overline{\text{OT}}}{\text{H}} = 0,574 + \frac{1}{9}(a^3 - 1)\pi\sqrt{3}.$$

2° La distance $\overline{\text{OR}}$ répond à $x = a$; sa valeur analytique est la même que dans le premier cas. La profondeur $\overline{\text{ER}}$, répondant à $s = \overline{\text{OR}}$, résultera de l'équation

$$\frac{i \cdot \overline{\text{OR}}}{\text{H}} = \frac{\overline{\text{ER}}}{\text{H}} + (a^3 - 1)\left[\psi\left(\frac{\overline{\text{ER}}}{\text{H}}\right) + \frac{1}{9}\pi\sqrt{3}\right]$$

$$= a + (a^3 - 1)\left[\psi(a) + \frac{1}{9}\pi\sqrt{3}\right],$$

ou bien

$$\frac{\overline{\text{ER}}}{\text{H}} + (a^3 - 1)\psi\left(\frac{\overline{\text{ER}}}{\text{H}}\right) = a + (a^3 - 1)\psi(a).$$

On cherchera par tâtonnement une valeur de $\dfrac{\overline{\text{ER}}}{\text{H}}$, inférieure à 1, qui satisfasse à cette équation.

Nous donnons ci-après le tableau des résultats numériques relatifs à neuf valeurs particulières de a^3, comprises entre 1 et 10; les pentes correspondantes varient de $3^m,924$ à $39^m,235$ par kilomètre, quand on suppose, comme nous le faisons toujours, $b_1 = 0,0004$. Toutes les distances ou profondeurs y sont définies par leur rapport à H.

a^3	a	PENTE DU LIT par kilom. $i.1000^m$	$\overline{\text{OL}}$	$\overline{\text{OM}}$	$\overline{\text{ER}}$	$\overline{\text{OR}}$	$\overline{\text{OT}}$
1,0	1,0000	3,924	0,000	0,000	1,000	254,8	146,3
1,5	1,1447	5,885	0,302	0,605	0,960	294,4	148,9
2,0	1,2599	7,847	0,605	1,209	0,929	289,8	150,2
3,0	1,4422	11,771	1,209	2,418	0,885	273,0	151,5
4,0	1,5874	15,694	1,814	3,628	0,852	259,2	152,1
5,0	1,7100	19,618	2,418	4,837	0,828	248,5	152,5
6,0	1,8171	23,541	3,023	6,046	0,809	240,2	152,8
8,0	2,0000	31,388	4,232	8,464	0,780	227,9	153,1
10,0	2,1544	39,235	5,441	10,883	0,759	219,4	153,3

Ce tableau donne lieu à deux observations. D'abord $\overline{OR}$ passe par un maximum, entre $a^3 = 1$ et $a^3 = 2$; secondement $\overline{OT}$ varie peu avec a et semble converger rapidement vers une limite voisine de 153 H. C'est ce qu'on peut reconnaître à priori par l'analyse.

En effet, on a trouvé

$$\frac{\overline{OR}}{H} = \frac{a}{i} - \frac{(1 - a^3)}{i}\left[\psi(a) + \frac{1}{9}\pi\sqrt{3}\right],$$

ou bien, à cause de la relation $a^3 = \dfrac{i}{b_1 g}$,

$$\frac{b_1 g}{H} \cdot \overline{OR} = \frac{1}{a^2} - \left(\frac{1}{a^3} - 1\right)\left[\psi(a) + \frac{1}{9}\pi\sqrt{3}\right].$$

La valeur a_1 de a qui donne le maximum s'obtiendra en égalant à zéro la dérivée du second membre; on trouve ainsi

$$-\frac{2}{a_1^3} + \frac{3}{a_1^4}\left[\psi(a_1) + \frac{1}{9}\pi\sqrt{3}\right] - \left(\frac{1}{a_1^3} - 1\right)\psi'(a_1) = 0.$$

Or la dérivée de la fonction ψ est connue, aussi bien que la fonction elle-même; on a généralement

$$\psi'(x) = \frac{1}{1 - x^3},$$

et par suite, en mettant dans la dernière équation $\dfrac{1}{1 - a_1^3}$ au lieu de $\psi'(a_1)$,

$$-\frac{2}{a_1^3} + \frac{3}{a_1^4}\left[\psi(a_1) + \frac{1}{9}\pi\sqrt{3}\right] - \frac{1}{a_1^3} = 0,$$

soit, après avoir réduit et multiplié par $\frac{1}{3}a_1^4$,

$$-a_1 + \psi(a_1) + \frac{1}{9}\pi\sqrt{3} = 0.$$

On tire de là, par des essais successifs,

$$a_1 = 1,157 \text{ environ.}$$

La valeur correspondante de $\overline{OR}$ satisferait à la relation

$$\frac{b_1 g}{H} \cdot \overline{OR} = \frac{1}{a_1^2} - \left(\frac{1}{a_1^3} - 1\right)\left[\psi(a_1) + \frac{1}{9}\pi\sqrt{3}\right]$$

$$= \frac{1}{a_1^2} - \left(\frac{1}{a_1^3} - 1\right)a_1 = a_1 = 1,157;$$

le maximum de $\dfrac{\overline{OR}}{H}$ serait donc $\dfrac{1,157}{b_1 g}$ ou $294,85$.

Quant à $\overline{OT}$, en faisant $i = a^3 . b_1 g$ dans son expression, nous trouvons

$$\frac{b_1 g}{H} . \overline{OT} = \frac{0,574}{a^3} + \frac{1}{9}\left(1 - \frac{1}{a^3}\right) \pi \sqrt{3},$$

d'où résulte

$$\frac{\overline{OT}}{H} = \frac{\pi \sqrt{3}}{9 b_1 g} - \frac{\pi \sqrt{3} - 9 \times 0,574}{9 b_1 g} . \frac{1}{a^3} = 154,08 - \frac{7,80}{a^3}.$$

Comme a^3 varie de 1 à ∞, on voit que $\dfrac{\overline{OT}}{H}$ est toujours compris entre $146,3$ et $154,1$.

Construction de la Table IV donnant les valeurs de $\psi(x)$. — Quand x est petit, on prend l'équation

$$\frac{d\psi(x)}{dx} = \frac{1}{1 - x^3}$$

et on la développe en série suivant les puissances de la variable x. On obtient ainsi

$$\frac{d\psi(x)}{dx} = 1 + x^3 + x^6 + x^9 + x^{12} + \dots;$$

ou bien, en intégrant entre les limites 0 et x,

$$\psi(x) = \psi(0) + x + \frac{1}{4} x^4 + \frac{1}{7} x^7 + \frac{1}{10} x^{10} + \frac{1}{13} x^{13} + \dots.$$

Or, comme on le sait déjà,

$$\psi(0) = -\frac{1}{9} \pi \sqrt{3} = -0,604\,600;$$

donc

$$(15) \quad \psi(x) = -0,604\,600 + x + \frac{1}{4} x^4 + \frac{1}{7} x^7 + \frac{1}{10} x^{10} + \frac{1}{13} x^{13} + \dots,$$

série très-rapidement convergente quand x n'a qu'une petite valeur. Si x se rapprochait de 1, on poserait

$$x = 1 - x',$$

et par suite

$$\frac{d\psi(x)}{dx} = \frac{1}{1 - x^3} = \frac{1}{1 - (1 - x')^3} = \frac{1}{3x' - 3x'^2 + x'^3} = \frac{1}{3x'} . \frac{1}{1 - x' + \frac{x'^2}{3}}.$$

La fonction $\dfrac{1}{1 - x' + \dfrac{x'^2}{3}}$ peut se remplacer par un développement de la forme

$$1 + \alpha_1 x' + \alpha_2 x'^2 + \alpha_3 x'^3 + \alpha_4 x'^4 + \ldots,$$

$\alpha_1, \alpha_2, \alpha_3, \alpha_4, \ldots$, étant des nombres qu'on trouve par la méthode des coefficients indéterminés (*). On arrive de cette manière à la relation

$$\frac{d\psi(x)}{dx} = \frac{1}{3x'}\left(1 + x' + \frac{2}{3}x'^2 + \frac{1}{3}x'^3 + \frac{1}{9}x'^4 - \frac{1}{27}x'^6 - \frac{1}{27}x'^7\right.$$
$$- \frac{2}{81}x'^8 - \frac{1}{81}x'^9 - \frac{1}{243}x'^{10} + \frac{1}{729}x'^{12}$$
$$\left. + \frac{1}{729}x'^{13} + \frac{2}{2187}x'^{14} + \frac{1}{2187}x'^{15} + \ldots\right).$$

On a de plus

$$dx = -dx';$$

multipliant membre à membre et intégrant, on trouve

$$(16)\left\{\begin{array}{l}\psi(x) = K - \frac{1}{3}\log\text{hyp}\,x' - \frac{1}{3}x' - \frac{1}{9}x'^2 - \frac{1}{27}x'^3 - \frac{1}{108}x'^4 + \frac{1}{486}x'^6 \\[2mm] \quad + \frac{1}{567}x'^7 + \frac{1}{972}x'^8 + \frac{1}{2187}x'^9 + \frac{1}{7290}x'^{10} - \frac{1}{26244}x'^{12} \\[2mm] \quad - \frac{1}{28431}x'^{13} - \frac{1}{45927}x'^{14} - \frac{1}{98415}x'^{15} - \ldots,\end{array}\right.$$

K étant une constante à déterminer. D'après l'équation précédente, on voit évidemment que K est la limite vers laquelle tend la fonction $\psi(x) + \frac{1}{3}\log\text{hyp}\,x'$ ou $\psi(x) + \frac{1}{6}\log\text{hyp}\,(x-1)^2$ pour $x' = 0$, c'est-à-dire pour $x = 1$. Or la valeur (9) de $\psi(x)$ peut s'écrire

$$\psi(x) = \frac{1}{6}\log\text{hyp}\,(1+x+x^2) - \frac{1}{6}\log\text{hyp}\,(x-1)^2 - \frac{1}{3}\sqrt{3}\,\text{arc cot}\,\frac{2x+1}{\sqrt{3}};$$

donc

$$K = \lim\left[\psi(x) + \frac{1}{6}\log\text{hyp}\,(x-1)^2\right] = \frac{1}{6}\log\text{hyp}\,3 - \frac{1}{3}\sqrt{3}\,\text{arc cot}\,\sqrt{3}$$
$$= \frac{1}{6}\log\text{hyp}\,3 - \frac{1}{18}\pi\sqrt{3} = -0,119\,198,$$

(*) La suite d'équations qui donne ces coefficients se résout sans peine, chaque équation faisant connaître un nombre α_n quand on a les deux précédents. La solution peut d'ailleurs s'exprimer au moyen d'une seule formule : on a généralement pour n quelconque

$$\alpha_n = \frac{2}{(\sqrt{3})^n}\sin\frac{(n+1)\pi}{6}.$$

valeur à reporter dans la série (16). Les séries (15) et (16) permettront de calculer assez rapidement la partie de la Table IV relative aux valeurs de x comprises entre 0 et 1, la première série s'appliquant jusqu'à $x = 0,50$, et la seconde au delà.

Pour la seconde partie, relative aux valeurs de x supérieures à 1, nous changerons encore de variable et poserons

$$\frac{1}{x} = z,$$

afin de remplacer l'argument x, variable de 1 à ∞, par un autre $\frac{1}{x}$ ou z, compris entre 1 et 0. Nous aurons

$$\frac{d\psi(x)}{dx} = \frac{1}{1-x^3} = \frac{z^3}{z^3-1};$$

$$dx = -\frac{1}{z^2} dz,$$

équation qui, multipliées membre à membre, donnent

$$d\psi(x) = \frac{z\,dz}{1-z^3}.$$

Après avoir développé le second membre suivant les puissances entières, et positives de z, on effectuera l'intégration, et l'on trouvera successivement

$$d\psi(x) = z\,dz(1 + z^3 + z^6 + z^9 + z^{12} + \dots),$$

$$(17) \qquad \psi(x) = \frac{1}{2}z^2 + \frac{1}{5}z^5 + \frac{1}{8}z^8 + \frac{1}{11}z^{11} + \frac{1}{14}z^{14} + \dots.$$

Il n'y a pas de constante à mettre dans la série intégrale, car on sait déjà que $\psi(x)$ s'annule pour $x = \infty$, c'est-à-dire pour $z = 0$.

Il convient également de chercher une autre série applicable aux valeurs de z rapprochées de l'unité, cas dans lequel la précédente converge trop lentement et devient d'un usage pénible. Alors on fait

$$z = 1 - z',$$

d'où résulte

$$d\psi(x) = -\frac{(1-z')\,dz'}{1-(1-z')^3} = -\frac{dz'}{3z'} \cdot \frac{1-z'}{1-z'+\frac{z'^2}{3}}.$$

Le facteur $\dfrac{1}{1-z'+\dfrac{z'^2}{3}}$ peut se remplacer par la série

$$1 + \alpha_1 z' + \alpha_2 z'^2 + \alpha_3 z'^3 + \alpha_4 z'^4 + \dots,$$

dont on a déjà parlé ; et, tout calcul fait, il vient

$$d\psi(x) = -\frac{dz'}{3z'}\left(1 - \frac{1}{3}z'^2 - \frac{1}{3}z'^3 - \frac{2}{9}z'^4 - \frac{1}{9}z'^5 - \frac{1}{27}z'^6 + \frac{1}{81}z'^8\right.$$

$$+ \frac{1}{81}z'^9 + \frac{2}{243}z'^{10} + \frac{1}{243}z'^{11} + \frac{1}{729}z'^{12}$$

$$\left. - \frac{1}{2187}z'^{14} - \frac{1}{2187}z'^{15} - \dots\right)(*).$$

Par suite l'intégration donne, en nommant K' une constante,

$$(18)\begin{cases}\psi(x) = K' - \frac{1}{3}\log\mathrm{hyp}\, z' + \frac{1}{18}z'^2 + \frac{1}{27}z'^3 + \frac{1}{54}z'^4 + \frac{1}{135}z'^5 + \frac{1}{486}z'^6 \\[2mm] - \frac{1}{1944}z'^8 - \frac{1}{2187}z'^9 - \frac{1}{3645}z'^{10} - \frac{1}{8019}z'^{11} - \frac{1}{26244}z'^{12} \\[2mm] + \frac{1}{91854}z'^{14} + \frac{1}{98415}z'^{15} + \dots\end{cases}$$

K' est la limite vers laquelle tend $\psi(x) + \frac{1}{3}\log\mathrm{hyp}\, z'$ pour $z' = 0$, c'est-à-dire pour $z = 1$, $x = 1$; ainsi

$$K' = \lim\left[\psi(x) + \frac{1}{3}\log\mathrm{hyp}(1-z)\right] = \lim\left[\psi(x) + \frac{1}{3}\log\mathrm{hyp}\left(1 - \frac{1}{x}\right)\right]$$

$$= \lim\left[\psi(x) + \frac{1}{6}\log\mathrm{hyp}(x-1)^2 - \frac{1}{6}\log\mathrm{hyp}\, x^2\right],$$

et, attendu que $\log\mathrm{hyp}\, x^2$ s'annule pour $x = 1$,

$$K' = \lim\left[\psi(x) + \frac{1}{6}\log\mathrm{hyp}(x-1)^2\right] = K = -0,119\,198.$$

Tout est donc connu maintenant dans la série (18), applicable, concurremment avec la série (17), au calcul de la seconde partie de la Table IV.

(*) Si l'on avait posé

$$\frac{1-x'}{1-x'+\dfrac{z'^2}{3}} = 1 + \beta_1 x' + \beta_2 x'^2 + \beta_3 x'^3 + \dots,$$

les coefficients β_1, β_2, $\beta_3,\dots$ auraient été exprimés par la formule générale

$$\beta_n = \frac{2}{(\sqrt{3})^n}\cos\frac{(n+2)\pi}{6},$$

qu'on pourrait au besoin déduire de la relation

$$\beta_n = \alpha_n - \alpha_{n-1} = \Delta\alpha_{n-1}.$$

82. *Cas d'un lit à pente constante, avec section rectangulaire de largeur limitée.* — Au n° 81, nous avons remplacé fictivement la section transversale du lit d'une rivière par un rectangle B′IKE′ (*fig.* 41, p. 229), de largeur indéfinie; mais comme
on peut avoir aussi à considérer des rigoles ou canaux d'expérience à section rectangulaire de faible largeur, nous allons
supposer ici cette dimension limitée. Tout restera d'ailleurs
dans les mêmes conditions : les profondeurs seront comptées
à partir du fond du lit, et la pente i ne variera pas d'une section à l'autre. Les notations étant celles du n° 81, nous aurons

$$U = \frac{Q}{lh} = \frac{q}{h}, \quad dU = -\frac{q\,dh}{h};$$

$$\chi = l + 2h, \quad \Omega = lh, \quad ds = \frac{dy + dh}{i},$$

valeurs qui, portées dans l'équation (1) du n° 77, donnent

$$dy = -\frac{q^2}{gh^3}\,dh + \frac{l + 2h}{lh^3} \cdot \frac{b_1 q^2}{i}\,(dy + dh).$$

Or la profondeur H du régime uniforme doit satisfaire à l'équation connue $i = \frac{\chi}{\Omega}\,b_1\,U^2$, ou bien

$$i = \frac{l + 2H}{lH^3} \cdot b_1 q^2;$$

eu égard à cette relation, l'expression de dy devient

$$dy = -\frac{i}{b_1 g} \cdot \frac{l}{l + 2H} \cdot \frac{H^3}{h^3}\,dh + \frac{l + 2h}{l + 2H} \cdot \frac{H^3}{h^3}\,(dy + dh),$$

d'où résulte, en séparant les différentielles,

$$dy\left(h^3 - \frac{l + 2h}{l + 2H}\,H^3\right) = dh\left(l + 2h - \frac{i}{b_1 g}\,l\right)\frac{H^3}{l + 2H}.$$

Pour simplifier l'écriture, nous poserons encore

$$h = Hx, \quad a^3 = \frac{i}{b_1 g},$$

et de plus

$$2H = nl, \quad 2h = nlx,$$

n désignant un rapport variable avec la largeur du lit : alors on pourra écrire

$$
(19) \quad
\begin{cases}
dy = \mathrm{H}\,dx \dfrac{1 + nx - a^3}{(1+n)\,x^3 - nx - 1} \\[3mm]
\quad = \dfrac{\mathrm{H}\,dx}{1+n} \cdot \dfrac{1 + nx - a^3}{(x-1)\left(x^2 + x + \dfrac{1}{1+n}\right)}.
\end{cases}
$$

Cette équation s'intègre par la méthode des fractions rationnelles, et si, comme au n° 81, on détermine la constante de manière à rendre y nul pour $x = \infty$, on trouvera

$$
(20) \quad
\begin{cases}
-\dfrac{3 + 2n}{\mathrm{H}}\,y = \dfrac{1 + n - a^3}{2} \log \mathrm{hyp} \dfrac{x^2 + x + \dfrac{1}{1+n}}{(x-1)^2} \\[5mm]
\qquad - \dfrac{3 - n^2 - 3a^3(1+n)}{\sqrt{(1+n)(3-n)}} \,\mathrm{arc\,cot}\,(2x+1)\sqrt{\dfrac{1+n}{3-n}}
\end{cases}
$$

Afin de continuer à imiter le calcul déjà fait pour les lits très-larges, on écrira

$$
\frac{is + \mathrm{C}'}{\mathrm{H}} = x + \frac{y}{\mathrm{H}};
$$

par conséquent, en ayant égard à l'équation (20) et déterminant C' de manière à faire $s = 0$ pour $x = 0$, il viendra pour l'équation de la courbe affectée par le profil longitudinal,

$$
(3 + 2n)\frac{is}{\mathrm{H}} = (3 + 2n)\,x - \frac{1 + n - a^3}{2}\log\mathrm{hyp}\frac{(1+n)(x^2+x)+1}{(x-1)^2}
$$

$$
+ \frac{3 - n^2 - 3a^3(1+n)}{\sqrt{(1+n)(3-n)}}\left[\mathrm{arc\,cot}\,(2x+1)\sqrt{\frac{1+n}{3-n}}\right.
$$

$$
\left. - \,\mathrm{arc\,cot}\sqrt{\frac{1+n}{3-n}}\right].
$$

La formule de trigonométrie

$$
\mathrm{cot}\,(p - q) = \frac{1 + \mathrm{cot}\,p\,\mathrm{cot}\,q}{\mathrm{cot}\,q - \mathrm{cot}\,p}
$$

permet de remplacer par un seul arc cotangente la différence des deux arcs qui figurent dans la dernière équation; on trouve définitivement

$$
\left\{
\begin{aligned}
(3 + 2n)\frac{is}{H} &= (3 + 2n)\, x - \frac{1 + n - a^3}{2} \log \text{hyp} \frac{(1+n)(x^2+x)+1}{(x-1)^2} \\
&\quad - \frac{3 - n^2 - 3a^3(1+n)}{\sqrt{(1+n)(3-n)}} \operatorname{arc\,cot} \frac{2 + (1+n)\,x}{x\sqrt{(1+n)(3-n)}}\,.
\end{aligned}
\right.
$$

Il est utile d'avoir aussi $\dfrac{ds}{dx}$: cette dérivée se déduit de l'équation (20), ou plus simplement de la relation (19) combinée avec

$$
\frac{ids}{H\,dx} = 1 + \frac{dy}{H\,dx},
$$

ce qui donne

$$
(22) \quad \frac{ids}{H\,dx} = 1 + \frac{1 + nx - a^3}{(1+n)\,x^3 - nx - 1} = \frac{(1+n)\,x^3 - a^3}{(1+n)\,x^3 - nx - 1}\,.
$$

Au moyen des équations (21) et (22), lorsque n prendra une valeur numérique déterminée, on discutera sans beaucoup de difficulté la courbe représentée par la première de ces équations. L'hypothèse $n = 0$ reproduirait les résultats et formules du n° **81**. Si n est différent de zéro, il y aura deux cas à distinguer

$$
a < \sqrt[3]{1+n} \quad \text{et} \quad a > \sqrt[3]{1+n} :
$$

dans le premier on retrouverait une figure assez semblable, quant aux traits généraux, à la *fig.* 46, p. 255; le second donnerait une figure ressemblant de même à la *fig.* 47, p. 261. Il y aurait toujours trois asymptotes, dont deux horizontales et la troisième coïncidant avec la ligne du régime uniforme; seulement les courbes auraient des inflexions et des tangentes horizontales qui n'existent pas dans les *fig.* 46 et 47. Ces tangentes se trouvent immédiatement par l'équation (19); on voit, en effet, que la valeur

$$
x = \frac{a^3 - 1}{n}
$$

correspond à $dy = 0$, et par suite à une tangente horizontale.

Lorsque n est supérieur à 3, les équations (20) et (21) se compliquent d'imaginaires; mais on les fait disparaître au moyen de la formule

$$\text{arc cot} \frac{1}{v\sqrt{-1}} = \frac{1}{2}\sqrt{-1} \log \text{hyp} \frac{1-v}{1+v} \;(^*).$$

Si l'on prend, par exemple, l'équation (20), on fera

$$v = \frac{1}{2x+1} \sqrt{\frac{n-3}{n+1}};$$

de même on transformerait l'équation (21) en prenant

$$v = \frac{x\sqrt{(n+1)(n-3)}}{2+x(n+1)}.$$

Au reste, l'intégration pourrait être conduite de manière à éviter les imaginaires, aussi bien avec $n > 3$ qu'avec $n < 3$.

Certaines valeurs particulières de n peuvent encore altérer assez profondément les équations. Par exemple, si a est inférieur 1, et que n vérifie la relation

$$a^3 = \frac{3-n^2}{3(1+n)},$$

alors les arcs cotangentes sont affectés d'un coefficient nul, ce qui les fait disparaître, et l'équation (21) ne renferme plus qu'un logarithme. Le contraire arriverait et l'arc cotangente resterait seul, sans logarithme, si a étant supérieur à 1, on avait en même temps

$$a^3 = 1 + n.$$

La valeur $n = 3$, indépendante de a ou de la pente i, rend toujours infinie la cotangente dont on doit prendre l'arc : dans ce cas, on peut confondre l'arc avec l'inverse de sa cotangente, et poser

$$\text{arc cot} \frac{2+(1+n)x}{x\sqrt{(1+n)(3-n)}} = \frac{x\sqrt{(1+n)(3-n)}}{2+(1+n)x};$$

l'équation (21) devient en conséquence

$$9\frac{is}{\text{H}} = 9x - \frac{4-a^3}{2} \log \text{hyp} \left(\frac{2x+1}{x-1}\right)^2 + 3(1+2a^3)\frac{x}{2x+1}.$$

(*) L'égalité résulte de ce que les deux membres, nuls pour $v = 0$, ont des différentielles identiques.

C'est ce qu'on aurait trouvé aussi en partant de l'équation (19),
y faisant $n = 3$ et recommençant l'intégration. Enfin, si l'on a
simultanément

$$n = 3 \quad \text{et} \quad a^3 = 4,$$

la courbe se réduit à une hyperbole représentée par l'équation

$$\frac{is}{\Pi} = x + \frac{3\,x}{2\,x + 1} = 2\,\frac{x^2 + 2\,x}{2\,x + 1},$$

la pente i étant d'ailleurs égale à $4\,b_1 g$. Mais il est à remarquer
que l'équation différentielle d'où l'on a tiré l'expression (19)
de dy admet dans ce cas le facteur $x - 1$; elle représente
donc, outre l'hyperbole précédente, la ligne droite du régime
uniforme.

Nous n'insisterons pas davantage sur ces cas singuliers, non
plus que sur celui d'une section rectangulaire en général :
nous allons aborder un cas beaucoup plus étendu, dans lequel
nous continuerons cependant à supposer la pente i constante
ainsi que la section transversale du lit, mais en laissant presque entièrement indéterminée la forme de cette section.

83. *Cas d'un lit prismatique à pente et à section constantes,
la forme de la section étant d'ailleurs quelconque.* — Quand
on admet l'invariabilité de la section transversale et de la pente
du lit, on peut démontrer d'une manière générale une série
de propriétés analogues à celles qu'on a trouvées plus haut
dans le cas des lits très-larges (n° 81), et appartenant toujours
au profil longitudinal du courant, quelle que soit la forme de
la section, pourvu toutefois qu'elle satisfasse à certaines conditions très-habituellement vérifiées dans la pratique. Pour
spécifier nettement ces conditions, plaçons l'horizontale de
repère CC (*fig.* 45, p. 239) au point le plus bas du profil transversal : nous admettrons alors

1° Que les quantités $\chi, \Omega, \dfrac{\Omega}{l}$ et $\dfrac{\Omega^3}{\chi}$ sont des fonctions continues et indéfiniment croissantes de la profondeur h mesurée
à partir de ce point le plus bas;

2° Que l'on a $\Omega = 0$ et $\dfrac{\Omega}{\chi} = 0$, pour $h = 0$;

3° Que le rapport $\dfrac{l}{\chi}$, nécessairement plus petit que 1, varie d'une manière continue et toujours dans le même sens, entre deux limites m et k, quand h varie de o à ∞.

Toutes ces hypothèses se démontrent bien facilement, pourvu que le profil de la section soit formé d'un segment de courbe ou de polygone tournant partout sa concavité vers le haut, et ne se prolongeant pas au delà de ses lignes ou tangentes verticales, s'il en a (*). On est donc en droit de dire qu'elles s'appliquent à presque toutes les sections qu'on rencontre dans les problèmes usuels.

Le profil du lit ne changeant pas et l'horizontale de repère CC occupant partout la même position dans ce profil, i désigne, dans les formules générales du n° 80, aussi bien la pente du lit que celle de la ligne CC' (*fig.* 45); il faut de plus faire $\dfrac{d\Omega}{ds} = 0$. Les équations (4), (6) et (7) deviennent alors

$$(23) \qquad ds = \frac{1 - \dfrac{U^2 l}{g\Omega}}{i - \dfrac{\chi}{\Omega} b_1 U^2} \, dh,$$

$$(24) \qquad i - \frac{\chi}{\Omega} b_1 U^2 = 0,$$

$$(25) \qquad 1 - \frac{U^2 l}{g\Omega} = 0.$$

Toutes les quantités qui figurent soit dans le second membre de l'équation (23), soit dans les équations (24) et (25), ne dépendent que de la seule variable h. Donc, premièrement, si l'on veut intégrer par approximation ou autrement l'équa-

---

(*) Relativement aux détails que nous omettons ici, et à plusieurs des questions que nous traitons dans les §§ III et IV de ce Chapitre, on peut consulter un remarquable et très-intéressant travail de M. Boudin, Ingénieur des Ponts et Chaussées de Belgique, professeur à l'École du Génie civil à Gand. Le Mémoire de M. Boudin a été publié dans les *Annales des Travaux publics de Belgique*, t. XX, sous ce titre : « *De l'axe hydraulique des cours d'eau contenus dans un lit prismatique, et des dispositifs réalisant, en pratique, ses formes diverses.* »

tion (23), pour en déduire le profil en long de la surface libre, l'opération se trouvera réduite à une simple quadrature, susceptible de s'effectuer par la formule de Simpson ou autres analogues, à défaut de moyens rigoureux (*). Secondement, la profondeur H qui satisfait à l'équation (24) ne change pas d'un profil à l'autre : c'est celle du régime uniforme. La profondeur h' déduite de l'équation (25) ne varie pas non plus. Par conséquent les deux profils en long fictifs construits avec ces profondeurs H et h' (n° 80) se réduisent à deux droites parallèles aux génératrices du lit (**).

Les profondeurs H et h' existent toujours en réalité; de plus chacune d'elles est unique, c'est-à-dire qu'il y a une seule valeur réelle et positive convenant à l'équation qui la fournit.

En effet Q désignant la dépense, on peut remplacer U par $\dfrac{Q}{\Omega}$ dans les équations (24) et (25), et les écrire ainsi :

$$(26) \qquad i - \frac{\chi}{\Omega^3} b_1 Q^2 = 0,$$

$$(27) \qquad 1 - \frac{Q^2}{g} \cdot \frac{l}{\chi} \cdot \frac{\chi}{\Omega^3} = 0.$$

(*) Si, par exemple, on veut déterminer par la formule de Simpson quelle distance $s_n - s_0$ répond au changement de profondeur $h_n - h_0$, on calculera la fraction par laquelle est multiplié dh dans l'équation (23), pour une série de valeurs

$$h_0, \quad h_1, \quad h_2, \ldots, \quad h_n,$$

en nombre impair et en progression arithmétique; en appelant δ la raison de cette progression et

$$A_0, \quad A_1, \quad A_2, \ldots, \quad A_n$$

les valeurs correspondantes de $\dfrac{1 - \dfrac{U^2 l}{g\Omega}}{i - \dfrac{b_1 \chi}{\Omega} U^2}$, on aurait

$$s_n - s_0 = \frac{\delta}{3}(A_0 + 4A_1 + 2A_2 + 4A_3 + \ldots + 4A_{n-1} + A_n).$$

(**) Jusqu'à présent nous n'avons invoqué en aucune façon les conditions restrictives imposées à la figure de la section : les remarques ci-dessus déduites des équations (23), (24) et (25) restent donc vraies pour toute espèce de lits prismatiques à pente constante.

Or, d'après nos hypothèses, $\dfrac{\chi}{\Omega^3}$ décroît continûment de ∞ à o pendant que h passe de o à ∞ ; les premiers membres des deux équations précédentes passent donc simultanément et sans discontinuité de l'infini négatif aux valeurs positives i et 1. D'où il suit qu'il existe dans l'intervalle une valeur unique H annulant le premier membre de la première équation, et une valeur unique h' satisfaisant de même à la seconde.

Dans la suite de cette discussion, nous conserverons toutes les notations définies et employées au n° 80; en outre nous appellerons

l_1, χ_1, Ω_1, U_1, s_1 ce que deviennent l, χ, Ω, U, s pour $h = H$;
l', χ', Ω', U' ce que sont les mêmes quantités l, χ, Ω, U pour $h = h'$.

Cela posé, nous allons suivre une marche assez analogue à celle du n° 81, à part que les intégrations seront seulement indiquées et non effectuées.

(a) *Recherche des cotes du profil en long par rapport à un plan horizontal.* — On a l'équation fondamentale

$$dy = \frac{U\,dU}{g} + \frac{\chi}{\Omega}\, b_1 U^2\, ds;$$

en y substituant

$$U = \frac{Q}{\Omega}, \quad ds = \frac{1}{i}(dy + dh), \quad dU = -\frac{Q\,d\Omega}{\Omega^2} = -\frac{Q\,l\,dh}{\Omega^2},$$

elle devient

$$dy = -\frac{Q^2 l\,dh}{g\Omega^3} + \frac{b_1 Q^2 \chi}{i\Omega^3}(dy + dh),$$

ou bien

$$dy = \frac{b_1 Q^2}{i} \cdot \frac{\chi}{\Omega^3} \cdot \frac{1 - \dfrac{il}{b_1 g \chi}}{1 - \dfrac{b_1 Q^2}{i} \cdot \dfrac{\chi}{\Omega^3}}\, dh.$$

On mettra dans cette relation la valeur de Q^2 tirée de l'équation (26), en ayant soin d'observer que cette dernière est satisfaite par

$$h = H, \quad \frac{\chi}{\Omega^3} = \frac{\chi_1}{\Omega_1^3};$$

on y remplacera encore i par $a^3 b_1 g$, et l'on aura

$$dy = \frac{\Omega_1^3 \chi}{\Omega^3 \chi_1} \cdot \frac{1 - \dfrac{la^3}{\chi}}{1 - \dfrac{\Omega_1^3 \chi}{\Omega^3 \chi_1}} \, dh = - \frac{1 - \dfrac{la^3}{\chi}}{1 - \dfrac{\Omega^3 \chi_1}{\Omega_1^3 \chi}} \, dh.$$

Si l'on intègre et qu'on veuille avoir $y = 0$ pour $h = \infty$, il viendra

$$(28) \qquad -y = - \int_h^\infty \frac{1 - \dfrac{la^3}{\chi}}{1 - \dfrac{\Omega^3 \chi_1}{\Omega_1^3 \chi}} \, dh.$$

Pour $h = \infty$, le quotient $\dfrac{\Omega^3}{\chi}$ devenant infini par hypothèse, la dernière expression de dy se réduit à $dy = 0$; à mesure que la profondeur augmente la surface libre se rapproche donc d'un plan horizontal : c'est *en dessus* de ce plan que sont censées mesurées les cotes $-y$ fournies par l'équation (28).

(*b*) *Équation de la courbe du courant.* — La relation

$$dy = ids - dh$$

donne, par l'intégration,

$$is = y + h + \text{const.};$$

quand on prend pour origine des s le point où $h = 0$, on peut donc écrire, eu égard à (28),

$$(29) \qquad is = h - \int_0^h \frac{1 - \dfrac{la^3}{\chi}}{1 - \dfrac{\Omega^3 \chi_1}{\Omega_1^3 \chi}} \, dh.$$

Cette équation représente une courbe dont les points auraient s pour abscisse et h pour ordonnée; la courbe est celle qu'affecte le profil en long de la surface libre. On va essayer d'en découvrir la forme générale, sans se préoccuper du problème d'Hydraulique par lequel on y a été conduit, mais en se bornant toutefois à faire varier h de 0 à ∞.

(*c*) *Distinction de deux cas principaux dans la discussion de la courbe.* — Nous distinguerons deux cas, respectivement définis par les inégalités

$$h' < \mathbf{H}, \quad h' > \mathbf{H},$$

c'est-à-dire par l'ordre de grandeur des profondeurs h' et $\mathbf{H}$. La première doit, comme on le sait (n° 80), annuler $\dfrac{ds}{dh}$: on doit donc poser, d'après (29),

$$0 = 1 - \frac{1 - \dfrac{l'a^3}{\chi'}}{1 - \dfrac{\Omega'^3 \chi_\iota}{\Omega_\iota^3 \chi'}}$$

ou encore

$$\frac{l'a^3}{\chi'} - \frac{\Omega'^3 \chi_\iota}{\Omega_\iota^3 \chi'} = 0.$$

Or le premier membre de la dernière équation serait ma^3 (c'est-à-dire positif) pour $h' = 0$, et

$$\frac{l_\iota a^3}{\chi_\iota} - 1$$

pour $h' = \mathbf{H}$; donc il y aura ou il n'y aura pas changement de signe de ce premier membre entre les valeurs 0 et $\mathbf{H}$ de l'inconnue h', suivant que $\dfrac{l_\iota a^3}{\chi_\iota} - 1$ sera négatif ou positif; donc enfin la condition $h' < \mathbf{H}$ revient à $\dfrac{l_\iota a^3}{\chi_\iota} < 1$, et la condition opposée $h' > \mathbf{H}$ est l'équivalente de $\dfrac{l_\iota a^3}{\chi_\iota} > 1$. Ainsi, les deux cas à distinguer se trouvent caractérisés par le fait d'avoir $\dfrac{l_\iota a^3}{\chi_\iota}$ inférieur ou supérieur à l'unité.

Il est bon de remarquer que, le rapport $\dfrac{l}{\chi}$ devant nécessairement rester au-dessous de 1, par la définition même des longueurs l et χ, les conditions $h' < \mathbf{H}$ ou $\dfrac{l_\iota a^3}{\chi_\iota} < 1$ seront toujours satisfaites lorsqu'on supposera $a^3 < 1$, ou la pente i plus petite que $b_1 g$. La pente $b_1 g$ représente, dans l'hypothèse $b_1 = 0,0004$, un abaissement de $3^m,92$ par kilomètre, ordinairement supérieur à celui des cours d'eau naturels de quelque importance. Cela fait comprendre que le cas défini par l'inégalité $h' < H$ sera le plus ordinaire dans les applications; l'autre ne se réalisera guère que sur des cours d'eau torrentiels ou sur des canaux d'expérience.

(d) *Discussion du premier cas :* $h' < H$ ou $\dfrac{l_1 a^3}{\chi_1} < 1$; *pente modérée.* — On prendra l'équation différentielle de la courbe, savoir

$$(30) \quad \frac{i\,ds}{dh} = 1 - \frac{1 - \dfrac{l\,a^3}{\chi}}{1 - \dfrac{\Omega^3 \chi_1}{\Omega_1^3 \chi}} = \frac{\dfrac{l\,a^3}{\chi} - \dfrac{\Omega^3 \chi_1}{\Omega_1^3 \chi}}{1 - \dfrac{\Omega^3 \chi_1}{\Omega_1^3 \chi}},$$

et on cherchera le signe du second membre pour les diverses grandeurs de h. La valeur $h = 0$ donne

$$i\left(\frac{ds}{dh}\right)_0 = a^3 \lim \frac{l}{\chi} = ma^3 = m\,\frac{i}{b_1 g},$$

attendu que $\dfrac{\Omega^3}{\chi}$ s'annule par hypothèse. De là résulte

$$\left(\frac{ds}{dh}\right)_0 = \frac{m}{b_1 g},$$

ce qui fait connaître l'inclinaison de la courbe sur l'axe des h, à l'origine (*). Ainsi $\dfrac{i\,ds}{dh}$ commence par être positif pour $h = 0$, et s est une fonction croissante de h. Le numérateur et le dénominateur de la fraction qui exprime $\dfrac{i\,ds}{dh}$ ont d'abord le

---

(*) Quand le profil de la section présente à sa partie inférieure une ligne horizontale, ou une courbe convexe avec un seul élément horizontal, le rapport limite m devient l'unité, et la courbe coupe l'axe de s sous un angle ayant $b_1 g$ pour tangente. Cela ferait, en supposant $b_1 = 0,0004$, une pente relative de $\dfrac{1}{255}$ environ, qui serait alors déterminée indépendamment de la forme du profil en travers.

signe +, à cause de la petitesse de $\dfrac{\Omega^3}{\chi}$; d'ailleurs on sait déjà que leurs changements de signes ont lieu respectivement pour $h = h'$, $h = H$. En faisant $h < h'$, les deux termes de la fraction sont donc positifs ; si l'on désigne par N et D ces termes pris en valeur absolue, et qu'on mette leurs signes en évidence, on a

$$\frac{i\,ds}{dh} = \frac{+\,N}{+\,D},$$

d'où il suit que s commence par croître avec h. Pour $h = h'$, le numérateur ainsi que $\dfrac{ds}{dh}$ deviennent nuls ; quand h dépasse h' sans atteindre H, les deux termes ont des signes contraires, c'est-à-dire que

$$\frac{i\,ds}{dh} = \frac{-\,N}{+\,D},$$

et par conséquent s devient décroissant : la courbe rétrograde en sens contraire de l'axe des s, à mesure que h augmente. Cette rétrogradation cesse à l'instant où h dépasse H, parce que les deux termes de la fraction reprennent le même signe ; on a

$$\frac{i\,ds}{dh} = \frac{-\,N}{-\,D},$$

de sorte que $\dfrac{ds}{dh}$ redevient positif. On peut continuer ensuite à faire croître h jusqu'à ∞ : aucun changement de signe nouveau ne se produira, $\dfrac{ds}{dh}$ restera toujours positif, et l'on obtiendra une branche de courbe s'éloignant à l'infini dans l'angle des coordonnées positives.

Comme on l'a déjà fait observer plusieurs fois, à mesure que h augmente et prend de très-grandes valeurs, l'expression différentielle dy se rapproche indéfiniment de zéro, et par suite le profil longitudinal du courant se confond à l'infini avec une ligne horizontale à laquelle il est asymptote. L'équation de cette asymptote sera la limite de l'équation (29) pour $h = \infty$, ou bien

$$(3_1) \qquad is = h - \int_0^\infty \frac{1 - \dfrac{la^3}{\chi_1}}{1 - \dfrac{\Omega^3 \chi_1}{\Omega_1^3 \chi}} \, dh;$$

l'intégrale donne la valeur de h pour le point où la droite en question coupe l'axe des h.

Indépendamment de l'asymptote horizontale qu'on vient de trouver, il en existera généralement une autre : la ligne du régime uniforme, ou la droite ayant pour équation $h = H$, que la courbe ira raccorder à l'infini vers l'amont. Cela sera démontré si nous faisons voir que s devient égal à $-\infty$ pour $h = H$. A cet effet, soit $\dfrac{\varphi(h)}{\varpi(h)}$ la fraction qu'on a trouvée ci-dessus pour exprimer $\dfrac{i\,ds}{dh}$: on aura

$$\frac{i\,ds}{dh} = \frac{\varphi(h)}{\varpi(h)}.$$

Les fonctions φ et ϖ sont toujours finies et continues pour toutes les valeurs de la variable h; la première, comme on sait, ne s'annule que pour $h = h'$, la seconde que pour $h = H$; leur quotient reste constamment positif, sauf dans l'intervalle de ces deux valeurs. Cela posé, l'intégration de l'équation précédente entre les limites o et H donne

$$is_1 = \int_0^H \frac{\varphi(h)}{\varpi(h)} \, dh,$$

ou en nommant ε une longueur positive arbitraire, mais excessivement petite,

$$is_1 = \int_0^{h'} \frac{\varphi(h)}{\varpi(h)} \, dh + \int_{h'}^{H-\varepsilon} \frac{\varphi(h)}{\varpi(h)} \, dh + \int_{H-\varepsilon}^H \frac{\varphi(h)}{\varpi(h)} \, dh,$$

ou encore, si l'on prend pour variable sous le troisième signe $\int$ la différence $w = H - h$,

$$is_1 = \int_0^{h'} \frac{\varphi(h)}{\varpi(h)} \, dh + \int_{h'}^{H-\varepsilon} \frac{\varphi(h)}{\varpi(h)} \, dh + \int_0^\varepsilon \frac{\varphi(H - w)}{\varpi(H - w)} \, dw.$$

Remarquons maintenant que la première intégrale reste nécessairement finie, parce que la fraction $\dfrac{\varphi(h)}{\varpi(h)}$ l'est toujours elle-même, dans les limites o et h'; les deux autres ne se composent que d'éléments négatifs et ne peuvent se détruire réciproquement : donc il suffit de montrer que la troisième a une valeur infinie. Or $\varphi(H - w)$, n'étant pas nulle pour de très-petites valeurs de w, peut, dans les limites o et ε de cette variable, se remplacer par une constante $\varphi(H)$, sauf une erreur de même ordre que ε; le dénominateur $\varpi(H - w)$, nul pour $w = o$, s'exprimera, d'après la formule de Taylor bornée aux deux premiers termes, par $-w\varpi'(H)$, toujours avec une erreur comparable à ε. Nous pouvons donc écrire

$$\int_0^\varepsilon \frac{\varphi(H - w)}{\varpi(H - w)}\, dw = -\frac{\varphi(H)}{\varpi'(H)} \int_0^\varepsilon \frac{dw}{w} = -\frac{\varphi(H)}{\varpi'(H)} \log \mathrm{hyp}\, \frac{\varepsilon}{o},$$

et nous arrivons ainsi à notre but, car si petite qu'on veuille supposer la longueur ε, le logarithme de $\dfrac{\varepsilon}{o}$ sera toujours infini.

Il y a des cas particuliers où la démonstration précédente se trouve en défaut : nous allons en dire quelques mots.

1° Le premier terme du développement de $\varpi(H - w)$ par la formule de Taylor peut ne pas être $-w\varpi'(H)$, mais $\dfrac{w^2}{1.2}\varpi''(H)$ ou $-\dfrac{w^3}{1.2.3}\varpi'''(H)$, ou plus généralement

$$(-1)^n \frac{w^n}{1.2.3\ldots n}\varpi^{(n)}(H).$$

Dans ce cas l'intégrale à calculer serait

$$\frac{1.2.3\ldots n \cdot \varphi(H)}{(-1)^n \varpi^{(n)}(H)} \int_0^\varepsilon \frac{dw}{w^n};$$

or on a

$$\int_0^\varepsilon \frac{dw}{w^n} = \frac{1}{n-1}\left[\left(\frac{1}{o}\right)^{n-1} - \left(\frac{1}{\varepsilon}\right)^{n-1}\right]:$$

on parvient donc encore à un résultat infini, quoique différent de celui qu'on avait trouvé en supposant $n = 1$.

2° La formule de Taylor pourrait ne pas être applicable au développement de $\varpi(\mathbf{H} - w)$, lorsque w ne prend que des valeurs très-faibles; et c'est ce qui arrivera dans le cas de $\varpi'(\mathbf{H})$ infinie ou discontinue. Ici l'exception existe bien réellement, et le théorème peut ne plus être vrai. Si, par exemple, on avait

$$\varpi(h) = \sqrt{\mathbf{H} - h} \,.\, \varpi_1(h),$$

et que la fonction ϖ_1 fût supposée ne pas s'annuler avec H, il en résulterait

$$\int_0^\varepsilon \frac{\varphi(\mathbf{H} - w)}{\varpi(\mathbf{H} - w)} \, dw = \frac{\varphi(\mathbf{H})}{\varpi_1(\mathbf{H})} \int_0^\varepsilon \frac{dw}{\sqrt{w}} = \frac{2\,\varphi(\mathbf{H})\sqrt{\varepsilon}}{\varpi_1(\mathbf{H})} :$$

l'intégrale aurait une valeur comparable à $\sqrt{\varepsilon}$, de sorte que le raccordement de la courbe avec la ligne du régime uniforme n'aurait plus lieu à l'infini (*).

(*) Afin de mieux étudier jusqu'à quel point ce cas d'exception est susceptible de se réaliser dans les applications, on peut chercher l'expression de la dérivée $\varpi'(h)$. On a

$$\varpi(h) = 1 - \frac{\Omega^3 \chi_1}{\Omega_1^3 \chi},$$

d'où résulte

$$\varpi'(h)\,dh = -\frac{\chi_1}{\Omega_1^3 \chi^2}(3\chi\Omega^2\,d\Omega - \Omega^3\,d\chi) = -\frac{\chi_1\,\Omega^2}{\Omega_1^3 \chi^2}(3\chi\,d\Omega - \Omega\,d\chi).$$

Or on connaît déjà la valeur de $d\Omega$, qui est

$$d\Omega = l\,dh;$$

de plus, en nommant α et α' les inclinaisons (relativement à la verticale) des deux berges au point où elles sont coupées par l'horizontale menée à la distance h du fond, et posant

$$p = \frac{1}{\cos\alpha} + \frac{1}{\cos\alpha'},$$

on établit bien facilement l'égalité

$$d\chi = p\,dh.$$

Donc

$$\varpi'(h) = \frac{\chi_1\,\Omega^2}{\Omega_1^3 \chi^2}(p\Omega - 3l\chi);$$

et, en particulier, si p_1 désigne la valeur de p pour $h = \mathbf{H}$,

$$\varpi'(\mathbf{H}) = \frac{1}{\Omega_1\,\chi_1}(p_1\,\Omega_1 - 3l_1\,\chi_1) = \frac{p_1}{\chi_1} - \frac{3l_1}{\Omega_1}.$$

3° Le même fait peut encore se produire dans le cas singulier de $h' = H$, car $\varphi(h)$ et $\varpi(h)$ s'annuleraient alors en même temps; leur quotient, qui n'est jamais exposé à devenir infini que pour $h = H$, ne le serait plus, même pour cette valeur, si $\frac{\varphi'(H)}{\varpi'(H)}$ avait une limite finie. L'intégrale qui représente is_1, c'est-à-dire

$$\int_0^H \frac{\varphi(h)}{\varpi(h)}\,dh$$

correspondrait donc à une aire dont toutes les ordonnées seraient finies; donc elle le serait elle-même, et par suite le raccordement asymptotique avec la ligne du régime uniforme se trouverait supprimé. On peut citer comme exemple le cas de $a = 1$, déjà mentionné (n° 81); ce cas répond bien, dans l'hypothèse d'une largeur indéfinie, à $h' = H$, car la condition d'égalité de ces deux profondeurs étant généralement

$$\frac{l_1 a^3}{\chi_1} = 1,$$

devient

$$a^3 = 1,$$

si l'on suppose $l_1 = \chi_1$, comme cela est effectivement vrai dans une section rectangulaire où il y a un rapport censé pour ainsi dire nul entre la profondeur et la largeur. On a vu (n° 81) que dans ce cas de $a = 1$ le profil se change en une droite horizontale, et celle-ci rencontre nécessairement à une distance finie la ligne inclinée du régime uniforme.

En résumé, si nous laissons de côté les cas singuliers, la discussion que nous venons de faire a montré que la courbe

D'après nos hypothèses, χ et $\frac{\Omega}{l}$ étant des fonctions continues et finies pour toute valeur finie de h, la discontinuité de $\varpi'(h)$ pour $h = H$ ne peut venir que de p. Elle a effectivement lieu, et alors notre démonstration du raccordement asymptotique reste en défaut lorsque les berges présentent, soit un changement brusque de pente, soit un élément horizontal pour lequel l'angle α ou α' correspondant deviendrait égal à $\frac{\pi}{2}$, et que les particularités dont il s'agit se produisent justement sur la ligne de niveau du régime uniforme dans un profil transversal.

supérieure du courant, lorsqu'on a $\dfrac{l_1 a^3}{\chi_1} < 1$, offre une disposition assez analogue à celle qu'on a trouvée au n° **81** en supposant $a < 1$, et que représente la *fig.* 46, p. 255 (*) : la courbe,
en partant de l'origine O, a d'abord une branche OC située dans
l'angle des coordonnées positives et terminée par un élément
normal à l'axe des s ; à la suite vient une branche CA qui rétrograde du côté de l'amont, vers les s négatifs, et rencontre
à l'infini la ligne du régime uniforme ayant pour équation $h = H$;
enfin une troisième branche EU, ayant la même asymptote du
côté des s négatifs, s'éloigne à l'infini vers l'aval, côté des s positifs, à mesure que h croît indéfiniment, et tend vers une
asymptote horizontale.

Nous ajouterons encore que cette asymptote sera certainement la seule tangente horizontale à la courbe, si le rapport a^3
n'excède pas l'unité, ainsi que cela se vérifie ordinairement
dans les cours d'eau non torrentiels. Les éléments horizontaux doivent en effet satisfaire à la condition

$$dy = i\,ds - dh = 0, \quad \text{ou bien} \quad \frac{i\,ds}{dh} = 1.$$

Or l'expression (30) de $\dfrac{i\,ds}{dh}$ montre que si sa valeur est l'u-
nité on aura simultanément

$$\frac{la^3}{\chi} = 1,$$

ce qui ne peut avoir lieu puisque $\dfrac{l}{\chi}$ ne saurait atteindre l'u-
nité et que a^3 est supposé au-dessous de la même limite.

(*e*) *Discussion du second cas :* $h' > H$ *ou* $\dfrac{l_1 a^2}{\chi_1} > 1$; *pente*
un peu forte. — Cette discussion, si on voulait la faire, con-
duirait à répéter la même série de raisonnements et calculs que
dans le cas précédent. Aussi nous nous bornerons à une exposition succincte des résultats. En prenant d'abord l'expres-

---

(*) Abstraction faite de la branche OV répondant aux profondeurs négatives
qu'on s'est dispensé de considérer ici.

sion (30) de $\dfrac{i\,ds}{dh}$ et cherchant à reconnaître son signe pour les diverses grandeurs de h, on trouvera les trois formes suivantes de la fraction qui figure au second membre :

De o à H............. $\dfrac{i\,ds}{dh} = \dfrac{+\mathrm{N}}{+\mathrm{D}}$;

De H à h'............. $\dfrac{i\,ds}{dh} = \dfrac{-\mathrm{N}}{+\mathrm{D}}$;

De h' à ∞............. $\dfrac{i\,ds}{dh} = \dfrac{-\mathrm{N}}{-\mathrm{D}}$.

On en conclut l'existence de trois branches de courbe : la première partant de l'origine des coordonnées et allant vers l'aval, côté des s positifs, jusqu'à ce que la profondeur ait atteint celle du régime uniforme; la seconde, correspondant à des profondeurs intermédiaires entre H et h', rétrograde vers les s négatifs, ou de l'aval à l'amont, et se termine par un élément normal à l'axe des s; la troisième, relative aux profondeurs qui dépassent h', fait suite à la seconde, s'avance indéfiniment vers l'aval et tend vers une asymptote horizontale représentée par l'équation (31).

A la profondeur H du régime uniforme répond généralement, sauf certains cas pour ainsi dire singuliers, une distance s_1 égale à l'infini positif : les deux premières branches se raccordent donc asymptotiquement, du côté de l'aval, avec la ligne du régime uniforme, et l'ensemble de la figure a beaucoup d'analogie avec la *fig.* 47, p. 261, dont on aurait, bien entendu, supprimé la partie OF, puisqu'on laisse de côté les profondeurs négatives.

L'inclinaison $\left(\dfrac{ds}{dh}\right)_0$ à l'origine aura la même valeur $\dfrac{m}{b_1 g}$. Il pourra se rencontrer une tangente horizontale, outre l'asymptote de la troisième branche : en effet, le cas actuel étant caractérisé par l'inégalité

$$\frac{l_1\,a^3}{\chi_1} > 1,$$

il faut que a^2 dépasse l'unité, puisque $\dfrac{l_1}{\chi_1}$ reste nécessairement au-dessous ; le produit $\dfrac{la^3}{\chi}$ comprend alors deux facteurs, l'un plus grand et l'autre plus petit que 1, ce qui lui permet de devenir égal à 1. Mais comme on a supposé les variations de $\dfrac{l}{\chi}$ toujours dans le même sens, entre les limites m et k, l'égalité $\dfrac{la^3}{\chi} = 1$ ne peut avoir lieu qu'une seule fois. Ce sera sur la première branche ou sur l'une des deux dernières suivant qu'on aura

$$ma^3 < 1 \quad \text{ou} \quad ka^3 < 1,$$

le signe $<$ n'excluant pas l'égalité ; il faut d'ailleurs qu'une des deux inégalités précédentes se vérifie pour qu'il existe effectivement une tangente horizontale.

(f) *Dénominations des diverses branches ; observation sur la réalisation d'une branche unique, dans les profils de cours d'eau en mouvement permanent varié par filets parallèles.* — Il sera commode, pour la simplicité des énoncés à donner ultérieurement, d'affecter des dénominations spéciales aux diverses branches de courbes que nous venons d'étudier, branches dont chacune se trouve comprise dans l'une des trois bandes limitées par la ligne de fond et par deux parallèles menées aux distances H et h' de cette ligne. Les branches trouvées dans le premier cas, et analogues de OC, CA, EU (*fig.* 46, p. 255), seront désormais désignées par

$$A_1, \ A_2, \ A_3 ;$$

A_u représentera la ligne du régime uniforme, intermédiaire entre A_2 et A_3. Pareillement les trois branches existant dans le second cas, et analogues de OI, BC, CA (*fig.* 47, p. 261), seront désignées par

$$B_1, \ B_2, \ B_3 ;$$

B_u représentera la ligne du régime uniforme, placée cette fois entre les deux branches B_1, B_2.

Sur ces diverses droites ou branches de courbes, trois s'étendent indéfiniment vers l'amont et vers l'aval : ce sont A_3, A_u, B_u. Trois s'étendent à l'infini vers l'aval, mais sont limitées vers l'amont : ce sont B_1, B_2, B_3. Une seule, A_2, remonte à l'infini vers l'amont et a une limite du côté d'aval. La dernière, A_1, est limitée dans les deux sens.

L'existence de la droite A_u ou B_u du régime uniforme exclut évidemment celle d'une branche de courbe quelconque, puisque, si l'on excepte les cas singuliers, ces droites ne rejoignent les courbes qu'à l'infini ; le passage de A_2 à A_3, celui de B_1 à B_2, et aussi les passages inverses ne se font également qu'à l'infini vers l'amont ou l'aval, c'est-à-dire qu'ils ne sont pas susceptibles de se réaliser pratiquement ; les passages de A_1 à A_2, de B_2 à B_3 et leurs inverses ne sont pas possibles non plus, comme on l'a déjà remarqué (n° 80) ; ou, du moins, ils ne peuvent se produire que dans les courants ne remplissant pas partout la condition du parallélisme des filets. L'impossibilité tient à ce que l'élément commun aux deux branches devrait avoir sa tangente perpendiculaire à la ligne de fond : non-seulement, par suite de cette circonstance, la section où elle se produit ne serait plus coupée normalement par les filets, mais la surface libre devrait présenter deux nappes situées l'une au-dessous de l'autre, ce qui n'est pas physiquement réalisable. Il y a encore, pour les courants à filets toujours parallèles, impossibilité dans les successions (A_1, A_3), (A_3, A_1), (B_1, B_3), (B_3, B_1), parce que cela supposerait un changement brusque dans la profondeur, et que le parallélisme des filets ne peut se concilier avec un tel changement. Enfin il est à peine besoin de rappeler que l'ordre de grandeur des profondeurs particulières h' et H indique de suite celle des deux classes A ou B qui est possible, à l'exclusion de l'autre, quand on donne le lit du courant et sa dépense. Donc, nous poserons ce principe général :

Tout courant liquide qui coule dans un lit prismatique à pente constante, avec un mouvement uniforme ou avec un mouvement permanent varié et par filets parallèles, présente une surface libre dont le profil en long est exclusivement composé d'une seule des droites ou branches de courbes ci-dessus énumérées, savoir : A_1, A_2, A_3, A_u ; B_1, B_2, B_3, B_u. *Le passage de l'une à l'autre est physiquement impossible.*

Cette propriété, jointe au fait de la limitation de plusieurs

branches (au moins dans un sens) montre clairement qu'un
courant permanent et à filets parallèles n'est pas toujours susceptible de s'étendre indéfiniment, soit vers l'amont, soit
vers l'aval.

Mais l'impossibilité en question pourrait disparaître, comme
l'expérience le prouve par le phénomène du ressaut superficiel, déjà mentionné au n° 80, si l'on cessait d'imposer la condition du parallélisme aux filets compris dans l'intervalle de
deux sections très-rapprochées. Il convient donc d'étudier
maintenant ce phénomène du ressaut, afin de ne pas laisser
de côté certains profils parfaitement réalisables dans les cours
d'eau naturels. Ce sera l'objet du § IV ci-après, où nous aurons à faire voir en outre comment les théories du ressaut et
du mouvement permanent par filets parallèles se complètent
réciproquement, quand il s'agit de rechercher *à priori* le profil
qui se produira dans des circonstances données.

§ IV. — Du ressaut à la superficie des cours d'eau.

84. *Expériences de Bidone et autres observateurs.* — Un
savant piémontais, Bidone, dont nous avons déjà cité les expériences sur la contraction des veines fluides, a le premier
observé et décrit en détail un cas particulier, très-intéressant
au point de vue scientifique, de l'écoulement de l'eau dans
les canaux découverts. Il avait à sa disposition deux canaux
maçonnés, à section rectangulaire de $0^m,325$ de largeur; la
pente du premier était voisine, en moyenne, de $0^m,03$ par
mètre, avec des écarts notables, tant au-dessous qu'au-dessus;
celle du second était au contraire constante et égale à $0^m,0618$
par mètre. Il faisait écouler dans ces canaux un certain volume
d'eau, et avait soin de placer, à une distance suffisante de
l'origine amont, un obstacle ou barrage d'une hauteur convenable : plusieurs expériences lui ont alors fait reconnaître que
le gonflement ou remous causé par le barrage se terminait du
côté d'amont par une chute brusque. Nous citerons, par
exemple, une expérience exécutée sur le premier canal avec
les données que voici : la dépense était de $0^{mc},0351$ par seconde, la profondeur était de $0^m,28$ à 1 mètre en amont du

barrage, et de 0^m,064 seulement vers l'origine amont. Dans ces circonstances, Bidone constata que l'eau formait une nappe d'une épaisseur sensiblement constante et peu différente de 0^m,064 jusqu'à 4^m,50 avant le barrage ; puis la profondeur prenait brusquement un accroissement considérable et se trouvait presque triplée ; après quoi l'eau poursuivait sa route sans agitation notable, et avec une surface légèrement convexe, jusqu'au déversoir par-dessus lequel elle s'écoulait (*).

L'accroissement brusque de profondeur ainsi produit, sans inégalité de fond dans un canal découvert, a reçu des hydrauliciens le nom de *ressaut superficiel*, ou simplement de *ressaut*. Généralisant à tort les intéressantes observations qu'il avait faites, Bidone avait cru que tout gonflement produit par un barrage devait nécessairement se terminer par un ressaut : il avait pris pour la règle ce qui est au contraire l'exception, car la production du ressaut exige des conditions qui, habituellement, ne se trouvent pas remplies dans la pratique.

Depuis Bidone, d'autres observations analogues ont été faites. Ainsi M. Baumgarten, Ingénieur en chef des Ponts et Chaussées, a constaté un ressaut de 0^m,48 de hauteur verticale sur le pont-aqueduc de Crau ; M. Bazin en a aussi produit et mesuré un assez grand nombre (**).

Étant données, dans l'une quelconque de ces expériences, la définition géométrique du lit ainsi que la profondeur h du courant, à son extrémité d'aval, on peut chercher à déterminer théoriquement le profil en long de la surface libre, par l'application des théories exposées aux n°s 80 et suivants. Mais alors on se trouve toujours arrêté par cette circonstance que $\frac{ds}{dh}$ s'annule pour une profondeur comprise entre celles qui existent aux deux points extrêmes, et l'on tombe dans l'un de ces cas d'exception où la méthode ne peut plus donner le profil exact dans toute son étendue, parce qu'elle conduit à un résultat contraire à l'une de ses hypothèses fondamentales (n° 80). Ainsi dans l'expérience de Bidone, dont nous

(*) *Mémoires de l'Académie des Sciences de Turin*, t. XXV, année 1820.
(**) *Recherches hydrauliques*, p. 284 et suiv.

avons rapporté les données numériques, on avait, les notations étant celles du n° 83,

$$Q = o^{mc}, o351, \quad l = o^{m}, 325, \quad \Omega = o, 325 h,$$

$$U = \frac{Q}{\Omega} = \frac{o, o351}{o, 325 h} = \frac{o, 108}{h};$$

la profondeur h', qui rend nul $\dfrac{ds}{dh}$, devant satisfaire (n° 80) à
l'équation générale

$$1 - \frac{U^2 l}{g \Omega} = o,$$

on posera donc ici

$$1 - \frac{(o, 108)^2}{g h'^3} = o,$$

d'où résulte

$$h' = \sqrt[3]{\frac{(o, 108)^2}{g}} = o^{m}, 106.$$

Ce nombre est bien compris, comme on le voit, entre les
profondeurs $o^{m}, o64$ et $o^{m}, 28$ aux deux extrémités du courant.
Il est bon de dire aussi que toutes les expériences relatives
aux ressauts ont été faites sur des canaux à forte pente où
peuvent se produire les profils de la classe B, c'est-à-dire
B_1, B_2, B_3, B_u (n° 83); et puisque la profondeur h' se trouvait
comprise entre les profondeurs aux deux extrémités, la plus
grande de ces deux-là devait nécessairement appartenir à la
branche B_3, pendant que la plus petite appartenait à l'une des
branches $B_1, B_2,$ ou à la droite B_u. On généralise toutes ces remarques par une induction bien naturelle, et on les formule
avec précision comme il suit : quand un courant coule dans
un lit tel, que les profils réalisables pour la surface de l'eau
rentrent dans la classe B, et que le profil du côté d'amont
présente des profondeurs inférieures à h', si un barrage ou
obstacle quelconque vient à exhausser le niveau dans l'une
des sections jusqu'à un point de la branche B_3, ou, ce qui revient au même, s'il produit une profondeur qui dépasse h',
alors en remontant contrairement au fil de l'eau on finira par
arriver à un ressaut superficiel, formant le raccord des deux

19.

séries de profondeurs d'amont et d'aval. Il est bien entendu que cet énoncé suppose le canal assez long pour permettre au ressaut de se produire ; il faut ajouter aussi que, d'après une observation de Bidone, le courant n'ayant pas d'agitation sensible hors de l'emplacement du ressaut, les deux portions de profil qu'il sert à relier l'une à l'autre doivent chacune obéir aux lois démontrées dans le § III. Celle d'amont, où existent les profondeurs moindres que h', appartiendra à B_1, B_2 ou B_u ; celle d'aval fera partie de B_3.

Il est assez plausible de croire qu'un ressaut pourrait également exister entre un point de la branche A_1 et un point pris, soit sur A_2 ou A_3, soit sur A_u : mais ici nous ne nous guiderions que d'après une analogie, et l'expérience ne nous fournirait pas de preuve à l'appui, les ressauts n'ayant pas été observés dans des lits à pente modérée susceptibles d'engendrer les profils de la classe A.

Quelles que soient les conditions dans lesquelles un ressaut peut exister, et quelles que soient aussi les conditions qui en rendraient la production nécessaire, nous avons certainement le droit de considérer ce phénomène comme un fait possible dans la réalité physique. Maintenant nous nous poserons et traiterons théoriquement cette question : Étant donné un ressaut, quelles relations doivent exister entre les quantités qui définissent le courant, aux environs du lieu où il se produit ?

85. *Relation entre les profondeurs immédiatement avant et après le ressaut.* — Considérons une portion de courant découvert, comprise entre les sections transversales $A_0 B_0$, AB (*fig.* 48), très-voisines l'une de l'autre, dans l'intervalle desquelles s'effectue un ressaut superficiel : appliquons au système matériel liquide $A_0 B_0 AB$ le théorème des quantités de mouvement projetées sur l'axe du courant. Pendant un temps très-court θ ce système aura changé de position et sera venu en $C_0 D_0 CD$; en vertu de la permanence supposée dans le mouvement, il y aura en chaque

Fig. 48.

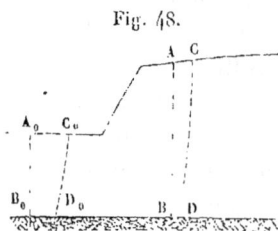

nence supposée dans le mouvement, il y aura en chaque

point de la partie intermédiaire $C_0 D_0 AB$, au commencement
et à la fin du temps θ, des masses égales animées des mêmes
vitesses; dans ce temps θ, la variation de la quantité de mouvement projetée, appartenant au système matériel $A_0 B_0 AB$,
sera donc égale à la quantité de mouvement de la tranche
finale $ABCD$, moins celle de la tranche initiale $A_0 B_0 C_0 D_0$.
Évaluons ces deux quantités de mouvement.

Soient à cet effet ω un élément superficiel de AB et v la vitesse
du filet qui le traverse; $v\theta$ sera la longueur parcourue par ce
filet entre AB et CD, dans le temps θ; $\omega v\theta$ sera le volume d'un
cylindre ayant ω pour base et cette longueur $v\theta$ pour hauteur.

En nommant Π le poids du mètre cube de liquide, $\dfrac{\Pi}{g}\omega v\theta$ est la

masse correspondante, $\dfrac{\Pi}{g}\omega v^2\theta$ la quantité de mouvement; donc
si l'on désigne par Σ une somme faite pour tous les éléments ω,
la quantité de mouvement de la tranche finale $ABCD$ aura pour

expression $\dfrac{\Pi\theta}{g}\Sigma\omega v^2$. Maintenant appelons U_1 la vitesse moyenne
dans la section AB et Ω_1 l'aire de cette section; on aura

$$U_1 \Omega_1 = \Sigma\omega v,$$

de sorte que si l'on pose

$$v = U_1 + w,$$

w étant la différence, tantôt positive, tantôt négative, entre v
et U_1, on aura

$$U_1 \Omega_1 = \Sigma\omega (U_1 + w) = U_1 \Omega_1 + \Sigma\omega w,$$

c'est-à-dire $\Sigma\omega w = 0$. D'un autre côté

$$\Sigma\omega v^2 = \Sigma\omega (U_1 + w)^2 = U_1^2 \Omega_1 + 2 U_1 \Sigma\omega w + \Sigma\omega w^2,$$

ou, à cause de $\Sigma\omega w = 0$,

$$\Sigma\omega v^2 = U_1^2 \Omega_1 + \Sigma\omega w^2.$$

Ainsi $\Sigma\omega v^2$ diffère de $U_1^2 \Omega_1$ et le surpasse d'autant plus que les
écarts w entre les vitesses v et la vitesse moyenne sont plus
considérables. Cependant diverses hypothèses sur la distribu-

tion des vitesses dans une section ayant paru démontrer que $\Sigma \omega v^2$ surpasse peu $U_1^2 \Omega_1$, nous admettons l'égalité, pour simplifier (*). Il serait d'ailleurs impossible, ne connaissant pas la loi de distribution dont il s'agit (puisque le mouvement est varié), d'avoir la vraie valeur de $\Sigma \omega v^2$, et nous sommes forcé de nous contenter de l'expression approximative $\dfrac{\Pi \theta}{g} U_1^2 \Omega_1$, pour représenter la quantité de mouvement de la tranche ABCD. De même Ω_0 et U_0 étant l'aire de la section $A_0 B_0$ et la vitesse dans cette section, la quantité de mouvement de $A_0 B_0 C_0 D_0$ s'exprimerait par $\dfrac{\Pi \theta}{g} U_0^2 \Omega_0$, et l'accroissement cherché, pendant le temps θ, par

$$\frac{\Pi \theta}{g} \left(U_1^2 \Omega_1 - U_0^2 \Omega_0 \right).$$

Il faut égaler cette quantité à la somme des impulsions des forces extérieures du système, pendant le temps θ, en projection sur l'axe du courant. Or ces forces sont : 1° la pesanteur, dont l'impulsion projetée est sensiblement nulle, parce que le

---

(*) Plusieurs auteurs ont cherché à évaluer la demi-force vive (ou puissance vive, suivant le langage adopté par M. Belanger) d'une tranche telle que ABCD, quantité qui s'exprimerait, avec nos notations, par $\dfrac{\Pi \theta}{2g} \Sigma \omega v^3$. On a

$$\Sigma \omega v^3 = \Sigma \omega (U_1 + w)^3 = U_1^3 \Omega_1 + 3 U_1^2 \Sigma \omega w + 3 U_1 \Sigma \omega w^2 + \Sigma \omega w^3,$$

ou bien en supprimant $\Sigma \omega w$ (qui est nulle) et réunissant les deux derniers termes

$$\Sigma \omega v^3 = U_1^3 \Omega_1 + \Sigma \omega w^2 (3 U_1 + w).$$

De plus, la vitesse additionnelle w, tantôt positive et tantôt négative, peut en général être regardée comme négligeable devant $3 U_1$; cela serait encore vrai jusqu'à un certain point si w prenait des valeurs notables, car certains facteurs $3 U_1 + w$ diminueraient, et les autres augmenteraient, par la suppression de w. Donc il est permis de poser simplement

$$\Sigma \omega v^3 = U_1^3 \Omega_1 + 3 U_1 \Sigma \omega w^2.$$

La somme $\Sigma \omega v^3$ est, comme on le voit, supérieure à $U_1^3 \Omega_1$, tout comme $\Sigma \omega v^2$ l'est à $U_1^2 \Omega_1$; et il y a une relation fort simple entre les deux excès.

En effet, si l'on élimine $\Sigma \omega w^2$ entre la dernière équation et

$$\Sigma \omega v^2 = U_1^2 \Omega + \Sigma \omega w^2,$$

poids total du système, eu égard au rapprochement des sections $A_0 B_0$, AB, est petit relativement aux autres forces, et aussi parce que l'axe de projection est à peu près horizontal; 2° les pressions qui s'exercent sur tout le contour du système; 3° le frottement du lit. De ces pressions on peut d'abord retrancher la pression atmosphérique en chaque point, puisque, agissant sur un contour fermé, elle donnerait une résultante et par suite une impulsion nulles (n° 7); on peut aussi négliger les pressions latérales exercées par le lit, comme normales à l'axe, si le lit est prismatique, ou, dans le cas général, comme s'exerçant sur une surface à peu près nulle, car théoriquement nous considérons les sections comme infiniment voisines. Le même fait d'une petite distance entre $A_0 B_0$ et AB autorise à négliger le frottement du lit, dont l'effet n'est sensible que sur une grande longueur. Il ne reste donc finalement à considérer que les impulsions des pressions sur AB et $A_0 B_0$, calculées abstraction faite de la pression atmosphérique. Soient Y_1 et Y_0 les hauteurs des centres de gravité de ces sections, au-dessous de la ligne d'eau dans chacune d'elles; si

il viendra

$$\Sigma \omega v^2 = U_1^2 \Omega_1 + \frac{1}{3 U_1} (\Sigma \omega v^3 - U_1^3 \Omega_1) = U_1^2 \Omega_1 \left[1 + \frac{1}{3} \left(\frac{\Sigma \omega v^3}{U_1^3 \Omega_1} - 1 \right) \right].$$

Cela montre que le facteur par lequel il faut multiplier $U_1^2 \Omega_1$ pour le rendre égal à $\Sigma \omega v^2$ excède l'unité d'une quantité seulement égale au tiers de la différence $\frac{\Sigma \omega v^3}{U_1^3 \Omega_1} - 1$.

La dernière différence a été calculée par les auteurs dont nous parlions au commencement de cette note, en faisant des hypothèses plausibles sur la distribution des vitesses dans la section Ω_1. Suivant Coriolis et Vauthier (*Annales des Ponts et Chaussées*, 1836) la valeur de $\frac{\Sigma \omega v^3}{U_1^3 \Omega_1} - 1$ serait probablement exagérée si on la portait à 0,50, et l'on pourrait, dans les cas ordinaires, la fixer à 0,10. Il s'ensuivrait que $\frac{\Sigma \omega v^2}{U_1^2 \Omega_1}$ ne surpasserait l'unité que de quelques centièmes.

(*Voir* également les *Études théoriques et pratiques sur le mouvement des eaux courantes*, par M. Dupuit, ainsi que les *Recherches hydrauliques* de M. Bazin.)

Mais il faut convenir que toutes ces évaluations offrent bien de l'incertitude, et que la différence des quantités de mouvement possédées par les tranches $ABCD$, $A_0 B_0 C_0 D_0$ n'est pas encore exprimée d'une manière qu'on doive considérer comme parfaitement exacte.

nous admettons qu'en AB et $A_0 B_0$ le régime par filets parallèles existe, la pression suivra la loi hydrostatique (n° 18, 4e règle), et les deux pressions auront pour valeurs $\Pi \Omega_1 Y_1$ et $\Pi \Omega_0 Y_0$ (n° 8), ce qui donnera lieu, dans le sens du mouvement, à une impulsion représentée par $\Pi \theta (\Omega_0 Y_0 - \Omega_1 Y_1)$. On a donc

$$\frac{\Pi \theta}{g} (U_1^2 \Omega_1 - U_0^2 \Omega_0) = \Pi \theta (\Omega_0 Y_0 - \Omega_1 Y_1).$$

soit, après la suppression du facteur $\Pi \theta$,

$$(1) \qquad \frac{1}{g} (U_1^2 \Omega_1 - U_0^2 \Omega_0) = \Omega_0 Y_0 - \Omega_1 Y_1.$$

Au moyen de la relation $U_1 \Omega_1 = U_0 \Omega_0$, qui exprime l'égalité de débit dans les sections $A_0 B_0$ et AB, on peut aussi ne conserver qu'une seule vitesse, U_1 ou U_0, dans cette équation, qui deviendra ainsi

$$(2) \qquad \frac{U_0^2}{g} \left(\frac{\Omega_0}{\Omega_1} - 1 \right) = Y_0 - \frac{\Omega_1}{\Omega_0} Y_1,$$

ou bien encore

$$(3) \qquad \frac{U_1^2}{g} \left(1 - \frac{\Omega_1}{\Omega_0} \right) = \frac{\Omega_0}{\Omega_1} Y_0 - Y_1,$$

suivant celle des deux vitesses que l'on conservera.

Il est visible que l'une ou l'autre de ces équations équivalentes sera satisfaite en supposant les deux sections égales, soit

$$\Omega_1 = \Omega_0, \quad Y_1 = Y_0, \quad U_1 = U_0;$$

mais on conçoit aussi que, après avoir mis de côté cette solution qui reviendrait à ne pas supposer de ressaut, il puisse en rester une autre, et il faut bien que cela soit pour qu'il existe effectivement des ressauts. Nous allons, en conséquence, chercher les conditions nécessaires et suffisantes moyennant lesquelles on pourra satisfaire aux équations (1),(2) et (3) sans supposer l'identité des deux sections.

Reprenant à cet effet les notations du n° 83, nous remplacerons d'abord, dans l'équation (1), les vitesses U_0 et U_1 par $\frac{Q}{\Omega_0}$

et $\dfrac{Q}{\Omega_1}$, ce qui donne

(4) $$\frac{Q^2}{g}\left(\frac{1}{\Omega_1}-\frac{1}{\Omega_0}\right)=\Omega_0 Y_0 - \Omega_1 Y_1.$$

Les deux membres de cette nouvelle équation peuvent être considérés comme des intégrales définies, prises entre les limites h_0 et h_1, valeurs de la profondeur h dans les deux sections : ainsi l'on a d'abord

$$\frac{1}{\Omega_1}-\frac{1}{\Omega_0}=-\int_{h=h_0}^{h=h_1}\frac{d\Omega}{\Omega^2},$$

et, attendu que $d\Omega$ s'exprime par $l\,dh$ (*),

$$\frac{1}{\Omega_1}-\frac{1}{\Omega_0}=-\int_{h_0}^{h_1}\frac{l\,dh}{\Omega^2}.$$

D'un autre côté on peut écrire

$$\Omega_0 Y_0 - \Omega_1 Y_1 = -\int_{h_0}^{h_1} d.\Omega Y\,;$$

ΩY exprime la somme des moments des éléments superficiels qui composent Ω relativement à la ligne d'eau, d'où il résulte que, pour un déplacement dh de cette ligne, ΩY doit s'accroître de la quantité

$$\Omega\,dh+\frac{1}{2}\,l\,dh^2\,;$$

donc on a, en négligeant l'infiniment petit du second ordre $\frac{1}{2}\,l\,dh^2$,

$$d.\Omega Y = \Omega\,dh,$$

(*) Quand il s'agit d'un lit non prismatique, la différentielle complète $d\Omega$ a pour valeur (n° 83)

$$d\Omega = l\,dh + \frac{d\Omega}{ds}\,ds\,;$$

mais nous admettons ici qu'on fasse l'intégration sans sortir d'un même profil en travers. Puisque tout se passe dans une longueur censée infiniment petite, et que la profondeur varie au contraire simultanément d'une quantité finie, il est parfaitement permis de négliger les variations relatives à s devant celles qui se rapportent à h.

et, par suite,

$$\Omega_0 Y_0 - \Omega_1 Y_1 = -\int_{h_0}^{h_1} \Omega \, dh.$$

En vertu de ces transformations l'équation (1) devient

$$(5) \qquad \frac{Q^2}{g} \int_{h_0}^{h_1} \frac{l\,dh}{\Omega^2} = \int_{h_0}^{h_1} \Omega \, dh.$$

Cela posé, nommons

$$\alpha, \alpha', \alpha'', \ldots, \alpha^{(i)}, \ldots,$$
$$\beta, \beta', \beta'', \ldots, \beta^{(i)}, \ldots,$$

les deux suites de valeurs positives que prennent respectivement les éléments $\frac{l\,dh}{\Omega^2}$ et $\Omega\,dh$, lorsque h passe, par degrés insensibles, de h_0 à h_1; soient de plus λ et λ' les limites supérieure et inférieure du rapport variable

$$\frac{\beta^{(i)}}{\alpha^{(i)}} = \Omega : \frac{l}{\Omega^2} = \frac{\Omega^3}{l};$$

l'égalité précédente revient à

$$\frac{Q^2}{g} = \frac{\beta + \beta' + \beta'' + \ldots}{\alpha + \alpha' + \alpha'' + \ldots} = \frac{\Sigma \beta^{(i)}}{\Sigma \alpha^{(i)}}.$$

Or on sait, par une propriété bien connue des fractions, que le quotient $\frac{\Sigma \beta^{(i)}}{\Sigma \alpha^{(i)}}$ est intermédiaire entre la plus grande et la plus petite valeur prise par l'une des fractions $\frac{\beta^{(i)}}{\alpha^{(i)}}$; donc il en résulte les inégalités

$$\frac{Q^2}{g} < \lambda, \quad \frac{Q^2}{g} > \lambda'.$$

Donc, parmi la série continue de valeurs que prend le rapport $\frac{\Omega^3}{l}$, entre $h = h_0$ et $h = h_1$ (s conservant la valeur fixe qui définit la position des profils $A_0 B_0$, AB), il doit s'en trouver à la fois de plus grandes et de plus petites que $\frac{Q^2}{g}$, ou, en d'autres termes, les quantités identiques

$$\frac{\Omega^3}{l} - \frac{Q^2}{g}, \quad \frac{\Omega^3}{l} - \frac{U^2\,\Omega^2}{g},$$

et, par conséquent aussi, l'expression

$$1 - \frac{U^2\,l}{g\Omega}.$$

doivent changer de signe lorsque la variable h qui les détermine passe de h_0 à h_1. Cela montre également que l'expression précédente devient nulle dans le même intervalle, c'est-à-dire que la profondeur h' capable d'annuler $\dfrac{ds}{dh}$ aux environs de $A_0\,B_0$ ou de AB, et par là de rendre inapplicable la théorie du mouvement permanent par filets parallèles (n° 80), se trouve comprise entre h_0 et h_1. D'ailleurs le ressaut, tel que l'expérience nous le montre, constituant toujours une augmentation de profondeur, il faut que l'ordre de grandeur soit le suivant :

$$h_0, \quad h', \quad h_1.$$

Il y a dans le résultat qu'on vient d'obtenir une corrélation très-remarquable avec la théorie du n° 80. Nous avons vu que si le profil en long fictif construit avec la série des profondeurs h' dans les diverses sections vient à couper le profil en long du courant, déterminé par l'intégration de l'équation (4) ou (5), le profil calculé ne peut plus se réaliser, qu'on se trouve dans un cas d'exception, et qu'on doit forcément rejeter la formule fondamentale du mouvement permanent varié par filets parallèles, comme devenant inexacte quand s prend des valeurs voisines de celle qui répond au point d'intersection. Mais alors il arrive précisément que la théorie du ressaut est au contraire applicable, et qu'elle ne le serait pas sans cela ; du moins l'application en sera permise pourvu que la profondeur augmente dans le sens du courant.

Sauf cette restriction, on conclura donc, non pas avec une certitude mathématique, mais avec assez de probabilité, que le cas d'exception dont il s'agit annonce l'existence d'un ressaut superficiel.

Nous avons dû faire ci-dessus une restriction quant au sens dans lequel varie la profondeur : nous dirons plus loin quelques mots sur le cas où l'on supposerait une diminution au lieu d'une augmentation.

Quand on se place dans les hypothèses du n° 83 sur la forme du lit, la fonction $\dfrac{\Omega^3}{l}$ varie toujours dans le même sens et croît indéfiniment avec h : il y a donc une seule valeur h' de h qui puisse la rendre égale à $\dfrac{Q^2}{g}$, et cette valeur ne change pas d'une section à l'autre. La condition d'existence du ressaut est partout la même, savoir : h_0 plus petit et h_1 plus grand que cette constante h', ou encore, si l'on nomme l_0, l_1 les valeurs de l qui répondent aux profondeurs h_0, h_1,

$$(6) \qquad 1 - \frac{U_0^2\, l_0}{g\, \Omega_0} < 0, \quad 1 - \frac{U_1^2\, l_1}{g\, \Omega_1} > 0.$$

En réalité ces deux conditions n'en font qu'une à vérifier, parce que les diverses quantités introduites dans notre calcul ne sont pas indépendantes, mais liées par l'équation (4) et par la relation $U_0\, \Omega_0 = U_1\, \Omega_1$; on se propose toujours, étant données celles de ces quantités qui appartiennent à l'une des deux sections $A_0 B_0$, AB, de trouver les autres. Alors il suffit de vérifier l'inégalité où entrent les quantités données, car il est évident qu'on peut disposer de la hauteur inconnue dans l'autre section de manière à rendre $\dfrac{\Omega^3}{l}$ aussi grand ou aussi petit qu'on voudra, ce qui assure la vérification de l'inégalité restante.

Les hauteurs h_0 et h_1 étant dans une dépendance réciproque, il est naturel de chercher comment l'une varie avec l'autre. Pour cela, différentions l'équation (5), en leur supposant des accroissements simultanés dh_0, dh_1 et laissant au contraire le débit Q invariable : il viendra successivement

$$\frac{Q^2}{g}\left(\frac{l_1\, dh_1}{\Omega_1^2} - \frac{l_0\, dh_0}{\Omega_0^2}\right) = \Omega_1\, dh_1 - \Omega_0\, dh_0,$$

$$\frac{dh_1}{dh_0} = \frac{\dfrac{Q^2 l_0}{g\, \Omega_0^2} - \Omega_0}{\dfrac{Q^2 l_1}{g\, \Omega_1^2} - \Omega_1} = \frac{\Omega_0}{\Omega_1} \cdot \frac{1 - \dfrac{U_0^2\, l_0}{g\, \Omega_0}}{1 - \dfrac{U_1^2\, l_1}{g\, \Omega_1}}.$$

Or il résulte des inégalités (6) que le multiplicateur de $\frac{\Omega_0}{\Omega_1}$ dans la dernière expression de $\frac{dh_1}{dh_0}$ a nécessairement le signe — : donc dh_0 et dh_1 sont de signes contraires, c'est-à-dire que h_0 et h_1 varient en sens inverse l'une de l'autre : l'une s'accroît quand l'autre diminue, pourvu cependant que le débit ne change pas.

Nous allons poursuivre nos calculs avec l'hypothèse plus restreinte d'une section rectangulaire de largeur constante, et, comme toujours, à bords verticaux. Dans ce cas, les équations se transforment en des relations explicites entre les profondeurs h_0 et h_1 avant et après le ressaut. On a en effet

$$Y_0 = \frac{1}{2} h_0, \quad Y_1 = \frac{1}{2} h_1, \quad \frac{\Omega_1}{\Omega_0} = \frac{h_1}{h_0};$$

les équations (2) et (3) deviennent donc

$$\frac{U_0^2}{g}\left(\frac{h_0}{h_1} - 1\right) = \frac{1}{2} h_0 - \frac{h_1^2}{2 h_0},$$

$$\frac{U_1^2}{g}\left(1 - \frac{h_1}{h_0}\right) = \frac{h_0^2}{2 h_1} - \frac{1}{2} h_1;$$

soit, en faisant disparaître les dénominateurs h_0 et h_1, et supprimant le facteur $h_0 - h_1$,

$$\frac{U_0^2 h_0}{g} = \frac{1}{2} h_1(h_1 + h_0),$$

$$\frac{U_1^2 h_1}{g} = \frac{1}{2} h_0(h_1 + h_0);$$

soit enfin

(7) $$h_1^2 + h_1 h_0 - 2\frac{U_0^2 h_0}{g} = 0,$$

(8) $$h_0^2 + h_1 h_0 - 2\frac{U_1^2 h_1}{g} = 0.$$

La première de ces équations fera connaître h_1 en fonction des quantités h_0 et U_0 qui se rapportent à la section d'amont $A_0 P_0$; inversement, la seconde donnera h_0 quand on connaîtra la vitesse et la profondeur pour la section d'aval; en résolvant, on trouvera

$$(9) \qquad h_1 = -\frac{1}{2} h_0 + \sqrt{\frac{1}{4} h_0^2 + 2 \frac{U_0^2 h_0}{g}},$$

$$(10) \qquad h_0 = -\frac{1}{2} h_1 + \sqrt{\frac{1}{4} h_1^2 + 2 \frac{U_1^2 h_1}{g}}.$$

Il est nécessaire, pour qu'il y ait effectivement ressaut, qu'on ait $h_0 < h_1$, c'est-à-dire, d'après les formules (9) et (10),

$$h_0 < -\frac{1}{2} h_0 + \sqrt{\frac{1}{4} h_0^2 + 2 \frac{U_0^2 h_0}{g}},$$

$$h_1 > -\frac{1}{2} h_1 + \sqrt{\frac{1}{4} h_1^2 + 2 \frac{U_1^2 h_1}{g}};$$

faisant passer le terme négatif du second membre de ces iné-galités dans le premier, élevant au carré et simplifiant, on ob-tient aisément

$$h_0^2 < \frac{U_0^2 h_0}{g}, \quad h_1^2 > \frac{U_1^2 h_1}{g},$$

soit, sous une autre forme,

$$(11) \qquad 1 - \frac{U_0^2}{g h_0} < 0, \quad 1 - \frac{U_1^2}{g h_1} > 0.$$

Or, dans le cas de la section rectangulaire, la quantité désignée généralement par $1 - \frac{U^2 l}{g \Omega}$ devient $1 - \frac{U^2}{g h}$; on retrouve donc d'une autre manière la condition déjà démontrée, et exprimée par les inégalités (6). On pourrait aussi vérifier très-facile-ment, au moyen des valeurs (9) et (10), que $\frac{d h_1}{d h_0}$ est toujours négatif, pourvu cependant qu'on ne fasse pas varier le débit, et par suite les quantités $U_0 h_0$, $U_1 h_1$.

Les relations (9), (10) et (11) se mettent encore sous une autre forme que nous allons démontrer. Nous appellerons, comme aux n°s 81 et 82,

q, le débit du courant par mètre de largeur, c'est-à-dire ql son débit total;

a^3, le rapport de la pente i du lit au nombre $b_1 g = 0,003924$;

x_1 et x_0, les rapports des profondeurs h_1 et h_0 à la profondeur H du régime uniforme.

On a les égalités

$$U_0 = \frac{q}{h_0}; \quad U_1 = \frac{q}{h_1};$$

de plus, l'équation du régime uniforme $Ri = b_1 U^2$ (n° 73) devient

$$\frac{l\,H}{l + 2H} i = b_1 \frac{q^2}{H^2};$$

donc on a aussi

$$\frac{U_0^2}{g} = \frac{q^2}{gh_0^2} = \frac{i}{b_1\,g} \cdot \frac{l\,H}{l + 2H} \cdot \frac{H^2}{h_0^2} = \frac{l\,H\,a^3}{l + 2H} \cdot \frac{1}{x_0^2},$$

$$\frac{U_1^2}{g} = \frac{l\,H\,a^3}{l + 2H} \cdot \frac{1}{x_1^2}.$$

La substitution de ces valeurs dans l'une ou l'autre des équations (7) et (8), après avoir divisé les deux membres par H^2, donnera

$$x_1\,x_0\,(x_1 + x_0) = \frac{2\,la^3}{l + 2H},$$

ou bien

$$(12) \qquad x_1 = -\frac{1}{2}\,x_0 + \sqrt{\frac{1}{4}\,x_0^2 + \frac{2\,a^3\,l}{l + 2H} \cdot \frac{1}{x_0}},$$

$$(13) \qquad x_0 = -\frac{1}{2}\,x_1 + \sqrt{\frac{1}{4}\,x_1^2 + \frac{2\,a^3\,l}{l + 2H} \cdot \frac{1}{x_1}}.$$

De même, les inégalités (11) deviennent

$$(14) \qquad x_0^3 - \frac{a^3\,l}{l + 2H} < 0, \quad x_1^3 - \frac{a^3\,l}{l + 2H} > 0.$$

Dans le cas particulier d'un courant très-large (n° 81), le rapport $\dfrac{l}{l + 2H}$ diffère peu de 1 et peut se remplacer par ce nombre dans les formules (12), (13) et (14). Si l'on supposait en outre $h_0 = H$, il faudrait faire $x_0 = 1$, et l'on trouverait

$$(15) \qquad x_1 = -\frac{1}{2} + \sqrt{\frac{1}{4} + 2\,a^3};$$

la première des inégalités (14) donnerait d'ailleurs comme condition du ressaut

$$(16) \qquad a^3 > 1 \quad \text{ou bien} \quad i > 0,003924.$$

Applications numériques. — On trouve, dans les *Recherches hydrauliques* de M. Bazin (p. 292 et 293), un tableau d'expériences qui permet de vérifier les formules (9) et (10), car il donne les hauteurs h_0 et h_1, ainsi que les vitesses U_0 et U_1, observées dans des canaux à sections rectangulaires. Nous avons fait porter la vérification sur la formule (9), en comparant les valeurs de h_1 fournies par le calcul et par l'observation. Nous nous sommes d'ailleurs borné aux séries n°s 92 et 95 de M. Bazin. Voici le tableau des résultats.

NUMÉROS des expériences.	DONNÉES RELATIVES à la section d'amont.		PROFONDEURS h_1 dans la section d'aval		ERREURS relatives en moins.
	h_0	$\dfrac{U_0^2}{2g}$	Calculées.	Observées.	
Série n° 92.					
	m	m	m	m	
1	0,090	0,148	0,190	0,224	0,15
2	0,127	0,210	0,268	0,285	0,06
3	0,174	0,219	0,326	0,342	0,05
4	0,186	0,250	0,348	0,377	0,08
5	0,209	0,253	0,367	0,450	0,18
6	0,213	0,298	0,409	0,434	0,06
7	0,241	0,282	0,415	0,447	0,07
8	0,261	0,286	0,431	0,499	0,14
Série n° 95.					
1	0,790	0,456	0,869	1,017	0,15
2	0,430	0,681	0,888	0,915	0,03

On voit, par ces chiffres, que la formule (9) conduit à des erreurs parfois assez considérables, mais cela tient aux imperfections de l'expérience en même temps qu'à celles de la théorie. Comme l'a remarqué M. Bazin, il s'en faut de beaucoup que le phénomène du ressaut ait la simplicité que nous avons dû lui supposer pour le soumettre au calcul : il est presque toujours accompagné de fluctuations et de bouillonnements qui rendent la mesure des profondeurs très-difficile et très-incertaine. Il y a toutefois lieu de remarquer aussi que les erreurs théoriques, d'après le tableau ci-dessus, sont toutes dans le même sens et conduisent à des profondeurs h_1 trop faibles. Cela tient sans doute, au moins en partie, à ce que nous avons remplacé la quantité de mouvement des tranches ABCD, $A_0 B_0 C_0 D_0$ (*fig.* 48, p. 292) par des valeurs inférieures aux valeurs réelles, ainsi qu'on l'a montré plus haut. Le terme $\dfrac{2 U_0^2 h_0}{g}$, sous le radical de la formule (9), devrait en conséquence être affecté d'un coefficient plus grand que l'unité; et si l'on en connaissait la valeur exacte en fonction des données (ce qui n'est pas, malheureusement) on aurait le moyen de corriger et d'atténuer les différences dont il s'agit.

86. *Perte de charge éprouvée par le liquide dans le ressaut.* — Le théorème de Bernoulli, appliqué à une molécule pendant son passage de la section $A_0 B_0$ à la section très-voisine AB (*fig.* 48, p. 292), donnerait, en appelant ζ la perte de charge,

$$\frac{U_1^2}{2g} - \frac{U_0^2}{2g} = - h_1 + h_0 - \zeta,$$

car les niveaux piézométriques, au point de départ et au point d'arrivée, sont A_0 et A, de sorte que la charge s'exprime par $h_0 - h_1$. On tire de là

$$\zeta = \frac{U_0^2}{2g} - \frac{U_1^2}{2g} + h_0 - h_1;$$

d'un autre côté, les équations (7) et (8) du n° 85 peuvent s'écrire

$$\frac{U_0^2}{2g} = \frac{h_1}{4 h_0}(h_1 + h_0), \quad \frac{U_1^2}{2g} = \frac{h_0}{4 h_1}(h_1 + h_0),$$

d'où nous déduirons

$$\frac{U_0^2}{2g} - \frac{U_1^2}{2g} = \frac{1}{4}(h_1 + h_0)\left(\frac{h_1}{h_0} - \frac{h_0}{h_1}\right) = \frac{1}{4 h_1 h_0}(h_1 + h_0)^2(h_1 - h_0).$$

Donc enfin

$$\zeta = \frac{1}{4 h_1 h_0}(h_1 + h_0)^2(h_1 - h_0) - (h_1 - h_0)$$

$$= \frac{1}{4 h_1 h_0}(h_1 - h_0)[(h_1 + h_0)^2 - 4 h_1 h_0],$$

ou bien

$$\zeta = \frac{(h_1 - h_0)^3}{4 h_1 h_0}.$$

Cette perte de charge est toujours réelle et positive dans le cas d'un ressaut constituant une augmentation de profondeur; mais son évaluation se ressent nécessairement des incertitudes qui affectent la formule du ressaut, dont elle est une conséquence.

II. 2e ÉDIT.

20

87. *Du ressaut d'abaissement.* — Une chose digne de remarque, c'est que si l'on supposait $h_0 > h_1$, de manière qu'en suivant le fil de l'eau on rencontrât un abaissement brusque de la surface, rien ne serait changé dans les calculs du n° 85, sauf le sens des inégalités (6) et (11). Il ne semble donc pas absolument impossible qu'un ressaut de cette espèce existe dans un courant; toutefois nous n'avons à cet égard qu'une présomption théorique, et, avant de l'admettre comme suffisamment établie, on doit attendre qu'un observateur à venir en ait montré la réalisation matérielle.

Une objection sérieuse se présente *à priori* contre la possibilité des abaissements brusques, et les rend peu probables, il faut le reconnaître : c'est que la perte de charge ζ (n° 86) deviendrait négative, que par conséquent elle se changerait en gain, et que la viscosité aurait dû faire un travail positif (n° 15) pendant le passage d'une molécule entre les sections extrêmes du ressaut. Or on est habitué à regarder la viscosité comme une force analogue au frottement, produisant toujours en somme un travail négatif. Mais ce n'est pas encore là une preuve absolue : outre que l'expression de ζ peut donner matière au doute, la nature des actions moléculaires dans un liquide est en définitive trop mal connue pour qu'on soit complétement sûr du signe de leur travail. Les actions intérieures produisent bien un travail moteur dans un ressort qui se détend : l'eau, qui est aussi pourvue d'une élasticité propre, ne pourrait-elle pas agir parfois à la manière d'un ressort ?

88. *Usage des formules du ressaut et du mouvement permanent varié par filets parallèles, pour déterminer le profil en long d'un courant permanent.* — Voici quelles sont le plus ordinairement, dans la pratique, les circonstances où l'on peut avoir à rechercher le profil longitudinal affecté par l'eau qui coule dans un canal découvert. On a un cours d'eau naturel présentant, sur une certaine étendue, des profondeurs assez faibles, et, soit pour le rendre navigable, soit pour créer une dérivation, il est reconnu qu'un barrage doit être établi sur ce cours d'eau, en un point donné; de là résultera un exhaussement général de niveau, dont il s'agit de se rendre compte avant la construction effective du barrage, afin d'avoir la certitude que cet obstacle apporté à l'écoulement n'entraînera pas comme conséquence l'inondation des propriétés riveraines, ou un trouble préjudiciable aux intérêts publics et privés qui ont quelques rapports avec la rivière en question.

Il faut donc que l'ingénieur chargé d'une telle étude soit en mesure de calculer le profil en long qui doit se produire quand l'ouvrage projeté aura été construit. Les données dont il dispose sont : le débit du courant, le niveau pris à peu de distance en amont du barrage (*), enfin la connaissance de l'état primitif des choses et la définition complète du lit.

Nous supposerons que l'exhaussement soit assez sensible pour que le niveau derrière le barrage soit au-dessus des deux profils fictifs tracés avec les séries des profondeurs h' et H (nº 80); nous raisonnerons aussi, en premier lieu, dans l'hypothèse d'un lit prismatique à pente constante comme ceux qu'on a considérés au nº 83, ce qui nous permettra d'appliquer divers théorèmes démontrés spécialement pour cette espèce de lits. Cela posé, deux cas sont encore à distinguer.

PREMIER CAS : $H > h'$. — Ce cas répond (nº 83) à un lit modérément incliné, dont la pente se trouve au-dessous d'une limite à la rigueur variable, mais au moins égale à $b_1 g$ (ou $3^m,92$ par kilomètre, en supposant $b_1 = 0,0004$). Alors le point extrême du profil, à quelques mètres du barrage, appartient à la branche A_3, puisque la profondeur correspondante dépasse H : on calculera donc les ordonnées de cette branche, suivant la forme de la section transversale, en employant les moyens indiqués aux nºs 80, 81, 82, 83. Il arrivera, en général, sauf dans certains cas pour ainsi dire singuliers, que cette branche se prolongera jusqu'à l'infini vers l'amont, et par conséquent qu'elle constituera seule la totalité du profil cherché; la surface de l'eau se rapprochera indéfiniment du plan du régime uniforme, et elle en arrivera d'autant plus près que le lit s'étendra plus loin vers l'amont, sans présenter aucune discontinuité qui vienne troubler la loi de l'écoulement et rendre nécessaire la formation d'un autre profil. Ce sera le cas du raccordement asymptotique, et il se produira fréquemment dans les cours d'eau de quelque importance, car les pentes

(*) Étant donnés le débit et la longueur du déversoir formé par le barrage, les formules du nº 30 permettent de calculer la charge totale au-dessus du seuil de ce déversoir, et par suite la profondeur du courant à une faible distance en amont de l'obstacle.

supérieures à $3^m,92$ par kilomètre ne s'y rencontrent guère que par exception.

DEUXIÈME CAS : $H < h'$. — Comme, dans ce cas, la pente du lit est assez forte, le profil appartient à la classe B (n° 83); à l'extrémité aval, la profondeur étant par hypothèse supérieure à h', le dernier point se trouve sur la branche B_3; puisque d'ailleurs cette branche est limitée vers l'amont, elle ne pourra former le profil en long que sur une certaine longueur, en conservant partout des profondeurs plus grandes que h'. Si le lit dépasse cette longueur, il faudra nécessairement admettre (et les expériences de Bidone semblent nous y autoriser suffisamment) que les profondeurs dans la partie située plus en amont n'atteignent pas h', et que le passage de ces profondeurs à celles de la branche B_3 existant vers l'aval, s'effectue par un ressaut brusque. De cette manière, l'effet du barrage ne se ferait sentir qu'à l'aval du ressaut; les profondeurs en amont resteraient ce qu'elles étaient dans l'état primitif. Quant à la hauteur et à l'emplacement du ressaut, leur détermination pourrait s'effectuer par tâtonnement : se plaçant en un point quelconque de la branche B_3, on prendra sa profondeur pour la valeur de h_1 à introduire dans les formules du ressaut (n° 85); on calculera la profondeur h_0 correspondante, et l'on tracera un profil avec toutes ces profondeurs h_0; le point où ce profil rencontrera celui de la surface primitive de l'eau sera l'emplacement demandé, et la hauteur du ressaut sera la valeur de $h_1 - h_0$ pour le même point de rencontre.

Nous étendons ces résultats, par induction, au cas d'un lit à section et à pente variables, cas pour lequel on devrait appliquer la théorie et les formules du n° 80. Si la pente est partout assez faible, le profil fictif des profondeurs H sera partout situé au-dessus de celui des profondeurs h'; dès lors, comme on part de l'aval, à proximité du barrage, avec un niveau plus élevé que celui de ces deux profils, on pourra remonter indéfiniment vers l'amont, en calculant la courbe de la surface, sans que cette courbe coupe l'un ou l'autre des deux profils en question : on aura donc obtenu de cette manière la figure véritable du courant relevé par le barrage. Si au contraire quelques portions du lit présentent des pentes assez fortes pour faire passer le profil fictif des H au-dessous du profil des h', ce dernier pourra couper la surface calculée; un ressaut se produirait aux environs du point d'intersection, de sorte que la surface primitive subsisterait en amont, et que l'effet du barrage se ferait sentir seulement en dessous. Le lieu exact du ressaut et sa hauteur se détermineraient encore par tâtonnement. Mais, comme nous l'avons déjà dit, ce ne sont là que des inductions : elles pourront se vérifier souvent et aussi se trouver quelquefois en défaut.

Parmi les données du problème dont nous venons d'indiquer succinctement la solution, se trouve la condition d'un débit déterminé et indépendant des altérations de hauteur qu'on fait subir à une partie du cours d'eau. Cela peut être ainsi quand l'alimentation du courant est fournie en un point assez éloigné du barrage pour que l'influence de celui-ci ne s'y fasse plus sentir, ou bien quand elle provient du libre déversement d'un bief supérieur assez élevé pour que le barrage ne modifie que la hauteur de chute. Mais on conçoit sans peine d'autres modes d'alimentation au point extrême d'amont; le mode d'évacuation au point extrême d'aval peut également changer, et de l'un ou l'autre de ces changements il peut résulter que le débit ne soit plus déterminé *à priori*, comme nous l'avons admis. Si donc on veut poser dans les termes les plus généraux le problème consistant à rechercher la figure du profil en long d'un courant découvert, dont l'état serait d'ailleurs permanent, il faut, comme M. Boudin (*), adopter l'énoncé que voici :

Connaissant complétement le lit d'un courant découvert permanent, ainsi que les dispositions prises pour assurer l'alimentation et l'évacuation, déterminer le débit du cours d'eau et le profil longitudinal de sa surface libre.

Comme type suffisamment général des circonstances qui ont lieu dans les sections extrêmes, on peut supposer, par exemple : 1° que l'entrée du canal est fermée par une vanne qu'on relève plus ou moins, de manière à passer progressivement d'une ouverture très-faible à une prise d'eau parfaitement

---

(*) Mémoire déjà cité dans la note de la page 274.

libre; 2° que la section de sortie débouche dans un réservoir
dont l'eau formera comme une espèce de retenue, et dont on
aura la faculté d'abaisser progressivement le niveau, depuis un
certain maximum d'élévation jusqu'à un autre point tel qu'aucune résistance à l'écoulement n'existe plus en aval, et que
celui-ci se produise comme un déversement dans l'atmosphère.

Le problème ainsi posé conduit à examiner un assez grand
nombre de cas particuliers dont la discussion, très-difficile, a
été présentée par M. Boudin avec beaucoup de talent et de
sagacité; mais, malgré les progrès incontestables qu'il a réalisés, nous ne croyons pas qu'il ait réussi à dissiper tous les
nuages. La théorie générale du mouvement de l'eau dans les
canaux découverts a un défaut grave, qu'il faudrait d'abord
pouvoir corriger : elle suppose *à priori* l'existence de certains phénomènes et en étudie partiellement les lois, mais
d'une manière trop incomplète pour permettre d'en assigner
les conditions nécessaires et suffisantes. Tout au plus elle fait
parfois connaître des conditions nécessaires; mais jamais on
n'a le droit rigoureux de dire que leur accomplissement entraînera la production réelle du fait supposé. Pour n'en citer
qu'un exemple, considérons le phénomène du ressaut; la
théorie nous apprendra que le ressaut est impossible si, dans
une section prise en amont et dans le voisinage, la vitesse U_0,
la surface Ω_0 de la section, et la largeur l_0 au niveau du courant ne satisfont pas à l'inégalité

$$1 - \frac{U_0^2 \, l_0}{g \Omega_0} < 0 \, ;$$

elle ajoutera encore que si le ressaut existe réellement, la
quantité analogue $1 - \dfrac{U_1^2 \, l_1}{g \Omega_1}$, calculée pour la section d'aval,
devra au contraire être positive. Mais cela suffit-il, et, dans le
cas de la négative, que faut-il de plus? La théorie ne répond
pas à cette question, et il en est presque toujours de même
dans tous les problèmes d'Hydraulique : le fait de la permanence y est lui-même admis assez ordinairement sur la foi de
présomptions plus ou moins incertaines. Cela vient peut-être

de ce qu'on n'a guère étudié les mouvements non perma-
nents, ni la variation continue avec le temps, qui peut faire
passer un liquide soit de l'état d'équilibre à un état de mouvement permanent, soit d'un mouvement permanent à un
autre (*). Quoi qu'il en soit, le défaut existe, et malheureusement les indications de l'Hydraulique expérimentale sont encore si peu nombreuses, si dépourvues de lien mutuel et de
coordination, qu'elles ne peuvent guère suppléer à l'insuffisance de la théorie. Il est résulté de là que M. Boudin a dû
souvent conclure de la possibilité d'un mode d'écoulement à
sa réalité : une certaine inquiétude peut donc subsister dans
l'esprit de son lecteur quand il ne s'agit pas des cas simples
(comme ceux que nous avons traités au commencement de
cet article), que la vue, pour ainsi dire journalière de ce qui
se passe dans les cours d'eau, nous a rendus familiers, en con-
firmant au moins les résultats généraux fournis par les inductions théoriques. Et cette inquiétude semble d'autant plus
permise que la théorie, même en la laissant sur le terrain où
les auteurs ont jusqu'à présent voulu la placer, demeure encore sujette à des objections sérieuses : la loi du frottement,
surtout dans le mouvement varié, est connue d'une manière
fort incertaine; la substitution de la seule vitesse moyenne
aux vitesses variables des filets qui traversent une même section, le défaut de parallélisme, les mouvements irréguliers
produits par les aspérités, etc., sont autant de causes d'erreur
dont il serait difficile de préciser l'importance.

Aussi ne croyons-nous pas devoir suivre M. Boudin dans
les détails minutieux et délicats qu'exige sa discussion, quoiqu'il l'ait restreinte au cas des lits prismatiques doués des propriétés que nous avons définies au n° 83. Nous traiterons cependant un exemple particulier d'une manière à peu près
conforme à ses indications, afin de montrer les difficultés que
présentent les problèmes de cette nature, et la manière dont

(*) Tout le monde admet aujourd'hui qu'on ne saurait guère aborder les
questions que soulève l'étude un peu approfondie des machines, avec la seule
connaissance de la Statique, et qu'il faut y joindre celle des lois du mouvement. Il en est un peu de même ici, car le mouvement permanent a quelque
ressemblance avec l'équilibre, et sa théorie est comme une espèce de statique.

l'état actuel de la science permet de les résoudre ou, pour parler plus exactement, de s'en affranchir au moyen d'hypothèses plus ou moins probables.

89. *Profil d'un courant rectangulaire de grande largeur, alimenté par un vannage et se versant dans un réservoir inférieur.* — Soit donné un réservoir R (*fig.* 49) fournissant l'eau à un autre réservoir R', de niveau

Fig. 49.

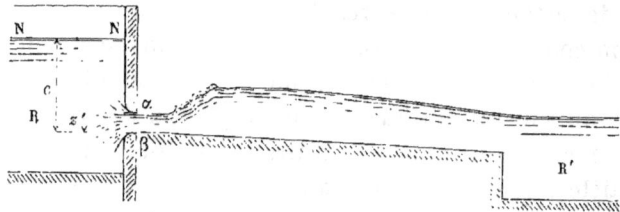

nécessairement inférieur, par l'intermédiaire d'un canal découvert. Un vannage sépare le canal du réservoir alimentaire et permet de faire varier l'orifice $\alpha\beta$; cet orifice est évasé vers l'intérieur, de manière à éviter, autant que possible, toute contraction de la veine liquide après sa sortie. Le canal est supposé avoir une section rectangulaire avec bords verticaux, une pente constante, et (afin de simplifier les calculs) une largeur indéfinie; sa pente i par mètre sera fixée en donnant le rapport a^3 (n° 81) égal à $\frac{1}{2}$. Le niveau dans R étant censé invariable, il s'agit d'indiquer le débit et le profil qui doivent se produire dans chaque cas, suivant la levée de vanne $\alpha\beta$ et la cote plus ou moins grande du niveau de R', relativement au plan de comparaison NN.

La cote c, relativement au même plan, de l'origine ϵ où commence le fond du canal, nous servira d'unité de longueur; c'est-à-dire que dans tout ce qui va suivre les dimensions linéaires s'exprimeront par leurs rapports avec c. Nous adopterons en outre les notations des n°s 80 et 81, sauf les modifications spécialement indiquées.

Avant d'aller plus loin, il convient de signaler d'abord les trois modes d'écoulement différents que peut avoir le liquide sortant par une ouverture telle que $\alpha\beta$.

PREMIER MODE : *Orifice noyé.* — L'eau du canal vient mouiller la paroi extérieure du réservoir R au-dessus du point α, et la veine s'écoule sous cette eau. Si l'on nomme

  z la levée de vanne;

  k la hauteur dont le niveau, à l'origine même du canal, dépasse le point α;

la vitesse de sortie en $\alpha\beta$ sera due à la charge $1 - (z + k)$, et la dépense q par unité de largeur se calculera au moyen de la formule

(1) $$q = z \sqrt{2g(1 - z - k)}.$$

La hauteur H du régime uniforme répondant à ce débit doit vérifier (n° 75) la relation

$$H^3 i = b_1 q^2,$$

ou, à cause de $i = a^3 b_1 g$,

(2) $$H^3 a^3 = \frac{q^2}{g} = 2 z^2 (1 - z - k);$$

de là résulte la valeur de H et aussi celle de la profondeur remarquable $h' = Ha$.

La valeur attribuée au rapport a^3 rendant seuls possibles les profils de la classe A (n° 83), on doit se demander à quelle branche appartient le premier point du profil, après la sortie de la veine. Pour cela on cherchera les rapports $\dfrac{z+k}{h'}$, $\dfrac{z+k}{H}$, et leur grandeur décidera la question. On commencera par un point de la branche A_1, si l'on a

$$\frac{z+k}{h'} < 1;$$

on sera sur la branche A_2 quand on aura les deux conditions

$$\frac{z+k}{h'} > 1 \quad \text{et} \quad \frac{z+k}{H} < 1;$$

enfin si $\dfrac{z+k}{H}$ atteint ou dépasse l'unité on commencera par un point des lignes A_u ou A_3. Ces inégalités se transforment en mettant pour h' et H leurs valeurs tirées de l'équation (2); on obtient ainsi les suivantes :

Profil commençant sur A_1,

(3) $$(z + k)^3 < 2 z^2 (1 - z - k);$$

Profil commençant sur A_2,

(4) $$(z + k)^3 > 2 z^2 (1 - z - k), \quad (z + k)^3 < \frac{2}{a^3} z^2 (1 - z - k);$$

Profil commençant sur A_u,

(5) $$(z + k)^3 = \frac{2}{a^3} z^2 (1 - z - k);$$

Profil commençant sur A_3,

(6) $$(z + k)^3 > \frac{2}{a^3} z^2 (1 - z - k).$$

Lorsque z sera donné, ces inégalités détermineront les valeurs limites de k ou de $z+k$ pour lesquelles auront lieu les changements de branche.

DEUXIÈME MODE : *Orifice à fleur d'eau.* — Ce mode se produit quand le point α affleure exactement le niveau du courant à son origine; c'est un cas particulier du mode précédent, qui répondrait à $k=0$. Les formules (1) et (2) ci-dessus trouvées deviennent alors :

$$(7) \qquad q = z\sqrt{2g(1-z)},$$
$$(8) \qquad H^3 a^3 = 2z^2(1-z);$$

les conditions exprimant que le profil longitudinal commence sur telle ou telle branche se simplifient d'ailleurs beaucoup, et l'on a :

Si le point α se trouve sur A_1,

$$(9) \qquad z^3 < 2z^2(1-z) \quad \text{ou} \quad z < \frac{2}{3};$$

Si α se trouve sur A_2,

$$(10) \qquad \begin{cases} z^3 > 2z^2(1-z) & \text{ou} \quad z > \frac{2}{3}, \\ z^3 < \frac{2}{a^3}z^2(1-z) & \text{ou} \quad z < \frac{2}{2+a^3}; \end{cases}$$

Si α se trouve sur A_u,

$$(11) \qquad z^3 = \frac{2}{a^3}z^2(1-z) \quad \text{ou} \quad z = \frac{2}{2+a^3};$$

Si α se trouve sur A_3,

$$(12) \qquad z^3 > \frac{2}{a^3}z^2(1-z) \quad \text{ou} \quad z > \frac{2}{2+a^3}.$$

Lorsqu'on discute les grandeurs successives de la dépense q, en faisant varier z dans la formule (7), on reconnaît sans peine que q augmente depuis $z=0$ jusqu'à $z=\frac{2}{3}$, valeur qui donne un maximum

$$(13) \qquad q' = \frac{2}{3\sqrt{3}}\sqrt{2g};$$

puis, si z augmente au delà de $\frac{2}{3}$, la dépense diminue et devient nulle pour $z=1$, comme elle l'était pour $z=0$. On comprendrait cependant difficilement que, toutes choses restant d'ailleurs les mêmes, un exhaussement de la vanne pût amoindrir la dépense, puisqu'il semble tendre, au contraire, à diminuer un obstacle qui gênait la sortie de l'eau. On conçoit mieux l'explication que voici : le deuxième mode d'écoulement ne peut se produire avec une dimension $\overline{\alpha 6}$ ou z supérieure à $\frac{2}{3}$, que si la retenue créée par les circonstances d'aval se fait sentir jusqu'à l'extrémité d'amont, et oblige z à prendre une valeur de cet ordre ; la vanne perd alors toute influence sur le débit, qui s'effectue comme s'il y avait une prise d'eau parfaitement libre, obtenue par la suppression du vannage. En d'autres termes il faut, dans l'hypothèse du deuxième mode, ôter la vanne pour rendre z plus grand que $\frac{2}{3}$: son existence n'est à considérer que pour les levées n'atteignant pas cette limite.

TROISIÈME MODE : *Orifice en partie découvert.* — On observe quelquefois une chute ou dépression assez sensible à la surface de la veine, après qu'elle a traversé le plan $\alpha 6$. Il existe alors une certaine partie de l'orifice, vers la région supérieure, dans laquelle la pression opposée à l'écoulement n'est plus représentée par une colonne s'élevant jusqu'au niveau du point α, comme cela devrait être (n° 28) pour justifier la formule (7) ; la pression dont il s'agit se rapproche plus ou moins de la pression atmosphérique, et le débit devient plus grand que $z\sqrt{2g(1-z)}$. Le plan $\alpha 6$ se trouve donc divisé en deux parties, dont l'une (celle du dessus) fonctionne à peu près comme un orifice découvert et versant librement dans l'atmosphère, tandis que l'autre fonctionne comme un orifice à fleur d'eau. C'est le cas mentionné à la fin du n° 28, dans lequel nous n'avons pu indiquer une formule bien certaine pour le calcul du débit. En appliquant la règle que nous avons posée, et nommant

m le coefficient de dépense applicable à la partie supérieure (lequel serait ici vraisemblablement assez rapproché de l'unité),

z' la profondeur dans la section la plus étranglée, auprès de l'orifice α^6,

on arriverait à l'expression

$$(14) \quad q = m\,(z - z')\sqrt{2g\left(1 - \frac{z + z'}{2}\right)} + z'\sqrt{2g\,(1 - z')}.$$

Il serait bien nécessaire, pour la discussion du problème qui nous occupe, de savoir au juste les conditions qui entraînent l'existence de chacun de ces trois modes ; mais nous n'avons sur ce sujet que des notions très-incomplètes, et nous ne pouvons que nous livrer à des conjectures. Nous sommes porté à croire que le second mode tend naturellement à se produire quand aucun obstacle ne gêne le liquide après sa sortie du réservoir R, puisque l'évasement de l'orifice le dispose sous la forme d'un faisceau de filets parallèles, coupant normalement la surface α^6, et que les circonstances initiales paraissent ainsi coïncider avec ce qu'exige le second mode. On comprend aussi qu'une retenue suffisante, exercée par une cause quelconque, peut forcer la veine à se gonfler immédiatement, au point de lui faire prendre, dans le plan $\alpha\beta$ lui-même, une section plus grande que l'orifice : on obtient alors le premier mode. Quant au troisième, l'analogie porte à supposer qu'il est, au contraire, amené par une certaine insuffisance de la retenue ; il se produit certainement quelquefois, d'après l'observation, et il y a des cas où la supposition de son existence devient presque forcée, parce que c'est la seule manière de rendre possible la formation, dans le canal, d'un profil en long permanent : il faut alors opter entre la négation de la permanence et l'hypothèse du troisième mode. Les lacunes de l'Hydraulique théorique ou expérimentale ne permettent peut-être pas de faire un choix bien motivé ; mais au reste, en prenant une valeur de a^3 inférieure à l'unité, nous avons, en fait, écarté la nécessité de cette alternative. Le troisième mode figure donc ici pour mémoire ; nous ne supposerons que les deux premiers, en choisissant le second de préférence et n'ayant recours au premier que dans les cas où l'autre deviendrait inadmissible.

Nous devons reconnaître que les explications précédentes ont quelque chose d'extrêmement vague ; elles se préciseront toutefois un peu plus par les développements qui vont suivre.

Circonstances compatibles avec le second mode. — Commençons par supposer, jusqu'à preuve contraire, que l'écoulement se fait suivant le second mode. Pour étudier le profil en long qui doit se réaliser dans cette hypothèse, il faut encore distinguer plusieurs cas, suivant celle des conditions (9), (10), (11) et (12) à laquelle satisfait la valeur de z. Comme nous avons pris $a^3 = \dfrac{1}{2}$, nous rencontrons ainsi les cas où l'on a :

$z < \dfrac{2}{3}$, c'est-à-dire le cas d'une vanne effective ;

z compris entre $\dfrac{2}{3}$ et $\dfrac{4}{5}$, $\left.\rule{0pt}{3.5em}\right\}$ valeurs réalisables dans une prise

$z = \dfrac{4}{5}$,   d'eau complétement libre et dé-

z supérieur à $\dfrac{4}{5}$,   pourvue de vanne.

Soit d'abord $z < \dfrac{2}{3}$, et prenons, pour fixer les idées, $z = 0,20$, valeur à laquelle répond, d'après la formule (8),

$$\Pi = \sqrt[3]{0,128} = 0,4\sqrt[3]{2} = 0,50397.$$

Le premier point z du profil cherché se trouve sur la branche A_1 ; mais comme cette branche est limitée vers l'aval par une croupe analogue à C (*fig.* 46, p. 255) qui l'empêche de se prolonger au delà, elle ne pourra former la totalité du profil que si le canal est assez court : la distance de cette croupe au point α se calcule en effet par l'équation (12) du n° 81, qui, si l'on y fait

$$x = a = \sqrt[3]{\frac{1}{2}} = 0,79370,$$

$$x_2 = \frac{0,2}{H} = \frac{1}{2}\sqrt[3]{\frac{1}{2}} = 0,39685,$$

$$i = \frac{1}{2}\,b_1\,g = 0,0002 \times 9,81 = 0,001962,$$

$$\frac{H}{i} = \frac{0,503968}{0,001962} = 256,865.$$

donnera, pour la distance en question,

$$s - s_2 = 256,865 \times 0,12962 = 33,3.$$

C'est la limite que ne devrait pas atteindre la longueur du canal pour permettre à la branche A_1 d'exister toute seule; il faudrait encore, bien entendu, que le niveau du réservoir d'évacuation ne fût pas supérieur au point extrême de la courbe ainsi déterminé, car autrement l'eau de ce réservoir envahirait le canal et modifierait la surface libre, au moins partiellement. Si cette double condition était remplie, l'excès de chute disponible à l'extrémité d'aval (sauf le cas du raccordement exact) déterminerait probablement une petite dépression locale, analogue à celle qu'on remarque en arrière du seuil d'un déversoir.

Sans nous arrêter plus longtemps au cas peu pratique d'un canal très-court, nous supposerons dorénavant la longueur notable et la prendrons égale à 500. Dès lors, si l'on admet qu'un mouvement permanent doit s'établir nécessairement lorsqu'il est possible (bien que les données théoriques ou expérimentales ne permettent guère de le démontrer), pour qu'un profil compatible avec cette hypothèse puisse s'étendre jusqu'au bout du canal, il faudra qu'un ressaut se produise avant d'arriver à la fin de la branche A_1 et fasse passer le niveau en un autre point situé sur l'une des branches A_2, A_3 ou sur la droite A_u du régime uniforme. Cela n'a rien d'impossible *à priori*, puisque la profondeur du courant commence par être inférieure à h', et qu'on satisfait ainsi à la condition indiquée par la théorie du ressaut (n° 85). Les profondeurs avant et après le ressaut étant désignées par $H x_0$, $H x_1$, les rapports x_0, x_1 devront vérifier les formules (12) et (13) du n° 85, lesquelles deviennent, quand on y fait $l = \infty$, $a^3 = \frac{1}{2}$,

$$(15) \qquad x_1 = -\frac{1}{2}\,x_0 + \sqrt{\frac{1}{4}\,x_0^2 + \frac{1}{x_0}},$$

et

$$(16) \qquad x_0 = -\frac{1}{2}\, x_1 + \sqrt{\frac{1}{4}\, x_1^2 + \frac{1}{x_1}}.$$

Quand on veut que la profondeur immédiatement au delà du ressaut soit H, il faut faire $x_1 = 1$, et la formule (16) donne alors

$$(17) \qquad x_0 = -\frac{1}{2} + \sqrt{\frac{5}{4}} = 0,618034\dots$$

La distance entre le point α et celui où la profondeur devient $H x_0$ se calcule par la formule (12) du n° 81, comme on l'a montré tout à l'heure à l'occasion de la croupe C : il faut mettre au lieu de x la valeur x_0 qu'on veut choisir, et au lieu de x_2 et $\dfrac{H}{i}$ les valeurs déjà employées. Avec cette formule et la formule (17) ci-dessus, on obtient sans difficulté le tableau suivant :

RAPPORT x_0 immédiatement avant le ressaut.	RAPPORT x_1 immédiatement après le ressaut.	DISTANCE du ressaut à l'origine α.
0,39685	1,4013	0,0
0,45	1,2826	6,3
0,50	1,1861	11,9
0,55	1,1012	17,2
0,60	1,0367	22,2
0,618034	1,0000	23,8

Tous les nombres de la seconde colonne dépassent ou atteignent l'unité : donc si le ressaut se produit entre l'origine et le point qui en serait séparé par la distance 23,8, il aura pour effet de porter le niveau sur la branche A_3 ou sur la droite A_u.

La profondeur $H x_1$ après le ressaut étant connue, on pourrait, toujours par application de la formule (12) du n° 81, trouver la profondeur dans la section extrême d'aval, et en conclure la cote du niveau dans le réservoir R' correspondante à chaque hypothèse faite sur x_0, c'est-à-dire sur l'emplacement du ressaut. Soit, par exemple, $x_1 = 1,4013$, ce qui suppose le ressaut placé immédiatement après le point α ; dans la formule citée on devra substituer

$$\frac{H}{i} = 256,865, \quad x_2 = 1,4013, \quad s - s_2 = 500, \quad a^3 = \frac{1}{2},$$

et l'on trouvera

$$\frac{500}{256,865} = x - 1,4013 - \frac{1}{2}\,\psi(x) + \frac{1}{2}\,\psi(1,4013),$$

soit, en cherchant $\psi(1,4013)$ avec le secours de la Table IV et réduisant,

$$x - \frac{1}{2}\psi(x) = 3,1963.$$

Cette équation se résout par tâtonnement; elle donne

$$x = 3,2207,$$

d'où résulte la profondeur à l'extrémité d'aval

$$Hx = 3,2207 \times 0,503968 = 1,6231,$$

et la cote du niveau au-dessus du plan de comparaison NN

$$1 + 500\,i - Hx = 1,9810 - 1,6231 = 0,3579.$$

L'hypothèse $x_0 = 0,618034$, donnant $x_1 = 1$, conduit à une cote d'aval égale à $1,9810 - H = 1,4770$; toutes les hypothèses intermédiaires entre $x_0 = 0,618034$ et $x_0 = 0,39685$ conduiraient, par un calcul analogue au précédent, à une cote du niveau d'aval comprise entre $1,4770$ et $0,3579$. Réciproquement, on conçoit sans peine que si la cote du niveau d'aval est donnée entre ces deux limites, on pourra, par tâtonnement, trouver la valeur de x_0 qui répondrait à cette cote; on aurait alors un profil en long ainsi composé :

Depuis la profondeur $0,39685\,H = \alpha\delta$,
  jusqu'à la profondeur Hx_0 . . . .   Portion de la branche A_1;
A la suite du point précédent, pour
  passer à la profondeur Hx_1 . . . .   Ressaut superficiel;
A partir de la profondeur Hx_1 jusqu'à
  l'extrémité d'aval . . . .   Portion de la branche A_3.

Les valeurs de x_0 supérieures à $0,618034\ldots$ et inférieures à a (limite qui répond à la fin de la branche A_1) donnent $x_1 < 1$, et, par conséquent, le niveau du courant commence par être sur la branche A_2, à la suite du ressaut. Mais avec un lit tant soit peu long, comme celui que nous avons supposé, le moindre excès de x_0 sur $0,618034\ldots$, en produisant un excès de même ordre de 1 sur x_1, aura pour conséquence de placer trop près du ressaut la croupe verticale (point C de la *fig.* 46, p. 255) qui termine les branches A_1 et A_2 (*) : de cette manière le profil serait impuissant à se

---

(*) Soit, par exemple, $x_0 = 0,625$: on trouvera $x_1 = 0,9904$; la distance de la profondeur Hx_0 à l'origine $\alpha\delta$ du courant sera $24,4$; la distance de Hx_1 à la croupe qui termine la branche A_2 et où la profondeur est $Ha = h'$ aura pour valeur $86,9$. Le profil ne pourrait donc s'étendre que sur une longueur totale égale à $24,4 + 89,9$, soit à $114,3$.

prolonger jusqu'à l'extrémité du canal. Si donc nous avons trouvé les valeurs de x_0 et de x_1, respectivement très-peu différentes de 0,618034 et de 1, qui produiraient à l'extrémité d'aval une profondeur $h' = \mathrm{H}a = 0,4$ (c'est-à-dire une cote du réservoir R' égale à $1,981 - 0,4 = 1,5810$), quand le niveau de R' s'abaissera au-dessous de cette limite et que sa cote deviendra supérieure à 1,5810, nous n'aurons plus que cette alternative : ou d'admettre, comme M. Boudin, que l'abaissement au delà de la cote 1,5810 est sans influence sur le profil qui répond à cette même cote, et ne se traduit que par une dépression locale, de faible étendue, précédant l'extrémité d'aval, comme on l'observe en arrière du seuil d'un déversoir ; ou bien encore d'admettre que le mouvement cesse d'être permanent ; ou enfin de supposer que le mode d'écoulement doit changer. L'expérience ainsi que la théorie restant muettes au sujet du choix à faire entre ces hypothèses, nous nous en tenons à la première, sans avoir pour cela de raison bien décisive.

Nous résumerons les résultats qu'on vient d'obtenir, dans le cas où le canal a pour longueur 500, avec une levée 0,20 de la vanne, en disant :

Si l'existence du mouvement permanent est hypothétiquement reconnue comme nécessaire quand elle est possible, le frottement du lit suffira, même sans qu'il y ait aucune retenue vers l'aval, pour déterminer la production d'un ressaut entre l'orifice $\alpha\varepsilon$ et un point qui en est distant de 23,8 ;

Le profil sera, en conséquence, composé d'un arc de la branche A_1 se raccordant par un ressaut avec une portion de l'une des lignes A_2, A_u, A_3, suivant la cote d'aval ;

Quand la cote d'aval décroîtra depuis ∞ jusqu'à 1,5810, le ressaut restera fixe, à la distance 23,8, et le profil composé A_1 A_2 n'éprouvera pas d'altération sensible ;

Quand le bassin R' continuera à monter, en passant de la cote 1,5810 à la cote 1,4770, la portion A_1 du profil et le ressaut ne se trouveront pas sensiblement modifiés ; mais la portion A_2 à la suite le sera progressivement de manière à se transformer en la droite A_u ;

L'élévation du bassin R' continuant toujours, depuis la cote 1,4770 jusqu'à la cote 0,3579, la droite A_u sera remplacée par une portion variable de la branche A_3 ; en même temps le ressaut se rapprochera de plus en plus de l'origine $\alpha\varepsilon$, et augmentera, par cela même, en hauteur, puisque la profondeur diminue dans la section qui le précède immédiatement (n° 85) ; il aura sa plus grande hauteur et suivra de très-près le point α, quand la cote d'aval sera égale à 0,3579 : la portion de branche A_1 qui commence par former le profil, entre l'orifice et le ressaut, se trouve alors réduite presque à zéro.

Une hypothèse faite sur l'emplacement du ressaut entre les distances 0 et 23,8 de l'orifice, ou le choix de x_0 entre 0,39685 et une limite très-peu supérieure à 0,618034, permettant d'obtenir une cote d'aval variable entre 0,3579 et 1,5810, on pourra réciproquement, si cette cote est donnée dans les mêmes limites, trouver x_0 ainsi que la distance du ressaut à l'origine, et construire tout le profil; toute cote supérieure à 1,5810 répondrait au même profil que la cote 1,5810.

Ajoutons enfin que pendant tous ces changements dans le niveau d'aval et dans le profil en long, le débit q aura conservé une valeur constante, donnée par la formule (7) et égale à

$$0,2\sqrt{2g.0,8} \quad \text{ou} \quad 0,7923.$$

On arrive à des résultats analogues en choisissant des levées de vanne différentes de 0,20, pourvu cependant qu'on ne dépasse pas une certaine limite que nous allons indiquer. Il faut en effet que le ressaut, supposé le plus grand possible, c'est-à-dire placé immédiatement après la sortie du liquide par l'orifice $\alpha 6$, ait pour effet d'élever la surface au moins jusqu'à un point de la droite A_u, ou plus exactement jusqu'à un point excessivement rapproché de cette droite, sans quoi l'on tomberait dans l'inconvénient de ne pouvoir prolonger le profil assez loin, comme on l'a vu il y a un instant dans l'hypothèse d'un ressaut placé à la distance 23,8 de $\alpha 6$. Nous avons ainsi la condition

$$x_1 \geqq 1,$$

ou, ce qui revient au même,

$$x_0 \leqq -\frac{1}{2} + \sqrt{\frac{5}{4}};$$

et comme dans l'hypothèse d'un ressaut succédant immédiatement à la sortie du réservoir R le rapport x_0 n'est autre chose que $\dfrac{z}{H}$, il vient

$$\frac{z}{H} \leqq -\frac{1}{2} + \sqrt{\frac{5}{4}},$$

soit, eu égard à l'équation (8) et à la donnée particulière $a^3 = \dfrac{1}{2}$,

$$\frac{z}{\sqrt[3]{4z^2(1-z)}} \leqq -\frac{1}{2} + \sqrt{\frac{5}{4}}.$$

De là résulte

$$\frac{z}{1-z} \leqq 4\left(-\frac{1}{2} + \sqrt{\frac{5}{4}}\right)^3,$$

et enfin

$$(18) \qquad\qquad z \leqq 0,48567.$$

Pour chaque valeur de z inférieure à la limite (18), on pourrait donc répéter des raisonnements et calculs en tout pareils à ceux qu'on a vus pour $z = 0,20$: on aurait notamment à chercher le débit q, les profondeurs h' et H, la limite λ au-dessous de laquelle ne peut descendre la cote de R$'$ sans rendre impossible le second mode d'écoulement, et enfin la limite λ' (égale à $1,9810 - h'$) au-dessus de laquelle la cote d'aval cesse d'exercer une influence appréciable sur le profil et la dépense. Voici un tableau des nombres qu'on trouve pour quelques valeurs particulières de z, y compris $z = 0,20$:

LEVÉES de vanne z	PROFONDEUR du régime uniforme H	PROFONDEUR h'	DÉPENSE q	LIMITE λ	LIMITE λ'
0,20	0,50397	0,40000	0,7923	0,3579	1,5810
0,30	0,63164	0,50133	1,1117	0,3360	1,4797
0,40	0,72685	0,57690	1,3723	0,4064	1,4041
0,48567	0,78583	0,62371	1,5427	1,1952	1,3573

Considérons maintenant les valeurs de z relatives au cas d'une prise d'eau complétement libre, et premièrement celles qui se trouvent entre $\frac{2}{3}$ et $\frac{4}{5}$: il est clair, puisqu'elles font commencer le profil par la branche A$_2$, qu'elles vont encore nous donner des profils incapables de s'étendre assez loin, à moins que z ne diffère extrêmement peu de $\frac{4}{5}$. Dans ce dernier cas seulement on parviendrait à reculer la croupe finale de la branche A$_2$ jusqu'au bout du canal, ou au delà; tout autre choix de z, dans les limites dont il s'agit, rendrait impossible un écoulement permanent du second mode.

Pour $z = \frac{4}{5}$, on aurait, par application des formules (7) et (8),

$$q = \frac{4}{5} \sqrt{2g \cdot \frac{1}{5}} = 1,5846,$$

$$\mathrm{H} = \sqrt[3]{4 \times \overline{0,8}^2 \times 0,2} = 0,80000 = z,$$

$$h' = \mathrm{H}a = 0,8 \sqrt[3]{\frac{1}{2}} = 0,63496.$$

Lorsqu'on prendra z très-peu au-dessous de $\frac{4}{5}$, ces résultats n'éprouve-ront pas de modification sensible; mais la profondeur d'aval pourra di-minuer progressivement de H à Ha, et par suite la cote du réservoir R' pourra varier de 1,9810 — H à 1,9810 — h', c'est-à-dire de 1,1810 à 1,3460.

Si z dépasse $\frac{4}{5}$, la condition (12) est vérifiée; le premier point du profil en amont appartient donc à la branche A$_3$, et comme cette branche s'étend indéfiniment vers l'aval, elle forme la totalité du profil. La valeur de z étant supposée connue, on pourrait, par la formule (8), calculer H; on en déduirait le rapport $\frac{z}{H} = x_2$; puis au moyen de la for-mule (12) du n° 81, dans laquelle tout serait connu excepté x, on cher-cherait cette quantité. On obtiendrait ainsi la profondeur $h = $ Hx à l'ex-trémité d'aval, et la cote correspondante 1,9810 — h : ce serait la cote obligée du réservoir R', pour réaliser la valeur supposée de z. Réci-proquement si cette cote était donnée, la dimension z qui lui répond pour-rait s'obtenir par tâtonnement.

Ainsi donc, dans le cas d'une prise d'eau parfaitement libre, la cote d'aval variant entre 0 et 1,1810, la dimension z variera de 1 à $\frac{4}{5}$, et se dé-terminera par le calcul dont on vient d'indiquer succinctement la marche; la cote d'aval variant de 1,1810 à 1,3460, le profil deviendra une partie de la branche A$_2$ (au lieu d'être pris sur la branche A$_3$, comme il l'était d'abord); mais, quoiqu'il se modifie progressivement à partir de la droite A$_y$ du régime uniforme, z reste pour ainsi dire fixé à $\frac{4}{5}$ et le débit q à 1,5846.

Quant aux cotes d'aval supérieures à 1,3460, aucun profil avec prise d'eau libre ne peut les faire obtenir; nous admettons en conséquence, par ana-logie avec ce qui a été déjà dit dans d'autres circonstances, que l'abaisse-ment du niveau de R' au delà de la cote 1,3460 lui fait perdre toute influence, non-seulement sur le débit, mais aussi sur le profil du courant, cette influence devant se borner à une légère dépression en arrière de la section extrême d'aval.

L'ensemble de nos explications fait encore ressortir quelques conditions nécessaires pour l'existence permanente du second mode d'écoulement dans le canal tel que nous l'avons défini, quant à la section, à la pente et à la longueur :

Lorsque la vanne agit effectivement sur le débit, il y a deux condi-tions : 1° que la levée z n'atteigne pas tout à fait 0,48567; 2° que la cote du réservoir d'évacuation reste supérieure à une limite λ, variable avec z;

21.

Lorsque la prise d'eau est libre, nous ne trouvons plus de conditions; seulement z devient une inconnue, dont la valeur ne doit être cherchée que de $\frac{4}{5}$ à 1.

Mais jusqu'à quel point ces conditions nécessaires sont-elles suffisantes? Nous ne saurions le dire.

Circonstances compatibles avec le premier mode. — D'après les principes hypothétiques déjà énoncés et employés, nous devons admettre que le second mode est en quelque sorte le mode naturel d'écoulement sous une vanne, mais qu'il se modifie et devient le premier quand il y a vers l'aval une retenue trop forte pour qu'il puisse exister. Il en résulte immédiatement que le premier mode aura lieu quand, la vanne étant levée de o à $0,48567$, la cote d'aval diminuera au-dessous de la limite λ ci-dessus trouvée.

Afin de montrer comment on devrait traiter le cas où les données rempliraient ces conditions, soit, par exemple, $z = 0,20$: en attribuant à k une certaine valeur dans les formules (1) et (2), nous calculerons q et H; puis, connaissant la profondeur $z + k = h_2$ et le rapport $x_2 = \frac{h_2}{H}$ dans la première section en amont, nous appliquerons la formule (12) du n° 81 pour en tirer le rapport x, la profondeur $h = Hx$ et la cote de nivellement $1,9810 - h$ dans la section finale d'aval. Réciproquement, si cette cote est donnée entre o et $\lambda = 0,3579$, un tâtonnement fera connaître k et par suite q. Voici un tableau des résultats relatifs à quelques hypothèses faites sur k, z restant égal à $0,20$:

IMMERSION de l'orifice k	PROFONDEUR initiale h_2	PROFONDEUR du régime uniforme H	DÉPENSE q	RAPPORT x_2	RAPPORT x	PROFONDEUR finale h	COTE de la section extrême d'aval.
$0,80$	$1,00$	$0,00000$	$0,0000$	"	"	$1,9810$	$0,0000$
$0,70$	$0,90$	$0,25198$	$0,2801$	$3,5717$	$7,4497$	$1,8770$	$0,1040$
$0,60$	$0,80$	$0,31748$	$0,3962$	$2,5198$	$5,5775$	$1,7707$	$0,2103$
$0,50$	$0,70$	$0,36342$	$0,4852$	$1,9261$	$4,5610$	$1,6576$	$0,3234$
$0,40$	$0,60$	$0,40000$	$0,5603$	$1,5000$	$3,8422$	$1,5369$	$0,4441$

Une interpolation parabolique entre $k = 0,40$ et $k = 0,50$ donne $k = 0,4708$, et $h_2 = 0,6708$ pour valeurs de l'immersion et de la profondeur initiale capables de produire à l'extrémité du canal la cote $0,3579$.

Le second mode étant possible quand la cote d'aval devient égale ou supérieure à 0,3579, le tableau précédent devrait se terminer à $k = 0,4708$. La cote 0,3579 indique le point de séparation des deux modes, et à cette cote répondent ainsi deux débits très-différents, savoir :

$$q = 0,7923 \ldots\ldots\ldots\ldots\ldots\ldots\ldots\ldots \text{ second mode,}$$

$$q = 0,2\sqrt{2g\,(1 - 0,6708)} = 0,5082 \ldots\ldots \text{ premier mode.}$$

Le tableau précédent fournirait les éléments nécessaires pour avoir, par interpolation, le débit q et l'immersion k de l'orifice, répondant à une cote quelconque d'aval entre les limites 0 et 0,3579.

On procèderait de la même manière pour toute levée de vanne moindre que 0,48567.

Il ne nous reste plus à examiner que le cas d'une levée comprise entre ce dernier nombre et $\frac{4}{5}$. Ici, le second mode étant, comme on l'a vu, inconciliable avec la permanence, on pourra recourir au premier. L'impossibilité du second mode tenait à ce que le profil commençait sur la branche A_2, à peu de distance de l'orifice $\alpha\mathcal{E}$, et se terminait avant la fin du canal : on la fera disparaître par un choix convenable de l'immersion k. Nous pouvons en effet déterminer k de manière à faire commencer le profil sur A_u ou sur A_3; il suffit pour cela d'employer les formules (5) ou (6), après avoir remplacé a^3 par $\frac{1}{2}$ et z par sa valeur connue. Si l'on prend, par exemple, $z = 0,6$, on tire de la première

$$z + k = 0,72993 \quad \text{ou} \quad k = 0,12993,$$

et de la seconde

$$z + k > 0,72993 \quad \text{ou} \quad k > 0,12993.$$

La valeur de k pour $z = 0,6$ dépendrait de la cote d'aval. En supposant k très-peu inférieur à 0,12993, on serait, au point de départ, sur la branche A_2, mais assez près de l'asymptote A_u pour reculer la croupe terminale jusqu'à la fin du canal; la cote de niveau y serait alors $1,9810 - 0,72993a$ ou $1,4017$. Les niveaux plus bas du réservoir R n'auraient aucune influence ni sur le débit ni sur le profil, sauf la dépression locale précédant le déversement au point extrême d'aval. Quand la cote de R′ diminuerait de 1,4017 à $1,9810 - 0,7299 = 1,2511$, le profil serait une portion de A_2 de plus en plus rapprochée de l'asymptote A_u, mais q et k continueraient à ne varier qu'insensiblement; entre les cotes 1,2511 et 0, le profil appartiendrait à A_3, et q ainsi que k prendraient des valeurs correspondantes qu'on pourrait obtenir par tâtonnement, puisque réciproquement la connaissance de k permettrait de calculer q par la formule (1) et la cote d'aval par la formule (12) du n° 81.

La solution se trouve ainsi complète. Mais le lecteur aura dû reconnaître, sans qu'il y ait besoin d'insister davantage, qu'elle est quelque peu hypothétique et que des expériences de vérification seraient beaucoup à désirer.

Indications sommaires relativement au cas où le rapport a^3 dépasserait l'unité. — Le cas où la pente du canal serait assez forte pour rendre a^3 supérieur à 1 se traiterait par des moyens analogues. La difficulté principale dans les problèmes de cette espèce consiste toujours à prévoir quelle sera la nature du phénomène physique auquel on appliquera ensuite le calcul, c'est-à-dire à choisir parmi les trois modes d'écoulement celui dont l'existence sera seule possible ou tout au moins la plus probable, et à voir en outre s'il y aura ou s'il n'y aura pas de ressaut. Une fois cette difficulté vaincue, la solution se complétera toujours par des calculs directs ou par tâtonnement. Or voici les considérations sur lesquelles on pourra se fonder dans le choix dont il s'agit.

Si la levée de vanne est assez faible, et qu'on ait

$$z < \frac{2}{2 + a^3},$$

il en résultera, d'après la formule (8), $z < H$, et par conséquent le point α (*fig.* 49, p. 312) appartiendrait à la branche B_1 (n° 83). Cette branche, pouvant s'étendre à l'infini vers l'aval, se produira effectivement, et l'écoulement se fera suivant le second mode, tant qu'aucune retenue n'existera, ou, s'il y a une retenue dans la section finale, tant qu'elle ne dépassera pas le niveau de la branche B_1 dans la même section. Les variations du niveau de R' n'influenceraient alors que la dépression locale précédant le déversement du canal dans ce réservoir. Au contraire, une retenue plus considérable pourrait engendrer un ressaut superficiel qui ferait passer le profil sur la branche B_3; l'emplacement du ressaut étant supposé d'abord tout près de l'orifice, puis à l'extrémité inférieure du canal, on aurait les deux limites, supérieure et inférieure, de la retenue, compatibles avec l'existence de ce phénomène dans ses conditions normales. Si la limite supérieure était dépassée, on tomberait dans le premier mode d'écoulement, avec orifice noyé; si la limite inférieure n'était pas atteinte, il se produirait probablement un ressaut *incomplet*, accompagné de bouillonnements et de fluctuations, de manière à dépenser l'excès de force vive disponible à l'extrémité d'aval.

Il y aurait lieu de répéter à peu près les mêmes observations pour le cas où la levée z de la vanne se trouverait comprise entre $\frac{2}{2 + a^3}$ et $\frac{2}{3}$. La seule différence consiste en ce que la branche B_2 se substitue à B_1; ce serait la droite B_u du régime uniforme, dans le cas intermédiaire où l'on aurait

$$z = \frac{2}{2 + a^3}.$$

Supposons maintenant $z > \frac{2}{3}$, ce qui ne peut se rencontrer, avec le second mode d'écoulement, que dans une prise d'eau entièrement libre, la vanne étant supprimée. L'inégalité $z > \frac{2}{3}$, jointe à l'équation (8), donne $z > \mathrm{H}a$; par suite, si l'écoulement se faisait suivant le second mode, le premier point du profil en long appartiendrait à la branche B_3, et ce profil devrait se relever de plus en plus vers son asymptote horizontale, en prenant, du côté d'aval, des profondeurs croissantes. Une pareille conséquence semble inadmissible, à moins que le niveau du réservoir d'évacuation R' n'ait justement la hauteur qui répondrait au tracé de cette branche B_3; en supposant d'abord $z = 1$ (c'est-à-dire l'absence d'écoulement), puis $z = \frac{2}{3}$, on aurait les deux limites entre lesquelles pourrait varier le niveau de R' pour permettre la réalisation du second mode, avec le profil B_3. Si le niveau d'aval descend au-dessous de la seconde limite, il faut nécessairement que le phénomène change de nature. D'après l'opinion très-plausible exprimée par M. Boudin, le troisième mode d'écoulement (qui permet à la dépense d'augmenter, z ne changeant pas) doit alors se substituer au second; le même auteur pense en outre que z devient égal à 1, et que la profondeur z', à peu de distance de l'orifice $\alpha\delta$, prend la valeur $\mathrm{H}a$ qui convient au commencement de la branche B_2. Le profil en long débuterait donc par un arc de cette branche, et l'on retomberait ainsi dans le cas où z variait entre $\frac{2}{2 + a^3}$ et $\frac{2}{3}$, mais cependant avec cette différence que le débit aurait augmenté : la branche B_2 persisterait jusqu'au bout s'il y avait en aval un déversement plus ou moins libre, tandis que, s'il y avait une retenue modérée, le profil comprendrait un arc B_2 suivi d'un arc B_3, avec ressaut dans l'intervalle.

NOTE ADDITIONNELLE AUX §§ III ET IV.

Les premières recherches faites sur les questions traitées à partir du n° 76 sont celles qui ont été publiées au commencement de 1828, par M. Belanger, dans son *Essai sur le mouvement des eaux courantes*. Ce travail, dont les bases avaient été trouvées par l'auteur dès 1826, ne fut écrit qu'en 1827, et approuvé au mois de juillet de la même année par le Conseil général des Ponts et Chaussées, qui en demanda la publication.

Avant d'avoir lu le Mémoire de M. Belanger, dans l'hiver de 1828, M. le général Poncelet donna à l'École d'Application de Metz la théorie générale des mêmes questions, fondée sur la considération du travail des forces, dont M. Belanger n'avait pas fait usage.

Peu de temps après la publication du Mémoire de M. Belanger, Navier donna une théorie analogue dans son cours de l'École des Ponts et Chaussées, en l'appuyant sur une autre démonstration.

Les *Annales des Ponts et Chaussées*, année 1836, contiennent sur ce sujet deux Mémoires, l'un de Vauthier, l'autre de Coriolis, où se trouvent diverses applications des formules du mouvement permanent varié et quelques études sur des points de détail.

Feu M. l'inspecteur général Dupuit a publié, en 1848, un ouvrage ayant pour titre : *Études théoriques et pratiques sur le mouvement des eaux courantes*, dans lequel se trouvent des aperçus nouveaux. L'auteur a notamment intégré la formule différentielle qui donne la longueur du courant en fonction de la profondeur, dans divers cas particuliers; il a ensuite donné une table, fondée il est vrai sur des hypothèses restrictives, pour simplifier le calcul du profil longitudinal d'un cours d'eau dont le mouvement n'est pas uniforme. Un travail remarquable de M. de Saint-Venant, inséré dans les *Annales des Mines* (4ᵉ série, tome XX), a montré qu'on se passe au besoin de ces hypothèses restrictives; des tables numériques annexées à ce Mémoire peuvent remplacer celles de M. Dupuit, et s'appliquent à un cas qu'il avait laissé de côté, celui des lits à section trapézoïdale, dont la profondeur est comparable à la largeur. En nous bornant au cas d'un lit très-large et relativement peu profond, nous avons donné (n° 81) une méthode qui ne suppose pas, comme l'a fait M. Dupuit,

que $\frac{U^2}{gh}$ est négligeable devant l'unité (ce qui revient à admettre que le

frottement du lit consomme la pente superficielle tout entière) : nos calculs n'en deviennent pas plus compliqués. Mais M. Dupuit peut revendiquer en propre l'idée qui a rendu possible la construction de tables comme les siennes, celles de M. de Saint-Venant et la Table IV, susceptibles de s'appliquer à des lits de pente quelconque. Il était nécessaire, pour cela, de trouver un artifice de calcul propre à faire disparaître la pente i de l'intégrale à chercher, de manière que celle-ci ne fût plus fonction que du rapport de la profondeur à une ligne constante.

Quant au ressaut, M. Belanger avait proposé, en 1827, une formule obtenue en supposant qu'on pût dans ce phénomène négliger les pertes de charge. Plus tard, en 1838, il a donné la théorie que nous avons reproduite d'après lui au n° 85 (en la généralisant un peu), et qui semble plus rationnelle.

Il convient enfin de rappeler ici le remarquable travail publié en 1863 dans les *Annales des Travaux Publics de Belgique*, par M. l'Ingénieur Boudin, lequel a fait faire un pas important à la théorie du mouvement pèrmanent de l'eau dans les canaux découverts, d'abord en généralisant divers résultats qu'on n'avait encore démontrés que pour des cas particuliers, puis en posant et traitant avec beaucoup plus de netteté le problème du profil longitudinal.

§ V. — Effets des changements brusques de section dans le lit des rivières ou canaux.

90. *Notions générales.* — La théorie du mouvement permanent varié, donnée au § III de ce chapitre, suppose essentiellement que les filets sont à peu près parallèles dans chaque section; elle ne peut donc s'appliquer à des lits de section ou de pente variable que si les variations sont suffisamment lentes. En supposant, par exemple, une diminution brusque de section, il en résulterait d'abord une contraction suivie d'épanouissement, et, par suite, une perte de charge analogue à celle des ajutages cylindriques. De plus, la loi de répartition des vitesses serait, dans la section contractée, tout à fait différente de ce qu'elle est dans le mouvement uniforme. Pour le montrer, soient v_0 et v les vitesses d'une molécule dans une

Fig. 50.

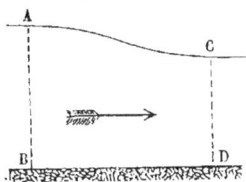

section AB (*fig.* 50) et dans la section contractée CD; soit en outre y la pente superficielle totale de A en C. Les filets étant supposés parallèles en AB et CD, et ces sections assez rapprochées pour qu'on puisse négliger le frottement du lit et des couches fluides les unes sur les autres, on aurait, d'après le théorème de Bernoulli,

$$\frac{v^2}{2g} - \frac{v_0^2}{2g} = y,$$

car dans chaque section le niveau piézométrique peut être confondu avec le niveau de l'eau. Il y a donc une quantité constante $2gy$ ajoutée au carré de la vitesse d'un filet quelconque, ce qui modifie tout à fait la relation entre la vitesse moyenne et les vitesses au fond ou à la surface. Si la section CD est plus petite que AB, il faut nécessairement admettre que y est positif, sans quoi les vitesses v seraient plus petites que les vitesses v_0, et la dépense de CD ne pourrait

égaler celle de **AB**. On voit alors que le terme constant $2gr$
tend à rapprocher de l'unité le rapport de la vitesse minimum
qui a lieu au fond, à la vitesse moyenne; et comme le frottement des parois paraît surtout dépendre de cette vitesse
minimum, l'expression ordinaire $\Pi b_i \mathrm{U}^2$, qui représente le
frottement en question par mètre carré, dans le cas du
mouvement uniforme, deviendra ici trop faible, attendu que
nous avons une vitesse au fond plus grande, à égalité de
vitesse moyenne (*). Quant à la convergence des trajectoires
suivies par les filets, on a dit quelquefois qu'il pouvait en
naître une résistance particulière; mais cette résistance est
sans doute très-faible, car dans l'écoulement par un orifice
en mince paroi, où le fait de la convergence existe à un très-
haut degré, la perte de charge produite est négligeable.

Considérons maintenant le cas d'un élargissement de section. S'il est brusque, il en résultera des remous et tourbillons
qui produiront une perte de charge analogue à celle dont la
valeur a été étudiée au n° 32. S'il est progressif, mais rapide, les
filets suivant le bord tendront à s'en détacher, ce qui sera encore
une cause de remous et de perte de charge. Il serait à désirer
qu'on pût fixer une limite précise de l'inclinaison relative des
bords, au delà de laquelle ce phénomène serait à craindre;
faute de données expérimentales sur ce sujet, il faut prendre
une limite assez faible, par exemple un angle de 3 ou 4 degrés. Cet angle n'atteignait pas $4°30'$ dans l'ajutage divergent
de Venturi, dont nous avons cité les dimensions au n° 38, et
cependant la perte de charge y était considérable; mais le
frottement des parois contribuait sans doute à cette perte.

Les changements brusques de section peuvent donner lieu,
dans certains cas exceptionnels, à des conséquences qui semblent contraires aux opinions reçues. Par exemple, on admet
généralement que si on élargit une rivière sur une assez grande
longueur, la vitesse ainsi que la pente superficielle diminuent

---

(*) Cette considération montre l'incertitude qui affecte l'expression adoptée
pour le frottement du lit contre un liquide en mouvement permanent varié,
aussi bien à l'intérieur de tuyaux fermés (n° 58) que dans les canaux découverts (n° 77).

dans la partie élargie ; que, par conséquent, si le niveau en aval de l'élargissement ne change pas, l'opération fera baisser celui de la partie située en amont. Mais les choses peuvent ne pas se passer ainsi pour un élargissement brusque et court.

En effet, la partie élargie formera une espèce de bassin, de pente presque nulle, qui devra se trouver au-dessus du niveau constant d'aval, d'une quantité représentant à peu près la hauteur due à la vitesse de sortie. Rien n'empêche que cette surélévation fasse plus que compenser l'affaiblissement de la pente superficielle, et l'on aurait alors, à l'origine de l'élargissement, un niveau plus élevé que dans l'état primitif.

Il y a, au sujet des tuyaux cylindriques, une remarque analogue qui vient à l'appui des appréciations précédentes. Si un tuyau à diamètre et à débit constants est, sur une certaine fraction de sa longueur, remplacé par un autre de diamètre plus grand, le frottement des parois consomme une charge moindre sur la partie élargie ; de sorte que, le niveau piézométrique étant supposé constant en aval, celui d'amont tendrait à baisser par cette cause, à égalité de volume dépensé. Mais d'un autre côté il tend à monter à cause des pertes de charges produites par les changements brusques de diamètre ; et comme ces dernières pertes sont indépendantes de la longueur sur laquelle a lieu l'élargissement, tandis que le gain obtenu lui est proportionnel, on conçoit bien qu'elles puissent devenir prédominantes quand on n'élargit qu'une petite fraction de la longueur totale.

Les changements brusques de section dans les cours d'eau donnent lieu à divers problèmes d'un grand intérêt pour les ingénieurs. Malheureusement il n'est pas encore possible, dans l'état actuel de la science, d'en indiquer une solution bien satisfaisante. Nous nous contenterons des exemples traités dans les nos 91 et 92 ci-après, où la théorie fournit quelques aperçus sans doute incomplets et peu rigoureux, mais que la pratique peut cependant utiliser.

91. *Barrages noyés.* — On suppose un barrage ou déversoir établi en travers sur un cours d'eau, dont le niveau et la dépense sont variables ; pour simplifier les calculs que nous avons à faire, nous considérons le lit comme sensiblement rectangulaire et le fond comme horizontal, aux environs de ce barrage. La dépense ayant une valeur déterminée et connue, on demande : 1° la plus grande hauteur que peut atteindre le niveau d'aval, sans que celui d'amont soit influencé; 2° dans le cas où cette limite serait dépassée, quelle chute s'établira de l'amont à l'aval.

Nous appellerons :

L la largeur du courant;

h_0 sa profondeur en amont, à quelques mètres du barrage;

U_0 sa vitesse moyenne au même point;

h et U les quantités analogues pour une section prise un peu en aval;

c la hauteur de la crête du barrage au-dessus du fond du lit;

v la vitesse de la lame fluide au-dessus de cette crête;

η l'épaisseur de la même lame fluide.

La contraction latérale n'existant pas, si le barrage fonctionne comme déversoir en mince paroi, la dépense Q sera donnée (n° 30) par la formule

$$Q = 0,45 L \left(h_0 - c + \frac{U_0^2}{2g} \right) \sqrt{2g \left(h_0 - c + \frac{U^2}{2g} \right)}.$$

Le coefficient $0,45$ devrait subir une certaine réduction et descendre à $0,385$, ou peut-être à un nombre plus faible, comme $0,36$ ou $0,37$, si la crête, au lieu d'être en mince paroi, avait une longueur notable, avec une légère inclinaison. La formule subsiste tant que le déversoir débouche librement dans l'air, ce qui exige seulement que l'eau d'aval soit à un niveau inférieur à celui de la crête. Quand l'eau d'aval dépasse la crête, mais seulement d'une quantité moindre que η, il semble évident que la formule ne doit pas être modifiée; tout au plus il arrive que les filets perdant leur forme parabolique et devenant parallèles en dessus du déversoir, comme dans le cas où celui-ci a une épaisseur notable, il faudrait réduire le coefficient numérique, ainsi que nous venons de le dire; ce qui relèverait faiblement le niveau d'amont, à égalité de dépense. En examinant la chose de plus près, on voit même que le niveau d'aval peut s'élever encore plus haut sans que la dépense ait à subir d'altération sensible.

Appliquons, en effet, le théorème général des quantités de mouvement projetées, au liquide compris entre le plan vertical AB (*fig.* 51) qui passe par le seuil du barrage, et la section CD

Fig. 51.

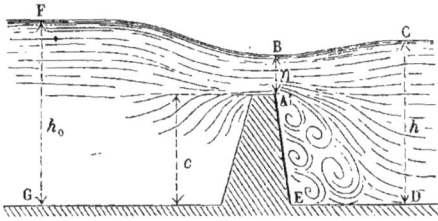

où la vitesse est U. Par des considérations semblables à celles dont on a fait usage à l'occasion du ressaut, on reconnaîtra d'abord que l'augmentation algébrique de la quantité de mouvement du système en projection sur l'horizontale, pendant un temps très-court θ, est $\dfrac{\Pi Q \theta}{g} (U - v)$, en admettant que toutes les molécules d'une même section possèdent une même vitesse. Quant aux impulsions, il faut tenir compte seulement de celle produite par la pression sur les surfaces BAE et CD, abstraction faite de la pression atmosphérique qui enveloppe tout le système. Les pressions de ces surfaces doivent suivre à peu près la loi hydrostatique, parce que les filets sont sensiblement parallèles en traversant AB et CD, et que le liquide en contact avec AE n'a qu'un mouvement assez lent; dès lors l'impulsion projetée a pour valeur $\frac{1}{2} \Pi \theta L [(c + \eta)^2 - h^2]$. On a donc

$$\frac{\Pi Q \theta}{g} (U - v) = \frac{1}{2} \Pi \theta L [(c + \eta)^2 - h^2],$$

soit plus simplement

$$\frac{2Q}{Lg} (U - v) = (c + \eta)^2 - h^2.$$

On a en outre

$$\frac{Q}{L} = v \eta = U h;$$

par suite, en éliminant Q et U, la relation précédente devient

$$\frac{2 v^2}{g} \eta \left(\frac{\eta}{h} - 1 \right) = (c + \eta)^2 - h^2,$$

équation du troisième degré de h, d'où l'on tirerait cette quantité si l'on connaissait v et η. Pour calculer ces inconnues auxiliaires, nous admettrons que, conformément à ce qu'on a vu dans la théorie du déversoir (n° 30), l'abaissement superficiel en amont $h_\bullet - \eta - c$ est lié à la charge totale sur le seuil par l'équation

$$3\eta = 2\left(h_\bullet - c + \frac{U_\bullet^2}{2g}\right),$$

qui, combinée avec

$$Q = 0,37\,L\left(h_\bullet - c + \frac{U_\bullet^2}{2g}\right)\sqrt{2g\left(h_\bullet - c + \frac{U_\bullet^2}{2g}\right)},$$

donnerait, pour déterminer η,

$$Q = 0,37\,L\,\frac{3}{2}\eta\sqrt{2g.\frac{3}{2}\eta} = 0,68\,L\eta\sqrt{2g\eta}.$$

Ayant η, on calculerait $v = \dfrac{Q}{L\eta}$, et l'on aurait ainsi les éléments nécessaires pour obtenir la valeur numérique de h.

Voici un exemple. Soient $\dfrac{Q}{L} = 1^{mc},20$, $c = 2^m$; nous aurons d'abord

$$1,20 = 0,68\eta\sqrt{2g\eta}, \quad \text{d'où} \quad \eta = 0^m,54;$$

puis

$$v = \frac{1,20}{0,54} = 2^m,222, \quad \text{et} \quad \frac{v^2}{2g} = 0^m,2515.$$

Par suite, l'équation en h devient

$$1,006 \times 0,54\left(\frac{0,54}{h} - 1\right) = (2,54)^2 - h^2,$$

ou bien

$$h^3 - 6,995h + 0,293 = 0.$$

Il y a une racine positive comprise entre o et 1; mais elle ne convient pas à la question, puisque nous cherchons le relèvement du bief d'aval au-dessus du déversoir, et que par conséquent h doit être supérieur à 2. Le tâtonnement donne une autre racine égale à $2^m,623$ environ : c'est la limite demandée de la profondeur en aval, au delà de laquelle l'eau ne pourra s'élever sans entraîner une élévation correspondante en amont.

Maintenant, si la profondeur en aval dépasse cette limite, quelle sera la profondeur en amont? Afin de répondre à cette question, désignons par η', v', h'_0, U'_0, h' ce que deviennent respectivement η, v, h_0, U_0, h, la dépense Q restant toujours la même : nous aurons les équations

$$\frac{2\,\eta'\,v'^2}{g} \left(\frac{\eta'}{h'} - 1 \right) = (c + \eta')^2 - h'^2,$$

$$\frac{v'^2}{2g} - \frac{U'^2_0}{2g} = h'_0 - c - \eta',$$

$$\frac{Q}{L} = \eta'v' = h'_0 U'_0,$$

dont la première et les deux dernières sont connues; la seconde est une application immédiate du théorème de Bernoulli au parcours d'une molécule depuis la section FG, où la vitesse est U'_0, jusqu'à la section AB. Ces quatre équations serviront à déterminer les inconnues η', v', h'_0, U'_0, lorsque Q et h' seront donnés. L'épaisseur η' de la lame d'eau AB n'est pas calculable par la même relation que η, parce que le barrage ne fonctionne plus comme déversoir.

Pour continuer l'application numérique ci-dessus commencée, faisons

$$\frac{Q}{L} = 1^{mc},2, \quad c = 2^m \quad \text{et} \quad h' = 3^m.$$

Nous pouvons faire dans la première équation $v' = \dfrac{Q}{L\eta'} = \dfrac{1,2}{\eta'}$, et nous aurons

$$\frac{2\,(1,2)^2}{g\eta'} \left(\frac{\eta'}{3} - 1 \right) = (2 + \eta')^2 - 3^2,$$

ou bien, en faisant disparaître les dénominateurs et ordonnant,

$$\eta'^3 + 4\eta'^2 - 5,098\,\eta' + 0,2936 = 0;$$

cette équation nous donne

$$\eta' = 0^m,966 \text{ environ.}$$

Par suite, $v' = \dfrac{1,2}{0,966} = 1^m,242$ et $\dfrac{v'^2}{2g} = 0,0786$; substituant dans la seconde équation et faisant $U'_0 = \dfrac{1,2}{h'_0}$, on trouvera

$$0,0786 - \frac{(1,2)^2}{2g h'^2_0} = h'_0 - 2 - 0,966;$$

on tire de là

$$h'_0 + \frac{0,0734}{h'^2_0} = 3^m,045,$$

ce qui donne h'_0 sensiblement égal à $3^m,037$. Il y aurait donc de l'amont à l'aval une chute de $3^m,037 - 3^m$, soit de $0^m,037$.

Tous ces calculs sont susceptibles de simplifications assez grandes quand on veut se contenter d'un degré d'approximation ordinairement très-acceptable en pratique. Supposons d'abord le barrage fonctionnant comme déversoir et proposons-nous de chercher la hauteur limite h, en aval, compatible avec l'existence du déversoir. Soit $x = h - c - n$ la contrepente superficielle entre les sections AB et CD : l'équation fournie par le théorème des quantités de mouvement pourra s'écrire

$$(1) \qquad \frac{2n v^2}{g}\left(\frac{h-n}{h}\right) = (h + c + n)(h - c - n),$$

ou bien

$$(2) \quad x = \frac{2 v^2}{g} \cdot \frac{n(h-n)}{h(h+c+n)} = \frac{2v^2}{g} \cdot \frac{n(c+x)}{(c+n+x)(2c+2n+x)},$$

relation du troisième degré en x, qui détermine cette inconnue (et par suite h) quand n et c sont donnés. Or si l'on considère la fonction de x

$$y = \frac{c+x}{(c+n+x)(2c+2n+x)},$$

en faisant varier $x + c$ de 0 à ∞, on voit y croître d'abord jusqu'à un maximum répondant à $x + c = \sqrt{n(c+2n)}$, puis décroître jusqu'à zéro; le maximum dont il s'agit a pour valeur $\dfrac{1}{(\sqrt{n}+\sqrt{c+2n})^2}$. Comme dans la question actuelle $x + c$ ne peut être que positif, on a donc nécessairement

$$\frac{c+x}{(c+n+x)(2c+2n+x)} < \frac{1}{(\sqrt{n}+\sqrt{c+2n})^2};$$

par conséquent, d'après l'équation (2),

$$x < \frac{2v^2}{g} \cdot \frac{n}{(\sqrt{n}+\sqrt{c+2n})^2},$$

ou encore

$$(3) \qquad x < \frac{v^2}{2g} \cdot \frac{4}{\left(1+\sqrt{2+\frac{c}{n}}\right)^2}.$$

Si la hauteur c du barrage pouvait s'annuler devant n, on tirerait de là

$$x < \frac{v^2}{2g} \cdot \frac{4}{(1+\sqrt{2})^2} \quad \text{ou} \quad x < 0,906\,\frac{v^2}{2g}.$$

Mais en réalité, pour qu'il y ait déversoir, c ne peut guère descendre au-dessous de trois ou quatre fois n; faisant $\dfrac{c}{n} = 3$ dans l'inégalité (3), elle devient

$$x < \frac{4}{(1+\sqrt{5})^2} \cdot \frac{v^2}{2g},$$

soit

$$x < 0,38 \frac{v^2}{2g}.$$

D'un autre côté, on a

$$Q = 0,68 L n \sqrt{2gn},$$

et par suite

$$v = \frac{Q}{Ln} = 0,68 \sqrt{2gn},$$

$$\frac{v^2}{2g} = (0,68)^2 n = 0,46 n;$$

donc nous posons enfin

$$x < 0,38.0,46 n,$$

c'est-à-dire

$$x < 0,175 n.$$

Le but de cette discussion préliminaire est de montrer que si la profondeur en aval est suffisante pour permettre la formation d'une contre-pente superficielle, sans cependant dépasser la limite cherchée h, la hauteur x de la contre-pente sera une faible fraction de n. On peut donc, sans grande erreur, supprimer x dans le second membre de l'équation (2) devant c, $c+n$, $2c+2n$, d'autant plus qu'on aura diminué simultanément les deux termes de la fraction y, et que les erreurs se compenseront en partie; ainsi nous aurons approximativement

$$(4) \qquad x = \frac{v^2}{2g} \cdot \frac{2nc}{(c+n)^2} = 0,92 c \frac{n^2}{(c+n)^2},$$

ou encore

$$(5) \qquad h = c + n + 0,92 c \frac{n^2}{(c+n)^2}.$$

Dans la seconde partie de la question, il s'agissait, étant données Q et h', de calculer n' et h'_0. L'équation des quantités de mouvement et des impulsions subsistant toujours, un calcul pareil à celui qu'on vient de faire donnerait encore l'inégalité

$$x' < \frac{v'^2}{2g} \cdot \frac{4}{\left(1+\sqrt{2+\dfrac{c}{n'}}\right)^2},$$

dans laquelle x' désigne la nouvelle contre-pente superficielle en aval du barrage. On a en outre

$$v' = \frac{Q}{L\eta'},$$

et conséquemment

$$x' < \frac{Q^2}{2g L^2 \eta'^2} \cdot \frac{4}{\left(1 + \sqrt{2 + \dfrac{c}{\eta'}}\right)^2}.$$

Le second membre est une fonction décroissante de η' : donc, lorsqu'en faisant croître la profondeur en CD depuis h jusqu'à h', on aura forcé l'épaisseur de la lame sur le barrage à prendre la valeur η', plus grande que l'épaisseur primitive η, la limite supérieure de la contre-pente aura diminué; et puisque le rapport $\frac{x}{\eta}$ ne pouvait être déjà qu'une faible fraction, à plus forte raison la même chose doit se dire du rapport $\frac{x'}{\eta'}$. On posera donc d'abord, en raisonnant comme tout à l'heure,

$$x' = h' - c - \eta' = \frac{v'^2}{2g} \cdot \frac{2\eta' c}{(c + \eta')^2} = \frac{Q^2}{2g L^2} \cdot \frac{2c}{\eta'(c + \eta')^2},$$

d'où résulte

$$\eta' = h' - c - \frac{Q^2}{2g L^2} \frac{2c}{\eta'(c + \eta')^2}.$$

Or on a reconnu que $\frac{x'}{\eta'}$ ou $\frac{h' - c}{\eta'} - 1$ est une petite quantité : on pourra donc, dans le second membre de cette dernière égalité, faire approximativement $\eta' = h' - c$, et l'on aura

$$(6) \qquad \eta' = h' - c - \frac{Q^2 c}{g L^2 h'^2 (h' - c)},$$

ou, en nommant U' la vitesse $\frac{Q}{Lh'}$ dans la section CD,

$$(7) \qquad \eta' = h' - c - \frac{U'^2}{2g} \cdot \frac{2c}{h' - c}.$$

Il ne reste plus à trouver que h'_0 : pour cela, on prendra l'équation

$$h'_0 = c + \eta' + \frac{v'^2}{2g} - \frac{U'^2_0}{2g},$$

on y fera

$$v' = \frac{Q}{L\eta'} = \frac{U'h'}{\eta'} = \frac{U'h'}{h' - c}, \quad c + \eta' = h' - \frac{U'^2}{2g} \cdot \frac{2c}{h' - c},$$

et l'on trouvera

$$h'_0 = h' + \frac{U'^2}{2g} \cdot \frac{(h'-c)^2 + c^2}{(h'-c)^2} - \frac{U'^2_0}{2g}.$$

On voit d'après cela que si les vitesses U_0 et U'_0 sont modérées, h'_0 différera peu de h', et par conséquent on peut, dans le second membre de l'équation précédente, remplacer U'_0 par U', ce qui donnera définitivement

$$(8) \qquad h'_0 = h' + \frac{U'^2}{2g} \cdot \frac{c^2}{(h'-c)^2}.$$

La vitesse U' n'étant autre chose que $\frac{Q}{Lh'}$, on tirerait encore de l'équation (8),

$$(9) \qquad Q' = Lh'\left(\frac{h'}{c} - 1\right)\sqrt{2g(h'_0 - h')},$$

formule qui ferait connaître la dépense d'un barrage noyé, pour une hauteur suffisante de l'eau d'aval au-dessus du seuil; mais il faut reconnaître que la petite erreur commise dans l'évaluation de h'_0 peut devenir importante relativement à $h'_0 - h'$, et que par suite on ne doit pas compter beaucoup sur la parfaite exactitude de la formule en question.

Les équations (5), (7) et (8) donnent une solution fort simple du problème. Afin de voir jusqu'à quel point elles concordent avec celles que nous avons d'abord employées, reprenons le même exemple numérique. Le barrage fonctionnant comme déversoir, on avait

$$\frac{Q}{L} = 1^{mc},20, \quad n = 0^m,54, \quad c = 2^m;$$

on tire alors de l'équation (5)

$$h = 2,54 + 0,92.2\left(\frac{0,54}{2,54}\right)^2 = 2^m,623.$$

Si l'on fait ensuite $h' = 3^m$, il en résulte

$$U' = \frac{1,20}{3} = 0^m,40, \quad \frac{U'^2}{2g} = 0^m,00816,$$

et en vertu de l'équation (7),

$$n' = 3 - 2 - 0,00816.4 = 0^m,967;$$

enfin l'équation (8) donne

$$h'_0 = 3 + 0,00816.4 = 3^m,033.$$

Tous ces résultats sont presque identiques avec ceux du premier calcul, cependant l'erreur relative sur $h'_0 - h'$ atteindrait environ $\frac{1}{9}$.

22.

L'influence d'un barrage noyé s'efface de plus en plus, c'est-à-dire que la chute $h'_0 - h'$ devient de plus en plus petite, à mesure que le niveau monte en aval. Cela se comprend *à priori*, sans calcul; car si le barrage est recouvert par une nappe beaucoup plus haute que lui, il n'occupe plus qu'une petite fraction de la section transversale, et devient en quelque sorte assimilable à une ondulation légère du fond.

92. *Gonflement produit par le passage d'une rivière sous un pont.* — Nous supposerons ici un cours d'eau qu'on oblige à passer dans un étranglement brusque de peu de longueur, comme celui qui est produit par les piles et culées d'un pont. La diminution de section n'a lieu d'ailleurs que dans le sens horizontal, et le profil transversal du lit conserve ses lignes primitives dans la partie non occupée par les obstacles. Étant donnés la dépense par seconde, la définition complète de la forme du lit aux environs du rétrécissement et le niveau de l'eau en aval, il s'agit de déterminer le niveau d'amont.

Cette question, aussi bien que la précédente, est extrêmement difficile à résoudre d'une manière satisfaisante. Il n'est guère possible d'analyser à fond le phénomène, à cause de sa complication : la loi suivant laquelle se contractent et s'épanouissent les filets fluides, l'influence de leur frottement mutuel et des mouvements tumultueux, sont des choses très-imparfaitement connues et qui jouent ici le principal rôle. On n'est pas même complétement d'accord sur la manière dont les faits se passent : quelques personnes pensent que la diminution de vitesse au delà du rétrécissement doit correspondre à une élévation du niveau, ce qui aurait lieu en effet, d'après le théorème de Bernoulli, s'il n'y avait aucune perte de charge ; suivant d'autres, au contraire, ces pertes de charges sont telles, que la diminution de vitesse n'occasionne pas de relèvement. Au reste, les observations sur ce sujet sont difficiles à faire ; car, dans les circonstances où cette contre-pente pourrait être notable, la grande vitesse de l'eau donne lieu à des ondulations de niveau et à une agitation qui rend les mesures presque impossibles.

Nous sommes donc forcé de nous contenter d'aperçus théoriques plus ou moins incomplets. D'abord nous admettrons que la contre-pente dont on vient de parler est sensiblement nulle ; alors, comme c'est un fait d'expérience que le niveau d'aval n'est pas modifié par l'exécution de l'ouvrage qui produit le rétrécissement, nous connaîtrons ainsi le niveau et la profondeur de l'eau dans le passage rétréci. En outre, nous considèrerons pour plus de simplicité le lit comme étant rectangulaire et à fond horizontal, aux environs du passage dont nous nous occupons. Cela posé, soient

Q le débit du courant ;

y la chute superficielle, entre une section (A) prise un peu vers l'amont, et la section (B) prise dans le rétrécissement, à l'endroit où la contraction des filets atteint son maximum ;

μ le coefficient de cette contraction ;

L la largeur du lit avant le rétrécissement ;

l la portion de cette largeur laissée libre par les obstacles, dans le passage rétréci ;

h la profondeur connue de l'eau dans ce passage.

L'aire de la section (A) aura pour valeur $L(h+y)$, attendu que $h+y$ exprime la profondeur de l'eau, du côté d'amont ; la vitesse est donc $\dfrac{Q}{L(h+y)}$. De même en (B) l'aire de la section s'exprime par $\mu.lh$, valeur à laquelle répond la vitesse $\dfrac{Q}{\mu.lh}$. Maintenant on peut appliquer le théorème de Bernoulli dans l'intervalle des sections (A) et (B), en négligeant le frottement du lit, vu le peu de distance de l'une à l'autre : on aura de cette manière

$$\frac{Q^2}{2g}\left[\frac{1}{\mu^2 l^2 h^2}-\frac{1}{L^2(h+y)^2}\right]=y,$$

équation du troisième degré en y, d'où l'on tirera cette inconnue par tâtonnement. On commencera par supposer $y=0$ dans le premier membre, et alors on en calculera la valeur, qui sera une première approximation pour celle de y ; cette valeur, substituée à son tour dans le premier membre de l'équation, donnera l'inconnue plus exactement ; et ainsi de suite, jusqu'à ce que deux substitutions successives donnent des résultats peu différents.

D'après Eytelwein, pour appliquer cette formule au passage de l'eau sous un pont, il faudrait prendre $\mu = 0,85$ quand les piles présentent carrément leur face antérieure au courant, et $\mu = 0,95$ quand elles ont des avant-becs aigus. Dans le cas ordinaire, où les avant-becs ont la forme d'un demi-cercle, on pourrait supposer $\mu = 0,90$. Mais il est vraisemblable que le coefficient μ ne dépend pas uniquement de la forme des piles et qu'il varie un peu avec le rapport $\dfrac{l}{L}$, car si ce rapport atteignait l'unité, toute contraction disparaîtrait, de manière qu'on aurait alors $\mu = 1$.

CHAPITRE CINQUIÈME.

DU MOUVEMENT DES GAZ.

§ I. — Écoulement d'un gaz par un orifice ou dans un tuyau.

93. *Modification du théorème de Bernoulli pour un gaz pesant à température constante* (*). — Nous avons démontré au n° **11** l'équation générale suivante, applicable aux gaz en mouvement permanent dans lesquels on suppose une température constante :

$$T - \frac{1}{K} \log \text{hyp } p - \frac{1}{2} V^2 = \text{const.};$$

T désigne une fonction des coordonnées rectangulaires x, y, z, dont les trois dérivées partielles $\dfrac{d\,T}{dx}$, $\dfrac{d\,T}{dy}$, $\dfrac{d\,T}{dz}$ donnent, en chaque point, les composantes X, Y, Z parallèles aux axes coordonnés, de la force rapportée à l'unité de masse qui agit en ce point sur les molécules gazeuses, non compris les pressions des molécules environnantes; p et V designent la pression et la vitesse, K une constante qui multipliée par la pression donne la densité. On se rappellera enfin que le premier

---

(*) La condition d'avoir une température invariable dans toute l'étendue de la masse gazeuse est nécessaire à la démonstration de la plupart des formules de ce chapitre, car nous nous appuyons fréquemment sur la loi de Mariotte, qui n'est vraie qu'avec cette restriction. Pour faire une théorie complète, il faudrait avoir égard aux principes de la Thermodynamique (*Théorie mécanique de la chaleur*); mais cette théorie, qui a déjà pris une grande importance, malgré la nouveauté de sa création, n'est pas comprise dans le cadre de notre programme.

Dans la pratique, il ne faut pas oublier que la détente d'un gaz donne lieu à une certaine consommation de chaleur, et que le phénomène inverse résulte de la compression. Certaines précautions seraient donc nécessaires pour réaliser effectivement l'invariabilité de la température.

membre est constant pour tous les points du gaz qui sont
situés sur la trajectoire d'une même molécule.

Dans le cas où la pesanteur est la seule attraction extérieure
qui agisse sur la masse gazeuse, et où l'on néglige les frottements, si l'on prend pour plan des xy un plan horizontal, et
que l'axe des z soit vertical et descendant, alors on posera
$T = gz$, puisque la force rapportée à l'unité de masse est constamment égale à g et parallèle à l'axe des z. Donc on aura dans
ce cas

$$z - \frac{1}{g\,\mathrm{K}} \log \mathrm{hyp}\, p - \frac{\mathrm{V}^2}{2\,g} = \text{const.}$$

Il faut maintenant exprimer K en fonction des quantités qui
servent ordinairement à distinguer un gaz d'un autre, au point
de vue de la Mécanique.

Nommons à cet effet

Π_m le poids d'un mètre cube de mercure à la température o°;

Π_a le poids d'un mètre cube d'air atmosphérique à la température o°, et sous une pression exprimée par $0,76\,\Pi_m$,
égale à la pression moyenne de l'atmosphère;

Π le poids du mètre cube du gaz considéré, sous la pression
et à la température qui viennent d'être définies (*);

δ le rapport $\dfrac{\Pi}{\Pi_a}$;

α le coefficient de dilatation des gaz, égal, d'après M. Regnault, au nombre $0,00366$, soit à $\dfrac{1}{273}$ environ;

θ une température exprimée en degrés centigrades.

Le poids d'un mètre cube de gaz, à la température o° et
sous la pression $0,76\,\Pi_m$, étant $\delta\,\Pi_a$, deviendra, sous la pression p et à la même température, $\delta\,\Pi_a \cdot \dfrac{p}{0,76\,\Pi_m}$; en vertu de la loi
de Mariotte; et si en même temps la température passe de o°

(*) A la rigueur, les trois quantités Π_m, Π_a et Π ne sont pas des constantes;
elles doivent varier un peu avec la latitude et la hauteur du lieu où l'on se
trouve. Mais dans les questions usuelles, on peut, sans aucun inconvénient, faire
abstraction de ces différences, qui sont très-faibles.

à $\theta°$, le volume primitif de 1 mètre cube devenant $1 + \alpha\theta$, le poids du mètre cube, à $\theta°$ et sous la pression p, sera

$$\delta\,\Pi_a \cdot \frac{p}{0,76\,\Pi_m} \cdot \frac{1}{1 + \alpha\theta}.$$

Ce résultat devrait être divisé par g pour avoir la masse de l'unité de volume, c'est-à-dire la densité ρ : ainsi

$$g\rho = \delta\,\Pi_a \cdot \frac{p}{0,76\,\Pi_m} \cdot \frac{1}{1 + \alpha\theta},$$

et attendu que K désigne le rapport $\dfrac{\rho}{p}$,

$$g\mathrm{K} = \frac{\delta}{0,76} \cdot \frac{\Pi_a}{\Pi_m} \cdot \frac{1}{1 + \alpha\theta}.$$

Le rapport $\dfrac{\Pi_a}{\Pi_m}$ a été trouvé par M. Regnault égal à $\dfrac{1}{10517}$ pour Paris, et à la hauteur du Collège de France. Par suite nous prendrons

$$g\mathrm{K} = \frac{\delta}{0,76 \cdot 10517} \cdot \frac{1}{1 + \alpha\theta} = \frac{1}{7993} \cdot \frac{\delta}{1 + \alpha\theta},$$

ou en nombres ronds

$$g\mathrm{K} = \frac{1}{8000} \cdot \frac{\delta}{1 + \alpha\theta}.$$

L'équation posée tout à l'heure devient, par la substitution de cette valeur,

$$(1) \qquad z - \frac{\mathrm{V}^2}{2\,g} - 8000\,\frac{1 + \alpha\theta}{\delta}\,\log\mathrm{hyp}\,p = \text{const.} ;$$

si l'on remplace les logarithmes hyperboliques par les logarithmes ordinaires, il faut multiplier ces derniers par $2,3026$ environ, et l'on trouve

$$(1\ bis) \qquad z - \frac{\mathrm{V}^2}{2\,g} - 18400\,\frac{1 + \alpha\theta}{\delta}\,\log p = \text{const.}$$

Les équations (1) et (1 bis) sont pour les gaz pesants à température constante ce qu'est le théorème de Bernoulli pour les liquides pesants et homogènes.

94. *Écoulement permanent d'un gaz par un orifice percé dans un réservoir.* — Supposons un réservoir rempli d'un gaz dont la température est partout la même; ce gaz s'écoule par un orifice de petites dimensions, et il s'agit de calculer la vitesse d'écoulement ainsi que le volume dépensé par seconde. Nous appellerons

p la pression d'une molécule à l'instant où elle traverse une section faite dans la veine fluide qui s'écoule, un peu après l'orifice, en un point où les filets ont éprouvé la plus grande contraction et sont devenus parallèles;

p_0 la pression dans le réservoir, en un point situé sur la trajectoire de la même molécule, à une assez grande distance de l'orifice;

z et z_0 les hauteurs de ces deux points au-dessous d'un plan horizontal de comparaison;

V et V_0 les vitesses correspondantes;

α, θ et δ les mêmes quantités qu'au n° 93.

L'équation (1) donnera immédiatement

$$z - \frac{V^2}{2\,g} - 8000\,\frac{1 + \alpha\,\theta}{\delta}\,\log \mathrm{hyp}\, p = \mathrm{const.},$$

$$z_0 - \frac{V_0^2}{2\,g} - 8000\,\frac{1 + \alpha\,\theta}{\delta}\,\log \mathrm{hyp}\, p_0 = \mathrm{const.},$$

et par suite

$$z - z_0 - \frac{V^2 - V_0^2}{2\,g} + 8000\,\frac{1 + \alpha\,\theta}{\delta}\,\log \mathrm{hyp}\, \frac{p_0}{p} = 0.$$

Le réservoir étant supposé assez grand et les molécules se rendant vers l'orifice dans toutes les directions, V_0 est petit relativement à V; on peut donc négliger $\frac{V_0^2}{2\,g}$ et poser

$$\frac{V^2}{2\,g} = z - z_0 + 8000\,\frac{1 + \alpha\,\theta}{\delta}\,\log \mathrm{hyp}\, \frac{p_0}{p}.$$

Habituellement aussi on néglige la hauteur $z - z_0$, à moins qu'elle ne soit très-grande; il est alors assez indifférent de mesurer la pression p_0 en tel ou tel point du réservoir, pourvu que ce ne soit pas près de l'orifice, parce que ses variations sont insensibles. Pour donner à ce raisonnement plus de précision, soient z' la hauteur d'une molécule du réservoir au-dessous du plan horizontal de comparaison, p' la pression et ρ' la densité correspondantes. Comme il n'y a pas de mouvement sensible dans le réservoir à une distance notable de l'orifice, la pression y varie à peu près suivant la loi hydrostatique (n° 18); on aura donc (n° 6)

$$dp' = \rho' g \, dz'.$$

Or, comme on l'a vu au n° 93, on peut remplacer $\rho' g$ par $\delta \dfrac{\Pi_a p'}{0,76 \, \Pi_m} \cdot \dfrac{1}{1 + \alpha\theta}$ ou par $\dfrac{\delta}{8000 (1 + \alpha\theta)} p'$; par suite, l'équation précédente devient

$$dz' = 8000 \, \frac{1 + \alpha\theta}{\delta} \cdot \frac{dp'}{p'},$$

ou, en intégrant depuis le point où la pression est p_0, jusqu'à un autre placé au niveau de l'orifice et où la pression serait P,

$$z - z_0 = 8000 \, \frac{1 + \alpha\theta}{\delta} \log \text{hyp} \, \frac{P}{p_0}.$$

Si l'on substitue cette valeur dans l'expression (1) de $\dfrac{V^2}{2g}$, on trouvera

$$(2) \qquad \frac{V^2}{2g} = 8000 \, \frac{1 + \alpha\theta}{\delta} \log \text{hyp} \, \frac{P}{p},$$

formule qui fait connaître la vitesse d'écoulement, en fonction de la pression p subie par la veine contractée, et de la pression P mesurée dans le réservoir, à une distance notable de l'orifice et à la hauteur de celui-ci, ou à une hauteur quelconque si le réservoir n'est pas très-grand dans le sens vertical. L'emploi de l'équation (1 bis) aurait donné une formule analogue, avec le coefficient 18400 au lieu de 8000, et les logarithmes ordinaires au lieu des logarithmes hyperboliques.

La pression p est ordinairement confondue avec celle de l'atmosphère dans laquelle débouche la veine. Cela semble exiger que la vitesse soit modérée, et, par suite, que le rapport $\dfrac{P}{p}$ ne soit pas très-éloigné de 1. Car si la vitesse était considérable, les filets s'épanouissant rapidement après la contraction, les forces d'inertie centrifuges auraient des valeurs assez grandes pour les molécules qui traversent la section contractée. Il en résulterait des augmentations notables de pression dans cette section (n° 16), en allant de la circonférence au centre, et la formule conduirait, pour les filets intérieurs, à une vitesse trop forte.

Le rapport $\dfrac{P}{p}$ étant très-peu supérieur à l'unité, on peut aisément remplacer la formule (2) par une autre où n'entrent pas les logarithmes. On a, en effet, x désignant une pression variable entre p et P,

$$\log \text{hyp} \frac{P}{p} = \int_{p}^{P} \frac{dx}{x};$$

or, puisque les limites de la variable x sont très-voisines l'une de l'autre, on peut approximativement remplacer sous le signe $\int$, x par la moyenne de ses deux valeurs extrêmes, ou par $\dfrac{1}{2}(P+p)$, ce qui donnera

$$\log \text{hyp} \frac{P}{p} = \int_{p}^{P} \frac{2\,dx}{P+p} = \frac{2(P-p)}{P+p}.$$

Le tableau ci-dessous permet d'apprécier l'exactitude de cette substitution :

Valeurs de $\dfrac{P}{p}$ 1,00,   1,05,   1,10,   2,00.

Rapport de $\log \text{hyp} \dfrac{P}{p}$ à sa valeur approchée. } 1,0000,   1,0002,   1,0008,   1,0391.

Il n'y a donc pas d'erreur sensible à craindre dans les applications de la formule (2), quand on remplace le logarithme par sa valeur approximative, car si $\dfrac{P}{p}$ allait jusqu'à 2, il faudrait renoncer à calculer théoriquement la vitesse. Ainsi, l'on aura

(3)
$$\frac{V^2}{2g} = 16000 \frac{1 + \alpha\theta}{\delta} \cdot \frac{P - p}{P + p}.$$

C'est la formule à laquelle on serait parvenu en considérant le gaz comme un fluide homogène, ce qui est permis, puisque sa pression et sa densité varient peu. En effet, le poids ρg du mètre cube de gaz sous la pression $\frac{1}{2}(P + p)$ a pour valeur (n° **93**)

$$\rho g = \frac{1}{8000} \cdot \frac{\delta}{1 + \alpha\theta} \cdot \frac{1}{2}(P + p);$$

la formule précédente s'écrirait donc

$$\frac{V^2}{2g} = \frac{P - p}{\rho g},$$

et l'on voit qu'elle est tout à fait analogue à celle qui donne la vitesse d'écoulement d'un liquide par un orifice en mince paroi, car $\frac{P}{\rho g}$ et $\frac{p}{\rho g}$ sont les hauteurs représentatives (en colonnes gazeuses) des pressions P et p, prises en des points situés au même niveau, de sorte que $\frac{P - p}{\rho g}$ est la charge mesurée entre l'intérieur du réservoir et la section contractée.

Quand on a calculé $\frac{V^2}{2g}$ au moyen de l'une des formules établies ci-dessus, on obtient facilement V, soit par un calcul numérique, soit par la Table I, faisant connaître une vitesse en fonction de la hauteur qui lui est due, ou inversement. Cependant si l'on voulait calculer V directement, sans passer par l'intermédiaire $\frac{V^2}{2g}$, on poserait l'une des égalités

$$V = \sqrt{16000\, g \frac{1 + \alpha\theta}{\delta} \log \text{hyp} \frac{P}{p}},$$

$$V = \sqrt{36800\, g \frac{1 + \alpha\theta}{\delta} \log \frac{P}{p}},$$

$$V = \sqrt{32000\, g \frac{1 + \alpha\theta}{\delta} \cdot \frac{P - p}{P + p}};$$

puis remplaçant g par sa valeur $9^m,8088$ et faisant sortir le facteur numérique du radical, on aurait

$$(4) \quad \begin{cases} V = 396 \sqrt{\dfrac{1 + \alpha\theta}{\delta} \log \text{hyp} \dfrac{P}{p}}, \\[2mm] V = 600 \sqrt{\dfrac{1 + \alpha\theta}{\delta} \log \dfrac{P}{p}}, \\[2mm] V = 560 \sqrt{\dfrac{1 + \alpha\theta}{\delta} \cdot \dfrac{P - p}{P + p}}. \end{cases}$$

95. *Calcul de la dépense par un orifice en mince paroi.* — Si nous supposons qu'on ait un orifice en mince paroi, les filets fluides, après leur sortie, éprouveront d'abord une contraction, suite de la convergence qu'ils ont à l'intérieur du réservoir pour affluer de toute part vers le point de sortie, puis ils deviendront sensiblement parallèles en traversant une section minimum, dite section contractée, laquelle se trouve à une faible distance de l'orifice. Soient

    Ω l'aire de la section contractée, A celle de l'orifice;

    V la vitesse d'écoulement;

    Q la dépense;

il est clair d'abord que le volume gazeux qui traverse la section contractée dans un temps très-court dt est $\Omega V dt$, ce qui fait par unité de temps une dépense ΩV; l'expérience prouve d'ailleurs, suivant d'Aubuisson, que Ω est égal à $0,65 A$; on aurait donc

$$(5) \quad\quad\quad\quad Q = 0,65 \, AV,$$

résultat qui ressemble beaucoup à ce qu'on a vu pour les liquides (n° **24**); la différence consiste seulement en ce que le coefficient de dépense a été porté de $0,62$ à $0,65$.

Il faut observer que le volume Q est celui que remplirait le gaz écoulé dans chaque seconde, s'il conservait la température θ du réservoir et la pression extérieure p. Dans le cas où l'on voudrait le volume Q' occupé par le même gaz à une autre pression p' et à une autre température θ', on aurait immédiatement, d'après les lois de Mariotte et de Gay-Lussac, α étant le coefficient de dilatation des gaz,

$$Q' = Q \frac{1 + \alpha\theta'}{1 + \alpha\theta} \cdot \frac{p}{p'},$$

ou, en remplaçant Q par sa valeur (5),

$$(6) \qquad Q' = 0,65\,AV \frac{1 + \alpha\theta'}{1 + \alpha\theta} \cdot \frac{p}{p'}$$

Si l'on demandait enfin, non pas le volume, mais le poids dépensé par seconde, il faudrait multiplier Q par le poids Π du mètre cube de gaz à la pression p et à la température θ, soit (n° 93) par $\frac{1}{8000} \cdot \frac{p\delta}{1 + \alpha\theta}$; le poids demandé serait donc

$$0,65\,AV \cdot \frac{1}{8000} \cdot \frac{p\delta}{1 + \alpha\theta},$$

ou, après avoir remplacé V par sa valeur tirée de l'équation (2) du n° 94,

$$(7) \qquad 0,65\,Ap \sqrt{\frac{2g\delta}{8000(1 + \alpha\theta)} \log \text{hyp} \frac{P}{p}}.$$

Dans le cas où P, θ, A et δ seraient supposés invariables, cette expression varierait encore avec p, et il est naturel de chercher la valeur particulière de p qui la rendrait maximum. A cet effet, on cherchera le maximum du facteur variable $p \sqrt{\log \text{hyp} \frac{P}{p}}$, ou plutôt de son carré $p^2 \log \text{hyp} \frac{P}{p}$; on obtiendra la valeur correspondante de p par l'équation

$$\frac{d}{dp}\left(p^2 \log \text{hyp} \frac{P}{p} \right) = 0,$$

qui donne

$$\log \text{hyp} \frac{P}{p} = \frac{1}{2},$$

ou bien

$$\frac{P}{p} = e^{\frac{1}{2}} = 1,649,$$

e désignant la base des logarithmes hyperboliques.

Nous avons dit plus haut que les calculs faits pour obtenir la valeur de la vitesse supposent $\frac{P}{p}$ peu différent de 1 ; il est donc très-douteux que l'expression (7) reste encore passablement exacte pour $\frac{P}{p} = 1,649$. Comme la formule (2) exagère probablement la vitesse V (n° 94), le maximum théorique du poids dépensé doit être regardé comme une limite supérieure en dessous de laquelle les résultats de l'expérience resteraient toujours. Cette limite se met sous la forme

$$0,65\,A\,\frac{P}{1,649}\sqrt{\frac{g\,\delta}{8000\,(1+\alpha\theta)}},$$

ou bien, en effectuant le calcul des coefficients numériques,

$$0,0138\,AP\sqrt{\frac{\delta}{1+\alpha\theta}}.$$

96. *Effet d'un ajutage cylindrique ou légèrement conique.* — Lorsque l'orifice de sortie du gaz est suivi d'un ajutage cylindrique, il convient, d'après d'Aubuisson, de calculer la dépense en employant les mêmes formules qu'au n° 95, sauf le remplacement du coefficient 0,65 par 0,93. Si l'ajutage est légèrement conique, l'angle de convergence ne dépassant pas 12 degrés, le coefficient augmente encore un peu et passe à 0,94.

97. *Mouvement permanent d'un gaz dans une conduite cylindrique.* — Nous étudierons seulement ici le cas d'une conduite cylindrique à diamètre constant, n'alimentant aucun orifice entre les sections extrêmes de la partie dont on s'occupe. Soient $A_0 B_0$, $A_1 B_1$ (*fig. 52*) ces sections, et AB, A'B' deux sections intermédiaires quelconques, infiniment voisines l'une de l'autre. Appelons

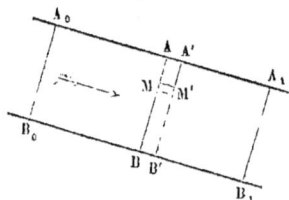
Fig. 52.

ds et L les longueurs $\overline{AA'}$ et $\overline{A_0A_1}$;

dz la différence de hauteur, relativement à un plan horizontal supérieur, des centres des sections AB, A'B'; h la quantité analogue pour les sections extrêmes $A_0 B_0$, $A_1 B_1$;

D le diamètre constant $\overline{AB}$;

p la pression du gaz en AB, ρ sa densité, U sa vitesse moyenne;

p_0, ρ_0, U_0, p_1, ρ_1, U_1 les quantités analogues pour les sections $A_0 B_0$, $A_1 B_1$;

δ, α, θ les quantités ainsi désignées au n° 93.

D'abord la permanence exige que le poids de la masse gazeuse comprise dans l'espace $A_0 B_0 A_1 B_1$ soit constant. Or dans un élément de temps dt il entre par $A_0 B_0$ un poids exprimé par $g \rho_0 . \frac{1}{4} \pi D^2 . U_0 dt$, tandis qu'il sort par $A_1 B_1$ un poids égal à $g \rho_1 . \frac{1}{4} \pi D^2 . U_1 dt$; donc on a

$$\rho_0 U_0 = \rho_1 U_1.$$

Le même raisonnement pourrait être répété en considérant le gaz qui remplit le volume $A_0 B_0 AB$, et l'on en conclurait la relation

$$\rho U = \rho_0 U_0 = \rho_1 U_1 = \text{const.}$$

D'un autre côté, si nous supposons la température θ constante, la densité sera proportionnelle à la pression; on aura donc aussi

$$p U = p_0 U_0 = p_1 U_1 = \text{const.},$$

relation d'où il résulte que, malgré l'invariabilité du diamètre, la vitesse change d'une section à l'autre, si la pression n'est pas constante, ce qui aura lieu nécessairement, comme on va le voir, dans l'état de mouvement.

A la vérité nous faisons ici abstraction des différences de pression ou de densité qui existent d'un point à l'autre d'une même section transversale; mais cela ne peut pas entraîner d'erreur appréciable. Il est facile de reconnaître en effet, comme nous l'avons fait plusieurs fois pour les liquides, que, par suite du parallélisme supposé des filets, la pression varie dans une même section suivant la loi hydrostatique; ce qui veut dire qu'elle varie extrêmement peu, car, à cause de la grande légèreté du gaz, il faudrait une différence de niveau considérable pour produire une différence de pression sensible. D'ailleurs la loi de Mariotte nous montre que, si la pression peut être regardée comme constante, il en est de même de la densité.

Maintenant appliquons à un filet élémentaire MM' compris entre AB et $A'B'$ le théorème général établi au n° 15. Ici les forces extérieures agissant sur une molécule, indépendamment des pressions et frottements des molécules voisines, se réduisent à la pesanteur; leur travail élémentaire $d\mathrm{T}$ rapporté à l'unité de masse, pour un abaissement dz, sera donc $g dz$. Nous admettrons, comme nous l'avons fait pour les liquides (n°s 58 et 77), que la force produite sur une molécule par le frottement des molécules voisines est dirigée en sens contraire de la vitesse des filets, et nous appellerons φ son intensité par unité de masse. Appelant en outre v la vitesse en M, l'équation (12) du n° 15 pourra dès lors s'écrire dans le cas actuel

$$\frac{v\,dv}{g} = dz - \frac{1}{\rho g}\,dp - \frac{1}{g}\,\varphi\,ds.$$

Cette relation est toute pareille à celle qu'on a établie au commencement du n° 58, sauf que la quantité alors désignée par dy se trouve ici remplacée par l'expression équivalente $dz - \dfrac{1}{\rho g}\,dp$. Si donc on répétait la suite du raisonnement, en admettant, par analogie avec le cas des liquides, que le frottement de la tranche gazeuse $\mathrm{A A' B B'}$ sur la paroi ait pour valeur $\pi \mathrm{D}\,ds\,.\,\mathrm{F}(\mathrm{U})$, on retrouverait aussi l'équation (α) du n° 58, qui deviendrait, eu égard au changement indiqué en ce qui concerne dy, ainsi qu'à l'hypothèse particulière d'une section circulaire,

$$\frac{\mathrm{U}\,d\mathrm{U}}{g} = dz - \frac{1}{\rho g}\,dp - \frac{4}{\mathrm{D}\rho g}\,\mathrm{F}(\mathrm{U})\,ds.$$

Nous supposerons encore que $\dfrac{1}{\rho g}\,\mathrm{F}(\mathrm{U})$ puisse être remplacé par le binôme du second degré

$$a\mathrm{U} + b\mathrm{U}^2,$$

sauf à contrôler cette hypothèse par les indications expérimentales; nous aurons donc

$$\frac{\mathrm{U}\,d\mathrm{U}}{g} = dz - \frac{1}{\rho g}\,dp - \frac{4}{\mathrm{D}}\,(a\mathrm{U} + b\mathrm{U}^2)\,ds.$$

Pour déduire de là une relation sous forme finie, on se rappellera d'abord (n° 93) que

$$\rho g = \frac{1}{8000} \cdot \frac{p\,\delta}{1 + \alpha\theta} = g\,\mathrm{K}\,p,$$

et, secondement, que le produit $p\mathrm{U}$ est une certaine constante B; remplaçant donc U par $\frac{\mathrm{B}}{p}$ et ρg par l'expression ci-dessus, on trouvera

$$-\frac{\mathrm{B}^2}{g} \cdot \frac{dp}{p^3} = dz - \frac{1}{g\mathrm{K}} \cdot \frac{dp}{p} - \frac{4}{\mathrm{D}}\left(\frac{a\mathrm{B}}{p} + \frac{b\,\mathrm{B}^2}{p^2}\right) ds,$$

soit, après avoir multiplié par p^2 et tout fait passer dans le premier membre,

$$(8) \quad \frac{1}{g\mathrm{K}}\,p\,dp - p^2\,dz + \frac{4}{\mathrm{D}}\,(a\,\mathrm{B}\,p + b\,\mathrm{B}^2)\,ds - \frac{\mathrm{B}^2}{g} \cdot \frac{dp}{p} = 0.$$

Il y a dans cette équation deux termes, savoir $p^2 dz$ et $\frac{4\,a\mathrm{B}}{\mathrm{D}}\,p\,ds$, qui ne sont point des différentielles exactes; l'équation ne peut donc pas, à la rigueur, être intégrée sans avoir égard à la forme de la conduite, c'est-à-dire à la relation entre z et s. Si, par exemple, la conduite était rectiligne, on aurait $z = ns$, n étant un nombre constant; l'équation (8) deviendrait alors, en séparant les variables,

$$ds = \frac{\dfrac{1}{g\mathrm{K}}\,p^2 - \dfrac{\mathrm{B}^2}{g}}{p\left[np^2 - \dfrac{4}{\mathrm{D}}\,(a\,\mathrm{B}\,p + b\,\mathrm{B}^2)\right]}\,dp,$$

forme sous laquelle l'intégration devient possible. Mais comme, par suite de la grande légèreté des gaz, le terme en dz qui provient de l'action de la pesanteur n'a ordinairement qu'une influence assez faible; comme, de plus, dans les applications pratiques, la pression p est en général très-peu variable, on ne commettra qu'une erreur sans importance en mettant, au lieu de $p^2 dz$ et $p\,ds$, respectivement $\frac{1}{2}\,(p_1^2 + p_0^2)\,dz$ et $\frac{1}{2}\,(p_1 + p_0)\,ds$.

Alors l'équation (8) s'intègre indépendamment de toute rela-

23.

tion entre les variables s et z, et l'on trouve, en effectuant cette intégration entre les limites qui correspondent à $A_0 B_0$ et $A_1 B_1$,

$$\frac{1}{2 g K}(p_1^2 - p_0^2) - \frac{1}{2}(p_1^2 + p_0^2)h$$
$$+ \frac{4 L}{D}\left[\frac{1}{2}aB(p_1 + p_0) + bB^2\right] + \frac{B^2}{g}\log \text{hyp} \frac{p_0}{p_1} = 0.$$

Suivant les cas particuliers qui pourront se présenter, on substituera, pour la constante B, l'une des deux valeurs $p_0 U_0$, $p_1 U_1$; alors la relation précédente déterminera l'une des pressions extrêmes quand on donnera l'autre ainsi que la vitesse correspondante.

Soient données, par exemple, p_0 et U_0; on fera $B = p_0 U_0$ dans la dernière équation; divisant ensuite le résultat par p_0^2, on aura

$$(9) \quad \left\{ \begin{array}{l} \dfrac{1}{2 g K}\left(\dfrac{p_1^2}{p_0^2} - 1\right) - \dfrac{h}{2}\left(\dfrac{p_1^2}{p_0^2} + 1\right) \\[2mm] + \dfrac{4 L}{D}\left[\dfrac{1}{2}a U_0\left(\dfrac{p_1}{p_0} + 1\right) + b U_0^2\right] + \dfrac{U_0^2}{g}\log \text{hyp} \dfrac{p_0}{p_1} = 0, \end{array} \right.$$

ce qui permet de déterminer le rapport $\dfrac{p_1}{p_0}$. Dans l'hypothèse d'une pression peu variable, on simplifierait le calcul de ce rapport en prenant pour inconnue $1 - \dfrac{p_1^2}{p_0^2} = x$; on aurait alors

$$\frac{p_1^2}{p_0^2} = 1 - x,$$

et d'une manière approximative, à cause de la petitesse supposée de x,

$$\frac{p_1}{p_0} = (1 - x)^{\frac{1}{2}} = 1 - \frac{1}{2}x,$$

$$\log \text{hyp} \frac{p_0}{p_1} = -\log \text{hyp}\left(1 - \frac{1}{2}x\right) = \frac{1}{2}x.$$

En conséquence, l'équation (9) se transforme en la suivante :

$$-\frac{x}{2 g K} - \frac{h}{2}(2 - x) + \frac{4 L}{D}\left[a U_0\left(1 - \frac{x}{4}\right) + b U_0^2\right] + \frac{U_0^2 x}{2 g} = 0,$$

d'où l'on tire immédiatement

$$(10) \qquad \frac{x}{2} = \frac{\dfrac{4\,L}{D}\,(a\,U_0 + b\,U_0^2) - h}{\dfrac{1}{g\,K} - h - \dfrac{U_0^2}{g} + \dfrac{2\,L}{D}\,a\,U_0}.$$

Si les données avaient été p_1 et U_1, on aurait fait $B = p_1\,U_1$ dans l'équation (9); puis, divisant l'équation par p_1^2 et prenant pour inconnue $\dfrac{p_0^2}{p_1^2} - 1 = y$, on aurait trouvé, par une transformation semblable,

$$(11) \qquad \frac{y}{2} = \frac{\dfrac{4\,L}{D}\,(a\,U_1 + b\,U_1^2) - h}{\dfrac{1}{g\,K} + h - \dfrac{U_1^2}{g} - \dfrac{2\,L}{D}\,a\,U_1}.$$

On sait que $g\,K$ a pour valeur $\dfrac{1}{8000} \cdot \dfrac{\delta}{1 + \alpha\theta}$, et par suite que $\dfrac{1}{g\,K} = 8000\,\dfrac{1 + \alpha\theta}{\delta}$; cette quantité $\dfrac{1}{g\,K}$ représente donc une hauteur de plusieurs kilomètres (*), devant laquelle on peut le plus souvent négliger les autres hauteurs qui figurent à la suite, dans les dénominateurs des formules (10) et (11); mais cela n'ajouterait pas beaucoup à la simplicité du calcul numérique. Il semble que, sous ce rapport, le calcul précédent laisse peu de chose à désirer.

Nous devons dire toutefois que les formules (10) et (11) ne sont point celles qu'emploient, dans l'usage habituel, les ingénieurs chargés des distributions de gaz. La pression étant, comme nous l'avons dit, peu variable, et le produit $p\,U$ devant rester constant, ils assimilent le gaz à un fluide homogène qui possède une vitesse constante; ils admettent, de plus, vu la légèreté de ce fluide, que la hauteur h ne peut produire par elle-même une différence sensible de pression, et ils la né-

---

(*) Pour l'air à $0°$ on a $\dfrac{1}{g\,K} = 8000$ mètres; pour le gaz d'éclairage à la température ordinaire, la densité n'atteignant pas la moitié de celle de l'air à $0°$, on voit que $\dfrac{1}{g\,K}$ dépasserait 16000 mètres.

gligent. La charge consommée entre les deux extrémités s'exprime alors par $\dfrac{p_0 - p_1}{\rho g}$, ce qui fait, par unité de longueur, une perte

$$J = \frac{p_0 - p_1}{\rho g L};$$

en calculant J, d'autre part, au moyen de la formule (4) du n° 51, établie pour les liquides, et faisant

$$F(U) = \rho g (a U + b U^2),$$
$$\Pi = \rho g,$$

on trouvera facilement

$$(12) \qquad\qquad p_0 - p_1 = \frac{4 L}{D} \rho g (a U + b U^2).$$

Les quantités ρ et U sont censées ici se rapporter indifféremment à une section quelconque, puisqu'on ne tient pas compte de leurs variations.

Les formules (10) et (11) conduisent aussi à la formule (12) lorsqu'on y suppose h négligeable, qu'on réduit le dénominateur à $\dfrac{1}{g K}$ (suivant ce qui a été dit plus haut), et qu'on regarde U_0 et U_1 comme différant peu d'une vitesse intermédiaire quelconque U. Moyennant ces approximations, nous pouvons écrire

$$\frac{x}{2} = \frac{y}{2} = \frac{p_0 - p_1}{\rho} = \frac{4 g K L}{D} (a U + b U^2),$$

ou bien, attendu que $\rho = K p$,

$$p_0 - p_1 = \frac{4 L}{D} \rho g (a U + b U^2).$$

ce qui est précisément la formule (12).

Données expérimentales au sujet du frottement de la paroi. — Ce frottement, rapporté à l'unité de surface, sur chaque élément de la paroi, a été exprimé ci-dessus par

$$\rho g (a U + b U^2),$$

a et b étant des coefficients à déterminer de manière à mettre d'accord, le mieux possible, la théorie avec les faits observés. Navier, d'après les expériences de Girard et de d'Aubuisson, a proposé, pour un gaz quelconque, les valeurs

$$a = 0, \quad b = 0,000330,$$

ce qui rendrait le binôme $a\mathrm{U} + b\mathrm{U}^2$ généralement assez voisin de la valeur que Prony lui attribuait quand il s'agissait de l'eau. L'analogie entre les deux cas et les résultats trouvés par M. Darcy dans le second (n° 50) portent cependant à croire que ces coefficients ne sont pas constants, mais qu'ils dépendent à la fois du rayon du tuyau et de la nature de sa paroi intérieure.

C'est ce qui a été effectivement constaté dans des expériences assez nombreuses faites en 1863 et 1864, d'après l'ordre de MM. de Gayffier et Camus, ingénieurs des Ponts et Chaussées, directeurs de la Compagnie parisienne du gaz, par M. Arson, ingénieur en chef de la Compagnie, assisté de MM. Monard et Honoré, élèves de l'École centrale des Arts et Manufactures. Ce travail, exposé dans un Mémoire qui a remporté la médaille d'or à la Société des ingénieurs civils, a été exécuté aux usines de la Villette et de Saint-Mandé, en opérant tantôt sur l'air atmosphérique, tantôt sur le gaz d'éclairage; comme conclusion, les auteurs donnent le tableau suivant des valeurs de a et b, pour servir de point de départ au calcul du binôme $a\mathrm{U} + b\mathrm{U}^2$:

DIAMÈTRE de la conduite.	NOMBRE des expériences.	VALEUR DE a.	VALEUR DE b.	NATURE de la conduite.
0,500	27	0,000020	0,000246	
0,325	31	0,000151	0,000326	
0,254	4	0,000237	0,000359	
0,103	7	0,000560	0,000480	Fonte.
0,081	10	0,000589	0,000489	
0,050	5	0,000702	0,000595	
0,050	4	0,000738	0,000345	Fer-blanc.

L'influence du rayon est bien mise en évidence par les six

premières lignes horizontales du tableau; la comparaison des deux dernières montre celle de la nature des parois. Le fer-blanc, qui est plus poli que la fonte, donne lieu à un frotte-ment sensiblement moindre, pour peu que la vitesse ait une grandeur notable.

Nous allons maintenant montrer, par un exemple, l'usage de la théorie et des formules établies dans le présent article.

98. *Exemple de calculs numériques sur une conduite de gaz.* — On donne une conduite de 600 mètres de longueur et de $0^m,25$ de diamètre, ayant 25 mètres de pente totale; cette conduite, terminée par une buse ou ajutage cylindrique de $0^m,06$ de diamètre, écoule de l'air à 300 degrés dans une atmosphère dont la pression p' est représentée par une colonne de $0^m,75$ de mercure. Le volume Q dépensé par seconde, ramené à la tem-pérature zéro et à la pression p produite par $0^m,76$ de mercure, est de $0^{mc},10$. On demande la pression p_0, à l'origine de la conduite.

Soient p_1 la pression immédiatement en amont de la buse, dans la con-duite; U_1 la vitesse correspondante; U' la vitesse de sortie à l'extrémité de la buse; les autres notations seront celles du n° 97. On aura dans cet exemple

$$L = 600^m, \quad D = 0^m,15, \quad h = 25^m, \quad \theta = 300^o, \quad \delta = 1;$$

par suite

$$\frac{1 + \alpha\theta}{\delta} = 2,10 \quad \text{et} \quad \frac{1}{gK} = 16\,800.$$

On peut d'abord calculer U'. En effet le volume dépensé, ramené à la température θ et à la pression p', serait $Q(1 + \alpha\theta)\dfrac{p}{p'}$ ou $0,21 \times \dfrac{76}{75}$, puisque ici $\theta = 300$ degrés; d'un autre côté, il s'exprime (n° 96) par $0,93 \times \dfrac{1}{4}\pi(0,06)^2 U'$ ou par $0,93 \times 0,0009\,\pi U'$. Donc

$$0,21 \times \frac{76}{75} = 0,93 \times 0,0009\,\pi U',$$

d'où

$$U' = 80^m,93 \quad \text{et} \quad \frac{U'^2}{2g} = 334^m,12.$$

Connaissant U'. on en déduira p_1 et U_1. En effet, le volume dépensé par seconde, ramené à la pression p_1 et à la température de 300 degrés, a pour valeur les deux expressions $0,93 \times 0,0009\,\pi U'\dfrac{p'}{p_1}$ et $\dfrac{1}{4}\pi D^2 U_1$; donc on posera

$$0,93 \times 0,0009\,p'U' = 0,005625\,p_1 U_1,$$

ou bien

$$U_{,} = 0,1488 \frac{p'U'}{p_{,}}.$$

Ensuite, si l'on applique l'équation (1) du n° 93 au parcours d'une molé-cule depuis la section où la vitesse est $U_{,}$ jusqu'à celle où elle est U', on trouvera

$$\frac{U_{,}^2}{2g} + 8000 \frac{1+\alpha\theta}{\delta} \log hyp\, p_{,} = \frac{U'^2}{2g} + 8000 \frac{1+\alpha\theta}{\delta} \log hyp\, p',$$

car la différence de niveau des deux sections est négligeable. On tire de là

$$8000 \frac{1+\alpha\theta}{\delta} \log hyp \frac{p_{,}}{p'} = \frac{U'^2}{2g} - \frac{U_{,}^2}{2g};$$

ou, en remplaçant $U_{,}$ par sa valeur,

$$8000 \frac{1+\alpha\theta}{\theta} \log hyp \frac{p_{,}}{p'} = \frac{U'^2}{2g}\left[1 - (0,1488)^2 \frac{p'^2}{p_{,}^2}\right].$$

Il n'y a donc d'inconnu dans cette dernière équation que le rapport $\frac{p_{,}}{p'}$, qui par conséquent pourrait se déterminer par tâtonnement. Mais, comme on doit en tirer une valeur peu différente de 1, en posant $\frac{p_{,}}{p'} = 1 + m$, on aurait approximativement $\log hyp \frac{p_{,}}{p'} = m$, $\frac{p'^2}{p_{,}^2} = \frac{1}{(1+m)^2} = 1 - 2m$; l'équation ci-dessus devient alors

$$8000 \frac{1+\alpha\theta}{\delta} m = \frac{U'^2}{2g}\left[1 - (0,1488)^2(1-2m)\right];$$

ou, en remplaçant $\frac{1+\alpha\theta}{\delta}$ par 2,10, $\frac{U'^2}{2g}$ par 334,12, et réduisant,

$$16785\, m = 327,7,$$

ce qui donne

$$m = 0,0195 \quad \text{et} \quad \frac{p_{,}}{p'} = 1,0195.$$

Ce résultat justifie le calcul approximatif dont nous avons fait usage. D'ailleurs nous avons trouvé ci-dessus $U_{,} = 0,1488 \frac{p'U'}{p_{,}}$; on fera dans cette expression $U' = 80^m,93$, $\frac{p'}{p_{,}} = \frac{1}{1,0195}$, et l'on obtiendra

$$U_{,} = 11^m,81 \quad \text{et} \quad \frac{U_{,}^2}{2g} = 7^m,11.$$

On a maintenant tous les éléments nécessaires pour appliquer la formule (11) du n° 97, qui donnera, en adoptant pour a et b les valeurs de Navier,

$$y = 1,0847;$$

ainsi $\dfrac{p_0^2}{p_1^2} - 1 = 0,0847$, $\dfrac{p_0^2}{p_1^2} = 1,0847$ et $\dfrac{p_0}{p_1} = 1,0415$. On aurait donc définitivement

$$\frac{p_0}{p'} = \frac{p_0}{p_1} \cdot \frac{p_1}{p'} = 1,0415 \times 1,0195 = 1,062;$$

la pression p_0 serait représentée par une colonne de mercure ayant pour hauteur $0^m,75 \times 1,062 = 0^m,791$; la différence $p_0 - p'$ répondrait à une hauteur de $0^m,041$ de mercure ou à $0^m,56$ d'eau.

Supposons encore que la conduite soit en fonte, et qu'on veuille lui appliquer les données numériques fournies par les expériences de MM. Arson, Monard et Honoré. On calculera, par interpolation, les coefficients a et b, en se servant du tableau de la page 359, et l'on trouvera ainsi

$$a = 0,000491, \quad b = 0,000442,$$

d'où résulte, pour $U_1 = 11^m,81$,

$$a U_1 + b U_1^2 = 0,067447;$$

alors en calculant y par la formule (11), on aura

$$y = 0,1257,$$
$$\frac{p_0}{p_1} = 1,061,$$

et enfin

$$\frac{p_0}{p'} = 1,061 \times 1,0195 = 1,082,$$

rapport notablement supérieur à celui qu'on a précédemment obtenu. On en conclurait que la pression p_0 répond à une colonne de mercure de $0^m,811$ de hauteur, et la différence $p_0 - p'$ à $0^m,061$ de mercure ou à $0^m,82$ d'eau.

Enfin, si l'on voulait faire usage de la formule (12), on l'écrirait ainsi

$$p_0 - p_1 = \frac{4L}{D} g K p (a U + b U^2);$$

en imaginant qu'on remplace dans le second membre p et U par p_1 et U_1, on en tire

$$\frac{p_0}{p_1} - 1 = \frac{4L}{D} g K (a U_1 + b U_1^2).$$

d'où résulte, quand on adopte pour a et b les valeurs de MM. Arson, Monard et Honoré,

$$\frac{p_0}{p_1} = 1 + \frac{2400}{0,15} \times \frac{1}{16800} \times 0,067447 = 1,064,$$

nombre peu différent de celui qu'on a déduit de la formule (11).

99. *Des changements brusques de section dans les conduites de gaz*. — Les variations de pression d'un point à l'autre de la conduite étant généralement faibles, on ne s'écarte pas beaucoup de la vérité en supposant au gaz une densité constante. Dès lors rien n'empêche de le traiter comme un liquide, et tous les calculs donnés au § II du chapitre deuxième sont applicables, en tenant compte, bien entendu, du poids Π par mètre cube de gaz, répondant à la pression moyenne et à la température de la conduite. On appréciera ainsi la différence de niveau piézométrique, et par suite l'excès de pression existant de l'amont à l'aval du point où se fait la perte de charge.

§ II. — **Du travail produit par la compression ou la détente des gaz.**

100. *Travail exercé par une masse gazeuse sur son enveloppe*. — Considérons une masse gazeuse qui occupe le volume AB (*fig*. 53); ce gaz se déplace infiniment peu et vient occuper la position A'B' : il s'agit de calculer le travail infiniment petit $d\widetilde{\omega}$ des pressions exercées sur les différents éléments superficiels de l'enveloppe AB pendant ce déplacement.

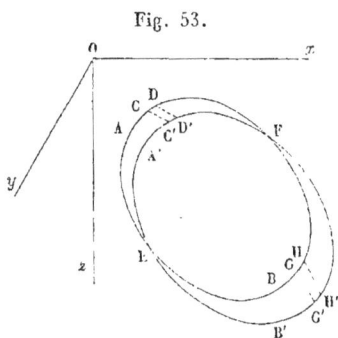
Fig. 53.

Soient à cet effet CD un élément de la surface AB, ω son aire, p la pression qu'il subit de la part du gaz, rapportée à l'unité de surface. Cet élément CD, pendant le déplacement du système, est venu en C'D', et a changé infiniment peu de grandeur et de direction, en sorte que le volume CDC'D' peut être considéré comme un cylindre oblique, dont ω serait la base, et dont la hauteur h serait la projection de $\overline{CC'}$ sur la normale en C à la surface AB. Maintenant remarquons que la pression exercée par le gaz sur CD est $p\omega$; que son travail est négatif et a pour valeur absolue le produit de la force $p\omega$ par la projection h du chemin parcouru, sur la direction de la force : ce travail sera donc — $p\varepsilon$, en désignant par ε le volume CDC'D'. Si, au lieu de considérer un élément CD, qui engendre un volume CDC'D' rentrant dans le volume primitif AB, nous avions pris un élément GH qui engendre un volume GHG'H' sortant de AB, nous serions arrivé de même à l'expression $p_i \varepsilon_i$ du travail exercé par le gaz sur GH, en appelant p_i la pression par unité de surface en G, et ε_i le volume GHG'H'. Ainsi donc, pour avoir le travail total demandé, il faut faire la somme des travaux positifs $p_i \varepsilon_i$ et en retrancher la somme des travaux négatifs $p\varepsilon$.

Le calcul des sommes dont il s'agit suppose nécessairement connue la loi suivant laquelle varient les pressions aux différents points de l'enveloppe. Nous ferons à cet égard deux hypothèses simplificatives. D'abord nous admettrons que les mouvements des molécules gazeuses sont assez lents pour que la pression s'écarte peu de la loi hydrostatique (n° **18**, 2e règle); en second lieu, l'enveloppe AB sera supposée avoir des dimensions modérées, de sorte que les changements de pression d'un point à l'autre seront peu sensibles. Dès lors le gaz pourra être considéré, s'il est partout à la même température, comme un fluide homogène, de densité constante; donc si l'on nomme z la distance d'un point quelconque au plan horizontal xOy, p la pression en ce point, p_0 une constante, Π le poids du mètre cube de gaz, on aura

$$p = p_0 + \Pi z.$$

Les quantités telles que $p\varepsilon$ ou $p_i \varepsilon_i$ seront donc exprimées généralement par $\varepsilon(p_0 + \Pi z)$; les deux sommes dont on a parlé ci-dessus se décomposeront chacune en deux, l'une proportionnelle à p_0, l'autre à Π; ainsi, l'on trouvera, en appelant Σ une somme étendue à tous les ε,

$$\Sigma p\varepsilon = p_0 \Sigma \varepsilon + \Pi \Sigma z\varepsilon.$$

De même, en affectant de l'indice ı les quantités analogues pour les volumes élémentaires ε_ι, on aurait

$$\Sigma p_\iota \varepsilon_\iota - \Sigma p\varepsilon = p_0(\Sigma\varepsilon_\iota - \Sigma\varepsilon) + \Pi(\Sigma z_\iota\varepsilon_\iota - \Sigma z\varepsilon).$$

Or $\Sigma\varepsilon_\iota$ n'est autre que le volume EGFG′, et $\Sigma\varepsilon$ est le volume ECFC′ ; en leur ajoutant à chacun le volume EC′FG, commun à AB et A′B′, on voit que $\Sigma\varepsilon_\iota - \Sigma\varepsilon$ est égal à la différence des volumes A′B′ et AB : ainsi donc, en appelant dV l'augmentation de volume du gaz pendant son déplacement, nous pourrons d'abord remplacer $p_0(\Sigma\varepsilon_\iota - \Sigma\varepsilon)$ par $p_0 dV$. Pareillement, si l'on ajoute à $\Sigma z\varepsilon_\iota$ et à $\Sigma z\varepsilon$ le moment du volume EC′FG relativement au plan xOy, ce qui n'altère pas la différence de ces quantités, on voit que cette différence représente l'accroissement du moment du volume total AB, relativement à xOy. Désignant donc par V le volume AB et par ζ l'ordonnée z de son centre de gravité, $\Pi(\Sigma z_\iota\varepsilon_\iota - \Sigma z\varepsilon)$ sera égal à $\Pi d.V\zeta$, c'est-à-dire à $\Pi\zeta dV + \Pi V d\zeta$. Donc le travail des pressions du gaz sur l'enveloppe, pendant que le volume V augmente de dV et que son centre de gravité descend de $d\zeta$, sera

$$(1) \qquad (p_0 + \Pi\zeta)\,dV + \Pi V\,d\zeta = d\varpi.$$

Par suite de la grande légèreté des gaz, et surtout à cause de l'hypothèse faite tout à l'heure sur la lenteur du mouvement, on peut regarder le gaz comme possédant une force vive toujours sensiblement nulle : la somme des travaux de toutes les forces, tant intérieures qu'extérieures, auxquelles il est soumis, doit donc également s'annuler. Or, pour le déplacement qu'on vient d'étudier, ces travaux sont :

1° Celui de la pesanteur, lequel a pour valeur $\Pi V d\zeta$;

2° Celui qu'exerce l'enveloppe, égal et contraire à $d\varpi$, et en conséquence exprimé par $-(p_0 + \Pi\zeta)dV - \Pi V d\zeta$;

3° Celui des actions intérieures.

Pour que la somme soit nulle, il faut que ce dernier travail soit $(p_0 + \Pi\zeta)dV$. Ainsi chacune des parties de $d\varpi$ a une signification bien déterminée : l'une représente le travail de la pesanteur sur le gaz ; l'autre est la somme des travaux faits par les actions intérieures du système gazeux, somme dont on a ainsi trouvé une expression remarquable.

Actuellement, supposons que la masse gazeuse éprouve un déplacement fini, pendant lequel Π, V et ζ, qui sont des quantités déterminées pour chaque position du système, varient respectivement entre les limites Π_1 et Π_2, V_1 et V_2, ζ_1 et ζ_2. Pendant ce mouvement, Π V sera constant, puisque c'est toujours le poids Q d'un même ensemble de molécules; mais le volume V varie et l'on peut admettre qu'il est toujours lié à la pression moyenne $p_0 + \Pi\zeta$ ou p', par la relation

$$p' V = \text{const.} = C,$$

qui résulte de la loi de Mariotte. On tire de là

$$p' = p_0 + \Pi\zeta = \frac{C}{V};$$

par suite le travail élémentaire $d\mathfrak{S}$ devient

$$C\frac{dV}{V} + Q\,d\zeta,$$

et en intégrant entre les limites données, on trouve le travail fini

$$(2) \qquad \mathfrak{S} = C \log \text{hyp} \frac{V_2}{V_1} + Q(\zeta_2 - \zeta_1).$$

Si l'on appelle p'_1 et p'_2 les pressions moyennes répondant aux limites, on pourra remplacer C par $p'_1 V_1$ ou par $p'_2 V_2$, et $\frac{V_2}{V_1}$ par $\frac{p'_1}{p'_2}$, ce qui donnerait diverses expressions de la même quantité. On retrouve d'ailleurs ici les deux parties qui composaient le travail élémentaire, savoir le travail de la pesanteur et celui des forces mutuelles, ce dernier ayant pour valeur $C \log \text{hyp} \frac{V_2}{V_1}$.

Voici enfin une autre transformation de la formule (2). Si K désigne le rapport de la densité $\frac{\Pi}{g}$ du gaz, à la pression correspondante p', on aura, suivant les raisonnements du n° 93, en conservant le même sens aux notations α, θ et δ:

$$\frac{\Pi}{g} = K p',$$

$$g K = \frac{1}{8000} \cdot \frac{\delta}{1 + \alpha\theta},$$

d'où l'on tire, par l'élimination de K,

$$p' = \Pi \frac{8000\,(1 + \alpha\theta)}{\delta}.$$

Donc on a aussi

$$C = p'V = \Pi V \frac{8000\,(1 + \alpha\theta)}{\delta} = Q \frac{8000\,(1 + \alpha\theta)}{\delta},$$

valeur qui reportée dans l'égalité (2) donnera

$$(3) \qquad \mho = Q \left[\frac{8000\,(1 + \alpha\theta)}{\delta} \log\mathrm{hyp} \frac{V_2}{V_1} + \zeta_2 - \zeta_1 \right].$$

Cette formule a l'avantage de mettre en évidence l'importance du travail fait par les actions mutuelles des molécules gazeuses, comparativement à celui de la pesanteur : leur rapport est en effet celui de $\dfrac{8000\,(1 + \alpha\theta)}{\delta} \log\mathrm{hyp} \dfrac{V_2}{V_1}$ à $\zeta_2 - \zeta_1$. Or le facteur $\dfrac{8000\,(1 + \alpha\theta)}{\delta}$ représente une hauteur ordinairement assez grande (ce serait 8 kilomètres pour l'air à $0°$); donc si le rapport $\dfrac{V_2}{V_1}$ s'écarte notablement de l'unité, et que le centre de gravité du gaz ne subisse pas un déplacement vertical considérable, il sera permis de négliger le travail de la pesanteur. On conçoit effectivement *à priori* que le poids d'un gaz est généralement petit en comparaison des pressions exercées sur son enveloppe par suite de son élasticité, et que dès lors il n'y a pas grande erreur à en faire abstraction.

Il faut se rappeler que nous avons admis, dans le courant du calcul, des hypothèses qui ne sont point rigoureuses, notamment la lenteur des mouvements assimilée à l'équilibre, la constance de la densité pour chaque position de la masse gazeuse et enfin la loi de Mariotte. Les résultats ne doivent donc être considérés que comme approximatifs. Nous allons maintenant en indiquer quelques applications.

101. *Calcul du travail nécessaire pour faire passer un gaz d'un réservoir dans un autre où la pression est différente.* — On prend une certaine quantité de gaz dont le volume primitif

est V_1, dans un réservoir où elle était à la pression p_1, pour la faire passer dans un réservoir où sa pression sera p_2 et son volume V_2. On demande le travail qui doit être dépensé pour cet objet.

L'analyse du n° 100 permet de répondre immédiatement à cette question. Le travail qu'on demande ici est celui que l'enveloppe du volume gazeux dont il s'agit exerce sur le gaz; il est donc égal et contraire à celui que le gaz exerce sur l'enveloppe, et a pour valeur, en conservant les notations du n° 100,

$$- \left[\text{C log hyp} \frac{V_2}{V_1} + Q(\zeta_2 - \zeta_1) \right] = -\mathfrak{C}.$$

Habituellement on néglige, comme nous l'avons dit tout à l'heure, le terme $- Q(\zeta_2 - \zeta_1)$ ou travail destiné à vaincre l'action de la pesanteur.

Dans les applications ordinaires, le travail à dépenser serait donc simplement $\text{C log hyp} \frac{V_1}{V_2}$. Il est toutefois bien entendu que ceci représente uniquement le travail exigé en particulier par le changement de pression du gaz : si l'on avait simultanément (par suite de la disposition des machines employées) à déplacer certains corps, malgré des résistances indépendantes du gaz lui-même, il est clair que le moteur devrait fournir en outre un travail égal à celui desdites résistances. Imaginons, par exemple, un piston qui en montant dans un corps de pompe comprimerait un gaz au-dessus de lui, pendant que le couvercle supérieur se soulèverait malgré son poids : le travail moteur nécessaire comprendrait alors, outre l'expression logarithmique ci-dessus donnée, un second terme égal en valeur absolue au travail produit par les poids du piston et du couvercle.

L'étude de quelques questions qui se rapportent au mouvement varié des machines exige que l'on connaisse, non-seulement le travail total employé pendant chaque période complète du mouvement, mais encore le travail employé depuis l'origine jusqu'à un instant quelconque de cette période. Il faut alors une analyse plus minutieuse. En voici un exemple que nous empruntons au Cours professé à l'École des Ponts et Chaussées par notre prédécesseur, M. Belanger.

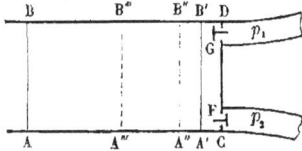

Un piston oscille horizontalement entre la position A'B' et la position AB (*fig.* 54); au fond CD du corps de pompe aboutissent deux conduits qui communiquent à deux réservoirs où les pressions sont p_2 et p_1; ces conduits sont fermés par des soupapes F et G, dont la première s'ouvre de dedans en dehors du corps de pompe, la seconde s'ouvrant au contraire de dehors en dedans. La pression p_1 est plus petite que p_2; la pression atmosphérique agit sur la face du piston opposée à celle qui est en communication avec les deux réservoirs. On demande quelle sera la quantité de gaz qui passera d'un réservoir dans l'autre à chaque coup de piston; on demande aussi le travail exercé sur le piston par la pression du gaz et par la pression atmosphérique à un instant quelconque de la période.

Fig. 54.

Lorsque le piston, arrivé en A'B', commence une nouvelle course de droite à gauche, le volume A'B'CD vient d'être en communication avec le réservoir où la pression est p_2, et se trouve par conséquent rempli de gaz à cette pression. Le piston s'éloignant du fond CD, le volume A'B'CD est augmenté, la pression diminue et la soupape F se ferme. Mais la soupape G ne s'ouvre pas immédiatement; elle s'ouvre seulement quand le piston est en A"B", suffisamment loin de CD pour que la pression dans A"B"CD soit égale à p_1. Si l'on pose $\overline{A'C} = a$, $\overline{A''C} = y'$, et qu'on nomme Ω la section du corps de pompe, la loi de Mariotte fournit, pour déterminer y', l'équation

$$\Omega a \cdot p_2 = \Omega y' \cdot p_1 \quad \text{ou} \quad p_2 a = p_1 y'.$$

A partir de A"B" jusqu'à AB, le piston se meut avec la soupape G ouverte et l'autre fermée; il supporte la pression p_1 sur sa face de droite, par unité superficielle. Le volume V_1 extrait du réservoir alimentaire, mesuré sous la pression p_1 et à la température de ce réservoir, sera donc égal à ABA"B", ou bien, en nommant l la longueur $\overline{AA'}$ de la course,

$$V_1 = \Omega (l + a - y') = \Omega \left[l + a \left(1 - \frac{p_2}{p_1} \right) \right].$$

La première partie de la question se trouve ainsi résolue. On remarquera que le terme $a \left(1 - \frac{p_2}{p_1} \right)$ est en réalité négatif, de sorte que pour extraire le plus grand volume de gaz, avec une course l et une section Ω données, il faut que a soit aussi petit que possible : cela justifie le nom d'*espace nuisible* donné au volume A'B'CD, qui reste entre le fond CD du corps de pompe et la position la plus rapprochée du piston.

II. 2e ÉDIT.

24

Avant de nous occuper du travail, voyons encore ce qui se passe dans le retour de la position AB à la position A′B′ du piston. Quand ce mouvement rétrograde commence, la soupape G se ferme de suite; mais l'autre soupape F ne s'ouvre que lorsque le volume ABCD a été assez diminué pour que le gaz dont il est rempli passe de la pression p_1 à la pression p_2. Soient alors A‴B‴ la position du piston, et y'' la distance $\overline{A‴C}$; on aura, toujours en vertu de la loi de Mariotte,

$$(l + a)\Omega p_1 = y''\Omega p_2 \quad \text{ou} \quad p_1(l + a) = p_2 y'',$$

ce qui détermine y''. De A‴B‴ à A′B′, le piston se mouvra en éprouvant constamment la pression p_2 par unité de surface, en sens contraire de son mouvement.

Maintenant il est aisé d'avoir la valeur du travail exercé sur le piston, tant par la pression du gaz que par la pression atmosphérique. Nommons y la distance entre CD et la face intérieure du piston; le travail dont il s'agit, compté depuis l'instant où le piston était en A′B′ jusqu'à une position quelconque prise dans l'étendue d'une double course (aller et retour), aura diverses expressions, suivant la position finale qu'on attribue au piston, savoir :

1° Pendant que y croît de zéro à y', le gaz enfermé entre le piston et le fond CD, primitivement à la pression p_2 et sous le volume Ωa, passe à la pression p_1 et au volume $\Omega y'$; il exerce donc en se détendant un travail moteur égal à $p_2 \Omega a \log \text{hyp} \dfrac{y}{a}$ (n° 100), qui deviendra $p_2 \Omega a \log \text{hyp} \dfrac{p_2}{p_1}$ quand le piston aura pris la position A″B″. Dans le même intervalle, la pression atmosphérique p_a exerce une résistance constante sur l'autre face du piston; le travail de cette résistance $p_a \Omega$ sera $-p_a \Omega(y - a)$ à un instant quelconque de cette période, et par conséquent $-p_a \Omega(y' - a)$ à la fin.

2° y étant croissant de y' à $l + a$, le piston éprouve de la part du gaz et de l'atmosphère une force constante $(p_1 - p_a)\Omega$, dont le travail, mesuré depuis A″B″, a pour valeur $(p_1 - p_a)\Omega(y - y')$. Pour avoir le travail compté depuis A′B′, il suffit d'ajouter le travail total accompli dans la première période, soit $p_2 \Omega a \log \text{hyp} \dfrac{p_2}{p_1} - p_a \Omega(y' - a)$, ce qui donnera

$$p_2 \Omega a \log \text{hyp} \frac{p_2}{p_1} + p_1 \Omega(y - y') - p_a \Omega(y - a).$$

Faisant dans cette expression $y = l + a$, on aura le travail total dans le mouvement du piston de A′B′ en AB, qui sera

$$p_2 \Omega a \log \text{hyp} \frac{p_2}{p_1} + p_1 \Omega(l + a - y') - p_a \Omega l.$$

3° Pendant que le piston décrit le volume $ABA'''B'''$, il comprime une masse gazeuse qui passe du volume $\Omega(l+a)$ au volume $\Omega y''$, et de la pression p_1 à la pression p_2. Ce gaz fait donc un travail résistant qui, compté depuis la position AB, a pour valeur $p_1\Omega(l+a)\log\mathrm{hyp}\dfrac{y}{l+a}$; simultanément la pression atmosphérique fait un travail moteur $p_a\Omega(l+a-y)$. On y joindra le travail accompli dans la course de droite à gauche, et l'on aura, pour représenter le travail compté depuis $A'B'$, l'expression

$$p_2\Omega a\log\mathrm{hyp}\frac{p_2}{p_1}+p_1\Omega(l+a-y')+p_1\Omega(l+a)\log\mathrm{hyp}\frac{y}{l+a}-p_a\Omega(y-a).$$

A la fin de cette troisième période, on aura $y=y''$, et le rapport $\dfrac{y}{l+a}$ sera celui de p_1 à p_2; la valeur correspondante du travail cherché sera donc

$$p_2\Omega a\log\mathrm{hyp}\frac{p_2}{p_1}+p_1\Omega(l+a-y')+p_1\Omega(l+a)\log\mathrm{hyp}\frac{p_1}{p_2}-p_a\Omega(y''-a),$$

ou, en réduisant,

$$\Omega[p_2a-p_1(l+a)]\log\mathrm{hyp}\frac{p_2}{p_1}+p_1\Omega(l+a-y')-p_a\Omega(y''-a).$$

4° Enfin, si l'on fait décrire au piston l'espace $A'''B'''A'B'$, il sera soumis à une résistance constante $(p_2-p_a)\Omega$, faisant un travail exprimé par $-(p_2-p_a)\Omega(y''-y)$, si on le compte depuis $A'''B'''$, ou par

$$\Omega[p_2a-p_1(l+a)]\log\mathrm{hyp}\frac{p_2}{p_1}+p_1\Omega(l+a-y')-p_a\Omega(y-a)-p_2\Omega(y''-y),$$

en le comptant depuis $A'B'$, commencement de la première période. A la fin de cette période, qui complète une double oscillation, le travail total du gaz et de l'atmosphère sur le piston se calculera en faisant $y=a$ dans l'expression précédente, qui devient

$$\Omega[p_2a-p_1(l+a)]\log\mathrm{hyp}\frac{p_2}{p_1}+p_1\Omega(l+a-y')-p_2\Omega(y''-a).$$

C'est la valeur, sauf le changement de signe, du travail que doit fournir le moteur, pendant la double course du piston, pour entretenir le mouvement périodique de la machine, en supposant que les résistances proviennent uniquement des pressions p_a, p_1, p_2.

On voit que, comme on devait s'y attendre, cette expression est indépendante de la pression atmosphérique, force tantôt motrice, tantôt résistante, dont le travail positif, pendant le mouvement de gauche à droite, anéantit le travail négatif pendant le mouvement en sens contraire. On peut encore faire d'autres simplifications. D'abord, au lieu de $p_a a$, on

24.

mettra p_1, y', et le premier terme deviendra

$$- p_1 \Omega (l + a - y') \log \text{hyp} \frac{p_2}{p_1},$$

ou bien

$$- p_1 V_1 \log \text{hyp} \frac{p_2}{p_1}.$$

Ensuite, on remarquera que $\Omega (y'' - a)$ est le volume, sous la pression p_2, du gaz extrait du réservoir alimentaire à chaque coup de piston et envoyé dans l'autre réservoir ; comme ce même gaz, sous la pression p_1, occupait le volume $\Omega (l + a - y')$, on a $p_1 \Omega (l + a - y') = p_2 \Omega (y'' - a)$, et le travail que nous calculons se réduit finalement à

$$- p_1 V_1 \log \text{hyp} \frac{p_2}{p_1} ;$$

c'est ce qu'on aurait pu écrire immédiatement, si la connaissance du travail total accompli dans l'ensemble des quatre périodes ci-dessus étudiées eût été seule nécessaire.

102. *Des réservoirs d'air en communication avec les conduites d'eau.* — Lorsqu'une conduite contient une assez grande masse d'eau animée d'une certaine vitesse, et que l'écoulement vient à être brusquement interrompu, l'eau en mouvement ne peut perdre sa force vive que par le travail résistant que développent simultanément la pesanteur, les actions mutuelles de ses molécules et les réactions des corps en contact avec elle. Si elle est enfermée purement et simplement dans des parois qu'elle mouille en entier, ces parois devront céder un peu à la pression, afin que les forces élastiques dues à cette déformation produisent le travail négatif nécessaire. De là résultent des suppléments assez considérables de tension dans la matière des parois, qui obligent de renforcer beaucoup les tuyaux, pour qu'ils résistent convenablement. Cette espèce de choc a reçu, parmi les ingénieurs, le nom de *coup de bélier*, sans doute à cause de son analogie avec ce qui se passe dans le bélier hydraulique de Montgolfier. Pratiquement on atténuerait beaucoup les effets dont nous parlons, en fermant les robinets progressivement et avec lenteur : on peut aussi avoir recours aux réservoirs d'air. Près de l'extrémité où se trouve placé le robinet qui interrompt l'écoulement, on fait communiquer la conduite avec une capacité remplie d'air. Pendant que la conduite fonctionne, cette capacité ou ce réservoir renferme de l'air à une pression plus ou moins forte, mais généralement peu différente de celle de l'eau dans la conduite, au point où la communication existe. Quand l'écoulement cesse, l'eau tend à pénétrer dans le réservoir en vertu de la vitesse acquise, l'air se comprime de plus en plus, et produit en grande partie le travail résistant dont on avait besoin.

Connaissant la pression initiale de l'air dans le réservoir, avant la fermeture du robinet, on peut se demander quelle sera sa pression finale quand l'eau sera réduite à une vitesse nulle. Pour résoudre cette question, qui entraîne, comme on va le voir, la détermination du volume qu'on doit donner au réservoir, nous appliquerons le théorème des forces vives. Nous nous bornerons d'ailleurs à considérer une conduite cy-

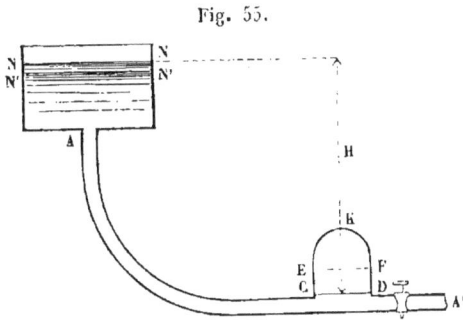

Fig. 55.

lindrique alimentée par un seul bassin et ne dépensant de l'eau qu'à son extrémité. Soit AA' (*fig.* 55) cette conduite recevant en A l'eau d'un bassin dont le niveau est NN; près de l'extrémité A' se trouve un robinet et un réservoir d'air, dans lequel l'air a primitivement la pression p_0, et l'eau s'élève au niveau CD.

Nommons

U_0 la vitesse moyenne de l'eau dans la conduite, pendant son service normal;

U sa vitesse moyenne à un instant quelconque du mouvement varié qui suit la fermeture du robinet;

D le diamètre, L la longueur du tuyau;

Π le poids du mètre cube de liquide;

V_0 le volume de l'air dans le réservoir quand la pression y est p_0;

p_1 la pression finale et V_1 le volume correspondant EFK lorsque, le robinet ayant été fermé, la vitesse de l'eau s'est annulée;

H la distance des plans horizontaux NN et CD.

Nous appliquons le théorème des forces vives à la masse liquide pendant le temps employé pour l'anéantissement de sa vitesse. La demi-variation de force vive, dans cet intervalle, a pour valeur

$$-\frac{\Pi}{2g}\cdot\frac{1}{4}\pi D^2 L . U_0^2 .$$

Cherchons maintenant les travaux des différentes forces. Ces forces sont :

1° La pression résistante du gaz enfermé dans le réservoir, qui produit un travail exprimé par $-p_0 V_0 \log \text{hyp} \frac{V_0}{V_1}$ (n° 100), en négligeant la faible hauteur dont s'élève le centre de gravité de ce gaz;

2° La pression atmosphérique exercée en NN; p_a étant cette pression par mètre carré, S la section du bassin supposé prismatique, ζ l'abaissement NN′ du niveau NN pendant le temps considéré, cette force fait un travail égal à $p_a S\zeta$, ou à $p_a(V_0 - V_1)$, car l'incompressibilité de l'eau exige que le volume $S\zeta$ sorti du bassin soit égal à celui qui est entré dans le réservoir d'air;

3° La pesanteur; son travail est le même que si la tranche NNN′N′ était venue se substituer à la place de CDEF et que la partie intermédiaire N′N′CD fût restée immobile, car dans ce déplacement fictif le centre de gravité de la masse totale d'eau se serait abaissée de la même quantité que dans le mouvement réel; le travail de la pesanteur est donc

$$\Pi (V_0 - V_1) \left(H - \frac{1}{2}\zeta - \frac{1}{2}\overline{CE} \right),$$

ou en désignant par Ω la section CD du réservoir, supposé aussi prismatique, et mettant à la place de ζ et $\overline{CE}$ leurs valeurs $\frac{V_0 - V_1}{S}$, $\frac{V_0 - V_1}{\Omega}$, ce travail s'exprime par

$$\Pi (V_0 - V_1) \left[H - \frac{1}{2}(V_0 - V_1) \left(\frac{1}{S} + \frac{1}{\Omega} \right) \right];$$

4° Les réactions du tuyau. Elles peuvent se décomposer en réactions normales et réactions tangentielles, dont les dernières font seules du travail, si l'on fait abstraction de la déformation peu sensible de la conduite. Quant au travail des forces tangentielles ou frottements, on ne peut l'évaluer que par un simple aperçu. On ne connaît en effet l'expression de ces forces que dans le cas du mouvement rectiligne et uniforme, tandis qu'il s'agit ici d'un mouvement rapidement varié, probablement accompagné de vibrations et secousses notables. La force retardatrice φ rapportée à l'unité de masse, si le mouvement était uniforme, s'obtiendrait (n° 45) en multipliant g par la charge consommée sur chaque mètre courant de conduite, soit (n° 51) par $\dfrac{4\,b_1}{D}\,U^2$; ainsi l'on aurait

$$\varphi = \frac{4\,b_1\,g\,U^2}{D}.$$

Nous admettrons que cette expression est encore vraie, malgré le changement de U d'un instant à l'autre, dans le mouvement que nous considérons; dès lors une molécule liquide de masse m, animée de la vitesse u et parcourant dans un temps dt un intervalle $ds = u\,dt$ sur sa trajectoire, éprouvera de la part de l'action résistante $m\varphi$ un travail négatif égal à

$$-\frac{4\,b_1\,g\,U^2}{D}\,m\,u\,dt;$$

pour l'ensemble de la conduite ces travaux donneront

$$-\frac{4\,b_1\,g\,U^2}{D}\,dt\,\Sigma\,mu,$$

la somme Σ étant étendue au liquide entier. Or, si l'on décompose toute la masse d'eau en filets parallèles à l'axe du tuyau, l'un de ces filets ayant ω pour section transversale, possèdera une masse $\dfrac{\Pi}{g}\,\omega\,L$ et une vitesse u sur toute sa longueur; pour ce filet en particulier, la somme des produits mu se réduira donc à $\dfrac{\Pi}{g}\,\omega\,Lu$, et pour l'ensemble des filets elle sera $\dfrac{\Pi\,L}{g}\,\Sigma\omega u$, cette nouvelle somme Σ devant être faite pour tous les éléments ω d'une section transversale. Comme $\Sigma\omega u$ n'est autre chose, d'après la définition même de la vitesse moyenne, que le produit $\frac{1}{4}\pi D^2 U$ de cette vitesse par la section totale, le travail élémentaire de l'ensemble des frottements serait donc

$$- \frac{4 b_1 g U^2}{D} dt. \frac{\Pi L}{g} \cdot \frac{1}{4}\pi D^2 U,$$

soit

$$- \frac{4\Pi b_1 L}{D} U^2. \frac{1}{4}\pi D^2 U dt,$$

ou enfin, en nommant dV l'accroissement négatif du volume d'air pendant sa compression, $\frac{4\Pi b_1 L}{D} U^2 dV$. On ne peut intégrer cette quantité sans connaître la relation qui lie U à V pendant que U diminue depuis U_0 jusqu'à zéro. Nous éviterons la recherche de cette relation, en supposant que U^2 conserve constamment sa valeur moyenne $\frac{1}{2} U_0^2$; de sorte que le travail des frottements aurait pour expression le produit de $\frac{2\Pi b_1 L}{D} U_0^2$ par $\int_{V_0}^{V_1} dV$, c'est-à-dire

$$- \frac{2\Pi b_1 L}{D} U_0^2 (V_0 - V_1).$$

L'équation suivante existera donc entre les quantités que nous avons considérées :

$$(1) \quad \left\{ \begin{aligned} &\frac{\Pi}{2g} \cdot \frac{1}{4}\pi D^2 L. U_0^2 = p_0 V_0 \log \text{hyp} \frac{V_0}{V_1} \\ &- \Pi(V_0 - V_1)\left[\frac{p_a}{\Pi} + \Pi - \frac{1}{2}(V_0 - V_1)\left(\frac{1}{S} + \frac{1}{\Omega}\right) \right] \\ &+ \frac{2\Pi b_1 L}{D} U_0^2 (V_0 - V_1). \end{aligned} \right.$$

Il faut y joindre la relation donnée par la loi de Mariotte :

$$(2) \qquad p_0 V_0 = p_1 V_1.$$

On pourrait donc, si l'on connaissait p_0 et V_0, déterminer les deux inconnues p_1 et V_1, ou réciproquement, si l'on se fixe la valeur de la pression maximum p_1, on déterminera le volume V_0 que l'on doit donner au réservoir d'air.

On procèderait d'une manière semblable dans le cas d'une conduite formée d'un tuyau à diamètre variable, ou dans le cas d'une conduite complexe à plusieurs branches. Le premier membre de l'avant-dernière équation pourrait, ainsi que le dernier terme du second membre, être remplacé par la somme de plusieurs autres termes, de forme analogue, dont chacun se rapporterait à une portion du système de tuyaux; mais s'il y avait plusieurs réservoirs d'air, le problème énoncé en dernier lieu ne serait pas encore complétement mis en équation de cette manière; car pour chaque réservoir en plus du premier on introduirait deux nouvelles inconnues, telles que p_1 et V_1 ou bien V_0 et V_1, tandis qu'on aurait seulement une équation de plus, le théorème des forces vives n'en fournissant toujours en somme qu'une seule.

Voici un exemple numérique. Soit une conduite en fonte ayant une longueur L de 1000 mètres entre le bassin alimentaire et le robinet A′, un diamètre constant $D = 0^m,30$, et débitant par seconde un volume $Q = 0^{mc},092$; supposons encore $H = 15^m$, $\Omega = 1^{mq}$ et S assez grand pour que $\frac{1}{S}$ soit négligeable. U_0 sera déterminé par l'équation $\frac{1}{4}\pi D^2 U_0 = Q$, ce qui donne $U_0 = \frac{4Q}{\pi D^2} = 1^m,31$. En prenant le coefficient b_1 pour le cas de la fonte vieille, on aura (n° 50) $b_1 = 0,000529$. La charge consommée dans la longueur de la conduite sera donc

$$\frac{4L}{D}b_1 U_0^2, \quad \text{ou} \quad \frac{4000}{0,30} \cdot 0,000529(1,31)^2, \quad \text{ou enfin} \quad 12^m,10;$$

en y ajoutant $\frac{3}{2}\cdot\frac{U_0^2}{2g}$, charge entre le bassin alimentaire et la section contractée qui suit l'ouverture de la conduite dans ce bassin (n° 54), soit environ $0^m,13$, on aura $12^m,23$ pour la charge totale employée depuis le point de départ des molécules liquides jusqu'au point A′ du tuyau; le niveau piézométrique en A′, si la colonne débouchait dans l'atmosphère, s'élèverait à $15^m - 12^m,23$ ou $2^m,77$ au-dessus du plan CD. Ainsi la pression initiale p_0 sera représentée par une hauteur d'eau de $2^m,77 + \frac{P_a}{\Pi}$

ou de $2^m,77 + 10^m,33 = 13^m,10$, si toutefois on peut négliger la hauteur entre le plan CD (*fig.* 55) et l'axe de la conduite pris à côté de A'. Maintenant supposons qu'on veuille avoir pour pression maximum p_1 le quadruple de p_0 et qu'on demande le volume V_0. On tirera d'abord de l'équation (2)

$$V_1 = \frac{1}{4} V_0,$$

et l'on substituera cette valeur dans l'équation (1), où il n'y aura plus que V_0 d'inconnue. Divisant ensuite l'équation par Π et mettant les nombres au lieu des lettres qui les remplacent, on trouvera

$$6,185 = 13,10 V_0 \log \text{hyp} 4 - \frac{3}{4} V_0 \left(25,33 - \frac{3}{8} V_0 \right) + \frac{3}{8} \times 12,10 V_0,$$

ou, toute réduction faite,

$$6,185 = 3,70 V_0 + \frac{9}{32} V_0^2;$$

on tire de là

$$V_0 = 1^{mc},50.$$

Dans le cas où l'on se serait donné V_0 et où l'on aurait demandé p_1, l'équation à résoudre aurait été transcendante; un tâtonnement aurait donné sa solution.

Intégration exacte de l'équation différentielle des forces vives. — Ayant eu ci-dessus à chercher le travail produit par le frottement de la conduite, nous l'avons d'abord exprimé par $\dfrac{4 \Pi b_1 L}{D} \displaystyle\int_{V_0}^{V_1} U^2 dV$; puis, afin de ne pas avoir à nous occuper de la relation entre U et V, nous avons remplacé approximativement l'intégrale par $\dfrac{1}{2} U_0^2 (V_1 - V_0)$. Eu égard à l'incertitude qui règne sur la valeur réelle des forces de frottement dont il s'agit, nous pensons que cette méthode est pratiquement la seule qu'il faille suivre; mais on peut, comme exercice, effectuer le calcul d'une manière plus rigoureuse.

Au lieu d'appliquer le théorème des forces vives à un intervalle de temps fini, appliquons-le pour un élément dt de cet intervalle; nous aurons

$$\frac{\Pi}{g} \cdot \frac{1}{4} \pi D^2 L . U dU$$
$$= p_0 V_0 \frac{dV}{V} - p_a dV - \Pi dV \left[\Pi - (V_0 - V) \left(\frac{1}{S} + \frac{1}{\Omega} \right) \right] + \frac{4 \Pi b_1 L}{D} U^2 dV,$$

soit, en posant

$$U^2 = y, \quad V = x,$$

et désignant par α, $\mathcal{E}$, γ, δ des quantités constantes et connues,

$$\frac{dy}{dx} = \alpha y + \frac{\mathcal{E}}{x} + \gamma x + \delta.$$

Or c'est là une équation linéaire du premier ordre, qu'on sait intégrer; on arrive, par l'application des formules connues, à

$$y = -\frac{1}{\alpha}\left(\gamma x + \delta + \frac{\gamma}{\alpha}\right) + \mathcal{E}e^{\alpha x}\left(\int e^{-\alpha x}\frac{dx}{x} + \text{const.}\right).$$

On substitue ensuite dans cette dernière équation, préalablement multipliée par $e^{-\alpha x}$, les deux systèmes de valeurs conjuguées

$$y = U_0^2, \quad x = V_0,$$
$$y = 0, \quad x = V_1,$$

et prenant la différence des deux résultats, on trouve

$$(1 \text{ bis}) \quad \left\{ \begin{array}{l} e^{-\alpha V_0}\left[U_0^2 + \frac{1}{\alpha}\left(\gamma V_0 + \delta + \frac{\gamma}{\alpha}\right)\right] - e^{-\alpha V_1}\cdot\frac{1}{\alpha}\left(\gamma V_1 + \delta + \frac{\gamma}{\alpha}\right) \\[2mm] = \mathcal{E}\int_{V_1}^{V_0} e^{-\alpha x}\frac{dx}{x}. \end{array} \right.$$

Telle est la relation qui aurait dû remplacer l'équation (1). Il faudrait encore, bien entendu, y remplacer α, $\mathcal{E}$, γ, δ par leurs expressions, savoir

$$\alpha = \frac{32 b_1 g}{\pi D^3}, \quad \mathcal{E} = \frac{8 g p_0 V_0}{\Pi \pi D^2 L}, \quad \gamma = -\frac{8 g}{\pi D^2 L}\left(\frac{1}{S} + \frac{1}{\Omega}\right),$$

$$\delta = \frac{8 g}{\pi D^2 L}\left[-H - \frac{p_a}{\Pi} + V_0\left(\frac{1}{S} + \frac{1}{\Omega}\right)\right];$$

enfin il resterait à calculer, avec le degré d'approximation qu'on jugerait convenable, l'intégrale

$$\int_{V_1}^{V_0} e^{-\alpha x}\frac{dx}{x},$$

dont la valeur exacte n'est pas connue. On pourrait, à cet effet, employer le développement en série de $e^{-\alpha x}$, savoir :

$$e^{-\alpha x} = 1 - \frac{\alpha x}{1} + \frac{\alpha^2 x^2}{1.2} - \frac{\alpha^3 x^3}{1.2.3} + \frac{\alpha^4 x^4}{1.2.3.4} - \cdots;$$

d'où résulterait

$$\int e^{-\alpha x}\frac{dx}{x} = \varphi(x) = \log \mathrm{hyp}\, x - \frac{\alpha x}{1} + \frac{\alpha^2 x^2}{1.2^2} - \frac{\alpha^3 x^3}{1.2.3^2} + \frac{\alpha^4 x^4}{1.2.3.4^2} - \cdots,$$

et, par suite,

$$\int_{V_1}^{V_0} e^{-\alpha x}\frac{dx}{x} = \varphi(V_0) - \varphi(V_1)$$

$$= \log \text{hyp} \frac{V_0}{V_1} - \frac{\alpha(V_0 - V_1)}{1} + \frac{\alpha^2(V_0^2 - V_1^2)}{1 \cdot 2^2} - \dots$$

103. *Réservoir d'air en communication avec une pompe foulante.* — Les réservoirs d'air sont utilisés dans d'autres circonstances que celles qu'on vient d'étudier. Ainsi, quand une pompe à simple effet refoule de l'eau qui s'élève dans un bassin supérieur par un long tuyau, le volume débité n'étant pas fourni d'une manière continue par le corps de pompe, mais seulement pendant la course du piston dans un sens, la masse d'eau en mouvement dans le tuyau se ralentit pendant que le piston marche en sens contraire et produit une aspiration; lorsque ensuite il revient, il faut qu'il rende à cette masse la vitesse qu'elle a perdue par l'action de la pesanteur et des frottements. Cela peut entraîner des variations considérables dans la force résistante que doit vaincre le moteur; de là résultent aussi des secousses dans l'appareil et des pertes plus ou moins sensibles de travail. On atténue beaucoup ces inconvénients en plaçant un réservoir d'air sur le tuyau d'ascension, près du point où il pénètre dans le corps de pompe. Alors l'eau, refoulée à chaque coup de piston, s'emmagasine en partie dans le réservoir, dont le volume diminue pendant cette période; dans la période d'aspiration, l'air comprimé se détend et exerce toujours une pression, en vertu de laquelle l'eau continue à monter presque uniformément dans le tuyau.

Nous nous rendrons compte approximativement de la capacité à donner au réservoir d'air par la considération suivante.

Soient

U le volume engendré par le piston dans une course simple;

V_0 le volume maximum de l'air dans le réservoir;

V_1 le volume minimum;

p_0 et p_1 les pressions correspondantes.

Le volume U d'eau est dépensé par le tuyau d'ascension dans un temps égal à celui que le piston emploie pour faire une double course; donc, si nous admettons que le mouvement dans le tuyau d'ascension est à peu près régulier, la moitié de U seulement sera dépensée pendant la course employée au refoulement, et l'autre moitié sera emmagasinée dans le réservoir d'air. On aura donc

$$V_0 - V_1 = \frac{1}{2} U.$$

Pour la régularité du mouvement, il faut que la pression varie peu dans le réservoir d'air ; nous poserons donc, en appelant n un nombre qu'on prendra plus ou moins fort, suivant le degré de régularité désiré,

$$p_1 - p_0 = \frac{1}{2n} (p_0 + p_1) ;$$

enfin, on aurait, suivant la loi de Mariotte,

$$p_0 V_0 = p_1 V_1.$$

La résolution de ces équations donne successivement

$$\frac{p_1}{p_0} = \frac{V_0}{V_1} = \frac{2n+1}{2n-1} ;$$

$$\frac{V_0}{V_0 - V_1} = \frac{2V_0}{U} = \frac{2n+1}{2} ,$$

$$V_0 = \frac{1}{4} U (2n+1),$$

ce qui répond au problème proposé. Si par exemple on fait $n = 3$, on aura

$$V_0 = \frac{7}{4} U ;$$

alors la pression maximum et la pression minimum seraient entre elles dans le rapport de 7 à 5.

104. *Des cloches à plongeur et des bateaux à air.* — Nous n'avons point ici à décrire en détail toutes les variétés de ces appareils ; nous dirons seulement quelques mots d'un bateau à air comprimé, primitivement imaginé par Coulomb, et employé par M. de la Gournerie, ingénieur en chef des Ponts et Chaussées, pour extraire des roches sous-marines. Nous renverrons les lecteurs qui désireraient des renseignements complets au Mémoire de M. de la Gournerie, inséré dans les *Annales des Ponts et Chaussées,* année 1848, 1er semestre.

L'appareil dont il s'agit consiste essentiellement en une caisse rectangulaire de tôle portée par un bateau, qu'on amène à l'endroit où l'on veut travailler et qu'on charge ensuite de manière à le faire échouer. La caisse, entièrement ouverte à l'eau par sa face inférieure, est divisée en deux compartiments par un plancher horizontal, qui n'établit pas d'ailleurs une séparation complète ; celui d'en haut, situé au-dessus du niveau de l'eau extérieure, présente une ouverture par laquelle on fait entrer les hommes et qu'on bouche ensuite hermétiquement. Alors, au moyen de pompes foulantes, on comprime de l'air dans la caisse. Cet air force peu à peu l'eau de sortir du compartiment inférieur ; et celui-ci finit par être mis à sec. Les ouvriers descendent sur le sol et font le travail demandé ; après quoi ils remontent sur le plancher, et, laissant échapper l'air comprimé par un robinet, ils peuvent ouvrir l'issue par laquelle ils sont entrés.

Le temps pendant lequel on comprime l'air dans la caisse pour en expulser l'eau étant perdu pour le travail des ouvriers, et celui-ci ne pouvant s'effectuer qu'à marée basse, c'est-à-dire pendant quelques heures seulement de chaque journée, il importe d'employer un moteur assez puissant, qui soit capable de terminer assez vite cette opération préalable. Comme il suffit d'une approximation grossière, attendu qu'une erreur relative assez forte sur un temps de quelques minutes serait insignifiante en pratique, il semble qu'on peut se contenter de l'aperçu suivant.

Soient

V le volume primitivement occupé par l'air dans la caisse, à la pression atmosphérique p_a, quand les hommes viennent d'y entrer;

V' le volume total de l'air quand l'eau est complétement expulsée;

S la surface de la coupe horizontale de la caisse;

x la hauteur dont l'eau est descendue intérieurement, à un instant quelconque de l'opération;

h la valeur finale de cette hauteur, c'est-à-dire la quantité dont le dessous de la caisse est immergé relativement au niveau de l'eau ambiante;

Π le poids du mètre cube d'eau.

Quand l'opération est terminée, le résultat obtenu consiste en ce qu'un volume V' — V de liquide est sorti de la caisse et a été remplacé par de l'air. Si un tel effet se produisait au moyen d'un piston solide ayant la section S et découvert à sa partie supérieure, la résistance à vaincre, rapportée au mètre carré de la surface S, serait la différence Πx des pressions sur les deux côtés; cela ferait une force totale $\Pi S x$, dont le travail élémentaire s'exprimerait par $\Pi S x\,dx$ et le travail total par

$$\Pi S \int_0^h x\,dx = \frac{1}{2}\Pi S h^2 = \frac{1}{2}\Pi h (V' - V).$$

Mais ici l'air remplit l'objet de ce piston idéal, et comme il se comprime en même temps qu'il chasse l'eau, le travail absorbé par cette compression s'ajoute à celui qu'on vient de calculer, pour augmenter la dépense de force motrice. Le volume V' d'air comprimé ayant passé de la pression atmosphérique p_a, qu'il avait d'abord, à la pression $p_a + \Pi h$, il a fallu (n° 101) employer pour ce fait un travail

$$V' (p_a + \Pi h) \log \text{hyp} \left(1 + \frac{\Pi h}{p_a} \right).$$

Ainsi donc le travail total $\mathfrak{E}$ à fournir par le moteur, abstraction faite de toutes les pertes et résistances accessoires, aurait pour valeur

$$\mathfrak{E} = \frac{1}{2}\Pi h\,(V' - V) + V'\,(p_a + \Pi h)\log\mathrm{hyp}\left(1 + \frac{\Pi h}{p_a}\right).$$

Maintenant supposons que ce travail soit donné uniformément dans un nombre t de secondes par une machine N chevaux, dont on utiliserait toute la puissance : on devrait poser l'équation

$$75\,\mathrm{N}\,t = \mathfrak{E},$$

attendu que le cheval-vapeur correspond à un travail uniforme de 75 kilogrammètres par seconde. On pourra déduire de cette relation, où $\mathfrak{E}$ est déjà connu, la valeur de N, quand on se fixera le temps t ; mais, pour avoir égard aux pertes de travail qu'on a négligées, on fera bien d'augmenter ce nombre N en le multipliant par un coefficient plus grand que 1, qui dépend de la perfection des machines employées, et qui, dans les circonstances ordinaires, pourrait être pris égal à $\frac{3}{2}$.

Exemple. — On suppose

$$\frac{\Pi h}{p_a} = 0,225, \quad V = 13^{\mathrm{mc}}, \quad V' = 37^{\mathrm{mc}}, \quad t = 600''.$$

L'avant-dernière équation devient, en faisant $p_a = 10330^{\mathrm{kil}}$,

$$\mathfrak{E} = 10330\left[\frac{1}{2}\cdot 0,225\,(37 - 13) + 1,225 \times 37 \log\mathrm{hyp}\,1,225\right]$$

$$= 123\,000 \text{ (en nombres ronds)} ;$$

la dernière donne alors

$$45\,000\,\mathrm{N} = 123\,000 ;$$

d'où

$$\mathrm{N} = 2,7.$$

En forçant ce résultat de moitié environ, on prendrait $\mathrm{N} = 4$, c'est-à-dire qu'une machine ayant une puissance nominale de 4 chevaux suffirait dans le cas actuel.

Voyons enfin comment on s'assurerait que le volume d'air injecté par seconde, pendant le travail des ouvriers, est suffisant pour empêcher que l'acide carbonique produit par la combustion des lampes et la respiration ne dépasse une proportion nuisible à la santé.

Désignons par

β la proportion, en volume, d'acide carbonique dans l'air extérieur ;

γ le rapport entre le volume du même gaz fourni dans un certain temps par les lampes et les ouvriers, et le volume d'air injecté dans le même temps, ces volumes étant mesurés sous la même pression.

Quand les pompes auront donné un certain nombre de coups de piston, l'air primitivement contenu dans la cloche n'ayant qu'un volume très-faible relativement à celui qui aura été introduit, sera pour ainsi dire sans influence sur la proportion définitive d'acide carbonique. Or chaque mètre cube introduit contient par lui-même un volume β de cet acide, auquel se joint le volume γ produit simultanément en dedans de la cloche. Donc chaque mètre cube d'air de la cloche contient le volume $\beta + \gamma$ d'acide carbonique, abstraction faite du mélange avec l'air primitif, dont l'influence devient de plus en plus effacée à mesure que l'opération marche.

Suivant M. Dumas, un homme exale 306 litres d'acide carbonique par jour, soit $12^l,75$ par heure; on pourra porter ce nombre à 15 litres, parce que les hommes travaillent et que leur respiration est plus active que dans l'état ordinaire; une lampe qui consomme 45 grammes d'huile par heure transforme dans le même temps 120 litres environ d'oxygène en un pareil volume d'acide carbonique. De ces nombres et de la connaissance du volume d'air injecté par seconde, il est aisé de déduire γ. Ainsi, en supposant 16 hommes avec 4 lampes, on aurait la production suivante d'acide carbonique par heure :

$$
\begin{aligned}
\text{Pour les 16 hommes} \dots\dots\dots\dots & \quad 16 \times 15^l = 240 \text{ litres} \\
\text{Pour les 4 lampes} \dots\dots\dots\dots & \quad 4 \times 120 = 480 \quad \text{»} \\
\hline
\text{Total} \dots\dots\dots\dots & \quad 720 \quad \text{»}
\end{aligned}
$$

et comme il y a 3600 secondes par heure, cela ferait $0^l,20$ par seconde. Si le volume d'air injecté dans ce temps est de 45 litres, on voit que γ aurait pour valeur $\dfrac{0,20}{45}$, soit $0,0044$. Quant à β, d'après M. Boussingault, il ne dépasse pas $0,0006$. Enfin, d'après les recherches de M. Leblanc sur l'air confiné, la proportion d'acide carbonique s'élève quelquefois à $0,009$ et même à $0,01$ dans les salles d'hôpitaux ou dans les réunions nombreuses; ce sont là des quantités qui ne rendent pas l'air dangereux. On pourrait donc sans crainte s'imposer pour condition que $\beta + \gamma$ ne dépassât pas $0,005$ ou $0,006$. Dans l'exemple numérique cité ci-dessus, et qui se rapporte au bateau employé avec succès par M. de la Gournerie, on avait

$$\beta + \gamma = 0,005.$$

CHAPITRE SIXIÈME.

DE LA PRESSION RÉCIPROQUE DES FLUIDES ET DES SOLIDES, PENDANT LEUR
MOUVEMENT RELATIF; MESURE DE LA VITESSE DES COURANTS.

§ I. — Action exercée sur un solide par un fluide en mouvement (*).

105. *Généralités.* — Nous avons à nous occuper maintenant
de ce qu'on appelle ordinairement la *résistance des fluides*. Un
corps solide plongé partiellement ou en totalité dans un fluide,
par rapport auquel il est en mouvement, éprouve sur les divers éléments de sa surface des pressions de la part de ce
fluide; la résultante de ces pressions, dans les cas les plus
usuels, est opposée au mouvement relatif du solide, et à ce
point de vue elle constitue par conséquent une véritable résistance : c'est là l'origine de la dénomination donnée à ce
genre de phénomènes.

Il serait facile d'évaluer la pression du fluide en chaque point
et l'action qu'il exerce sur les éléments composant la surface
du solide en contact, si l'on connaissait complétement le mouvement des molécules fluides, et si l'on pouvait en outre faire
abstraction de la viscosité : on emploierait à cet effet les équations de l'Hydrostatique modifiées par l'introduction des forces
d'inertie, et la recherche dont il s'agit ressemblerait tout à fait
à celle de la pression totale supportée par une surface plongée
dans un fluide en équilibre. Mais indépendamment de ce que
l'influence de la viscosité n'est pas encore bien définie dans tous
les cas, les problèmes dont nous parlons se présentent ordinai-

(*) Pour plus de détails sur les matières de ce paragraphe, le lecteur pourra
consulter :
1° L'*Introduction à la Mécanique industrielle*, par le général PONCELET,
Membre de l'Académie des Sciences, nᵒˢ 372 à 455;
2° Le *Traité d'Hydraulique* de D'AUBUISSON, nᵒˢ 200 à 229 et 471 à 478.

II. 2ᵉ ÉDIT.   25

rement sans comporter, comme donnée préalable, la connaissance entière du mouvement relatif du fluide par rapport au
solide : tout au plus on donne le mouvement absolu du solide
et le mouvement que le fluide prendrait si le solide était enlevé. Par exemple, un courant d'eau se meut, et l'on donne la
vitesse primitive de ses différents filets ; un corps solide est
ensuite placé dans ce courant et assujetti au repos absolu :
alors le mouvement des filets est dérangé par la présence de ce
corps, et pour déterminer la pression résultante, il serait
nécessaire de chercher d'abord en quoi consiste le dérangement. Or cette question préliminaire n'a pas encore été résolue. Aussi ne peut-on donner sur tout ce qui concerne la
résistance des fluides que des indications encore bien vagues
et bien incomplètes.

Dans un seul cas, on a pu arriver à exprimer analytiquement
l'intensité de la résistance, en fonction des quantités qui la
déterminent : c'est celui que nous allons examiner ci-après.

106. *Choc d'une veine liquide contre un plan.* — Considérons un liquide sortant d'un vase par un orifice et tombant
dans l'air, sous forme d'un jet sensiblement parabolique. Ce
jet rencontre un plan fixe FD (*fig.* 56) qui oblige le liquide

Fig. 56.

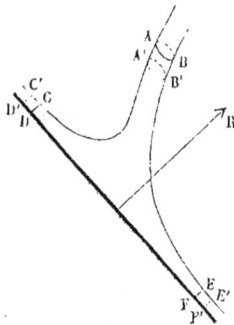

à se dévier ; l'expérience prouve alors
que la veine se gonfle aux environs du
plan, mais qu'à une certaine distance,
à partir de la section **AB**, par exemple,
son mouvement reste à très-peu près
ce qu'il serait sans la présence de l'obstacle ; d'ailleurs, en vertu de l'inflexion
subie par les trajectoires au-dessous
de **AB**, les filets tendent à devenir parallèles à la surface choquée, et nous
supposerons qu'effectivement, en tous
les points du périmètre d'un cylindre droit représenté en
coupe par EFCD, les molécules liquides se meuvent suivant
des parallèles au plan. Le mouvement est supposé arrivé à
l'état de permanence. On demande la réaction totale R exercée
normalement par le plan sur le liquide, dans l'étendue de la

base FD du cylindre EFCD, déduction faite de la pression
atmosphérique.

Le problème se résout en appliquant au système matériel
formé du liquide compris entre AB et le cylindre EFCD, le
théorème général des quantités de mouvement projetées.
Soient

U la vitesse dans la section AB ;

α son angle avec la normale au plan ;

β l'angle de celui-ci avec l'horizon ;

P le poids du liquide ABCDEF ;

Ω la section AB de la veine ;

Π le poids du mètre cube d'eau ;

θ un temps très-court pendant lequel le système est passé
de la position ABCDEF à la position A'B'C'D'E'F'.

La quantité de mouvement de la partie intermédiaire
A'B'CDEF étant la même au commencement et à la fin du
temps θ, disparaît dans l'accroissement de la quantité de mouvement du système durant cet intervalle de temps. Nous pro-
jetterons sur la direction même de la force R : alors la projection des quantités de mouvement des molécules qui occupent
le volume annulaire CDC'D'EFE'F' disparaît aussi, et l'accroissement total de la quantité de mouvement projetée est
égal à la projection, changée de signe, de la quantité de mouvement possédée par ABA'B'. Or la masse de cette tranche a
pour valeur $\dfrac{\Pi}{g}\,\Omega\,\mathrm{U}\,\theta$ et sa quantité de mouvement projetée sera

$-\dfrac{\Pi}{g}\,\Omega\,\mathrm{U}^2\theta\cos\alpha$. Il faut donc égaler $\dfrac{\Pi}{g}\,\Omega\,\mathrm{U}^2\theta\cos\alpha$ à la somme
des impulsions des forces projetées sur le même axe.

Nous avons d'abord la pesanteur, force constante dont la
projection sur R est $-\mathrm{P}\cos\beta$, et l'impulsion correspondante
$-\mathrm{P}\,\theta\cos\beta$. En second lieu, il y a pression atmosphérique :
elle s'exerce d'abord sur tout le contour découvert ACBE ; elle
existe aussi sur la surface AB, puisque c'est là une section faite
dans une veine parabolique (n° 18) : de plus, comme nous ne
cherchons pas la réaction totale de la surface FD dans le sens
normal, mais seulement l'excès de cette force sur celle qui aurait

25.

lieu si la pression y était partout celle de l'atmosphère, nous devons supposer aussi la pression atmosphérique agissant sur le liquide dans l'étendue **FD** : ce sera la force qui jointe à R donnerait l'action totale de la surface **FD**. Enfin, on peut la considérer comme appliquée sur la surface cylindrique CDEF, car les pressions sur cette surface disparaissent en projection, et leur altération ne causera aucune erreur. De cette manière la pression atmosphérique agit sur tout le contour du système matériel; elle donne donc une résultante et une impulsion nulles (n° 7). Il ne reste plus après cela que la force R dont l'impulsion est Rθ. Donc on a

$$\Pi\Omega\theta\cos\alpha\,\frac{U^2}{g} = R\theta - P\theta\cos\beta,$$

d'où l'on tire l'inconnue

$$(1)\qquad\qquad R = P\cos\beta + \Pi\Omega\cos\alpha.\frac{U^2}{g}.$$

La pression subie par le plan se compose d'abord de la pression atmosphérique et de la même force R prise en sens contraire. Le premier terme P$\cos\beta$ représente la composante normale du poids P, c'est-à-dire la pression normale que recevrait le plan si le système ABCDEF restait posé en équilibre sur lui. L'autre terme est analogue à ce qu'on a nommé en d'autres circonstances la *pression vive* ou pression supplémentaire due à l'existence de la vitesse : on voit que cette pression est, toutes choses égales d'ailleurs, proportionnelle au carré de la vitesse. Dans le cas d'un plan vertical choqué horizontalement, il faut faire $\beta = 90°$, $\alpha = 0$; alors R devient égale à la seule pression vive, dont l'expression fort simple est $\Pi\Omega\,\frac{U^2}{g}$, c'est-à-dire le poids d'un cylindre d'eau ayant pour base la section verticale Ω de la veine et pour longueur le double de la hauteur due à la vitesse U.

La section AB occupe une position indéterminée dans la partie parabolique de la veine; en la changeant sans sortir de cette partie, on pourrait répéter les mêmes raisonnements pour arriver à l'expression de R, qu'on trouverait égale à P'$\cos\beta + \Pi\Omega'\cos\alpha'\frac{U'^2}{g}$ (nous appelons P', Ω', α',

U', ce que deviennent P, Ω, α, U par suite du déplacement en question). Il faut nécessairement que cette seconde expression soit égale à la première, ce que rien n'empêche *à priori*, puisque quatre quantités ont varié simultanément. La vérification directe de ce fait par le calcul est immédiate quand on prend le plan FD vertical et perpendiculaire à celui qui contient l'axe de la veine parabolique. En effet, R se réduit alors à

$$\Pi\Omega\cos\alpha \cdot \frac{U^2}{g} \text{ ou à } \frac{\Pi}{g} \cdot \Omega U . U\cos\alpha ; \text{ or } \frac{\Pi}{g} \text{ est un facteur constant; } \Omega U, \text{ dé-}$$

pense de la veine par seconde, est indépendante de la position de la section transversale AB ; et $U\cos\alpha$, projection horizontale de la vitesse, est également constante, puisque les molécules liquides ont jusqu'en AB un mouvement uniquement dû à la pesanteur et à une vitesse initiale.

Dans le cas le plus général, la même vérification se fait encore assez simplement comme il suit. Imaginons qu'on mène en un point quelconque : 1° une parallèle à la vitesse U changée de sens; 2° une parallèle à R ; 3° une verticale ascendante. Les angles de la seconde ligne avec la première et la troisième ont été nommés ci-dessus α et β ; nous nommerons γ celui de U avec la verticale, et A celui des deux plans verticaux contenant U et R. Cela posé, les trois lignes dont nous parlons forment un trièdre dans lequel α, β, γ représentent les angles plans, et A l'angle dièdre opposé à α; on aura donc, suivant la formule principale de la Trigonométrie sphérique,

$$\cos\alpha = \cos\beta\cos\gamma + \sin\beta\sin\gamma\cos A,$$

valeur qui, substituée dans l'équation (1), donne

$$R = P\cos\beta + \Pi\Omega\frac{U^2}{g}(\cos\beta\cos\gamma + \sin\beta\sin\gamma\cos A).$$

Or la projection horizontale $U\sin\gamma$ de la vitesse étant constante, ainsi que l'inclinaison A et la dépense ΩU, quand la section AB se déplace dans la veine parabolique, le terme $\Pi\Omega\frac{U^2}{g}\sin\beta\sin\gamma\cos A$ est lui-même constant, puisqu'on peut l'écrire $\frac{\Pi}{g}\sin\beta\cos A . \Omega U . U\sin\gamma$, et qu'alors tous ses facteurs sont visiblement indépendants de la section particulière AB qu'on a choisie; il suffit donc de démontrer qu'il en est de même pour l'expression

$$P + \Pi\Omega\frac{U^2}{g}\cos\gamma,$$

qui, à part le facteur constant $\cos\beta$, forme le surplus de la force R. Pour cela nous attribuerons à AB un déplacement infiniment petit Uθ, qui lui fera prendre la position A'B', et nous constaterons que l'accroissement

différentiel correspondant

$$dP + \frac{\Pi\Omega U}{g} d.U\cos\gamma$$

de l'expression ci-dessus est nul. Or on a $dP = -\Pi\Omega U\theta$; comme $U\cos\gamma$ représente la projection verticale de la vitesse, on a en outre, par suite de propriétés bien connues, $d.U\cos\gamma = g\theta$; la différentielle en question peut donc s'écrire

$$-\Pi\Omega U\theta + \frac{\Pi\Omega U}{g} \cdot g\theta,$$

quantité identiquement nulle. Donc enfin la valeur déduite pour R de l'équation (1) est bien indépendante de la position attribuée à la section AB dans la portion parabolique de la veine, comme on devait l'affirmer *à priori*.

Indépendamment de la pression normale, il doit encore s'exercer un frottement ou force tangentielle; mais cette seconde force est assez petite et on peut la négliger sans erreur sensible.

Quand la veine fluide, au lieu de rencontrer un plan uni, rencontre une surface concave ou un plan muni de rebords, comme dans la *fig.* 57, l'application du théorème des quantités

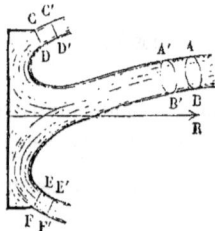

Fig. 57.

de mouvement, analogue à celle que nous venons de faire tout à l'heure, donnerait un résultat un peu différent. En effet, si l'on considère le système fluide ABCDEF dans cette position et dans la position A'B'C'D'E'F' qu'il occupe après le temps θ, l'accroissement de la quantité de mouvement de cette masse, en projection sur R, ne sera plus seulement égale à la quantité de mouvement projetée de la tranche ABA'B'; il faudrait encore y ajouter la quantité de mouvement projetée de la tranche annulaire CDEFC'D'E'F', qui disparaissait précédemment parce que les vitesses de cette tranche étaient normales à R. La pression supportée par la surface sera donc plus grande que sans l'existence du rebord; car en supposant que la même vitesse U' existe sur toute l'étendue de la section CDEF et que tous les filets traversent cette section avec une même inclinaison α' sur la direction de R, on trouverait dans ce cas

$$R = P \cos\beta + \frac{\Pi}{g}\Omega U (U \cos\alpha + U' \cos\alpha').$$

Si les angles α et α' pouvaient être supposés égaux entre eux, ainsi que les vitesses U et U', on voit que le rebord aurait pour effet de doubler la pression vive, qui deviendrait $2\dfrac{\Pi}{g}\Omega U^{,}\cos\alpha$.

Un fait contraire se produirait dans le cas où le liquide choquerait une surface convexe ou bien un plan trop peu étendu pour le dévier complétement (*fig.* 58). La quantité de mouvement de la tranche annulaire CDEF C′D′E′F′ se retrancherait

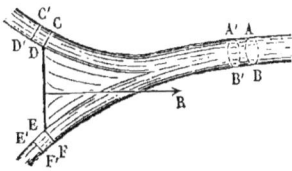

Fgi. 58.

de celle possédée par ABA′B′ au lieu de s'ajouter, et l'équation précédente serait modifiée par le changement de signe du terme U′ cos α' : on aurait donc une force R moindre que celle qui est exprimée par l'équation (1).

Dans les premiers instants du choc de la veine liquide contre le plan, l'action supportée par celui-ci doit être plus considérable que lorsque le régime permanent est établi. En effet, quand l'état permanent existe, l'impulsion de la réaction R du plan pendant le temps θ ne doit produire que la différence algébrique entre les quantités de mouvement projetées des tranches ABA′B′ et CDEF C′D′E′F′ ; tandis que, au commencement du choc, cette impulsion modifie aussi la quantité de mouvement projetée de toute la portion intermédiaire A′B′CDEF.

107. *Pression d'un liquide en mouvement permanent dans une conduite cylindrique, contre divers obstacles.* — Les problèmes que nous allons traiter maintenant ont très-peu d'applications possibles en pratique ; ils offrent néanmoins de l'intérêt, en raison des analogies qu'ils peuvent présenter avec d'autres questions plus usuelles que nous examinerons après. Nous supposerons des obstacles de diverses formes dans une conduite cylindrique, où coule un liquide animé d'un mouvement permanent ; il s'agit de calculer la pression totale du liquide sur ces obstacles.

$1°$ *Cas où l'obstacle est une plaque mince perpendiculaire au courant.*
— Soit CD (*fig.* 59) cette plaque dont le centre de figure sera supposé

Fig. 59.

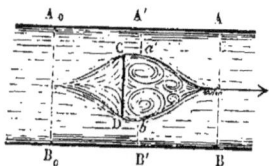

situé sur l'axe de la conduite; soient $A_0 B_0$, AB deux sections transversales, l'une en amont, l'autre en aval de la plaque, dans lesquelles on suppose les filets liquides sensiblement parallèles; $A'B'a'b'$, la section contractée minimum qui succède à la déviation forcée des filets par la plaque. Nommons

p_0, p, p' les pressions moyennes du liquide dans ces trois sections;

z_0, z, z' les hauteurs de leurs centres de gravité au-dessous d'un même plan horizontal;

U_0, U, U' les vitesses moyennes correspondantes;

Ω la section $AB = A_0 B_0$ de la conduite;

S l'aire de la plaque;

Π le poids du mètre cube de liquide.

L'abaissement du niveau piézométrique de $A_0 B_0$ en AB est exprimé (n° 15) par $z - \dfrac{p}{\Pi} - \left(z_0 - \dfrac{p_0}{\Pi} \right)$, et comme par suite de l'égalité des sections $A_0 B_0$ et AB on a nécessairement $U = U_0$, le théorème de Bernoulli (n° 15) montre que cet abaissement représente la perte de charge dans l'intervalle. En négligeant le frottement des parois, insensible sur une aussi faible étendue, la perte de charge est due au passage brusque de la vitesse U' à la vitesse U; sa valeur est donc $\dfrac{(U' - U)^2}{2g}$ (n° 32), et l'on a

$$z - \frac{p}{\Pi} - z_0 + \frac{p_0}{\Pi} = \frac{(U' - U)^2}{2g}.$$

Maintenant, si l'on applique au système liquide $A_0 B_0$ AB le théorème de la quantité de mouvement projetée sur l'axe du tuyau, la variation de cette quantité dans un temps très-court θ étant nulle, on en conclura que les forces qui sollicitent le système se font équilibre en projection sur le même axe. Or le poids a pour valeur $\Pi\Omega . \overline{A_0 A}$, et α étant l'angle de $A_0 A$ avec la verticale, sa projection sera $\Pi\Omega . \overline{A_0 A} . \cos\alpha$ ou $\Pi\Omega (z - z_0)$; les pressions $p_0 \Omega$ et $p\Omega$ sur $A_0 B_0$ et AB se projettent en vraie grandeur; les pressions latérales ont une projection nulle, en négligeant les frottements; donc enfin, si l'on nomme R la résultante des pressions exercées sur le liquide par les deux faces de la plaque CD, en sens contraire du mouvement, on aura

$$R = \Pi\Omega (z - z_0) + p_0 \Omega - p\Omega = \Pi\Omega \left(z - z_0 + \frac{p_0}{\Pi} - \frac{p}{\Pi} \right),$$

ou, en vertu de l'équation précédente,

$$R = \Pi\Omega \frac{(U' - U)^2}{2g}.$$

Afin d'évaluer la vitesse U', soit m le coefficient de la contraction qui a lieu après le passage de la section occupée partiellement par la plaque, section dont l'aire est $\Omega - S$; la section annulaire $A'B'a'b'$ s'exprimera par $m(\Omega - S)$, et le volume dépensé devant y être le même qu'en AB, on posera

$$m(\Omega - S)U' = \Omega U,$$

d'où

$$U' = U \frac{\Omega}{m(\Omega - S)}.$$

En conséquence la valeur de R s'écrira

$$(2) \qquad R = \Pi S \cdot \frac{U^2}{2g} \cdot \frac{\Omega}{S} \cdot \left[\frac{\Omega}{m(\Omega - S)} - 1 \right]^2 = K\Pi S \cdot \frac{U^2}{2g},$$

en posant

$$K = \frac{\Omega}{S} \left[\frac{\Omega}{m(\Omega - S)} - 1 \right]^2,$$

quantité qui ne dépend que du rapport $\frac{\Omega}{S}$, si, comme cela est probable, m n'est fonction que de ce rapport. On voit donc que, toutes choses égales d'ailleurs, la réaction de la plaque sur le liquide en sens contraire du mouvement, ou la pression du liquide sur la plaque dans le sens même de la vitesse, est proportionnelle au carré de la vitesse; et que, la vitesse et le rapport $\frac{\Omega}{S}$ restant les mêmes, la force en question est proportionnelle à la surface S de la plaque.

On pourrait se demander quelles sont isolément les pressions sur les deux faces de la plaque. La pression sur la face d'aval doit peu différer de $p'S$; car le liquide en contact n'ayant qu'un faible mouvement, appelé *remou*, la pression sur la section $a'b'$ varie suivant la loi hydrostatique, et il en est de même dans la section annulaire $A'B'a'b'$, à cause du parallélisme des filets (n° 18, 4ᵉ règle); d'autre part, les centres de gravité de ces deux sections coïncident et se trouvent à peu près sur l'horizontale passant au centre de gravité de la surface CD : elles ont donc une même pression moyenne p', qui se transmet à CD par le liquide intermédiaire, sensiblement en équilibre. Quant à la pression p', on l'évaluera au moyen du théorème de Bernoulli (n° 15), appliqué dans l'intervalle entre $A'B'a'b'$ et AB, qui donnera

$$z - z' - \frac{p}{\Pi} + \frac{p'}{\Pi} - \frac{(U'-U)^2}{2g} = \frac{U^2}{2g} - \frac{U'^2}{2g},$$

ou bien

$$\frac{p'}{\Pi} = z' - z + \frac{p}{\Pi} + \frac{U^2}{g} - \frac{UU'}{g},$$

soit, en mettant à la place de U' sa valeur en fonction de U,

$$\frac{p'}{\Pi} = z' - z + \frac{p}{\Pi} - \frac{U^2}{g}\left[\frac{\Omega}{m(\Omega-S)} - 1\right].$$

La pression totale R' sur la face d'aval de la plaque CD sera donc

$$R' = p'S = S[p - \Pi(z - z')] - \Pi S \frac{U^2}{2g} \cdot 2\left[\frac{\Omega}{m(\Omega-S)} - 1\right].$$

Ensuite, si l'on nomme R'' la pression totale sur la face d'amont, l'action résultante R du liquide serait égale à $R'' - R'$; ainsi l'on a

$$R'' = R + R' = S[p - \Pi(z - z')]$$
$$+ \Pi S \frac{U^2}{2g}\left[\frac{\Omega}{m(\Omega-S)} - 1\right]\left\{\frac{\Omega}{S}\left[\frac{\Omega}{m(\Omega-S)} - 1\right] - 2\right\}.$$

On remarquera que $p - \Pi(z - z')$ est la pression hydrostatique moyenne du liquide en contact avec CD, déduite de la pression moyenne en AB, comme si l'équilibre existait; en nommant p_1 cette pression, K' et K'' deux coefficients numériques dépendant de m et de $\frac{\Omega}{S}$, on pourrait écrire

$$(3) \quad \begin{cases} R' = p_1 S - 2K'\Pi S \dfrac{U^2}{2g}, \\[2mm] R'' = p_1 S + K''\Pi S \dfrac{U^2}{2g}, \\[2mm] K' = \dfrac{\Omega}{m(\Omega-S)} - 1, \\[2mm] K'' = K'\left(K'\dfrac{\Omega}{S} - 2\right). \end{cases}$$

Voici un exemple. On suppose $\frac{\Omega}{S} = 4$, $m = 0,85$; on adopte ici cette valeur de m, intermédiaire entre $0,62$ et $1,00$, parce que la contraction a lieu seulement tout autour de la plaque, et qu'une partie des filets, dans le voisinage des parois du tuyau, passe sans déviation notable. On trouve alors

$$K' = 0,57, \quad K'' = 0,16,$$

et, par suite,

$$R' = p_1 S - 1,14 \Pi S \frac{U^2}{2g},$$

$$R'' = p_1 S + 0,16 \Pi S \frac{U^2}{2g},$$

$$R = R'' - R' = 1,30 \Pi S \frac{U^2}{2g}.$$

On voit que R' est inférieure à la pression hydrostatique, tandis que R'' lui est supérieure; la différence est dans les deux cas proportionnelle au carré de la vitesse. Suivant le langage adopté par Dubuat, la différence en moins, par la face d'aval, s'appellerait *non-pression*; l'excès, pour la face d'amont, serait la *pression vive*; le terme $p_1 S$ serait nommé *pression morte*.

Il est naturel de se demander s'il arrivera toujours, comme dans l'exemple ci-dessus, que les coefficients K' et K'' de la non-pression et de la pression vive seront positifs, de manière à conserver l'ordre de grandeur des résultantes R', $p_1 S$, R''. Pour étudier la question, nommons x le rapport $\dfrac{S}{\Omega}$; on aura d'abord

$$K' = \frac{1}{m(1-x)} - 1 = \frac{1 - m + mx}{m(1-x)},$$

ce qui montre que K' est nécessairement positif, puisque m et x ne peuvent varier que de 0 à 1. Quant à K'' il aura également le signe $+$, si l'on a

$$\frac{K'}{x} - 2 > 0,$$

c'est-à-dire

$$\frac{1}{mx(1-x)} - \frac{1}{x} - 2 > 0.$$

De là résulte la condition

$$\frac{1}{m} > (1-x)(1+2x).$$

Or, depuis $x = 0$ jusqu'à $x = \frac{1}{2}$, le second membre reste inférieur à l'unité, et comme $\frac{1}{m}$ est au contraire supérieur, la condition est satisfaite; mais entre $x = \frac{1}{2}$ et $x = 1$, la fonction $(1-x)(1+2x)$ devient supérieure à 1 et passe par un maximum égal à $\frac{9}{8}$; par suite la condition ne sera remplie que si la contraction est assez forte. Dans le cas le plus dé-favorable il faudrait avoir $m < \dfrac{8}{9}$.

En résumé, il ne peut y avoir doute sur le signe que pour K'', et cela lorsque le rapport $\dfrac{S}{\Omega}$ devient supérieur à $\dfrac{1}{2}$; le doute disparaît si le coef-ficient m de contraction descend au-dessous de $\dfrac{8}{9}$. Du reste les divers filets n'ayant pas tous la même vitesse dans une même section, l'analyse qui a conduit aux formules (2) et (3) n'est qu'approximative, et l'on ne doit pas attacher beaucoup d'importance aux résultats anormaux que ces formules pourraient donner en y substituant certains nombres particu-liers.

Ce qui empêcherait de pouvoir tirer dans la pratique un bon parti des formules (2) et (3), si par hasard l'occasion se présentait de les appli-quer, c'est l'incertitude qui reste sur le coefficient m. On pourrait le dé-terminer expérimentalement en mesurant d'abord, à l'aide du piézomètre différentiel (n° 33), la perte de charge $\dfrac{(U'-U^2)}{2g}$, puis la dépense du tuyau, ainsi que son diamètre. Ces dernières données permettraient de cal-culer U; connaissant U et $\dfrac{(U'-U)^2}{2g}$, on en tirerait U'; enfin on aurait m par la relation

$$m U' (\Omega - S) = \Omega U.$$

2° *Pression sur un corps arrondi en amont et plat en aval.* — Rien ne serait changé dans les calculs précédents; seulement m tendrait vers l'unité, sans vraisemblablement pouvoir tout à fait y atteindre. Ainsi, dans ce cas, R se rapprocherait de la limite

$$(4) \qquad R_1 = \frac{\Omega}{S} \left(\frac{\Omega}{\Omega - S} - 1 \right)^2 \Pi S \frac{U^2}{2g}.$$

En faisant dans l'exemple numérique précédent $m = 0,95$, on trouve-rait par la formule (2)

$$R = 0,65\, \Pi S \frac{U^2}{2g},$$

c'est-à-dire moitié de ce que nous avions trouvé pour la plaque mince.

3° *Cas d'un corps cylindrique de longueur modérée.* — Prenons une conduite horizontale, pour plus de simplicité; plaçons à l'intérieur un obstacle également cylindrique dont l'axe coïncide avec celui du tuyau. Si l'obstacle est suffisamment long, les filets liquides, primitivement parallèles dans une section $A_0 B_0$ prise en amont (*fig.* 60), seront déviés, et donneront lieu à une section annulaire $A'B'a'b'$, puis ils redeviendront

Fig. 60.

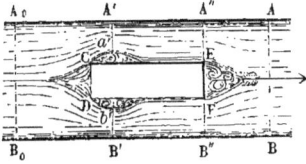

parallèles dans une section précédant l'autre section annulaire $A''B''EF$, où se termine l'obstacle; enfin il se trouvera, immédiatement à la suite de $A''B''EF$, un élargissement brusque produisant un remou contre la face EF du corps, et en AB les filets, redevenus parallèles, auront repris leur section totale et la vitesse moyenne qu'ils avaient en $A_0 B_0$. Comme on le voit, ce qui distingue ce cas de celui d'une plaque mince, c'est que les filets, après s'être contractés au maximum en $A'B'a'b'$, ne reprennent pas de suite leur section primitive, mais qu'auparavant ils redeviennent parallèles dans une section intermédiaire. Il faut pour cela que le cylindre CDEF ait une longueur notable, qu'on peut évaluer à un minimum de trois fois son diamètre, par analogie avec des expériences dont il sera question tout à l'heure. D'ailleurs nous ne supposons pas la longueur beaucoup plus grande, afin de pouvoir négliger le frottement du liquide contre les parois solides, ou sur lui-même, quand il se meut par filets parallèles.

Soient

p_0, p, p', p'' les pressions moyennes dans les sections $A_0 B_0$, AB, $A'B'$, $A''B''$;

U_0, U, U', U'' les vitesses correspondantes;

Ω la section de la conduite, S celle de l'obstacle;

m le rapport de la section annulaire $A'B'a'b'$ à la section $A''B''EF$ ou $\Omega - S$;

H, R, R', R'' les mêmes quantités que précédemment.

Le théorème de la quantité de mouvement projetée, appliqué au liquide $A_0 B_0$ AB, comme dans le premier cas, nous donnera

$$R = (p_0 - p)\, \Omega.$$

Or, les vitesses U et U_0 étant identiques, la charge entre $A_0 B_0$ et AB égale la perte de charge dans le même intervalle; la charge, c'est $\dfrac{p_0}{H} - \dfrac{p}{H}$, puisqu'il s'agit d'une conduite horizontale; la perte de charge due au passage brusque de la vitesse U' à la vitesse U'', et de la vitesse U'' à la vitesse U, a pour valeur totale (n° 32)

$$\frac{(U' - U'')^2}{2g} + \frac{(U'' - U)^2}{2g}.$$

Donc on aura

$$R = \Pi\Omega\left[\frac{(U'-U'')^2}{2g} + \frac{(U''-U)^2}{2g}\right].$$

De plus, l'invariabilité de la dépense dans les différentes sections exige que l'on ait

$$U' = U\frac{\Omega}{m\,(\Omega - S)}, \qquad U'' = U\frac{\Omega}{\Omega - S};$$

ainsi nous pouvons écrire

$$(5) \quad \begin{cases} R = K'''\Pi S\dfrac{U^2}{2g}, \\[2mm] K''' = \dfrac{\Omega}{S}\left[\dfrac{\Omega^2}{(\Omega - S)^2}\left(\dfrac{1}{m} - 1\right)^2 + \left(\dfrac{\Omega}{\Omega - S} - 1\right)^2\right]. \end{cases}$$

On arrive donc à une expression de R ayant la même forme que pour une plaque mince; seulement, il est aisé de constater que le coefficient K''' est plus faible que K, lorsque $\frac{\Omega}{S}$ et m sont supposés les mêmes; en effet, si l'on pose

$$\frac{\Omega}{(\Omega - S)}\left(\frac{1}{m} - 1\right) = a, \qquad \frac{\Omega}{\Omega - S} - 1 = b,$$

il en résultera

$$K = \frac{\Omega}{S}\,(a + b)^2 \quad \text{et} \quad K''' = \frac{\Omega}{S}\,(a^2 + b^2);$$

donc K est plus grand que K''', car m étant inférieur à 1 et Ω supérieur à S, a et b sont des nombres positifs.

Si nous faisons encore $\frac{\Omega}{S} = 4$ et $m = 0,85$, nous trouverons K''' = 0,67, tandis que nous avions K = 1,30.

En ajoutant une proue au cylindre, on pourrait rendre m plus rapproché de l'unité; alors le coefficient K''' diminuerait. Ainsi les valeurs $\frac{\Omega}{S} = 4$ et $m = 0,95$ conduisent à K''' = 0,46.

Nous pourrions également, comme nous l'avons fait ci-dessus, calculer à part la pression R' sur la face d'aval EF et en conclure la pression R'' sur la face d'amont. On aurait les équations

$$R' = p''S,$$

$$\frac{p''}{\Pi} = \frac{p}{\Pi} + \frac{U^2}{g} - \frac{UU''}{g} = \frac{p}{\Pi} - \frac{U^2}{g}\left(\frac{\Omega}{\Omega - S} - 1\right),$$

$$R'' = R + R',$$

qui donneraient la solution immédiate du problème et conduiraient à des expressions de R' et R" pareilles à celles que nous avons déterminées, sauf le changement des coefficients numériques K' et K".

En résumé, on voit que la pression totale supportée par l'obstacle, dans le sens de la vitesse du liquide, est proportionnelle : 1° au carré de la vitesse; 2° à l'aire que l'obstacle intercepte dans le courant; 3° à un coefficient qui paraît dépendre seulement du rapport de cette aire à l'aire totale de la section transversale du tuyau. Une plaque mince supporte une action plus forte qu'un corps de même section, mais de longueur sensible; dans tous les cas, l'action diminue par l'addition d'une proue du côté d'amont. La pression du courant sur la face d'amont, comme on l'a vu par un exemple, est supérieure à la pression hydrostatique, et le contraire a lieu sur la face d'aval. Ce sont là des faits qui offrent un certain intérêt théorique, malgré le peu d'application qu'il est possible d'en faire, parce qu'ils sont tout à fait analogues aux résultats observés par Dubuat sur des corps plongés dans un courant indéfini.

108. *Remarques générales sur la pression d'un liquide indéfini contre divers obstacles, dans le mouvement relatif de translation uniforme.* — Nous supposerons un canal ou réservoir découvert dans lequel se trouvent un corps solide et un liquide en mouvement relatif; les dimensions du premier sont très-petites, et pour ainsi dire nulles, en comparaison de celles du second; on demande la résultante des pressions éprouvées par le solide, ou simplement la différence entre cette résultante et celle qui se produirait, si la pression du liquide variait d'un point à l'autre suivant la loi hydrostatique.

Les deux cas paraissant de prime abord les plus simples sont celui d'un liquide en mouvement rectiligne et uniforme, dans lequel on placerait un obstacle immobile, et celui d'un corps qui reçoit une translation rectiligne et uniforme dans un liquide primitivement en repos; cependant ils donnent lieu à une difficulté inattendue. Dubuat a trouvé par expérience que, à égalité de vitesse relative et avec un même solide, la pression totale était plus forte dans le premier cas que dans le second. Le liquide sur lequel il opérait était de l'eau. Il a expliqué le résultat auquel il arrivait, en disant que l'eau en repos se laissait plus facilement diviser que l'eau en mouvement. Mais cette explication paraît contraire aux idées généralement reçues en Mécanique. On fait dépendre l'action mutuelle de deux mo-

lécules, seulement de leurs masses et de leur distance, quand
la température et l'état électrique sont supposés invariables ;
or dans des mouvements relatifs identiques, les masses et les
distances restent les mêmes : il faudrait donc supposer, pour
trouver une action mutuelle différente, un changement d'élec-
tricité ou de chaleur, ce qui n'est guère probable dans le cas
dont il s'agit. Il nous semble plus conforme à la vérité de supposer que dans les diverses expériences de Dubuat les mouvements relatifs n'étaient pas identiques ; et voici en effet, d'a-
près M. Belanger, comment on peut le concevoir. Les courants
d'eau sur lesquels opérait Dubuat se composaient, comme
tous les courants naturels, des filets animés de vitesses décroissantes, depuis une valeur maximum V applicable au filet superficiel central, jusqu'à une valeur minimum W qu'on observe près des bords. Un corps étant placé immobile près de
la surface du courant et dans son milieu, si l'on veut, sans
changer leur mouvement relatif, réduire au repos le filet possédant la vitesse maximum V, il faudra imprimer à tout le
système une vitesse V en sens contraire ; alors on aurait un
solide se mouvant avec la vitesse V, non pas dans un liquide
stagnant, mais dans un courant dont les filets auraient des
vitesses dans le même sens que celle du corps, croissantes
depuis le milieu jusqu'au bord, entre les limites zéro et V — W.
Or, en comparant la pression éprouvée par le corps AB transportée avec la vitesse V dans ce courant fictif, avec celle qu'il
éprouverait s'il était transporté de la même manière dans un
liquide stagnant, on trouve une cause qui tend à rendre la première supérieure à la seconde : c'est que le vide laissé par le
corps pendant son mouvement relatif devant être sans cesse
rempli par du liquide qui passe de l'avant à l'arrière, ce liquide
trouve sur son trajet, au lieu de filets immobiles, des filets
possédant des vitesses en sens contraire, qui contrarient ce
passage. Le mouvement du corps produit donc un plus grand
trouble dans le courant fictif qu'il n'en produirait dans le
liquide stagnant ; le corps exerce donc une force plus grande,
et par conséquent il doit éprouver plus de résistance.

Il n'y a donc pas encore de raison suffisante, malgré les
expériences de Dubuat, pour ne pas admettre que la pression

totale éprouvée par un corps solide qui se déplace dans un milieu fluide reste la même quand on imprime une même vitesse à tout le système, c'est-à-dire que pour un corps et un fluide donnés, l'action mutuelle dépend uniquement du mouvement relatif : seulement, on voit qu'il faut examiner avec soin deux expériences avant de déclarer que le mouvement relatif est le même dans les deux. Moyennant cette précaution, il est clair qu'en donnant à tout le système un mouvement commun, on pourra toujours rentrer dans le cas où le corps solide serait immobile. Cela posé, considérons un obstacle fixe AB placé dans un courant liquide indéfini, composé de filets primitivement parallèles et à peu près rectilignes (*fig.* 61),

Fig. 61.

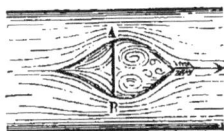

tous animés d'une même vitesse. Du côté de l'amont les filets fluides sont déviés et décrivent des courbes qui présentent leur convexité à AB, sauf peut-être dans les environs des bords A et B. Au contraire, du côté de l'aval les filets tendent à reprendre leur direction première ; hors de l'espace occupé par le remou, ils décrivent des courbes présentant leur concavité au corps AB. Il est impossible, pour avoir l'action totale supportée par ce corps de la part du liquide, d'appliquer ici la méthode qui nous a servi au n° 107 ; les filets voisins de AB sont en effet les seuls qui éprouvent des changements dans la direction et l'intensité de la vitesse, et comme nous ne connaissons pas d'avance les sections transversales du courant partiel formé par les filets dérangés, nous ne pourrions pas évaluer la perte de charge d'une molécule pendant son trajet de l'amont à l'aval. La théorie donne cependant encore quelques indications bonnes à connaître.

D'abord, si l'on étudie comment varient les pressions du liquide, du côté d'amont, en partant d'un point qui appartient à la portion non altérée du courant et cheminant vers AB, la loi hydrostatique sera modifiée par l'introduction des forces d'inertie et de celles que produit la viscosité. Nous négligerons ces dernières, et parmi les forces d'inertie, nous ferons en sorte d'avoir seulement à tenir compte des forces centrifuges : il suffira pour cela de cheminer dans le liquide en suivant des

II. 2e ÉDIT. 26

perpendiculaires aux directions des filets. On voit alors, dans
un même plan horizontal, la pression augmenter à mesure
qu'on se rapproche de l'obstacle, parce que les forces centrifuges y concourent. Du côté d'aval, les forces centrifuges vont
au contraire en s'éloignant de l'obstacle, de sorte que la pression calculée pour une série de points au même niveau varie
en sens inverse. Maintenant imaginons qu'on circonscrive au
corps AB un cylindre parallèle à la direction du courant, et que
ce corps soit ainsi divisé par la courbe de contact en deux
parties, l'une d'amont, l'autre d'aval ; faisons abstraction des
pressions hydrostatiques, faciles à rétablir quand on a besoin
d'en tenir compte, et nommons

R″ la résultante des actions dues aux forces centrifuges, qui
s'exercent sur la partie d'amont ;
R′ la résultante analogue pour la partie d'aval.

Ce qui ressort déjà de l'explication dans laquelle nous venons d'entrer, c'est que la force R″ presse réellement le corps,
tandis que R′ tend à le tirer ; de sorte que l'action totale du
courant doit en général surpasser l'action hydrostatique du
côté d'amont, et lui rester inférieure du côté d'aval (*). R″ et
R′ sont ce que Dubuat nomme la *pression vive* et la *non-
pression*.

Afin d'arriver à connaître, autant que possible, les forces
R″ et R′, supposons approximativement que la vitesse soit
constante et égale à U pour tous les filets, et que la figure de
ceux-ci ne change pas pour un même corps plongé dans des
courants inégalement rapides ; les forces centrifuges rapportées
à l'unité de masse et les pressions supplémentaires qu'elles
produisent contiendront le seul facteur variable U^2 : donc la
pression vive et la non-pression sont proportionnelles au carré
de la vitesse du courant. Elles doivent aussi être proportionnelles au poids Π du mètre cube de liquide ; car si nous par-

---

(*) Dans les circonstances ordinaires, les résultantes R″ et R′, aussi bien que
les actions hydrostatiques correspondantes sur les deux parties du corps, ont
une direction commune, parallèle au courant : alors cette conséquence devient
évidente. Mais il pourrait se faire que la coïncidence de direction n'eût pas
lieu, et c'est pour cela que notre affirmation n'est pas absolue.

courons un élément de chemin dr, sur le prolongement du rayon de courbure r d'une trajectoire, la variation correspondante dp de la pression sera (n° 16)

$$dp = \frac{\Pi}{g} \cdot \frac{U^2}{r}\, dr,$$

quantité proportionnelle à Π, toutes choses égales d'ailleurs. L'expérience montre encore que deux corps solides semblables étant semblablement placés dans un courant indéfini, les filets déviés ont des figures semblables; on en conclut qu'aux points homologues des deux corps, la pression par unité de surface, spécialement due aux forces centrifuges, reste la même. En effet, quand on passe d'un système à l'autre, les quantités r et dr, ci-dessus considérées, sont multipliées toutes deux par le rapport de similitude, et dp ne change pas. Ainsi, pour ces deux corps, R' et R'' seront proportionnelles au carré des côtés homologues, ou, ce qui revient au même, aux aires d'une section occupant dans les deux corps une position semblable.

En résumé, d'après ce qui précède, on peut poser

$$R'' = M'' \Pi S \frac{U^2}{2g}, \quad R' = M' \Pi S \frac{U^2}{2g},$$

en désignant par S l'aire d'une section faite dans le corps (par exemple la surface que couvre la projection du corps sur un plan perpendiculaire au courant), et par M'' et M' deux constantes qui dépendent de la forme du corps, de la position attribuée à la section qu'on fait entrer comme facteur, et de l'orientation du corps dans le courant. Si l'on veut avoir l'action totale spécialement due aux forces centrifuges sur l'ensemble du corps, il est clair qu'il suffit de chercher la résultante de R'' et R', ce qui donnerait une valeur de la forme $M \Pi S \dfrac{U^2}{2g}$, la lettre M désignant une nouvelle constante. Dans le cas le plus fréquent, où R' et R'' sont parallèles au courant, leur résultante est égale à leur somme arithmétique et l'on a simplement

$$M = M'' + M'.$$

26.

Voici maintenant sur ce sujet quelques résultats d'expériences.

109. *Expériences de Dubuat sur des prismes entièrement plongés dans un courant d'eau.* — L'appareil employé par cet observateur consistait essentiellement en une boîte de fer-blanc, ayant la forme d'un parallélipipède rectangle; la base de ce parallélipipède était un carré de 0^m,325 de côté, et son épaisseur était de 0^m,009. Une des bases carrées de cette boîte se plaçait normalement au courant, tantôt du côté d'amont, tantôt du côté d'aval; cette base était percée de petits trous régulièrement distribués, qu'on pouvait ouvrir chacun isolément, ou tous à la fois.

Supposons maintenant qu'il s'agisse de mesurer la pression vive sur la face d'amont d'une plaque mince. La base percée de la boîte sera tournée directement contre le courant, en laissant tous les trous ouverts; alors l'eau entrera par les trous, et si l'intérieur communique avec un tube piézométrique, elle montera et se maintiendra en équilibre dans ce tube à une hauteur qui dépassera le niveau extérieur. La différence représentera, en colonne d'eau, l'excès moyen de la pression par unité de surface sur la pression hydrostatique, aux points où sont percés les trous, c'est-à-dire dans la surface entière de la base choquée par le courant. En n'ouvrant qu'un seul trou, on pouvait déterminer la pression par unité de surface en chaque point de cette base, et, par suite aussi, la pression totale; ce qui permettait de contrôler la moyenne obtenue en laissant tous les trous ouverts. L'expérience donnait ainsi R″; connaissant U, Π, S, il était aisé d'en déduire M″. On procédait de la même manière à l'égard de la non-pression, qui se manifestait par un abaissement du liquide dans le tube. Enfin, on pouvait augmenter la longueur de la boîte, en lui ajoutant des prismes de bois de diverses longueurs et de 0^m,325 d'équarrissage, ce qui donnait le moyen de chercher M″ et M′ pour des prismes plus ou moins allongés.

Dubuat a opéré d'abord sur la boîte seule, qui représentait une plaque mince, puis sur un cube, et enfin sur un prisme ayant pour longueur le triple du côté de la section transversale, soit $0^m,975$. La vitesse U du courant était de $0^m,975$ par seconde. Il a trouvé pour les trois prismes la valeur de **M″** égale à $1,19$, c'est-à-dire une même pression vive; mais le coefficient **M′** de la non-pression a varié et a été

Pour la plaque.............	$0,67$
le cube..............	$0,27$
le prisme allongé.......	$0,15$

Ainsi le coefficient **M** entrant dans l'action totale du courant, ou **M″ + M′**, aurait les valeurs correspondantes $1,86$, $1,46$, $1,34$.

En faisant mouvoir la plaque dans un liquide stagnant, Dubuat a trouvé **M″** $= 1,00$ et **M′** $= 0,43$; admettant ensuite que cette dernière valeur devrait subir dans le cas actuel des réductions analogues à celles trouvées tout à l'heure, quand il s'agissait du cube ou du prisme, il a pris pour le premier

$$M' = 0,43 \times \frac{0,27}{0,67} = 0,17,$$

et pour le second

$$M' = 0,43 \times \frac{0,15}{0,67} = 0,10.$$

Ainsi **M″ + M′** serait successivement $1,43$, $1,17$, $1,10$, nombres notablement moindres que ceux qui se rapportent aux mêmes corps immobiles dans un courant.

Nous avons donné plus haut une explication plausible de ce résultat singulier. D'ailleurs les expériences de Dubuat ne sont pas à l'abri de toute cause d'incertitude; il serait à désirer qu'on les répétât avant d'admettre le fait comme parfaitement démontré.

110. *Résultats relatifs aux corps prismatiques flottants, garnis de proues et de poupes.* — Par analogie avec ce qu'on vient de voir et aussi en vertu des considérations générales du n° **108**, on représentera encore ici l'action totale R du liquide, exercée dans le sens de sa vitesse relative, par la formule

$$R = M H S \frac{U^2}{2g},$$

dans laquelle M désigne un coefficient numérique variable avec la forme et les dimensions du corps, Π le poids du mètre cube de liquide, U la vitesse relative, S la section de la partie plongée, cette section étant faite perpendiculairement à la direction de U.

Si la longueur du prisme est au moins trois fois la dimension moyenne de la section S ou $3\sqrt{S}$, et que ce corps soit en mouvement dans une eau tranquille, d'après les expériences de Dubuat (n° 109), on peut prendre

$$M = 1,10.$$

Avec une poupe suffisamment aiguë, on diminuerait beaucoup la non-pression, et l'action totale tendrait à se réduire à la pression vive; ainsi l'on aurait à peu près (n° 109)

$$M = 1,00,$$

Si le prisme est en outre muni d'une proue formée d'un demi-cylindre vertical de même largeur que lui, ou de deux plans verticaux se coupant sous un angle voisin de 60 degrés, la résistance est réduite à moitié environ; on posera donc

$$M = 0,50.$$

Si la proue est formée par le prolongement des faces latérales, coupées en dessous par un plan incliné de 30 degrés environ sur l'horizon, on trouve une nouvelle diminution, et

$$M = 0,33.$$

Enfin, suivant Navier, dans le cas d'un corps ayant la forme d'un navire, si S désigne la partie plongée de la section maximum, dite maître-couple, on pourrait avoir

$$M = 0,16.$$

On comprend aisément que ces nombres n'ont rien d'absolu et qu'ils peuvent varier en vertu de circonstances secondaires dont il serait à peu près impossible de tenir compte. La loi d'après laquelle la résistance R serait, pour un même corps, proportionnelle au carré de la vitesse, donne même lieu à quelques doutes : d'après certains auteurs, quand un corps flottant se meut de plus en plus vite dans une eau tranquille, la section plongée S diminue, en sorte que si l'on conserve la même valeur, il faut prendre M de plus en plus petit, ou encore diminuer l'exposant de U. En d'autres termes, si R contient le facteur U^2, il doit aussi avoir un autre facteur décroissant avec U, dont l'influence deviendrait sensible dans les grandes vitesses.

111. *Action supportée par un corps, de la part d'un milieu gazeux.* — Si dans toutes les questions traitées du n° 106 au n° 109 inclusivement on substituait un gaz au liquide, ce serait une nouvelle complication introduite dans la théorie, car il faudrait tenir compte des changements de densité d'un point à l'autre du gaz. En général, comme ces changements sont peu sensibles, on peut pratiquement conserver les mêmes formules, en ayant soin de mettre pour II le poids par mètre cube qui convient au milieu gazeux dont on s'occupe. Toutefois il faut restreindre l'application de cette règle au cas des vitesses modérées, car dans le cas contraire la densité pourrait subir de fortes altérations dans les environs de l'obstacle, et l'on se tromperait beaucoup en les négligeant.

112. *Calcul théorique de la pression totale supportée par une surface placée dans un courant liquide ou gazeux, le mouvement relatif étant supposé quelconque.* — La pression supportée par l'un des éléments de la surface peut toujours être regardée comme se composant de la pression hydrostatique et d'une pression spécialement due à la vitesse relative du fluide. On se propose seulement ici de calculer la résultante des pressions produites par la vitesse, parce que les autres sont connues d'avance et qu'il est facile d'en tenir compte après coup.

Pour effectuer ce calcul, on a souvent fait usage d'une hypothèse qui consiste à considérer chaque filet fluide comme allant isolément rencontrer un élément de la surface, sur lequel il produirait une pression analogue à celle d'une veine fluide contre un plan choqué par elle (n° 106), la partie de cette pression spécialement due à la vitesse serait proportionnelle : 1° à la section transversale du filet ; 2° au carré de sa vitesse relative ; 3° au cosinus de l'angle que cette vitesse fait avec la normale à l'élément de surface. Cela étant admis, tout se réduit à un simple exercice de calcul intégral. Nous allons en donner trois exemples simples.

Considérons d'abord une surface plane S placée dans un courant fluide dont la vitesse U fait avec la normale au plan un angle α. Un filet de section ω produira une pression $n\omega U^2 \cos\alpha$, n étant une constante; la pression totale s'obtiendrait en faisant une somme de quantités analogues pour tous les filets qui rencontrent la surface, et comme n, U, α ne varient pas de l'un à l'autre, cette somme sera le produit de $nU^2 \cos\alpha$ par la section totale $S\cos\alpha$ du courant détourné par le plan, ou $nU^2 S\cos^2\alpha$. C'est ce qu'on exprime en disant que dans le cas dont il s'agit, la pression totale varie comme le carré du sinus de l'angle sous lequel la surface S est rencontrée par le courant.

Prenons en second lieu un cylindre circulaire de hauteur h et de rayon r; soient ABCD (*fig.* 62) sa section droite; OE, OE' les traces de deux

Fig. 62.

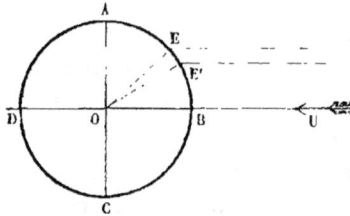

plans diamétraux infiniment voisins, dont le premier fait un angle x avec le plan AC perpendiculaire au courant; U la vitesse de ce courant relativement au cylindre. L'élément de surface cylindrique projeté sur EE' est $h.\overline{EE'}$ ou $hr\,dx$; il intercepte des filets dont la section totale est $hr\,dx.\sin x$.

Ces filets font d'ailleurs avec le rayon OE un angle complémentaire de x, ou $\dfrac{\pi}{2} - x$; ainsi la pression exercée sur l'élément dont il s'agit a pour valeur, en désignant par n un coefficient constant, $nhr\,dx.U^2\sin^2 x$, et comme elle est dans la direction EO, on peut la décomposer en deux autres $nhr\,U^2\sin^3 x\,dx$ et $nhr\,U^2\sin^2 x\cos x\,dx$, parallèles à BO et AO.

La somme des premières composantes dans l'étendue AC rencontrée par le courant sera

$$nhr\,U^2 \int_0^\pi \sin^3 x\,dx = nhr\,U^2 \left(\int_0^\pi \sin x\,dx - \int_0^\pi \sin x\cos^2 x\,dx \right)$$

$$= nhr\,U^2 \left(2 - \frac{2}{3} \right) = \frac{4}{3}\,nhr\,U^2.$$

Les autres composantes ne comprennent que des termes qui se détruisent deux à deux, et donnent par conséquent une somme nulle. Ainsi l'action totale du courant se réduirait à une force $\frac{4}{3}\,nhr\,U^2$, dirigée dans le sens de la vitesse U. Si le plan diamétral AC avait été mis à la place du cylindre, l'action totale aurait été dans ce cas $n.2hr\,U^2$, c'est-à-dire moitié en sus de la précédente.

Supposons enfin que le cercle tracé dans la *fig.* 62 représente une sphère exposée à un courant, qui possède relativement à elle la vitesse U;

OB est le rayon parallèle à cette vitesse. Les notations seront les mêmes que dans le problème précédent. Les rayons OE, OE′, en tournant autour de OB, engendreraient deux cônes circulaires, interceptant une zone EE′ sur la sphère. La surface de cette zone est

$$2\pi r\cos x . r\,dx \quad \text{ou} \quad 2\pi r^2\cos x\,dx\,;$$

les filets la coupent tous sous un angle x, et par conséquent la somme des actions qu'elle supporte sera

$$n.2\pi r^2\cos x\,dx.\mathrm{U}^2\sin^2 x.$$

Ces actions sont distribuées symétriquement autour de la zone, suivant les rayons tels que OE ; il est visible que la somme de leurs projections sur un axe quelconque perpendiculaire à U est nulle, et il suffit pour avoir leur résultante de les projeter sur la direction de U, ce qui donne

$$2 n\pi r^2\mathrm{U}^2\sin^3 x\,\cos x\,dx.$$

Il faut ensuite faire la somme des résultantes analogues pour toutes les zones, quand x varie de 0 à $\dfrac{\pi}{2}$; et on trouve alors pour valeur de la pression totale

$$2 n\pi r^2\mathrm{U}^2\int_0^{\frac{\pi}{2}}\sin^3 x\,\cos x\,dx \quad \text{ou} \quad \frac{n}{2}.\pi r^2\mathrm{U}^2,$$

c'est-à-dire moitié de ce que supporterait un grand cercle de la sphère directement exposé au courant.

Il faut reconnaître que ces calculs, et les autres qu'on pourrait faire en partant des mêmes hypothèses, reposent sur une pure fiction. D'abord on ne tient aucun compte de la non-pression ou diminution de pression vers l'aval ; ensuite les divers filets ne se comportent pas comme s'ils étaient isolés, et si l'un d'eux est dévié, la pression qu'il exerce sur son voisin oblige également celui-ci de se détourner, et l'empêche d'agir directement sur la surface. Par conséquent, on ne sera nullement surpris de trouver les résultats de ces hypothèses en désaccord avec les faits. Ainsi nous avons trouvé qu'un cylindre supporte les deux tiers de la pression exercée sur son plan diamétral, et que pour la sphère le rapport analogue se réduit à $\dfrac{1}{2}$. Borda, dans diverses expériences sur l'action des courants d'air, a trouvé que ces rapports sont respectivement $0,57$ et $0,41$; le rapport expérimental, pour d'autres surfaces, a été quelquefois supérieur au rapport calculé, et l'écart dans un sens ou dans l'autre peut atteindre d'assez grandes valeurs.

La loi suivant laquelle varierait la pression du fluide pour une surface plane exposée à un courant, sous diverses inclinaisons, n'est pas non plus vérifiée par l'expérience. En appelant i l'angle des filets fluides avec le plan, c'est-à-dire le complément de celui qu'ils font avec la normale, nous avons trouvé tout à l'heure que la pression totale était proportionnelle à $\sin^2 i$. D'après Hutton, l'exposant du sinus serait variable avec i, et au lieu de $\sin^2 i$, on devrait prendre, quand il s'agit de courants d'air, $\sin i^{1,84\cos i}$ (*).

Cependant, malgré les imperfections de cette théorie, nous avons cru devoir en donner une idée, parce que souvent, à défaut d'expériences sur des corps semblables à ceux que l'on considère, on n'a pas d'autre moyen d'évaluer la pression totale d'un courant fluide sur un obstacle.

(*) Voir l'ouvrage intitulé : *Tracts on mathematical and philosophical subjects, etc.; by Charles Hutton; London*, 1812. M. Terquem a donné une traduction française de la partie de l'ouvrage à laquelle nous renvoyons ici, sous le titre de *Nouvelles expériences d'artillerie*.

La fonction $\sin i^{1,84\cos i}$ est d'un calcul pénible, malgré l'emploi des tables logarithmiques. On la remplacerait avantageusement par la fonction plus simple

$$\sin^2 i + 0,2\,\frac{\sin^2 2i}{1+\cos^2 i} \quad \text{ou bien} \quad \sin^2 i\,\frac{2,8-1,8\sin^2 i}{2-\sin^2 i},$$

qui en reproduit les valeurs avec une exactitude remarquable, entre les limites $i=0$ et $i=\dfrac{\pi}{2}$. C'est ce que montre le tableau suivant, dans lequel nous désignons $\sin i^{1,84\cos i}$ par A, et l'expression substituée par B.

ANGLES i	$\sin^2 i$	A	B	ANGLES i	$\sin^2 i$	A	B
0°	0,0000	0,0000	0,0000	50°	0,5868	0,7296	0,7241
5	0,0076	0,0114	0,0106	55	0,6710	0,8102	0,8039
10	0,0302	0,0419	0,0420	60	0,7500	0,8760	0,8700
15	0,0670	0,0905	0,0929	65	0,8214	0,9263	0,9210
20	0,1170	0,1564	0,1609	70	0,8830	0,9616	0,9570
25	0,1786	0,2378	0,2430	75	0,9330	0,9839	0,9799
30	0,2500	0,3314	0,3357	80	0,9698	0,9951	0,9925
35	0,3290	0,4327	0,4347	85	0,9924	0,9994	0,9984
40	0,4132	0,5364	0,5354	90	1,0000	1,0000	1,0000
45	0,5000	0,6370	0,6333				

Comme on le voit, l'écart entre A et B reste toujours inférieur à 0,0063, tandis que A — $\sin^2 i$ atteindrait jusqu'à 0,1428.

§ II. — Moyens employés pour observer les vitesses des fluides. — Jaugeage des courants.

113. *Du tube de Pitot.* — Le tube de Pitot, ainsi appelé du nom de son inventeur (*), consiste en un simple tube AB

Fig. 63.

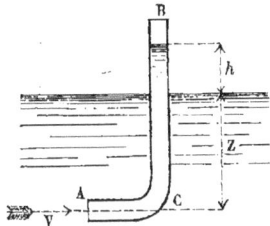

(*fig.* 63) recourbé, ouvert par les deux bouts, dont la plus grande branche BC est placée verticalement, pendant que l'autre AC est directement exposée à l'action d'un courant liquide dont on veut mesurer la vitesse aux environs du point A. Le liquide entre par l'ouverture A et s'élève dans le tube à une hauteur h au-dessus du niveau extérieur. Nommons

Z la hauteur du centre de l'ouverture A au-dessous du même niveau;

p la pression moyenne du liquide sur le plan A, rapportée à l'unité de surface, abstraction faite de la pression atmosphérique;

Π le poids par mètre cube du liquide;

V la vitesse demandée.

Puisque le liquide est sensiblement en équilibre dans le tube, on aura

$$(1) \qquad p = \Pi \, (h + Z);$$

d'un autre côté, par les indications théoriques et expérimentales données au paragraphe précédent, nous savons que la pression moyenne par unité de surface sur le plan A dépasse la pression hydrostatique d'une quantité proportionnelle au carré de la vitesse V, et nous poserons par conséquent

$$(2) \qquad p = \Pi \left(Z + M'' \, \frac{V^2}{2g} \right),$$

M'' étant un coefficient numérique dont les expériences de

(*) *Mémoires de l'Académie des Sciences de Paris*, année 1732.

Dubuat (n° 109) semblent fixer la valeur à 1,19. La soustraction membre à membre des équations (1) et (2) donne

$$(3) \qquad h = M'' \frac{V^2}{2g} = 1,19 \frac{V^2}{2g}.$$

Dubuat a opéré directement sur un tube en fer-blanc de 0^m,04 de diamètre extérieur, dont la branche horizontale avait environ 0^m,35 de longueur. Le niveau de l'eau dans le tube était indiqué par un flotteur. En faisant mouvoir cet appareil dans une eau tranquille avec diverses vitesses, Dubuat a trouvé des valeurs de M'' un peu variables, comme l'indique le tableau ci-dessous :

Vitesse du tube par 1″...	0^m,78,	1^m,08,	1^m,80,
Valeur de M''..........	1 ,22,	1 ,11,	1 ,08.

On peut admettre que ces inégalités de M'' ont peu d'importance en pratique, car la moyenne 1,15 ne s'écarte du maximum 1,22 et du minimum 1,08 que de $\frac{1}{15}$ au plus, ce qui n'entraînerait qu'une erreur proportionnelle de $\frac{1}{30}$ sur la vitesse. Mais on reconnaîtra toujours, contrairement à une opinion quelquefois émise, que le coefficient M'' n'est pas égal à 1, et qu'il y a nécessité de le déterminer par des essais préalables, avant de pouvoir se servir d'un instrument.

Pour rendre l'instrument plus sensible, Dubuat a proposé de donner à la branche horizontale la forme d'un entonnoir (*fig.* 64); la base CD de cet entonnoir est percée d'un seul trou A vers son centre. Cette disposition a pour effet de rendre plus forte la pression qui fait monter l'eau dans le tube; c'est-à-dire que, à vitesse égale, la hauteur *h* sera plus grande et plus facile à observer. Avec un instrument ainsi construit, Dubuat a trouvé un coefficient M'' égal à 1,50;

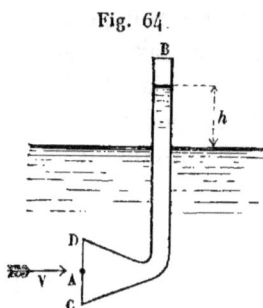

Fig. 64.

ainsi

$$h = \frac{3}{2} \cdot \frac{V^2}{2g},$$

ou bien

$$\frac{V^2}{2g} = \frac{2}{3} h.$$

Le tube de Pitot présente un défaut grave, dont n'est exempt d'ailleurs aucun des instruments employés jusqu'à ce jour pour mesurer les vitesses des fluides. L'instrument étant toujours un corps solide qu'on place au milieu d'un courant liquide ou gazeux, produit nécessairement une déviation de ce courant ; son premier effet est d'altérer plus ou moins la vitesse qu'on prétend lui faire mesurer. Il faudrait trouver un moyen de suivre avec les yeux les molécules fluides, et de voir, sans y toucher, leur déplacement dans un temps donné. Il y a réellement ici une lacune dans les moyens d'observation, lacune aussi fâcheuse pour les progrès de l'Hydraulique expérimentale que celle qui concerne la mesure des pressions, dont nous avons parlé au n° **15**.

114. *Tube de Pitot perfectionné par MM. Darcy et Baumgarten.* — L'appareil dont nous allons parler a été primitivement conçu par M. Darcy ; il a été construit et modifié dans quelques détails par M. Baumgarten. Il se compose essentiellement de deux tubes analogues à celui que représente la *fig.* 63 ; les deux branches verticales, faites en verre, s'élèvent dans un plan parallèle au fil du courant ; les deux branches horizontales sont en cuivre, et l'une d'elles est toujours dirigée dans le fil du courant, en sens opposé (comme dans la *fig.* 63), pendant que l'autre peut recevoir des ajutages de diverses formes. Ces ajutages sont orientés dans le courant de manière à ce qu'il se produise sur leur entrée une non-pression. Par exemple, dans un modèle que possède l'École des Ponts et Chaussées, l'ajutage est placé horizontalement sous la première branche, mais son ouverture G est en dessous (*fig.* 65), au lieu que l'ouverture A de la première branche est en face du courant. Cela posé, soient

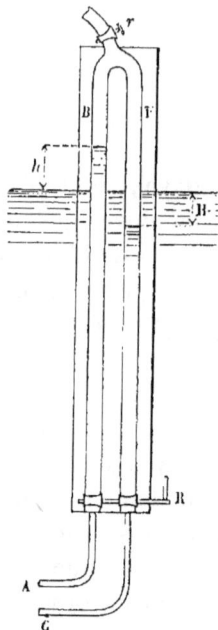
Fig. 65.

h la hauteur représentative de la pression vive en A, laquelle se manifeste par l'élévation du niveau dans le tube AB au-dessus du niveau extérieur;

H la hauteur représentative de la non-pression en G, manifestée au contraire par une dépression dans le tube GF;

M″ et M′ deux coefficients, dépendants de la construction de l'appareil, et que nous supposons indépendants de la vitesse V du liquide, ce qui n'est pas parfaitement certain (n° 113).

On aura

$$h = M'' \frac{V^2}{2g},$$

$$H = M' \frac{V^2}{2g},$$

relations qui, après avoir été additionnées membre à membre, donnent immédiatement

$$\frac{V^2}{2g} = \frac{h + H}{M'' + M'}.$$

Lorsque le coefficient M″ + M′, spécial à chaque instrument, aura été déterminé une fois pour toutes, la mesure d'une vitesse n'exigera plus que l'observation de la somme h + H, quantité qui est la distance des plans de niveau dans les deux tubes. Pour rendre cette observation facile, les deux tubes communiquent à leur partie supérieure, et, au moyen d'une embouchure fermée à volonté par un robinet r, on peut faire un vide partiel, en aspirant, ce qui n'altère pas la différence de niveau h + H; les niveaux des deux colonnes sont ainsi amenés sur la graduation que porte une planchette liée aux tubes. Alors on ferme un robinet R qui empêche le liquide entré dans les tubes de sortir; on retire l'instrument, et on lit à loisir sur la graduation la distance $h + H$.

Les avantages de cette disposition sont : 1° de supprimer l'examen du niveau du liquide extérieur, chose à peu près impossible dans les rivières et dans les courants naturels, à cause de l'agitation et des variations incessantes de niveau qu'ils présentent; 2° d'augmenter la hauteur à observer (puisque la non-pression s'ajoute à la pression vive), et d'atténuer ainsi l'influence des erreurs de lecture; 3° enfin un moyen commode pour la lecture des hauteurs.

115. *Pendule hydrométrique, tachomètre de Brünings.* — Le pendule hydrométrique consiste en une boule d'ivoire ou de métal creux, soutenue par un fil dont l'extrémité est attachée au centre d'un quart de cercle gradué. Le fil est vertical lorsque la boule n'est sollicitée que par son poids P; mais si une force horizontale Q vient à agir, le fil s'inclinera de manière à prendre la direction de la résultante des forces P et Q; son inclinaison sur la verticale étant alors α, on aura

$$Q = P \tang \alpha,$$

ce qui donnerait le moyen de calculer Q, si l'on connaissait P et α. Or on peut produire cette force Q par l'action d'un courant horizontal dans lequel la boule serait plongée; Q est alors proportionnel au carré de la vitesse V des filets de ce courant qui viennent rencontrer la boule. En désignant par c un coefficient constant, on posera donc

$$c V^2 = P \tang \alpha,$$

d'où

$$V = \sqrt{\frac{P}{c} \tang \alpha}.$$

On voit donc que pour un instrument donné la vitesse V sera proportionnelle à la racine carrée de la tangente de l'angle α, que le fil fait avec la verticale, lorsque la boule est en équilibre dans le courant. L'angle α se lit immédiatement sur le quart de cercle.

Le tachomètre de Brünings est fondé sur un principe analogue. Une petite plaque S (*fig.* 66) est exposée directement

Fig. 66.

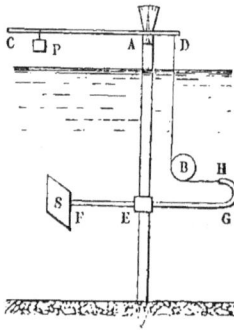

à l'action d'un courant qui produit sur
elle une force représentée par $c V^2$;
cette force se transmet à l'extrémité D
d'une romaine CD par une tige horizontale FG qui fait corps avec S, traverse à frottement doux, en E, la pièce
verticale fixe AE, et tend la corde HD.
La corde passe sous la poulie de ren-
voi B. La force $c V^2$ est équilibrée au
moyen d'un poids P mobile sur la
branche AC. Si l'on suppose le le-
vier CD équilibré par lui-même, qu'on néglige les frottements,
qu'on nomme x la distance de P à la verticale du point
d'appui A, et a la distance constante de ce même point à la
partie verticale de la corde, on aura

$$ac V^2 = P x,$$

ce qui montre que V serait proportionnel à la racine carrée de
x. Mais les frottements peuvent un peu modifier ce résultat.

En pratique, le rapport $\dfrac{V}{\sqrt{\tang \alpha}}$ pour le premier instrument,

et le rapport $\dfrac{V}{\sqrt{x}}$ pour le second, seraient déterminés par des

expériences directes; ou mieux encore on tarerait ces instruments en cherchant expérimentalement quelles valeurs de α
ou de x répondent à des vitesses V connues.

116. *Moulinet de Woltmann; anémomètre de M. Combes.* —
La pièce essentielle du moulinet de Woltmann est un arbre
AB (*fig.* 67) tournant sur des appuis fixes, et portant deux ou
quatre bras, au bout desquels sont des ailettes planes, telles
que C et D. L'arbre AB engrène, à la volonté de l'observateur,
avec un système de roues dentées qui communiquent avec un
compteur et donnent le moyen de savoir le nombre de tours
de cet arbre dans un temps déterminé. Pour mesurer la vitesse d'un courant liquide, un courant d'eau par exemple,

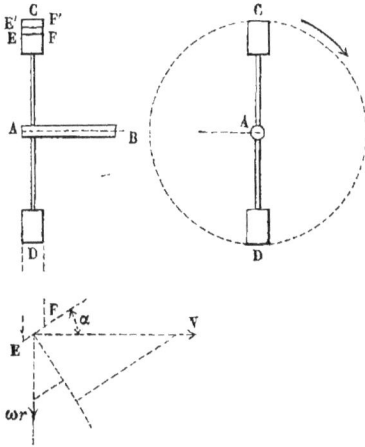

voici comment on procède. L'instrument, dont les dimensions sont assez petites, est plongé dans le courant, au point où l'on veut connaître la vitesse, et disposé de manière que l'axe AB soit parallèle au fil de l'eau et dans le même sens. Il est maintenu dans cette position par un piquet fixe, le long duquel il peut glisser. Les ailettes C, D, ayant leurs plans obliques à l'axe, reçoivent du courant une force dont la composante perpendiculaire sur **AB** oblige l'appareil à tourner, et au bout de peu de temps le mouvement devient à peu près uniforme. Un système d'embrayage permet de mettre le compteur en marche à l'instant où l'on veut, ce que l'on fait quand tous les préparatifs sont terminés et que l'observateur, devenu libre, peut suivre des yeux l'aiguille d'une montre à secondes ou écouter les oscillations d'un pendule. Quand un certain nombre de secondes s'est écoulé, on arrête le compteur, on retire l'instrument de l'eau et on constate le nombre de tours qu'il a faits dans le temps qu'on a mesuré. De cette donnée on déduit immédiatement le nombre N de tours par minute, et nous allons montrer comment de N on déduira la vitesse V du courant.

Supposons le mouvement de rotation de AB parvenu à l'uniformité, et soit alors ω la vitesse angulaire. Décomposons une ailette C en éléments rectangulaires tels que $EFE'F'$ par des lignes contenues dans un plan parallèle à l'axe; l'ailette étant supposée peu large, nous considèrerons tous les points de $EFE'F'$ comme étant à une même distance r de l'axe, et possédant une même vitesse absolue ωr, perpendiculaire à r. Nommons en outre

r', r''' les valeurs limites de r, pour le bord intérieur et le bord extérieur de l'ailette;

α l'angle que le plan de chaque ailette fait avec la vitesse V du courant;

l la largeur $\overline{EF}$ de l'ailette;

n un coefficient constant.

En nous fondant sur les hypothèses du n° **112**, nous chercherons le moment, par rapport à AB, des actions exercées par le liquide sur un élément plan tel que EFE′F′. On sait que l'action totale est proportionnelle à la surface $l\,dr$ de cet élément, et au carré de la vitesse relative avec laquelle il est frappé, projetée sur la normale au plan EFE′F′. Or la composante normale de la vitesse relative est la différence entre la projection $V\sin\alpha$ de V, et la projection $\omega r\cos\alpha$ de ωr; l'action dont il s'agit s'exprimera donc par $n(V\sin\alpha - \omega r\cos\alpha)^2 l\,dr$. Pour avoir son moment, il faut d'abord la multiplier par r et ensuite par $\cos\alpha$, attendu qu'elle est perpendiculaire à EFE′F′ et fait avec AB un angle complémentaire de α. Le moment de cette action infiniment petite sera donc

$$n(V\sin\alpha - \omega r\cos\alpha)^2 l\cos\alpha.r\,dr,$$

et, par suite, le moment total pour une ailette, obtenu par l'intégration de l'expression précédente, relativement à r, entre r' et r'', aura pour valeur

$$nl\cos\alpha\left[\frac{1}{2}V^2\sin^2\alpha(r''^2 - r'^2) - \frac{2}{3}\omega V\sin\alpha\cos\alpha(r''^3 - r'^3) + \frac{1}{4}\omega^2\cos^2\alpha(r''^4 - r'^4)\right].$$

Pour chacune des ailettes l'expression du moment total sera identique, parce que l'axe étant parallèle à la vitesse V, l'ailette se présente de la même manière au courant dans toutes ses positions successives : on aurait donc la somme totale des moments, en doublant ou quadruplant n, suivant qu'il y aurait deux ou quatre ailettes. On voit définitivement que cette somme prendrait la forme

$$aV^2 - b\omega V + c\omega^2,$$

a, b, c étant des coefficients constants pour un même moulinet.

Cherchons à évaluer le moment des résistances. D'abord, si l'appareil fonctionnait à vide, il faudrait un certain moment moteur Pp, pour entretenir le mouvement uniforme, malgré les frottements, qui donneraient un moment égal et de sens contraire. Dans l'eau ce moment s'accroît : 1° à cause de la résistance opposée au mouvement des bras du moulinet, laquelle étant en chaque point proportionnelle à ω^2 produit un moment total de la forme $e\omega^2$, e désignant encore une constante pour un même instrument; 2° à cause du frottement supplémentaire que la pression de l'eau produit sur les appuis. Or, l'action de l'eau ayant été, pour chaque élément, décomposée en force normale et force parallèle à l'axe, on voit que l'ensemble des forces normales à l'axe, pour deux ailettes opposées, donne lieu à un couple moteur ne produisant pas de pression sur les appuis de l'arbre. Quant aux actions parallèles, celle qui s'exerce sur $EFE'F'$ a pour valeur

$$n\,(\mathrm{V}\sin\alpha - \omega r\cos\alpha)^2\, l\sin\alpha\,.\,dr;$$

l'intégrale de cette expression pour une ailette est encore une fonction homogène du second degré en V et ω, et par conséquent il en sera de même du frottement correspondant. Ainsi donc en réunissant tous les moments des résistances nous aurons une quantité

$$a'\mathrm{V}^2 - b'\omega \mathrm{V} + c'\omega^2 + Pp,$$

qu'il faut égaler au moment moteur, puisque le mouvement est uniforme. Nous poserons en conséquence

$$a\mathrm{V}^2 - b\omega\mathrm{V} + c\omega^2 = a'\mathrm{V}^2 - b'\omega\mathrm{V} + c'\omega^2 + Pp.$$

Dans cette équation, on peut remplacer ω par le nombre N de tours qui lui est proportionnel, sauf à multiplier les coefficients qui affectent ω et ω^2 par des nombres convenables. Toute réduction faite, nous trouverions une équation du second degré telle que

$$\mathrm{V}^2 - 2\beta\mathrm{N}\mathrm{V} + \gamma\mathrm{N}^2 = \delta,$$

d'où résulterait

$$\mathrm{V} = \beta\mathrm{N} + \sqrt{\beta^2\mathrm{N}^2 - (\gamma\mathrm{N}^2 - \delta)},$$

27.

soit enfin

$$(4) \qquad V = N\left(\beta + \sqrt{\varepsilon + \frac{\delta}{N^2}}\right),$$

en désignant par β, δ, ε trois coefficients qui ne varieront pas pour un moulinet donné.

M. Baumgarten a fait construire des moulinets dans lesquels, au lieu des ailettes planes, il a employé des ailes héliçoïdales se prolongeant jusqu'à l'arbre AB. Cette disposition modifierait les calculs précédents : 1° en ce que la résistance opposée au mouvement des bras serait supprimée; 2° en ce que les intégrations nécessaires pour trouver le moment total de l'action motrice, ou la pression longitudinale sur l'épaulement AB, devraient être faites en considérant α comme variable avec r, tandis que nous le supposions constant. Or cela ne changerait pas la forme des expressions auxquelles on arrive en ω et V; l'équation (4) subsisterait donc encore, mais avec des valeurs différentes pour les coefficients β, δ, ε. L'avantage du moulinet modifié par M. Baumgarten consiste en ce que sa sensibilité est plus grande, c'est-à-dire qu'il fait plus de tours dans un temps donné, sous l'action d'un même courant.

L'expression (4) étant d'un usage peu simple à cause du radical, on a cherché à la remplacer approximativement par une autre plus commode. Voici comment on y parvient. On admet en premier lieu que l'ailette est assez petite pour être assimilée à un seul élément plan; alors le moment de l'action motrice, pour un instrument donné, est simplement proportionnel à $(V\sin\alpha - \omega r\cos\alpha)^2$. D'un autre côté on suppose le moment résistant constant ou composé d'une partie constante et d'une partie proportionnelle au moment moteur, ce qui revient à négliger la résistance opposée au mouvement des bras.

Alors l'équation d'équilibre devient

$$V\sin\alpha - \omega r\cos\alpha = \text{const.};$$

d'où l'on tire, après avoir remplacé ω par sa valeur en fonction de N,

$$(5) \qquad V = \lambda + \mu N,$$

en désignant encore par λ et μ des coefficients constants pour un même moulinet.

On pourrait sans doute arriver à exprimer analytiquement les coefficients β, δ, ε ou λ et μ, en fonction des dimensions de l'appareil. Mais si l'on se rappelle combien d'incertitudes affectent la théorie, quand il s'agit de déterminer l'action d'un courant sur une surface, on reconnaîtra sans peine que c'est assez d'avoir trouvé théoriquement la forme de la relation qui lie V à N. Les valeurs numériques des coefficients se détermineront au moyen d'un certain nombre d'expériences, dans lesquelles on connaîtrait V et N. Ces expériences pourraient se faire, par exemple, en déplaçant l'instrument avec une vitesse connue dans une eau tranquille. On pourrait aussi l'exposer à l'action de courants dont la vitesse en certains points aurait été déterminée préalablement par les moyens simples indiqués au n° 117 ci-après.

L'anémomètre de M. Combes est un moulinet analogue à celui de Woltmann et qui peut être employé pour mesurer la vitesse des courants gazeux. Sa théorie ne diffère pas de celle qui vient d'être donnée.

117. *Mesure de la vitesse à la surface d'un courant.* — La vitesse à la surface d'une rivière ou d'un cours d'eau quelconque peut se mesurer à l'aide de divers moyens. Dubuat employait une petite roue à palettes, très-mobile sur son axe, qu'il disposait au-dessus du courant de manière que l'eau vînt choquer les palettes à l'instant où celles-ci passent au-dessous de l'arbre. Si l'on admet que la résistance à la rotation de la roue est sensiblement nulle, la vitesse de l'eau sera égale à celle des aubes, au centre de la surface frappée par le courant, vitesse qu'on déduira aisément du nombre de tours. Pour plus de rigueur, on pourrait d'avance équilibrer les frottements au moyen d'un poids suspendu à l'arbre par une corde qui se déroulerait pendant la rotation.

Un moyen plus usuel consiste dans l'emploi de flotteurs. On choisit une portion suffisamment régulière d'un courant; en un point, un premier observateur A abandonne au fil de l'eau un flotteur formé d'un corps léger dépassant peu la surface, par exemple un petit disque de liége lesté avec un clou; un second observateur B, placé à une distance connue d du premier, avertit celui-ci, par un signal convenu, de l'instant où le flotteur a fini de parcourir l'intervalle d qui les sépare. A ce même instant A lâche un second flotteur tout pareil; quand ce second flotteur a parcouru la distance d, sur un nouveau signal de B, il en lâche un troisième, et ainsi de suite, pendant quelques minutes, ou seulement pendant un temps moindre, si l'on a le moyen de l'observer avec assez de précision. En nommant t le temps total, en secondes, que n flotteurs auront employé à parcourir les d mètres d'intervalle, la vitesse moyenne du filet qui les a transportés sera évidemment

$$V = \frac{nd}{t}.$$

Il faut que la distance d ne soit pas trop grande, afin que la vitesse ne varie pas sensiblement sur le parcours d'un filet; d'un autre côté, si elle était trop petite, le manque de coïncidence exacte entre l'instant où un flotteur achève sa course et celui où le flotteur suivant la commence, pourrait entraîner des erreurs notables. Le terme à adopter ne peut pas être fixé d'une manière absolue : on l'appréciera suivant les circonstances. Il y a encore une précaution importante à observer : c'est que le flotteur dépasse très-peu la surface de l'eau, sans quoi la résistance de l'air diminuerait sa vitesse dans une proportion sensible, et fausserait ainsi le résultat cherché.

Les officiers américains auxquels on doit les expériences déjà citées au n° 68 ont employé les flotteurs, même pour mesurer la vitesse des courants à des profondeurs plus ou moins considérables. Leur appareil se composait d'un double flotteur formé de deux corps réunis par une corde mince; le flotteur supérieur, très-léger, était à la surface de l'eau et permettait de suivre la marche de l'ensemble; le flotteur du dessous, placé à la profondeur voulue, s'y maintenait en vertu d'un lest convenable. Il avait d'ailleurs une masse et des dimensions assez fortes relativement à celles de l'autre, afin que sa vitesse ne fût pas influencée d'une manière sensible par la liaison.

118. *Flotteurs donnant directement la vitesse moyenne d'un courant sur une même verticale.* — Quand la profondeur d'un cours d'eau est assez régulière, on peut déterminer approximativement la vitesse moyenne sur une même verticale, par le procédé suivant.

On abandonne au fil de l'eau un flotteur AB (*fig.* 68) de forme prismatique, lesté à sa partie inférieure B, de manière

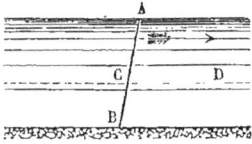

Fig. 68.

à se maintenir presque normal aux filets, dans le plan vertical où l'on veut mesurer la vitesse moyenne du courant. Au bout de peu de temps, ce flotteur possède un mouvement sensiblement uniforme, et nous allons montrer que, s'il occupe toute la profondeur du cours d'eau, sa vitesse différera peu de la vitesse moyenne cherchée.

En effet, le mouvement du flotteur étant une translation rectiligne et uniforme, toutes les forces qui le sollicitent doivent se faire équilibre. Comme la pression hydrostatique et la pesanteur ne donnent en somme qu'un couple de forces verticales, il faut donc nécessairement que les pressions spécialement dues aux vitesses des filets (lesquelles pressions sont toutes inclinées perpendiculairement à AB) donnent une somme nulle, sans quoi la résultante totale ne pourrait pas s'annuler. Il faudra pour cela que les filets supérieurs, qui sont les plus rapides, exercent une pression vive dans le sens de la translation du flotteur, et, par conséquent, qu'ils aient une vitesse supérieure à la vitesse u de celui-ci, tandis que le contraire arrivera pour les filets inférieurs. Soit CD le filet qui a la vitesse u; au-dessus de CD, dans la portion AC, il y aura des pressions vives motrices; au-dessous, sur CB, il y aura des pressions vives résistantes, et la somme des premières doit être égale à la somme des autres. Afin d'exprimer analytiquement ce fait, appelons

v la vitesse du filet quelconque, séparé de la surface libre par une distance verticale r;

a et b deux constantes;

h la profondeur totale ;

x le rapport inconnu de $\overline{AC}$ à $\overline{AB}$, et par conséquent xh la profondeur du point C.

On sait d'abord que la loi des vitesses des filets sera exprimée par

$$v = a - by^n,$$

n étant un nombre auquel on peut, d'après l'ensemble des notions théoriques et expérimentales acquises sur ce sujet, attribuer diverses valeurs, notamment les valeurs 2 ou $\dfrac{3}{2}$ (n°s 68 et 69); on aura donc aussi la relation

$$u = a - bx^n h^n,$$

puisque la vitesse du filet liquide passant au point C est la même que celle du flotteur. Ensuite, un filet d'épaisseur dy, possédant la vitesse absolue v et la vitesse relative $v - u$, exerce une pression vive proportionnelle à $(v - u)^2 dy$; on posera donc

$$\int_0^{xh} (v - u)^2 dy = \int_{xh}^h (v - u)^2 dy.$$

Or $v - u = b(x^n h^n - y^n)$; par suite on a

$$\int_0^{xh} (x^n h^n - y^n)^2 dy = \int_{xh}^h (x^n h^n - y^n)^2 dy.$$

L'intégration effectuée, le facteur h^{2n+1} disparaît, et l'on trouve

$$\frac{4 n^2}{(n+1)(2n+1)} x^{2n+1} = x^{2n} - \frac{2 x^n}{n+1} + \frac{1}{2n+1},$$

équation qui devient, par la supposition $n = 2$,

$$\frac{16}{15} x^5 = x^4 - \frac{2}{3} x^2 + \frac{1}{5},$$

et, pour $n = \dfrac{3}{2}$,

$$\frac{9}{10} x^4 = x^3 - \frac{4}{5} x^{\frac{3}{2}} + \frac{1}{4}.$$

La première de ces équations donne $x = 0,610$; la seconde serait satisfaite à peu près par la valeur $x = 0,563$. Or on sait (n° 69) que dans l'hypothèse de $n = 2$, la vitesse moyenne U du courant se trouve à une profondeur $0,577\,h$, et que, pour $n = \dfrac{3}{2}$, cette profondeur devient $0,543\,h$. La vitesse u du flotteur, qui a lieu a une profondeur très-peu supérieure, sera donc très-sensiblement égale à U. On voit que cette dernière vitesse doit être tant soit peu plus grande que l'autre.

Le résultat de l'analyse précédente conduit naturellement à un moyen de rendre plus exacte l'indication du flotteur : c'est de faire en sorte qu'au lieu d'occuper, en projection verticale, toute la profondeur du courant, il en occupe seulement une fraction qu'il est aisé de déterminer. Supposons en effet que h désigne, dans le calcul ci-dessus, la projection verticale du flotteur : la recherche du rapport x ne se trouvera en rien modifiée, et l'on arriverait de même à trouver la position du point C pour lequel on a $v = u$. Maintenant si l'on appelle H la profondeur totale du courant, on sait que le filet possédant la vitesse moyenne de l'eau se trouve à la profondeur $0,577\,H$ ou $0,543\,H$, suivant que n a la valeur 2 ou $\dfrac{3}{2}$. Pour faire en sorte que ce filet passe par le point C et que par conséquent le flotteur soit animé de la vitesse moyenne de l'eau, on devra donc poser

$$0,610\,h = 0,577\,H \quad \text{dans l'hypothèse de } n = 2,$$

$$0,563\,h = 0,543\,H \quad \text{dans l'hypothèse de } n = \dfrac{3}{2},$$

d'où l'on tire respectivement

$$h = 0,946\,H \quad \text{et} \quad h = 0,964\,H.$$

On pourrait réaliser pratiquement ce rapport de h à H, en adoptant H pour la dimension longitudinale $\overline{AB}$ du flotteur et faisant en sorte, au moyen du lest, que ce flotteur entraîné par le courant prît sur la verticale une inclinaison de 16 à 18 degrés sexagésimaux. C'est à quoi l'on arriverait par un tâtonnement expérimental.

119. *Jaugeage des cours d'eau.* — Quand il s'agit d'un cours d'eau de faible importance, on s'arrange pour faire passer tout son débit sur un déversoir ou sous une vanne; à défaut d'ouvrages de cette nature déjà existants, on établit des barrages provisoires en planches. Alors on calcule la dépense par les formules du chapitre IIème.

Un autre procédé très-simple et très-expéditif, qu'on emploiera quand on n'aura pas besoin de beaucoup de précision, consiste à mesurer au moyen de flotteurs (n° 117) la vitesse V maximum à la surface du courant. On en déduit la vitesse moyenne U par l'une des formules empiriques du n° 68, et on la multiplie par la section transversale du courant. La mesure suffisamment exacte de ce dernier élément du calcul exige que le lit ne soit pas très-raboteux, ou du moins que les inégalités soient peu sensibles relativement aux profondeurs.

Si le débit à mesurer est celui d'une assez grande rivière, on divise la section totale en un certain nombre de petites surfaces ω, pour chacune desquelles la vitesse v, considérée comme constante, se mesure en employant un des instruments ci-dessus décrits. Le débit est égal à la somme des produits ωv. Assez fréquemment, on ne mesure, sur une même verticale, que la vitesse à la surface et la vitesse de fond; on en prend la moyenne qui donne approximativement, pour cette verticale, la vitesse moyenne des filets : cette règle, depuis longtemps suivie, donne, d'après M. Fournié, de bons résultats (n° 68). La section étant ensuite divisée en tranches verticales, on multiplie chacune d'elles par la vitesse moyenne correspondante, et on fait la somme des produits. Toutefois ce procédé exige beaucoup de temps, ce qui le rend d'une application difficile, surtout aux époques où il se produit des changements assez rapides dans le régime de la rivière.

Enfin, on a indiqué au chapitre IVème divers procédés pour chercher par le calcul la dépense d'un cours d'eau; mais vu l'incertitude qui affecte l'expression du frottement sur les parois du lit, les moyens d'observation directe doive être généralement préférés.

CHAPITRE SEPTIÈME.

DES MOTEURS HYDRAULIQUES ET DE QUELQUES MACHINES A ÉLEVER L'EAU.

§ I. — Généralités sur les moteurs hydrauliques.

120. *Rappel de quelques définitions ; théorème de la transmission du travail dans les machines.* — On appelle *machine* un corps ou ensemble de corps destinés à recevoir en quelques-uns de leurs points certaines forces, et à exercer, par d'autres points, des forces qui diffèrent généralement des premières par leur intensité, leur direction et la vitesse de leurs points d'application.

L'*effet dynamique* d'une machine est le travail total, en général négatif ou résistant, qu'elle reçoit des corps extérieurs qu'on a en vue de soumettre à son action. Il arrive quelquefois que l'effet dynamique est un travail positif; par exemple, quand on fait descendre lentement un fardeau par une corde enroulée sur une poulie, le poids du fardeau fait un travail moteur sur le système de la corde et de la poulie.

Supposons, pour fixer les idées, que l'effet dynamique soit un travail résistant. Indépendamment de celui-là, la machine en subit encore d'autres, qui sont employés à vaincre les frottements, la résistance de l'air, etc. Les résistances qui donnent lieu à ces autres travaux négatifs ont reçu le nom de *résistances secondaires*, tandis que l'effet dynamique est dû à ce qu'on appelle les *résistances principales*.

Le théorème général de Mécanique en vertu duquel une relation est établie entre l'accroissement de force vive d'un système matériel et le travail des forces, est applicable à une machine, comme à tout ensemble de corps. Pour en écrire l'expression, supposons toujours l'effet dynamique négatif, et nommons :

T_m la somme des travaux des forces motrices qui ont agi sur
la machine pendant un certain intervalle de temps;

T_e l'effet dynamique pendant le même temps;

T_f la valeur correspondante du travail des résistances secondaires;

v et v_0 les vitesses d'un point matériel, de masse m, faisant
partie de la machine, au commencement et à la fin du
temps considéré;

H et H_0 les hauteurs correspondantes du centre de gravité
de l'appareil mesurées en dessous d'un plan horizontal;

Σ une somme étendue à toutes les masses m.

Le théorème cité donne immédiatement

$$\frac{1}{2}\Sigma m v^2 - \frac{1}{2}\Sigma m v_0^2 = T_m - T_e - T_f + (H - H_0)\Sigma m g.$$

Dans une machine marchant régulièrement; chacune des
vitesses v croît depuis zéro, valeur correspondante à l'état de
repos, jusqu'à un certain maximum qu'elle ne dépasse pas : le
premier membre de l'équation a donc nécessairement une
limite supérieure, en dessous de laquelle il se trouvera, ou
qu'il atteindra tout au plus, quel que soit l'intervalle de
temps auquel se rapportent les valeurs initiale et finale v_0 et v.
Il en est tout à fait de même du terme $(H - H_0)\Sigma m g$, quand
la machine marche sur place, parce que son centre de gravité
repasse périodiquement par les mêmes positions. Au contraire,
les termes T_m, T_e, T_f croissent indéfiniment avec le temps, si la
marche de la machine se prolonge, car de nouvelles quantités
de travail s'ajoutent sans cesse à celles qui ont été précédemment accomplies. Ces trois termes finiront donc par l'emporter
beaucoup sur les autres, en sorte que l'équation devra, pour
un intervalle de temps illimité, se réduire à

$$T_m = T_e + T_f.$$

C'est ce qui aurait lieu rigoureusement, sans supposer un intervalle de temps infini, si les instants extrêmes de cet intervalle répondaient à un repos de la machine, et si l'on avait en

même temps $H = H_0$. Ainsi donc on peut dire qu'en moyenne le travail moteur est égal au travail résistant; mais, comme.ce dernier comprend, outre l'effet dynamique pour lequel la machine est établie, le travail des résistances secondaires, on voit qu'on n'utilise pas complétement l'action de la puissance motrice, puisqu'une partie est consommée inutilement pour équilibrer le travail T_f.

Il est clair que le rapport $\dfrac{T_f}{T_m}$ mesure la perte proportionnelle qu'on fait; le rapport $\dfrac{T_e}{T_f}$ ou $1 - \dfrac{T_f}{T_m}$ donne, au contraire, une idée nette de la portion du travail qu'on utilise. Ce dernier rapport est ce qu'on nomme le *rendement :* il est évidemment toujours plus petit que 1, car dans les meilleures machines T_f conserve une certaine valeur. Tout l'art du constructeur consiste à se rapprocher autant que possible de l'unité.

121. *Considérations analogues appliquées à une chute d'eau.* — Une chute d'eau consiste en une certaine dépense d'eau, censée permanente, qui, entre deux sections CB, EF (*fig.* 69) d'un canal où elle coule, présente une pente su-

Fig. 69.

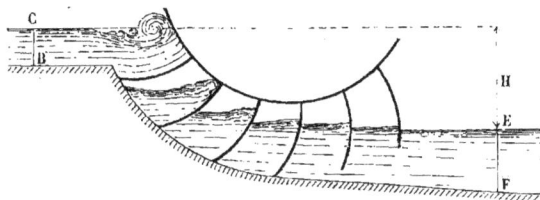

perficielle H, de grandeur notable, malgré le rapprochement de ces sections. Le système matériel liquide compris à chaque instant dans l'intervalle CBEF peut être considéré comme une machine se renouvelant sans cesse, au moyen des molécules qui entrent par CB et remplacent exactement celles qui sortent par EF. Le travail moteur sera celui de la pesanteur, réuni à celui des pressions sur le contour extérieur du système; l'effet dynamique sera le travail résistant exercé sur la chute par un appareil quelconque, une roue hydraulique par exemple, soumis à son action. A son tour la roue hydraulique, considérée comme machine, recevra de la chute un travail moteur sensiblement égal à l'effet dynamique dont on vient de parler (*), et n'en transformera qu'une partie en un travail utile, qui sera son effet dynamique propre. Mais dans tout ce qui va suivre nous nous bornerons à étudier l'effet dynamique de la chute et non celui de la roue.

Bien que le mouvement du liquide ne puisse être rigoureusement permanent, parce que la roue ne se présente pas tout à fait constamment de la même manière, cependant on peut le considérer comme tel, sans grande erreur ; car après un intervalle de temps θ, ordinairement très-court, employé par une aube ou palette pour prendre la place de la suivante, toutes choses redeviennent les mêmes. En supposant le mouvement de la roue régulier et les palettes uniformément distribuées, il y a une périodicité très-fréquente dans l'état du système, ce qui est presque de la permanence. Nous appliquerons donc le théorème de Bernoulli à une molécule quelconque, de masse m, qui, partant de la section CB avec la vitesse U_0, arrive en EF avec la vitesse U. La charge totale n'est autre chose que H, si l'on admet le parallélisme des filets dans les sections extrêmes, car alors la pression varie suivant la loi hydrostatique dans chacune des deux surfaces CB, EF, en sorte que les points C et E peuvent être pris comme niveaux piézométriques pour les positions initiale et finale de la masse m. Désignons par $-t_e$ et $-t_f$ les travaux rapportés à l'unité de masse et considérés comme résistants, que m a subis dans son parcours entre CB et EF, par suite de l'action de la roue et de la viscosité. En raisonnant comme au n° 15, on poserait l'équation

$$\mathrm{H} - \frac{1}{g}(t_e + t_f) - \frac{\mathrm{U}^2 - \mathrm{U}_0^2}{2g} = 0;$$

(*) Nous disons *sensiblement*, car l'égalité des actions mutuelles entre l'eau et la roue n'entraine pas celle des travaux correspondants. Cette égalité n'est rigoureuse qu'en supposant nul le frottement du liquide sur les parois solides de la roue, frottement qui est en effet assez faible.

on en tire

$$mt_e = mg \left(H + \frac{U_0^2}{2g} - \frac{U^2}{2g} \right) - mt_f.$$

Par conséquent on voit que chaque poids mg, qui passera de CB à EF, donnera lieu à un effet dynamique mt_e, dont le second membre fournit une expression. L'ensemble des molécules m comprises dans le poids total P que le courant débite dans une seconde, produira un effet dynamique égal à une somme Σ d'expressions analogues, étendue à toutes ces masses; en considérant U_0 et U comme des vitesses constantes dans les sections respectives CB, EF, cette sommation donnera

$$(1) \qquad \Sigma mt_e = P \left(H + \frac{U_0^2}{2g} - \frac{U^2}{2g} \right) - \Sigma mt_f.$$

Or, dans chaque seconde, un nouveau poids P est fourni par le courant; il y a donc naissance d'un nouvel effet dynamique Σmt_e, qui représente ainsi l'effet dynamique moyen par seconde.

La quantité $P \left(H + \frac{U_0^2}{2g} - \frac{U^2}{2g} \right)$ se réduit à PH, dans le cas où U_0 et U sont sensiblement nulles, ce qui a lieu en mesurant la différence de niveau entre des bassins de départ et d'arrivée, où l'eau serait à peu près stagnante : on nomme alors le produit PH *puissance absolue de la chute*. Le rapport $\frac{\Sigma mt_e}{PH}$ est le rendement; Σmt_f est le travail perdu. En divisant la dernière équation par P ou Σmg, et supposant $U = 0$, $U_0 = 0$, elle deviendrait

$$(2) \qquad \frac{\Sigma mt_e}{g \Sigma m} = H - \frac{\Sigma mt_f}{g \Sigma m} :$$

on pourrait alors appeler H la *chute absolue;* $\frac{\Sigma mt_e}{g \Sigma m}$ la *chute utilisée*, c'est-à-dire la hauteur qui, multipliée par le poids dépensé P, donnerait l'effet dynamique par seconde; $\frac{\Sigma mt_f}{g \Sigma m}$ la *chute perdue* se retranchant de la chute absolue, quand il s'agit de calculer la chute utilisée. On voit, en se reportant aux définitions du n° **15**, que $\dfrac{\Sigma mt_f}{g\Sigma m}$ est la perte de charge moyenne

éprouvée par les molécules dans leur trajet entre CB et EF ;
car cette expression représente identiquement le travail moyen
de la viscosité sur une molécule, rapporté à l'unité de masse
et divisé par g (ou, si l'on veut, rapporté à l'unité de poids).

122. *Remarques générales sur les moyens d'assurer un bon
rendement à une chute d'eau faisant marcher un moteur hydraulique.* — Pour avoir un bon rendement, il faut chercher à
diminuer autant que possible le terme Σmt_f de l'équation (1),
ou la perte de charge moyenne $\dfrac{\Sigma mt_f}{g\Sigma m}$. Parmi les causes qui
produisent cette perte, nous allons en signaler quelques-unes
et voir succinctement comment on pourrait les atténuer.

D'abord, si l'eau entre dans la roue et peut en conséquence
agir sur elle, c'est qu'elle possède une certaine vitesse relative w ; or, dans la plupart des cas, cette vitesse donne lieu à
une agitation tumultueuse du liquide et à des mouvements
vibratoires, d'où résulte une perte de charge évidemment
croissante, toutes choses étant égales d'ailleurs, avec la cause
qui la produit. Il y a donc en général intérêt à faire entrer
l'eau avec peu de vitesse relative. Cependant cela n'est pas
nécessaire quand w a sa direction tangente aux parois qu'elle
vient rencontrer, et que la disposition particulière des appareils permet à l'eau de continuer son mouvement relatif dans
la roue sans qu'il y ait choc des filets sur les parois solides ou
sur le liquide déjà introduit, puisque alors on n'a plus à craindre
l'agitation tumultueuse dont nous parlions tout à l'heure.

Quand l'eau, après sa sortie de la roue, doit être déposée
dans un bief de niveau invariable, où elle perd sa vitesse absolue de sortie v', on comprend facilement qu'il faut réduire
cette vitesse v' autant que possible. En effet, l'eau qui sort de la
roue emporte avec elle, dans chaque seconde, une demi-force
vive $\dfrac{\mathrm{P}v'^2}{2g}$ qui aurait pu être annulée par un travail résistant du
moteur hydraulique, et augmenter d'autant l'effet dynamique T_e ;
tandis que cette demi-force vive ne servira le plus souvent

qu'à produire de l'agitation et des remous dans le bief inférieur et entrera dans le terme Σmt_f. Il y a cependant des cas où l'on est forcé de donner à v' une valeur plus ou moins considérable : nous verrons ultérieurement, par quelques exemples, comment il est possible quelquefois d'atténuer cette circonstance défavorable.

Généralement les considérations ci-dessus présentées se résument en disant que l'eau doit entrer sans choc et sortir sans vitesse. On peut encore ajouter qu'il est bon de ne pas la faire couler rapidement dans des canaux trop étroits ou présentant des changements brusques de section, puisque cela entraînerait des pertes de charge à comprendre dans l'expression $\dfrac{\Sigma mt_f}{g \Sigma m}$.

Nous allons étudier maintenant les moteurs hydrauliques les plus répandus, en nous occupant toujours principalement des moyens d'utiliser la chute le mieux possible dans chaque cas, et de calculer l'effet dynamique réalisable avec les dispositions adoptées. Les roues hydrauliques se divisent en deux grandes classes, celles qui ont leur axe horizontal, et celles qui ont leur axe vertical ; les variétés renfermées dans ces deux classes feront l'objet des deux paragraphes suivants.

§ II. — Roues hydrauliques à axe horizontal.

123. *Roue en dessous à palettes planes, emboîtée dans un coursier.* — Les roues dont il s'agit sont ordinairement construites en bois. Un arbre A polygonal (*fig.* 70) est entouré d'une espèce de collier C en fonte, appelé *tourteau*, qui est calé au moyen de tasseaux de bois b. Des bras D entrent dans des rainures ménagées sur le tourteau, et lui sont reliés par des boulons ; ces bras servent à supporter une couronne EE, dont les segments sont assujettis entre eux et aux bras par des ferrures. Sur la couronne s'implantent les *coyaux* F, F,..., petites pièces de bois également espacées, destinées à soutenir les aubes ou palettes G, G,..., lesquelles sont des madriers de $0^m,02$ à $0^m,03$ d'épaisseur, situés dans des plans passant par l'axe de la roue, et occupant toute la largeur de celle-ci.

Un seul système de tourteau, bras, couronne et coyaux, ne suffirait pas pour donner un appui convenable aux aubes; dans

Fig. 70.

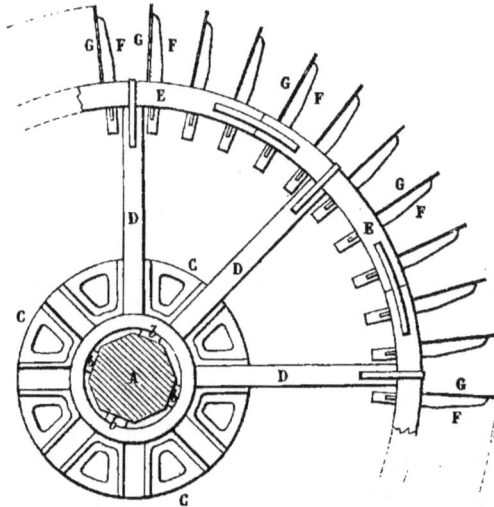

' les roues qui ont peu de largeur parallèlement à l'axe, on se contente de deux systèmes pareils; si les roues sont larges, on peut en mettre trois ou plus.

Le nombre des bras croît avec le diamètre de la roue; dans les roues les plus ordinaires, de 3 à 5 mètres de diamètre, chaque tourteau porte six bras. Les aubes peuvent être espacées de $0^m,35$ à $0^m,40$, et avoir une profondeur un peu supérieure dans le sens du rayon, comme $0^m,60$ ou $0^m,70$ par exemple.

Après ces indications sommaires sur la roue elle-même, voyons comment on peut se rendre compte du travail qu'elle reçoit de la part de la chute d'eau. L'eau arrive sous forme

Fig. 71.

d'un courant sensiblement horizontal, par un coursier BGHF (*fig.*71) de même largeur que la roue, présentant sur une portion GH une surface cylindrique qui laisse très-peu de jeu aux palettes. Les molécules liquides ont en traversant la section CB une vitesse v; mais un peu après elles sont emprisonnées dans les intervalles limités par deux aubes consécutives et par le coursier. Elles sont entrées dans ces intervalles avec une vitesse relative moyennement égale à la différence entre la vitesse horizontale v et la vitesse v' du milieu de la portion plongée des palettes, laquelle est aussi à peu près horizontale. Il résulte de la vitesse relative un choc et une agitation qui se calme peu à peu, pendant que les palettes parcourent la portion circulaire du coursier; de sorte que si cette portion circulaire est assez longue, et s'il n'y a pas trop de jeu entre les palettes et le coursier, l'eau qui sortira de la roue possèdera sensiblement la vitesse v'. L'action exercée par la roue sur l'eau est la cause de ce passage de la vitesse v à la vitesse v'; ce qui permet, comme on va le voir, de calculer l'intensité totale de cette action.

Pour cela, on appliquera au système liquide compris entre les sections transversales CB, EF, où les filets sont supposés parallèles, le théorème des quantités de mouvement projetées sur un axe horizontal. Appelons :

b la largeur constante du coursier et de la roue ;

h, h' les profondeurs $\overline{\text{CB}}$ et $\overline{\text{EF}}$ des sections extrêmes, qui sont rectangulaires ;

F la force totale exercée par la roue sur l'eau ou inversement, dans le sens horizontal ;

P la dépense du courant, en kilogrammes, par seconde ;

Π le poids du mètre cube d'eau ;

θ un temps très-court pendant lequel CBEF est venu en C′B′E′F′.

L'évaluation du gain de quantité de mouvement du système CBEF pendant le temps θ, ainsi que le calcul des impulsions correspondantes produites par la pesanteur et par les pressions sur la surface extérieure du système liquide, ressemblent complétement à ce qu'on a vu au n° 85, à l'occasion du ressaut dans les cours d'eau. Avec les notations actuelles, on trouverait :

1° Pour le gain moyen de quantité de mouvement projetée
$\dfrac{P\theta}{g}(v' - v)$;

2° Pour les impulsions réunies de la pesanteur et des pressions, aussi en projection horizontale, $\dfrac{1}{2}\Pi b\theta(h^2 - h'^2)$; à ces impulsions, il suffit de joindre celle que produit F, ou $-F\theta$, pour avoir la somme des impulsions projetées.

On aura donc

$$\frac{P\theta}{g}(v' - v) = \frac{1}{2}\Pi b\theta(h^2 - h'^2) - F\theta,$$

d'où l'on tire

$$F = \frac{P}{g}(v - v') - \frac{1}{2}\Pi b(h'^2 - h^2).$$

Les forces dont F est la résultante en projection horizontale sont exercées en sens contraire par l'eau sur la roue, en des points dont le mouvement vertical est à peu près nul, et dont la vitesse est approximativement v' dans le sens horizontal. La roue recevra donc de la part de ces forces, dans chaque unité de temps, un travail $F v'$, qui représente l'effet dynamique T_e, sauf une légère erreur (n° **121**). Ainsi donc

$$T_e = F v' = \frac{P}{g}v'(v - v') - \frac{1}{2}\Pi bv'(h'^2 - h^2).$$

On a d'ailleurs

$$P = \Pi bhv = \Pi bh'v';$$

on pourra donc écrire

$$T_e = \frac{P}{g}v'(v - v') - \frac{1}{2}P\left(h' - \frac{h^2}{h'}\right) = \frac{P}{g}v'(v - v') - \frac{1}{2}Ph\left(\frac{h'}{h} - \frac{h}{h'}\right),$$

soit enfin, en remarquant que $\dfrac{h}{h'} = \dfrac{v'}{v}$,

(1) $$T_e = \frac{P}{g}v'(v - v') - \frac{1}{2}Ph\left(\frac{v}{v'} - \frac{v'}{v}\right).$$

Pour que cette formule soit passablement exacte, il faut que les hauteurs h et h' soient assez petites, sans quoi les aubes auraient une inclinaison notable sur la verticale à l'instant où elles sortent de l'eau; la vitesse des points où sont appliquées les forces ayant F pour résultante ne pourrait plus être regardée comme horizontale, comme on l'a supposé ci-dessus, et il se produirait une résistance particulière à l'émersion des aubes, à cause du liquide inutilement soulevé par elles. Il faut aussi que l'eau soit emprisonnée assez longtemps dans la roue pour passer à la vitesse v'.

On peut dans la formule (1) considérer v et h comme des données fixes et chercher la valeur la plus convenable de la vitesse v' des palettes, pour rendre T_e le plus grand possible. Si l'on pose à cet effet $\dfrac{v'}{v} = x$, $T_e = AP \dfrac{v^2}{2g}$, la formule (1) donne

$$A = 2x(1 - x) - \frac{gh}{v^2}\left(\frac{1}{x} - x\right),$$

et il faut choisir x de manière à ce que A soit maximum. Ce maximum s'obtiendra en prenant la valeur qui annule la dérivée $\dfrac{dA}{dx}$, ce qui conduit à l'équation

$$1 - 2x + \frac{gh}{2v^2}\left(\frac{1}{x^2} + 1\right) = 0.$$

La valeur de x qu'on en tire dépend de $\dfrac{gh}{v^2}$; on trouve approximativement:

Pour	$\frac{gh}{v^2} =$	$x =$	$A =$
	0,00,	0,500,	0,500,
	0,05,	0,553,	0,431,
	0,10,	0,595,	0,373.

Assez habituellement on néglige le terme $\dfrac{gh}{v^2}\left(\dfrac{1}{x} - x\right)$, et alors on a $x = 0,50$, $A = 0,50$; en en tenant compte, le maximum de A est assez fortement altéré, même pour de faibles valeurs de $\dfrac{gh}{v^2}$. Mais l'expérience ne confirme pas le résultat du calcul en ce qui concerne la meilleure valeur du nombre x, et ne conduit pas à le prendre au-dessus de o,5o, comme nous venons de le trouver; elle indiquerait plutôt un rapport de v' à v voisin de o,4, ce qui tient probablement à ce qu'une marche trop rapide de la roue empêche le liquide de passer complétement de la vitesse v à la vitesse v', pendant son séjour entre les palettes : une portion de l'eau s'échappe avant d'avoir produit tout son effet dynamique, et la formule (1) cesse d'être conforme à la réalité.

Ainsi, Smeaton, ingénieur anglais, a fait des expériences, en 1759, sur une petite roue à aubes planes de o^m,609 de diamètre; cette roue était emboîtée dans un coursier à fond plat, ce qui est un défaut, parce que les intervalles compris entre les aubes et le coursier ne sont jamais complétement fermés. Le poids P variait de o^k,86 à 2^k,84. Dans chaque expérience, le travail transmis à la roue était déterminé par l'élévation d'un poids attaché à une corde qui s'enroulait sur l'arbre. La valeur la plus convenable de $x = \dfrac{v'}{v}$ a été ainsi trouvée variable de o,34 à o,52, soit en moyenne égale à o,43. Le nombre A, compris entre o,29 et o,35, avait pour valeur moyenne $\dfrac{1}{3}$ environ.

Nous nous en tiendrons donc définitivement au rapport $\dfrac{v'}{v} = 0,4$ fourni par l'expérience. L'expression de A devient alors

$$A = 0,48 - 2,1\,\frac{gh}{v^2},$$

qui pour $\dfrac{gh}{v^2} = 0,05$ et $\dfrac{gh}{v^2} = 0,10$ donne les nombres

$$A = 0,375 \quad \text{et} \quad A = 0,27,$$

assez rapprochés de ceux trouvés par Smeaton.

Voici encore quelques remarques auxquelles il serait bon d'avoir égard dans la pratique.

1° Il convient, autant que possible, que la hauteur h soit de o^m,15 à o^m,20. Une trop faible épaisseur de la lame d'eau qui arrive sur la roue donne relativement de l'importance au jeu inévitable entre la roue et le coursier, jeu qui débite en pure perte une partie de l'eau motrice. Une trop grande épaisseur aurait aussi des inconvénients : car de la relation $\frac{h'}{h} = \frac{v}{v'}$

il suit que pour $\frac{v}{v'} = 0,4$ et $h = 0^m,20$ on aura déjà

$$h' = \frac{0^m,20}{0,4} = 0^m,50;$$

les aubes seront immergées de $0^m,50$, en adoptant l'épaisseur de $0^m,20$, et si elles l'étaient davantage, elles éprouveraient une résistance assez forte pour sortir de l'eau, comme on l'a déjà dit. Il faut donc que h ne soit ni trop petit, ni trop grand : les limites de $0^m,15$ à $0^m,20$ sont conseillées par M. Belanger.

2° On évitera autant que possible les pertes de charge, pendant le trajet de l'eau depuis le bassin d'amont jusqu'à son arrivée à la section CB près de la roue, pertes qui se traduisent en une diminution de rendement (n° 121). Pour lui donner la forme d'une lame mince, de $0^m,15$ à $0^m,20$ d'épaisseur, on la fait couler sous une vanne, par un orifice rectangulaire : on aura soin de bien raccorder les bords de cet orifice avec l'intérieur du bassin de retenue, afin d'éviter une contraction suivie de l'épanouissement brusque des filets, comme dans les ajutages cylindriques. On inclinera la vanne, comme dans la *fig.* 72, afin qu'il y ait peu de distance entre l'orifice et la roue, ce qui diminue la perte de charge produite par le frottement de l'eau sur le canal MC d'amenée.

Fig. 72.

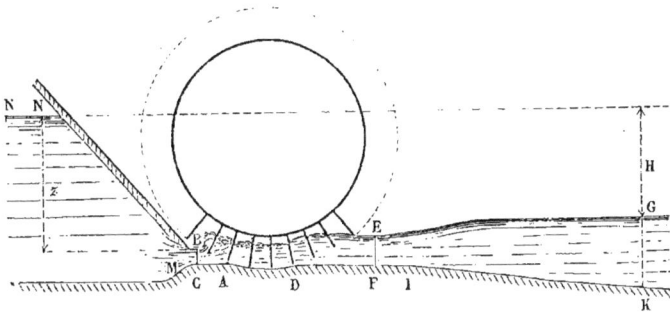

3° L'eau sort de la roue en EF avec une vitesse $v' = 0,4 v$, sous forme d'un faisceau horizontal de filets parallèles. Si pour se rendre dans le bief d'aval, dans une section GK, où sa vitesse sera sensiblement nulle, elle n'avait à subir aucune perte de charge, il y aurait entre EF et GK une charge négative dont la valeur absolue serait $\dfrac{v'^2}{2g}$ ou $0,16\dfrac{v^2}{2g}$; c'est-à-dire que le point G serait à une hauteur $0,16\dfrac{v^2}{2g}$ au-dessus de E, puisque les niveaux piézométriques en EF et GH peuvent être confondus avec ceux des points E et G. Il n'est pas possible de faire en sorte que toute perte de charge soit supprimée entre EF et GK; mais on atténue beaucoup ces pertes, au moyen d'une disposition que M. Belanger a conseillée le premier. Le fond du coursier, après la partie circulaire AD, présente une faible pente, sur une longueur $\overline{\text{DI}} = 1$ mètre à 2 mètres; puis il se raccorde avec le bief d'aval par une ligne IK inclinée de $0^m,07$ à $0^m,10$ par mètre; les bajoyers qui limitent latéralement le coursier sont prolongés sur la même longueur, soit en conservant le parallélisme de leur plan, soit avec un faible évasement, sans dépasser un angle de 3 ou 4 degrés (n° 90). Le point D se place à une hauteur $h' + \dfrac{2}{3} \times 0,16\dfrac{v^2}{2g}$ (*), soit $2,5\,h + 0,11\dfrac{v^2}{2g}$ au-dessous du niveau de l'eau dans le bief d'aval. Voici alors ce qui se passe : l'eau franchit la différence de niveau de E à G, ou la hauteur $0,11\dfrac{v^2}{2g}$, en vertu de sa vitesse $0,4\,v$, soit

---

(*) Ce coefficient $\dfrac{2}{3}$ a été fixé par simple aperçu : en le remplaçant par l'unité, l'eau ne pourrait plus se relever jusqu'au point G, puisque cela exigerait une perte de charge nulle dans l'intervalle entre EF et GK; par conséquent l'eau du bief d'aval viendrait probablement noyer les aubes et gêner leur mouvement. C'est afin d'éviter un tel inconvénient que le nombre en question est pris au-dessous de 1; la valeur adoptée laisse disponible une hauteur $\dfrac{1}{3} \cdot \dfrac{v'^2}{2g}$, soit $0,05\dfrac{v^2}{2g}$, pour contre-balancer la charge perdue par les molécules liquides après leur sortie de la roue, et assurer le dégorgement de celle-ci.

Si l'on voulait procéder avec plus de rigueur, on calculerait d'abord la pente de la partie Dl, de manière à entretenir le mouvement uniforme de l'eau avec la section bh' et la dépense $bh'v'$ (n° 75, 3°). Cette pente, comme nous l'avons

par une contre-pente superficielle, soit par un ressaut brusque avec contre-pente (comme dans l'expérience de Bidone citée au n° 84), de sorte que la charge perdue se réduit à $0,05\,\dfrac{v^2}{2g}$.

Dans beaucoup de roues on a négligé cette précaution et l'on a placé le niveau du bief inférieur à la hauteur du point E et quelquefois même au-dessous. Nous allons montrer qu'on obtient de cette manière un rendement moindre. Pour cela, cherchons quelle doit être, avec la disposition ci-dessus décrite, la situation du coursier relativement au bief d'amont, et l'expression du rendement. En vue de simplifier cette recherche, nous admettrons que les lignes MA, DF, faiblement inclinées, font partie d'une même horizontale. Dans l'hypothèse d'une perte de charge nulle jusqu'à BC, la vitesse v serait due à la hauteur z du niveau N dans le bief d'amont, au-dessus du filet supérieur de la veine (n° 28); mais, à cause des pertes de charge, on affecte z d'un coefficient de réduction, que nous supposons (faute de données bien précises) égal à 0,95, c'est-à-dire que nous écrirons

$$\frac{v^2}{2g} = 0,95\,z,$$

d'où

$$z = \frac{1}{0,95}\cdot\frac{v^2}{2g}.$$

dit, serait généralement faible et ne dépasserait pas quelques millièmes tout au plus. A la suite de DI se trouve le canal à section rectangulaire IK, assez fortement incliné pour entraîner, dans l'hypothèse de la permanence, la formation d'un profil appartenant à la classe B (n° 83). Connaissant la dépense et la profondeur $h' = \overline{EF}$ à l'origine, on pourrait alors étudier, par les méthodes exposées dans le chapitre quatrième (§§ III et IV), la figure de la surface libre dans ce canal, surface qui ne présenterait aucun ressaut superficiel ou pourrait au contraire en présenter un, suivant les circonstances particulières qui devraient se produire dans la section extrême d'aval. Dans tous les cas, la détermination qu'on aurait faite des profils réalisables permettrait de dire avec précision la quantité dont le niveau est susceptible de remonter entre les points E et G. Mais les calculs nécessaires pour y arriver sont assez longs et, par leur nature même, sujets à quelque incertitude; nous pensons donc que, pratiquement, le mieux est de s'en tenir à notre première indication.

La distance du fond MA au niveau N sera donc $h + \dfrac{1}{0,95} \cdot \dfrac{v^2}{2g}$; elle s'exprime aussi d'une autre manière, par

$$H + 2,5h + \frac{2}{3} \times 0,16 \frac{v^2}{2g},$$

en appelant H la chute absolue ou la hauteur entre G et N. Donc

$$h + \frac{1}{0,95} \cdot \frac{v^2}{2g} = H + 2,5h + \frac{2}{3} \times 0,16 \frac{v^2}{2g},$$

et, par suite,

$$\frac{v^2}{2g} = 1,057 \left(H + \frac{3}{2} h \right),$$

relation qui fait connaître v, pour une chute donnée, quand on se sera fixé la valeur de h. De là on déduira z et $h + z$, ce qui suffit pour définir la position du coursier. L'effet dynamique T_e, d'après ce qu'on a vu tout à l'heure, sera $AP \dfrac{v^2}{2g}$, ou, en faisant $\dfrac{v'}{v} = 0,4$,

$$(2) \qquad T_e = \left(0,48 - 2,1 \frac{gh}{v^2} \right) P \frac{v^2}{2g};$$

substituant à la place de $\dfrac{v^2}{2g}$ sa valeur, cette relation devient

$$T_e = P \left[0,48 . 1,057 \left(H + \frac{3}{2} h \right) - 2,1 . \frac{1}{2} h \right] = P(0,507H - 0,289h).$$

Le rendement $\dfrac{T_e}{PH}$ aura donc pour expression, en nombres ronds,

$$(3) \qquad \frac{T_e}{PH} = 0,50 - 0,3 \frac{H}{h};$$

pour $h = 0^m,20$ et H compris entre 1 mètre et 2 mètres, il varierait de $0,44$ à $0,47$.

Maintenant supposons que, sans changer la chute **H**, on veuille placer le niveau du bief d'aval au-dessous de E ou tout au plus à la même hauteur ; il est clair qu'il faudra relever le fond du coursier. Alors v diminuera, et h devra augmenter, pour que le débit P reste le même ; par ces deux raisons T_e diminuera, comme le montre la formule (2) ci-dessus. Par exemple, en supposant que le bief d'aval soit à la hauteur η au-dessous de E, l'équation qui détermine $\dfrac{v^2}{2g}$ deviendra

$$h + \frac{1}{0,95} \cdot \frac{v^2}{2g} = H + 2,5h - \eta,$$

d'où l'on tire successivement, eu égard à l'équation (2),

$$\frac{v^2}{2g} = 0,95 \left(H - \eta + \frac{3}{2} h \right),$$

$$T_e = P \left[0,48 \times 0,95 \left(H - \eta + \frac{3}{2} h \right) - 1,05h \right]$$
$$= P \left[0,456 (H - \eta) - 0,375 h \right],$$

et, en arrondissant les nombres,

$$(4) \qquad \frac{T_e}{PH} = 0,45 \left(1 - \frac{\eta}{H} \right) - 0,375 \frac{h}{H}.$$

Les données $\eta = 0$, $h = 0^m,20$ et $H = 1$ mètre conduiraient à un rendement de $0,38$, au lieu de $0,44$; avec $H = 2$ mètres, on obtiendrait un rendement de $0,41$, tandis que nous avions trouvé $0,47$. Il y aurait une infériorité bien plus marquée, si l'on attribuait à η une certaine valeur, en supposant, par exemple, le niveau du bief d'aval à la hauteur du fond du coursier, ainsi qu'on le pratiquait anciennement.

La disposition du canal de fuite que nous avons indiquée d'après M. Belanger peut être avantageusement reproduite dans tous les systèmes de roues hydrauliques qui abandonnent l'eau avec une vitesse notable, sous forme d'un courant horizontal à filets parallèles. Le relèvement de la surface de ce courant ayant lieu au delà de la roue, celle-ci subira la même action de la part de l'eau, si tout est pareillement disposé depuis le bief d'amont jusqu'à la sortie de la roue (*). Avec le

(*) Il ne faudrait cependant pas donner à cette affirmation un sens trop absolu. Nous supposons ici, comme dans tout le cours du n° 123, que les filets

canal de fuite en question, le niveau s'élève, au lieu de rester au même point ou de s'abaisser ; on obtient donc une même action sur la roue avec une chute moindre, et par conséquent on peut avoir davantage, à égalité de chute.

Cependant on voit par la formule (3) que le rendement de ces roues n'atteint jamais la limite de 0,50, malgré toutes les précautions possibles ; ce système est donc désavantageux comparativement à ceux que nous allons étudier.

124. Roues à la Poncelet. — La principale cause de perte de travail dans la roue en dessous à palettes planes est le passage brusque de la vitesse v à la vitesse v', deux fois et demie moindre, ce qui produit nécessairement dans le liquide une agitation tumultueuse. De cette agitation naissent de grandes déformations intérieures et un travail négatif produit par la viscosité, lequel se retranche de l'effet dynamique. L'eau pos-

---

liquides traversant la section EF sont sensiblement parallèles et rectilignes : la pression varie alors, de l'un à l'autre, suivant la loi hydrostatique (n° 18, 4ᵉ règle), et la force résistante due au liquide d'aval est toujours $\frac{1}{2}\Pi bh'^2$, de quelque manière que les choses se passent au delà de EF. Mais on conçoit que, si cette section était immédiatement suivie d'une chute brusque, de manière à permettre le libre déversement de l'eau, avec un mouvement parabolique, la pression en EF tendrait à devenir partout égale à la pression atmosphérique (n° 18, 3ᵉ règle), et la résistance du liquide d'aval tendrait à s'annuler théoriquement, ou du moins elle passerait de la valeur $\frac{1}{2}\Pi bh'^2$ à une valeur beaucoup moindre. En supposant sa disparition totale, il en résulterait un accroissement $\frac{1}{2}\Pi bh'^2 v' = \frac{Ph'}{2}$ de l'effet dynamique. Dans le cas de la roue en dessous on a $h' = 2,5h$: ce gain de travail s'exprimerait donc par $1,25 Ph$, et, par suite, la formule (4) deviendrait

$$\frac{T_e}{PH} = 0,45\left(1 - \frac{\eta}{H}\right) + 0,875\frac{h}{H}.$$

Il faudrait d'ailleurs faire η au moins égal à h' ou à $2,5h$ pour rendre possible le déversement libre au delà de EF, d'où résulte

$$\frac{T_e}{PH} \lessgtr 0,45 - 0,25\frac{h}{H},$$

résultat en général moins favorable que celui de la formule (3), quoique nous ayons probablement exagéré le bénéfice procuré par la facilité du déversement.

sède aussi une grande vitesse de sortie, qu'on n'utilise tout au plus que partiellement. Le général Poncelet s'est proposé d'éviter ces inconvénients, tout en conservant à la roue son caractère spécial, qui est de marcher rapidement; c'est-à-dire qu'il a cherché à remplir, pour la roue en dessous, les deux conditions générales d'un bon moteur hydraulique (n° 122), savoir : l'entrée de l'eau sans choc, et sa sortie sans vitesse. A cet effet, il a imaginé les dispositions suivantes.

Le fond du bief supérieur, sensiblement horizontal, est raccordé avec le coursier, dont le profil se compose d'une droite inclinée à 0^m,10 par mètre, suivie d'une courbe.

La droite forme une pente du côté de la roue, et son prolongement serait tangent à la circonférence extérieure de celle-ci; elle se termine au point où l'eau commence à entrer dans la roue. La partie courbe est elle-même composée d'une courbe spéciale, sur le tracé de laquelle nous reviendrons tout à l'heure, et qui s'arrête au point où elle vient rencontrer la circonférence extérieure. A la suite, les aubes sont emboîtées dans une portion de coursier cylindrique, d'un développement un peu supérieur à l'intervalle entre deux aubes consécutives, terminée par un approfondissement brusque; cet approfondissement a son sommet au niveau moyen des eaux d'aval; son but est de faciliter le dégorgement de la roue.

L'eau arrive dans le coursier en passant sous une vanne inclinée de 30 à 45 degrés environ sur la verticale; les côtés de l'orifice sont arrondis, afin d'éviter la perte de charge analogue à celle des ajutages cylindriques.

Les aubes sont assemblées entre deux couronnes annulaires qui empêchent l'eau de se déverser latéralement; l'écartement intérieur de ces couronnes dépasse de quelques centimètres la largeur de l'orifice laissé libre par la vanne. Les aubes sont courbes; elles coupent la circonférence extérieure de la couronne sous un angle voisin de 30 degrés, et la circonférence intérieure sous un angle à peu près droit; leur courbure est d'ailleurs à peu près indifférente. Il y en a ordinairement 36 pour les roues de 3 ou 4 mètres de diamètre, et 48 pour celles de 6 et 7 mètres.

La théorie exacte de cette roue n'est guère possible dans

l'état actuel de la science. On la simplifie d'abord en considérant la masse d'eau qui pénètre entre deux aubes cons-
sécutives comme un simple point matériel qui, pendant son
mouvement relatif dans la roue, n'éprouverait aucun frottement. On suppose de plus que la vitesse absolue de ce point
est dirigée suivant l'horizontale qui touche la roue en son
point le plus bas, et que les aubes se raccordent tangentiellement avec la circonférence extérieure. Soient maintenant v la
vitesse absolue de l'eau à son entrée, et u la vitesse de la
roue sur cette circonférence; l'eau possède relativement à la
roue, à l'instant de son entrée dans les aubes, une vitesse horizontale $v — u$, en vertu de laquelle elle va se mouvoir à l'intérieur du vase formé par deux aubes consécutives. Si l'on
assimile, pendant ce mouvement relatif de très-courte durée,
le mouvement des aubes à une translation uniforme suivant
l'horizontale, les forces apparentes s'annuleront, en sorte que
la petite masse liquide dont nous avons parlé montera le long
des aubes à une hauteur $\dfrac{(v — u)^2}{2g}$, en vertu de sa vitesse relative initiale, peu à peu détruite par l'action de la pesanteur.
Ensuite cette masse redescendra et reprendra la même vitesse
relative $v — u$, quand elle sera sur le point de quitter l'aube;
mais cette vitesse relative sera en sens contraire de la précédente, et par conséquent aussi en sens contraire de la vitesse u
des aubes. La vitesse absolue de l'eau à sa sortie égalera donc
la différence entre u et $v — u$, soit $2u — v$; on voit qu'elle sera
nulle pourvu que l'on prenne $u = \dfrac{1}{2}v$, c'est-à-dire pourvu que
la vitesse à la circonférence extérieure de la roue soit moitié
de celle de l'eau dans le canal d'amenée.

On aurait donc ainsi réalisé les deux conditions principales
qui font une bonne roue. Mais, comme l'a remarqué le général Poncelet, les choses ne se passent pas tout à fait ainsi
dans la pratique.

L'eau ne peut pas entrer dans la roue tangentiéllement à sa
circonférence, comme on l'a supposé ci-dessus. En effet, nommons ds la longueur d'un élément de cette circonférence
plongé dans le courant, b la largeur de la roue, β l'angle de ds

avec la vitesse relative w de l'eau par rapport à la roue; il entrera pendant l'unité de temps, par la surface bds, un volume prismatique de liquide ayant pour section droite $bds.\sin\beta$ et pour longueur w, soit un volume $bds.w\sin\beta$, quantité nulle en même temps que β. Ainsi w doit couper la circonférence sous un certain angle qui ne peut être nul; il faut d'ailleurs le faire aussi petit que possible, afin que, au point de sortie, la vitesse relative du liquide et la vitesse des aubes puissent être sensiblement opposées et donner une résultante nulle; d'un autre côté, il ne faut pas qu'il soit trop petit, pour ne pas rendre difficile ou même impossible l'introduction de l'eau. C'est afin de concilier ces deux conditions contraires, qu'on a fixé la limite de 30 degrés pour l'angle β, qui sera également celui des aubes avec la circonférence extérieure, puisque les filets doivent entrer tangentiellement aux aubes. Mais alors la vitesse absolue de l'eau n'est pas nulle à la sortie, car ses deux composantes u et w ne sont plus suivant la même ligne droite, mais font entre elles un angle de 180° — 30° ou 150°. On supposera toujours $w = u$, parce que l'angle des deux composantes étant assez ouvert, on obtiendra ainsi une faible vitesse absolue v'. Toutefois cette vitesse aura encore pour valeur $2u\cos 75°$ ou $v\cos 75°$, ou enfin $0,259v$; elle est d'ailleurs dirigée suivant la bissectrice de l'angle compris entre u et w, c'est-à-dire qu'elle est presque verticale, et par conséquent on ne peut l'utiliser par une contre-pente; elle s'annule en produisant une agitation inutile dans le bief inférieur, d'où résulte un travail négatif égal à $P\dfrac{v'^2}{2g}$, P étant le débit de la chute. C'est donc aussi une perte de chute exprimée par $\dfrac{v'^2}{2g}$, soit $0,067\dfrac{v^2}{2g}$.

Comme cause de perte on peut encore citer le frottement de l'eau sur le coursier et contre les aubes. Une autre objection très-grave à la théorie ci-dessus, c'est que les molécules liquides ne se meuvent pas comme si elles étaient isolées : quand l'une d'elles, parvenue à la hauteur $\dfrac{w^2}{2g}$, entre les aubes, tend à redescendre, une autre vient d'entrer; et il est difficile d'admettre qu'il ne résulte pas de là des perturbations notables dans le mouvement de ces molécules.

Par toutes ces raisons, l'expérience indique seulément un rendement moyen de 0,60 pour ces roues. C'est déjà un progrés très-considérable sur les anciennes roues en dessous à palettes planes, dont le rendement n'était guère que de 0,25 à 0,30 et ne pouvait jamais atteindre la limite de 0,50. Quant au rapport le plus favorable des vitesses u et v, l'expérience le donne égal à 0,55 au lieu de $\frac{1}{2}$.

On a dit tout à l'heure que la partie droite du coursier était suivie d'une courbe; voici la condition qui en détermine le tracé. La vitesse relative w de l'eau à son entrée, égale à celle qui existe à la sortie, est aussi la même que la vitesse d'entraînement u; donc la vitesse absolue, résultante de ces deux vitesses, se trouve dirigée suivant leur bissectrice, et puisque l'angle de la tangente à la circonférence extérieure avec la vitesse relative est de 30 degrés, celui de la même tangente avec la vitesse absolue sera de 15 degrés. Il faut donc que tous les filets viennent rencontrer la circonférence sous un angle de 15 degrés. Pour en déduire la forme du fond, nous admettrons que toute normale au fond est simultanément normale à tous les filets qu'elle coupe. Soit alors A (*fig.* 73) le point d'entrée

Fig. 73.

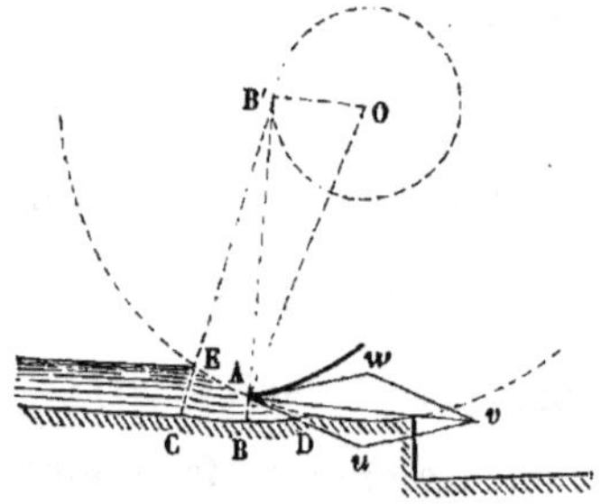

d'un filet dont la vitesse absolue Av fait un angle de 15 degrés avec la tangente Au; la perpendiculaire BAB′ à Av est une normale au fond du coursier. En même temps, si l'on mène le rayon AO, l'angle OAB′ sera égal à uAv, comme ayant leurs côtés perpendiculaires; donc OAB′ = 15°. La perpendiculaire $\overline{OB'}$ abaissée du centre O sur le prolongement de BA a donc une valeur constante et égale à $\overline{AO}$ sin 15°. Par suite, toutes les normales au fond du coursier sont tangentes à un même cercle de rayon $\overline{OB'}$; la courbe CBD est donc une développante de cercle. On la termine d'abord à sa rencontre avec la circonférence OA, au point D, et de l'autre côté en un point C, tel que la normale CE, prise jusqu'à la circonférence OA, ait une longueur égale à l'épaisseur de la lame fluide. Cette épaisseur est d'ailleurs variable avec la chute; elle doit être, d'après l'expérience, de $0^m,20$ à $0^m,30$ pour les chutes au-dessous de $1^m,50$, et peut descendre à $0^m,10$ environ pour les chutes au-dessus de 2 mètres.

L'eau s'élève dans les aubes à une hauteur $\dfrac{w^2}{2g}$: or le triangle des vitesses (*fig.* 73) donne $\dfrac{w}{v} = \dfrac{\sin 15^0}{\sin 30^0} = 0,5176$, et, par suite, $\dfrac{w^2}{2g}$ diffère peu de $\dfrac{1}{4} \cdot \dfrac{v^2}{2g}$ ou de $\dfrac{1}{4} H$, en appelant H la hauteur de chute. Il faudrait donc que la distance des deux circonférences qui limitent les aubes fût au moins $\dfrac{1}{4} H$; afin d'éviter plus certainement que l'eau ne possède encore de la vitesse relative en arrivant à l'extrémité des aubes, ce qui donnerait lieu à un jaillissement de l'eau à l'intérieur de la roue, M. Poncelet a conseillé de porter cette distance à $\dfrac{1}{3} H$.

125. *Roues à aubes, dans un courant à grande section.* — Ces roues sont placées dans un courant dont la section a une largeur beaucoup plus grande que celle de la roue; assez souvent elles sont portées par des bateaux, et on les appelle *roues pendantes*. Dans l'impossibilité de calculer théoriquement l'effet dynamique du courant sur ces roues, nous nous contenterons de l'aperçu suivant.

La force horizontale F que la roue exerce sur le liquide étant constante, son impulsion dans l'unité de temps a numériquement la même valeur que son intensité. Si donc, en vertu de cette impulsion, une masse m d'eau passe, dans une seconde, de la vitesse v du courant à la vitesse u de la roue, on aura

$$F = m(v - u),$$

et par suite le travail exercé sur la roue dans le même temps, sensiblement égal à l'effet dynamique du courant, sera

$$Fu = mu(v - u).$$

Or le général Poncelet suppose que la masse m doit être proportionnelle à v, et de plus il est assez naturel d'admettre qu'elle est proportionnelle à l'aire S de la portion immergée des aubes. Il pose donc, en appelant k un coefficient et Π le poids du mètre cube d'eau,

$$m = k\,\mathrm{S}v\,\frac{\Pi}{g},$$

d'où résulte

$$\mathrm{F}u = k\,\Pi\,\mathrm{S}\,\frac{vu(v-u)}{g}.$$

Cette formule est assez bien vérifiée par l'expérience, en prenant $k = 0,8$.

Quand on donne v, le maximum de $\mathrm{F}u$ répond à $u = v - u$, puisque la somme de ces deux facteurs est constante : on en tire $u = \frac{1}{2}v$, comme on l'avait trouvé pour les deux roues précédemment étudiées. L'expérience indique le rapport $\frac{u}{v} = 0,4$ comme étant le plus convenable; ce rapport n'altère que très-faiblement le maximum théorique, dont la valeur est

$$0,4\,\Pi\,\mathrm{S}v\,\frac{v^2}{2g},$$

Les aubes doivent avoir pour hauteur de $\frac{1}{5}$ à $\frac{1}{4}$ du rayon. Des rebords mis sur leur contour, du côté qui reçoit le choc de l'eau, augmenteraient l'action mutuelle. Le diamètre est ordinairement de 4 à 5 mètres et les aubes au nombre de 12.

126. *Des roues embottées dans un coursier circulaire, dites roues de côté.* — Ces roues ressemblent beaucoup, quant à leur construction, aux roues en dessous étudiées au n° 123; mais une différence essentielle, qui peut en produire une considérable dans le rendement, consiste dans le mode d'introduction de l'eau; celle-ci ne pénètre plus dans la roue par sa partie inférieure, mais seulement à une faible hauteur en dessous de l'axe, c'est-à-dire par côté, comme l'indique le nom. Les questions que nous allons examiner successivement se-

ront : 1° la vitesse la plus convenable de la roue; 2° le mode d'introduction de l'eau; 3° la situation du coursier relativement aux biefs d'amont et d'aval; 4° le calcul de l'effet dynamique. Enfin nous ferons connaître au sujet de cette roue diverses données pratiques.

(a) *Détermination de la vitesse de la roue, de sa largeur, de son immersion à l'aplomb de l'arbre.* — Soient

Q le volume d'eau que la chute dépense dans une seconde;
b la largeur de la roue, qui sera aussi celle du coursier;
h la hauteur de la partie plongée des aubes, à l'aplomb de l'arbre;
c l'épaisseur des aubes;
C leur espacement d'axe en axe, mesuré sur la circonférence extérieure;
R le rayon de cette circonférence;
u la vitesse de l'un quelconque de ses points.

L'eau comprise entre deux aubes consécutives à l'aplomb de l'arbre aura pour hauteur h, pour largeur moyenne $C\left(1 - \dfrac{h}{2R}\right) - c$, et b pour épaisseur parallèlement à l'axe de la roue; son volume est donc $hbC\left(1 - \dfrac{h}{2R} - \dfrac{c}{C}\right)$, et, attendu qu'il se débite pendant une seconde un nombre $\dfrac{u}{C}$ de ces volumes, on aura

$$Q = hbu\left(1 - \frac{h}{2R} - \frac{c}{C}\right).$$

En pratique $\dfrac{h}{2R}$ et $\dfrac{c}{C}$ sont toujours d'assez petites fractions, dont la somme excède rarement 0,10; on aura donc, sauf une légère erreur,

$$Q = 0,9\,hbu.$$

Q étant donné, on peut satisfaire à cette relation en choisissant arbitrairement u et h, et déterminant b en conséquence. Dans ce cas on prendrait h de 0^m,15 à 0^m,25, $u = 1^m,30$, et enfin $b = \dfrac{10Q}{9hu}$; la dépense $\dfrac{Q}{b}$ par mètre de largeur, exprimée par o,9hu, varierait alors de 175 à 290 litres environ. Voici comment on justifie les valeurs que nous venons d'indiquer pour h et u.

Le calcul des pertes de charge subies par l'eau, dans son trajet du bief d'amont au bief d'aval, montre, comme on le verra plus loin, que toutes ces pertes augmentent avec la vitesse de la roue. On serait donc naturellement porté à prendre cette vitesse très-petite, pour augmenter le rendement. Mais plusieurs considérations montrent qu'il est bon de ne pas trop ralentir la roue. En effet, on voit que si u était très-petit, le produit $hb = \dfrac{10}{9} \cdot \dfrac{Q}{u}$ serait considérable, et il faudrait que l'une des deux dimensions b ou h fût assez grande. Or une grande largeur b donnerait lieu à une roue lourde, dispendieuse à établir, perdant beaucoup de travail par le frottement des tourillons; une grande valeur de h produirait des inconvénients déjà signalés à l'occasion de la roue en dessous (n° 123). Enfin, il est bon que la roue fasse jusqu'à un certain point office de volant pour les machines qu'elle met en mouvement, ce qui est encore une raison pour lui laisser une certaine vitesse. La valeur $u = 1^m,30$ a été indiquée par l'expérience. Quant à la hauteur h, il est bon, à cause du jeu inévitable entre la roue et le coursier, qu'elle ne descende pas beaucoup au-dessous de $0^m,15$, pour ne pas perdre une trop grande proportion d'eau.

Mais il arrive quelquefois qu'en prenant $u = 1^m,30$ et h dans les limites ci-dessus énoncées, on est conduit à une grande valeur de b, ou à une valeur qui dépasse une limite imposée, soit par les localités, soit par l'économie de la construction. On est alors forcé d'augmenter h ou u. Il ne convient guère que h surpasse $0^m,45$ ou $0^m,50$, et quand cette limite est atteinte, il ne reste plus qu'à augmenter u.

Exemple : soit $Q = 0^{mc},50$. En prenant $u = 1^m,30$, $h = 0^m,20$, on aurait $b = \dfrac{10}{9} \cdot \dfrac{Q}{hu} = 2^m,14$, valeur généralement très-admissible. Mais si, par suite de circonstances particulières, on ne pouvait dépasser une largeur de $0^m,71$, environ le tiers de $2^m,14$, on augmenterait d'abord h; en le portant à $0^m,50$, on en tirerait $u = \dfrac{10}{9} \cdot \dfrac{Q}{bh} = 1^m,56$. Ou bien encore, comme la vi-

lesse $1^m,56$ n'est pas encore très-grande, on se contenterait
de prendre $h = 0^m,40$, ce qui conduirait à $u = 1^m,96$.

En résumé, on voit que les considérations précédentes permettent de choisir, outre la vitesse u, les deux dimensions b
et h.

(b) *Mode d'introduction de l'eau.* — Ainsi qu'on l'a déjà dit
(n° **122**), afin de diminuer autant que possible la perte de travail produite par l'introduction de l'eau dans une roue, il faut
s'arranger pour avoir une faible vitesse relative de l'eau à son
point d'entrée, ou, quand cela ne peut être réalisé, il faut que
la vitesse relative soit tangente au premier élément des aubes,
et que l'eau se meuve à l'intérieur de la roue sans choc, en
glissant simplement le long des parois solides.

Si la roue est lente, c'est-à-dire si la vitesse à la circonférence est aux environs de $1^m,30$ par seconde, on amènera l'eau
de la manière qu'indique la *fig.* 74 ci-après.

Fig. 74.

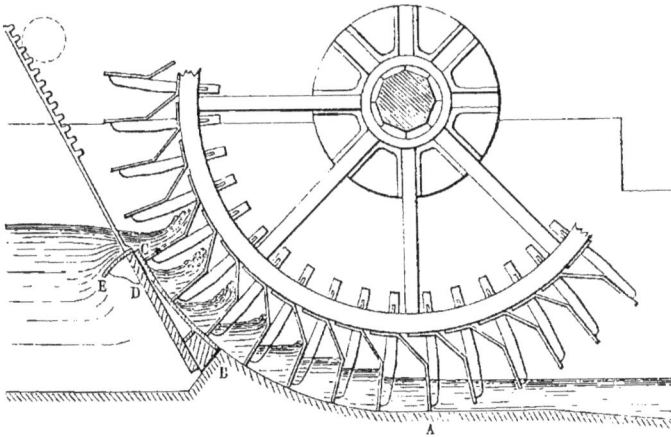

Le coursier en maçonnerie AB se prolonge par une pièce en
fonte BC, dite *col de cygne;* ABC est un arc de cercle coïncidant avec la circonférence extérieure de la roue, sauf un jeu
aussi faible que possible. Une vanne D, munie à sa partie supérieure d'un petit appendice métallique arrondi E, peut glisser en s'appuyant sur le col de cygne; un système de deux

crémaillères mues par des roues dentées permet d'élever cette vanne au point convenable. L'appendice métallique E forme le seuil d'un déversoir par-dessus lequel l'eau s'écoule pour arriver à la roue; ce seuil doit être environ à $0^m,20$ ou $0^m,27$ au-dessous du niveau dans le bief d'amont.

Le déversoir étant ainsi extrêmement rapproché de la roue, la vitesse absolue de l'eau à son point d'entrée, due seulement à la faible dénivellation qui se produit dans le bief d'amont, sera par conséquent petite; et comme la roue va elle-même lentement, la vitesse relative sera modérée, et l'agitation qu'elle entraînera peu sensible. On voit que pour atteindre ce but il faut réduire suffisamment la charge sur le seuil du déversoir, car dans le cas contraire la vitesse d'écoulement aurait une valeur plus ou moins forte; il ne faut pas d'ailleurs pousser la réduction trop loin, afin que la perte d'eau entre la roue et le coursier ne soit pas importante. Les limites de $0^m,20$ à $0^m,27$ remplissent assez bien cette double condition; elles répondent à peu près aux limites de $0^m,15$ et $0^m,25$ indiquées ci-dessus pour l'épaisseur h du courant à l'aplomb de l'arbre, car un déversoir sans contraction latérale pourra débiter environ 180 litres par mètre de largeur, avec $0^m,20$ de charge sur le seuil, et 280 litres avec la charge de $0^m,27$.

L'appendice métallique arrondi E a pour but de diminuer la contraction de la lame déversante, et de dépenser ainsi plus d'eau à égalité de charge : la charge et la vitesse d'écoulement sont donc moindres, pour une dépense donnée, ce qui diminue l'agitation du liquide à son entrée. La pièce E peut également servir à diriger la veine de manière qu'elle ne coupe pas la circonférence extérieure de la roue sous un angle trop fort; cela est avantageux, car, toutes choses égales d'ailleurs, la vitesse relative de l'eau croît avec l'angle dont il s'agit, comme le montrent les considérations suivantes, bien qu'elles s'appliquent plus spécialement à un cas différent.

Examinons maintenant le cas des roues rapides. La vitesse u de la roue à sa circonférence a été fixée ainsi qu'on l'a vu tout à l'heure; mais nous disposons encore, pour atténuer la perte due à l'introduction de l'eau, de la vitesse absolue v que celle-ci possède, en intensité et en direction.

Soient, au point M d'entrée (*fig.* 75), $\overline{MU}$ la vitesse u de
la roue, $\overline{MV}$ la vitesse absolue v de l'eau, γ l'angle de ces deux
droites. La ligne $\overline{MW}$, égale et parallèle à $\overline{UV}$, sera la vitesse w

Fig. 75.

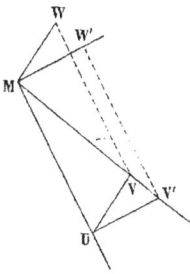

de l'eau relativement à la roue. Nous devons chercher d'abord à rendre w aussi
petit que possible. Or on aurait $w = 0$, si γ
était nul et v égal à u; mais il n'est pas possible que l'eau entre sans vitesse relative
et sous un angle nul. Un filet pour lequel
γ aurait la valeur 0, serait tangent à la circonférence extérieure de la roue; il est
clair que les autres filets juxtaposés parallèlement à celui-là ne pourraient pas remplir la même condition,
sans que l'épaisseur totale de tous ces filets réunis fût elle-
même nulle, ce qui est inadmissible dans le cas d'une dépense
finie. On a vu que dans la roue à la Poncelet l'angle γ avait été
pris égal à 15 degrés; dans la roue de côté on le suppose assez
ordinairement égal à 30 degrés, pour faciliter un peu plus l'introduction de l'eau. Alors, puisque U est un point déterminé
ainsi que la direction MV, la plus petite valeur possible de
$\overline{UV} = w$ serait la perpendiculaire abaissée de U sur MV, ou

bien $u \sin \gamma$, ou enfin $\frac{1}{2} u$ si l'on prend $\gamma = 30°$; v aurait pour

valeur correspondante $u \cos \gamma$, ou $0,866 u$, avec $\gamma = 30°$.

Toutefois ce ne sont pas ces valeurs que l'on adopte pour v
et w. Il est bon, en effet, que le premier élément des aubes
soit dans la direction de w, afin de diminuer l'agitation de l'eau
à l'intérieur de la roue. Or si ce premier élément était perpendiculaire à MV, il ferait un angle de 120 degrés avec MU,
c'est-à-dire avec la circonférence de la roue, et par conséquent
un angle de 30 degrés avec le rayon qui passe en M. Quand ce
rayon, par l'effet de la rotation, arriverait sur la verticale, à
l'aplomb de l'arbre, le premier élément de l'aube serait déjà
incliné de 30 degrés sur la verticale, et il le serait encore plus
au point d'émersion, ce qui gênerait le mouvement de la roue.
C'est pourquoi on préfère que la vitesse relative MW passe
par l'axe de rotation et soit perpendiculaire à MU; le parallélo-

gramme des vitesses est alors représenté par le rectangle
$MUV'W'$, dans lequel $\overline{MU} = u$, $\overline{MW'} = w$, $\overline{MV'} = v$. L'angle γ
conservant toujours sa valeur de 30 degrés, il en résulte les
relations

$$v = \frac{u}{\cos 30^\circ} = 1,155\,u,$$

$$w = u \tan 30^\circ = 0,577\,u.$$

L'intensité de v et son angle avec u étant désormais déterminés, il reste à savoir comment en pratique on réalisera ces
deux conditions. Pour y arriver, on calculera d'abord la hauteur $\frac{v^2}{2g}$; on l'augmentera un peu, du dixième de sa valeur
par exemple, pour tenir compte approximativement des pertes
de charge subies par le liquide depuis le bief supérieur jusqu'à
son point d'entrée, et $1,1\,\frac{v^2}{2g}$ sera la hauteur de ce point
d'entrée au-dessous du niveau dans le bief d'amont. La direction de la vitesse v s'obtiendrait en menant par le point d'entrée
qu'on vient de déterminer (puisqu'il se trouve sur la circonférence extérieure de la roue et sur une horizontale connue)
une ligne inclinée de 30 degrés sur ladite circonférence. On
obligerait ensuite les filets à prendre cette direction au moyen
d'un coursier de $0^m,50$ à $0^m,60$ de longueur, dont le dernier
élément serait tangent à v, et dans lequel l'eau arriverait, soit
en passant sous une vanne, soit par un déversement sans
obstacle, le fond de ce coursier étant alors le seuil même du
déversoir. Pour être bien sûr de l'effet qu'on veut ainsi produire, on devrait encore chercher la parabole que le filet
liquide inférieur décrirait dans l'air, si le coursier était supprimé : il faudrait que cette parabole, ayant son origine en
amont commune avec le coursier, restât dans tout son parcours
inférieure à celui-ci, sans quoi l'eau pourrait bien ne pas suivre
la trajectoire sur laquelle on aurait compté.

(c) *Situation du coursier relativement aux biefs d'amont
et d'aval.* — Nous n'avons ici qu'à répéter à peu près exactement ce qui a déjà été dit à l'occasion de la roue en dessous à
aubes planes. Quand l'eau possède, en quittant la roue, une

vitesse notable, il est avantageux de placer le niveau de l'eau entre les aubes, à l'aplomb de l'arbre, au-dessous du niveau du bief inférieur, d'une quantité égale à $\frac{2}{3} \cdot \frac{u^2}{2g}$, u étant la vitesse de la roue à sa circonférence. La vitesse u ayant une valeur précédemment fixée, ainsi que la hauteur h de l'eau entre les aubes, la situation du fond du coursier est donc aussi définie, du moins en dessous de l'arbre. Du côté de l'amont, ce fond a un profil circulaire de rayon sensiblement égal à celui de la roue; on le raccordera avec le bief d'aval, en suivant les règles indiquées par M. Belanger, dont nous avons parlé au n° 123.

Quand la roue est lente, u étant $1^m,30$ environ, $\frac{2}{3} \cdot \frac{u^2}{2g}$ est une hauteur un peu au-dessous de $0^m,06$. Pour peu que la chute soit grande, la perte ou le gain de $0^m,06$ n'a pas beaucoup d'importance, et l'on pourrait alors, par économie, supprimer le canal de fuite après la roue, ou tout au moins se dispenser de faire un canal maçonné ayant une section régulière. Le niveau de l'eau entre les aubes devrait alors coïncider avec celui du bief d'aval. Mais dans le cas des grandes valeurs de u, surtout si en même temps on n'a qu'une chute un peu faible, la hauteur $\frac{2}{3} \cdot \frac{u^2}{2g}$ pourra constituer un profit notable qu'on ne devra pas négliger.

(*d*) *Calcul de l'effet dynamique d'une chute d'eau qui met en mouvement une roue de côté.* — En appelant P le poids de l'eau dépensée par seconde, H la hauteur de chute mesurée entre les deux biefs supposés stagnants, on sait (n° 121) que l'effet dynamique T_e de la chute pendant chaque seconde a pour valeur le produit de P par la hauteur H, diminuée de la perte de charge moyenne qu'ont subie les molécules liquides par l'effet des frottements, dans leur passage d'un bief à l'autre. Or cette perte de charge se compose de plusieurs parties que nous allons analyser. Nous conserverons les notations déjà employées ci-dessus (n° 126, *a*, *b*, *c*).

1° *Perte de charge entre le bief d'amont et le point d'entrée de l'eau dans la roue.*—On la rend faible en évitant, au moyen de contours arrondis, les contractions suivies d'épanouissement brusque, et en plaçant le point d'entrée aussi près que possible du bief d'amont. Néanmoins il y a toujours une certaine perte : nous l'évaluons, par simple aperçu, à un chiffre compris entre $0,05 \frac{v^2}{2g}$ et $0,1 \frac{v^2}{2g}$. S'il y avait un canal entre la roue et le bief d'amont, il faudrait tenir compte du frottement dans ce canal, par un calcul analogue à celui qui sera donné tout à l'heure pour le coursier circulaire.

2° *Perte de charge due à l'introduction de l'eau.* — L'état actuel de la science ne permettant pas d'analyser le phénomène très-compliqué qui se produit à l'instant où l'eau pénètre dans la roue avec une vitesse relative w, on calcule habituellement cette perte en se fondant sur des hypothèses plus ou moins douteuses. On suppose que chaque molécule liquide de masse m perd la force vive initiale mw^2 qu'elle possède relativement à la roue, par l'effet exclusif du travail résistant dû à la viscosité, ou encore par l'ébranlement inutile communiqué aux corps en contact : cette molécule supporterait alors, indépendamment de sa part dans l'effet dynamique total, un travail résistant $\frac{1}{2} mw^2$, qui, rapporté à l'unité de masse et divisé par g, donnerait une perte de charge correspondante égale à $\frac{w^2}{2g}$, soit à $\frac{1}{2g}(v^2 + u^2 - 2\,uv\cos\gamma)$. Dans le cas des roues lentes, cette perte a peu d'importance, comme toutes les autres que nous passons en revue; dans une roue rapide, si l'on a pris $\gamma = 30°$, $v = \frac{u}{\cos\gamma}$, on aura

$$\frac{w^2}{2g} = \frac{u^2}{2g} \tan^2\gamma = \frac{1}{3} \cdot \frac{u^2}{2g}.$$

Quand on a la précaution d'introduire l'eau avec une vitesse relative tangente aux aubes, et qu'on lui offre une surface le long de laquelle elle peut monter en vertu de cette vitesse relative, il est probable que la pesanteur intervient aussi pour contribuer à anéantir cette vitesse, et c'est autant de moins à consommer en agitation tumultueuse : le travail résistant dû à la viscosité doit donc être moindre, et l'expression $\frac{w^2}{2\,g}$ de la perte dont il s'agit doit devenir trop forte. Cette considération justifie l'emploi des aubes polygonales, telles qu'on les a représentées dans la *fig.* 74, p. 453, aubes dont la disposition a été imaginée par M. Belanger en 1819. Elles se composent de trois plans faisant entre eux des angles de 45 degrés, dont le plus éloigné du centre est dirigé suivant un rayon, le plus rapproché touche la circonférence de la couronne, et le troisième forme un pan coupé avec les deux autres. Les plans qui sont tangents à la couronne laissent entre eux des intervalles vides pour faciliter le dégagement de l'air. Il faut d'ailleurs que le point d'entrée de l'eau soit au-dessous du centre de la roue, afin que l'eau introduite trouve devant elle un plan incliné ascendant.

Nous manquons de données pour apprécier l'effet produit par l'emploi de cette espèce d'aubes.

3° *Perte de charge produite par le frottement de l'eau sur le coursier circulaire.* — On sait que le frottement d'un courant découvert sur son lit, par mètre carré, a pour expression $1000\,b_1\,U^2$ (n° 72), U étant la vitesse moyenne. On a vu, en outre, que si l'on nomme V et W la vitesse à la surface et au fond, ces quantités sont liées par les relations approximatives (n° 68) :

$$U = \frac{1}{2}(V+W), \quad U = 0,80\,V;$$

d'où résulte

$$U = \frac{4}{3}\,W.$$

Si donc on adopte la valeur $b_1 = 0,0004$ (probablement un peu exagérée dans le cas actuel, vu la nature des parois), le frottement par mètre carré de lit sera $0,4 \times \frac{16}{9}\,W^2$, ou $0,71\,W^2$.

Maintenant, L désignant la longueur du coursier circulaire, $L(b+2h)$ sera la surface mouillée, et le frottement total s'exprimera par $0,71\,L(b+2h)\,u^2$, attendu que la vitesse de fond n'est autre ici que la vitesse à la circonférence de la roue. Les points d'application de toutes les forces qui composent ce frottement se mouvant tous avec la vitesse u, leur travail négatif dans l'unité de temps sera $0,71\,L(b+2h)\,u^3$; on obtiendra la perte de chute correspondante en divisant par P ou approximativement par $1000\,bhu$, ce qui donne $0,00071\,\dfrac{L(b+2h)}{bh}\,u^2$,

soit encore $0,014\,\dfrac{L(b+2h)}{bh}\cdot\dfrac{u^2}{2g}$.

4° *Perte de charge depuis l'aplomb de l'arbre jusqu'au bief inférieur.* — Si le niveau de l'eau entre les aubes, au-dessous de l'arbre, dépasse d'une hauteur η le niveau du bief inférieur, la vitesse de l'eau va s'accroître en vertu de cette chute. Cette vitesse, sensiblement égale à u au sortir de la roue, deviendra $\sqrt{u^2+2g\eta}$, pour le point où l'eau commence à entrer dans le bief inférieur. A cette vitesse correspond une perte de charge $\eta+\dfrac{u^2}{2g}$, comme on l'a vu au n° 122 (*).

Quand on adopte la disposition du canal de fuite recommandée par M. Belanger (n° 123), η devient négatif et égal à $\dfrac{2}{3}\cdot\dfrac{u^2}{2g}$; la perte se réduit donc à $\dfrac{1}{3}\cdot\dfrac{u^2}{2g}$.

(e) *Données pratiques diverses.* — Pour le nombre de bras, on peut poser la même règle que celle qui se rapporte aux roues en dessous (n° 123).

Le nombre d'aubes est multiple du nombre des bras; leur espacement peut être d'une fois et un tiers à une fois et demie

---

(*) Lorsque la dénivellation ayant pour hauteur η sera suffisante pour permettre le libre déversement, sous forme de veine parabolique, de l'eau qui abandonne la roue, la pression de cette eau deviendra égale à la pression atmosphérique : l'abaissement du niveau piézométrique depuis l'aplomb de l'arbre jusqu'au bief inférieur ne sera plus, en moyenne, que $\eta-\dfrac{h}{2}$ au lieu de η, et la perte de charge en question devrait en conséquence se réduire à $\eta+\dfrac{u^2}{2g}-\dfrac{h}{2}$. C'est une remarque à celle qu'on a déjà faite dans la note de la page 443. Mais la liberté parfaite du déversement, dans des conditions telles que chaque molécule décrive sa parabole comme si elle tombait seule, n'est peut-être qu'une conception théorique : on agira donc prudemment dans la pratique en ne comptant pas sur la diminution possible que nous signalons.

la charge sur le sommet du déversoir, quand il s'agit des roues lentes. Dans les roues rapides, il faudrait toujours prendre cet espacement un peu supérieur à la portion de la circonférence interceptée par la lame d'eau qui arrive sur la roue. Il est nuisible de trop espacer les aubes, en ce que certains filets pourraient tomber d'une assez grande hauteur avant de les rencontrer; il est aussi nuisible de les trop serrer, parce que l'eau entrerait péniblement dans la roue et qu'elle serait en partie projetée au dehors.

La hauteur des aubes dans le sens du rayon ne dépasse guère $0^m,70$. Dans l'état normal, la capacité des vases formés par deux aubes consécutives devrait être à peu près double du volume d'eau qu'ils contiennent : on pourrait donc prendre la hauteur dont il s'agit égale à $2h$, toutes les fois que h ne dépassera pas $0^m,35$.

Le diamètre de la roue doit être de $3^m,50$ au moins; rarement il dépasse 6 ou 7 mètres. L'axe de l'arbre est placé un peu plus haut que le niveau du bief d'amont.

Les roues de côté conviennent parfaitement aux chutes de 1 mètre à 2 mètres ou $2^m,50$. En dehors de ces limites, on peut encore souvent en faire un usage avantageux.

Lorsqu'une roue de côté lente est établie dans de bonnes conditions, l'effet dynamique de la chute peut aller assez près de la puissance absolue; M. le général Morin, dans certaines expériences sur cette espèce de roues, a trouvé des rendements s'élevant jusqu'à 0,93. Mais, attendu que la mesure d'un débit est toujours un peu entachée d'incertitude, et que par conséquent la puissance absolue d'une chute peut être imparfaitement évaluée, il sera prudent de ne pas compter d'avance en pratique, sur un rendement supérieur à 0,80.

127. *Exemple de calculs sur une roue de côté rapide.* — La roue dont il s'agit a été expérimentée par M. le général Morin; elle appartenait à la fonderie de Toulouse.

L'eau sortait du bief d'amont sous une vanne levée de $0^m,147$ au-dessus du seuil, lequel était situé à $1^m,423$ en contre-bas du niveau dans le bief d'amont. L'orifice étant prolongé par un coursier à peu près horizontal, la vitesse v avec laquelle l'eau arrive à la roue sera due à la charge sur la portion supérieure de l'orifice (n° 28), sauf un coefficient de correction assez voisin de 1, que nous évaluerons à 0,95 ; ainsi

$$v = 0,95 \sqrt{2g(1^m,423 - 0^m,147)} = 4^m,75.$$

La vitesse à la circonférence de la roue était $u = 3^m,06$, et l'angle de u avec v, au point d'introduction, avait pour valeur 30 degrés. Il résulte d'abord de ces indications que la perte de charge pour amener l'eau du bief d'amont à la roue devait être $\frac{1}{10}$ de la charge $(1^m,423 - 0^m,147)$, soit $0^m,13$; on peut calculer aussi celle que produisait l'introduction de l'eau, laquelle avait pour expression (n° 126, d)

$$\frac{w^2}{2g} = \frac{1}{2g}(v^2 + u^2 - 2uv\cos 30°) = 0^m,34.$$

Le niveau de l'eau entre les aubes, à l'aplomb de l'arbre, se trouvant à la hauteur du niveau dans le bief d'aval, il faut compter encore une perte égale à $\frac{u^2}{2g}$ (n° 126, d), soit $0^m,48$.

Enfin, il y a la perte sur le coursier circulaire. La profondeur de l'eau en dessous de l'arbre et la largeur de la roue ayant respectivement pour valeurs $0^m,20$ et $1^m,55$, et la longueur du coursier étant $2^m,50$, on trouve pour cette perte $0,014 \times \dfrac{2,50 \times 1,95}{0,20 \times 1,55} \cdot \dfrac{u^2}{2g}$ ou $0^m,11$.

Toutes ces pertes réunies font une hauteur de

$$0^m,13 + 0^m,34 + 0^m,48 + 0^m,11 \quad \text{ou de} \quad 1^m,06.$$

La chute étant de $1^m,72$, on voit que le rendement calculé serait seulement de $\dfrac{1,72 - 1,06}{1,72}$, c'est-à-dire de 0,38 ; le général Morin a trouvé expérimentalement 0,41, nombre qui correspond à une chute utilisée de

$$1^m,72 \times 0,41 = 0^m,705,$$

au lieu de $0^m,66$ que le calcul précédent nous donne. Cette différence, peu sensible d'ailleurs, de $0^m,045$ tient probablement à une évaluation un peu trop forte de la charge perdue par l'introduction de l'eau : nous avons vu en effet que dans certains cas une portion de la vitesse relative pouvait s'éteindre par l'action de la pesanteur, ce qui diminuerait d'autant l'agitation à l'intérieur des aubes et donnerait lieu à une perte de charge moindre.

Pour augmenter le rendement de cette roue sans changer sa vitesse, voici ce qu'on aurait pu faire. D'abord placer le coursier à $\frac{2}{3} \cdot \dfrac{u^2}{2g}$, soit $0^m,32$, plus bas qu'il n'était, en ayant soin de disposer le canal de fuite conformément aux indications de M. Belanger (n° 123), c'est-à-dire sans variation brusque de section, et avec un fond à pente modérée, jusqu'à son raccordement avec le bief d'aval ; puis relever le point d'introduction de manière à réduire la vitesse v à $\dfrac{u}{\cos 30^u}$, soit à $\dfrac{3^m,06}{0,866} = 3^m,52$. La perte depuis la roue jusqu'au bief d'aval aurait alors été réduite à $\dfrac{1}{3} \cdot \dfrac{u^2}{2g}$ ou à $0^m,16$, au lieu de $0^m,48$; la perte pour l'introduction se réduirait aussi à la même valeur $0^m,16$, au lieu de $0^m,34$; ce qui procurerait un bénéfice total de $0^m,5o$. Les autres pertes restant sensiblement les mêmes, la chute utilisée serait $0^m,66 + 0^m,5o = 1^m,16$, et le rendement s'élèverait à $\dfrac{1,16}{1,72} = 0,67$ environ.

128. *Roues à augets ou roues en dessus.* — Ces roues ne sont plus, ainsi que les précédentes, emboîtées dans un coursier. L'eau s'introduit à la partie supérieure ; elle entre dans les augets, qui sont en quelque sorte des vases formés par deux aubes consécutives, terminés latéralement par des couronnes annulaires, et au fond par une surface cylindrique continue, concentrique à la roue. Nous allons passer en revue les questions que peut présenter l'établissement de ce genre de moteurs.

(*a*) *Introduction de l'eau dans la roue.* — On emploie pour introduire l'eau deux dispositions qui sont représentées ci-après (*fig.* 76 et 77). Dans la *fig.* 76, le sommet D de la roue est placé un peu au-dessous du niveau NN du bief supérieur, à $0^m,2o$ ou $0^m,25$ plus bas que ce niveau ; l'eau est amenée jusqu'à un point C situé à $0^m,4o$ ou $0^m,5o$ en amont de l'aplomb de l'arbre, au moyen d'un canal AB en planches, terminé par une plaque métallique très-mince BC, qui, prolongée, serait à peu près tangente en D à la circonférence extérieure. Les bords latéraux du canal ABC se prolongent à 1 mètre au delà du point C, pour empêcher l'eau de tomber à côté de la roue. L'eau franchit la distance CD en vertu de sa vitesse acquise, et entre dans la roue à peu près au sommet de celle-ci. Comme les bords des augets ne laissent entre eux qu'une ouverture assez étroite, on donne à l'eau qui coule dans le canal ABC la forme d'une lame mince, en la faisant passer sous une vanne placée vers A et levée seulement de 0^m,06 à 0^m,10. Cette vanne présente un orifice à bords arrondis, pour éviter les remous à

Fig. 76.

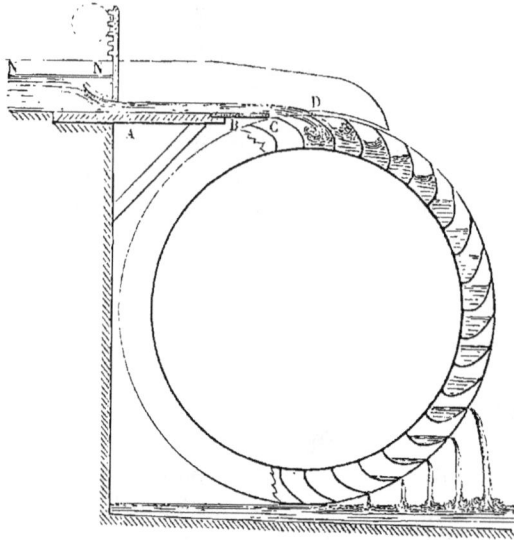

la sortie des filets liquides. Comme on le voit, il y a peu de hauteur entre le point d'entrée de l'eau et le niveau du bief d'amont; par conséquent l'eau arrive dans la roue avec une faible vitesse absolue, et si la roue tourne lentement, comme cela doit être pour avoir un bon rendement, la vitesse relative sera elle-même faible, ainsi que la perte de travail qu'elle entraîne.

La disposition de la *fig.* 77, qui a été souvent employée, paraît beaucoup moins bonne; mais on est quelquefois forcé d'en faire usage si le niveau du bief d'amont est très-variable. Ce bief se termine tout près de la roue par une cloison en bois AB, percée de fentes CC à faces verticales, analogues à celles d'une persienne; une vanne mobile permet de recouvrir tel nombre de ces fentes que l'on veut, de manière à ne dépenser que le volume d'eau disponible. L'inconvénient de cette méthode, c'est que l'eau tombe d'une assez grande hauteur dans l'intérieur des augets et acquiert ainsi beaucoup de vitesse; l'agitation de l'eau dans la roue devient beaucoup plus considérable. Elle conduit d'ailleurs, pour une même hauteur de chute, à augmenter le diamètre de la roue, ce qui la rend

Fig. 77.

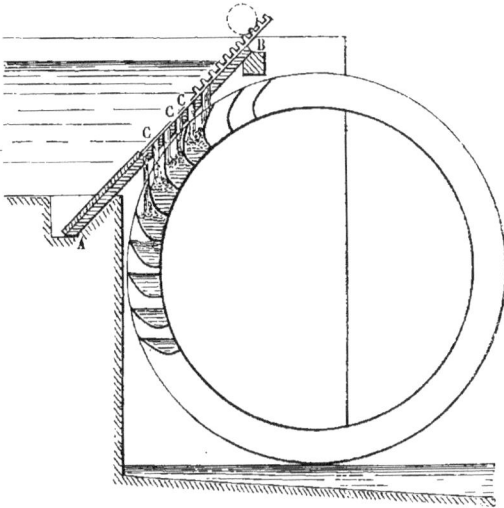

plus lourde et plus dispendieuse. En outre, le point où les augets ont pris une inclinaison suffisante pour qu'ils commencent à se déverser, est situé à une plus grande hauteur au-dessus du point le plus bas de la roue, car cette hauteur est proportionnelle au diamètre; il y a donc ainsi une plus grande perte de chute, attendu que le travail de la pesanteur sur les molécules sorties des augets, pendant qu'elles tombent dans le bief inférieur, est évidemment perdu pour la roue.

(b) *Forme de la surface de l'eau dans les augets; vitesse de la roue.* — Nous avons démontré (n° 20) qu'un liquide pesant et homogène ne peut pas être en équilibre relativement à un système qui tourne uniformément autour d'un axe horizontal. Si malgré cela on admet que l'équilibre relatif de l'eau existe approximativement dans les augets, ce qui peut avoir lieu quand l'agitation due à l'entrée du liquide est à peu près calmée, voici comment on déterminera la forme affectée par la surface libre.

II. 2ᵉ ÉDIT.   30

Soit M (*fig.* 78) une molécule liquide de masse m, située à la distance $\overline{OM} = r$ de l'axe de rotation O; elle est en équilibre relativement à un système de comparaison qui tourne autour de cet axe avec la vitesse angulaire ω. Cet équilibre existe sous l'action : 1° du poids mg, force réelle, qui agit verticalement suivant MG; 2° de la force centrifuge $m\omega^2 r$, dirigée suivant le prolongement MC de OM, force apparente à introduire parce qu'il s'agit seulement d'un équilibre relatif; 3° des pressions produites par les molécules environnantes. On sait par les théories de l'Hydrostatique que la résultante des deux premières forces est normale à la surface de niveau (ou d'égale pression) qui passe en M. Si donc M se trouve à la surface libre, comme la pression y est partout la pression atmosphérique, la résultante en question sera normale à cette surface. Prenons $\overline{MG} = mg$, $\overline{MC} = m\omega^2 r$, la diagonale $\overline{MB}$ du parallélogramme MGBC représente la résultante de mg et de $m\omega^2 r$, et par conséquent elle est normale à la surface libre. Or on a, en menant la verticale OA jusqu'à la rencontre de cette normale,

$$\frac{\overline{OA}}{\overline{MG}} = \frac{\overline{OM}}{\overline{GB}},$$

d'où

$$\overline{OA} = \frac{\overline{MG}.\overline{OM}}{\overline{GB}} = \frac{mg.r}{m\omega^2 r} = \frac{g}{\omega^2};$$

la distance $\overline{OA}$ est donc constante, ce qui montre que dans une section plane perpendiculaire à l'axe toutes les normales à la surface libre sont concourantes. Le profil de la surface libre, s'il y a équilibre relatif, est donc nécessairement un cercle décrit du point A comme centre.

Ce résultat prouve qu'effectivement l'équilibre relatif est en toute rigueur impossible. Car à mesure que l'auget se déplace, le point A restant toujours le même, la surface libre aurait un rayon croissant, ce qui est incompatible avec la supposition de l'équilibre relatif, puisque dans ce cas la forme de la surface libre ne devrait pas changer. La forme que nous trouvons est celle que l'eau tend à prendre, sans pouvoir s'y maintenir.

Pour achever de déterminer le cercle qui limite l'eau dans un auget donné, cercle dont nous ne connaissons encore que le centre A, il faut tenir compte de la quantité d'eau que l'auget a dû recevoir. A cet effet, soient N le nombre des augets, b la largeur de la roue parallèlement à l'axe, Q le volume dépensé par la chute dans une seconde. Chaque auget occupe sur la circonférence un angle $\frac{2\pi}{N}$ (exprimé en arc du cercle de rayon 1), et comme la roue tourne avec une vitesse angulaire ω, $\frac{\omega N}{2\pi}$ représentera le nombre d'augets débités dans l'unité de temps. Chacun d'eux renferme donc un volume $\frac{2\pi Q}{\omega N}$, de manière que l'aire occupée par l'eau dans le profil transversal de l'auget a pour valeur $\frac{2\pi Q}{b\omega N}$. L'arc DME sera donc déterminé, puisque l'on connaît son centre et la surface DMEFI qu'il doit intercepter dans le profil donné de l'auget.

Dans une certaine position I′ F′ E′ de l'auget, la surface libre, déterminée comme il vient d'être dit, rase le bord extérieur E′; cette position peut être trouvée par tâtonnement. Dès que l'auget la dépasse, l'eau commence à se déverser; pour toute position en dessous de celle-là, il est clair que la surface libre aura pour profil un cercle décrit de A comme centre et rasant le bord extérieur, ce qui permettra de déterminer le volume d'eau restant encore dans l'auget. Quand le cercle dont il s'agit passera entièrement au-dessous du profil de l'auget, le déversement sera fini.

En pratique, s'il s'agit de roues ne possédant qu'une vitesse angulaire modérée, $\frac{g}{\omega^2}$ sera une grande distance, et les cercles

30.

décrits de A comme centre, pour limiter la surface de l'eau dans les divers augets, pourront être confondus avec des horizontales. Exemple : la roue a 4 mètres de diamètre et une vitesse de 1 mètre à la circonférence; il en résulte $\omega = \frac{1}{2}$, et $\frac{g}{\omega^2} = 39^m,24$; le centre A serait donc à 39 mètres environ au-dessus de l'axe.

Lorsqu'une roue en dessus tourne rapidement, la distance $\frac{g}{\omega^2}$ peut être assez petite pour que la figure de la surface libre présente une concavité notable en dessous de l'horizontale; ainsi, plus la vitesse angulaire augmente, moins un auget dans une position donnée peut contenir d'eau, ce qui se comprend facilement *à priori*, puisque la force centrifuge devient de plus en plus grande, et que cette force tend à projeter l'eau en dehors de l'auget. C'est là un inconvénient des roues rapides; elles perdent une plus grande quantité d'eau par déversement, et par suite donnent un rendement moindre.

Les pertes de charge produites par l'introduction de l'eau dans les augets, et par la vitesse de l'eau quand elle quitte la roue, augmentent aussi avec la vitesse angulaire. On se trouverait donc conduit, pour économiser autant que possible la force motrice, à faire tourner la roue très-lentement. Mais nous avons déjà vu, à propos de roues de côté, qu'il ne convient pas de ralentir une roue hydraulique outre mesure, sans quoi pour dépenser un volume d'eau notable il faudrait établir l'appareil avec de très-grandes dimensions. Une vitesse à la circonférence de 1 mètre à $1^m,50$ donne de bons résultats.

(*c*) *Largeur de la roue; profondeur des augets dans le sens du rayon.* — On a dit ci-dessus que dans une roue bien disposée l'eau sort du bief d'amont en passant sous une vanne levée de $0^m,06$ à $0^m,10$ au-dessus du seuil, qui lui-même est à $0^m,20$ ou $0^m,25$ au-dessous du niveau de ce bief. Si nous appelons

Q la dépense par seconde;

b la largeur commune de la roue et de l'orifice sous la vanne;

x la levée de la vanne;

h la hauteur de l'eau d'amont au-dessus du seuil;

v la vitesse de sortie de l'eau sous la vanne;

la vitesse v sera due à peu près à la charge $h - x$, et comme on s'arrange pour qu'il y ait peu de contraction, on peut poser

$$Q = 0,95\, bx \sqrt{2g(h-x)},$$

ce coefficient $0,95$ étant destiné à tenir compte, par aperçu, de la perte de charge que l'eau éprouve toujours dans un mouvement quelconque, et de la contraction qui subsisterait encore partiellement. En faisant dans cette relation $h = 0^m,20$, $x = 0^m,06$, on en tire $\frac{Q}{b} = 0^{mc},095$; de même pour $h = 0^m,25$, $x = 0^m,10$, on trouverait $\frac{Q}{b} = 0^{mc},163$; c'est-à-dire qu'avec la vanne disposée comme il a été dit, on pourrait dépenser de 95 à 163 litres par mètre de largeur de roue. Il serait facile de dépenser moins que 95 litres, en diminuant un peu h et x; on dépenserait au besoin plus que 163 litres par le moyen inverse. Mais l'expérience fait connaître que, pour être dans les meilleures conditions, la dépense par mètre de largeur ne doit guère excéder 100 litres; car autrement on pourrait se trouver conduit, soit à faire les augets profonds, soit à faire tourner la roue rapidement, ce qui tendrait à augmenter la vitesse de l'eau tant à son entrée dans la roue qu'à sa sortie, et par suite à diminuer le rendement.

Pour montrer la relation qui existe entre la profondeur p des augets dans le sens du rayon et la dépense $\frac{Q}{b}$ par mètre de largeur, conservons les notations déjà employées dans le présent article, et nommons en outre

R le rayon de la roue;

u sa vitesse à la circonférence;

$C = \frac{2\pi R}{N}$ l'écartement des augets, c leur épaisseur.

Le volume d'un auget sera égal au produit de ses trois dimensions moyennes, savoir : sa longueur b, sa hauteur p, sa largeur $C \left(1 - \dfrac{p}{2R} \right) - c$; ce volume a donc pour valeur

$pbC \left(1 - \dfrac{p}{2R} - \dfrac{c}{C} \right)$. Or il serait bon, pour retarder le déverse-

ment de l'auget, qu'il ne fût plein d'eau qu'au tiers; le volume

de l'eau qu'il contient serait donc $\dfrac{1}{3} pbC \left(1 - \dfrac{p}{2R} - \dfrac{c}{C} \right)$, et

comme nous l'avons déjà exprimé ci-dessus par $\dfrac{2\pi Q}{\omega N}$, on aurait

$$\frac{1}{3} pbC \left(1 - \frac{p}{2R} - \frac{c}{C} \right) = \frac{2\pi Q}{\omega N};$$

soit, à cause de $C = \dfrac{2\pi R}{N}$ et $\omega = \dfrac{u}{R}$,

$$\frac{Q}{b} = \frac{1}{3} pu \left(1 - \frac{p}{2R} - \frac{c}{C} \right).$$

Comme le facteur entre parenthèses dans le second membre diffère peu de 1, on pourrait poser simplement

$$\frac{Q}{b} = \frac{1}{3} pu.$$

Cette équation montre que lorsque $\dfrac{Q}{b}$ est grand, il faut néces-sairement qu'un des facteurs p ou u le soit aussi. Par exemple, si l'on a $\dfrac{Q}{b} = 0,100$ litres et $u = 1$ mètre, on en conclurait $p = 0^m,30$. Il est désirable que p ne dépasse pas beaucoup cette valeur de $0^m,30$. Cependant il est bien entendu que si l'on avait beaucoup d'eau à dépenser, il faudrait se résigner, soit à reculer un peu cette limite, soit à avoir une roue plus rapide, soit enfin à remplir les augets plus qu'au tiers.

La dépense par mètre de largeur ayant été fixée, d'après ce qui précède, autant que possible au-dessous de 100 litres par seconde, la largeur de la roue résulte naturellement du volume d'eau total à débiter. Il est rare qu'on établisse des roues ayant une largeur supérieure à 5 mètres.

(d) *Tracé géométrique des augets.* — L'écartement des au-gets est un peu plus grand que leur profondeur; assez souvent cette dernière dimension est de $0^m,25$ à $0^m,28$, et l'autre aux environs de $0^m,32$ à $0^m,35$. Leur nombre doit être divisible par celui des bras, pour la facilité des assemblages, à moins que la couronne et les bras ne soient d'une seule pièce.

Quant à leur profil, on emploie souvent, pour les roues en bois, le tracé représenté ci-dessous (*fig.* 79). Après avoir divisé

Fig. 79.

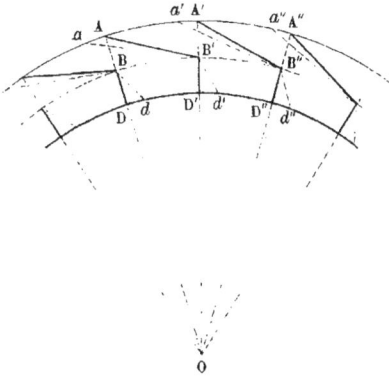

la circonférence extérieure OA en parties AA′, A′A″, ... toutes égales à l'écartement C des augets, on prend $\overline{AD} = p$, profondeur des augets dans le sens du rayon, et l'on décrit la circonférence OD; on décrit encore une troisième circonférence OB à égale distance des deux premières. Les rayons OA, OA′, OA″, .., étant ensuite menés par les points de division, on joindra AB′, A′B″,... et l'on obtiendra les profils AB′D′, A′B″D″,..., qui, sauf l'épaisseur, seront ceux des augets.

Des constructeurs habiles pensent que, au lieu des lignes telles que A′B′, A′B″,..., on pourrait employer les lignes aB′, a'B″,..., qui produisent un certain recouvrement mutuel des augets; pareillement, aux lignes BD, B′D′, B″D″,... on a quelquefois substitué les droites inclinées Bd, B′d', B″d'',.... Ces deux modifications ont pour but commun d'augmenter la profondeur des augets dans le sens parallèle à la circonférence, et par suite de retarder le déversement. Elles ont pour inconvénient de compliquer un peu la construction; d'ailleurs, il ne faudrait pas exagérer le recouvrement Aa, sans quoi le passage restant libre entre le point B et le côté aB′ serait peut-être trop diminué. Cette distance minimum doit excéder de quelques centimètres la levée de la vanne, afin que l'eau entre bien dans la roue et ne soit pas projetée au dehors.

Lorsque, les augets sont construits en tôle, on remplace les

profils brisés, ci-dessus définis, par des profils courbes qui
s'en écartent peu.

Les augets en bois ont généralement de 15 à 30 millimètres
d'épaisseur; en tôle, ils n'ont que de 2 à 4 millimètres, ce qui
augmente un peu leur capacité, toutes choses égales d'ailleurs.
Ils sont limités latéralement par des couronnes annulaires,
qu'on relie à l'arbre au moyen de bras d'autant plus nombreux
que la roue est plus haute. Ils présentent un fond continu sur
toute la circonférence DD'D"...; pour les roues très-larges,
ce fond doit être soutenu par des appuis en un ou deux points
placés entre les couronnes extrêmes. On pourrait également
employer dans ce cas une ou deux couronnes intermédiaires.

(e) *Calcul de l'effet dynamique d'une chute qui fait marcher une roue à augets.* — Les deux circonstances principales
qui donnent lieu aux pertes de charge à retrancher de la chute
absolue pour avoir la chute utilisée, sont la vitesse relative à
l'entrée de l'eau dans la roue et celle qu'elle possède à l'instant où elle tombe au niveau du bief inférieur.

Une évaluation rigoureuse de la première est presque impossible; pendant le temps que l'auget se remplit, le point
d'entrée des molécules qui arrivent successivement change
d'une manière continue. Les premières rencontrent les parois
solides; celles qui viennent après rencontrent l'eau déjà entrée, et de là résulte un phénomène bien difficile à analyser.
On en simplifie l'étude en admettant, comme on l'a fait au
n° **126** (*d*), que la hauteur $\frac{w^2}{2g}$, due à la vitesse relative w de
l'eau à son point d'entrée, représente la perte de charge en
question. D'ailleurs, si l'on appelle v la vitesse absolue de
l'eau, u la vitesse de la roue, γ l'angle de ces deux vitesses,
comme w est le troisième côté du triangle formé par v et u,
on aura

$$w^2 = u^2 + v^2 - 2uv\cos\gamma.$$

En réalité, la rencontre de l'eau avec la roue se fait en des
points qui varient sur toute la profondeur de l'auget. Eu égard
à ce que le rayon de la roue est grand relativement à l'épaisseur de la couronne des augets, cela ne change pas sensible-

ment u; mais pour évaluer v et γ, peut-être serait-il bien de supposer le point d'entrée, non sur la circonférence extérieure, mais vers le milieu de la profondeur des augets.

Passons à la seconde perte. Soit une molécule de masse m quittant la roue à une hauteur z au-dessus du bief d'aval. Cette molécule n'ayant dans l'auget qu'un mouvement relatif insensible, possède, à l'instant où elle sort, la vitesse u de la roue, et à l'instant où elle arrive au niveau du bief inférieur elle possède une vitesse v' égale à $\sqrt{u^2 + 2gz}$. Ensuite elle perd progressivement toute sa vitesse en cheminant dans le bief inférieur, sans que son niveau piézométrique change (car nous supposons la surface libre horizontale dans le bief); elle éprouve donc (n° 34) une perte de charge égale à

$$\frac{1}{2g}\left(u^2 + 2gz\right) = \frac{u^2}{2g} + z.$$

Pour toutes les molécules composant le poids P dépensé dans une seconde, ce sera une perte moyenne exprimée par $\frac{1}{P}\Sigma mg\left(\frac{u^2}{2g} + z\right)$ ou bien encore par $\frac{u^2}{2g} + \frac{1}{P}\Sigma mgz$, la somme Σ s'étendant à toutes ces molécules. Ce sera la seconde hauteur à retrancher de la hauteur absolue de la chute; elle est composée de deux termes dont nous connaissons immédiatement le premier, et il reste seulement à voir comment on calculerait le terme $\frac{1}{P}\Sigma mgz$, qui exprime l'effet spécial du déversement des augets.

La quantité $\frac{1}{P}\Sigma mgz$ n'est autre chose que la hauteur moyenne comprise entre le point de sortie d'une molécule et le niveau du bief d'aval; comme tous les augets sont dans des circonstances identiques, il suffit évidemment de chercher cette moyenne pour les molécules contenues dans un auget. A cet effet, on déterminera d'abord, comme il a été dit ci-dessus (b), les positions de l'auget pour lesquelles le déversement commence et finit, et, pour un certain nombre de positions intermédiaires, on constatera la quantité d'eau qui reste dans l'auget. Soient alors

- q_0 le volume de l'eau contenue dans un auget quand le déversement commence;
- q la valeur variable de ce volume dans une position intermédiaire quelconque;
- y la hauteur correspondante du bord extérieur de l'auget au-dessus du bief d'aval;
- c et c' les valeurs de y au commencement et à la fin du déversement, c'est-à-dire pour $q = q_0$ et $q = 0$.

Pendant un déplacement infiniment petit de la roue, auquel répond l'abaissement $- dy$, il s'écoule un volume infiniment petit $- dq$, qui tombe dans le bief d'aval, de la hauteur y; la hauteur moyenne du déversement sera donc $\frac{1}{q_0} \int_0^{q_0} y\, dq$. Or l'intégration par parties donne

$$\int y\, dq = qy - \int q\, dy,$$

et par suite

$$\int_0^{q_0} y\, dq = q_0 c - \int_{c'}^{c} q\, dy;$$

la moyenne cherchée est donc

$$\frac{1}{P} \sum mgz = c - \frac{1}{q_0} \int_{c'}^{c} q\, dy.$$

Le calcul de l'intégrale définie $\int_{c'}^{c} q\, dy$ s'effectuera par la méthode de Simpson, à défaut d'analyse rigoureuse, puisque nous sommes en mesure de connaître la valeur de q répondant à une valeur donnée de y. Si l'on voulait se contenter d'une approximation plus ou moins grossière, mais ordinairement suffisante, on pourrait, sous le signe $\int$, remplacer la variable q par la moyenne $\frac{1}{2} q_0$ de ses valeurs extrêmes; on trouverait alors

$$\frac{1}{P} \sum mgz = c - \frac{1}{2}(c - c') = \frac{1}{2}(c + c').$$

Aux pertes précédemment calculées il faudrait encore en ajouter une pour amener l'eau du bief d'amont à la roue. Ainsi que nous l'avons déjà vu en étudiant d'autres roues, elle sera très-faible si l'on adopte une bonne disposition; alors on pourrait l'évaluer à $0,1 \dfrac{v^2}{2g}$.

(*f*) *Données diverses.* — Les molécules liquides prenant, pendant leur chute qui suit le déversement, une vitesse sensiblement verticale, il n'y a guère moyen d'utiliser cette vitesse par une contre-pente, et par conséquent le niveau d'aval doit raser le point le plus bas de la roue. Pour les roues qui tournent rapidement, peut-être serait-il avantageux de les emboîter dans un coursier qui ne laisserait échapper l'eau qu'à la partie inférieure, et avec une vitesse à peu près horizontale; on aurait soin de munir chaque auget d'une soupape, placée vers le fond, et s'ouvrant de dehors en dedans, pour permettre à l'air de rentrer quand l'eau sortirait. Alors il serait possible d'atténuer beaucoup la perte de chute produite par la vitesse que l'eau possède en quittant la roue ; mais par contre on augmenterait, dans une mesure notable, les frais de premier établissement, et probablement aussi d'entretien.

Les roues en dessus conviennent parfaitement aux chutes de 4 à 6 mètres; au-dessous de 3 mètres, la roue de côté serait préférable. D'ailleurs, comme elles ont un diamètre à peu près égal à la hauteur de chute, leur emploi deviendrait pour ainsi dire impossible avec des chutes très-élevées.

L'expérience montre qu'avec une roue en dessus bien établie et marchant lentement, le rendement de la chute d'eau peut aller jusqu'à 0,80 et même plus. Mais dans les roues rapides il tombe quelquefois à 0,40.

§ III. — Des roues hydrauliques à axe vertical.

129. *Anciennes roues à cuillers ou à cuve.* — Les palettes des roues à cuillers présentent une forme légèrement concave dans le sens de leur longueur et dans celui de leur largeur, ce qui justifie le nom de *cuiller* qu'on leur a donné. Elles sont disposées autour d'un arbre vertical, et reçoivent à peu

près horizontalement le choc d'une veine fluide qui, sortie
d'un réservoir sous une charge assez grande, est amenée tout
près de la roue par un canal en planches. Pour obtenir une
action plus intense, on fait arriver l'eau dans la concavité des
palettes (n° 106).

Appelons

> v la vitesse absolue, supposée horizontale et perpendicu-
> laire à la palette frappée, de la veine qui arrive sur la
> roue ;
> ω la section de cette veine ;
> u la vitesse des palettes au point où elles reçoivent le choc ;
> Π le poids du mètre cube d'eau.

La vitesse relative de l'eau et des palettes sera horizontale et
égale à $v - u$; donc si l'on assimile le phénomène à celui du
choc d'une veine fluide contre un plan (n° 106), la force exer-
cée sur la roue sera $\Pi\omega \dfrac{(v - u)^2}{g}$; le travail que cette force fait
sur la roue dans l'unité de temps aura pour valeur $\Pi\omega \dfrac{u(v - u)^2}{g}$,
quantité sensiblement égale à l'effet dynamique de la chute
(n° 121). Cette expression varie avec u, et prend son maxi-
mum pour $u = \dfrac{1}{3} v$; ce maximum est $\Pi\omega \dfrac{4}{27} \cdot \dfrac{v^3}{g}$, ou, en remarquant que $\Pi\omega v$ donne le poids P dépensé par seconde, $\dfrac{8}{27} P \dfrac{v^2}{2g}$.
La hauteur $\dfrac{v^2}{2g}$ ne peut être qu'une fraction de la chute H ;
ainsi l'effet dynamique se trouve en dessous de $\dfrac{8}{27} PH$, et le
rendement au-dessous de $\dfrac{8}{27}$ ou o,3o environ. Ce nombre ne
peut d'ailleurs être considéré comme parfaitement exact, car
l'imperfection des théories relatives à la résistance des fluides
nous a contraint d'évaluer plus ou moins grossièrement l'action réciproque de l'eau et de la roue : toutefois l'expérience
vient confirmer le résultat du calcul, du moins en ce sens,
qu'elle indique, pour ce genre de moteurs, un rendement toujours assez faible, variable de o,16 à o,33.

La roue à cuve ne donne pas un résultat beaucoup meilleur. Une cuve cylindrique verticale en maçonnerie reçoit l'eau du bief d'amont par un canal d'amenée A (*fig.* 80), dont les côtés latéraux présentent un évasement

Fig. 80.

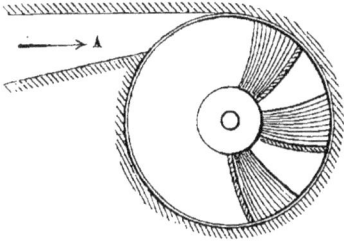

ment de $\frac{1}{5}$ environ en s'éloignant de la cuve, c'est-à-dire que ses côtés font un angle à peu près égal à 11 ou 12 degrés. L'un d'eux est d'ailleurs tangent à la circonférence de la cuve. La roue, dont l'axe coïncide avec celui de la cuve, consiste en un certain nombre de palettes régulièrement distribuées autour d'un arbre vertical. Les palettes, en coupe horizontale, ont une forme légèrement courbe et concave du côté où elles reçoivent l'action de l'eau ; coupées par un cylindre concentrique à la cuve, elles donneraient des lignes inclinées plus ou moins analogues à des arcs d'hélice. Le jeu de l'appareil se comprend sans peine : l'eau arrive par le canal A avec une assez grande vitesse, tend à circuler tout autour de la cuve, et, rencontrant les palettes sur son passage, les oblige à tourner ainsi que l'arbre qui les porte. En même temps elle obéit à l'action de la gravité, traverse la roue par l'espace libre entre les palettes et tombe dans le bief d'aval, qui doit être très-peu au-dessous. On voit que l'eau doit éprouver une agitation considérable en entrant dans la roue, et de plus qu'elle agit trop peu de temps sur celle-ci pour bien perdre sa vitesse relative. Aussi le rendement, quelquefois très-faible et voisin de 0,15, ne dépasse jamais 0,40.

Nous allons laisser de côté ces machines primitives pour en étudier d'autres beaucoup plus perfectionnées.

130. *Des turbines.* — Le principe des roues à réaction, tel qu'on le mentionne ordinairement dans les Traités de Physique, est très-anciennement connu ; mais il paraît que c'est seulement vers le milieu du siècle dernier qu'on a songé à l'utiliser et à l'appliquer à la construction de roues hydrauliques d'une certaine puissance. Segner, professeur à Gœttingue, et plus tard Euler, en 1752, en firent l'objet de leurs recherches.

En 1754 (*), Euler composa une autre machine, toujours fondée sur le principe des roues à réaction, mais en différant par plusieurs dispositions importantes; cette machine offre la ressemblance la plus frappante avec une roue fort en usage aujourd'hui, appelée dans l'industrie *turbine Fontaine*, du nom de l'habile constructeur qui en a établi un très-grand nombre depuis quelques années, en étendant et complétant d'ailleurs, dans le détail de l'application, l'idée première d'Euler. Il ne semble pas que l'on ait beaucoup employé ce genre de roue jusque vers 1824, époque où la question fut de nouveau étudiée par M. Burdin, ingénieur en chef des Mines, qui construisit une machine analogue nommée par lui *turbine à réaction*. Dans les années suivantes, M. Fourneyron, s'inspirant des idées de M. Burdin, établit des turbines dans lesquelles il introduisit des perfectionnements très-notables. Depuis, les turbines se sont répandues et multipliées à profusion : divers mécaniciens en ont construit, de sorte qu'il en existe un très-grand nombre de modèles qui diffèrent plus ou moins les uns des autres.

Sans nous attacher à suivre plus complétement l'historique des transformations successivement éprouvées par ce genre de roues à axe vertical, nous allons d'abord décrire sommairement les trois types principaux auxquels peuvent se rattacher les turbines aujourd'hui en usage; puis nous en donnerons une théorie générale, et enfin nous reviendrons sur quelques détails auxquels s'attache un intérêt particulier.

131. *Turbine Fourneyron.* — Cette turbine est représentée, dans ses organes essentiels, par la *fig.* 81 (*voir* la planche gravée).

L'eau du bief d'amont A descend dans le bief d'aval B en suivant une cuve à section horizontale circulaire dont CD est l'ouverture supérieure. Cette cuve, parfaitement fixe, repose sur des appuis en charpente ou en maçonnerie; elle se pro-

---

(*) *Histoire de l'Académie de Berlin.*

longe par un autre cylindre circulaire en fonte EGIF, mobile
verticalement, qu'on peut abaisser plus ou moins, ainsi qu'on
l'expliquera par la suite. Le fond KK′K″L″L′L de la cuve est
relié à un cylindre creux *abcd* que l'on soutient à sa partie
supérieure ; ce cylindre, nommé *tuyau porte-fond*, est en
outre destiné à préserver du contact de l'eau l'arbre vertical *ef*,
auquel un mouvement de rotation doit être communiqué par
la chute. On comprend en effet que si l'eau arrivait jusqu'à
l'arbre, il serait nécessaire, pour éviter les fuites, de faire passer
celui-ci dans des garnitures hermétiques fortement serrées, ce
qui occasionnerait des frottements, indépendamment de ceux
qui naîtraient du contact même du fluide. L'arbre ainsi que
le tuyau porte-fond sont d'ailleurs concentriques avec la cuve.

Entre le bas GI de la vanne cylindrique EGIF et le plateau
annulaire KL, il reste tout autour du périmètre du fond une
ouverture GK, IL, par laquelle peut s'écouler l'eau. Mais
comme il est important, ainsi qu'on le verra, que les filets ne
s'écoulent pas dans une direction quelconque, on les guide à
leur sortie par un certain nombre de cloisons cylindriques à
génératrices verticales, que soutient le plateau KL et dont la
coupe horizontale définit suffisamment la disposition ; parmi
ces cloisons directrices, les unes, telles que *gh*, vont rejoindre
les parois K′K″, L′L″ ; les autres, telles que *ik*, sont plus
courtes, afin d'éviter un trop grand rapprochement de ces cloisons vers leurs extrémités voisines de l'axe.

En regard de l'ouverture GK, IL, se trouve la turbine proprement dite, comprise entre deux plateaux annulaires SRMN,
UTPQ ; ces plateaux sont reliés entre eux par les aubes de la
turbine, qui sont des cylindres à génératrices verticales, donnant en coupe horizontale une série de courbes, telles que *lm*,
pq, . . . ; le plateau inférieur est de plus relié à l'arbre par une
surface de révolution TαϐP, calée sur celui-ci, de manière à
former un tout parfaitement solidaire. L'arbre repose sur un
pivot inférieur ; un levier γδ, mû par une tige δε qui se termine
en un point facilement accessible, permet de soulever tant
soit peu cet appui, lorsque l'usure des surfaces frottantes a
produit une légère descente de l'arbre.

Pour comprendre comment l'action de l'eau va mettre la

machine en mouvement, supposons d'abord que l'arbre soit rendu fixe : alors les filets liquides, sortant de la cuve par les cloisons directrices, viendront frapper la concavité des aubes ; ils exerceront donc une pression plus forte sur la partie concave que sur la partie convexe d'un canal, tel que *lmpq*, formé de deux aubes consécutives, d'abord à cause du choc, et aussi à cause de la courbure qu'ils sont obligés de prendre. Il résulterait de là une série d'actions dont les moments, relativement à l'axe, tendraient tous à faire tourner le système des aubes dans le sens de la flèche marquée sur la coupe horizontale ; donc il se produira effectivement une rotation dans le sens dont nous parlons, si l'on rend à l'arbre la liberté de tourner, même en lui opposant une résistance dont le moment serait inférieur au moment total des actions motrices.

Afin de diminuer autant que possible la perte de charge éprouvée par les molécules d'eau pendant leur trajet du bief d'amont jusqu'à la roue, on a soin : 1° de donner à l'ouverture CD un diamètre assez grand et d'en arrondir les bords ; 2° de munir la vanne cylindrique d'appendices en bois GG', II', placés à la partie inférieure et arrondis sur leurs bords, comme le représente la figure. On évite ainsi dans une mesure suffisante les remous et tourbillons causés par les changements brusques de la direction des filets liquides. La garniture de bois n'est pas d'ailleurs continue ; elle se compose d'une série de madriers occupant chacun l'espace libre entre deux cloisons directrices consécutives, de manière que la vanne puisse s'abaisser sans obstacle jusqu'au fond KK'L'L.

Nous verrons, en nous occupant de la théorie générale des turbines, comment on remplit les autres conditions essentielles d'un bon moteur hydraulique.

132. *Turbine Fontaine.* — La *fig.* 82 (*voir* la planche gravée) représente une coupe générale de cette machine par un plan vertical. Un pieu ou support métallique vertical AB est fixé aussi bien que possible dans la maçonnerie formant le fond du bief inférieur ; il soutient à la partie supérieure A un arbre creux en fonte GDEF qui l'entoure ; cet arbre est prolongé au-dessus par un arbre plein, sur lequel sont les transmissions de mouvement. Une vis, avec un écrou C, permet de régler la position de l'arbre dans le sens vertical. A peu près au niveau des eaux d'aval (ou, si l'on veut, au-dessous) se trouve la turbine HIKLMNOP, reliée invariablement au bas de l'arbre creux ; elle est comprise entre deux surfaces de révolution autour de l'axe vertical du système, lesquelles ont HK et IL pour lignes méridiennes ; dans l'espace intermédiaire on place les aubes, qui reçoivent l'action de l'eau, et en même temps rendent les deux surfaces solidaires. L'eau arrive du bief supérieur *a* sur les aubes de la turbine en s'écoulant par une série de canaux distributeurs, dont les quadrilatères QRHI, STMN représentent la coupe. Ces canaux sont répartis d'une manière continue sur un espace annulaire, immédiatement au-dessus des aubes ; ils sont limités latéralement par les surfaces QHTN, RISM ; l'intervalle entre ces surfaces reste d'ailleurs libre, sauf le volume occupé par les cloisons directrices, qui le subdivisent en un certain nombre de canaux inclinés, dans lesquels les filets liquides se meuvent avec une figure et une direction déterminée.

Afin de donner une idée nette de la forme des cloisons directrices et des aubes, imaginons qu'on fasse une coupe par un cylindre ou un cône concentrique avec l'axe du système, passant par le milieu des intervalles QR, HI, KL, et qu'on développe cette coupe sur un plan. La coupe développée des cloisons directrices donnera une série de courbes telles que *cd*, *ef*,..., comprises dans une bande droite ou circulaire ; de même, pour les aubes de la turbine, on obtiendra les courbes *dg*, *fh*,..., également comprises dans une autre bande. Ces courbes ayant été tracées conformément à des règles dont on s'occupera plus loin, reconstituons par la pensée le cylindre ou cône qui avait été développé, et concevons des surfaces gauches engendrées par une droite horizontale qui s'appuierait constamment sur l'axe et successivement pour chacune des courbes en question ; nous aurons ainsi défini les surfaces des cloisons et aubes.

Nous pensons qu'il est inutile de décrire les dispositions par suite desquelles l'eau du bief d'amont ne trouve, pour s'écouler dans le bief d'aval, d'autre issue que les canaux formés par les cloisons directrices; à cet égard, la figure paraît donner des indications suffisamment claires.

On se rendrait compte, comme dans le cas de la turbine Fourneyron (n° 131), du sens dans lequel tournerait la machine par suite de l'action de l'eau ; ce sens est celui de la flèche tracée au-dessous du développement des aubes.

133. *Turbine Kœcklin.* — La turbine Kœcklin, dont la disposition d'ensemble a été primitivement imaginée par un mécanicien nommé Jonval, ne se distingue pas essentiellement de la turbine Fontaine quant à l'arrangement des aubes et des cloisons directrices, ni quant au mode d'action de l'eau. La différence la plus remarquable consiste en ce que la turbine est au-dessus du niveau du bief d'aval, comme le représente

Fig. 83.

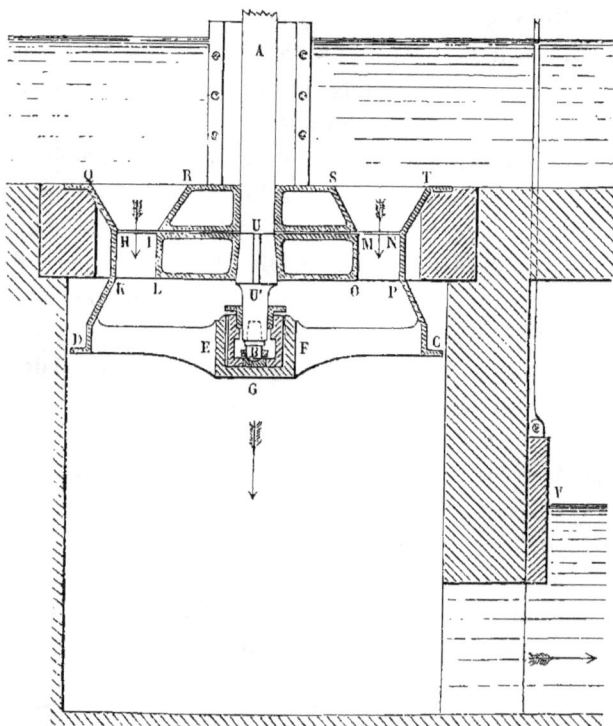

la *fig.* 83, coupe verticale de l'appareil. Les cloisons directrices, établies dans un espace annulaire dont les trapèzes QRHI, STMN indiquent la coupe, sont reliées à une espèce de tourteau en fonte qui embrasse l'arbre AB, sans cependant faire corps avec lui, ni le presser fortement : elles forment une suite de canaux inclinés, par lesquels l'eau du bief d'amont s'écoule et arrive sur les aubes de la turbine, placées immédiatement au-dessous, comme dans la turbine Fontaine. Ces aubes font corps avec un autre tourteau calé sur l'arbre ; elles occupent l'espace annulaire HIKL, MNOP.

Les canaux inclinés compris entre deux aubes ou cloisons consécutives sont limités extérieurement par une cuve fixe en fonte posée sur les bords d'un puits en maçonnerie ; c'est une surface de révolution autour de l'axe AB, ayant QHKD pour profil méridien. Au bas de cette cuve se trouvent un certain nombre de bras qui soutiennent un siége central sur lequel on place le pivot de l'arbre tournant.

L'eau sortie de la turbine, par les orifices KL, OP, s'écoule jusqu'au bief inférieur en descendant par le puits en maçonnerie, et passant ensuite dans une ouverture qu'on peut rétrécir ou au besoin fermer à volonté, par le moyen d'une vanne V. Au moment de la mise en train, on permet d'abord à l'eau du bief d'amont d'arriver à la turbine, en ayant soin de fermer la vanne V, pour que le puits se remplisse d'eau ; on ouvre ensuite cette vanne progressivement et lentement, de manière à ce que l'écoulement s'établisse depuis la sortie de la turbine jusqu'au bief d'aval, sans que l'eau du puits cesse de former une colonne liquide continue, animée d'une faible vitesse. Moyennant ces précautions la hauteur comprise entre le plan horizontal KLOP et le niveau d'aval ne doit pas être comptée comme une perte de chute, car elle correspond à une diminution de pression sur l'eau qui sort de la turbine, et l'on verra, par la théorie générale que nous allons bientôt exposer, que cela fait une compensation exacte.

La situation de la turbine au-dessus du bief d'aval permet très-aisément (et c'est là son principal avantage) de la mettre à sec ; il suffit pour cela de laisser ouverte la vanne du canal de fuite, et d'empêcher l'eau d'arriver jusqu'aux orifices des

canaux distributeurs QRHI, STMN. On peut alors visiter la
machine et faire les réparations jugées nécessaires.

134. *Théorie des trois turbines précédentes.* — Une théorie
complète des turbines que nous venons de décrire sommairement, devrait d'abord renfermer la solution de la question générale suivante : Étant données toutes les dimensions d'une
turbine, sa situation relativement aux biefs d'amont et d'aval,
et enfin sa vitesse angulaire, déterminer le volume d'eau
qu'elle dépense et l'effet dynamique de la chute. On cher-
cherait ensuite les conditions nécessaires pour que le rendement fût un maximum, avec une chute et une dépense
données.

Mais nous ne traiterons point la question en termes aussi généraux. Afin de simplifier la recherche théorique dont nous
avons à nous occuper, nous admettrons dès à présent que
toutes les dimensions ont été choisies et les dispositions
prises, pour que la turbine remplisse le mieux possible les
conditions d'un bon moteur hydraulique. Ainsi, depuis le bief
d'amont jusqu'à la sortie des cloisons directrices, on aura eu
soin d'éviter les contractions et les changements brusques de
direction des filets, on aura poli et arrondi les surfaces en contact avec l'eau qui s'écoule, afin que dans cette première partie de son trajet elle n'éprouve aucune perte de charge sensible. A son point d'entrée dans la turbine, elle possède une
certaine vitesse relative; on s'arrangera pour que cette vitesse
soit dirigée tangentiellement au premier élément des aubes,
afin qu'il n'y ait pas de choc et d'agitation tumultueuse à la
suite. C'est une condition qu'il est possible de remplir, en
choisissant convenablement la vitesse de la roue, ainsi que les
directions des aubes et cloisons au point où elles viennent se
rejoindre. Enfin, comme l'eau sort de la turbine dans toutes
les directions autour d'une circonférence, et qu'il n'est guère
possible d'éviter que la vitesse absolue qu'elle possède alors
ne soit consommée en pure perte pour produire des remous
dans le bief inférieur, nous supposerons qu'on a eu soin de
rendre cette vitesse petite. Tout cet ensemble de circonstances
simplifiera considérablement nos calculs, en nous permettant

d'y négliger, sans erreur trop sensible, les diverses pertes de charge éprouvées par l'eau jusqu'à son point de sortie de la turbine, perte dont l'expression analytique, plus ou moins compliquée, surchargerait nos formules et les rendrait beaucoup moins maniables. Seulement, il est bien entendu que nos résultats seront applicables exclusivement au cas où la machine fonctionne dans les conditions du rendement maximum.

Cela posé, appelons

v la vitesse absolue de l'eau quand elle quitte les cloisons directrices et qu'elle va entrer dans la turbine;

u sa vitesse d'entraînement et w sa vitesse relative, au même point, par rapport à la turbine prise pour système de comparaison;

v', u' et w' les trois vitesses analogues pour le point où l'eau quitte les aubes de la turbine;

p et p' les pressions correspondantes en ces deux points;

p_a la pression atmosphérique;

r et r' les distances des deux mêmes points à l'axe de rotation du système (*);

H la hauteur de la chute, mesurée entre les niveaux des biefs d'amont et d'aval, supposés sensiblement stagnants;

h la hauteur, positive ou négative, du point d'entrée de l'eau à l'intérieur de la turbine, au-dessous du niveau du bief d'aval;

h' la hauteur dont l'eau descend pendant son mouvement

(*) Ces deux distances sont souvent égales dans les turbines Fontaine et Kœcklin; mais elles diffèrent forcément l'une de l'autre dans la turbine Fourneyron. Il convient en outre d'observer que, dans les turbines Fontaine et Kœcklin, les orifices par lesquels l'eau sort des cloisons directrices ou de la turbine ont une certaine dimension perpendiculairement à l'axe de rotation; les longueurs r et r' doivent, bien entendu, se rapporter aux points moyens de ces orifices. Ainsi, dans la *fig.* 83 par exemple, r serait la moyenne entre $\overline{\text{UM}}$ et $\overline{\text{UN}}$; r' serait de même $\dfrac{\overline{\text{U'O}} + \overline{\text{U'P}}}{2}$. On fait d'ailleurs en sorte que $\overline{\text{MN}}$ et $\overline{\text{OP}}$ soient petits relativement à r et r', pour que la considération unique du filet d'eau moyen n'entraîne pas d'erreur sensible. Il est clair qu'une condition analogue est imposée, dans la turbine Fourneyron, aux longueurs $\overline{\text{RT}}$, $\overline{\text{SU}}$ (*fig.* 81, planche gravée) comparées avec la hauteur de chute H.

à l'intérieur de la turbine, qnantité nulle quand on adopte les dispositions de M. Fourneyron;

H le poids du mètre cube d'eau.

Maintenant, l'ensemble des intervalles entre deux cloisons directrices consécutives étant considéré comme un premier système de canaux courbes, et l'ensemble des intervalles entre deux aubes consécutives comme un second système, on appellera encore,

Pour le premier système de ces canaux :

β l'angle aigu sous lequel ils coupent le plan des orifices qui les terminent à la distance r de l'axe; cet angle β est aussi celui sous lequel la circonférence $2\pi r$ est coupée par les cloisons;

b la hauteur ou largeur des orifices dont on vient de parler, mesurée perpendiculairement à la circonférence $2\pi r$;

Pour le second système :

θ l'angle du plan des orifices d'entrée avec la direction des aubes, ou, ce qui revient au même, l'angle de ces aubes avec la circonférence $2\pi r$, à laquelle on attribuera d'ailleurs la direction opposée à la vitesse u, la direction de l'aube étant prise dans le sens du mouvement relatif de l'eau;

γ l'angle aigu sous lequel les canaux coupent leurs orifices de sortie, ou bien encore l'angle des aubes avec la circonférence $2\pi r'$ sur laquelle sont distribués lesdits orifices;

b' la hauteur ou largeur des orifices de sortie, mesurée perpendiculairement à ladite circonférence $2\pi r'$.

Il s'agit d'établir les relations qui existent entre toutes ces quantités, dans l'hypothèse où les conditions du maximum de rendement sont satisfaites. Pour cela nous allons d'abord suivre le mouvement d'une molécule d'eau sur sa trajectoire entre les deux biefs, et écrire les équations fournies par le théorème de Bernoulli.

Entre un point de départ pris dans le bief d'amont, où il n'y a pas de vitesse sensible, et le point de sortie à l'extrémité des cloisons directrices, il y a une charge exprimée par

$H + h + \dfrac{p_a - p}{\Pi}$; la vitesse étant v, on a donc, dans l'hypothèse d'une perte de charge négligeable entre les deux points dont il s'agit,

$$(1) \qquad v^2 = 2g\left(H + h + \frac{p_a - p}{\Pi}\right).$$

L'eau se meut ensuite le long des aubes de la turbine avec une vitesse relative d'abord égale à w et finalement à w' : dans cette seconde période, si l'on nomme ω la vitesse angulaire de la machine, on sait (n° 20) que, pour appliquer le théorème de Bernoulli au mouvement relatif, il faut à la charge réelle $h' + \dfrac{p - p'}{\Pi}$ joindre un gain de charge fictif $\dfrac{\omega^2 r'^2 - \omega^2 r^2}{2g}$, soit $\dfrac{u'^2 - u^2}{2g}$; en négligeant encore les pertes de charge, ce qui est permis approximativement quand l'eau entre avec une vitesse relative tangente aux aubes, on devra donc poser

$$(2) \qquad w'^2 - w^2 = 2g\left(h' + \frac{p - p'}{\Pi}\right) + u'^2 - u^2.$$

Lorsque la turbine est immergée et $h + h'$ positif, le point de sortie de l'eau se trouve à une hauteur $h + h'$ au-dessous du niveau de l'aval ; comme d'ailleurs, pour le maximum du rendement, il faut que l'eau sorte avec une faible vitesse absolue, on peut sans grande erreur admettre que la pression varie, dans le bief d'aval, suivant la loi hydrostatique, ce qui donne

$$(3) \qquad \frac{p_a}{\Pi} + h + h' = \frac{p'}{\Pi}.$$

Cette relation est encore vraie dans la turbine Kœcklin, bien que $h + h'$ devienne négatif, pourvu que le puits placé au-dessous de la turbine et l'orifice par lequel il communique avec l'aval aient d'assez grandes dimensions ; car alors l'eau y prendra peu de vitesse et pourra y être considérée comme en équilibre ; la pression p' serait alors inférieure à p_a d'une quantité représentée par la hauteur $-(h + h')$, comme l'exprime l'équation (3) ci-dessus. On pourrait également la conserver, si le plan inférieur de la turbine, construite suivant l'un des deux premiers systèmes, affleurait le niveau du bief d'aval : on aurait en effet

$$p_a = p' \quad \text{et} \quad h + h' = 0,$$

les hauteurs h, h' étant égales et de signes contraires, ou bien nulles toutes deux, suivant qu'il s'agirait d'une turbine Fontaine ou d'une turbine Fourneyron.

L'incompressibilité de l'eau nous fournira la quatrième équation, exprimant que le volume d'eau écoulé entre les cloisons directrices est égal à celui qui sort de la turbine. Les orifices distributeurs, laissés libres entre les cloisons, occupent un développement total $2\pi r$ (sauf la faible épaisseur des cloisons) et une largeur b, d'où résulte une surface $2\pi br$; comme ils sont coupés par les filets liquides animés de la vitesse v, sous l'angle β, on a pour première expression du volume Q débité dans l'unité de temps

$$Q = 2\pi br \sin\beta . v.$$

De même, les orifices de sortie à l'extrémité des aubes ont un développement total $2\pi r'$, une largeur b', une surface $2\pi b' r'$, et ils sont coupés par les filets avec une vitesse relative w', sous l'angle γ; donc

$$Q = 2\pi b' r' \sin\gamma . w'.$$

Plus exactement, à cause de l'épaisseur des aubes ou cloisons, ces deux expressions de Q devraient subir une légère réduction relative de $\frac{1}{25}$ ou $\frac{1}{30}$; mais en tous cas la réduction étant à peu près la même pour les deux, on aura par l'égalité des valeurs de $\frac{Q}{2\pi}$,

$$(4) \qquad\qquad bv\sin\beta = b' r' w' \sin\gamma.$$

Les trois relations suivantes sont en quelque sorte géométriques.

Représentons-nous (*fig.* 84) une aube BC et une cloison directrice AB; une molécule liquide ayant suivi la trajectoire AB arrive en B avec une vitesse absolue v, et une vitesse w relativement à la turbine qui possède elle-même, au point B, la vitesse u. Cette dernière étant la vitesse dite d'entraînement, on sait que v est la diagonale du parallélogramme construit sur u et w; et comme l'angle de v avec u est précisément β, le triangle BUV donnera

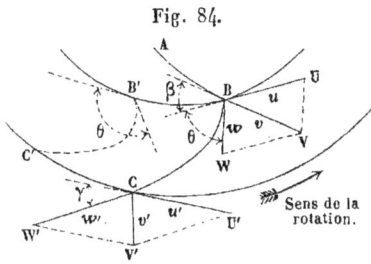

Fig. 84.

$$\overline{UV}^2 = \overline{BU}^2 + \overline{BV}^2 - 2\,\overline{BU}.\overline{BV}\cos\beta,$$

c'est-à-dire

$$(5) \qquad w^2 = u^2 + v^2 - 2uv\cos\beta.$$

De même la molécule liquide, après avoir parcouru relativement à la turbine la trajectoire BC, arrive en C avec la vitesse relative w', qui, composée avec la vitesse d'entraînement u', donne la vitesse absolue v'; donc, l'angle γ étant supplément de celui fait par u' et w', on aura

$$(6) \qquad v'^2 = u'^2 + w'^2 - 2u'w'\cos\gamma.$$

D'un autre côté, les vitesses u et u' appartiennent à deux points de la turbine situés respectivement aux distances r et r' de l'axe de rotation; on a donc $\dfrac{u}{r} = \dfrac{u'}{r'}$, ou bien

$$(7) \qquad u'r = ur'.$$

Il nous reste à exprimer deux conditions nécessaires pour obtenir le meilleur rendement. Il faut d'abord, au point B, que w soit dirigé tangentiellement aux aubes BC, sans quoi il y aurait un changement brusque de vitesse relative, d'où résulterait de l'agitation et une perte de charge dont nous n'avons pas tenu compte. Donc l'angle de w avec u est supplémentaire de θ, et alors le triangle BUV donne

$$\frac{\overline{BU}}{\overline{BV}} = \frac{\sin BVU}{\sin BUV} = \frac{\sin(BUV + VBU)}{\sin BUV},$$

ou bien encore

$$(8) \qquad \frac{u}{v} = \frac{\sin(\theta + \beta)}{\sin\theta}.$$

Il faut encore que la vitesse absolue v' possédée par l'eau à sa sortie de la turbine soit assez faible, puisque $\dfrac{v'^2}{2g}$ entre dans la perte de chute (n° 122) : on satisfait ici d'une manière suffisante à cette condition, en prenant l'angle γ petit et posant

$$(9) \qquad u' = w';$$

car alors le parallélogramme CU'V'W' se transforme en un losange très-aplati d'un côté et très-aigu de l'autre, et la diagonale joignant les sommets obtus n'a qu'une faible longueur; autrement dit, les vitesses u' et w' sont égales, et se rapprochent beaucoup d'être directement opposées, ce qui rend leur résultante assez petite.

Nous avons donc obtenu en tout neuf équations entre seize quantités variables d'une turbine à l'autre, savoir :

six vitesses u, v, w, u', v', w' ;
deux pressions p, p' ;
deux rapports $\dfrac{r}{r'}$, $\dfrac{b}{b'}$;
trois hauteurs H, h, h' ;
trois angles β, γ, θ.

Ces équations nous serviront à résoudre deux questions distinctes que l'on peut poser ainsi : 1° étant données une turbine et toutes ses dimensions (c'est-à-dire les huit quantités β, γ, θ, $\dfrac{r}{r'}$, $\dfrac{b}{b'}$, H, h, h'), indiquer les conditions auxquelles ces dimensions doivent satisfaire pour que la turbine puisse fonctionner avec le maximum de rendement, c'est-à-dire pour que les neuf équations ci-dessus puissent avoir lieu; et dans l'hypothèse où ces conditions seraient remplies, indiquer la vitesse la plus convenable de la turbine, ainsi que sa dépense d'eau correspondante à cette vitesse, son rendement et son effet dynamique ; 2° étant donnés le débit et la hauteur d'une chute, établir sous cette chute une turbine dans les meilleures conditions.

La première question comporte huit inconnues, qui sont u, v, w, u', v', w', p, p'; l'élimination de ces inconnues entre les neuf équations donnera donc une équation de condition à remplir par les dimensions de l'appareil, équation à laquelle il faudra en joindre deux autres pour exprimer que les pressions p et p' sont essentiellement positives. Le calcul ci-après a pour objet de faire ressortir ces trois conditions et en même temps de donner la valeur des inconnues.

Ajoutons membre à membre les équations (1), (2) et (5); il viendra

$$w'^2 = 2g\left(H + h + h' + \frac{p_a - p'}{\Pi}\right) + u'^2 - 2uv\cos\beta,$$

soit, en ayant égard à (3) et (9),

$$(10) \qquad uv\cos\beta = gH.$$

La combinaison des équations (4) et (9) donne facilement

$$(11) \qquad bvr\sin\beta = b'u'r'\sin\gamma;$$

faisant le produit membre à membre des équations (7), (10) et (11), nous trouverons

$$v^2 . br^2\sin\beta\cos\beta = gH . b'r'^2\sin\gamma,$$

d'où résulte une des inconnues

$$(12) \qquad v^2 = gH\frac{b'r'^2\sin\gamma}{br^2\sin\beta\cos\beta}.$$

On a d'ailleurs, d'après (10), $u^2 = \dfrac{g^2H^2}{v^2\cos^2\beta}$; donc

$$(13) \qquad u^2 = gH\frac{br^2\tan\beta}{b'r'^2\sin\gamma},$$

et en vertu de (7)

$$(14) \qquad u'^2 = g H \, \frac{b \, \text{tang} \, \beta}{b' \sin \gamma}.$$

Pour avoir v', on fera d'abord $w' = u'$ dans l'équation (6), ce qui donnera

$$v'^2 = 2 \, u'^2 (1 - \cos \gamma),$$

et par suite, au moyen de la valeur (14) de u',

$$(15) \qquad v'^2 = 2 g H \, \frac{b \, \text{tang} \, \beta}{b' \sin \gamma} \, (1 - \cos \gamma).$$

Connaissant u', on a par cela même w', et si l'on tenait à avoir w, cela serait facile en substituant dans l'équation (5) les valeurs de v et u. Ainsi toutes les vitesses peuvent maintenant être considérées comme connues; on en déduirait la vitesse angulaire ω avec laquelle doit marcher la turbine, quand elle fonctionne dans les conditions du maximum de rendement; on aurait en effet

$$\omega = \frac{u}{r} = \frac{u'}{r'}.$$

Le débit correspondant Q a pour valeur $2 \pi b' w' r' \sin \gamma$, soit, en substituant au lieu de w' l'expression (14) de son égale u',

$$(16) \qquad Q = 2 \pi r' \sqrt{bb'} \, \sqrt{g H \, \text{tang} \, \beta \sin \gamma},$$

formule dont il faudrait probablement affecter le second membre d'un facteur plus petit que 1, pour tenir compte de l'espace occupé par les aubes, et aussi pour compenser l'influence des pertes de charge négligées dans le calcul.

Cherchons maintenant les trois équations de condition que doivent remplir les dimensions de la turbine. D'abord en faisant le quotient membre à membre des équations (13) et (12), et extrayant la racine carrée du quotient, nous trouverons

$$\frac{u}{v} = \frac{b r^2 \sin \beta}{b' r'^2 \sin \gamma},$$

et à cause de (8)

$$(17) \qquad \frac{\sin (\theta + \beta)}{\sin \theta} = \frac{b r^2 \sin \beta}{b' r'^2 \sin \gamma};$$

c'est la condition obtenue par l'élimination des huit inconnues entre les neuf équations. Reste encore à exprimer qu'on a $p > 0$, $p' > 0$. Quant à cette dernière condition, on voit d'après (3) qu'elle est satisfaite d'elle-même pour les turbines Fourneyron et Fontaine, en supposant qu'elles affleurent le bief d'aval ou qu'elles y sont noyées, comme nous l'avons admis dans tous les précédents calculs; car alors $h + h'$ est positif et l'on a $p' > p_a$. Dans la turbine Kœcklin, au contraire, le dessous de la turbine surpasse en réalité le niveau du bief d'aval, d'une hauteur positive exprimée par $-(h + h')$; $\dfrac{p'}{\Pi}$ a pour valeur $\dfrac{p_a}{\Pi}$ ou $10^m,33$, moins cette hauteur; donc il faut absolument qu'on ait

$$- (h + h') < 10^m,33.$$

Il est même nécessaire de conserver une différence sensible entre les deux membres de cette inégalité, car certaines pertes de charge négligées dans notre calcul devraient se retrancher de la valeur que nous assignons à $\dfrac{p'}{\Pi}$, et, de plus, si la pression p' devenait trop faible, on serait exposé à un dégagement de l'air primitivement contenu dans l'eau, phénomène qui, en détruisant la continuité de la colonne liquide en dessous de la turbine, donnerait lieu à une perte de charge assez forte, sur laquelle nous n'avons pas compté. Pour éviter cet effet, peut-être conviendrait-il de poser

$$(18) \qquad\qquad - (h + h') < 6^m.$$

D'ailleurs la pression p se déduit de (1), après y avoir mis la valeur (12) au lieu de v^2, ce qui donne

$$(19) \qquad \frac{p}{\Pi} = H + h + \frac{p_a}{\Pi} - \frac{1}{2} H \frac{b' r'^2 \sin\gamma}{b r^2 \sin\beta \cos\beta}.$$

Il faudrait, bien entendu, que le second membre de cette relation fût plus grand que zéro; mais on peut lui fixer une limite plus élevée. En effet, si l'on examine la disposition des divers systèmes de turbines, on voit qu'il y a toujours communication indirecte des orifices distributeurs situés à l'extrémité des cloisons directrices, soit avec le bief d'aval, soit avec l'atmosphère. Cette communication se fait par le jeu nécessairement laissé entre la turbine proprement dite et les orifices distributeurs. Quand elle a lieu avec le bief d'aval, p ne peut pas s'écarter beaucoup de la pression hydrostatique $p_a + \Pi h$, qui aurait lieu dans une colonne piézométrique communiquant avec ce bief, et à la hauteur du point d'entrée de l'eau dans la turbine; sans quoi il y aurait, par le jeu dont nous venons de parler, soit jaillissement, soit aspiration d'eau, ce qui produirait du trouble dans le mouvement. Quand c'est avec l'atmosphère, il faut, par une raison analogue, que p soit sensiblement égal à p_a. Il est donc prudent, si l'on est dans le premier cas, de s'imposer la condition que les deux termes affectés du facteur H dans l'équation (19) se détruisent à peu près, ou de poser, en désignant par k un nombre d'autant moins différent de 1 que H sera plus grand,

$$(20) \qquad k = \frac{b' r'^2 \sin \gamma}{2 \, b r^2 \sin \beta \cos \beta};$$

k est en outre rigoureusement assujetti à ce que l'on ait

$$(21) \qquad h + \frac{p_a}{\Pi} + \mathrm{H}(1 - k) > 0.$$

Et de même, pour le second cas, on établirait la condition

$$(22) \qquad \mathrm{H}\left(1 - \frac{b' r'^2 \sin \gamma}{2 \, b r^2 \sin \beta \cos \beta}\right) + h = h'',$$

h'' désignant une hauteur assez petite.

On pourrait encore se proposer, pour une turbine connue fonctionnant avec le rendement maximum, de chercher ce rendement, ainsi que l'effet dynamique. Comme nous supposons négligeables toutes les pertes de chute autres que celle qui est due à la vitesse de sortie v', la chute utilisée sera

$$\mathrm{H} - \frac{v'^2}{2\,g},$$

et par suite le rendement μ aura pour expression

$$\mu = \frac{H - \dfrac{v'^2}{2g}}{H} = 1 - \frac{v'^2}{2gH},$$

ou, en remplaçant v'^2 par sa valeur,

$$(23) \qquad \mu = 1 - \frac{b\tan\beta}{b'\sin\gamma}(1 - \cos\gamma).$$

L'effet dynamique T_e s'obtiendrait en cherchant le produit $\mu\Pi QH$ du rendement par la puissance absolue de la chute : donc on aurait, d'après les équations (16) et (23),

$$(24) \quad \left\{ \begin{array}{l} T_e = \Pi H\sqrt{gH}\,.\,2\pi r'\sqrt{bb'}\,.\,\sqrt{\tan\beta\sin\gamma} \\[2mm] \qquad \times\left[1 - \dfrac{b\tan\beta}{b'\sin\gamma}(1 - \cos\gamma)\right]. \end{array} \right.$$

Les expressions (16), (23) et (24) de la dépense, du rendement et de l'effet dynamique sont, comme on le voit, indépendantes des hauteurs h et h', qui n'interviennent que dans les conditions (18), (21) et (22), en restreignant dans une certaine mesure le choix des autres dimensions. Ainsi se trouve complétement vérifié ce que nous avons dit plus haut (n° 133) sur le rendement des turbines Kœcklin : leur situation au-dessus du bief d'aval n'entraîne directement aucune perte de chute.

Maintenant nous avons résolu la première des deux questions générales posées tout à l'heure. Quand on aborde la seconde, qui consiste à établir une turbine pour une chute donnée, Q et H deviennent les données, et l'on n'a, entre les neuf quantités β, γ, θ, r, r', b, b', h, h', qui définissent les dimensions inconnues, que les équations (16), (17), (20) ou (22), auxquelles il faut joindre (s'il s'agit d'une turbine Kœcklin) l'inégalité (18); encore cette inégalité laisse-t-elle une certaine marge; et il en est de même des équations (20) et (22), car les quantités k et h'' n'ont pas une valeur précise. Il semble donc qu'il y a une grande indétermination et qu'on pourrait prendre arbitrairement presque toutes les dimensions ci-dessus énumérées : toutefois les remarques suivantes imposent des restrictions auxquelles il sera bon d'avoir égard.

135. *Remarques sur les angles* β, γ, θ *et sur les dimensions b, b', r, r', h, h'.* — Si l'on ne consultait que l'expression (23) du rendement, on serait tenté de faire nul un des angles β ou γ; le rendement théorique deviendrait alors en effet égal à 1. Mais on voit que la dépense Q s'annulerait, ainsi que l'effet dynamique T_e : la valeur zéro n'est donc admissible ni pour l'un ni pour l'autre de ces deux angles.

En faisant γ très-petit, les canaux formés par deux aubes consécutives seraient très-rétrécis aux environs du point de sortie de l'eau; l'eau s'écoulerait avec difficulté par cet étranglement, et il serait à craindre qu'elle ne suivît pas exactement les parois des aubes, ce qui occasionnerait des remous et des pertes de charge. D'un autre côté, une grande valeur de γ diminuerait peut-être trop le rendement. Entre ces deux écueils à éviter, l'expérience indique une valeur de 20 à 30 degrés comme donnant des résultats satisfaisants.

Quant à l'angle β, outre la raison donnée tout à l'heure, il en existe encore une autre pour ne pas le faire nul : cette seconde raison, c'est que, d'après l'équation (19), *p* serait négatif pour β = 0 et pour β = 90°. On ne peut donc s'approcher trop ni de zéro ni de 90 degrés; les limites de 30 à 50 degrés ont été conseillées par quelques praticiens, mais elles n'ont rien d'absolu.

Supposons qu'on soit dans le cas d'application de l'équation (20); en la multipliant membre à membre avec l'équation (17), on trouve

$$\frac{k \sin(\theta + \beta)}{\sin\theta} = \frac{1}{2\cos\beta},$$

d'où l'on tire

$$\frac{1}{k} - 1 = \frac{2\cos\beta \sin(\theta + \beta) - \sin\theta}{\sin\theta} :$$

or on a la formule connue de trigonométrie

$$\sin(x + y) + \sin(x - y) = 2\cos y \sin x,$$

d'où résulte, en faisant $x = \theta + \beta$, $y = \beta$,

$$2\cos\beta\sin(\beta + \theta) = \sin(2\beta + \theta) + \sin\theta;$$

donc on peut écrire

$$(25) \qquad \frac{\sin(2\beta + \theta)}{\sin\theta} = \frac{1}{k} - 1.$$

On a vu précédemment que k devait être un nombre assez rapproché de 1; il en résulte que $\sin(2\beta + \theta)$ doit être petit, et par suite que $2\beta + \theta$ doit peu s'écarter de 180 degrés (*). Si l'on prenait, par exemple, β aux environs de 45 degrés, θ serait voisin de l'angle droit. Il ne convient pas d'ailleurs que θ dépasse 90 degrés; car si l'on se reporte à la *fig.* 84, on voit qu'avec θ obtus les aubes devraient avoir une forme telle que B'C', présentant une assez forte courbure, et l'expérience fait connaître que, dans un canal fortement courbé, l'eau éprouve une perte de charge plus grande, toutes choses égales d'ailleurs; les molécules liquides tendent alors à se séparer de la partie convexe, ce qui donne lieu à un remous. On voit

---

(*) Si $2\beta + \theta$ est égal à 180°, attendu que, dans le triangle BUV (*fig.* 84, p. 489), les angles en B et U sont respectivement β et θ, et que la somme des trois angles doit aussi égaler 180°, il en résultera

$$\text{angle BVU} = \beta,$$

et, par suite,

$$u = w.$$

C'est au reste ce qu'on pourrait voir, peut-être un peu plus directement, d'une autre manière, en partant de l'hypothèse $k = 1$, à laquelle répond [n° 134, équation (19)]

$$\frac{p}{\Pi} = h + \frac{p_a}{\Pi}.$$

Portant cette valeur dans (1), on trouve

$$v^2 = 2g\,\mathrm{H},$$

relation qui, combinée avec (5), donne, eu égard à (10),

$$w = u.$$

Réciproquement, après avoir déduit de l'hypothèse $k = 1$ l'égalité des vitesses u et w, on en conclurait l'égalité des angles BVU et VBU, et la relation

$$2\beta + \theta = 180°.$$

aussi, sur la *fig.* 84, qu'en prenant θ très-aigu, le côté $\overline{VU}$ du triangle BUV, c'est-à-dire la vitesse relative à l'entrée, tendrait à devenir plus ou moins considérable, ce qui serait un inconvénient, puisque le frottement de l'eau sur les aubes s'en trouverait augmenté. Ainsi donc il conviendra que θ soit un angle aigu, mais rapproché de l'angle droit : on pourrait, par exemple, le faire varier de 80 à 90 degrés.

Si c'est l'équation (22) et non l'équation (20) qu'on doit appliquer, les mêmes raisons subsistent pour prendre θ aigu et voisin de 90 degrés; mais il n'est plus nécessaire que la somme $2\beta + \theta$ diffère peu de 180 degrés.

Après avoir fixé les valeurs β, γ, θ, on calculera par la formule (17) le rapport $\dfrac{br^2}{b'r'^2}$, qui servira à connaître l'un des rapports $\dfrac{b}{b'}$ ou $\dfrac{r}{r'}$ quand l'autre aura été choisi.

Il est avantageux pour le rendement que $\dfrac{b}{b'}$ soit plus petit que 1, comme le montre la formule (23); il faut cependant ne pas exagérer la différence $b' - b$, et la proportionner à la longueur des aubes, afin de ne pas avoir un évasement trop rapide dans les canaux compris entre deux aubes consécutives, car cet évasement donnerait lieu à une perte de charge (n° 59). On peut s'imposer la condition que $b' - b$ soit inférieur à $\dfrac{1}{10}$ de la longueur des aubes.

Ainsi que nous l'avons déjà dit, le rapport $\dfrac{r'}{r}$ est souvent pris égal à 1 dans les turbines Fontaine et Kœcklin, mais il est forcément plus grand que 1 dans la turbine Fourneyron. S'il est pris différent de l'unité, il ne faut pas cependant augmenter sans motif particulier la différence $r' - r$ ou $r - r'$, car on allongerait ainsi les aubes et l'on augmenterait les frottements. Dans la turbine Fourneyron, $\dfrac{r'}{r}$ varie ordinairement de 1,25 à 1,50.

La hauteur h', dont l'eau descend à l'intérieur de la turbine, est toujours nulle dans les turbines Fourneyron; dans les deux autres systèmes, on la choisit de manière à ce que les aubes

aient une longueur suffisante, mais non excessive, eu égard
à la différence $b' - b$. Quant à la hauteur h, s'il s'agit d'une
turbine Kœcklin, on la fixe d'après les convenances locales,
en ayant égard à l'inégalité (18); s'il s'agit d'une turbine Fourneyron ou Fontaine, on s'arrange pour que son plan inférieur
affleure le niveau du bief d'aval quand les eaux y sont à leur
minimum de hauteur.

M. Fourneyron recommande encore de donner à la section
circulaire de la cuve, où sont les cloisons directrices de ses
turbines, une surface au moins égale à quatre fois la section
droite des orifices distributeurs, afin que les filets fluides passent assez facilement de la direction verticale à la direction
horizontale qu'ils doivent avoir à leur point de sortie. Avec
les notations du n° 134, on devrait donc écrire

$$\pi r^2 > 4.2\pi rb \sin\beta,$$

ou bien

(26) $$r > 8b \sin\beta,$$

le signe $>$ n'étant pas exclusif de l'égalité.

Rappelons enfin une remarque déjà faite au n° 134 : c'est
que les dimensions linéaires b, b' doivent être petites, soit
relativement à r, r' dans les turbines Fontaine et Kœcklin,
soit relativement à H dans la turbine Fourneyron, afin qu'il
n'y ait pas une erreur trop forte dans la substitution théoriquement admise d'un filet moyen unique, à l'ensemble des filets
liquides compris entre deux cloisons ou deux aubes consécutives. S'il en était différemment, les conditions du rendement
maximum, quoique satisfaites pour le filet moyen, ne le seraient pas même approximativement pour les autres, et le résultat total pourrait être médiocre ou mauvais.

Voyons maintenant, par deux exemples, comment ces considérations permettraient de fixer les dimensions d'une turbine
à établir.

136. *Exemples des calculs à faire pour l'établissement d'une turbine.*
— Soit d'abord proposé d'établir une turbine Fourneyron avec les données
suivantes :

Hauteur de chute.................... $H = 6^m,00$;
Volume dépensé par seconde......... $Q = 1^{mc},50.$

32.

La puissance absolue de la chute est de 1500×6^{kgm} ou de 9000 kilogrammètres par seconde, ce qui répond à 120 chevaux.

Puisque l'angle γ ne se détermine pas théoriquement, nous le prendrons de suite (n° 135) égal à 25 degrés ; nous ferons aussi $k = 1$ (*), ce qui nous assure que p sera positif (n° 135) ; enfin nous prendrons $\theta = 90°$. L'équation (25) donne alors

$$\sin(2\beta + \theta) = 0,$$

d'où

$$2\beta + \theta = 180° \quad \text{et} \quad \beta = 45°.$$

Comme nous avons satisfait à l'équation (25), qui résulte de l'élimination de $\dfrac{b' r'^2 \sin \gamma}{b r^2 \sin \beta}$ entre les formules (17) et (20), il suffit de conserver l'une de ces dernières ; on tire de l'une et de l'autre

(α)
$$\frac{b r^2}{b' r'^2} = \sin 25° = 0,4226.$$

La condition de dépenser $1^{mc},50$ d'eau s'exprime par la formule (16), qui devient ici

$$1^{mc},50 = 2\pi r' \sqrt{bb'} \sqrt{6g.0,4226},$$

ou bien, tout calcul fait,

(α')
$$r' \sqrt{bb'} = 0,04785 \ (**).$$

Il faut encore écrire l'inégalité (24), qui donne

$$r > 8b \sin 45° \quad \text{ou} \quad r > 5,657 b ;$$

nous prendrons

(α'')
$$r = 6b.$$

On n'a ainsi que trois équations entre les quantités b, b', r, r' ; mais, à cause de leur forme particulière, on peut cependant déjà en tirer les valeurs de b et de r. Extrayant en effet la racine carrée de l'équation (α)

(*) La turbine étant supposée pareille à celle que représente la *fig.* 81 (planche gravée), on se trouve dans le cas d'application de l'équation (20) du n° 134.

(**) La formule (16) a été démontrée sans avoir égard à l'épaisseur des aubes et des cloisons directrices, non plus qu'aux divers frottements subis par l'eau dans son trajet du bief d'amont au bief d'aval, circonstances qui tendent à produire une diminution de débit. Pratiquement, on pourrait avoir égard à cette inexactitude en établissant la turbine comme si l'on devait dépenser un peu plus que le volume Q donné d'avance : par exemple, dans le cas actuel, on chercherait les dimensions pour $Q = 1^{mc},60$ ou $1^{mc},65$, ce qui modifierait légèrement les résultats donnés ci-après.

et la multipliant membre à membre avec (α'), on fait disparaître $r'\sqrt{b'}$ et l'on trouve

$$br = 0,031107,$$

relation qui, combinée avec $r = 6b$, donne sans difficulté

$$r = 0^m,432, \quad b = 0^m,072.$$

Cela fait, le système des trois équations (α), (α'), (α'') ne donnerait plus que $r'\sqrt{b'}$; pour faire cesser l'indétermination, on prendra b' arbitrairement et l'on conclura r', sauf à vérifier après coup les conditions indiquées au n° 135 et non exprimées jusqu'à présent. Si l'on prend, par exemple, $b' = 0^m,090$, l'équation (α') deviendra

$$r'\sqrt{0,090 \times 0,072} = 0,04785,$$

d'où résulte

$$r' = 0^m,594.$$

Ces valeurs de b' et de r' peuvent être conservées, car $\dfrac{r'}{r} = 1,37$, et la différence $b' - b = 0^m,018$ n'est que $\dfrac{1}{9}$ de $r' - r$, quantité qui, d'après l'obliquité des aubes sur la circonférence extérieure, ne doit guère surpasser les deux tiers de la longueur de celles-ci; l'évasement ne sera donc pas trop rapide. La fraction $\dfrac{b}{H}$ est d'ailleurs assez petite pour qu'il ne semble pas utile de la diminuer.

Il ne resterait qu'à choisir la hauteur h : si le niveau d'aval était constant, on ferait $h = 0$, sinon il faudrait avoir égard à le remarque faite ci-dessus (n° 135) à ce sujet.

Le rendement théorique s'obtiendrait par la formule (23); on trouve

$$\mu = 1 - \frac{0,072}{0,090} \cdot \text{tang } 45° \cdot \frac{1 - \cos 25°}{\sin 25°} = 0,823.$$

En pratique, on ne compte que sur un rendement net de $0,70$ à $0,75$ au plus; cela est prudent, à cause de toutes les pertes de charge que nous avons négligées, et aussi parce qu'il est bien difficile de faire marcher rigoureusement la machine avec la vitesse et la dépense d'eau qui conviennent au rendement maximum.

Enfin, pour connaître la vitesse avec laquelle doit tourner la turbine, on appliquerait la formule (14) et on en tirerait $u' = 10^m,555$, puis la vitesse angulaire $\omega = \dfrac{u'}{r'} = 17,77$, et enfin le nombre de tours par minute $N = \dfrac{30\,\omega}{\pi} = 169,7$.

Soit encore proposé, comme second exemple, d'établir une turbine Fontaine, avec une chute de 2 mètres, débitant $0^{mc},6o$ d'eau par seconde, ce qui répond à une puissance absolue de 1200 kilogrammètres, soit 16 chevaux. Nous supposerons que l'eau du bief d'aval ne s'élève que jusqu'au plan inférieur de la turbine, de telle sorte que l'intervalle ou jeu entre la turbine et les cloisons directrices communique avec l'atmosphère, et que la pression p doive être sensiblement égale à la pression atmosphérique. Nous admettrons donc l'équation (22), en y faisant $h''= 0$, c'est-à-dire que nous poserons

$$\mathrm{H}\left(1 - \frac{b'r'^2\sin\gamma}{2\,br^2\sin\beta\cos\beta}\right) + h = 0.$$

Suivant l'usage habituel, nous ferons $r = r'$; de plus, nous remarquerons que, d'après la position attribuée au plan d'aval, h est égal à h' et de signe contraire. L'équation ci-dessus peut donc s'écrire

$$(\hat{\sigma})\qquad\qquad \mathrm{H}\left(1 - \frac{b'\sin\gamma}{2\,b\sin\beta\cos\beta}\right) - h' = 0.$$

Comme θ doit peut s'écarter de 90 degrés, nous lui attribuerons cette valeur; l'équation de condition (17) prend alors la forme

$$\frac{br^2\tan\beta}{b'r'^2\sin\gamma} = 1,$$

soit, à cause de $r = r'$,

$$(\hat{\sigma}')\qquad\qquad b'\sin\gamma = b\tan\beta.$$

En introduisant $b'\sin\gamma$ au lieu de $b\tan\beta$ dans l'expression (16) de la dépense, elle devient

$$(\delta'')\qquad\qquad Q = 2\pi\,r'\,b'\sin\gamma\sqrt{g\mathrm{H}}.$$

Les équations ($\hat{\sigma}$, δ', δ'') sont celles du problème. Il y entre six inconnues, savoir : β, γ, b, b', r', h'; on voit par conséquent qu'il y a indétermination et que nous pouvons nous donner trois des inconnues ou trois équations nouvelles. L'angle γ ne pouvant être déterminé par la théorie, nous le prendrons d'abord égal à 3o degrés (n° 135); alors (δ'') deviendra, par la substitution des nombres à la place des lettres,

$$b'r' = \frac{0,6o}{\pi\sqrt{2g}} = 0,04312,$$

relation à laquelle on satisfait par les valeurs

$$r' = 0^m,6o, \quad b' = 0^m,072.$$

On voit que le rapport $\dfrac{b'}{r'}$ n'est que $0,12$: par conséquent l'inégalité de vitesse des filets liquides dans l'orifice de sortie ne sera pas trop sensible. Maintenant, comme il reste trois inconnues b, h', β, liées seulement par les deux équations (δ), (δ'), nous nous donnerons encore $h' = 0^m, 15$; éliminant alors $\dfrac{b'}{b}$ entre (δ) et (δ'), il viendra

$$ 1 - \frac{1}{2\cos^2\beta} = \frac{h'}{H} = \frac{3}{40}, $$

d'où résulte

$$ 2\cos^2\beta = \frac{40}{37}, \quad 2\cos^2\beta - 1 = \cos 2\beta = \frac{3}{37}, $$

et par conséquent

$$ \beta = 42° 40' \text{ environ.} $$

Connaissant β, on tire de l'équation (δ')

$$ b = 0^m, 039. $$

La différence $b' - b = 0^m, 033$ est peut-être trop grande relativement à la hauteur $0^m, 15$ de la turbine, car les aubes ayant un développement de $0^m, 20$ à $0^m, 25$ tout au plus, l'évasement atteindrait le chiffre $\dfrac{1}{7}$ environ. On essaye alors une autre valeur de h'; soit, par exemple.

$$ h' = 0^m, 30. $$

Procédant comme ci-dessus, on aura successivement

$$ 2\cos^2\beta = \frac{20}{17}, \quad \cos 2\beta = \frac{3}{17}, \quad \beta = 40°, \quad b = 0^m, 043. $$

La différence $b' - b$ serait encore de $0^m, 029$; mais comme les aubes auraient une longueur voisine de $0^m, 40$ (à cause de leur inclinaison sur le plan inférieur de la turbine), ce nombre semble parfaitement admissible. On s'en tiendrait donc aux résultats

$$ \gamma = 30°, \quad \beta = 40°, \quad \theta = 90°, \quad r = r' = 0^m, 60, $$
$$ b = 0^m, 043, \quad b' = 0^m, 072 \quad -h = h' = 0^m, 30. $$

Le rendement μ serait donné par l'équation (23), qui, eu égard à l'équation (δ'), devient

$$ \mu = \cos\gamma = \cos 30° = 0,866. $$

Pareillement l'équation (14) se simplifierait et donnerait

$$ u'^2 = gH, $$

d'où

$$ u' = 4^m, 429; $$

on en déduirait enfin la vitesse angulaire à donner à la machine

$$\omega = \frac{u'}{r'} = 7,382,$$

et le nombre de tours par minute

$$N = \frac{30\,\omega}{\pi} = 7o,5.$$

En général, comme on le voit, le problème qui consiste à fixer les dimensions d'une turbine pour laquelle on donne le débit et la hauteur de chute est un problème indéterminé; on en profite pour se donner en partie les dimensions inconnues, sauf à tâtonner, si cela est nécessaire, pour satisfaire aux diverses conditions qu'il est bon de remplir, mais que les équations n'expriment pas.

137. *Des moyens de régler la dépense d'eau dans les turbines.* — Une turbine construite avec des dimensions déterminées doit, pour marcher avec le maximum de rendement, dépenser un volume d'eau parfaitement déterminé, autant du moins que la hauteur de la chute ne varie pas. Cependant, en pratique, on est obligé de régler la dépense d'après le volume fourni par l'alimentation du bief d'amont; car si l'on dépensait davantage on s'exposerait à manquer d'eau, après quelque temps, et l'on serait forcé alors d'interrompre la marche de la machine. En conséquence, on calcule les dimensions de manière à débiter convenablement un certain volume d'eau maximum qu'on s'est donné *à priori*, et l'on s'arrange pour débiter moins, quand l'alimentation devient inférieure à ce maximum. Pour cela divers moyens ont été employés.

Dans la turbine Fourneyron, la cuve mobile EGFI (*fig.* 81, planche gravée) permet d'atteindre le but : il suffit de l'abaisser plus ou moins, pour rétrécir les ouvertures GK, IL, ou les fermer tout à fait. Le mouvement de translation verticale de cette cuve s'obtient au moyen de trois tiges verticales, telles que *rs, tu*, qui lui sont attachées, en trois points formant les sommets d'un triangle horizontal à côtés égaux. Les tiges en question se terminent en vis à leur partie supérieure, et entrent dans des écrous assujettis à tourner sur place. Les trois écrous sont d'ailleurs munis de trois roues dentées, tout à fait pareilles, qui engrènent avec une même roue, folle sur l'arbre de la turbine. En tournant un des écrous au moyen d'une manivelle, les deux autres tournent exactement de la même quantité, et la cuve se trouve soulevée ou abaissée parallèlement par les trois tiges à la fois.

Il y a un inconvénient assez grave à l'obstruction partielle des ouvertures GK, IL; c'est que les veines fluides qui sortent par ces ouvertures, entrent immédiatement dans des canaux de section plus grande, où elles coulent nécessairement à plein tuyau, puisque la turbine est au-dessous du bief d'aval. Il se produit donc là un changement brusque de section, et par suite une perte de charge plus ou moins considérable (n° 32). L'influence en est quelquefois telle, que M. le général Morin a constaté, dans diverses expériences sur une turbine, une diminution de rendement de o,79 à o,24, quand l'ouverture libre sous la vanne cylindrique descendait de sa hauteur maximum jusqu'à $\frac{1}{5}$ environ de cette hauteur. L'inconvénient est d'autant plus grand que la diminution de rendement correspond à celle du volume d'eau dépensé, ce qui tend à rendre excessivement irrégulier l'effet dynamique de la machine. Pour y remédier, M. Fourneyron a proposé de subdiviser la hauteur de la turbine en plusieurs étages par deux ou trois plateaux annulaires horizontaux, pareils aux plateaux SRMN, UTPQ de la *fig.* 81, dont ils divisent la distance en trois ou quatre parties égales. En supposant, par exemple, trois étages, on voit qu'il n'y aura pas de changement brusque de section quand la levée de la vanne cylindrique sera $\frac{1}{3}$, $\frac{2}{3}$ ou la totalité de la hauteur de la turbine; en tout cas le phénomène de l'épanouissement brusque n'affectera qu'une fraction de la veine liquide. Mais, par contre, on complique la construction de l'appareil et on augmente le frottement de l'eau sur les parois solides. M. Fourneyron a encore proposé de n'employer que les deux plateaux SRMN, UTPQ; mais celui de dessous porterait seul les aubes, et celui de dessus serait percé d'entailles qui lui permettraient de s'enfoncer librement entre les aubes, sous la seule action de son poids. Ce plateau supérieur porterait sur un rebord terminant extérieurement la vanne cy-

lindrique à sa partie inférieure. Quand la vanne descendrait, le
plateau SRMN descendrait d'autant, et la hauteur de la turbine serait toujours égale à la levée de la vanne. Le plateau
mobile entraîné avec la turbine tournerait d'ailleurs en frot-
tant sur le rebord qui lui sert d'appui ; mais la pression mutuelle étant faible, cela n'occasionnerait pas un supplément
notable de résistance.

M. Fontaine emploie pour régler la dépense de ses turbines
une série de vannes à talon, analogues à celle que représente
la *fig.* 85. AB est une cloison directrice, BC une aube de

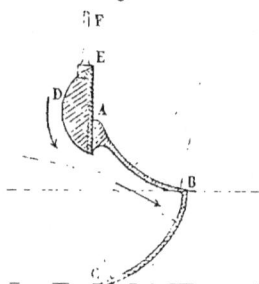

Fig. 85.

turbine, D une vanne pouvant
s'enfoncer plus ou moins dans
l'intervalle compris entre AB et
la cloison suivante, placée à
gauche. De cette manière, on ré-
trécit autant qu'on veut le passage libre dans cet intervalle, et
comme on agit sur tous d'une
manière identique, il est visible
qu'on a le moyen de réduire le
volume d'eau débité, à tel degré qu'il est nécessaire. Le
mouvement de translation verticale s'imprime simultanément
à toutes les tiges EF par un procédé analogue à celui de
M. Fourneyron : ces tiges sont toutes assemblées dans une
couronne métallique, en trois points de laquelle sont fixées
des vis verticales, munies d'écrous que l'on assujettit à tourner
sur place. Les trois écrous sont respectivement solidaires avec
trois roues dentées égales, entourées par une chaîne sans fin, à
la Vaucanson, qui les oblige à tourner simultanément de la
même quantité. Il suffit donc de faire tourner une des trois
roues, au moyen d'une manivelle à engrenages, pour que tout le
système des vannes prenne une translation dans la direction de
la verticale. La fermeture partielle des canaux injecteurs, ici
comme dans la turbine Fourneyron, n'est pas sans inconvénients, car le changement brusque de section dans ces canaux
donne encore lieu à une perte de charge : toutefois cette
perte se trouve atténuée dans une proportion notable.

Aux vannes à talon M. Kœcklin a substitué des clapets pou-

vant tourner autour d'une charnière, de façon à s'appliquer
exactement sur l'entrée des canaux distributeurs, quand la
fermeture est complète. La disposition de la turbine Kœcklin
permet aussi de modérer la dépense d'eau, en se servant de la
vanne V (*fig.* 83, p. 482), qui peut boucher la communication
entre le puits placé au-dessous de la turbine et le bief d'aval.
Mais l'expérience a montré que par ce moyen on perd une
plus grande fraction de la chute, qu'en se servant des clapets.

Il y a de si grands inconvénients, au point de vue de l'économie du travail moteur, à fermer partiellement les canaux de
distribution, qu'on a dû chercher tous les moyens possibles
d'y remédier. Nous en avons déjà cité deux, imaginés par
M. Fourneyron. M. Charles Callon, ingénieur civil et habile
constructeur, en a proposé un autre, qui consiste à rendre indépendantes les unes des autres toutes les vannes partielles qui
obstruent les canaux dont il s'agit; pour modérer la dépense,
on fermerait complétement un certain nombre de vannes, en
laissant les autres complétement ouvertes. Mais comme les
canaux formés par les aubes de la turbine passent alternative-
ment devant des orifices ouverts et des orifices fermés, il y a
là encore une cause de non-permanence et de trouble dans le
mouvement.

L'idée de M. Callon a été reproduite sous une autre forme
par M. Fontaine. Les orifices d'entrée des canaux distributeurs
occupant une surface horizontale comprise entre deux cercles
concentriques avec l'axe de la turbine, M. Fontaine dispose
deux rouleaux en forme de tronc de cône qui peuvent rouler
sur cette surface annulaire. Les deux rouleaux sont assemblés
sur un même essieu horizontal muni d'un collier qui entoure l'arbre de rotation. Quand ils marchent dans un certain
sens, chacun d'eux déroule une bande de cuir, qui a l'une de
ses extrémités fixée au rouleau et l'autre au plan des orifices
d'entrée : une partie des orifices est ainsi entièrement bou-
chée, pendant que les autres restent tout à fait ouverts. Quand
les troncs de cône marchent en sens inverse, ils enroulent les
deux bandes de cuir et découvrent les ouvertures. M. Fontaine
a également imité les turbines à plusieurs étages de M. Fourneyron, en proposant des turbines divisées en plusieurs zones,

par des surfaces de révolution autour de l'axe du système; chacune de ces zones pourrait être obstruée isolément.

138. *Turbine hydropneumatique Girard et Callon.* — Le problème du règlement de la dépense, sans perte trop sensible, paraît avoir été résolu de la manière la plus heureuse dans un genre de turbine que ses inventeurs, MM. Girard et Callon, ont appelé *turbine hydropneumatique.* Leur système consiste essentiellement à entourer la turbine Fourneyron d'une cloche en tôle, dont le plan inférieur est à peu près à la hauteur des points où l'eau sort des aubes. Dans cette cloche, au moyen d'une petite pompe mise en mouvement par la machine même, on comprime de l'air qui peu à peu expulse complétement l'eau de la cloche; alors, si l'on suppose la vanne cylindrique partiellement soulevée, la veine liquide qui s'échappe au-dessous a une hauteur moindre que la distance entre les deux plateaux de la turbine; mais il n'en résulte pas pour cela un changement brusque dans la section du liquide, parce que la turbine se meut dans l'air comprimé, et qu'elle n'est point noyée par l'eau du bief d'aval. L'eau coule dans la turbine sous une épaisseur qui, à l'origine des aubes, égale la levée de la vanne; le plateau supérieur n'est plus mouillé, et comme il ne sert qu'à l'assemblage des aubes, on peut l'évider, afin d'assurer la libre circulation de l'air au-dessus de la veine liquide. Ainsi la principale cause de perte de chute, due à une levée partielle de la vanne, se trouve supprimée, et l'on doit s'attendre à obtenir un rendement peu variable.

Les calculs de la turbine hydropneumatique peuvent être regardés comme un cas particulier de ceux du n° 134. En conservant les mêmes notations, il faut considérer b' comme une inconnue, et en même temps supposer

$$p = p' = p_a + \Pi h;$$

en effet, h représente l'immersion de la turbine au-dessous du niveau d'aval, et $p_a + \Pi h$ est bien la pression de l'air dans la cloche. Ainsi, d'après cette valeur de p, les équations (19) et (20) montrent d'abord que $k = 1$, et par suite (n° 135) qu'on a $2\beta + \theta = 180°$, condition unique à laquelle doivent satisfaire les dimensions de l'appareil. Elle donne $\beta + \theta = 180° - \beta$; l'équation ($17$) devient donc

$$b' r'^2 \sin \gamma = br^2 \sin \theta = br^2 \sin 2\beta,$$

d'où l'on tirerait b' en fonction de la levée de vanne b, pour une turbine marchant avec le maximum de rendement. En vertu de la relation précédente, les équations (13), (16) et (23) prennent la forme

$$u^2 = g H \frac{br^2 \tang \beta}{b' r'^2 \sin \gamma} = \frac{g H}{2 \cos^2 \beta},$$

$$Q = 2\pi br \sin \beta \sqrt{2 g H},$$

$$\mu = 1 - \frac{r'^2}{2 r^2 \cos^2 \beta} (1 - \cos \gamma);$$

ces formules, très-faciles d'ailleurs à démontrer directement (*),

font connaître : $1°$ la vitesse angulaire $\dfrac{u}{r}$ de la turbine, qui

correspond au maximum du rendement; $2°$ sa dépense Q et son rendement μ dans la même circonstance. Si l'on avait à établir une turbine pour une chute et un débit donnés, l'équation en Q, jointe à l'inégalité (26) ($n°$ **135**), permettrait de trou-

---

(*) Reportons-nous en effet à la *fig.* 84, p. 489 : le niveau piézométrique en B étant celui du bief d'aval, la vitesse absolue de l'eau à son entrée dans la turbine est due à la charge H, et l'on a d'abord

$$v^2 = 2 g H,$$

relation d'où résulte la valeur de Q, parce que la surface cylindrique $2\pi br$ des orifices distributeurs se trouve coupée sous l'angle β par des filets liquides animés de la vitesse v; ainsi

$$Q = 2\pi br \sin \beta \sqrt{2 g H}.$$

Maintenant le théorème de D. Bernoulli, appliqué au mouvement horizontal de B en C, eu égard à ce que la pression reste toujours égale à celle de l'air dans la cloche, conduit à poser

$$w'^2 - w^2 = u'^2 - u^2;$$

et, comme on prend $w' = u'$ pour rendre assez faible la vitesse absolue v', on a aussi

$$w = u.$$

Le triangle BUV est donc isocèle, et si l'on égale à deux droits la somme de

ver r et $b \sin \beta$, et par conséquent b, quand on aurait choisi β. Quant à γ, on le prendrait toujours de 20 à 30 degrés; θ devrait être $180^\circ - 2\beta$ et peu inférieur à 90 degrés; enfin r' serait pris aussi petit que possible (à cause de l'expression de μ.), mais pas cependant au point de rendre les aubes trop courtes.

Le procédé de MM. Girard et Callon pourrait également s'adapter à la turbine Fontaine.

139. *Données pratiques diverses au sujet des turbines.* — Les cloisons directrices et aubes se font ordinairement en tôle; on les fixe aux surfaces qui doivent les soutenir, soit par des fers d'angle, soit en les introduisant dans des nervures venues de fonte avec ces surfaces. Elles doivent être assez multipliées pour donner à la vitesse de l'eau leur direction propre. L'espacement de deux aubes ou cloisons successives, mesuré normalement à la surface de l'une d'elles, ne doit dépasser en aucun point une limite de $0^m,06$ à $0^m,08$, et ordinairement on le fait plus faible. Cependant il ne faut pas le diminuer à l'excès, car on donnerait alors trop d'importance au frottement de l'eau sur les parois solides.

Dans la turbine Fourneyron, les aubes étant placées plus loin

---

ses trois angles, il viendra

$$2\beta + \theta = 180^\circ.$$

La considération de ce triangle et du triangle $CU'V'$ donne, de plus,

$$v = 2u \cos\beta,$$
$$v'^2 = 2u'^2(1 - \cos\gamma),$$

et, en y joignant l'équation $ur' = u'r$, on en tire

$$v'^2 = \frac{2u^2 r'^2}{r^2}(1 - \cos\gamma) = \frac{v^2 r'^2}{2r^2\cos^2\beta}(1 - \cos\gamma),$$

ou enfin

$$v'^2 = gH\frac{r'^2}{r^2\cos^2\beta}(1 - \cos\gamma).$$

Ces calculs conduisent immédiatement à la vitesse u de la turbine en B et à la valeur μ du rendement, savoir

$$u^2 = \frac{v^2}{4\cos^2\beta} = \frac{gH}{2\cos^2\beta},$$

$$\mu = 1 - \frac{v'^2}{2gH} = 1 - \frac{r'^2}{2r^2\cos^2\beta}(1 - \cos\gamma).$$

de l'axe que les cloisons, c'est-à-dire distribuées sur une circonférence plus grande, leur nombre dépasse d'un tiers ou de moitié celui des cloisons, afin d'avoir partout un espacement convenable.

Sauf la condition de couper les plans des orifices sous des angles déterminés, la courbure des aubes et cloisons est à peu près indifférente. Cependant, comme une courbure trop forte ou un changement brusque de tangente peuvent empêcher les filets de suivre les parois et produire ainsi des pertes de charge, il faut éviter ces deux défauts. Il serait bon que le rayon de courbure fût au moins trois ou quatre fois l'espacement mesuré suivant la normale.

Les turbines conviennent à toutes les hauteurs de chute et à tous les débits. Ainsi, l'on en cite dont les chutes ne sont que de $0^m,3o$ ou $0^m,4o$, tandis qu'il existe dans la Forêt-Noire une turbine établie par M. Fourneyron avec une chute de 108 mètres. La dépense peut être considérable, même avec des dimensions assez faibles. Dans l'un des exemples calculés au n° **136**, on a vu qu'une turbine de $0^m,6o$ environ de rayon extérieur et de $0^m,o9$ de hauteur dépensait convenablement $1^{mc},5o$ par seconde. Il y a des turbines construites dont la dépense va jusqu'à 4 mètres cubes par seconde, et au besoin il serait facile de dépenser encore plus.

Dans les circonstances ordinaires, les turbines marchent assez rapidement, et permettent ainsi d'économiser les engrenages de transmission.

Pour chaque turbine établie dans des conditions déterminées, la théorie du n° **134** indique une vitesse particulière à lui donner, afin d'obtenir le maximum d'effet utile. Mais si on lui donne en réalité une vitesse différente de celle-là, et s'en écartant de 25 pour 100 en plus ou en moins, l'expérience prouve que le rendement ne change pas beaucoup, ce qui est une propriété fort importante pour beaucoup d'usines où, malgré les variations éprouvées par le débit de la chute d'eau, il convient de faire toujours marcher les appareils avec une vitesse à peu près constante.

Ces moteurs ont donc de sérieux avantages sur les roues à axe horizontal. Malheureusement leur rendement proportion-

nel n'est pas toujours constant, même d'une manière approximative, pour des chutes à débit très-variable; leur construction
et leurs réparations ne peuvent être confiées qu'à des mécaniciens habiles, et sont par conséquent assez dispendieuses;
au lieu que les roues en dessus et les roues de côté se prêtent
fort bien à une construction économique, tout en conservant
un rendement supérieur ou au moins égal à celui des turbines.
Ces roues pourront donc être encore souvent préférées, lorsque le débit et la hauteur de chute seront favorables à leur
établissement.

140. *Roues à réaction.* — Concevons une turbine Fourneyron dont on aurait supprimé les cloisons directrices, en ayant
soin de prolonger les aubes jusqu'à une assez faible distance
de l'axe de rotation; supposons que l'eau arrive jusqu'aux
aubes par un tuyau concentrique avec l'axe, ayant pour rayon
précisément la distance libre dont on vient de parler. D'ailleurs la dépense d'eau dans ce tuyau sera censée assez faible
pour que la vitesse absolue du liquide n'y soit pas sensible.
Nous aurons ainsi l'idée d'une roue à réaction.

Pour en donner la théorie, nous considèrerons le point
d'entrée de l'eau dans la roue comme étant sur l'axe même de
rotation; en ce point la vitesse de la roue étant nulle, aussi
bien que la vitesse absolue de l'eau, il en sera de même pour
la vitesse relative de celle-ci. Dans les calculs du n° **134**, il
faudrait donc faire $v = 0$, $u = 0$, $w = 0$; les équations (1), (2)
et (3) deviennent alors

$$0 = H + h + \frac{p_a - p}{\Pi},$$

$$w'^2 = 2g\left(h' + \frac{p - p'}{\Pi}\right) + u'^2,$$

$$\frac{p_a}{\Pi} + h + h' = \frac{p'}{\Pi},$$

d'où l'on tire sans peine

$$(27) \qquad\qquad w'^2 = 2gH + u'^2.$$

On aurait pu écrire immédiatement cette équation en appliquant le théorème de Bernoulli (n° 20) au mouvement relatif d'une molécule d'eau à l'intérieur de la roue, et observant que, d'après nos hypothèses, les niveaux des biefs d'amont et d'aval peuvent être pris pour niveaux piézométriques répondant au point d'entrée et au point de sortie, de sorte que la chute H représente la charge réelle entre ces deux points.

Cela posé, si l'on néglige les frottements, la seule perte de charge est encore la hauteur $\dfrac{v'^2}{2g}$ due à la vitesse absolue de sortie ; on en calculera la valeur au moyen de l'équation (6), qui, combinée avec (27), donnera

$$v'^2 = 2\,u'^2 + 2\,g\mathrm{H} - 2\,u'\cos\gamma\sqrt{2g\mathrm{H} + u'^2}.$$

Le rendement sera donc

$$\mu = \frac{\mathrm{H} - \dfrac{v'^2}{2g}}{\mathrm{H}} = 1 - \frac{v'^2}{2g\mathrm{H}} = -\frac{u'^2}{g\mathrm{H}} + \cos\gamma\,\frac{u'}{\sqrt{g\mathrm{H}}}\sqrt{2 + \frac{u'^2}{g\mathrm{H}}},$$

soit, en posant $\dfrac{u'}{\sqrt{g\mathrm{H}}} = x$,

$$\mu = -x^2 + x\cos\gamma\sqrt{2 + x^2}.$$

On peut considérer μ comme une fonction de x, et chercher son maximum quand x varie. A cet effet, nous ferons disparaître le radical en écrivant

$$(\mu + x^2)^2 = x^2\cos^2\gamma\,(2 + x^2),$$

ou bien, toute réduction faite,

$$x^4\sin^2\gamma - 2x^2(\cos^2\gamma - \mu) + \mu^2 = 0.$$

Si l'on tirait de là x^2 en fonction de μ, les racines devraient, par leur nature même, être réelles ; par conséquent, on a la condition

$$(\cos^2\gamma - \mu)^2 - \mu^2\sin^2\gamma > 0,$$

ou, en développant et réduisant,

$$\cos^4\gamma - 2\mu\cos^2\gamma + \mu^2\cos^2\gamma > 0.$$

II. 2ᵉ ÉDIT.

33

Si l'on supprime le facteur positif $\cos^2\gamma$, on trouve

$$\cos^2\gamma - 2\mu + \mu^2 > 0,$$

ou bien

$$(1 - \mu)^2 - \sin^2\gamma > 0,$$

et, attendu que $1 - \mu$ est nécessairement positif, ainsi que $\sin\gamma$,

$$1 - \mu > \sin\gamma,$$

$$\mu < 1 - \sin\gamma.$$

Le rendement limite auquel on peut atteindre est donc

$$\mu_1 = 1 - \sin\gamma.$$

La valeur correspondante de x s'obtient aisément par la relation entre x et μ; si l'on prend l'équation dépourvue de radicaux, en y faisant $x = x_1$ et $\mu = 1 - \sin\gamma$, elle deviendra

$$x_1^4 \sin^2\gamma - 2x_1^2 \sin\gamma(1 - \sin\gamma) + (1 - \sin\gamma)^2 = 0,$$

soit, plus simplement, en extrayant la racine carrée,

$$x_1^2 \sin\gamma - (1 - \sin\gamma) = 0,$$

d'où résulte

$$x_1 = \sqrt{\frac{1 - \sin\gamma}{\sin\gamma}}.$$

Si l'on supposait $\gamma = 0$, on trouverait $\mu_1 = 1$; mais x_1, et par suite u', deviendraient infinis. A la rigueur la valeur $\gamma = 0$ serait réalisable; il faudrait seulement que les canaux qui constituent la roue fussent disposés, non plus les uns à côté des autres sans intervalles vides, comme dans les turbines, mais conformément au croquis ci-contre (*fig.* 86). On aurait un certain nombre de tuyaux courbes tels que AB, raccordant en B la circonférence

Fig. 86.

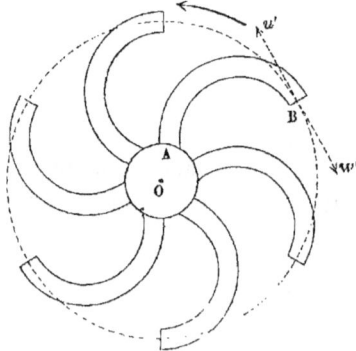

OB, à laquelle ils se terminent, et communiquant en A avec

le tuyau alimentaire, auquel ils seraient invariablement liés.
Le tuyau alimentaire formerait alors l'arbre de rotation. Mais
en adoptant cette disposition, u' ne pourrait toujours pas devenir infini, ni par conséquent μ atteindre l'unité : on voit
seulement qu'il faudrait faire tourner la roue aussi rapidement que possible. Il est d'ailleurs difficile de dépenser
un grand volume d'eau sans donner un fort diamètre au tuyau
central AO, ce qui rendrait inadmissible l'hypothèse consistant
à supposer nulles les vitesses u, v et w; il y a également des
difficultés pour modérer la dépense suivant les besoins. C'est
sans doute par ces raisons qu'on fait peu d'usage de ce genre
de roues.

En conservant la disposition des aubes de la turbine Fourneyron, ce qui donne lieu à une série de canaux contigus, on
ne peut plus faire $\gamma = 0$, et alors la limite supérieure de rendement théorique décroît assez vite à mesure que γ augmente;
ainsi, pour $\gamma = 15°$, $1 - \sin\gamma$ ne serait déjà plus que $0{,}741$. Par
contre, comme on offrirait à l'eau plus de débouché, on per-
drait peut-être moins en frottements, et le rendement théorique pourrait moins différer du rendement réel.

§ IV. — De quelques machines à élever l'eau.

141. *Des pompes.* — La disposition et la forme des organes
des pompes varient à l'infini, suivant les constructeurs. Il faudrait un traité spécial pour en décrire seulement les principales espèces. Nous supposerons donc connue du lecteur la
description sommaire de ces appareils, et nous nous bornerons
ici à quelques généralités.

(a) Effort nécessaire pour faire mouvoir le piston. — Il faut
distinguer deux cas : celui des pompes à simple effet et celui
des pompes à double effet. Dans le premier cas, le piston ne
produit l'aspiration de l'eau qui remplit le corps de pompe, ou
bien ne chasse l'eau précédemment aspirée, en la forçant à
s'écouler par le tuyau d'ascension, que lorsqu'il se meut dans
un sens déterminé; dans le second, ces effets ont lieu simultanément, quel que soit le sens de la marche. Supposons d'abord
l'aspiration seule; soient :

h sa hauteur,

Ω la section du piston,

p_a la pression atmosphérique,

Π le poids du mètre cube d'eau.

Le côté du piston en contact avec la colonne d'eau aspirée supporterait, en supposant qu'il restât en équilibre, une pression égale à $\Omega\,(p_a - \Pi\,h)$, tandis que l'autre côté, généralement en communication directe avec l'atmosphère, supporterait une pression de sens contraire égale à $p_a\Omega$; la différence $\Pi\Omega\,h$ serait la pression résultante sur le piston. Si au contraire il n'y a qu'un refoulement à une hauteur h', on trouvera de même que le piston supporte, abstraction faite de son mouvement, une pression résultante $\Pi\Omega\,h'$. Enfin, si la pompe était à double effet, ces deux résultantes se superposeraient, et la pression totale aurait pour valeur $\Pi\Omega\,(h + h')$ ou $\Pi\Omega\,H$, H désignant la hauteur comprise entre le niveau du bassin qui fournit l'eau et le niveau du bassin qui la reçoit. Dans certaines pompes à simple effet, la même superposition des pressions résultantes sur les deux faces du piston a lieu pour la marche dans un certain sens, et ces résultantes se font équilibre quand on marche en sens contraire : c'est ce qui arrive par exemple pour les pompes dites *élévatoires*. Il est bien entendu que, si le piston n'avait pas un mouvement horizontal, il faudrait encore tenir compte de son poids et de celui de sa tige, dont la composante, suivant une parallèle à l'axe du corps de pompe, s'ajouterait aux expressions précédentes ou s'en retrancherait, suivant les cas. Il faudrait leur ajouter, en outre, le frottement du piston contre le corps de pompe, et, s'il y a lieu, celui de la tige contre la garniture qu'elle traverse.

Mais ces expressions donnent seulement la valeur de la force qui serait capable de maintenir le piston, ainsi que l'eau aspirée ou refoulée, en équilibre dans une position donnée. Lorsqu'il y a mouvement, l'effort exercé sur le piston peut différer considérablement de cette force. D'abord l'eau ne se meut pas dans les tuyaux et ne traverse pas les étranglements formés par les soupapes, sans éprouver des pertes de charge qui s'ajoutent aux hauteurs h et h'. Par exemple, dans le cas de l'aspiration, s'il y a une perte de charge ζ sur la longueur de la colonne aspirée, la pression $\Omega(p_a - \Pi h)$ sera réduite à $\Omega[p_a - \Pi(h+\zeta)]$, et la résultante $\Pi\Omega h$ deviendrait $\Pi\Omega(h+\zeta)$. De même, si l'on considère un simple refoulement, et qu'il y ait sur toute la colonne refoulée une perte de charge ζ', le niveau piézométrique dans cette colonne, au point où elle touche le piston, se trouverait élevé de ζ', et la pression résultante serait $\Pi\Omega(h' + \zeta')$. Si la pompe est à double effet, l'expression $\Pi\Omega H$ devrait pareillement être remplacée par $\Pi\Omega(H + \zeta + \zeta')$. Indépendamment des hauteurs ζ et ζ', il faut encore en ajouter d'autres, si la masse d'eau mise en mouvement ne se déplace pas d'un mouvement uniforme. Soient en effet P le poids du piston avec sa tige, j son accélération, P' le poids de l'eau mise en mouvement, qui remplit les tuyaux d'aspiration ou d'ascension, et à laquelle nous supposerons une accélération moyenne j', pour un instant donné : on voit qu'un premier supplément de force $\dfrac{Pj}{g}$ serait nécessaire pour vaincre l'inertie du piston, et que l'inertie de la masse $\dfrac{P'}{g}$ demanderait encore un second supplément proportionnel au produit $\dfrac{P'j'}{g}$. Le supplément total, tantôt moteur, tantôt résistant, peut produire des variations considérables dans la force totale qui doit être appliquée au piston, ce qui a toujours des inconvénients : car d'abord il faut déterminer les dimensions des pièces, non d'après la moyenne, mais bien d'après le maximum des efforts supportés, ce qui conduit à faire un appareil lourd et dispendieux ; en second lieu, il est rare que les grandes variations de résistance ne donnent pas lieu indirectement à quelque déperdition de travail moteur. On diminue l'importance du terme $\dfrac{Pj}{g}$ en équilibrant le piston par des contre-poids, si P est grand ; on diminue aussi j' et par suite $\dfrac{P'j'}{g}$, dans le cas où la chose en vaut la peine, au moyen d'un réservoir d'air (n° 103) placé à l'origine du tuyau d'ascension, qui rend sensiblement uniforme le mouvement d'une grande partie du poids refoulé, et par conséquent supprime ou atténue beaucoup la force d'inertie correspondante.

Un autre moyen pour obtenir l'uniformité approximative du mouvement dans le tuyau d'ascension consiste à le faire servir au débit de plusieurs pompes fonctionnant simultanément, de manière que leur produit total dans une série de temps égaux soit peu variable : voici comment on y parvient. Soit O (*fig.* 87)

Fig. 87.

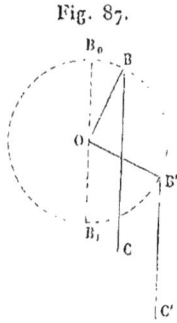

l'axe de rotation d'un arbre qui reçoit d'un moteur un mouvement régularisé par un volant, et en conséquence à peu près uniforme. Cet arbre porte deux manivelles OB, OB', faisant entre elles un angle droit; à chacune d'elles s'articule une bielle, articulée à son autre extrémité avec un piston guidé dans son mouvement, et qui appartient à une pompe à double effet. Pour fixer les idées, nous supposerons l'arbre O horizontal, les tiges des pistons verticales et coupant par leurs prolongements l'axe de rotation; les bielles auront, suivant l'usage, une même longueur, égale à cinq ou six fois celle de la manivelle OB. Il résulte de là que l'obliquité des bielles sur la verticale étant toujours assez peu sensible, les vitesses v et v' des pistons sont sensiblement celles des projections de B et B' sur la verticale $B_0 B_1$; en désignant par ω la vitesse angulaire de l'arbre, b la longueur $\overline{OB}$, x l'angle de OB avec la verticale $B_0 B_1$, on aura donc

$$v = \omega\, b \sin x, \quad v' = \omega\, b \sin\left(\frac{\pi}{2} + x\right) = \omega\, b \cos x.$$

Soient encore Ω la section commune des deux pistons, et θ un temps très-court; abstraction faite des pertes par les jeux des appareils, le volume d'eau fourni pendant le temps θ à un tuyau d'ascension commun, par les deux pompes réunies, sera la somme arithmétique des volumes engendrés par les deux pistons, soit $\Omega(v + v')\theta$, ou bien encore $\Omega \omega b \theta (\sin x + \cos x)$, formule dans laquelle le sinus et le cosinus doivent être pris en valeur absolue, puisqu'il s'agit d'une somme arithmétique et qu'alors les vitesses sont essentiellement positives. Il suffit par conséquent pour avoir le maximum, le minimum et la moyenne de la quantité variable $\sin x + \cos x$, de supposer x compris entre o et $\frac{\pi}{2}$. Or on trouve dans cet intervalle

Deux minimums égaux à 1, pour $x = 0$ et $x = \frac{\pi}{2}$;

Un maximum égal à 1,414, répondant à $x = \frac{\pi}{4}$;

Une moyenne exprimée par $\dfrac{2}{\pi} \displaystyle\int_0^{\frac{\pi}{2}} (\sin x + \cos x)\, dx = \dfrac{4}{\pi} = 1,272$.

Il y aurait ainsi entre le minimum et la moyenne un écart relatif de $\dfrac{0,272}{1,272}$ ou 0,214 environ; tandis que, avec une seule pompe, le produit élémentaire, proportionnel à $\sin x$, serait variable de o à 1, et aurait $\dfrac{2}{\pi}$ ou 0,637 pour valeur moyenne, ce qui produirait un écart relatif bien plus grand entre le minimum et la moyenne.

On obtient un résultat encore plus satisfaisant quand on emploie trois manivelles faisant entre elles des angles de 120 degrés. Le produit élémentaire des trois pompes réunies est alors proportionnel à $\sin x + \sin\left(x + \frac{2\pi}{3}\right) + \sin\left(x + \frac{4\pi}{3}\right)$, chaque sinus devant toujours être pris positivement quel que soit x. On voit d'ailleurs aisément que la somme arithmétique des trois sinus ne change pas en augmentant l'arc de 60 degrés, de sorte qu'il suffit de faire varier x de o à $\frac{\pi}{3}$. Dans ces limites, les deux premiers sinus sont positifs et le troisième négatif; ainsi la somme des valeurs absolues a pour expression

$$\sin x + \sin\left(x + \frac{2\pi}{3}\right) - \sin\left(x + \frac{4\pi}{3}\right),$$

ou bien

$$\sin x + \sin\left(\frac{\pi}{3} - x\right) + \sin\left(\frac{\pi}{3} + x\right),$$

ou enfin, en remplaçant la somme des deux derniers sinus par $2\sin\frac{\pi}{3}\cos x$ et observant que $2\sin\frac{\pi}{3}$ est égal à $\sqrt{3}$,

$$\sin x + \sqrt{3}\cos x.$$

Les minimums de cette quantité répondent à $x=0$ et $x=\frac{\pi}{3}$, et ont pour valeur $\sqrt{3}$ ou $1{,}732$; le maximum, répondant à $x=\frac{\pi}{6}$, est $\frac{1}{2}+\frac{1}{2}\sqrt{3}\cdot\sqrt{3}$, c'est-à-dire 2; la moyenne $\frac{3}{\pi}\int_0^{\frac{\pi}{3}}\left(\sin x+\sqrt{3}\cos x\right)dx$ devient $\frac{6}{\pi}$ ou $1{,}910$. L'écart relatif entre le minimum et la moyenne s'abaisse par conséquent à $\frac{1{,}910-1{,}732}{1{,}910}$ ou à $0{,}093$ environ.

Il y a aussi beaucoup de régularité dans le produit élémentaire des trois pompes réunies comme ci-dessus, quand on les suppose seulement à simple effet. Admettons, par exemple, que chaque piston ne refoule de l'eau que lorsque sa manivelle OB descend de B_0 en B_1; la somme des produits élémentaires sera encore proportionnelle à l'expression

$$\sin x + \sin\left(x+\frac{2\pi}{3}\right) + \sin\left(x+\frac{4\pi}{3}\right);$$

mais les pompes étant à simple effet, au lieu de changer de signe les sinus négatifs, il faudra les supprimer complétement. Cela posé, faisons d'abord croître x de 0 à $\frac{\pi}{3}$: x et $x+\frac{2\pi}{3}$ seront plus petits que la demi-circonférence, et $x+\frac{4\pi}{3}$ sera compris entre π et 2π. Dans ces limites, il ne faudra donc conserver que la somme $\sin x+\sin\left(x+\frac{2\pi}{3}\right)$, qu'on peut mettre sous la forme

$$2\sin\left(x+\frac{\pi}{3}\right)\cos\frac{\pi}{3} \quad\text{ou}\quad \sin\left(x+\frac{\pi}{3}\right),$$

puisque $\cos\frac{\pi}{3}=\frac{1}{2}$; cette somme, égale à $\sin\frac{\pi}{3}$ ou $0{,}866$ pour

$x = 0$, devient maximum et égale à 1 pour $x = \dfrac{\pi}{6}$, puis

décroît jusqu'à 0,866 quand x passe de $\dfrac{\pi}{6}$ à $\dfrac{\pi}{3}$. En second

lieu, si nous prenons les valeurs de x entre $\dfrac{\pi}{3}$ et $\dfrac{2\pi}{3}$, les sinus

de $x + \dfrac{2\pi}{3}$ et $x + \dfrac{4\pi}{3}$ sont tous deux négatifs, en sorte qu'il faut

conserver seulement sin.x, lequel a encore 0,866 pour valeur minimum, répondant aux deux limites, et 1 pour maximum placé à égale distance de ces limites. Il est d'ailleurs inutile de considérer les valeurs de x supérieures à $\dfrac{2\pi}{3}$, car une rotation

de 120 degrés ne produisant pas un changement de figure dans l'ensemble de l'appareil, on retrouverait les mêmes sinus. On voit donc que le produit élémentaire des trois pompes fonctionnant simultanément varie comme des nombres toujours compris entre 0,866 et 1, et par suite qu'il est suffisamment régulier : le minimum et le maximum sont respectivement moitié de ce qu'ils étaient dans le cas des trois pompes à double effet.

Nous avons supposé ci-dessus que les deux manivelles rectangulaires l'une avec l'autre, ou les trois manivelles se succédant avec des avances de 120 degrés, sont fixées au même arbre : il est visible qu'on peut les fixer à des arbres différents, pourvu qu'ils aient tous la même vitesse angulaire, les manivelles étant égales; ou, plus généralement, pourvu que le centre d'articulation de chacune d'elles avec la bielle correspondante ait, dans les trois systèmes, la même vitesse de rotation autour de son arbre.

Il est toujours utile, comme on l'a déjà dit, d'éviter de grandes variations dans la force qui doit être transmise au piston d'une pompe; cela devient presque indispensable quand on le fait mouvoir au moyen de chevaux attelés à un manége. Une condition essentielle pour le bon emploi du travail des chevaux, c'est que la vitesse de leur marche et l'effort qu'ils ont à exercer soient peu variables; il serait difficile d'y satisfaire avec une pompe unique à simple effet refoulant une longue colonne d'eau, dont le piston recevrait son mouvement de l'arbre du manége par un système de manivelle avec bielle, et l'on n'y parviendrait que par l'emploi de volants plus ou moins lourds. Il serait en général préférable de régulariser la résistance par les moyens qu'on vient d'indiquer.

(*b*) *Travail à transmettre au piston.* — Si l'on connaissait exactement, dans chaque position du piston, la force à lui appliquer pour lui donner son mouvement, il serait aisé d'en déduire le travail qu'on doit lui transmettre. Mais cette force ne peut pas être évaluée bien exactement; ainsi, l'appréciation du frottement du piston contre le corps de pompe, ou contre la garniture qu'il traverse (si c'est un piston plongeur), est nécessairement incertaine, parce qu'elle dépend de l'habileté du constructeur; une difficulté analogue se présente pour l'évaluation des pertes de charge éprouvées dans les tuyaux d'aspiration et d'ascension, à cause du défaut de permanence et d'uniformité dans le mouvement. Cependant, quand le tuyau d'ascension a une grande longueur, on a vu qu'il était utile de faire en sorte que le mouvement y fût uniforme, et alors on peut calculer avec assez d'exactitude la charge totale ζ'' entre les deux extrémités de ce tuyau. Cela posé, admettons d'abord qu'il s'agisse d'une pompe à double effet : la pression résultante exercée sur le piston étant exprimée par $\Pi\Omega(H+\zeta+\zeta')$, la force à lui transmettre sera représentée par $\Pi\Omega(H+\zeta'')+F$. Nous tiendrons compte, par ce terme additif F, du frottement contre le corps de pompe et les garnitures, de l'excès de $\zeta+\zeta'$ sur ζ'', et enfin de l'inertie. Le travail total de cette force, dans une course de longueur l, partagée en éléments dx, sera

$$\Pi\Omega l(H + \zeta'') + \int_0^l F dx.$$

Or Ωl représente à peu près le volume d'eau élevé dans une course de piston ; si donc on veut le travail employé par mètre cube d'eau élevé à la hauteur utile H, il faudra calculer la quantité

$$\Pi(H + \zeta'') + \frac{1}{\Omega l}\int_0^l F dx.$$

Dans la pratique, vu la difficulté d'apprécier exactement l'inté-grale $\int_0^l F\,dx$, on se borne à multiplier le terme $\Pi(H + \zeta'')$ par un coefficient n tel que $1,10$ ou $1,15$ ou $1,20$, suivant le plus ou moins de perfection de la machine.

Si la pompe était à simple effet, on arriverait à la même expression du travail, en réunissant deux courses consécutives du piston.

Quand on veut évaluer en chevaux dynamiques le travail transmis au piston, il faut encore connaître la vitesse moyenne u du piston. On en déduit sans peine le débit moyen par se-conde Ωu, si la pompe est à double effet, ou $\dfrac{\Omega u}{2}$ pour une pompe à simple effet; on multiplie ce débit par $n\Pi(H + \zeta'')$; divisant enfin par 75, on a le nombre de chevaux cherché.

(*c*) *Vitesse moyenne du piston; produit des pompes.* — La vitesse moyenne du piston ne doit pas être excessivement faible, car pour débiter un volume d'eau notable, il faudrait donner au corps de pompe un très-grand diamètre, ce qui augmenterait les frais d'établissement. Mais une vitesse trop forte a aussi de graves inconvénients : d'abord on augmente les pertes de charge dans une proportion rapide; ensuite il peut se faire que l'eau fournie par le tuyau d'aspiration n'arrive pas assez vite pour suivre le piston, et que le corps de pompe ne se remplisse pas à chaque course, ce qui occasionnerait un déchet dans le produit, et un choc au retour du piston en sens contraire. Vu la difficulté de calculer exactement la vitesse de l'eau aspirée, on adopte ordinairement une vitesse moyenne du piston, dans les environs de $0^m,20$ par seconde; rarement on atteint $0^m,30$. Il est clair que la limite peut être d'autant élevée que le piston se meut à une hauteur moindre au-dessus du bassin où l'on puise l'eau, et qu'on a mis plus de soin à éviter les pertes de charge dans le tuyau d'aspiration.

Le piston ayant une course de longueur l et une section Ω, décrit, pendant une des périodes employées à l'élévation de l'eau dans le bassin supérieur, un volume Ωl; ce volume serait aussi celui de l'eau élevée pendant la même période, s'il n'y avait pas de fuites par les soupapes, ou entre le piston et le cylindre creux sur lequel il glisse. Par cette raison, le volume élevé varie de $0,75 \Omega l$ à Ωl; le coefficient dont il faut affecter le volume décrit par le piston varie avec le soin apporté à la construction et à l'entretien de la pompe; dans les circonstances ordinaires, on peut le supposer de $0,90$ à $0,92$.

142. *Roues à tympan.* — Cette roue consiste essentiellement en un arbre horizontal O (*fig.* 88), auquel sont reliées

Fig. 88.

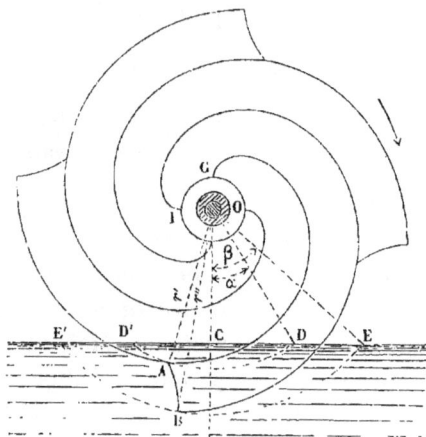

invariablement un certain nombre de surfaces cylindriques ayant leurs génératrices parallèles à l'axe; les sections droites de ces cylindres sont des développantes de cercle. L'intervalle entre deux cylindres consécutifs forme ainsi un canal ayant une largeur constante, aussi bien dans le sens normal aux développantes que perpendiculairement au plan de la figure. L'un de ces canaux, par exemple, aura son ouverture extérieure en AB et son autre ouverture en IG. Tout le système tourne autour de l'axe O, dans le sens de la flèche; le centre O est au-dessus d'un bassin qui fournit de l'eau à élever, et le niveau de ce bassin noie plus ou moins la partie inférieure de la roue.

Pendant tout le temps que l'ouverture AB se trouve au-dessous du niveau du bassin, en totalité ou partiellement, il entre, par l'effet de la rotation, une certaine quantité d'eau dans le canal ABIG ; la rotation continuant, AB s'élève et finit par se trouver au-dessus de IG ; alors l'eau introduite s'écoule en IG par les embouchures laissées libres tout autour de l'arbre, et tombe dans un canal qui l'emmène au bassin destiné à la recevoir.

Nous nous proposerons deux questions : 1° une roue à tympan donnée tourne avec une vitesse angulaire connue, et occupe une situation connue relativement au bassin inférieur : quel sera son débit par seconde ? 2° quel sera le travail que le moteur devra lui transmettre ?

Appelons S la section AB projetée sur le plan passant par l'axe O et le centre de AB ; N le nombre de tours de la roue par minute ; n le nombre de développantes ; H la hauteur $\overline{OC}$ du point O au-dessus du niveau de l'eau à épuiser ; r', r'' les distances des points A et B à l'axe de rotation. Le point A décrira au-dessous de l'eau un arc DAD', dont nous désignerons l'angle au centre par 2α ; pareillement le point B décrira l'arc EBE', répondant à l'angle au centre 2β. On aura d'abord

$$\cos\alpha = \frac{H}{r'}, \quad \cos\beta = \frac{H}{r''} ;$$

$$\text{arc } DAD' = 2\,r'\alpha = 2\,r'\text{ arc }\cos\frac{H}{r'},$$

$$\text{arc } EBE' = 2\,r''\beta = 2\,r''\text{ arc }\cos\frac{H}{r''},$$

l'arc décrit au-dessous de l'eau par le centre de AB devant peu différer de la moyenne $\frac{1}{2}(DAD' + EBE')$ sera donc exprimé par

$$r'\text{ arc }\cos\frac{H}{r'} + r''\text{ arc }\cos\frac{H}{r''} = L.$$

Or le volume entré par l'ouverture AB est EDE'D', ou le produit LS de cet arc moyen par la section perpendiculaire S ; donc, puisqu'il y a n canaux qui puisent le même volume dans chaque tour de roue, le volume élevé sera, par tour, nLS ; enfin, le nombre de tours par seconde étant $\frac{N}{60}$, le débit Q de la roue dans le même temps aurait pour valeur $\frac{1}{60}$ NnLS, c'est-à-dire qu'on doit avoir

$$Q = \frac{1}{60} N n S \left(r' \text{ arc cos } \frac{H}{r'} + r'' \text{ arc cos } \frac{H}{r''} \right).$$

Mais ce calcul suppose qu'il entre pendant chaque élément de temps dt, par l'ouverture AB, un volume d'eau égal à celui qu'engendre AB dans le même temps; de cette manière on ne tient compte ni de la contraction que peut éprouver le liquide à son entrée, ni du mouvement communiqué à l'eau environnante, qui peut jusqu'à un certain point fuir devant la surface AB au lieu de la traverser. Par ces raisons, il serait bon en pratique d'admettre une certaine réduction dans la valeur de Q ci-dessus donnée; on pourrait l'affecter, par exemple, d'un coefficient que nous évaluons, par aperçu, à o,8o, faute d'expériences précises sur ce sujet.

Voici un exemple du calcul de Q. Soient donnés N $=$ 12, $n=4$, $r' = 2^m,50$, $r'' = 3^m,00$, H $= 2^m,00$, S $= 0^{mq},17$. On aura

$$\frac{H}{r'} = 0,8000, \quad \text{arc cos } \frac{H}{r'} = 0,410 \frac{\pi}{2};$$

$$\frac{H}{r''} = 0,6667, \quad \text{arc cos } \frac{H}{r''} = 0,535 \frac{\pi}{2};$$

$$r' \text{ arc cos } \frac{H}{r'} + r'' \text{ arc cos } \frac{H}{r''} = \frac{\pi}{2} (1,025 + 1,605) = 4,131;$$

d'où l'on déduit

$$Q = 0^{mc},562,$$

nombre qu'on devrait réduire à $0^{mc},45$ environ, en le multipliant par o,8o.

Quant au travail moteur à dépenser pour élever un certain poids P d'eau, il se compose : 1° du travail PH destiné à vaincre celui de la pesanteur; 2° du travail du frottement sur les tourillons et épaulements de l'arbre O, lequel peut être évalué par les formules connues; 3° du travail nécessaire pour vaincre les frottements de l'eau sur les parois solides en contact, travail peu sensible, si les développantes forment par leur réunion

des canaux assez larges; 4° le travail nécessaire pour donner à
l'eau la vitesse absolue avec laquelle elle quitte la roue. Ce
dernier travail sera également assez faible, si l'on a soin de
faire tourner l'arbre lentement; car le point le plus bas d'une
développante quelconque se trouvant toujours sur la verticale
du point **I**, on voit que l'eau déjà entrée à l'intérieur du canal **ABIG**, et celle qui entrera encore dans la suite de la même
révolution, ne seront complétement écoulées qu'après un tour
entier à partir de la position représentée par la figure. L'eau
s'élève donc avec peu de vitesse absolue dans la machine, et
par conséquent une faible partie du travail moteur est employée à lui donner une force vive inutile. Mais il ne faut
pas oublier que cela suppose la lenteur de la rotation autour
de l'axe O.

En résumé, on calculera les deux premières parties du travail moteur qui sont les plus importantes, et pour tenir
compte approximativement des deux autres, on multipliera
la somme des parties calculées par un coefficient un peu supérieur à l'unité.

L'idée première de la roue à tympan est fort ancienne,
puisque Vitruve parle d'une machine analogue; c'est Lafaye
qui, en 1717, a proposé de lui donner la forme que nous avons
décrite ci-dessus. Cette machine paraît susceptible d'un assez
bon rendement, et se prête à l'épuisement de grands volumes
d'eau; mais la hauteur à laquelle on monte l'eau épuisée,
toujours moindre que le rayon de la roue, se trouve nécessairement limitée; de plus la roue est lourde et d'un transport
difficile à cause de son poids.

143. *Turbines élévatoires; pompe centrifuge.* — La plupart
des machines qui servent à utiliser la puissance motrice d'une
chute d'eau peuvent, avec quelques modifications, se transformer en machines à élever l'eau, et inversement. Ainsi, par
exemple, si une roue de côté emboîtée dans un coursier reçoit un mouvement autour de son axe horizontal, par l'action
d'un moteur quelconque, de manière que les palettes remontent la partie circulaire du coursier, ces palettes entraîneront
avec elles l'eau du bief d'aval et la rejetteront dans le bief

d'amont : on obtiendrait ainsi, en principe, la roue élévatoire.
De même, qu'on prenne une turbine Fourneyron, qu'on fasse
communiquer les intervalles entre les cloisons directrices
avec le bief d'aval et déboucher les orifices extérieurs de la
turbine dans un espace fermé, d'où partirait un tuyau d'ascension; lorsqu'on imprimera un mouvement de rotation à
l'appareil, l'eau comprise dans les aubes sera poussée vers
l'extérieur par la force centrifuge, et arrivera dans l'espace
fermé, avec un excès de pression qui la fera monter dans le
tuyau à une certaine hauteur, d'autant plus grande que la
rotation sera plus rapide. Si le tuyau n'est pas trop élevé, un
écoulement s'établira à son extrémité; cet écoulement sera
d'ailleurs continu, l'eau chassée par la force centrifuge étant
sans cesse remplacée par celle du bief d'aval, qui tend à combler le vide fait dans les cloisons.

La théorie d'une telle turbine, qu'on pourrait appeler *turbine élévatoire*, ressemblerait beaucoup à celle du n° 134. Mais,
comme il s'agit là d'une machine qu'on n'a point encore établie
ni expérimentée, nous ne croyons pas devoir nous y arrêter
davantage. Nous nous bornerons à étudier une pompe dite *centrifuge*, qui rentre dans la même classe de machines, mais qui
cependant a plutôt de l'analogie avec les roues à réaction.

Une roue composée d'une série d'aubes cylindriques, telles
que BC (*fig.* 89), assemblées entre deux plateaux annulaires,

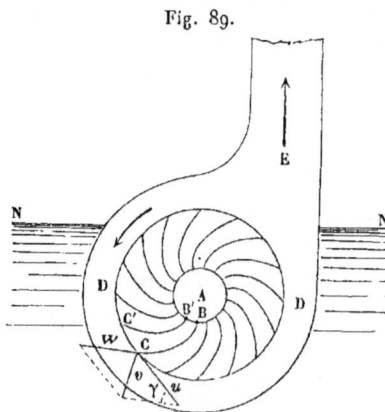

Fig. 89.

est assujettie à tourner autour d'un axe horizontal
projeté en A. L'eau du
bassin à épuiser arrive librement dans le cercle AB,
qui limite intérieurement
les aubes, soit parce que
le centre A est un peu au-
dessous du niveau NN de
ce bief, soit au moyen
de tuyaux d'aspiration. Le
mouvement de rotation im-
primé à cette roue chasse
l'eau des canaux BCB'C' dans l'espace annulaire D où elle ac-

quiert une pression suffisante pour la faire monter par le tuyau E, seule issue qui lui soit ouverte, et par où elle arrive dans un bassin supérieur. La vitesse angulaire de l'arbre A étant connue, ainsi que toutes les dimensions de l'appareil et sa situation relativement aux deux bassins de départ et d'arrivée, on peut demander le débit de la pompe par seconde, le travail moteur qu'elle consomme et son rendement.

Afin d'étudier ces questions, nommons :

H la différence du niveau des deux bassins ;

h l'immersion du centre A au-dessous du bassin inférieur ;

r le rayon extérieur $\overline{AC}$ de la roue ;

b la distance des deux plateaux annulaires qui réunissent les aubes ;

ω la vitesse angulaire de l'arbre A ;

v la vitesse absolue de l'eau quand elle quitte les aubes ;

u la vitesse ωr à la circonférence extérieure de la roue ;

w la vitesse relative de l'eau pour le même point ;

γ l'angle aigu des vitesses w et u, c'est-à-dire l'angle sous lequel les aubes coupent la circonférence extérieure ;

Π le poids du mètre cube d'eau.

Nous commencerons par simplifier un peu le problème au moyen de quelques hypothèses. D'abord nous négligerons la vitesse absolue de l'eau dans le tuyau d'ascension et dans le conduit qui l'amène jusqu'aux aubes, ce qui sera permis si les sections transversales de ces conduits sont assez grandes relativement au volume débité. Toutefois, le rayon $\overline{AB}$ devra encore être assez petit pour que la vitesse de rotation du point B soit négligeable ; en d'autres termes, nous considérerons l'introduction de l'eau dans la roue comme se faisant sur l'axe, sans vitesse d'entraînement, et par conséquent aussi sans vitesse relative. Secondement, nous raisonnerons comme si l'axe de rotation était vertical, car sans cela l'hypothèse d'un mouvement permanent de l'eau pendant son passage dans l'appareil serait en toute rigueur inexacte. Cependant, la roue ayant peu de hauteur relativement à H, on conçoit que sa position horizontale ou verticale influe peu sur le résultat final.

D'ailleurs rien n'empêcherait en pratique de prendre l'arbre A vertical, mais ce serait à peu près indifférent.

Cela posé, si l'on applique le théorème de Bernoulli au mouvement relatif d'une molécule suivant la courbe BC (n° 20), le gain de charge fictif s'exprimera par $\dfrac{\omega^2 r^2}{2g}$ ou $\dfrac{u^2}{2g}$, et la charge réelle par $- H$, attendu que, d'après nos hypothèses simplificatives, le niveau NN et le niveau du bassin supérieur peuvent être respectivement pris pour niveaux piézométriques en B et C. On trouvera donc

$$(1) \qquad \omega^2 = - 2gH + u^2,$$

équation qui fait connaître ω, puisque u est donné. Ce premier résultat permet de calculer le débit Q de la machine dans chaque seconde. En effet, l'eau sortant des aubes coupe une surface cylindrique $2\pi br$ sous l'angle γ et avec la vitesse relative ω; donc l'orifice total de sortie, mesuré perpendiculairement à ω, est $2\pi br\sin\gamma$, et par suite

$$(2) \qquad Q = 2\pi br\omega \sin\gamma.$$

Le travail moteur consommé par seconde pour faire tourner la roue comprend d'abord le travail utile ΠQH; ensuite on observera que l'eau arrive dans l'espace annulaire D avec une vitesse absolue v, qu'elle perd en agitation inutile; d'où résulte un travail moléculaire $\Pi Q \dfrac{v^2}{2g}$. Ainsi donc, abstraction faite des autres frottements, on dépensera par seconde un travail $\Pi Q \left(H + \dfrac{v^2}{2g} \right)$; et comme le travail utile est seulement ΠQH, le rendement μ aura pour valeur

$$(3) \qquad \mu = \frac{H}{H + \dfrac{v^2}{2g}} = \frac{1}{1 + \dfrac{v^2}{2gH}},$$

Reste à calculer v; or v est la résultante de ω et de u, et l'on a

$$v^2 = u^2 + \omega^2 - 2u\omega \cos\gamma,$$

soit, à cause de (1),

$$(4) \qquad v^2 = - 2gH + 2u^2 - 2u\cos\gamma \sqrt{- 2gH + u^2}.$$

Les équations (1), (2), (3) et (4) donnent sans peine la solution des questions proposées.

Voyons encore par quel moyen on tirerait le meilleur parti possible de la puissance motrice. L'expression (3) du rendement devient, en y substituant pour v sa valeur et faisant

$$\frac{u}{\sqrt{g\mathrm{H}}} = x,$$

$$\mu = \frac{1}{x^2 - x \cos\gamma \sqrt{x^2 - 2}};$$

on aura donc le maximum de μ, considéré comme fonction de x, en cherchant le minimum du dénominateur, ou, ce qui revient au même, le minimum de $\frac{1}{\mu}$. On procèdera dans cette recherche comme au n° 140; on écrira

$$x^2 - \frac{1}{\mu} = x \cos\gamma \sqrt{x^2 - 2},$$

ou, en faisant disparaître le radical et ordonnant,

$$x^4 \sin^2\gamma - 2x^2 \left(\frac{1}{\mu} - \cos^2\gamma\right) + \frac{1}{\mu^2} = 0.$$

Or μ ne peut recevoir que les valeurs qui, mises dans cette équation bicarrée, donneront x^2 réel et positif; donc on a

$$\left(\frac{1}{\mu} - \cos^2\gamma\right)^2 - \frac{1}{\mu^2} \sin^2\gamma > 0,$$

soit successivement

$$\frac{1}{\mu^2} \cos^2\gamma - \frac{2}{\mu} \cos^2\gamma + \cos^4\gamma > 0,$$

$$\frac{1}{\mu^2} - \frac{2}{\mu} + \cos^2\gamma > 0,$$

$$\left(\frac{1}{\mu} - 1\right)^2 > \sin^2\gamma.$$

Comme $\sin\gamma$ et $\frac{1}{\mu} - 1$ sont des quantités positives, on pourra

34.

extraire la racine carrée de deux membres et poser

$$\frac{1}{\mu} - 1 > \sin\gamma \quad \text{ou} \quad \frac{1}{\mu} > 1 + \sin\gamma;$$

le minimum de $\frac{1}{\mu}$ a donc pour valeur $1 + \sin\gamma$, et le rendement limite μ_1 sera $\frac{1}{1 + \sin\gamma}$. La valeur correspondante x_1 de x se tire de l'équation bicarrée ci-dessus, qui donne

$$x_1^2 = \frac{\dfrac{1}{\mu_1} - \cos^2\gamma}{\sin^2\gamma} = \frac{1 + \sin\gamma - \cos^2\gamma}{\sin^2\gamma} = \frac{1 + \sin\gamma}{\sin\gamma}.$$

Ainsi, la vitesse u la plus favorable au rendement s'obtiendrait par l'équation

$$u^2 = g\,\mathrm{H}\,\frac{1 + \sin\gamma}{\sin\gamma};$$

on en conclurait la vitesse angulaire $\omega = \dfrac{u}{r}$ et le nombre de tours par minute $\mathrm{N} = \dfrac{30\,\omega}{\pi}$. Le rendement étant alors $\dfrac{1}{1 + \sin\gamma}$, on peut être tenté, pour l'augmenter, de faire γ très-petit; mais on voit que les vitesses u et w deviendraient très-grandes, et l'on perdrait beaucoup en frottements de l'eau contre les aubes. D'ailleurs on a, en vertu des équations (1) et (2),

$$\mathrm{Q} = 2\pi\,br\sin\gamma\sqrt{u^2 - 2g\,\mathrm{H}} = 2\pi\,br\sqrt{g\,\mathrm{H}}\cdot\sin\gamma\cdot\sqrt{x^2 - 2};$$

le débit Q_1 qui correspond au maximum de rendement sera donc

$$\mathrm{Q}_1 = 2\pi\,br\sqrt{g\,\mathrm{H}}\cdot\sin\gamma\cdot\sqrt{\frac{1 + \sin\gamma}{\sin\gamma} - 2}$$
$$= 2\pi\,br\sqrt{g\,\mathrm{H}}\sqrt{\sin\gamma\,(1 - \sin\gamma)}.$$

Ce débit s'annulerait en même temps que γ; lorsque γ varie seul, Q_1 devient maximum pour $\sin\gamma = 1 - \sin\gamma$, ou $\sin\gamma = \dfrac{1}{2}$, ou encore $\gamma = 30°$; le rendement est alors $\dfrac{1}{1 + \dfrac{1}{2}}$ c'est-à-dire $\dfrac{2}{3}$.

la valeur $\gamma = 0$ est par conséquent inadmissible comme annulant le débit; mais à ce point de vue il n'y a pas d'intérêt à dépasser $\gamma = 30°$. D'un autre côté, cette dernière valeur ne donne pas un rendement théorique bien élevé; peut-être ce qu'il y aurait de mieux à faire en pratique serait de prendre γ entre 15 et 20 degrés. Pour $\gamma = 15°$, par exemple, le rendement s'élève à $\dfrac{1}{1 + 0,2588} = 0,794$, et le produit $\sqrt{\sin\gamma(1 - \sin\gamma)}$ s'abaisse à $0,438$, tandis qu'il est $0,50$ pour $\gamma = 30°$; c'est une diminution que l'on pourrait compenser par une petite augmentation de r ou de b.

Au lieu de disposer la roue comme le représente la *fig.* 89, on aurait pu adopter les canaux isolés, comme dans la *fig.* 87. Dans ce cas, l'expression du débit changerait, et l'angle γ pourrait devenir nul; mais, attendu que u ne peut croître jusqu'à l'infini, la valeur $\dfrac{1 + \sin\gamma}{\sin\gamma}$ ne serait plus admissible pour $\dfrac{u^2}{g\,H}$, et il faudrait s'écarter plus ou moins du rendement limite. De plus, à débit égal, on perdrait probablement davantage en frottements.

Il existe au Conservatoire des Arts et Métiers une pompe centrifuge qui figurait à l'Exposition universelle de Londres en 1851; un autre modèle, exposé à Paris, en 1855, sous le nom de *pompe centrifuge d'Appold*, donnait, suivant le constructeur, un rendement de 69 pour 100. Ces machines sont remarquables en ce qu'elles peuvent avec de faibles dimensions débiter beaucoup d'eau, point de vue sous lequel elles ont de la ressemblance avec les turbines.

NOTE COMPLÉMENTAIRE ET RECTIFICATIVE

SUR

UN POINT DE DÉTAIL DE LA THÉORIE DU RESSAUT.

Après avoir établi les équations (1), (2), (3), au fond identiques (eu égard à la relation $U_1 \Omega_1 = U_0 \Omega_0$), on s'est demandé (p. 296) les conditions nécessaires et suffisantes pour qu'on puisse y satisfaire sans supposer l'identité des sections Ω_1 et Ω_0.

A cet effet on a d'abord mis l'équation (1) sous la forme

$$(5) \qquad \frac{Q^2}{g} \int_{h_0}^{h_1} \frac{l\,dh}{\Omega^2} = \int_{h_0}^{h_1} \Omega\,dh,$$

et jusque-là rien n'est à modifier; mais la suite, jusqu'au premier alinéa de la page 301, exclusivement, deviendra plus complète, plus précise et, sous certains rapports, plus simple, en la présentant comme nous allons le faire.

Au lieu de l'équation (5) on peut écrire, en réunissant tout sous un même signe $\int$,

$$\int_{h_0}^{h_1} \left(\Omega - \frac{Q^2 l}{g\,\Omega^2} \right) dh = 0,$$

ou bien, à cause de $Q = U\Omega$,

$$(5\ bis) \qquad \int_{h_0}^{h_1} \left(1 - \frac{U^2 l}{g\,\Omega} \right) \Omega\,dh = 0.$$

Cela montre déjà que s'il existe en réalité deux profondeurs différentes h_0, h_1, vérifiant les équations (1), (2), (3) et par suite (5 bis), elles doivent comprendre dans leur intervalle une profondeur h' capable d'annuler $1 - \dfrac{U^2 l}{g\Omega}$; car sans cela tous les éléments de l'intégrale définie (5 bis) auraient le même signe et ne pourraient se détruire. Ainsi le ressaut superficiel, toutes les fois qu'il se produit dans un cours d'eau, ne peut avoir pour effet que de faire franchir au niveau, par un saut brusque, la profondeur critique h', impossible à réaliser, comme on le sait (n° 80), dans un courant en mouvement permanent varié par filets parallèles. On trouve ici la généralisation d'une remarque faite plus haut sur l'une des expériences de Bidone.

La profondeur h' possède donc une double propriété : elle est infranchissable tant que le parallélisme des filets se conserve d'une manière suffisamment approximative, et au contraire elle est inévitablement franchie toutes les fois qu'un ressaut superficiel vient à se produire. On est porté à conclure (non pas sans doute avec une certitude complète, mais avec beaucoup de probabilité) que la seconde exception mentionnée au n° 80 (celle qui est caractérisée par la rencontre du profil calculé avec le profil fictif des profondeurs h') annonce la production d'un ressaut. Cependant, comme l'expérience n'a jusqu'à présent constaté que des ressauts dans lesquels la profondeur augmente suivant le fil de l'eau, la prudence commande de restreindre l'énoncé ci-dessus au cas où cette augmentation aurait effectivement lieu. Nous dirons plus loin quelques mots du cas contraire, non encore observé, où l'on supposerait une diminution brusque.

Reprenons maintenant l'étude analytique de notre équation (1), mise sous la forme équivalente (5 *bis*), et demandons-nous si, étant donnés arbitrairement le débit et l'une des quantités h_0 ou h_1, on pourra toujours trouver pour l'autre une valeur réelle et positive capable de vérifier cette équation. Sans chercher à discuter la question dans le cas le plus général, nous répondrons affirmativement si la section transversale du lit, prise au lieu même du ressaut, remplit les conditions, encore très-larges, qui ont été admises au n° 83. Pour le démontrer, il faut observer :

1° que la quantité $\left(1 - \dfrac{U^2 l}{g\,\Omega}\right) \Omega$ croît d'une manière continue, de $-\infty$ à $+\infty$, lorsque h varie de 0 à ∞, et que le passage du négatif au positif répond à $h = h'$, valeur unique et toujours la même dans tous les profils;

2° que l'intégrale définie $\displaystyle\int_{h'}^{h} \left(1 - \dfrac{U^2 l}{g\,\Omega}\right) \Omega\,dh$ croît elle-même d'une manière continue, depuis 0 jusqu'à ∞, quand on fait varier la limite h, soit de h' à 0, soit de h' à ∞ (*). Cela posé, on écrira l'équation (5 *bis*) sous la forme

$$(5 \; ter) \qquad \int_{h'}^{h_1} \left(1 - \frac{U^2 l}{g\,\Omega}\right) \Omega\,dh = \int_{h'}^{h_0} \left(1 - \frac{U^2 l}{g\,\Omega}\right) \Omega\,dh\,;$$

on voit alors que si l'on donne h_0 ou h_1, l'un des deux membres de cette

---

(*) Ces diverses remarques préliminaires se démontrent avec une extrême facilité : nous croyons inutile de nous y arrêter.

dernière équation prend une valeur positive déterminée, et comme l'autre membre peut acquérir toutes les valeurs possibles en choisissant convenablement la limite supérieure de l'intégrale, nous sommes en droit de dire que le problème, dans les termes où il est actuellement posé, comporte toujours une solution.

Cette conclusion suppose qu'on ne se préoccupe nullement de l'ordre de grandeur des lignes h_0, h', h_1, auquel notre raisonnement n'a fait aucune allusion; mais si, d'après les indications de l'expérience, on regarde comme nécessaire d'avoir $h_0 < h_1$, alors la fonction $1 - \dfrac{U^2 l}{g\,\Omega}$ étant nulle pour la valeur intermédiaire $h = h'$, et décroissant en outre d'une manière continue quand h augmente (n° 83), il en résulte les inégalités

$$(6) \qquad 1 - \frac{U_0^2 l_0}{g\,\Omega_0} < 0, \quad 1 - \frac{U_1^2 l_1}{g\,\Omega_1} > 0.$$

Suivant qu'on aura donné h_0 ou h_1, la première ou la seconde de ces conditions sera la condition nécessaire de l'existence d'un ressaut : elle ne contient en effet que des quantités connues, et doit se vérifier *à priori*, tandis que l'autre dépend de la profondeur inconnue, et devra se trouver satisfaite d'elle-même quand cette inconnue aura été convenablement déterminée.

Les profondeurs h_0, h_1 se trouvant dans une dépendance réciproque, il est assez naturel de se demander la relation entre leurs variations simultanées, le débit étant supposé invariable. Pour l'obtenir il suffit de différentier l'équation (5 *bis*) par rapport à h_0 et h_1, ce qui donne

$$\left(1 - \frac{U_1^2 l_1}{g\,\Omega_1}\right) \Omega_1 \, dh_1 - \left(1 - \frac{U_0^2 l_0}{g\,\Omega_0}\right) \Omega_0 \, dh_0 = 0.$$

Si la section transversale satisfait aux conditions du n° 83, les inégalités (6) montrent immédiatement que les facteurs $1 - \dfrac{U_1^2 l_1}{g\,\Omega_1}$, $1 - \dfrac{U_0^2 l_0}{g\,\Omega_0}$ sont de signes contraires, et comme les surfaces Ω_1, Ω_0 sont essentiellement positives, on voit que l'équation précédente donne toujours une valeur négative au rapport $\dfrac{dh_0}{dh_1}$. Les profondeurs h_0, h_1 varient donc en sens inverse l'une de l'autre, si le débit ne change pas; l'une s'accroît pendant que l'autre diminue.

FIN DE LA SECONDE PARTIE.

RECUEIL

DE

TABLES NUMÉRIQUES

POUR FACILITER DIVERS CALCULS

D'HYDRAULIQUE.

TABLE I, donnant les hauteurs correspondantes à des vitesses comprises entre **1ᵐ, OO** et **10ᵐ, OO** par seconde.

N. B. On a pris pour le nombre g (accélération des graves dans le vide) la valeur $g = 9^m,8088$, soit $\frac{1}{2g} = 0,050974635\ldots$

Toute vitesse en dehors des limites de la table peut y être ramenée au moyen d'une multiplication par 10^n, n étant un exposant entier, positif ou négatif. La hauteur donnée par la table, en regard de la vitesse ainsi modifiée, devrait alors être divisée par 10^{2n}, pour avoir la hauteur qui correspond à la vitesse primitive.

Exemple. On demande la hauteur due à une vitesse de $0^m,457$ par seconde. — Ce dernier nombre multiplié par 10 devient $4^m,57$, en regard duquel on trouve dans la table $1^m,0646$; le résultat cherché sera $\frac{1}{10^2} \cdot 1^m,0646$, soit $0^m,010646$.

VITESSES.	HAUTEURS correspondantes.	VITESSES.	HAUTEURS correspondantes.	VITESSES.	HAUTEURS correspondantes.	VITESSES.	HAUTEURS correspondantes.
m	m	m	m	m	m	m	m
1,01	0,05200	1,26	0,08093	1,51	0,11623	1,76	0,15790
1,02	0,05303	1,27	0,08222	1,52	0,11777	1,77	0,15970
1,03	0,05408	1,28	0,08352	1,53	0,11933	1,78	0,16151
1,04	0,05513	1,29	0,08483	1,54	0,12089	1,79	0,16333
1,05	0,05620	1,30	0,08615	1,55	0,12247	1,80	0,16516
1,06	0,05728	1,31	0,08748	1,56	0,12405	1,81	0,16700
1,07	0,05836	1,32	0,08882	1,57	0,12565	1,82	0,16885
1,08	0,05946	1,33	0,09017	1,58	0,12725	1,83	0,17071
1,09	0,06056	1,34	0,09153	1,59	0,12887	1,84	0,17258
1,10	0,06168	1,35	0,09290	1,60	0,13050	1,85	0,17446
1,11	0,06281	1,36	0,09428	1,61	0,13213	1,86	0,17635
1,12	0,06394	1,37	0,09567	1,62	0,13378	1,87	0,17825
1,13	0,06509	1,38	0,09708	1,63	0,13543	1,88	0,18016
1,14	0,06625	1,39	0,09849	1,64	0,13710	1,89	0,18209
1,15	0,06741	1,40	0,09991	1,65	0,13878	1,90	0,18402
1,16	0,06859	1,41	0,10134	1,66	0,14047	1,91	0,18596
1,17	0,06978	1,42	0,10279	1,67	0,14216	1,92	0,18791
1,18	0,07098	1,43	0,10424	1,68	0,14387	1,93	0,18988
1,19	0,07219	1,44	0,10570	1,69	0,14559	1,94	0,19185
1,20	0,07340	1,45	0,10717	1,70	0,14732	1,95	0,19383
1,21	0,07463	1,46	0,10866	1,71	0,14905	1,96	0,19582
1,22	0,07587	1,47	0,11015	1,72	0,15080	1,97	0,19783
1,23	0,07712	1,48	0,11165	1,73	0,15256	1,98	0,19984
1,24	0,07838	1,49	0,11317	1,74	0,15433	1,99	0,20186
1,25	0,07965	1,50	0,11469	1,75	0,15611	2,00	0,20390

TABLE I. (Suite.)

VITESSES.	HAUTEURS correspondantes	VITESSES.	HAUTEURS correspondantes.	VITESSES.	HAUTEURS correspondantes.	VITESSES.	HAUTEURS correspondantes.
m	m	m	m	m	m	m	m
2,01	0,2059	2,41	0,2961	2,81	0,4025	3,21	0,5252
2,02	0,2080	2,42	0,2985	2,82	0,4054	3,22	0,5285
2,03	0,2101	2,43	0,3010	2,83	0,4083	3,23	0,5318
2,04	0,2121	2,44	0,3035	2,84	0,4111	3,24	0,5351
2,05	0,2142	2,45	0,3060	2,85	0,4140	3,25	0,5384
2,06	0,2163	2,46	0,3085	2,86	0,4170	3,26	0,5417
2,07	0,2184	2,47	0,3110	2,87	0,4199	3,27	0,5451
2,08	0,2205	2,48	0,3135	2,88	0,4228	3,28	0,5484
2,09	0,2227	2,49	0,3160	2,89	0,4257	3,29	0,5518
2,10	0,2248	2,50	0,3186	2,90	0,4287	3,30	0,5551
2,11	0,2269	2,51	0,3211	2,91	0,4317	3,31	0,5585
2,12	0,2291	2,52	0,3237	2,92	0,4346	3,32	0,5619
2,13	0,2313	2,53	0,3263	2,93	0,4376	3,33	0,5653
2,14	0,2334	2,54	0,3289	2,94	0,4406	3,34	0,5687
2,15	0,2356	2,55	0,3315	2,95	0,4436	3,35	0,5721
2,16	0,2378	2,56	0,3341	2,96	0,4466	3,36	0,5755
2,17	0,2400	2,57	0,3367	2,97	0,4496	3,37	0,5789
2,18	0,2423	2,58	0,3393	2,98	0,4527	3,38	0,5824
2,19	0,2445	2,59	0,3419	2,99	0,4557	3,39	0,5858
2,20	0,2467	2,60	0,3446	3,00	0,4588	3,40	0,5893
2,21	0,2490	2,61	0,3472	3,01	0,4618	3,41	0,5927
2,22	0,2512	2,62	0,3499	3,02	0,4649	3,42	0,5962
2,23	0,2535	2,63	0,3526	3,03	0,4680	3,43	0,5997
2,24	0,2558	2,64	0,3553	3,04	0,4711	3,44	0,6032
2,25	0,2581	2,65	0,3580	3,05	0,4742	3,45	0,6067
2,26	0,2604	2,66	0,3607	3,06	0,4773	3,46	0,6102
2,27	0,2627	2,67	0,3634	3,07	0,4804	3,47	0,6138
2,28	0,2650	2,68	0,3661	3,08	0,4836	3,48	0,6173
2,29	0,2673	2,69	0,3689	3,09	0,4867	3,49	0,6209
2,30	0,2697	2,70	0,3716	3,10	0,4899	3,50	0,6244
2,31	0,2720	2,71	0,3744	3,11	0,4930	3,51	0,6280
2,32	0,2744	2,72	0,3771	3,12	0,4962	3,52	0,6316
2,33	0,2767	2,73	0,3799	3,13	0,4994	3,53	0,6352
2,34	0,2791	2,74	0,3827	3,14	0,5026	3,54	0,6388
2,35	0,2815	2,75	0,3855	3,15	0,5058	3,55	0,6424
2,36	0,2839	2,76	0,3883	3,16	0,5090	3,56	0,6460
2,37	0,2863	2,77	0,3911	3,17	0,5122	3,57	0,6497
2,38	0,2887	2,78	0,3940	3,18	0,5155	3,58	0,6533
2,39	0,2912	2,79	0,3968	3,19	0,5187	3,59	0,6570
2,40	0,2936	2,80	0,3996	3,20	0,5220	3,60	0,6606

TABLE I. (Suite.)

VITESSES.	HAUTEURS correspondantes.	VITESSES.	HAUTEURS correspondantes.	VITESSES.	HAUTEURS correspondantes.	VITESSES.	HAUTEURS correspondantes.
m	m	m	m	m	m	m	m
3,61	0,6643	4,01	0,8197	4,41	0,9914	4,81	1,1794
3,62	0,6680	4,02	0,8238	4,42	0,9959	4,82	1,1843
3,63	0,6717	4,03	0,8279	4,43	1,0004	4,83	1,1892
3,64	0,6754	4,04	0,8320	4,44	1,0049	4,84	1,1941
3,65	0,6791	4,05	0,8361	4,45	1,0094	4,85	1,1991
3,66	0,6828	4,06	0,8402	4,46	1,0140	4,86	1,2040
3,67	0,6866	4,07	0,8444	4,47	1,0185	4,87	1,2090
3,68	0,6903	4,08	0,8485	4,48	1,0231	4,88	1,2139
3,69	0,6941	4,09	0,8527	4,49	1,0277	4,89	1,2189
3,70	0,6978	4,10	0,8569	4,50	1,0322	4,90	1,2239
3,71	0,7016	4,11	0,8611	4,51	1,0368	4,91	1,2289
3,72	0,7054	4,12	0,8653	4,52	1,0414	4,92	1,2339
3,73	0,7092	4,13	0,8695	4,53	1,0460	4,93	1,2389
3,74	0,7130	4,14	0,8737	4,54	1,0507	4,94	1,2440
3,75	0,7168	4,15	0,8779	4,55	1,0553	4,95	1,2490
3,76	0,7207	4,16	0,8821	4,56	1,0599	4,96	1,2541
3,77	0,7245	4,17	0,8864	4,57	1,0646	4,97	1,2591
3,78	0,7283	4,18	0,8906	4,58	1,0693	4,98	1,2642
3,79	0,7322	4,19	0,8949	4,59	1,0739	4,99	1,2693
3,80	0,7361	4,20	0,8992	4,60	1,0786	5,00	1,2744
3,81	0,7400	4,21	0,9035	4,61	1,0833	5,01	1,2795
3,82	0,7438	4,22	0,9078	4,62	1,0880	5,02	1,2846
3,83	0,7477	4,23	0,9121	4,63	1,0927	5,03	1,2897
3,84	0,7517	4,24	0,9164	4,64	1,0975	5,04	1,2948
3,85	0,7556	4,25	0,9207	4,65	1,1022	5,05	1,3000
3,86	0,7595	4,26	0,9251	4,66	1,1069	5,06	1,3051
3,87	0,7634	4,27	0,9294	4,67	1,1117	5,07	1,3103
3,88	0,7674	4,28	0,9338	4,68	1,1165	5,08	1,3155
3,89	0,7714	4,29	0,9381	4,69	1,1212	5,09	1,3207
3,90	0,7753	4,30	0,9425	4,70	1,1260	5,10	1,3259
3,91	0,7793	4,31	0,9469	4,71	1,1308	5,11	1,3311
3,92	0,7833	4,32	0,9513	4,72	1,1356	5,12	1,3363
3,93	0,7873	4,33	0,9557	4,73	1,1405	5,13	1,3415
3,94	0,7913	4,34	0,9601	4,74	1,1453	5,14	1,3467
3,95	0,7953	4,35	0,9646	4,75	1,1501	5,15	1,3520
3,96	0,7994	4,36	0,9690	4,76	1,1550	5,16	1,3572
3,97	0,8034	4,37	0,9735	4,77	1,1598	5,17	1,3625
3,98	0,8075	4,38	0,9779	4,78	1,1647	5,18	1,3678
3,99	0,8115	4,39	0,9824	4,79	1,1696	5,19	1,3731
4,00	0,8156	4,40	0,9869	4,80	1,1745	5,20	1,3784

TABLE I. (Suite.)

VITESSES.	HAUTEURS correspondantes.	VITESSES.	HAUTEURS correspondantes.	VITESSES.	HAUTEURS correspondantes.	VITESSES.	HAUTEURS correspondantes.
m	m	m	m	m	m	m	m
5,21	1,3837	5,61	1,6043	6,01	1,8412	6,41	2,0945
5,22	1,3890	5,62	1,6100	6,02	1,8473	6,42	2,1010
5,23	1,3943	5,63	1,6157	6,03	1,8535	6,43	2,1075
5,24	1,3996	5,64	1,6215	6,04	1,8596	6,44	2,1141
5,25	1,4050	5,65	1,6272	6,05	1,8658	6,45	2,1207
5,26	1,4103	5,66	1,6330	6,06	1,8720	6,46	2,1273
5,27	1,4157	5,67	1,6388	6,07	1,8782	6,47	2,1338
5,28	1,4211	5,68	1,6446	6,08	1,8843	6,48	2,1404
5,29	1,4265	5,69	1,6504	6,09	1,8906	6,49	2,1471
5,30	1,4319	5,70	1,6562	6,10	1,8968	6,50	2,1537
5,31	1,4373	5,71	1,6620	6,11	1,9030	6,51	2,1603
5,32	1,4427	5,72	1,6678	6,12	1,9092	6,52	2,1670
5,33	1,4481	5,73	1,6736	6,13	1,9155	6,53	2,1736
5,34	1,4536	5,74	1,6795	6,14	1,9217	6,54	2,1803
5,35	1,4590	5,75	1,6853	6,15	1,9280	6,55	2,1869
5,36	1,4645	5,76	1,6912	6,16	1,9343	6,56	2,1936
5,37	1,4700	5,77	1,6971	6,17	1,9405	6,57	2,2003
5,38	1,4754	5,78	1,7030	6,18	1,9468	6,58	2,2070
5,39	1,4809	5,79	1,7089	6,19	1,9531	6,59	2,2137
5,40	1,4864	5,80	1,7148	6,20	1,9595	6,60	2,2205
5,41	1,4919	5,81	1,7207	6,21	1,9658	6,61	2,2272
5,42	1,4975	5,82	1,7266	6,22	1,9721	6,62	2,2339
5,43	1,5030	5,83	1,7326	6,23	1,9785	6,63	2,2407
5,44	1,5085	5,84	1,7385	6,24	1,9848	6,64	2,2475
5,45	1,5141	5,85	1,7445	6,25	1,9912	6,65	2,2542
5,46	1,5196	5,86	1,7504	6,26	1,9976	6,66	2,2610
5,47	1,5252	5,87	1,7564	6,27	2,0040	6,67	2,2678
5,48	1,5308	5,88	1,7624	6,28	2,0104	6,68	2,2746
5,49	1,5364	5,89	1,7684	6,29	2,0168	6,69	2,2814
5,50	1,5420	5,90	1,7744	6,30	2,0232	6,70	2,2883
5,51	1,5476	5,91	1,7804	6,31	2,0296	6,71	2,2951
5,52	1,5532	5,92	1,7865	6,32	2,0360	6,72	2,3019
5,53	1,5589	5,93	1,7925	6,33	2,0425	6,73	2,3088
5,54	1,5645	5,94	1,7986	6,34	2,0490	6,74	2,3157
5,55	1,5701	5,95	1,8046	6,35	2,0554	6,75	2,3225
5,56	1,5758	5,96	1,8107	6,36	2,0619	6,76	2,3294
5,57	1,5815	5,97	1,8168	6,37	2,0684	6,77	2,3363
5,58	1,5872	5,98	1,8229	6,38	2,0749	6,78	2,3432
5,59	1,5929	5,99	1,8290	6,39	2,0814	6,79	2,3501
5,60	1,5986	6,00	1,8351	6,40	2,0879	6,80	2,3571

TABLE I. (Suite.)

VITESSES.	HAUTEURS correspondantes.	VITESSES.	HAUTEURS correspondantes.	VITESSES.	HAUTEURS correspondantes.	VITESSES.	HAUTEURS correspondantes.
m	m	m	m	m	m	m	m
6,82	2,3710	7,62	2,9598	8,42	3,6139	9,22	4,3333
6,84	2,3849	7,64	2,9754	8,44	3,6311	9,24	4,3521
6,86	2,3988	7,66	2,9910	8,46	3,6483	9,26	4,3710
6,88	2,4129	7,68	3,0066	8,48	3,6656	9,28	4,3899
6,90	2,4269	7,70	3,0223	8,50	3,6829	9,30	4,4088
6,92	2,4410	7,72	3,0380	8,52	3,7003	9,32	4,4278
6,94	2,4551	7,74	3,0538	8,54	3,7177	9,34	4,4468
6,96	2,4693	7,76	3,0696	8,56	3,7351	9,36	4,4659
6,98	2,4835	7,78	3,0854	8,58	3,7526	9,38	4,4850
7,00	2,4978	7,80	3,1013	8,60	3,7701	9,40	4,5041
7,02	2,5121	7,82	3,1172	8,62	3,7876	9,42	4,5233
7,04	2,5264	7,84	3,1332	8,64	3,8052	9,44	4,5425
7,06	2,5408	7,86	3,1492	8,66	3,8229	9,46	4,5618
7,08	2,5552	7,88	3,1652	8,68	3,8406	9,48	4,5811
7,10	2,5696	7,90	3,1813	8,70	3,8583	9,50	4,6005
7,12	2,5841	7,92	3,1975	8,72	3,8760	9,52	4,6199
7,14	2,5987	7,94	3,2136	8,74	3,8938	9,54	4,6393
7,16	2,6132	7,96	3,2298	8,76	3,9117	9,56	4,6588
7,18	2,6279	7,98	3,2461	8,78	3,9296	9,58	4,6783
7,20	2,6425	8,00	3,2624	8,80	3,9475	9,60	4,6978
7,22	2,6572	8,02	3,2787	8,82	3,9654	9,62	4,7174
7,24	2,6720	8,04	3,2951	8,84	3,9834	9,64	4,7371
7,26	2,6868	8,06	3,3115	8,86	4,0015	9,66	4,7567
7,28	2,7016	8,08	3,3280	8,88	4,0196	9,68	4,7764
7,30	2,7164	8,10	3,3444	8,90	4,0377	9,70	4,7962
7,32	2,7313	8,12	3,3610	8,92	4,0559	9,72	4,8160
7,34	2,7463	8,14	3,3776	8,94	4,0741	9,74	4,8358
7,36	2,7613	8,16	3,3942	8,96	4,0923	9,76	4,8557
7,38	2,7763	8,18	3,4108	8,98	4,1106	9,78	4,8756
7,40	2,7914	8,20	3,4275	9,00	4,1289	9,80	4,8956
7,42	2,8065	8,22	3,4443	9,02	4,1473	9,82	4,9156
7,44	2,8216	8,24	3,4611	9,04	4,1657	9,84	4,9356
7,46	2,8368	8,26	3,4779	9,06	4,1842	9,86	4,9557
7,48	2,8521	8,28	3,4947	9,08	4,2027	9,88	4,9759
7,50	2,8673	8,30	3,5116	9,10	4,2212	9,90	4,9960
7,52	2,8826	8,32	3,5286	9,12	4,2398	9,92	5,0162
7,54	2,8980	8,34	3,5456	9,14	4,2584	9,94	5,0365
7,56	2,9134	8,36	3,5626	9,16	4,2771	9,96	5,0568
7,58	2,9288	8,38	3,5797	9,18	4,2958	9,98	5,0771
7,60	2,9443	8,40	3,5968	9,20	4,3145	10,00	5,0975

II. 2ᵉ ÉDIT.

TABLE II. — Coefficients de dépense, d'après M. Lesbros.

(A). Orifices rectangulaires en mince paroi, de $0^m,20$ de largeur sur diverses hauteurs, débouchant librement dans l'air.

	CHARGES sur le sommet des orifices.	COEFFICIENTS DE DÉPENSE pour les hauteurs d'orifice de					
		$0^m,20$	$0^m,10$	$0^m,05$	$0^m,03$	$0^m,02$	$0^m,01$
1. Orifices complètement isolés des parois latérales et du fond du réservoir.	$0,02$	$0,572$	$0,596$	$0,616$	$0,639$	$0,660$	$0,695$
	$0,03$	$0,578$	$0,600$	$0,620$	$0,641$	$0,659$	$0,689$
	$0,04$	$0,582$	$0,603$	$0,623$	$0,640$	$0,659$	$0,684$
	$0,06$	$0,587$	$0,607$	$0,626$	$0,639$	$0,657$	$0,677$
	$0,10$	$0,592$	$0,611$	$0,630$	$0,637$	$0,655$	$0,667$
	$0,20$	$0,598$	$0,615$	$0,631$	$0,634$	$0,649$	$0,655$
	$0,30$	$0,600$	$0,616$	$0,630$	$0,632$	$0,645$	$0,650$
	$0,40$	$0,602$	$0,617$	$0,629$	$0,631$	$0,642$	$0,646$
	$0,60$	$0,604$	$0,617$	$0,627$	$0,630$	$0,638$	$0,641$
	$1,00$	$0,605$	$0,615$	$0,625$	$0,627$	$0,632$	$0,629$
	$1,50$	$0,602$	$0,611$	$0,619$	$0,621$	$0,620$	$0,617$
	$2,00$	$0,601$	$0,607$	$0,613$	$0,613$	$0,613$	$0,613$
	$3,00$	$0,601$	$0,603$	$0,606$	$0,607$	$0,608$	$0,609$
2. Orifices avec contraction supprimée sur leur côté inférieur.	$0,02$	$0,599$	$0,624$	$0,664$	$0,691$	$0,703$	$0,756$
	$0,03$	$0,603$	$0,629$	$0,665$	$0,687$	$0,702$	$0,747$
	$0,04$	$0,605$	$0,633$	$0,666$	$0,686$	$0,701$	$0,741$
	$0,06$	$0,610$	$0,637$	$0,667$	$0,686$	$0,699$	$0,732$
	$0,10$	$0,615$	$0,643$	$0,669$	$0,684$	$0,698$	$0,722$
	$0,20$	$0,621$	$0,648$	$0,670$	$0,681$	$0,696$	$0,712$
	$0,30$	$0,622$	$0,648$	$0,670$	$0,681$	$0,695$	$0,709$
	$0,40$	$0,623$	$0,648$	$0,669$	$0,681$	$0,695$	$0,706$
	$0,60$	$0,624$	$0,648$	$0,668$	$0,679$	$0,693$	$0,703$
	$1,00$	$0,624$	$0,647$	$0,666$	$0,676$	$0,692$	$0,701$
	$1,50$	$0,624$	$0,644$	$0,665$	$0,675$	$0,687$	$0,697$
	$2,00$	$0,619$	$0,641$	$0,664$	$0,675$	$0,683$	$0,693$
	$3,00$	$0,614$	$0,639$	$0,662$	$0,675$	$0,680$	$0,689$

TABLE II. (Suite.)

(A). Orifices rectangulaires en mince paroi, de $0^m,20$ de largeur sur diverses hauteurs, débouchant librement dans l'air.

	CHARGES sur le sommet des orifices.	COEFFICIENTS DE DÉPENSE pour les hauteurs d'orifice de					
		$0^m,20$	$0^m,10$	$0^m,05$	$0^m,03$	$0^m,02$	$0^m,01$
3. ORIFICES AVEC CONTRACTION SUPPRIMÉE SUR LEURS DEUX BORDS VERTICAUX.	$\overset{m}{0,02}$	"	"	0,655	"	"	0,715
	0,03	"	"	0,653	"	"	0,706
	0,04	0,649	"	0,651	"	"	0,699
	0,06	0,647	"	0,648	"	"	0,691
	0,10	0,645	"	0,645	"	"	0,683
	0,20	0,641	"	0,642	"	"	0,675
	0,30	0,639	"	0,642	"	"	0,671
	0,40	0,639	"	0,641	"	"	0,668
	0,60	0,638	"	0,639	"	"	0,665
	1,00	0,638	"	0,634	"	"	0,658
	1,50	0,637	"	0,627	"	"	0,651
	2,00	0,636	"	0,621	"	"	0,647
	3,00	0,634	"	0,614	"	"	0,644
4. ORIFICES AVEC CONTRACTION SUPPRIMÉE SUR LEUR CÔTÉ INFÉRIEUR ET LEURS BORDS VERTICAUX.	0,02	"	"	"	"	"	"
	0,03	"	"	"	"	"	"
	0,04	"	"	"	"	"	"
	0,06	"	"	0,699	"	"	"
	0,10	"	"	0,696	"	"	"
	0,20	0,708	"	0,693	"	"	"
	0,30	0,687	"	0,691	"	"	"
	0,40	0,682	"	0,690	"	"	"
	0,60	0,679	"	0,688	"	"	"
	1,00	0,676	"	0,685	"	"	"
	1,50	0,672	"	0,681	"	"	"
	2,00	0,668	"	0,680	"	"	"
	3,00	0,665	"	0,678	"	"	"

35.

TABLE II. (Suite.)

(B). Orifices rectangulaires en mince paroi, de 0^m, 20 de largeur sur diverses hauteurs, prolongés en dehors par un canal rectangulaire, horizontal et découvert, de même largeur que l'orifice.

CHARGES sur le sommet des orifices.	COEFFICIENTS DE DÉPENSE pour les hauteurs d'orifice de					
	0^m, 20	0^m, 10	0^m, 05	0^m, 03	0^m, 02	0^m, 01
1. Orifices complétement isolés des parois latérales et du fond du réservoir.						
0,02	0,480	0,484	0,488	0,501	"	0,599
0,03	0,493	0,507	0,525	0,551	"	0,626
0,04	0,503	0,527	0,555	0,598	"	0,645
0,06	0,518	0,557	0,594	0,632	"	0,667
0,10	0,542	0,586	0,624	0,633	"	0,671
0,20	0,574	0,606	0,631	0,632	"	0,664
0,30	0,591	0,612	0,629	0,631	"	0,658
0,40	0,597	0,615	0,626	0,630	"	0,652
0,60	0,600	0,615	0,625	0,628	"	0,644
1,00	0,601	0,615	0,624	0,625	"	0,631
1,50	0,601	0,612	0,619	0,620	"	0,618
2,00	0,601	0,607	0,613	0,613	"	0,613
3,00	0,601	0,603	0,606	0,607	"	0,609
2. Orifices avec contraction supprimée sur leur côté inférieur.						
0,02	0,480	"	0,487	"	"	0,616
0,03	0,493	"	0,526	"	"	0,642
0,04	0,502	"	0,552	"	"	0,660
0,06	0,517	"	0,583	"	"	0,676
0,10	0,538	"	0,605	"	"	0,682
0,20	0,566	"	0,617	"	"	0,679
0,30	0,580	"	0,622	"	"	0,676
0,40	0,587	"	0,625	"	"	0,673
0,60	0,595	"	0,627	"	"	0,670
1,00	0,600	"	0,628	"	"	0,665
1,50	0,602	"	0,627	"	"	0,657
2,00	0,602	"	0,623	"	"	0,654
3,00	0,601	"	0,618	"	"	0,652

TABLE II. (Suite.)

(B). Orifices rectangulaires en mince paroi, de 0m,20 de largeur sur diverses hauteurs, prolongés en dehors par un canal rectangulaire, horizontal et découvert, de même largeur que l'orifice.

	CHARGES sur le sommet des orifices.	COEFFICIENTS DE DÉPENSE pour les hauteurs d'orifice de					
		0m,20	0m,10	0m,05	0m,03	0m,02	0m,01
3 bis. ORIFICES AVEC BORDS VERTICAUX EN SAILLIE DE 0m,02 SUR LES PAROIS LATÉRALES DU RÉSERVOIR, LE CÔTÉ INFÉRIEUR ÉTANT ISOLÉ DU FOND.	m 0,02	0,496	"	0,557	"	"	0,675
	0,03	0,510	"	0,577	"	"	0,683
	0,04	0,522	"	0,592	"	"	0,688
	0,06	0,539	"	0,611	"	"	0,693
	0,10	0,563	"	0,628	"	"	0,694
	0,20	0,591	"	0,637	"	"	0,684
	0,30	0,607	"	0,636	"	"	0,677
	0,40	0,615	"	0,635	"	"	0,673
	0,60	0,625	"	0,635	"	"	0,669
	1,00	0,628	"	0,635	"	"	0,663
	1,50	0,627	"	0,634	"	"	0,656
	2,00	0,626	"	0,634	"	"	0,651
	3,00	0,624	"	0,632	"	"	0,648
4 bis. ORIFICES AVEC CONTRACTION SUPPRIMÉE SUR LEUR CÔTÉ INFÉRIEUR, ET BORDS VERTICAUX EN SAILLIE DE 0m,02 SUR LES PAROIS LATÉRALES DU RÉSERVOIR.	0,02	"	"	0,512	"	"	0,625
	0,03	"	"	0,543	"	"	0,651
	0,04	0,518	"	0,566	"	"	0,667
	0,06	0,536	"	0,595	"	"	0,686
	0,10	0,560	"	0,621	"	"	0,697
	0,20	0,589	"	0,637	"	"	0,698
	0,30	0,603	"	0,643	"	"	0,696
	0,40	0,613	"	0,646	"	"	0,694
	0,60	0,623	"	0,648	"	"	0,690
	1,00	0,630	"	0,649	"	"	0,685
	1,50	0,633	"	0,647	"	"	0,679
	2,00	0,632	"	0,644	"	"	0,674
	3,00	0,630	"	0,639	"	"	0,670

TABLE II. (Suite.)

Déversoirs rectangulaires en mince paroi, de 0^m,20 de largeur. . { débouchant librement dans l'air............... (A)

prolongés extérieurement par un canal horizontal découvert, de même section que l'orifice..... (B)

Les dispositions A et B peuvent présenter les variantes 1, 2, 3, 3 *bis*, 4 *bis*, définies ci-avant dans les quatre premières pages de la Table II, pour les orifices rectangulaires fermés à leur partie supérieure.

CHARGES sur le seuil du déversoir.	COEFFICIENTS DE DÉPENSE pour les déversoirs présentant la disposition A, avec la variante				COEFFICIENTS DE DÉPENSE pour les déversoirs présentant la disposition B, avec la variante			
	1	2	3	4 *bis*	1	2	3 *bis*	4 *bis*
m 0,01	0,424	0,384	0,492	0,292	"	"	0,395	"
0,02	0,417	0,402	0,473	0,318	0,196	0,208	0,383	0,175
0,03	0,412	0,410	0,459	0,337	0,234	0,232	0,373	0,205
0,04	0,407	0,411	0,449	0,352	0,263	0,251	0,365	0,234
0,05	0,404	0,411	0,442	0,362	0,278	0,268	0,360	0,260
0,06	0,401	0,410	0,437	0,370	0,286	0,281	0,355	0,276
0,07	0,398	0,409	0,435	0,375	0,292	0,288	0,352	0,283
0,08	0,397	0,409	0,434	0,379	0,297	0,294	0,349	0,291
0,09	0,396	0,409	0,434	0,380	0,301	0,298	0,347	0,295
0,10	0,395	0,408	0,434	0,382	0,304	0,302	0,345	0,299
0,12	0,394	0,408	0,434	0,383	0,309	0,308	0,343	0,306
0,14	0,393	0,408	0,434	0,383	0,313	0,312	0,341	0,311
0,16	0,393	0,407	0,433	0,384	0,316	0,316	0,340	0,315
0,18	0,392	0,406	0,432	0,383	0,317	0,319	0,339	0,319
0,20	0,390	0,405	0,432	0,383	0,319	0,323	0,338	0,322
0,22	0,386	0,405	0,430	0,382	0,320	0,325	0,337	0,325
0,25	0,379	0,404	0,428	0,381	0,321	0,329	0,336	0,329
0,30	0,371	0,403	0,424	0,378	0,324	0,332	0,334	0,332

TABLE III, relative au mouvement de l'eau dans les tuyaux de conduite.

(Voir les n°s 52 et 53.)

DIAMÈTRE du tuyau.	AIRE de la section.	$1000\,b_1$	$\dfrac{J}{Q^2}$	$\mathrm{Log}\,\dfrac{J}{Q^2}$	DIFFÉRENCES de la colonne précédente.	
					Première.	Seconde.
m	mq					
0,010	0,0000785	1,801	116790000	8,06739	—0,23630	0,02130
0,011	0,0000950	1,683	67779000	7,83109	—0,21500	0,01785
0,012	0,0001131	1,585	41314000	7,61609	—0,19715	0,01518
0,013	0,0001327	1,502	26239000	7,41894	—0,18197	0,01304
0,014	0,0001539	1,431	17257000	7,23697	—0,16893	0,01134
0,015	0,0001767	1,370	11696000	7,06804	—0,15759	0,00995
0,016	0,0002011	1,316	8136800	6,91045	—0,14764	0,00880
0,017	0,0002270	1,268	5791800	6,76281	—0,13884	0,00782
0,018	0,0002545	1,206	4207000	6,62397	—0,13102	0,00701
0,019	0,0002835	1,188	3111300	6,49295	—0,12401	0,00631
0,020	0,0003142	1,154	2338500	6,36894	—0,11770	0,00571
0,021	0,0003464	1,123	1783400	6,25124	—0,11199	0,00521
0,022	0,0003801	1,090	1378000	6,13925	—0,10678	0,00474
0,023	0,0004155	1,070	1077600	6,03247	—0,10204	0,00435
0,024	0,0004524	1,046	851970	5,93043	—0,09769	0,00400
0,025	0,0004909	1,025	680350	5,83274	—0,09369	0,00369
0,026	0,0005309	1,005	548340	5,73905	—0,09000	0,00343
0,027	0,0005726	0,986	445710	5,64905	—0,08657	0,00317
0,028	0,0006158	0,969	365150	5,56248	—0,08340	0,00295
0,029	0,0006605	0,953	301350	5,47908	—0,08045	0,00276
0,030	0,0007069	0,938	250400	5,39863	—0,15280	0,00967
0,032	0,0008042	0,911	176130	5,24583	—0,14313	0,00854
0,034	0,0009079	0,888	126680	5,10270	—0,13459	0,00760
0,036	0,0010179	0,867	92919	4,96811	—0,12699	0,00679
0,038	0,0011341	0,848	69361	4,84112	—0,12020	0,00612
0,040	0,001257	0,830	52592	4,72092	—0,11408	0,00554
0,042	0,001385	0,815	40443	4,60684	—0,10854	0,00503
0,044	0,001521	0,799	31499	4,49830	—0,10351	0,00458
0,046	0,001662	0,788	24819	4,39479	—0,09893	0,00421
0,048	0,001810	0,777	19763	4,29586	—0,09472	0,00388

TABLES NUMÉRIQUES.

TABLE III. (Suite.)

DIAMÈTRE du tuyau.	AIRE de la section.	$1000\, b_1$	$\dfrac{J}{Q^2}$	Log $\dfrac{J}{Q^2}$	DIFFÉRENCES de la colonne précédente.	
					Première.	Seconde.
ω	mq					
0,050	0,001963	0,766	15891	4,20114	—0,09084	0,00356
0,052	0,002124	0,756	12891	4,11030	—0,08728	0,00330
0,054	0,002290	0,747	10544	4,02302	—0,08398	0,00307
0,056	0,002463	0,738	8690	3,93904	—0,08091	0,00284
0,058	0,002642	0,730	7213	3,85813	—0,07807	0,00267
0,060	0,002827	0,723	6026	3,78006	—0,07540	0,00248
0,062	0,003019	0,716	5066	3,70466	—0,07292	0,00233
0,064	0,003217	0,709	4283	3,63174	—0,07059	0,00219
0,066	0,003421	0,703	3640	3,56115	—0,06840	0,00206
0,068	0,003632	0,697	3110	3,49275	—0,06634	0,00193
0,070	0,003848	0,692	2669	3,42641	—0,06441	0,00183
0,072	0,004072	0,687	2301	3,36200	—0,06258	0,00173
0,074	0,004301	0,682	1993	3,29942	—0,06085	0,00164
0,076	0,004536	0,677	1732	3,23857	—0,05921	0,00154
0,078	0,004778	0,673	1511	3,17936	—0,05767	0,00148
0,080	0,005027	0,669	1323	3,12169	—0,13786	0,00813
0,085	0,005675	0,657	963,4	2,98383	—0,12973	0,00725
0,090	0,006362	0,651	714,7	2,85410	—0,12248	0,00647
0,095	0,007088	0,643	539,0	2,73162	—0,11601	0,00584
0,100	0,007854	0,636	412,7	2,61561	—0,11017	0,00527
0,105	0,008659	0,630	320,2	2,50544	—0,10490	0,00481
0,110	0,009503	0,625	251,5	2,40054	—0,10009	0,00437
0,115	0,010387	0,620	199,7	2,30045	—0,09572	0,00402
0,120	0,011310	0,615	160,2	2,20473	—0,09170	0,00369
0,125	0,012272	0,611	129,7	2,11303	—0,08801	0,00341
0,130	0,01327	0,607	105,9	2,02502	—0,08460	0,00316
0,135	0,01431	0,603	87,18	1,94042	—0,08144	0,00291
0,140	0,01539	0,599	72,27	1,85898	—0,07852	0,00273
0,145	0,01651	0,596	60,32	1,78046	—0,07579	0,00255
0,150	0,01767	0,593	50,66	1,70467	"	"

TABLE III. (Suite.)

DIAMÈTRE du tuyau.	AIRE de la section.	$1000\,b_1$	$\dfrac{J}{Q^2}$	$\operatorname{Log}\dfrac{J}{Q^2}$	DIFFÉRENCES de la colonne précédente.	
					Première.	Seconde.
m	mq					
0,15	0,01767	0,593	50,66	1,70467	—0,14410	0,00892
0,16	0,02011	0,588	36,36	1,56057	—0,13518	0,00790
0,17	0,02270	0,583	26,63	1,42539	—0,12728	0,00703
0,18	0,02545	0,579	19,87	1,29811	—0,12025	0,00629
0,19	0,02835	0,575	16,06	1,17786	—0,11396	0,00567
0,20	0,03142	0,572	11,59	1,06390	—0,10829	0,00512
0,21	0,03464	0,569	9,028	0,95561	—0,10317	0,00468
0,22	0,03801	0,566	7,119	0,85244	—0,09849	0,00426
0,23	0,04155	0,563	5,675	0,75395	—0,09423	0,00392
0,24	0,04524	0,561	4,568	0,65972	—0,09031	0,00359
0,25	0,04909	0,559	3,710	0,56941	—0,08672	0,00333
0,26	0,05309	0,557	3,039	0,48269	—0,08339	0,00307
0,27	0,05726	0,555	2,508	0,39930	—0,08032	0,00287
0,28	0,06158	0,553	2,084	0,31898	—0,07745	0,00266
0,29	0,06605	0,552	1,744	0,24153	—0,07479	0,00249
0,30	0,07069	0,550	1,468	0,16674	—0,07230	0,00233
0,31	0,07548	0,549	1,243	0,09444	—0,06997	0,00217
0,32	0,08042	0,547	1,058	0,02447	—0,06780	0,00206
0,33	0,08553	0,546	0,9050	$\overline{1}$,95667	—0,06574	0,00193
0,34	0,09079	0,545	0,7779	$\overline{1}$,89093	—0,06381	9,00181
0,35	0,09621	0,544	0,6716	$\overline{1}$,82712	—0,06200	0,00173
0,36	0,10179	0,543	0,5823	$\overline{1}$,76512	—0,06027	0,00162
0,37	0,10752	0,542	0,5068	$\overline{1}$,70485	—0,05865	0,00154
0,38	0,11341	0,541	0,4428	$\overline{1}$,64620	—0,05711	0,00147
0,39	0,11946	0,540	0,3882	$\overline{1}$,58909	—0,05564	0,00139
0,40	0,1257	0,539	0,3415	$\overline{1}$,53345	—0,05425	0,00131
0,41	0,1320	0,539	0,3014	$\overline{1}$,47920	—0,05294	0,00127
0,42	0,1385	0,538	0,2668	$\overline{1}$,42626	—0,05167	0,00119
0,43	0,1452	0,537	0,2369	$\overline{1}$,37459	—0,05048	0,00116
0,44	0,1521	0,536	0,2109	$\overline{1}$,32411	—0,04932	0,00108

TABLE III. (Suite.)

DIAMÈTRE du tuyau.	AIRE de la section.	$1000\,b_1$	$\dfrac{J}{Q^2}$	$\text{Log}\,\dfrac{J}{Q^2}$	DIFFÉRENCES de la colonne précédente.	
					Première.	Seconde.
m	mq					
0,45	0,1590	0,536	0,1883	$\overline{1},27479$	—0,04824	0,00105
0,46	0,1662	0,535	0,1685	$\overline{1},22655$	—0,04719	0,00101
0,47	0,1735	0,535	0,1511	$\overline{1},17936$	—0,04618	0,00096
0,48	0,1810	0,534	0,1359	$\overline{1},13318$	—0,04522	0,00092
0,49	0,1886	0,533	0,1225	$\overline{1},08796$	—0,04430	0,00088
0,50	0,1963	0,533	0,1106	$\overline{1},04366$	—0,04342	0,00086
0,51	0,2043	0,532	0,1001	1,00024	—0,04256	"
0,52	0,2124	0,532	0,09072	$\overline{2},95768$	—0,04174	"
0,53	0,2206	0,531	0,08240	$\overline{2},91594$	—0,04097	"
0,54	0,2290	0,531	0,07498	$\overline{2},87497$	—0,04020	"
0,55	0,2376	0,531	0,06836	$\overline{2},83477$	—0,03946	"
0,56	0,2463	0,530	0,06242	$\overline{2},79531$	—0,03877	"
0,57	0,2552	0,530	0,05709	$\overline{2},75654$	—0,03809	"
0,58	0,2642	0,529	0,05229	$\overline{2},71845$	—0,03743	"
0,59	0,2734	0,529	0,04798	$\overline{2},68102$	—0,03680	"
0,60	0,2827	0,529	0,04408	$\overline{2},64422$	—0,03618	"
0,61	0,2922	0,528	0,04055	$\overline{2},60804$	—0,03559	"
0,62	0,3019	0,528	0,03736	$\overline{2},57245$	—0,03502	"
0,63	0,3117	0,528	0,03447	$\overline{2},53743$	—0,03446	"
0,64	0,3217	0,527	0,03184	$\overline{2},50297$	—0,03392	"
0,65	0,3318	0,527	0,02945	$\overline{2},46905$	—0,03340	"
0,66	0,3421	0,527	0,02727	$\overline{2},43565$	—0,03290	"
0,67	0,3526	0,526	0,02528	$\overline{2},40275$	—0,03241	"
0,68	0,3632	0,526	0,02346	$\overline{2},37034$	—0,03192	"
0,69	0,3739	0,526	0,02180	$\overline{2},33842$	—0,03147	"
0,70	0,3848	0,525	0,02027	$\overline{2},30695$	—0,03101	"
0,71	0,3959	0,525	0,01888	$\overline{2},27594$	—0,03059	"
0,72	0,4072	0,525	0,01759	$\overline{2},24535$	—0,03015	"
0,73	0,4185	0,525	0,01641	$\overline{2},21520$	—0,02974	"
0,74	0,4301	0,524	0,01533	$\overline{2},18546$	—0,02935	"

TABLE III. (Suite.)

DIAMÈTRE du tuyau.	AIRE de la section.	$1000\,b_1$	$\dfrac{J}{Q^2}$	$\operatorname{Log}\dfrac{J}{Q^3}$	DIFFÉRENCES de la colonne précédente.	
					Première.	Seconde.
m	mq					
0,75	0,4418	0,524	0,01433	$\overline{2},15611$	—0,02895	"
0,76	0,4536	0,524	0,01340	$\overline{2},12716$	—0,02856	"
0,77	0,4657	0,524	0,01255	$\overline{2},09860$	—0,02820	"
0,78	0,4778	0,524	0,01176	$\overline{2},07040$	—0,02784	"
0,79	0,4902	0,523	0,01103	$\overline{2},04256$	—0,02748	"
0,80	0,5027	0,523	0,01035	$\overline{2},01508$	—0,02714	//
0,81	0,5153	0,523	0,009726	$\overline{3},98794$	—0,02681	//
0,82	0,5281	0,523	0,009144	$\overline{3},96113$	—0,02648	//
0,83	0,5411	0,523	0,008603	$\overline{3},93465$	—0,02616	//
0,84	0,5542	0,522	0,008100	$\overline{3},90849$	—0,02585	//
0,85	0,5675	0,522	0,007632	$\overline{3},88264$	—0,02554	//
0,86	0,5809	0,522	0,007196	$\overline{3},85710$	—0,02525	//
0,87	0,5945	0,522	0,006790	$\overline{3},83185$	—0,02496	//
0,88	0,6082	0,522	0,006410	$\overline{3},80689$	—0,02467	//
0,89	0,6221	0,522	0,006056	$\overline{3},78222$	—0,02440	//
0,90	0,6362	0,521	0,005726	$\overline{3},75782$	—0,02412	//
0,91	0,6504	0,521	0,005416	$\overline{3},73370$	—0,02387	//
0,92	0,6648	0,521	0,005127	$\overline{3},70983$	—0,02360	//
0,93	0,6793	0,521	0,004855	$\overline{3},68623$	—0,02335	//
0,94	0,6940	0,521	0,004601	$\overline{3},66288$	—0,02309	//
0,95	0,7088	0,521	0,004363	$\overline{3},63979$	—0,02286	//
0,96	0,7238	0,520	0,004139	$\overline{3},61693$	—0,02262	//
0,97	0,7390	0,520	0,003929	$\overline{3},59431$	—0,02239	//
0,98	0,7543	0,520	0,003732	$\overline{3},57192$	—0,02215	//
0,99	0,7698	0,520	0,003546	$\overline{3},54977$	—0,02194	//
1,00	0,7854	0,520	0,003372	$\overline{3},52783$	—0,10646	0,00498
1,05	0,8659	0,519	0,002639	$\overline{3},42137$	—0,10148	0,00452
1,10	0,9503	0,519	0,002089	$\overline{3},31989$	—0,09696	0,00415
1,15	1,0387	0,518	0,001671	$\overline{3},22293$	—0,09281	//
1,20	1,1310	0,518	0,001349	$\overline{3},13012$	//	//

TABLE IV. — Valeurs de la fonction $\psi(x)$.

(Voir le n° 81).

Première Partie, comprenant les valeurs de x entre 0 et 1.

x	$\psi(x)$	DIFFÉR.	x	$\psi(x)$	DIFFÉR.	x	$\psi(x)$	DIFFÉR.
0,00	−0,6046	0,0100	0,30	−0,3025	0,0102	0,60	0,0325	0,0129
0,01	−0,5946	0,0100	0,31	−0,2923	0,0104	0,61	0,0454	0,0130
0,02	−0,5846	0,0100	0,32	−0,2819	0,0103	0,62	0,0584	0,0132
0,03	−0,5746	0,0100	0,33	−0,2716	0,0104	0,63	0,0716	0,0135
0,04	−0,5646	0,0100	0,34	−0,2612	0,0104	0,64	0,0851	0,0136
0,05	−0,5546	0,0100	0,35	−0,2508	0,0105	0,65	0,0987	0,0140
0,06	−0,5446	0,0100	0,36	−0,2403	0,0105	0,66	0,1127	0,0141
0,07	−0,5346	0,0100	0,37	−0,2298	0,0106	0,67	0,1268	0,0145
0,08	−0,5246	0,0100	0,38	−0,2192	0,0106	0,68	0,1413	0,0147
0,09	−0,5146	0,0100	0,39	−0,2086	0,0106	0,69	0,1560	0,0151
0,10	−0,5046	0,0100	0,40	−0,1980	0,0108	0,700	0,1711	0,0076
0,11	−0,4946	0,0101	0,41	−0,1872	0,0107	0,705	0,1787	0,0077
0,12	−0,4845	0,0100	0,42	−0,1765	0,0109	0,710	0,1864	0,0079
0,13	−0,4745	0,0100	0,43	−0,1656	0,0109	0,715	0,1943	0,0079
0,14	−0,4645	0,0100	0,44	−0,1547	0,0109	0,720	0,2022	0,0080
0,15	−0,4545	0,0101	0,45	−0,1438	0,0111	0,725	0,2102	0,0082
0,16	−0,4444	0,0100	0,46	−0,1327	0,0111	0,730	0,2184	0,0082
0,17	−0,4344	0,0101	0,47	−0,1216	0,0112	0,735	0,2266	0,0084
0,18	−0,4243	0,0100	0,48	−0,1104	0,0113	0,740	0,2350	0,0084
0,19	−0,4143	0,0101	0,49	−0,0991	0,0113	0,745	0,2434	0,0086
0,20	−0,4042	0,0101	0,50	−0,0878	0,0115	0,750	0,2520	0,0087
0,21	−0,3941	0,0101	0,51	−0,0763	0,0116	0,755	0,2607	0,0089
0,22	−0,3840	0,0101	0,52	−0,0647	0,0117	0,760	0,2696	0,0089
0,23	−0,3739	0,0101	0,53	−0,0530	0,0118	0,765	0,2785	0,0092
0,24	−0,3638	0,0102	0,54	−0,0412	0,0119	0,770	0,2877	0,0093
0,25	−0,3536	0,0102	0,55	−0,0293	0,0121	0,775	0,2970	0,0094
0,26	−0,3434	0,0101	0,56	−0,0172	0,0122	0,780	0,3064	0,0096
0,27	−0,3333	0,0103	0,57	−0,0050	0,0124	0,785	0,3160	0,0098
0,28	−0,3230	0,0102	0,58	+0,0074	0,0125	0,790	0,3258	0,0099
0,29	−0,3128	0,0103	0,59	−0,0199	0,0126	0,795	0,3357	0,0102

TABLE IV. (Suite.)

PREMIÈRE PARTIE.

x	$\psi(x)$	DIFFÉR.	x	$\psi(x)$	DIFFÉR.	x	$\psi(x)$	DIFFÉR.
0,800	0,3459	0,0103	0,920	0,6953	0,0092	0,975	1,1020	0,0140
0,805	0,3562	0,0106	0,922	0,7045	0,0093	0,976	1,1160	0,0145
0,810	0,3668	0,0108	0,924	0,7138	0,0096	0,977	1,1305	0,0152
0,815	0,3776	0,0110	0,926	0,7234	0,0098	0,978	1,1457	0,0158
0,820	0,3886	0,0112	0,928	0,7332	0,0101	0,979	1,1615	0,0166
0,825	0,3998	0,0116	0,930	0,7433	0,0104	0,980	1,1781	0,0174
0,830	0,4114	0,0118	0,932	0,7537	0,0106	0,981	1,1955	0,0184
0,835	0,4232	0,0121	0,934	0,7643	0,0110	0,982	1,2139	0,0194
0,840	0,4353	0,0125	0,936	0,7753	0,0113	0,983	1,2333	0,0205
0,845	0,4478	0,0127	0,938	0,7866	0,0116	0,984	1,2538	0,0219
0,850	0,4605	0,0132	0,940	0,7982	0,0120	0,985	1,2757	0,0233
0,855	0,4737	0,0135	0,942	0,8102	0,0124	0,986	1,2990	0,0251
0,860	0,4872	0,0140	0,944	0,8226	0,0128	0,987	1,3241	0,0270
0,865	0,5012	0,0144	0,946	0,8354	0,0133	0,988	1,3511	0,0293
0,870	0,5156	0,0149	0,948	0,8487	0,0137	0,989	1,3804	0,0321
0,875	0,5305	0,0154	0,950	0,8624	0,0143	0,990	1,4125	0,0355
0,880	0,5459	0,0160	0,952	0,8767	0,0149	0,991	1,4480	0,0396
0,885	0,5619	0,0166	0,954	0,8916	0,0155	0,992	1,4876	0,0448
0,890	0,5785	0,0173	0,956	0,9071	0,0162	0,993	1,5324	0,0517
0,895	0,5958	0,0180	0,958	0,9233	0,0169	0,994	1,5841	0,0611
0,900	0,6138	0,0075	0,960	0,9402	0,0178	0,995	1,6452	0,0748
0,902	0,6213	0,0076	0,962	0,9580	0,0187	0,996	1,7200	0,0962
0,904	0,6289	0,0077	0,964	0,9767	0,0198	0,997	1,8162	0,1355
0,906	0,6366	0,0079	0,966	0,9965	0,0209	0,998	1,9517	0,2314
0,908	0,6445	0,0080	0,968	1,0174	0,0222	0,999	2,1831	∞
0,910	0,6525	0,0082	0,970	1,0396	0,0116	1,000	∞	
0,912	0,6607	0,0084	0,971	1,0512	0,0120			
0,914	0,6691	0,0085	0,972	1,0632	0,0125			
0,916	0,6776	0,0088	0,973	1,0757	0,0129			
0,918	0,6864	0,0089	0,974	1,0886	0,0134			

TABLE IV. (Suite.)

Deuxième Partie, comprenant les valeurs de x entre 1 et ∞.

$\dfrac{1}{x}$	x	$\psi(x)$	DIFFÉR.	$\dfrac{1}{x}$	x	$\psi(x)$	DIFFÉR.
1,000	1,0000	∞	$-\infty$	0,970	1,0309	1,0497	—0,0215
0,999	1,0010	2,1834	—0,2311	0,968	1,0331	1,0282	—0,0202
0,998	1,0020	1,9523	—0,1351	0,966	1,0352	1,0080	—0,0190
0,997	1,0030	1,8172	—0,0959	0,964	1,0373	0,9890	—0,0181
0,996	1,0040	1,7213	—0,0744	0,962	1,0395	0,9709	—0,0170
0,995	1,0050	1,6469	—0,0608	0,960	1,0417	0,9539	—0,0163
0,994	1,0060	1,5861	—0,0513	0,958	1,0438	0,9376	—0,0155
0,993	1,0070	1,5348	—0,0446	0,956	1,0460	0,9221	—0,0148
0,992	1,0081	1,4902	—0,0392	0,954	1,0482	0,9073	—0,0142
0,991	1,0091	1,4510	—0,0351	0,952	1,0504	0,8931	—0,0136
0,990	1,0101	1,4159	—0,0318	0,950	1,0526	0,8795	—0,0130
0,989	1,0111	1,3841	—0,0290	0,948	1,0549	0,8665	—0,0126
0,988	1,0121	1,3551	—0,0267	0,946	1,0571	0,8539	—0,0121
0,987	1,0132	1,3284	—0,0247	0,944	1,0593	0,8418	—0,0117
0,986	1,0142	1,3037	—0,0230	0,942	1,0616	0,8301	—0,0113
0,985	1,0152	1,2807	—0,0215	0,940	1,0638	0,8188	—0,0109
0,984	1,0163	1,2592	—0,0202	0,938	1,0661	0,8079	—0,0106
0,983	1,0173	1,2390	—0,0191	0,936	1,0684	0,7973	—0,0102
0,982	1,0183	1,2199	—0,0180	0,934	1,0707	0,7871	—0,0099
0,981	1,0194	1,2019	—0,0171	0,932	1,0730	0,7772	—0,0097
0,980	1,0204	1,1848	—0,0162	0,930	1,0753	0,7675	—0,0094
0,979	1,0215	1,1686	—0,0155	0,928	1,0776	0,7581	—0,0091
0,978	1,0225	1,1531	—0,0148	0,926	1,0799	0,7490	—0,0089
0,977	1,0235	1,1383	—0,0142	0,924	1,0823	0,7401	—0,0086
0,976	1,0246	1,1241	—0,0136	0,922	1,0846	0,7315	—0,0084
0,975	1,0256	1,1105	—0,0131	0,920	1,0870	0,7231	—0,0082
0,974	1,0267	1,0974	—0,0126	0,918	1,0893	0,7149	—0,0080
0,973	1,0277	1,0848	—0,0121	0,916	1,0917	0,7069	—0,0079
0,972	1,0288	1,0727	—0,0117	0,914	1,0941	0,6990	—0,0076
0,971	1,0299	1,0610	—0,0113	0,912	1,0965	0,6914	—0,0075

TABLE IV. (Suite.)

Deuxième Partie.

$\frac{1}{x}$	x	$\psi(x)$	DIFFÉR.	$\frac{1}{x}$	x	$\psi(x)$	DIFFÉR.
0,910	1,0989	0,6839	—0,0073	0,775	1,2903	0,3813	—0,0072
0,908	1,1013	0,6766	—0,0071	0,770	1,2987	0,3741	—0,0070
0,906	1,1038	0,6695	—0,0070	0,765	1,3072	0,3671	—0,0068
0,904	1,1062	0,6625	—0,0069	0,760	1,3158	0,3603	—0,0067
0,902	1,1086	0,6556	—0,0067	0,755	1,3245	0,3536	—0,0066
0,900	1,1111	0,6489	—0,0162	0,750	1,3333	0,3470	—0,0064
0,895	1,1173	0,6327	—0,0154	0,745	1,3423	0,3406	—0,0063
0,890	1,1236	0,6173	—0,0148	0,740	1,3514	0,3343	—0,0061
0,885	1,1299	0,6025	—0,0141	0,735	1,3605	0,3282	—0,0061
0,880	1,1364	0,5884	—0,0135	0,730	1,3699	0,3221	—0,0059
0,875	1,1429	0,5749	—0,0130	0,725	1,3793	0,3162	—0,0058
0,870	1,1494	0,5619	—0,0125	0,720	1,3889	0,3104	—0,0057
0,865	1,1561	0,5494	—0,0120	0,715	1,3986	0,3047	—0,0056
0,860	1,1628	0,5374	—0,0116	0,710	1,4085	0,2991	—0,0054
0,855	1,1696	0,5258	—0,0112	0,705	1,4184	0,2937	—0,0054
0,850	1,1765	0,5146	—0,0109	0,70	1,4286	0,2883	—0,0105
0,845	1,1834	0,5037	—0,0105	0,69	1,4493	0,2778	—0,0101
0,840	1,1905	0,4932	—0,0101	0,68	1,4706	0,2677	—0,0097
0,835	1,1976	0,4831	—0,0098	0,67	1,4925	0,2580	—0,0094
0,830	1,2048	0,4733	—0,0096	0,66	1,5152	0,2486	—0,0091
0,825	1,2121	0,4637	—0,0093	0,65	1,5385	0,2395	—0,0089
0,820	1,2195	0,4544	—0,0090	0,64	1,5625	0,2306	—0,0085
0,815	1,2270	0,4454	—0,0087	0,63	1,5873	0,2221	—0,0083
0,810	1,2346	0,4367	—0,0086	0,62	1,6129	0,2138	—0,0080
0,805	1,2422	0,4281	—0,0083	0,61	1,6393	0,2058	—0,0078
0,800	1,2500	0,4198	—0,0081	0,60	1,6667	0,1980	—0,0075
0,795	1,2579	0,4117	—0,0078	0,59	1,6949	0,1905	—0,0073
0,790	1,2658	0,4039	—0,0077	0,58	1,7241	0,1832	—0,0071
0,785	1,2739	0,3962	—0,0076	0,57	1,7544	0,1761	—0,0069
0,780	1,2821	0,3886	—0,0073	0,56	1,7857	0,1692	—0,0067

TABLE IV. (Suite.)

Deuxième Partie.

$\frac{1}{x}$	x	$\psi(x)$	DIFFÉR.	$\frac{1}{x}$	x	$\psi(x)$	DIFFÉR.
0,55	1,8182	0,1625	−0,0065	0,25	4,0000	0,0314	−0,0024
0,54	1,8519	0,1560	−0,0063	0,24	4,1667	0,0290	−0,0024
0,53	1,8868	0,1497	−0,0062	0,23	4,3478	0,0266	−0,0023
0,52	1,9231	0,1435	−0,0059	0,22	4,5455	0,0243	−0,0022
0,51	1,9608	0,1376	−0,0058	0,21	4,7619	0,0221	−0,0020
0,50	2,0000	0,1318	−0,0056	0,20	5,0000	0,0201	−0,0020
0,49	2,0408	0,1262	−0,0055	0,19	5,2632	0,0181	−0,0019
0,48	2,0833	0,1207	−0,0053	0,18	5,5556	0,0162	−0,0017
0,47	2,1277	0,1154	−0,0052	0,17	5,8824	0,0145	−0,0017
0,46	2,1739	0,1102	−0,0050	0,16	6,2500	0,0128	−0,0015
0,45	2,2222	0,1052	−0,0049	0,15	6,6667	0,0113	−0,0015
0,44	2,2727	0,1003	−0,0048	0,14	7,1429	0,0098	−0,0013
0,43	2,3256	0,0955	−0,0046	0,13	7,6923	0,0085	−0,0013
0,42	2,3810	0,0909	−0,0044	0,12	8,3333	0,0072	−0,0011
0,41	2,4390	0,0865	−0,0044	0,11	9,0909	0,0061	−0,0011
0,40	2,5000	0,0821	−0,0042	0,10	10,0000	0,0050	−0,0009
0,39	2,5641	0,0779	−0,0041	0,09	11,1111	0,0041	−0,0009
0,38	2,6316	0,0738	−0,0039	0,08	12,5000	0,0032	−0,0007
0,37	2,7027	0,0699	−0,0039	0,07	14,2857	0,0025	−0,0007
0,36	2,7778	0,0660	−0,0037	0,06	16,6667	0,0018	−0,0005
0,35	2,8571	0,0623	−0,0036	0,05	20,0000	0,0013	−0,0005
0,34	2,9412	0,0587	−0,0034	0,04	25,0000	0,0008	−0,0003
0,33	3,0303	0,0553	−0,0034	0,03	33,3333	0,0005	−0,0003
0,32	3,1250	0,0519	−0,0033	0,02	50,0000	0,0002	−0,0001
0,31	3,2258	0,0486	−0,0031	0,01	100,0000	0,0001	−0,0001
0,30	3,3333	0,0455	−0,0030	0,00	∞	0,0000	ν
0,29	3,4483	0,0425	−0,0030				
0,28	3,5714	0,0395	−0,0028				
0,27	3,7037	0,0367	−0,0027				
0,26	3,8462	0,0340	−0,0026				

TABLE V. — Carrés et cubes des nombres de trois chiffres.

Cette table peut donner les premières figures du carré ou du cube d'un nombre quelconque; il suffira de diviser ce nombre par 10^n, n étant un nombre entier tel, que le quotient soit compris dans la table : en regard on trouvera le carré ou le cube, qu'on aura soin de multiplier par 10^{2n} ou 10^{3n}.

La même table peut servir aux extractions de racines carrées ou cubiques. Pour trouver la racine carrée d'un nombre, on commencera par séparer à la droite de ce nombre assez de groupes de deux chiffres pour que le résultat soit compris entre 1 00 00 et 100 00 00; ou bien, si le nombre est une fraction décimale, on parviendra au même but en le multipliant par 100, 100 00, etc. Cela fait, on cherchera le nombre ainsi modifié dans la colonne des carrés, et en regard on trouvera la racine, qu'on devra, du reste, multiplier ou diviser par 10, 100, etc., suivant la nature de l'opération préliminaire qu'on vient d'expliquer.

On voit aisément, par analogie, ce qu'il y aurait à faire pour extraire une racine cubique.

Enfin on pourra aussi former les puissances $\frac{3}{2}$ et $\frac{2}{3}$, opération qui se composera d'une élévation au cube ou au carré, et d'une extraction de racine carrée ou cubique.

Il est à peine besoin de dire que, dans tous ces calculs, les résultats pourront être rendus plus approchés au moyen d'interpolations.

NOM-BRES.	CARRÉS.	CUBES.	NOM-BRES.	CARRÉS.	CUBES.	NOM-BRES.	CARRÉS.	CUBES.
1 00	1 00 00	1 000 000	1 20	1 44 00	1 728 000	1 40	1 96 00	2 744 000
1 01	1 02 01	1 030 301	1 21	1 46 41	1 771 561	1 41	1 98 81	2 803 221
1 02	1 04 04	1 061 208	1 22	1 48 84	1 815 848	1 42	2 01 64	2 863 288
1 03	1 06 09	1 092 727	1 23	1 51 29	1 860 867	1 43	2 04 49	2 924 207
1 04	1 08 16	1 124 864	1 24	1 53 76	1 906 624	1 44	2 07 36	2 985 984
1 05	1 10 25	1 157 625	1 25	1 56 25	1 953 125	1 45	2 10 25	3 048 625
1 06	1 12 36	1 191 016	1 26	1 58 76	2 000 376	1 46	2 13 16	3 112 136
1 07	1 14 49	1 225 043	1 27	1 61 29	2 048 383	1 47	2 16 09	3 176 523
1 08	1 16 64	1 259 712	1 28	1 63 84	2 097 152	1 48	2 19 04	3 241 792
1 09	1 18 81	1 295 029	1 29	1 66 41	2 146 689	1 49	2 22 01	3 307 949
1 10	1 21 00	1 331 000	1 30	1 69 00	2 197 000	1 50	2 25 00	3 375 000
1 11	1 23 21	1 367 631	1 31	1 71 61	2 248 091	1 51	2 28 01	3 442 951
1 12	1 25 44	1 404 928	1 32	1 74 24	2 299 968	1 52	2 31 04	3 511 808
1 13	1 27 69	1 442 897	1 33	1 76 89	2 352 637	1 53	2 34 09	3 581 577
1 14	1 29 96	1 481 544	1 34	1 79 56	2 406 104	1 54	2 37 16	3 652 264
1 15	1 32 25	1 520 875	1 35	1 82 25	2 460 375	1 55	2 40 25	3 723 875
1 16	1 34 56	1 560 896	1 36	1 84 96	2 515 456	1 56	2 43 36	3 796 416
1 17	1 36 89	1 601 613	1 37	1 87 69	2 571 353	1 57	2 46 49	3 869 893
1 18	1 39 24	1 643 032	1 38	1 90 44	2 628 072	1 58	2 49 64	3 944 312
1 19	1 41 61	1 685 159	1 39	1 93 21	2 685 619	1 59	2 52 81	4 019 679

TABLE V. (Suite.)

NOM-BRES.	CARRÉS.	CUBES.	NOM-BRES.	CARRÉS.	CUBES.	NOM-BRES.	CARRÉS.	CUBES.
1 60	2 56 00	4 096 000	2 05	4 20 25	8 615 125	2 50	6 25 00	15 625 000
1 61	2 59 21	4 173 281	2 06	4 24 36	8 741 816	2 51	6 30 01	15 813 251
1 62	2 62 44	4 251 528	2 07	4 28 49	8 869 743	2 52	6 35 04	16 003 008
1 63	2 65 69	4 330 747	2 08	4 32 64	8 998 912	2 53	6 40 09	16 194 277
1 64	2 68 96	4 410 944	2 09	4 36 81	9 129 329	2 54	6 45 16	16 387 064
1 65	2 72 25	4 492 125	2 10	4 41 00	9 261 000	2 55	6 50 25	16 581 375
1 66	2 75 56	4 574 296	2 11	4 45 21	9 393 931	2 56	6 55 36	16 777 216
1 67	2 78 89	4 657 463	2 12	4 49 44	9 528 128	2 57	6 60 49	16 974 593
1 68	2 82 24	4 741 632	2 13	4 53 69	9 663 597	2 58	6 65 64	17 173 512
1 69	2 85 61	4 826 809	2 14	4 57 96	9 800 344	2 59	6 70 81	17 373 979
1 70	2 89 00	4 913 000	2 15	4 62 25	9 938 375	2 60	6 76 00	17 576 000
1 71	2 92 41	5 000 211	2 16	4 66 56	10 077 696	2 61	6 81 21	17 779 581
1 72	2 95 84	5 088 448	2 17	4 70 89	10 218 313	2 62	6 86 44	17 984 728
1 73	2 99 29	5 177 717	2 18	4 75 24	10 360 232	2 63	6 91 69	18 191 447
1 74	3 02 76	5 268 024	2 19	4 79 61	10 503 459	2 64	6 96 96	18 399 744
1 75	3 06 25	5 359 375	2 20	4 84 00	10 648 000	2 65	7 02 25	18 609 625
1 76	3 09 76	5 451 776	2 21	4 88 41	10 793 861	2 66	7 07 56	18 821 096
1 77	3 13 29	5 545 233	2 22	4 92 84	10 941 048	2 67	7 12 89	19 034 163
1 78	3 16 84	5 639 752	2 23	4 97 29	11 089 567	2 68	7 18 24	19 248 832
1 79	3 20 41	5 735 339	2 24	5 01 76	11 239 424	2 69	7 23 61	19 465 109
1 80	3 24 00	5 832 000	2 25	5 06 25	11 390 625	2 70	7 29 00	19 683 000
1 81	3 27 61	5 929 741	2 26	5 10 76	11 543 176	2 71	7 34 41	19 902 511
1 82	3 31 24	6 028 568	2 27	5 15 29	11 697 083	2 72	7 39 84	20 123 648
1 83	3 34 89	6 128 487	2 28	5 19 84	11 852 352	2 73	7 45 29	20 346 417
1 84	3 38 56	6 229 504	2 29	5 24 41	12 008 989	2 74	7 50 76	20 570 824
1 85	3 42 25	6 331 625	2 30	5 29 00	12 167 000	2 75	7 56 25	20 796 875
1 86	3 45 96	6 434 856	2 31	5 33 61	12 326 391	2 76	7 61 76	21 024 576
1 87	3 49 69	6 539 203	2 32	5 38 24	12 487 168	2 77	7 67 29	21 253 933
1 88	3 53 44	6 644 672	2 33	5 42 89	12 649 337	2 78	7 72 84	21 484 952
1 89	3 57 21	6 751 269	2 34	5 47 56	12 812 904	2 79	7 78 41	21 717 639
1 90	3 61 00	6 859 000	2 35	5 52 25	12 977 875	2 80	7 84 00	21 952 000
1 91	3 64 81	6 967 871	2 36	5 56 96	13 144 256	2 81	7 89 61	22 188 041
1 92	3 68 64	7 077 888	2 37	5 61 69	13 312 053	2 82	7 95 24	22 425 768
1 93	3 72 49	7 189 057	2 38	5 66 44	13 481 272	2 83	8 00 89	22 665 187
1 94	3 76 36	7 301 384	2 39	5 71 21	13 651 919	2 84	8 06 56	22 906 304
1 95	3 80 25	7 414 875	2 40	5 76 00	13 824 000	2 85	8 12 25	23 149 125
1 96	3 84 16	7 529 536	2 41	5 80 81	13 997 521	2 86	8 17 96	23 393 656
1 97	3 88 09	7 645 373	2 42	5 85 64	14 172 488	2 87	8 23 69	23 639 903
1 98	3 92 04	7 762 392	2 43	5 90 49	14 348 907	2 88	8 29 44	23 887 872
1 99	3 96 01	7 880 599	2 44	5 95 36	14 526 784	2 89	8 35 21	24 137 569
2 00	4 00 00	8 000 000	2 45	6 00 25	14 706 125	2 90	8 41 00	24 389 000
2 01	4 04 01	8 120 601	2 46	6 05 16	14 886 936	2 91	8 46 81	24 642 171
2 02	4 08 04	8 242 408	2 47	6 10 09	15 069 223	2 92	8 52 64	24 897 088
2 03	4 12 09	8 365 427	2 48	6 15 04	15 252 992	2 93	8 58 49	25 153 757
2 04	4 16 16	8 489 664	2 49	6 20 01	15 438 249	2 94	8 64 36	25 412 184

TABLE V. (Suite.)

NOMBRES.	CARRÉS.	CUBES.	NOMBRES.	CARRÉS.	CUBES.	NOMBRES.	CARRÉS.	CUBES.
2 95	8 70 25	25 672 375	3 40	11 56 00	39 304 000	3 85	14 82 25	57 066 625
2 96	8 76 16	25 934 336	3 41	11 62 81	39 651 821	3 86	14 89 96	57 512 456
2 97	8 82 09	26 198 073	3 42	11 69 64	40 001 688	3 87	14 97 69	57 960 603
2 98	8 88 04	26 463 592	3 43	11 76 49	40 353 607	3 88	15 05 44	58 411 072
2 99	8 94 01	26 730 899	3 44	11 83 36	40 707 584	3 89	15 13 21	58 863 869
3 00	9 00 00	27 000 000	3 45	11 90 25	41 063 625	3 90	15 21 00	59 319 000
3 01	9 06 01	27 270 901	3 46	11 97 16	41 421 736	3 91	15 28 81	59 776 471
3 02	9 12 04	27 543 608	3 47	12 04 09	41 781 923	3 92	15 36 64	60 236 288
3 03	9 18 09	27 818 127	3 48	12 11 04	42 144 192	3 93	15 44 49	60 698 457
3 04	9 24 16	28 094 464	3 49	12 18 01	42 508 549	3 94	15 52 36	61 162 984
3 05	9 30 25	28 372 625	3 50	12 25 00	42 875 000	3 95	15 60 25	61 629 875
3 06	9 36 36	28 652 616	3 51	12 32 01	43 243 551	3 96	15 68 16	62 099 136
3 07	9 42 49	28 934 443	3 52	12 39 04	43 614 208	3 97	15 76 09	62 570 773
3 08	9 48 64	29 218 112	3 53	12 46 09	43 986 977	3 98	15 84 04	63 044 792
3 09	9 54 81	29 503 629	3 54	12 53 16	44 361 864	3 99	15 92 01	63 521 199
3 10	9 61 00	29 791 000	3 55	12 60 25	44 738 875	4 00	16 00 00	64 000 000
3 11	9 67 21	30 080 231	3 56	12 67 36	45 118 016	4 01	16 08 01	64 481 201
3 12	9 73 44	30 371 328	3 57	12 74 49	45 499 293	4 02	16 16 04	64 964 808
3 13	9 79 69	30 664 297	3 58	12 81 64	45 882 712	4 03	16 24 09	65 450 827
3 14	9 85 96	30 959 144	3 59	12 88 81	46 268 279	4 04	16 32 16	65 939 264
3 15	9 92 25	31 255 875	3 60	12 96 00	46 656 000	4 05	16 40 25	66 430 125
3 16	9 98 56	31 554 496	3 61	13 03 21	47 045 881	4 06	16 48 36	66 923 416
3 17	10 04 89	31 885 013	3 62	13 10 44	47 437 928	4 07	16 56 49	67 419 143
3 18	10 11 24	32 157 432	3 63	13 17 69	47 832 147	4 08	16 64 64	67 917 312
3 19	10 17 61	32 461 759	3 64	13 24 96	48 228 544	4 09	16 72 81	68 417 929
3 20	10 24 00	32 768 000	3 65	13 32 25	48 627 125	4 10	16 81 00	68 921 000
3 21	10 30 41	33 076 161	3 66	13 39 56	49 027 896	4 11	16 89 21	69 426 531
3 22	10 36 84	33 386 248	3 67	13 46 89	49 430 863	4 12	16 97 44	69 934 528
3 23	10 43 29	33 698 267	3 68	13 54 24	49 836 032	4 13	17 05 69	70 444 997
3 24	10 49 76	34 012 224	3 69	13 61 61	50 243 409	4 14	17 13 96	70 957 944
3 25	10 56 25	34 328 125	3 70	13 69 00	50 653 000	4 15	17 22 25	71 473 375
3 26	10 62 76	34 645 976	3 71	13 76 41	51 064 811	4 16	17 30 56	71 991 296
3 27	10 69 29	34 965 783	3 72	13 83 84	51 478 848	4 17	17 38 89	72 511 713
3 28	10 75 84	35 287 552	3 73	13 91 29	51 895 117	4 18	17 47 24	73 034 632
3 29	10 82 41	35 611 289	3 74	13 98 76	52 313 624	4 19	17 55 61	73 560 059
3 30	10 89 00	35 937 000	3 75	14 06 25	52 734 375	4 20	17 64 00	74 088 000
3 31	10 95 61	36 264 691	3 76	14 13 76	53 157 376	4 21	17 72 41	74 618 461
3 32	11 02 24	36 594 368	3 77	14 21 29	53 582 633	4 22	17 80 84	75 151 448
3 33	11 08 89	36 926 037	3 78	14 28 84	54 010 152	4 23	17 89 29	75 686 967
3 34	11 15 56	37 259 704	3 79	14 36 41	54 439 939	4 24	17 97 76	76 225 024
3 35	11 22 25	37 595 375	3 80	14 44 00	54 872 000	4 25	18 06 25	76 765 625
3 36	11 28 96	37 933 056	3 81	14 51 61	55 306 341	4 26	18 14 76	77 308 776
3 37	11 35 69	38 272 753	3 82	14 59 24	55 742 968	4 27	18 23 29	77 854 483
3 38	11 42 44	38 614 472	3 83	14 66 89	56 181 887	4 28	18 31 84	78 402 752
3 39	11 49 21	38 958 219	3 84	14 74 56	56 623 104	4 29	18 40 41	78 953 589

TABLE V. (Suite.)

NOM-BRES.	CARRÉS.	CUBES.	NOM-BRES.	CARRÉS.	CUBES.	NOM-BRES.	CARRÉS.	CUBES.
4 30	18 49 00	79 507 000	4 75	22 56 25	107 171 875	5 20	27 04 00	140 608 000
4 31	18 57 61	80 062 991	4 76	22 65 76	107 850 176	5 21	27 14 41	141 420 761
4 32	18 66 24	80 621 568	4 77	22 75 29	108 531 333	5 22	27 24 84	142 236 648
4 33	18 74 89	81 182 737	4 78	22 84 84	109 215 352	5 23	27 35 29	143 055 667
4 34	18 83 56	81 746 504	4 79	22 94 41	109 902 239	5 24	27 45 76	143 877 824
4 35	18 92 25	82 312 875	4 80	23 04 00	110 592 000	5 25	27 56 25	144 703 125
4 36	19 00 96	82 881 856	4 81	23 13 61	111 284 641	5 26	27 66 76	145 531 576
4 37	19 09 69	83 453 453	4 82	23 23 24	111 980 168	5 27	27 77 29	146 363 183
4 38	19 18 44	84 027 672	4 83	23 32 89	112 678 587	5 28	27 87 84	147 197 952
4 39	19 27 21	84 604 519	4 84	23 42 56	113 379 904	5 29	27 98 41	148 035 889
4 40	19 36 00	85 184 000	4 85	23 52 25	114 084 125	5 30	28 09 00	148 877 000
4 41	19 44 81	85 766 121	4 86	23 61 96	114 791 256	5 31	28 19 61	149 721 291
4 42	19 53 64	86 350 888	4 87	23 71 69	115 501 303	5 32	28 30 24	150 568 768
4 43	19 62 49	86 938 307	4 88	23 81 44	116 214 272	5 33	28 40 89	151 419 437
4 44	19 71 36	87 528 384	4 89	23 91 21	116 930 169	5 34	28 51 56	152 273 304
4 45	19 80 25	88 121 125	4 90	24 01 00	117 649 000	5 35	28 62 25	153 130 375
4 46	19 89 16	88 716 536	4 91	24 10 81	118 370 771	5 36	28 72 96	153 990 656
4 47	19 98 09	89 314 623	4 92	24 20 64	119 095 488	5 37	28 83 69	154 854 153
4 48	20 07 04	89 915 392	4 93	24 30 49	119 823 157	5 38	28 94 44	155 720 872
4 49	20 16 01	90 518 849	4 94	24 40 36	120 553 784	5 39	29 05 21	156 590 819
4 50	20 25 00	91 125 000	4 95	24 50 25	121 287 375	5 40	29 16 00	157 464 000
4 51	20 34 01	91 733 851	4 96	24 60 16	122 023 936	5 41	29 26 81	158 340 421
4 52	20 43 04	92 345 408	4 97	24 70 09	122 763 473	5 42	29 37 64	159 220 088
4 53	20 52 09	92 959 677	4 98	24 80 04	123 505 992	5 43	29 48 49	160 103 007
4 54	20 61 06	93 576 664	4 99	24 90 01	124 251 499	5 44	29 59 36	160 989 184
4 55	20 70 25	94 196 375	5 00	25 00 00	125 000 000	5 45	29 70 25	161 878 625
4 56	20 79 36	94 818 816	5 01	25 10 01	125 751 501	5 46	29 81 16	162 771 336
4 57	20 88 49	95 443 993	5 02	25 20 04	126 506 008	5 47	29 92 09	163 667 323
4 58	20 97 64	96 071 912	5 03	25 30 09	127 263 527	5 48	30 03 04	164 566 592
4 59	21 06 81	96 702 579	5 04	25 40 16	128 024 064	5 49	30 14 01	165 469 149
4 60	21 16 00	97 336 000	5 05	25 50 25	128 787 625	5 50	30 25 00	166 375 000
4 61	21 25 21	97 972 181	5 06	25 60 36	129 554 216	5 51	30 36 01	167 284 151
4 62	21 34 44	98 611 128	5 07	25 70 49	130 323 843	5 52	30 47 04	168 196 608
4 63	21 43 69	99 252 847	5 08	25 80 64	131 096 512	5 53	30 58 09	169 112 377
4 64	21 52 96	99 897 344	5 09	25 90 81	131 872 229	5 54	30 69 16	170 031 464
4 65	21 62 25	100 544 625	5 10	26 01 00	132 651 000	5 55	30 80 25	170 953 875
4 66	21 71 56	101 194 696	5 11	26 11 21	133 432 831	5 56	30 91 36	171 879 616
4 67	21 80 89	101 847 563	5 12	26 21 44	134 217 728	5 57	31 02 49	172 808 693
4 68	21 90 24	102 503 232	5 13	26 31 69	135 005 697	5 58	31 13 64	173 741 112
4 69	21 99 61	103 161 709	5 14	26 41 96	135 796 744	5 59	31 24 81	174 676 879
4 70	22 09 00	103 823 000	5 15	26 52 25	136 590 875	5 60	31 36 00	175 616 000
4 71	22 18 41	104 487 111	5 16	26 62 56	137 388 096	5 61	31 47 21	176 558 481
4 72	22 27 84	105 154 048	5 17	26 72 89	138 188 413	5 62	31 58 44	177 504 328
4 73	22 37 29	105 823 817	5 18	26 83 24	138 991 832	5 63	31 69 69	178 453 547
4 74	22 46 76	106 496 424	5 19	26 93 61	139 798 359	5 64	31 80 96	179 406 144

TABLE V. (Suite.)

NOM-BRES.	CARRÉS.	CUBES.	NOM-BRES.	CARRÉS.	CUBES.	NOM-BRES.	CARRÉS.	CUBES.
5 65	31 92 25	180 362 125	6 10	37 21 00	226 981 000	6 55	42 90 25	281 011 375
5 66	32 03 56	181 321 496	6 11	37 33 21	228 099 131	6 56	43 03 36	282 300 416
5 67	32 14 89	182 284 263	6 12	37 45 44	229 220 928	6 57	43 16 49	283 593 393
5 68	32 26 24	183 250 432	6 13	37 57 69	230 346 397	6 58	43 29 64	284 890 312
5 69	32 37 61	184 220 009	6 14	37 69 96	231 475 544	6 59	43 42 81	286 191 179
5 70	32 49 00	185 193 000	6 15	37 82 25	232 608 375	6 60	43 56 00	287 496 000
5 71	32 60 41	186 169 411	6 16	37 94 56	233 744 896	6 61	43 69 21	288 804 781
5 72	32 71 84	187 149 248	6 17	38 06 89	234 885 113	6 62	43 82 44	290 117 528
5 73	32 83 29	188 132 517	6 18	38 19 24	236 029 032	6 63	43 95 69	291 434 247
5 74	32 94 76	189 119 224	6 19	38 31 61	237 176 659	6 64	44 08 96	292 754 944
5 75	33 06 25	190 109 375	6 20	38 44 00	238 328 000	6 65	44 22 25	294 079 625
5 76	33 17 76	191 102 976	6 21	38 56 41	239 483 061	6 66	44 35 56	295 408 296
5 77	33 29 29	192 100 033	6 22	38 68 84	240 641 848	6 67	44 48 89	296 740 963
5 78	33 40 84	193 100 552	6 23	38 81 29	241 804 367	6 68	44 62 24	298 077 632
5 79	33 52 41	194 104 539	6 24	38 93 76	242 970 624	6 69	44 75 61	299 418 309
5 80	33 64 00	195 112 000	6 25	39 06 25	244 140 625	6 70	44 89 00	300 763 000
5 81	33 75 61	196 122 941	6 26	39 18 76	245 314 376	6 71	45 02 41	302 111 711
5 82	33 87 24	197 137 368	6 27	39 31 29	246 491 883	6 72	45 15 84	303 464 448
5 83	33 98 89	198 155 287	6 28	39 43 84	247 673 152	6 73	45 29 29	304 821 217
5 84	34 10 56	199 176 704	6 29	39 56 41	248 858 189	6 74	45 42 76	306 182 024
5 85	34 22 25	200 201 625	6 30	39 69 00	250 047 000	6 75	45 56 25	307 546 875
5 86	34 33 96	201 230 056	6 31	39 81 61	251 239 591	6 76	45 69 76	308 915 776
5 87	34 45 69	202 262 003	6 32	39 94 24	252 435 968	6 77	45 83 29	310 288 733
5 88	34 57 44	203 297 472	6 33	40 06 89	253 636 137	6 78	45 96 84	311 655 752
5 89	34 69 21	204 336 469	6 34	40 19 56	254 840 104	6 79	46 10 41	313 046 839
5 90	34 81 00	205 379 000	6 35	40 32 25	256 047 875	6 80	46 24 00	314 432 000
5 91	34 92 81	206 425 071	6 36	40 44 96	257 259 456	6 81	46 37 61	315 821 241
5 92	35 04 64	207 474 688	6 37	40 57 69	258 474 853	6 82	46 51 24	317 214 568
5 93	35 16 49	208 527 857	6 38	40 70 44	259 694 072	6 83	46 64 89	318 611 987
5 94	35 28 36	209 584 584	6 39	40 83 21	260 917 119	6 84	46 78 56	320 013 504
5 95	35 40 25	210 644 875	6 40	40 96 00	262 144 000	6 85	46 92 25	321 419 125
5 96	35 52 16	211 708 736	6 41	41 08 81	263 374 721	6 86	47 05 96	322 828 856
5 97	35 64 09	212 776 173	6 42	41 21 64	264 609 288	6 87	47 19 69	324 242 703
5 98	35 76 04	213 847 192	6 43	41 34 49	265 847 707	6 88	47 33 44	325 660 672
5 99	35 88 01	214 921 799	6 44	41 47 36	267 089 984	6 89	47 47 21	327 082 769
6 00	36 00 00	216 000 000	6 45	41 60 25	268 836 125	6 90	47 61 00	328 509 000
6 01	36 12 01	217 081 801	6 46	41 73 16	269 586 136	6 91	47 74 81	329 939 371
6 02	36 24 04	218 167 208	6 47	41 86 09	270 840 023	6 92	47 88 64	331 373 888
6 03	36 36 09	219 256 227	6 48	41 99 04	272 097 792	6 93	48 02 49	332 812 557
6 04	36 48 16	220 348 864	6 49	42 12 01	273 359 449	6 94	48 16 36	334 255 384
6 05	36 60 25	221 445 125	6 50	42 25 00	274 625 000	6 95	48 30 25	335 702 375
6 06	36 72 36	222 545 016	6 51	42 38 01	275 894 451	6 96	48 44 16	337 153 536
6 07	36 84 49	223 648 543	6 52	42 51 04	277 167 808	6 97	48 58 09	338 608 873
6 08	36 96 64	224 755 712	6 53	42 64 09	278 445 077	6 98	48 72 04	340 068 392
6 09	37 08 81	225 866 529	6 54	42 77 16	279 726 264	6 99	48 86 01	341 532 099

TABLE V. (Suite.)

NOMBRES.	CARRÉS.	CUBES.	NOMBRES.	CARRÉS.	CUBES.	NOMBRES.	CARRÉS.	CUBES.
7 00	49 00 00	343 000 000	7 45	55 50 25	413 493 625	7 90	62 41 00	493 039 000
7 01	49 14 01	344 472 101	7 46	55 65 16	415 160 936	7 91	62 56 81	494 913 671
7 02	49 28 04	345 948 408	7 47	55 80 09	416 832 723	7 92	62 72 64	496 793 088
7 03	49 42 09	347 428 927	7 48	55 95 04	418 508 992	7 93	62 88 49	498 677 257
7 04	49 56 16	348 913 664	7 49	56 10 01	420 189 749	7 94	63 04 36	500 566 184
7 05	49 70 25	350 402 625	7 50	56 25 00	421 875 000	7 95	63 20 25	502 459 875
7 06	49 84 36	351 895 816	7 51	56 40 01	423 564 751	7 96	63 36 16	504 358 336
7 07	49 98 49	353 393 243	7 52	56 55 04	425 259 008	7 97	63 52 09	506 261 573
7 08	50 12 64	354 894 912	7 53	56 70 09	426 957 777	7 98	63 68 04	508 169 592
7 09	50 26 81	356 400 829	7 54	56 85 16	428 661 064	7 99	63 84 01	510 082 399
7 10	50 41 00	357 911 000	7 55	57 00 25	430 368 875	8 00	64 00 00	512 000 000
7 11	50 55 21	359 425 431	7 56	57 15 36	432 081 216	8 01	64 16 01	513 922 401
7 12	50 69 44	360 944 128	7 57	57 30 49	433 798 093	8 02	64 32 04	515 849 608
7 13	50 83 69	362 467 097	7 58	57 45 64	435 519 512	8 03	64 48 09	517 781 627
7 14	50 97 96	363 994 344	7 59	57 60 81	437 245 479	8 04	64 64 16	519 718 464
7 15	51 12 25	365 525 875	7 60	57 76 00	438 976 000	8 05	64 80 25	521 660 125
7 16	51 26 56	367 061 696	7 61	57 91 21	440 711 081	8 06	64 96 36	523 606 616
7 17	51 40 89	368 601 813	7 62	58 06 44	442 450 728	8 07	65 12 49	525 557 943
7 18	51 55 24	370 146 232	7 63	58 21 69	444 194 947	8 08	65 28 64	527 514 112
7 19	51 69 61	371 694 959	7 64	58 36 96	445 943 744	8 09	65 44 81	529 475 129
7 20	51 84 00	373 248 000	7 65	58 52 25	447 697 125	8 10	65 61 00	531 441 000
7 21	51 98 41	374 805 361	7 66	58 67 56	449 455 096	8 11	65 77 21	533 411 731
7 22	52 12 84	376 367 048	7 67	58 82 89	451 217 663	8 12	65 93 44	535 387 328
7 23	52 27 29	377 933 067	7 68	58 98 24	452 984 832	8 13	66 09 69	537 367 797
7 24	52 41 76	379 503 424	7 69	59 13 61	454 756 609	8 14	66 25 96	539 353 144
7 25	52 56 25	381 078 125	7 70	59 29 00	456 533 000	8 15	66 42 25	541 343 375
7 26	52 70 76	382 657 176	7 71	59 44 41	458 314 011	8 16	66 58 56	543 338 496
7 27	52 85 29	384 240 583	7 72	59 59 84	460 099 648	8 17	66 74 89	545 338 513
7 28	52 99 84	385 828 352	7 73	59 75 29	461 889 917	8 18	66 91 24	547 343 432
7 29	53 14 41	387 420 489	7 74	59 90 76	463 684 824	8 19	67 07 61	549 353 259
7 30	53 29 00	389 017 000	7 75	60 06 25	465 484 375	8 20	67 24 00	551 368 000
7 31	53 43 61	390 617 891	7 76	60 21 76	467 288 576	8 21	67 40 41	553 387 661
7 32	53 58 24	392 223 168	7 77	60 37 29	469 097 433	8 22	67 56 84	555 412 248
7 33	53 72 89	393 832 837	7 78	60 52 84	470 910 952	8 23	67 73 29	557 441 767
7 34	53 87 56	395 446 904	7 79	60 68 41	472 729 139	8 24	67 89 76	559 476 224
7 35	54 02 25	397 065 375	7 80	60 84 00	474 552 000	8 25	68 06 25	561 515 625
7 36	54 16 96	398 688 256	7 81	60 99 61	476 379 541	8 26	68 22 76	563 559 976
7 37	54 31 69	400 315 553	7 82	61 15 24	478 211 768	8 27	68 39 29	565 609 283
7 38	54 46 44	401 947 272	7 83	61 30 89	480 048 687	8 28	68 55 84	567 663 552
7 39	54 61 21	403 583 419	7 84	61 46 56	481 890 304	8 29	68 72 41	569 722 789
7 40	54 76 00	405 224 000	7 85	61 62 25	483 736 625	8 30	68 89 00	571 787 000
7 41	54 90 81	406 869 021	7 86	61 77 96	485 587 656	8 31	69 05 61	573 856 191
7 42	55 05 64	408 518 488	7 87	61 93 69	487 443 403	8 32	69 22 24	575 930 368
7 43	55 20 49	410 172 407	7 88	62 09 44	489 303 872	8 33	69 38 89	578 009 537
7 44	55 35 36	411 830 784	7 89	62 25 21	491 169 069	8 34	69 55 56	580 093 704

TABLE V. (Suite.)

NOM-BRES.	CARRÉS.	CUBES.	NOM-BRES.	CARRÉS.	CUBES.	NOM-BRES.	CARRÉS.	CUBES.
8 35	69 72 25	582 182 875	8 80	77 44 00	681 472 000	9 25	85 56 25	791 453 125
8 36	69 88 96	584 277 056	8 81	77 61 61	683 797 841	9 26	85 74 76	794 022 776
8 37	70 05 69	586 376 253	8 82	77 79 24	686 128 968	9 27	85 93 29	796 597 983
8 38	70 22 44	588 480 472	8 83	77 96 89	688 465 387	9 28	86 11 84	799 178 752
8 39	70 39 21	590 589 719	8 84	78 14 56	690 807 104	9 29	86 30 41	800 765 089
8 40	70 56 00	592 704 000	8 85	78 32 25	693 154 125	9 30	86 49 00	804 357 000
8 41	70 72 81	594 823 321	8 86	78 49 96	695 506 456	9 31	86 67 61	806 954 491
8 42	70 89 64	596 947 688	8 87	78 67 69	697 864 103	9 32	86 86 24	809 557 568
8 43	71 06 49	599 077 107	8 88	78 85 44	700 227 072	9 33	87 04 89	812 166 237
8 44	71 23 36	601 211 584	8 89	79 03 21	702 595 369	9 34	87 23 56	814 780 504
8 45	71 40 25	603 351 125	8 90	79 21 00	704 969 000	9 35	87 42 25	817 400 375
8 46	71 57 16	605 495 736	8 91	79 38 81	707 347 971	9 36	87 60 96	820 025 856
8 47	71 74 09	607 645 423	8 92	79 56 64	709 732 288	9 37	87 79 69	822 656 953
8 48	71 91 04	609 800 192	8 93	79 74 49	712 121 957	9 38	87 98 44	825 293 672
8 49	72 08 01	611 960 049	8 94	79 92 36	714 516 984	9 39	88 17 21	827 936 019
8 50	72 25 00	614 125 000	8 95	80 10 25	716 917 375	9 40	88 36 00	830 584 000
8 51	72 42 01	616 295 051	8 96	80 28 16	719 323 136	9 41	88 54 81	833 237 621
8 52	72 59 04	618 470 208	8 97	80 46 09	721 734 273	9 42	88 73 64	835 896 888
8 53	72 76 09	620 650 477	8 98	80 64 04	724 150 792	9 43	88 92 49	838 561 807
8 54	72 93 16	622 835 864	8 99	80 82 01	726 572 699	9 44	89 11 36	841 232 384
8 55	73 10 25	625 026 375	9 00	81 00 00	729 000 000	9 45	89 30 25	843 908 625
8 56	73 27 36	627 222 016	9 01	81 18 01	731 432 701	9 46	89 49 16	846 590 536
8 57	73 44 49	629 422 793	9 02	81 36 04	733 870 808	9 47	89 68 09	849 278 123
8 58	73 61 64	631 628 712	9 03	81 54 09	736 314 327	9 48	89 87 04	851 971 392
8 59	73 78 81	633 839 779	9 04	81 72 16	738 763 264	9 49	90 06 01	854 670 349
8 60	73 96 00	636 056 000	9 05	81 90 25	741 217 625	9 50	90 25 00	857 375 000
8 61	74 13 21	638 277 381	9 06	82 08 36	743 677 416	9 51	90 44 01	860 085 351
8 62	74 30 44	640 503 928	9 07	82 26 49	746 142 643	9 52	90 63 04	862 801 408
8 63	74 47 69	642 735 647	9 08	82 44 64	748 613 312	9 53	90 82 09	865 523 177
8 64	74 64 96	644 972 544	9 09	82 62 81	751 089 429	9 54	91 01 16	868 250 664
8 65	74 82 25	647 214 625	9 10	82 81 00	753 571 000	9 55	91 20 25	870 983 875
8 66	74 99 56	649 461 896	9 11	82 99 21	756 058 031	9 56	91 39 36	873 722 816
8 67	75 16 89	651 714 363	9 12	83 17 44	758 550 528	9 57	91 58 49	876 467 493
8 68	75 34 24	653 972 032	9 13	83 35 69	761 048 497	9 58	91 77 64	879 217 912
8 69	75 51 61	656 234 909	9 14	83 53 96	763 551 944	9 59	91 96 81	881 974 079
8 70	75 69 00	658 503 000	9 15	83 72 25	766 060 875	9 60	92 16 00	884 736 000
8 71	75 86 41	660 776 311	9 16	83 90 56	768 575 296	9 61	92 35 21	887 503 681
8 72	76 03 84	663 054 848	9 17	84 08 89	771 095 213	9 62	92 54 44	890 277 128
8 73	76 21 29	665 338 617	9 18	84 27 24	773 620 632	9 63	92 73 69	893 056 347
8 74	76 38 76	667 627 624	9 19	84 45 61	776 151 559	9 64	92 92 96	895 841 344
8 75	76 56 25	669 921 875	9 20	84 64 00	778 688 000	9 65	93 12 25	898 632 125
8 76	76 73 76	672 221 376	9 21	84 82 41	781 229 961	9 66	93 31 56	901 428 696
8 77	76 91 29	674 526 133	9 22	85 00 84	783 777 448	9 67	93 50 89	904 231 063
8 78	77 08 84	676 836 152	9 23	85 19 29	786 330 467	9 68	93 70 24	907 039 232
8 79	77 26 41	679 151 439	9 24	85 37 76	788 889 024	9 69	93 89 61	909 853 209

TABLES NUMÉRIQUES.

TABLE V. (Suite.)

NOM-BRES.	CARRÉS.	CUBES.	NOM-BRES.	CARRÉS.	CUBES.	NOM-BRES.	CARRÉS.	CUBES.
9 70	94 09 00	912 673 000	9 80	96 04 00	941 192 000	9 90	98 01 00	970 299 000
9 71	94 28 41	915 498 611	9 81	96 23 61	944 076 141	9 91	98 20 81	973 242 271
9 72	94 47 84	918 330 048	9 82	96 43 24	946 966 168	9 92	98 40 64	976 191 488
9 73	94 67 29	921 167 317	9 83	96 62 89	949 862 087	9 93	98 60 49	979 146 657
9 74	94 86 76	924 010 424	9 84	96 82 56	952 763 904	9 94	98 80 36	982 107 784
9 75	95 06 25	926 859 375	9 85	97 02 25	955 671 625	9 95	99 00 25	985 074 875
9 76	95 25 76	929 714 176	9 86	97 21 96	958 585 256	9 96	99 20 16	988 047 936
9 77	95 45 29	932 574 833	9 87	97 41 69	961 504 803	9 97	99 40 09	991 026 973
9 78	95 64 84	935 441 352	9 88	97 61 44	964 430 272	9 98	99 60 04	994 011 992
9 79	95 84 41	938 313 739	9 89	97 81 21	967 361 669	9 99	99 80 01	997 002 999

Fig. 82.

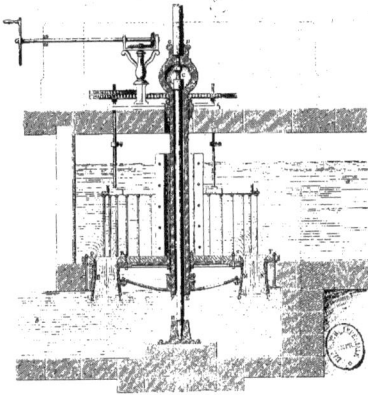

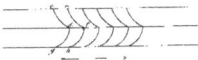

Fig. 81.

Coupe verticale.

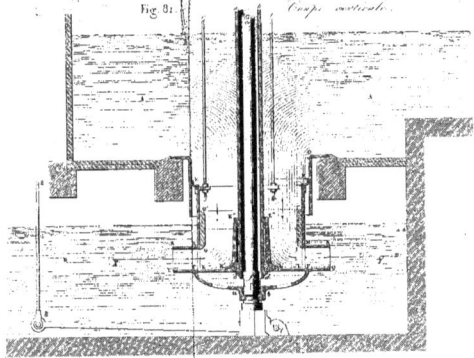

Coupe horizontale
suivant la ligne XY.

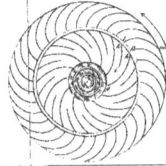

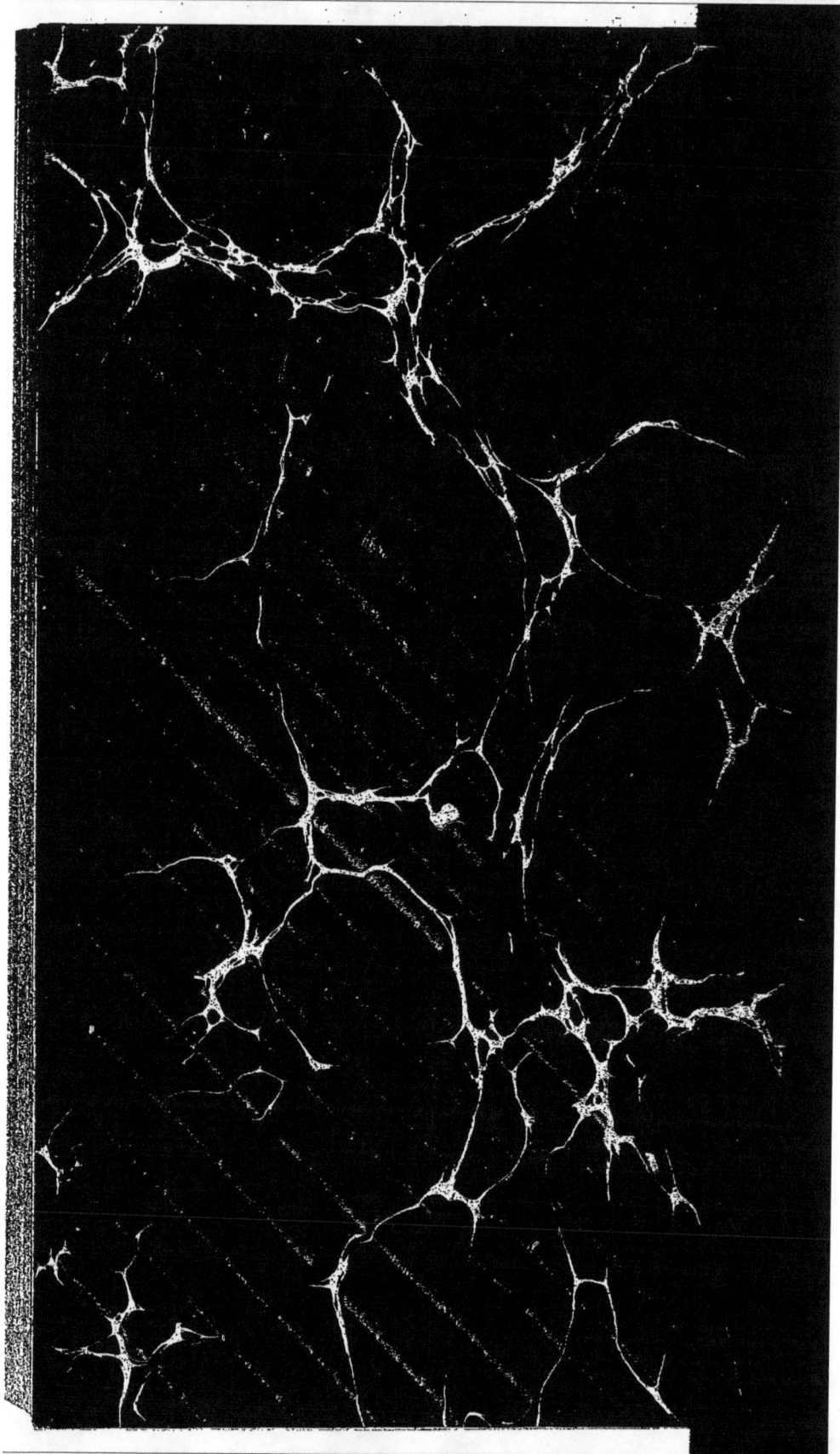

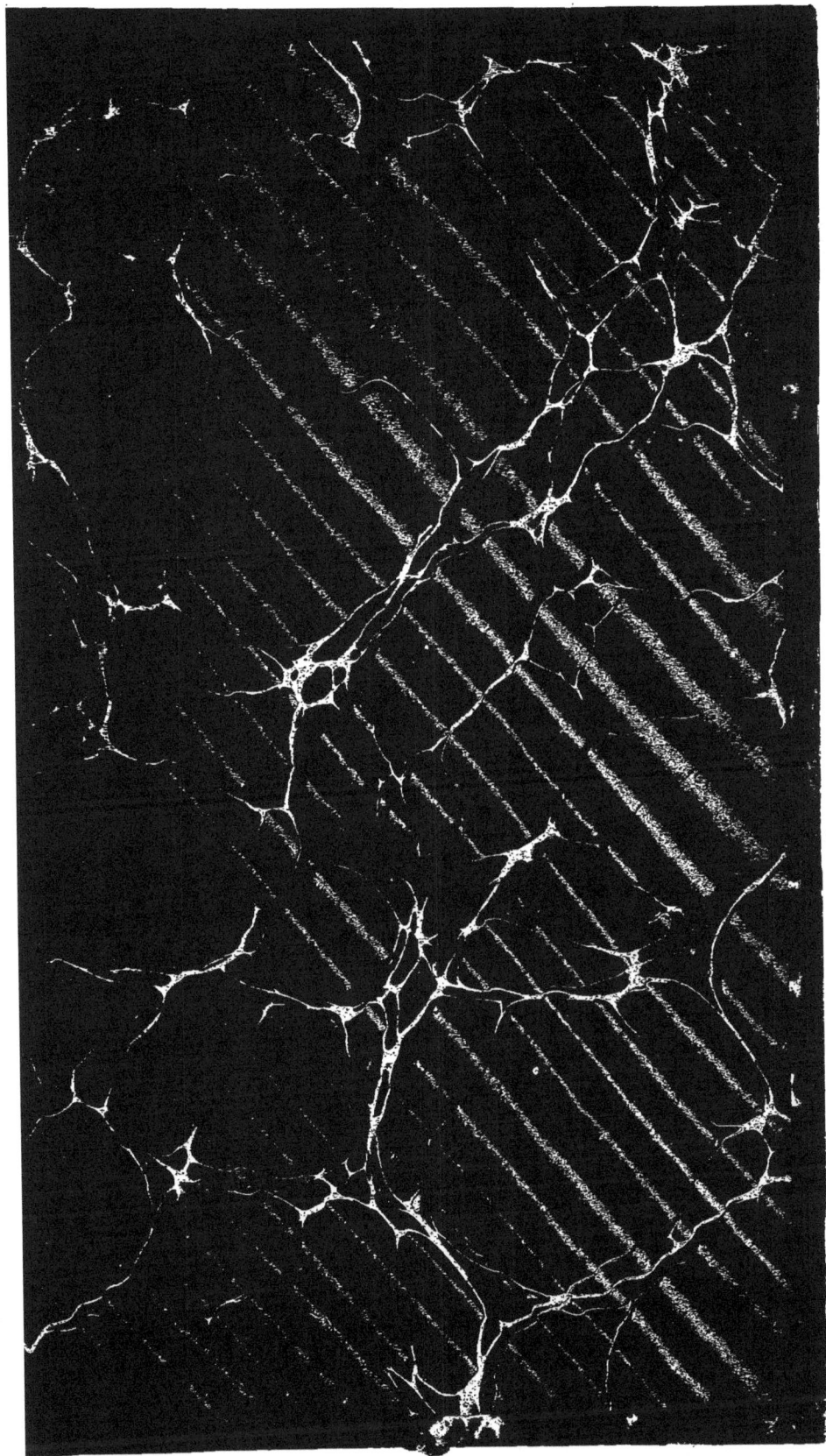

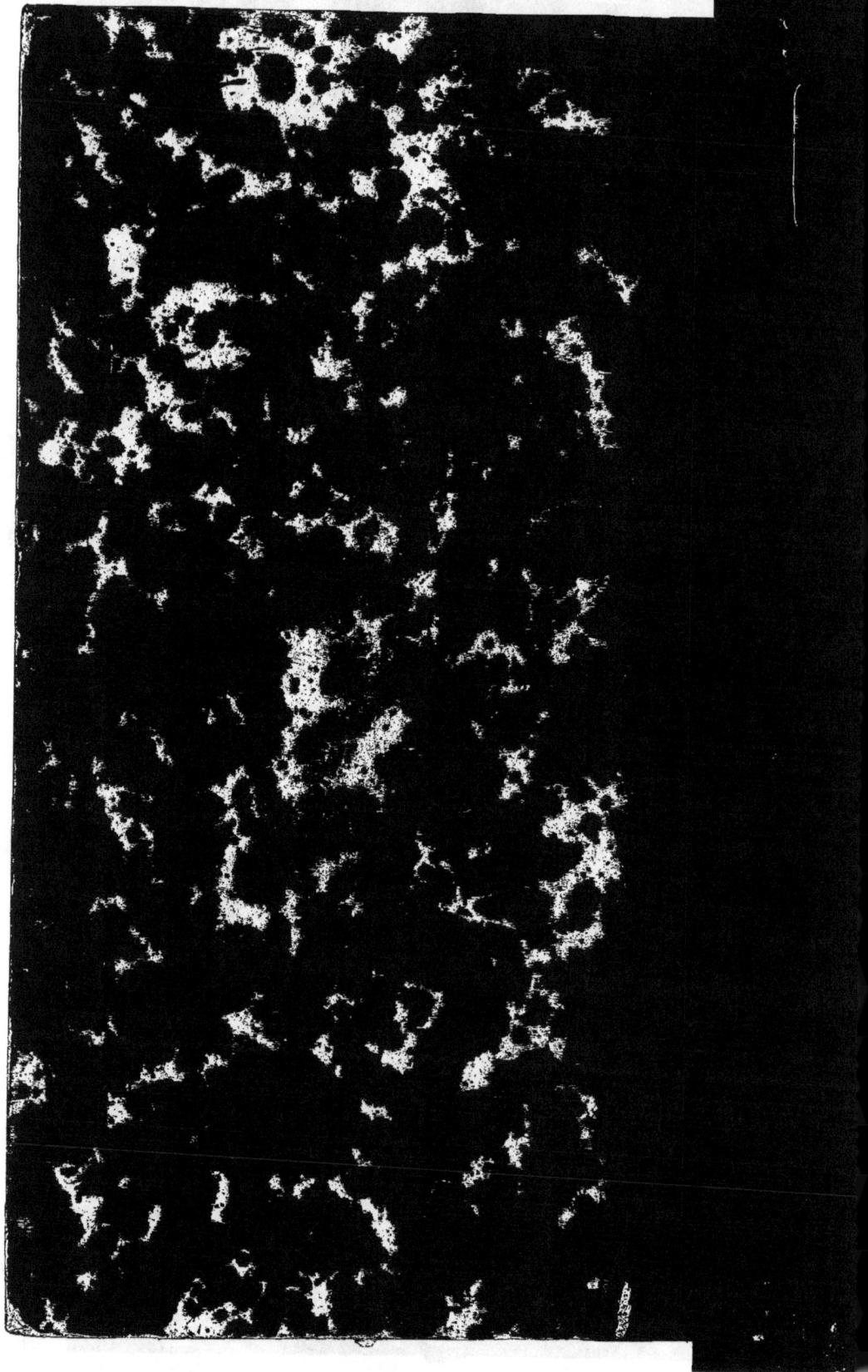